西方建筑史

［英］大卫·沃特金　著

沈在红　译

北 京 出 版 集 团
北京美术摄影出版社

图书在版编目（CIP）数据

西方建筑史 / （英）大卫·沃特金著；沈在红译. --
北京：北京美术摄影出版社，2019.12
书名原文：A History of Western Architecture 5th
Edition
ISBN 978-7-5592-0225-3

Ⅰ. ①西… Ⅱ. ①大… ②沈… Ⅲ. ①建筑史—西方
国家 Ⅳ. ①TU-091

中国版本图书馆CIP数据核字(2018)第277331号

北京市版权局著作权合同登记号：01-2012-3863

责任编辑：耿苏萌
执行编辑：魏梓伦
责任印制：彭军芳
封面来源：视觉中国

西方建筑史
XIFANG JIANZHU SHI

［英］大卫·沃特金　著

沈在红　译

出　版　北京出版集团
　　　　北京美术摄影出版社
地　址　北京北三环中路6号
邮　编　100120
网　址　www.bph.com.cn
总发行　北京出版集团
发　行　京版北美（北京）文化艺术传媒有限公司
经　销　新华书店
印　刷　北京金彩印刷有限公司
版印次　2019年12月第1版第1次印刷
开　本　635毫米 × 965毫米　1/16
印　张　44.5
字　数　800千字
书　号　ISBN 978-7-5592-0225-3
定　价　328.00元

如有印装质量问题，由本社负责调换
质量监督电话　010-58572393

目　录

特别说明：为便于读者理解，中文版译者特别为部分专有名词及背景知识添加旁注，注释内容由译者编写，中文版版式也因此与英文原版有别。

前言

此书新版在文字和图片上都有所扩展。同时亦包含了埃及和美索不达米亚建筑的新资料，书中各章都有重整以便包括一个完整的城市规划篇幅。借此机会亦扩展了20世纪建筑，从20世纪30年代至今。此书由此也更新了新禧年之初全世界异常繁盛的建筑探索。从柏林到俄亥俄州，从毕尔巴鄂到伦敦，一系列的精彩的公共建筑已经获得了世人一个意外高度的瞩目。并且，此书虽然仍称作《西方建筑史》，如今也应适当整体审视来自矶崎新到安藤忠雄等现代日本建筑师的杰出贡献。

此前版本的前言将此书介绍为第一部从古代世界及至现今的西方建筑史，现今即指现代运动的明确消亡之际。根据现代主义的条例，20世纪所谓"现代人"的出世即是召唤一种无历史根源的全新建筑。然而，审视建筑从古至今的全部历史，令我很难置信传统形式会永不再现。的确，近几十年来传统建筑已重新确立为针对因新需求和材料而产生问题的一个不可避免的答案。

亚当描述了他对复兴建筑的认知，至今被柯布西耶描述为"鄙视受奴于过去"的作品，复兴建筑则是很多重大建筑阶段的主要源泉。

的确，这于我一直看似是可以理解西方建筑史的唯一方式。观察古典主义重现作为历史主要部分的成功，很明显，每一代建筑都要重新挖掘自己的古典语言，自寻其所欲。

15世纪的阿尔伯蒂，16世纪的帕拉迪奥，17世纪的佩罗，18世纪的亚当和勒琴斯，19世纪的辛克尔：都各自有一个柱式语言的重新发现；都各自对古代设计之秘的探究带来期望，这些期望又为其发现或是自以为的发现而增色。

建筑和考古学界，于20世纪80年代和90年代，都保持同步于我们延续历史传统的这种新感知。对于历史这种重要的创新之意，其启示明灯即是很多学术书籍，包括威廉·麦克唐纳和约翰·平托的《哈德良的府邸及其传统》（1995年）、皮埃尔·德拉鲁菲尼耶尔·迪普尔的《普林尼的府邸：从古代及其后继》（1994年）、赫西的《古典建筑逝去的意义：装饰的思考，从维特鲁威到文丘里》（1988年）。查尔斯·詹克斯，建筑后现代主义极具影响力的人物，也曾于其诸多书中力图复原建筑的意义，如《走向一种符号性建筑：主题之宅》（1985年）。他提议整理出图像程序"为一种与其一致的，从私用和常用性，到公用和哲思性的建筑"。与其相反，现代主义者则认为建筑共鸣已无必要，因过去已然死亡。他们由此给予建筑多种阶段以名称和日期，如同墓碑一般。但是我们最好能记住，那些所谓的"手法主义""巴洛克""新古典主义"等的建筑师们并未如此称谓自己。这会令我们看到一个生命延续，而不是一个风格博物馆，是一个花园而不是一个墓地。

举例来说，想来也是令人兴奋，如果区别建筑师阿尔伯蒂和索恩，不以"15世纪风格"或"新古典主义风格"，而是以其都是维特鲁威的学生。同样的形式会因极为不同的意图而得以复兴，且能在不同时期唤起不同的意义和共鸣。由此，一种启发于希腊的古典主义风格，于18世纪的美国被托马斯·杰斐逊用作民主理念的象征，于20世纪30年代的德国虽有类似形式却有着不同的

含义。但是，建筑自身并无极权性或民主性，如此我们便可欣赏希腊神庙，排斥其动物祭祀活动，而后者又是其真正的设计目的。"建筑"，如利昂·克利所述："无他，只不过表述其结构逻辑，这意味着其原为自然、人和智慧之法则。建筑设计和建筑只考虑创造一个构造环境，既漂亮又结实，适合、可居且优雅。"

另外，我们已不再置信某种风格或文化发展的历史必然性。埃恩斯特·冈布里奇，于其诸多论文中如《名利场之逻辑：服装、风格和品位研究的另类和历史主义》（1974年），除掉了艺术史研究中的黑格尔决定论假设。我们接受此论，但是因人类个性之偶发，故事亦可能全然不同，而其未来结局亦全无所知。同样否定的是建筑功能性的解释不能基于其面值，因其建造之欲可能止于其内在：权利或美观的表现，因其功能需求而得以成立。

美国首要传统建筑师，阿伦·格林伯格近期曾写道：

建筑的古典语言一直很现代，因其基于人类个体的生理和心理……古典主义建筑……是人类至今发展的最为全方位的建筑语言。3000年的西方建筑基本上是一个古典建筑的历史——展示了这种古典语言如何成功地呼应了建筑的需求，与其多样的政治领域、文化、气候和地理环境。

这即是此书的一个主要目标，讲述这种成功的精彩故事。

然而，此种语言的一些特别部分得益于近乎无政府建筑爆发的交替更迭，它们看似产生于人类对激情，甚而对危险的一种反复需求。这亦展示于近期的解构主义者运动，关系到彼得·艾森曼，亦在全球于诸多建筑师的作品之中，如蓝天组、弗兰克·盖里、丹尼尔·雷柏斯金、斯和扎哈·哈迪德。评

判其建筑或是猜测其过气时间，也许还为时过早，因为据某种意见，它们仅仅是在表达长久以来的"震撼欲"，由此，看似除了吸引人之外并无用。然而，此书之意不在预测未来，只在确认《启示录》中宣称的事实，"看啊，我制造全新的万物"。

21世纪之初的数年，"旗舰"建筑被空前地用于宣传机构，这明显于艺术画廊和博物馆。此过程常常包括重振19世纪或20世纪没落的工业区域，建筑有着惊人的新造型，这有时归功于CAD的使用。同时和20世纪一样，钢铁、玻璃和混凝土被大量使用，亦有很多建筑师强调使用传统材料，如木材、砂岩、土陶、竹子甚至纸质。其结果，即建造了一种多样如不是有时令人困惑的景象，这里的建筑常引起异议但争执却常不休止，占据着当代文化的中心位置。21世纪开始影响建筑的最大变化便是经济优势的转移，由欧洲和美国，至明显的中国、印度、印度尼西亚、巴西、墨西哥和俄罗斯。此书考虑到这些新事物的一部分，例如描述了2008年的2部新作：在北京为奥林匹克建造的诸多建筑，自瑞士、德国、荷兰、法国、澳大利亚和英国的建筑师；以及在卡塔尔多哈的伊斯兰艺术博物馆。由华裔美国建筑师贝聿铭设计，此博物馆受益于伊斯兰的传统建筑，结合的建材有从法国的石头到巴西的蕾丝木，其构思的建议又来自伦敦大不列颠博物馆的馆长。作为全球化的产品，从中国到卡塔尔，这些在北京和多哈的建筑，并非无故地被包含在一个西方建筑史之中。

大卫·沃特金

第一章　美索不达米亚和埃及

西方的文化和建筑，其丰富性和协调性，大多源自欧洲之外的地域。这便是近东、埃及、美索不达米亚①的底格里斯河谷和幼发拉底河谷，还有更西边的，即埃及的尼罗河谷，也是在此，人们发现了世界上最早的建筑。由此，我们的故事便要从欧洲之外讲起，虽然，美索不达米亚的苏美尔人②文化几乎一直无人知晓，直到 19 世纪中叶考古挖掘的开始。然而，正是这里逐渐掌握的灌溉技术，令其谷物丰登，也令其分化出各种各样的生活方式，从此，一部分人耕种土地，一部分人则搬至都市。

美索不达米亚

对纪念性建筑和城市概念的源头，我们可追溯至公元前 4 世纪，于"两河之间的土地"，即美索不达米亚。苏美尔人文化的发源地，是在伊拉克南部和波斯湾北端的沼泽地中，可见于公元前 5000 年之后建成的史前圣城，埃利都（Eridu）。这里，泥砖神庙的立面有着交错的礅柱和壁龛，反映着当地早期的芦苇结构，亦是一种沿用至今的建筑方式。由此，便开启了美索不达米亚神庙建筑的漫长故事，直至其顶峰阶段，这便是苏美尔、巴比伦、亚述时期巨大的阶梯金字塔（ziggurat）和殿堂式神庙。其文化中的各路诸神则被认为是城市的主人，因而需要用最大强度和防守的建筑来容纳、保护他们。

巴比伦以南，有一座较大的苏美尔城市，乌鲁克［Uruk，圣经故事里的埃雷克（Erech），现今的瓦尔卡（Warka）］，建于公元前 4000 年，其 1/3 的土地都用于神庙和公共建筑。奉献给伊南娜（后来的伊什塔）——爱情和战争女神——的区域建有多组神庙群，并用一个醒目的门廊相连接，门廊有两排巨大的泥砖圆柱，这是至今所知的第一组独立柱子。墙体和壁柱都饰以一种早期的建筑装饰，即赤陶锥体③，约 4 英寸（10cm）长，色彩为红色、淡黄、黑色，并排列成几何图案。同时，这里也发现了世界上最早文字记录④的碎片。

其紧邻的区域，是奉献给阿努⑤（Anu）

① 美索不达米亚：
即两河流域，现在的伊拉克。
② 苏美尔人：
目前为止所发现的最早人类文化。
③ 赤陶锥体：
锥体尖部嵌入墙体，底部圆形外露，直径约 1cm。用于墙饰，同时保护墙体。
④ 最早文字记录：
楔形文字。这里指其象形文字的阶段，不是后期的拼写阶段。
⑤ 阿努：
又称天神，是诸神阿努纳奇之父，如古希腊的宙斯和古罗马的朱庇特。
⑥ 乌鲁克：
建造者为吉尔伽美什。

1 埃利都：神庙一号复原图（约公元前5000年）

2 乌鲁克⑥：马赛克庭院细节（公元前4000年）

的，即天空之神，这里有一个建筑被称为"白色神庙"。它矗立于一片高台之上，有着斜坡式的侧面，这也许是阶梯金字塔和神庙塔（temple-towera）的原型。由此我们发现，在幼发拉底三角洲，已经有了一种成熟的砖制建筑，其墙体有着凸出来的装饰性礅柱，并影响了之后的建筑发展，一直到希腊化时期。这一时期，甚至其扶壁，都一直保持为祭祀建筑的一种显著特征。其绘制和浮雕装饰也不只是装饰之用，而是用来强调结构的，如欧贝德（Al' Ubaid）神庙，位于乌尔城①（Ur）附近，它是由阿-安尼帕达（A-annipadda）国王，建于公元前 3000 年中叶。

美索不达米亚城市，建造的神庙式阶梯金字塔，于平坦的地带之上，也许是要让人联想到山脉。这些阶梯式高塔中，最为出众的一个，有着递减的正方形平台，就是建于公元前约 2125 年，位于乌尔的"大金字塔"。这里，其核心区的泥砖有一层，即是被烧过的砖工艺，以及夸张的坡道阶梯。因其中的一个高约 59 英尺（18 米）的平台得以留存下来，它便成为在大多苏美尔的城市之中，在此及之后的时期之中，保存最好的阶梯金字塔。乌尔，是一个有城墙的城市，由技术精湛的工程师们建造，它有着两个封闭的港口，以便容纳幼发拉底河往来的船只。城市

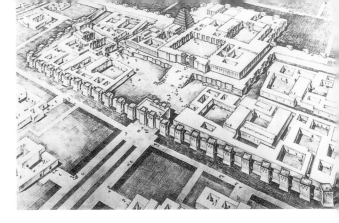

3 科尔萨巴德（Khorsabad）：复原图（约公元前700年）

的主要公共建筑，神庙、宫殿，都被围在一个内部的要塞之中，其中央便耸立着一座大金字塔。所有这些都只是一个富裕都市文化的一部分，基于贸易，同时也基于农业。它见证了我们人类文明的主要发明，如刻在公元前约 3200 年泥板上的文字，还有纪念性建筑、雕塑、城邦的原型。

苏美尔人建筑的原理，之后被好武的亚述国王们继续沿用，后者来自美索不达米亚的北面，其统治时间，是从公元前 2000 年后期直至公元前 612 年。在其大城市尼尼微（Nineveh）②和尼姆鲁德（Nimrud）③中，没有留下多少遗迹，满城都是单层的泥砖房屋，围绕着一个中央庭院，无对外窗口。大一些的房屋则有两层之高并被刷白。虽然他们通晓拱顶甚至穹顶结构，但是他们并未发展此项技术，而建筑也只

4 乌尔：神庙式阶梯金字塔（约公元前2000年）

① 乌尔城：
乌鲁克东南，近波斯湾。

② 尼尼微：
亚述首都，现伊拉克摩苏尔附近，《圣经》里有记录的城市。

③ 尼姆鲁德：
《圣经》中冒犯上帝之人，曾建通天塔。

是变得大些、奢华些，并饰以涂釉砖、雕塑装饰，后者有独立式的，也有浮雕式的。

一个极有特色的亚述成就，便是皇城科尔萨巴德①，位于现伊拉克北部，由萨尔贡二世（Sargon II）（统治于公元前721—前705年）建造，它是一座正方形平面的城市，城墙有塔楼，覆盖面积为1平方英里（2.6平方千米）。也是在这里，第一次偶然的亚述挖掘便始于1843年。此地段包括：一座官殿，隶属国王的兄弟，也是个大臣；一座神庙，供奉那布（Nabu），即文书和智慧之神，也是亚述最重要的神祇、政府建筑以及萨尔贡自己的巨大官殿。它覆盖面积23英亩（10公顷），围绕着3个庭院而布局，建于一个高平台之上，有一个厚重的装饰石面的表层，内有一个复杂的赤陶结构的下水道。建筑比较显著的，是其加倍增添的细节，而不是整体布局的关联性，它用了很多贵重木材，如杉树、柏树，柱子不多，但却有着绘制的灰泥墙、多彩的釉砖、圆拱、带翅膀的狮子和公牛，后者有似人类的头部，还有芦苇的装饰、圆形的齿饰。

这座官殿不只是正式的居所，也是一个君主的行政总部，后者扮演着抵御外族敌人的一个神圣且又实际的角色，同时也要审视谷物的分发，以及堤坝和运河的维护。在官殿的一个角落处，则有一座神庙金字塔，这种布局是一个早期的实例，表现了亚述王国日益强调的独裁形式，而不是宗教和城邦形式。

公元前612年，亚述帝国的尼尼微陷落之后，权力的中心从底格里斯河的上游转至幼发拉底河的下游，这里，一个新巴比伦王朝的国王们重建了巴比伦城，它极尽华丽辉煌，希罗多德（Herodotus）②于公元前5世纪中叶曾这样描述过，"它超越了世界上所知任何城市的光彩"。的确，其名字巴比伦，原意即"诸神之门"。

在汉谟拉比（Hammurabi）③统治下（统

5 科尔萨巴德：王室（觐见室）入口的羽翼公牛（现于法国罗浮宫）

治于公元前1792—前1750年）的原巴比伦城，没有留下什么建筑，但是第二次的建造，即所谓的新巴比伦时期，则有遗迹留下，这是由尼布甲尼撒二世（Nebuchadnezzar II）④建成，他的统治是在公元前604—前562年。伊拉克的考古发掘，揭开了城市的井格式规划，它有着双层墙、塔楼、通向河流的运河，同时还发现了一些地基，隶属砖砌结构的神庙、宫殿、要塞、著名的阶梯金字塔，后者就是《圣经·旧约》中通天塔的原型。

进入城市的主要入口，要经过一条宽敞的铺设大道，被称为"仪式大道"（Processional Way），两边墙的立面都覆有彩色的釉砖。进入内城的入口则要通过伊什塔⑤大门（Ishtar Gate），也是同样覆有釉砖，是一种艳丽的蓝色，并有黄色和白色的公牛和龙⑥浮雕。大门留存的部分已重建于柏林的帕加马（Pergamum）博物馆。大门的西面是尼布甲尼撒的宫殿，围绕着5个庭院的布局，其立面都饰有釉砖。很有可能的是，官

① 科尔萨巴德：
尼尼微北20千米。

② 希罗多德：
公元前484—前425年，希腊的历史记录者，在其所著的《历史》中，描述了他所游历的地方和见闻，包括埃及、西亚、希腊各地区。

③ 汉谟拉比：
以其法典著称。大约于中国的夏朝时期。

④ 尼布甲尼撒二世：
建造了耶路撒冷神庙。时间约为中国春秋时期的周朝。

⑤ 伊什塔：
其神即始古希腊的雅典娜和古罗马的维纳斯。

⑥ 龙：
不同于中国的龙，更似恐龙形，有说为当时未灭绝的物种。

6 巴比伦：复原图（约公元前700年）

7 波塞波利斯（创于约公元前518年）：阶梯

殿的一角便是著名的"空中花园"，关于它，我们知之甚少，然而正如巴比伦的城墙一样，它们都是古代世界的"七大奇迹"^①之一。

现代学者对这个时期的城市规划论著也不是很多。因为人们一直认为近东的古代城市中，如科尔萨巴德、尼姆鲁德、乌尔，其宫殿和神庙的设置都是随意性的，而建筑之间关系和谐的一种城市脉络则是受希腊的影响，即在波斯人征服了美索不达米亚地区之后。然而，随着巴比伦和埃及仪式大道的被认知，近东古代城市的规划成就也逐渐被认可了。

美索不达米亚文化和随之的建筑被终止于公元前539年，即于伟大的居鲁士（Cyrus）^②征服巴比伦之时，后者创立了波斯的阿契美尼德（Achamenid）^③王朝，这便是我们现今的伊朗。波斯在突然之间成了一个伟大的帝国政权，而直到此前，其政治发展一直未被关注。如所有身处其位的政权一样，波斯人也急于适应其所征服的建筑风格。波塞波利斯（Persepolis）^④，便开始成为一个仪式中心，为大流士而建，于公元前约518年，并由阿塔赛克西斯（Artaxerxes）完工于公元前460年，它是一个对美索不达米亚建

① 七大奇迹：
一是吉萨大金字塔；二是巴比伦空中花园；三是奥林匹亚的宙斯雕像；四是以弗所的阿特米斯神庙；五是哈利卡那苏斯的玛索勒斯陵墓；六是罗德岛的铜像；七是亚历山大城的灯塔。

② 居鲁士：
他曾禁止奴隶制度。

③ 阿契美尼德：
波斯的第一个帝国，由居鲁士创建。

④ 波塞波利斯：
波斯首都。

8 巴比伦：伊什塔大门（柏林，帕加马博物馆）

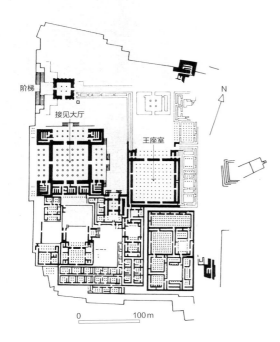

9 波塞波利斯的平面

筑的辉煌总结，有着壮观的双阶梯和精彩的浮雕。它全部都是在刻意回应着巴比伦、亚述、埃及、希腊的建筑，带有希腊工匠的痕迹，工匠们是大流士在爱琴海的战争中带回来的。虽然波塞波利斯大部分被亚历山大大帝捣毁，其废墟长久以来被17世纪之后的西方游者广为熟知，并不像我们本章中的其他建筑，虽然更为系统的考古挖掘直到1931年才开始。为了更好地理解以上所述，我们应该将视线转向古代埃及的纪念性建筑。

埃及

　　探索埃及建筑有极大的挑战性，我们要摒弃现代人期望的艺术要求，即变革、创新，也要摒弃建筑要求，即材料和形式的一种适当关系。古埃及所有的君主和宗教制度，包括其表现形式在内，在3000年里即便有后期创新，但基本上一直保持一些共同元素。在其狭长的河谷中，它因阿拉伯和利比亚沙漠的险要屏障而与世隔绝，埃及曾是一个封闭的社会，大多没有受过外界影响。建筑师和艺术家也并不认可其原创的价值：的确，罗马皇帝们——包括奥古斯丁、图拉真、哈德良——建造的一些极为精致的埃及建筑，在今天会被谴责为"仿制品"。古埃及人没有表达材料性质的观念，因其建筑只是一种象征性的，而不是功用性的。早期建筑结合的元素来自泥砖建筑、树木植物，其形式并不适于石制建筑。建筑上的特别之处不在于其形式，而在于其图像符号，因图形是意义的载体，由此其艺术图形亦等同于其文字[1]。

　　法老（Pharoah）是古埃及词，意为国王，源自词语"pr-o"意为"大房子"。国王，或是法老，经常被视为神[2]，因为当时人们认为只有一个具神性的国王才能够执行所有仪式，来维护埃及，进而意味着维护宇宙。这些正式的组织是奉献给永恒的宇宙秩序，也是在此，国王和神祇保持了共同的互助，神会赋予国王以厚爱，而国王则回报以祭祀仪式。国王通过诸神，也被视为是建筑灵感的源泉，因此，在准备纪念性建筑的基础时，他有时也会被描述其中。这里，没有一座主要建筑的平面图留存下来，很明显他们依赖惯用的标准设计。即便如此，还是有三位建筑师的名字为人所知，其中的两人——伊姆荷太普（Imhotep，活跃于公元前2600年）和阿蒙荷太普（Amenhotep或also Amenhotep Ⅲ，公元前约1440—约前1340年）——名誉极高，并因其成就而被奉为神明。

　　希罗多德，是第一位留下一份埃及记录的游历者，于公元前约460年曾写过，埃及人视其住宅建筑为一处暂时居所，而视其陵墓建筑为一处永久居所，直至重生。虽然埃

① 埃及文字：
其文字为象形，亦源于载体的概念。

② 神：
这里英文虽然是god，但此神是指诸神，以太阳为主，并非只指上帝，后者为基督教的概念，并视前者为异教，统称古教（pagan）。

及的陵墓和神庙建筑在特征上表现为纪念性建筑，其雏形则是农耕人群一种简朴的世俗建筑。尼罗河岸的很多建筑大多采用可分解材质，如泥砖、木材、芦苇垫，一直沿用至今，尤为建筑师哈桑·法蒂（1900—1989年）所注重，后者延续了一种始于公元前4000年的建筑传统。虽然没有多少古埃及本土建筑留存下来，但是这种泥砖建筑最终解释了埃及成熟的石制建筑。由此，巨大的塔门（pylon），即构成神庙的入口大门，都有着倾斜的侧面，这在泥砖建筑中是必要的。同样，泥砖建筑习惯用植物茎秆加固其转角，这也反映在石制建筑之上，其形式为四分之三圆的转角线。

10 萨卡拉（Saqqara）：阶梯金字塔和重建的围墙（约公元前2650年）

从萨卡拉到大金字塔

埃及的第一座巨大石结构建筑，也许亦是全世界的，便是位于萨卡拉的陵墓群，于开罗以南，建于公元前2650年，建造者是国王左赛尔[①]（Djoser，执政于公元前2630—前2611年），即第三王朝的创立者。这个早期建筑群范例，有着中轴线布局，结合了建筑、绘画、雕塑，其主要部分是一座庞大的阶梯式金字塔，近200英尺（60米）高，周边环绕着带柱子的仪式大厅建筑和其他类型的建筑。它为死去的国王提供了一处居所，同时也是一处现实的祭祀场所，包括一个宝座和一个国王的雕像。

这个区域由一圈石灰石墙所环绕，有着一个引人注目的立面，其石头建造的形状却回应了木材和草垫建造的祭坛，即临时性如帐篷般的形式。这也会被视为一种类似多立克柱式的情形，即如维特鲁威（Vitruvius）[②]所著，用石头来模仿木匠工艺。这些假立面隐藏着密实的碎石核心，没有任何室内空间。一如既往，埃及建筑挑战所有的现代期望，即建筑的"真实性"和"适宜性"，后者则

是18世纪理性主义的起点。埃及建筑入口大厅的两侧有半柱，饰有芦苇捆，回应着棕榈树的树干。这些并不是独立柱式，只是短凸壁墙的圆端头，此形式被出人意料地反映在后来的希腊世界中，于著名的阿波罗神庙，位于巴塞（Bassae），由伊克蒂诺（Ictinus）于公元前约429年设计。

萨卡拉的显著成就开启了一个强盛的建筑扩展时期。石材的使用代表着一种建筑技术的革命，它令人们得以建造金字塔，金字塔作为一个太阳光线的象征符号，一直向天空延伸，其侧面亦有太阳光盘。自国王左赛尔建造金字塔开始，又有了一个飞速的发展，在一个世纪之后达到顶峰，这便是吉奥普斯（Cheops）[③]建造的吉萨大金字塔。

大金字塔，建于公元前2500年，为第四王朝的国王而建，被古代人视为世界七大奇迹之一。的确，覆盖123英亩（49.2公顷）、480英尺（146米）高，边长755英尺（230米），它至今仍是人类建造的最大体量建筑物，它是罗马圣彼得教堂的2倍之大。它如何建成至今仍是谜。没有轮子，这意味着没

有轮车、吊车、滑轮用来协助搬运巨石，但是我们知道的是，当时有用到楔子①、凿刀、杠杆、摇杆。

碎石坡道，是工人拉滑板用来运输材料的通道，环绕在金字塔石墙的外围而建。这些坡道在金字塔建成后即被拆除。建筑的工人包括战俘、奴隶、农耕劳力，后者则是在每年尼罗河的汛期②雇用。

大金字塔的室内有三个墓室③，其中的中心墓室和花岗岩墓室带有石棺，且由一道巨大的长廊相连接，长廊有石灰石块的叠涩屋顶（corbelled roof），呈对角线上升至金字塔的核心。其外部原来都曾覆有精致抛光的石灰石，用以强调一座标志性建筑在数学上的精确，即要其直力冲向天际。由此，它是"通向天堂的坡道"，即为死去的君主将来能够死而复生。

在大金字塔之后的数十年内，又建有两座紧邻的金字塔，由吉奥普斯的儿子——哈夫拉（Chephren或Khafra）国王——和他之后的门卡拉（Mycerinus或Menkaure）国王所建，加之狮身人面像（sphinx），它们便构成了一处令世人难忘的皇家墓城。每一座金字塔都有一座相关的神庙，并由一条堤坝大道连至金字塔群，同时每个法老的妻子也都有一座小些的金字塔。狮身人面像，貌似哈夫拉谜一般的一座雕像，俯卧于通向金字塔的堤道边。它是从一处石灰石的岩层直接刻出，约成于公元前2500年，狮身人面像有241英尺（73.5米）长，是古埃及最大的纪念性雕塑。显示了国王的神性形式，作为太阳神（Re或Ra）④的儿子，它有着一只伏卧狮子的躯干、国王的头像，头上冠以一个皇家头饰，眺望着太阳升起的东方。

底比斯

随着旧王国⑤的瓦解，皇家金字塔所代表

11 哈夫拉狮身人面像和吉奥普斯金字塔，吉萨（约公元前2500年）

12 北墓区（Deir el-Bahri）：哈姬苏的陵墓

的传统也走到尽头，取而代之的即孟菲斯，它作为一个权力中心，位于底比斯城附近，于上埃及⑥。此国家后来又被国王门图荷太普二世（公元前2040—前2010年）所统一，他为自己，连同其军事及政治伙伴，建造了岩石切面的陵墓，于北墓区（Deir el-Bahri），底比斯以西的尼罗河畔。国王门图荷太普的陵墓，深埋于山中，进入要通过一个平台，它看似一个

① 楔子：
埃及人用木楔劈石，就是将楔子嵌入石缝，之后加水，其膨胀的张力即将石撑裂。

② 汛期：
随天狼星而至，因而日历亦依据天狼星而立。

③ 墓室：
塔内的确有室，但是否有墓亦成为争议。

④ 太阳神：
拉，又称雷，是古埃及太阳神，于第五王朝，公元前2400年，成为主要神祇。

⑤ 旧王国：
公元前2686—前2181年，早于中国夏朝之前。

⑥ 上埃及：
即上游的埃及，地图上为南边。

被形式化的原始山丘，种植着一片树林。朝向即太阳升起的东方，这好像代表着一个创世之形象和太阳之每日重生。整个建筑群可被视为一种园林景观设计，置于高耸的悬崖石面脚下，悬崖环绕于山谷的三面，只有东边向外敞开。这里的三个庭院层层见高，可经过坡道进入，并都有一个双柱廊，柱式为一种简洁的原始多立克特征，这被视为1000年后希腊多立克柱式的源头。

　　500~600年之后，公元前约1470年，女王哈姬苏（Hatshepsut）[1]委任她的建筑师森木特（Senmut）监督皇家工程，建造了一座陵墓神庙，亦于北墓区，刻意宏大地回应着邻近门图荷太普的坡道陵墓。

　　在埃及中部的贝尼哈桑，大型的地下陵墓大厅则是宗教建筑的一种重要的新发展，虽然还是回应着世俗建筑的形式。在克努荷太普（Khnumhotep，中王国，第七王朝，公元前约1900年）的墓中，木和泥砖的形式被转译在石头上。有些柱子有16边，如北墓区，而拱形的屋顶则绘有仿针织和木梁的图案。这令人想起帐篷般的建筑，木杆上挂着草垫或地毯的那一种。

卡纳克和卢克索

　　底比斯一直作为宗教中心达2000年之久，其最北端是卡纳克神庙城，奉献给太阳神阿蒙–雷[2]，后者很快成为"诸神之王"。卡纳克，是于中王国时期，约于公元前2000年，随着太阳神阿蒙–雷的一处神坛开始建起。成功的增建令其成为埃及最重要的宗教中心，因为人们相信，太阳神阿蒙–雷会从卡纳克放射出一股生命的能量，可以维持季节的整体节奏，包括每年泛滥的尼罗河。这便会保证谷物的成功收获和埃及的国家稳定，继而被太阳神的世间之子——国王和法老——所极力推崇。

　　卡纳克的神庙群因底比斯南端的卢克索而得以平衡，最终，两者由一条仪式大道连接起来，大约有1英里（3千米）长，沿路有排列的狮身像。很多祭祀盛会和奢华庆宴的举行，有一部分是在城中而不是在神庙中，而卡纳克、卢克索的神庙群和底比斯的都市生活之近，倒是令人想起一个类似的例子，即中世纪欧洲的城市和其大教堂的关系。另外，虽然神庙没有执行一种社区功能，但是它们却起到了宗教、艺术、教育的作用，亦有些像中世纪的修道院。它们是权力的中心，其财富来自各自拥有的土地，因而有时神庙主管也行使收税职能。

13 阿蒙荷太普三世（Amenhotep III），卢克索（约公元前1370年）

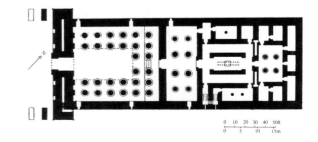

14 康素（Khonsu）神庙的平面，卡纳克（约公元前1180—前1160年）

① 哈姬苏：
　亦为哈谢普苏，统治似中国的武则天。

② 阿蒙–雷：
　Amon-Re，这里是古老的太阳神名字Re和底比斯太阳神名字Amon合二为一。

16

其重要性也意味着成功的法老有义务要去加建，这又不像希腊的神庙，后者是作为一个统一的整体来设计的，因此，埃及的神庙则是一系列的建筑，包括有巨大的多柱式厅堂。加建的神庙在一系列的塔门之后，高度逐渐降低。例如卡纳克的太阳神庙，便是在 2000 年的时期里一直有增建，直至成为世界建筑史上最令人振奋、空间上最为引人入胜的建筑群。

在其入口塔门的前面，是一处港口湾，由一条运河连接到尼罗河，这令太阳神的神像能够在一艘三桅帆船上盛大仪式般地航行到卢克索的神庙。一条狮身雕像大道，都有着一只狮子的躯体和阿蒙的公羊头①，直通至塔门入口，这是一系列统治者加建的六对塔门中的第一个。塔门，带有用来固定旗杆的狭缝，代表着太阳升起的水平线，其上刻有各种图像，原本有镀金和彩绘，描述着国王正在击败埃及的敌人。

接下来的是一个大庭院，代表着天和地的一个连接点，它向天空开敞，两侧的柱子上则呈现有植物般的柱头，如富裕的尼罗河谷中的茂盛树木。由此，再进入建筑群的核心部分，即壮观的"多柱大厅"，238 英尺 × 170 英尺（104 米 × 84 米），由塞提一世（Seti I）始建，由拉美西斯二世（Rameses II）完成，成为埃及建筑中最大的室内空间。它的 134 根柱子排成 16 行，有着纸莎草（papyrus）②的柱头，创造出一种植物园的印象。在其中央的通道上，柱子有 69 英尺（21 米）之高，而外侧通道上的柱子则低些，是42.5 英尺（13 米）高，这令中央区域得以有采光，来自一个高侧石格窗，成为中世纪教堂采光形式的先例。室内覆有雕刻的彩色浮雕和述文，用来称颂国王和诸神。

另一对塔门则通向放置三桅帆船的圣殿，而之后，又是一个庞大的庭院。其轴线

在此已被放弃，取而代之的是一条神庙的通道，它包括如帐篷般的国王图斯莫西斯三世（Tuthmosis III，执政于公元前约 1450 年）的盛会大厅。这里展示着"帐篷杆"一样的柱子，回应了支撑宝座的木柱。从这里迂回，便进入真正的太阳神阿蒙–雷的室内圣殿，太阳神的金雕像立于一块红色的花岗岩之上，保留至今。它只供国王或主祭祀官之用，亦是整个系列空间的高潮——每日的祭祀仪式，而环绕周围的是墙上和天花上的宇宙图像。这些祭祀亦延伸至圣湖，即神庙的一个常规部分，它代表着太阳神阿蒙–雷第一次出现的一个原始海洋。在阿蒙神庙的南面，是康素神庙，即"建议者"，一座保存极好的纪念性建筑，始建于拉美西斯三世（Rameses III），于公元前约 1180 年。

位于卢克索的神庙，是国王和太阳神阿蒙–雷之神秘关系的中心场所，这里，国王每年都要欢庆其神圣的结合，规模之大类似于卡纳克。其入口塔门建于约公元前 1250 年，由埃及史上伟大的建造者之一——拉美西斯二世——组织建造，他长期执政，占据了大多的第十九王朝，这是在新王国时期（公元前 1307—前 1196 年）。塔门前的两座红色花岗岩方尖碑，其中之一仍立于原地，而另一座自 1836 年起则立于巴黎的协和广场③。

卡纳克和卢克索位于尼罗河的东岸，是诸神的神庙之地，而河的西岸，则是逝者的王国。在这里拉美西斯二世于公元前 1250 年前建造了他自己巨大的陵墓神庙——拉美西斯堂（Ramsesseum），有着其巨大的壁柱式雕像，是以一种木乃伊的形式。后来又有一个庞大的雕像出现，于其著名的岩洞陵墓中，位于阿布辛贝④。

托勒密时期 ⑤

如我们开始所述，建筑史上最显著的

① 阿蒙的公羊头：
在此，又称狮身羊头大道。

② 纸莎草：
埃及特有的古代书用料。

③ 协和广场方尖碑：因酸雨已有损。

④ 阿布辛贝：
太阳每年只有两天——2月 21 日和 10 月 21 日——才会照进这里的山洞。

⑤ 托勒密时期：
Ptolemy，其最后的法老，便是著名的克里奥佩特拉（Cleopatra）。

延续形式之一，便是神庙，如位于伊德富（Edfu）、丹德拉（Dendera）、菲莱（Philae）的神庙，这些都是建于埃及帝国毁灭之后。建筑的委托人，是马其顿人的托勒密王朝（公元前304—前30年），统治者讲希腊语，

15 阿布辛贝（Abu Smibel）：拉美西斯二世的岩洞陵墓（约公元前1250年）

16 爱神（Hathor，牛头人身）神庙，于丹德拉（公元前110—前68年）

是亚历山大大帝在埃及的后代，再之后，便是罗马皇帝（公元前30—395年），他们都是接受了法老头衔的境外统治者。这些建筑超群的品质为世间伟大的建筑传统之一画上了一个适宜的句号。

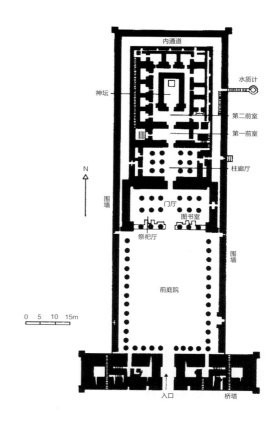

17（上） 爱神神庙的平面，伊德富（公元前237—前57年）

18（下） 爱神神庙，伊德富

第二章　古典主义的基石：古希腊、希腊化和古罗马

青铜时代遗产

若要始于开端，这就意味着我们要将视线越过帕提侬神庙，越过这个超然沉静和辉煌智慧的凝聚体，进而来到一个有着原始浪漫的蒙昧世界，它令之后的古希腊人念念不忘，虽然其中的细节对他们来说也是非常之神秘。这就是古希腊青铜期（赫拉迪克期）[①]，于公元前 2000 年的中、晚期，这期间有两大部分，即希腊——以迈锡尼和阿尔戈斯平原为代表，和亚洲的西北部（现今的土耳其）——以特洛伊城为代表。此文明中的英雄传奇已被荷马时代的诗人所颂扬，同时，克里特岛上的现代考古挖掘也揭开了其重要的部分，作为欧洲最早的建筑实例，它们就是米诺斯王宫（始于公元前约 1600 年）、费斯托斯、马利亚（Mallia）、阿基阿特里阿达。通过贸易，克里特人约在公元前 2000 年后接触到了先进的东方文

19 宫殿的王室，克诺索斯

明，即埃及和叙利亚，这使得他们于公元前 1600 年发展了一种本土建筑文化，令其生动的则是源自亚洲的特征，后又逐渐有着埃及的痕迹，如柱子、中心庭院、带壁画的室内。

克里特文化，又称米诺斯文化，因神话中住在克诺索斯的米诺斯国王而命名，形成于新石器时期——公元前约 5000 年，并没有因为被入侵而立即消亡，入侵者是来自希腊本岛的迈锡尼人，自公元前 1450 年开始入侵。在此时期末所建造的很多宫殿，都是用石块和有石灰涂层的日晒泥砖。宫殿都是庞大且紧密累积而成，由很多非正规或是不对称布置的房间和大厅，它们分组环绕在一个庭院的四周，并点缀着凉廊、平台、柱廊、采光井。位于克诺索斯的"米诺斯王宫"是一栋四层建筑，占地 3~4 公顷，有着一个壮观的廊柱楼梯，是历史记载中此类建筑的第一个。

克里特的宫殿外观大多不为人知，且其立面在建筑学上看似不会很特别。宫殿的室内曾有过壁画，虽说克诺索斯这个著名实例有些俗气，且大多是考古学家阿瑟·伊文思爵士的自我创造（1851—1941 年）。单就宫殿没有防御设施的事实，就足以证明这些华丽装置的房间、连接的回廊庭院、华丽绘制的木制柱廊，都是服务于一种休闲、文明的生活方式。一个适宜的排水系统令其有了浴室和卫生间；有些房间还有炭盆，用来烹饪

① 古希腊青铜期（赫拉迪克期）：
Helladic，于中国夏朝期间，区别于爱琴海的斯拉迪克斯文化（Cycladic）和克里特岛的米诺斯文化（Minoan）。

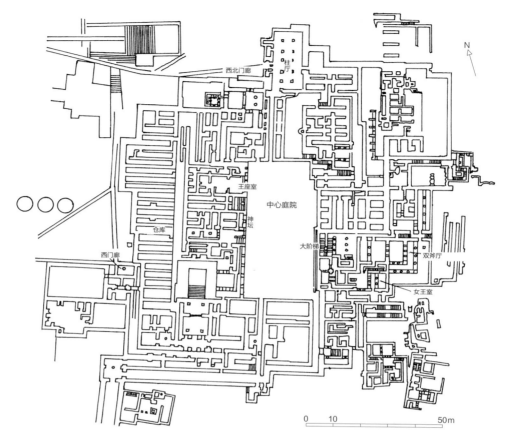

西北门廊

王座室

中心庭院

神坛

仓库

大阶梯

双斧厅

西门廊

女王室

0　10　　　　　　　　50m

N

① 迷宫：
迷宫的设计师是代达罗斯（Daedalus），欲逃离克里特岛，为他及其子伊卡洛斯（Icarus）设计了翅膀，因由蜡黏合，嘱咐儿子勿近太阳，但终不听，翅膀熔化，坠入大海。

或是冬季取暖；而底层则包含有庞大的储藏区域，储藏了一个比现今更为丰饶的克里特岛特产：谷物、葡萄酒、橄榄油、羊毛。储藏区的复杂性有一部分是和希腊的古老传说有关系，每年米诺斯王都要把7对童男童女送给怪物米诺陶（Minotaur），它住在一个特别设计的迷宫①里。储藏区的面积也说明了这座宫殿曾是岛上大部分地区的配置中心。确定地说，这是一种不基于陵墓的文化，如埃及，亦是一种不基于神庙的文化。同时，它也不是武士文化，因为克里特的城，即如克里特的宫殿，都无防御功能。这是一个岛国，或说是海洋政权，而海洋的屏障已形成了其最有效的防护。

迈锡尼

同时，另一种文化在希腊本岛平行地发展着，这就是现今所知的迈锡尼，或者是古希腊青铜期（赫拉迪克期）。这些迈锡尼希腊人统治着爱琴海世界，于青铜期的最后几个世纪，即公元前1400—前1200年。他们的中心之一毫无疑问便是迈锡尼，位于阿尔戈斯平原上，那里，主要留存的城市和要塞的遗迹都是公元前约1300年以来建的。迈锡尼与附近梯林斯森严的堡垒，和优雅无防御的克里特宫殿形成了鲜明的对比。的确，也许是迈锡尼的武士国王们通过入侵克里特，将米诺斯文明推向了死亡，并在公元前1450—前1400年接管了米诺斯贸易，进而，

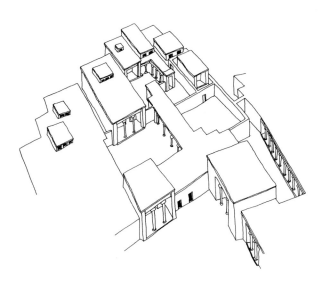

21（上）公元前13世纪于梯林斯的宫殿复原图

22（下）迈锡尼的宫殿平面（公元前13世纪）

他们之后也沿用了米诺斯的建筑形式，并雇用了米诺斯的艺术家。

迈锡尼这个名字记载于《荷马史诗》中，即阿迦门侬（Agamemnon）[①]国王的领地。阿迦门侬的功业，则在埃斯库罗斯伟大的戏剧三部曲《奥列斯特》[②]里有着生动的描写，剧中他的家乡便是阿尔戈斯。梯林斯虽然没有迈锡尼的浪漫故事，却保存得更为完好。梯林斯要塞的早期工程建于公元前1400年之前，是一堵20英尺（6米）厚的墙，墙高大概为同样尺寸。要塞是由巨大粗凿石块砌成，每块巨石都要重几吨，这种力量的展示对后来的希腊人来说简直是超越常人的技术，因而被称为"库克罗普式"，因为这些石头的放置看似只能出自库克罗普斯（cyclops）[③]之手，它是神话中的巨人，在前额有一只独眼。其实，这种方法应该是当时一种小亚细亚实践的一次引进。在这庞大的要塞里，其王宫从梯林斯最后扩张的公元前13世纪后期开始，则相

① 阿迦门侬：
特洛伊战争的统帅，战争源于特洛伊的王子帕里斯抢走了阿迦门侬弟弟的妻子。

② 奥列斯特：
Oresteia，是阿迦门侬的儿子，其母及其情人杀死了胜利归来的阿迦门侬，儿子复仇，终杀其母。

③ 库克罗普斯：
独眼巨人，因能建巨墙而著称，名字原意为圆眼。荷马笔下曾有巨人为波塞冬的儿子，而诗人埃西奥多笔下的巨人则为泰坦巨人的兄弟。

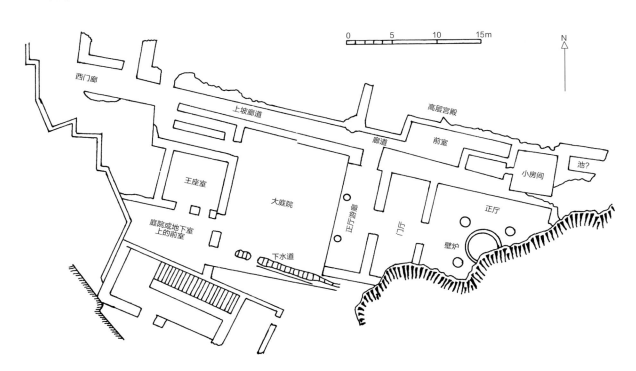

23 迈锡尼的狮子门（约公元前1250年）

对建造得有限。这里，它亦反映了米诺斯文化在建造上的影响，如日晒泥砖和木制柱子结构、不对称的平面、生动的壁画。

迈锡尼的要塞和宫殿的重建，大概和梯林斯同时建造，有可能用了同一批工匠。狮子门，作为迈锡尼威风凛凛的入口大门，展示了标志性建筑的明确品位。它由三块巨石构成，顶着一块三角形的石雕，石雕中间为米诺斯式柱子，两侧为一对护卫（现无首的）狮子，纹章样式。这种强势的组合，有着一些赫梯人（Hittite）①的味道，界于米诺斯和迈锡尼的主题之间，呈现出一种王权的形象。经过狮子门，现今的参观者们会在其右侧看到一个圆形的墓场，包括筒式的墓穴，来自狮子门之前的一个朝代，而后来的建造者将其保留下来。在此之后，是一条四轮战车的坡道，直接通向宫殿，针对步行的来者，这里有一个两层的阶

梯，可能是受米诺斯启发的，加建于公元前约1200年。更为简朴的宫殿，会有一个小的门卫或是客人的房间，以及一个开敞的庭院，直接连到迈加拉（megaron）（迈锡尼正厅）——一种贵气的大厅，这对应着荷马描述的奥德修斯的家。在正厅里，也许曾有王座，有四根柱子支撑着屋顶，一个中心火炉，墙上的壁画有武士、骏马、四轮战车。进入正厅要通过一个小前厅，这里，入口处标志有一对柱子。

有人曾讨论过正厅的设计，作为国王或是领首的内部圣殿，包含有希腊古典神庙的起源。这里有两个关于希腊神庙源于迈锡尼宫殿的论点：一是，知识在200年的黑暗时期如何保存；二是，同最早的希腊神庙相比，迈锡尼的正厅要更为复杂。也许两者都应被视为对一种简单而又长久的住宅类型进行的独立解析。当然平行比较也可以展开，于前柱式神庙和希腊住宅，以及位于迈锡尼宫殿东边的"柱式住宅"。这种房子最引人注目的特征是中间敞开的庭院，其三面排列有独立的柱子，这种布局令人想起位于梯林斯更加威风的正厅前柱廊庭院。

迈锡尼的要塞之外，即所谓的"阿特瑞宝库"②或是"阿迦门侬墓"，建于公元前约1300年，应是国王的最后安息之地，即最后改建这座要塞和宫殿的国王。在迈锡尼里面及周边大概有12个圆形墓穴，其中最大的一个，也是希腊史前纪念性建筑中保存得最宏伟的一个。这种圆形墓穴，是一种东地中海的式样，极为古老，有一个地下圆形墓室，带有一个叠涩石顶（corbelled），更像是一个蜂巢。进入墓穴要通过一条坡道，或是"墓道"，它直接切入墓穴，形成一种和主题适宜的阴冷、威严的入口，特别是在"阿特瑞宝库"，其长达120英尺（36米）的墓道都是用石头砌成的墙面。

"阿特瑞宝库"的通道口，有着逐渐变窄

① 赫梯人：
曾经的帝国，主要占据土耳其和叙利亚，公元前1600—前1178年，于中国商朝期间，其语言影响了印欧语系。

② 阿特瑞宝库：
阿特瑞是阿迦门侬的父亲。

24 阿迦门侬的陵墓，迈锡尼（约公元前1300年）

25 "阿特瑞宝库"的平面和三个剖面，迈锡尼（约公元前1300年）

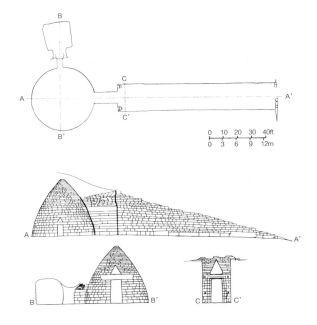

的两侧，并同时向内倾斜，这种特征可能来自埃及。其上是一个三角形的空间，意在缓解梁顶上石砌结构的压力。这个三角形及其两侧的空间饰有一对半柱式，原镶嵌有装饰石板，边饰为螺纹图案，是一种米诺斯的主题。

大门的两侧是绿色石灰岩的半柱式，部分残留，现保存于大英博物馆。柱身装饰着锯齿形和螺旋形图案，顶部冠以一个四分圆弧形角线，形似埃及的水莲柱头。前面这些精美而奢华的装饰，以其绿色雪花石膏和红色斑岩，成为整个青铜时代最为惊人的作品。圆形的墓室，高为43英尺（13米），直径为47.5英尺（14.5米），这种跨度在石砌结构中一直无法与之媲美，一直到1400年后的罗马万神庙，希腊化①的会议厅，如萨摩色雷斯的阿尔西诺恩，有着跨度更大些的木制拱顶。在"阿特瑞宝库"，需要极高的工程技术来排列砌筑巨石，用以抵住压力，并提供一个光滑的室内表面，以便用金、银、铜做贴面装饰。

古希腊文化②

建筑所依赖的经济繁盛，在大约公元前13世纪开始衰落，原因不明。有推测说，入侵者来自古希腊的北部，后被称为多利安人（Dorian）③，于公元前12世纪摧毁了迈锡尼文明。到了公元前1100年，青铜文化便都在废墟里了，宫殿被焚毁、财富被抢劫、工匠被解散；这里有过一次大规模人口迁徙，之后便是一个文明度较低的"黑暗时期"，充斥着贫穷、野蛮，持续了4个世纪。公元前9世纪，铁的使用成为主导，虽说这种技术在公元前11世纪就已为人所知。还有一种比铜更坚硬的金属，应该特别适合当时需要剑和犁的生活方式。大约在公元前800年，荷马开始歌颂那逝去的辉煌青铜文明，我们也可以确定，古希腊文化的开始是在公元前800年之后，即希腊文字的出现，它借用了一些腓尼基字母，并发展自线性文字B，后者一直延用在希腊的迈锡尼时期。线性文字B和之前尚未解读的线性文字A④，没有什么关系，后者是米诺斯人用于生意交往的记录中。它不同于青铜时期，即对神庙全新的关

① 希腊化：
Hellenistic，是指亚历山大大帝之后的希腊帝国。

② 古希腊文化：
是指亚历山大大帝之前的希腊，有古代时期（archaic），又称古风时期，为公元前600—前480年；以及古典时期（classical），为公元前480—前400年。

③ 多利安人：
多立克柱式名称的来源。

④ 线性文字A：
形态接近西亚古文。

注，这是一种米诺斯人全然不知的建筑形式。

不同于埃及和古近东的文明，古希腊文化没有明确的地界划分，而是从希腊本土扩散到爱琴海岛屿，现今的土耳其、黑海沿岸，一直到西西里及意大利南部、法国南部，甚至到西班牙的地中海沿岸。希腊本土和爱琴海沿岸的人口，大多被划分为爱奥尼亚人和近期来自北方的多利安人。爱奥尼亚人的主要城邦有雅典，它曾是一座迈锡尼城市，还有哈尔基斯和埃雷特里亚，小亚细亚（现土耳其）西岸的 12 个爱奥尼亚城，以及马萨勒（现在的法国马赛）。而多利安人的主要城邦是斯巴达、阿尔戈斯、埃伊纳、科林斯、底比斯，都是建在西西里岛、科孚岛、罗德岛、克里特岛屿之上。之后的古希腊人认为其艺术的性格特质要归功于两者的交融，即一种多利安人的阳刚、力度和一种爱奥尼亚人的阴柔、典雅。

直到公元前 179 年，他们才最终消解敌意，面对他们共同的主要竞争对手——波斯人和腓尼基人。这种新的古希腊秩序并没有共同的政府体系。它的特点是有很多小自治城邦，其统治方式各异，或由国王，或由小群体，或由一个大多为自由男性公民的组织（希腊称此三种政治体系为独裁政权、寡头政权和民主政权）[①]。虽然这些城邦彼此常常争战，却都以其共有的文化特征而骄傲。他们对自己无与伦比的文化优越性坚信不疑，致使后人也相应接受，不仅被其后任继承者——罗马人，而且被之后的数代人，亦包括我们自己接受。

荷马描写的青铜时期——于公元前 2000年期间——有很多要塞，其中主要是王室的宫殿，但是公元前 800 年后的古希腊世界却有很多城市，其中还有带诸神雕像的神庙。进入内室或内殿都要通过一个双柱廊道，这些早期神殿回应着迈锡尼宫殿里的正厅。建造是用日晒泥砖，并用木料支撑，第一批神庙可能是草屋顶，因而是斜屋顶，而不是米诺斯和迈锡尼的平泥顶。他们将建筑前的柱子扩展到整个建筑外围的柱廊，这是对后期神庙建筑极为重要的决策。最早的这种实例是于 1981 年发现的一座富裕的墓穴，该墓穴位于希腊北部埃维亚岛上的莱夫坎迪。它可能建于公元前 1050 年，这座有半圆殿的长条建筑，介于一个墓穴和一座神庙之间的形式，有一个石制柱脚、泥砖墙、内墙有抹灰、一个芦苇的屋顶由柱子支撑，其四周则是由长方形柱子组成的一个围柱式样。一个稍后期的例子则有木制的柱廊，建于公元前 750 年，它围绕着一个长条形的赫拉神庙，位于萨摩斯岛上，此神庙的建造时间较之该建筑约早50 年。赫拉（Hera），地球的母亲，是众神之王宙斯的妹妹和妻子，宙斯（Zeus）是奥林匹亚诸神中最伟大的一个。赫拉在萨摩斯的神庙后来被取代了，大概是在公元 7 世纪的早期。

陶制的屋顶瓦片则是 7 世纪的发明，可能是在科林斯，它们在建筑更具纪念性和坚固性的趋势中，是一个重要的部分，因其重量令其使用石柱，而不是木柱，同时也带动了墙体结构的发展。它们也推广了比草屋顶缓些的脊屋顶，以及一种固定的长方形平面。阿波罗神庙建于公元前 630 年，位于希腊西北的塞尔蒙，自迈锡尼时代就是一座圣堂，是较早的宏大瓦顶建筑之一。这对早期多立克风格中的檐部结构也很重要，即柱头和檐槽之间的上部结构。瓦屋顶的支撑来自两侧各 15 根及前后各 5 根的木柱，以及泥砖墙体本身。在希腊化时期（Hellenistic），这些柱子便由石柱所取代，但其所支撑的檐部看似为木制，却也被漂亮的赤陶赋予了生机。

檐部保留下来的是巨大的赤陶陇间板（嵌板），每个近 3 平方英尺（0.3 平方米），

① 希腊政治体系：
　希腊是各种政治制度的主要发源地和实验地。

用来填充三陇板（triglyphs）间的空隙。这些赤陶或是木制三陇板有可能用来保护也曾是既装饰又保护，暴露在外的厚重木梁端头。这些陇间板（嵌板），固定于后面的一个泥砖墙，被涂以亮丽的色彩，加上红色的框子、玫瑰的边饰，框内画面是蛇发女妖和其他神话场景，是典型的古代希腊时期[①]绘画风格。之上的檐槽则饰有一排彩绘的赤陶面具，一个檐口饰（antifixes）的早期实例，是在之后所有的古典建筑中用来冠饰上楣（檐口）的。神庙还于内殿中央留有一排柱子，一种古老且很快被遗弃的做法，但是，它确实引入了一种后廊厅的形式，被之后的神庙广为采用。

古代希腊时期神庙，于公元前约600—前480年

希腊神庙的布局和我们在塞尔蒙所见的多立克柱式的起源一样，确定于公元前7世纪。即自神庙东面的入口前厅，直接进入神庙主体或是内殿，内有神像，即神殿之所奉。神像置于空间的最深处，面东。其后有时会另有一内室，作为一个宝库、圣室或是神龛，有时也会有后廊厅。因为前廊厅和后廊厅常有祭神的宝物，因而都用金属栏杆和大门封闭着。重要的是我们要认识到，用来牺牲动物以求敬神的祭坛，一般不是置于神庙里面，而是在主入口立面之前。大多数神庙是朝东[②]的，如此，祭司在祭祀过程中可以面朝东，而背朝庙。虽然这对我们来说也许有些怪异，但是如今的教皇们，于罗马圣彼得大教堂前做室外弥撒，正是采用这一朝向。然而希腊神庙不同于圣彼得大教堂，它是特别为这一种祭拜仪式而设计的，也不同于哥特教堂，神庙是一个实体，让信徒们静心仰慕，而不是可进出的场所。很有可能希腊神庙的威严和神秘部分来自这样的事实，即除了特别的节日之外，神庙的室内是不对外的，唯一可

见神像的角度便是自东门之外了。在炎热的气候中生活，人们在室外多于室内，因而古希腊人对建筑的要求比我们少些，虽说他们也可能会希望待在凉爽的厚墙室内。很确定的是，他们对自然极其敏感，并有着想象力丰富的精神世界，这令他们视树木、水流、山脉、天空为神灵的化身。

这些早期案例完全转变成我们能够识别的成熟化的希腊神庙，还是在希腊人开始将石头用于雕塑或是建筑之后，就是7世纪中叶。而之后成为经典的多立克柱式，其不同的组成部分则清晰地展示于图28中。在初始的石制神庙中，希腊人还试图回应之前建筑的结构和装饰，即木材以及饰有陶片的日晒泥砖：其结果被称为"石头化的木工工艺"。此名称极好地解释了很多的建筑细节，如檐部滴珠饰便更像是檐底板雕刻的木钉。据此理论，这些檐底板则代表神庙屋檐下凸出梁的两端。换一个角度来看，即便是全木结构，诸多滴珠饰的作用亦不是很清晰：需要记住的是，如檐底板这样的建筑特征已习惯被人赏识，不仅出现在脊形屋顶建筑的两侧，且非逻辑性地出现在无梁的端头。但是，多立克柱式源于木结构的理论是来自维特鲁威，著于公元前1世纪，因而，还是不能全盘否定。现代学者们更趋于把各种多立克元素视为功能因素，并有刻意的美学或诗意的阐述。以一种抽象几何的形式来组合这些元素，其本身并不庞大且无任何功能，却足以证明建造和支撑的建筑模式。由此，多立克柱式也许不是木制原型的一个慢演化结果，而是一种刻意的美学创新，于7世纪中叶，自东北部的伯罗奔尼撒人（Peloponnese），后者热衷于创造一种全新且有纪念效果的石制建筑。

另一个未解的问题是，凸显的多立克风格是否受埃及影响，后者发展了有着石工

① 古代希腊时期：
公元前8世纪至公元前480年。

② 神庙朝东：
和后来的教堂建筑相反，后者朝西。

艺和柱式的庞大建筑，如卡纳克的阿蒙神庙（公元前约1750—前1085年），或是在北墓区的哈谢普苏王后陵墓神庙（公元前约1470年），这里的狼头神（Anubis）① 神龛有一个明显的原始多立克柱式。我们知道在公元前7世纪中叶，希腊和尼罗河三角洲地区就有往来，但在科林斯和附近的伊士米神庙的建造时间确定之前，我们还不能说其设计者们是否受益于埃及。如果神庙的建造日期是公元前约660年之后，那么受埃及影响的可能性较大，因为两者在法老萨姆提克一世时期的接触特别密切，而法老本身也是一名伟大的建造者。希腊传统的纪念性石雕，也是始于公元前7世纪中叶，有着生硬的正面人物形象，则是标志性的埃及风格。埃及在建筑上影响最大的时期，是在公元前7世纪晚期到前6世纪早期，特别是在巨石的组合和装饰的技术上。到了公元前6世纪后期，希腊人已经取代了很多技术，转而使用自己的发明，虽然在公元前5世纪时，伟大的史学家和旅行家希罗多德还是被埃及的建筑所震撼。

巨大的阿特米斯（Artemis）② 神庙位于科孚岛上的加里萨，建于约公元前590或前580年，是希腊围柱式神庙的较早案例之一。同样重要的是，它也是一个在山花墙里使用雕塑群的早期案例。这里有一个凶猛的蛇发女妖，两侧为同样凶猛的黑豹，于神圣而又神秘的内殿之外，震慑着所有邪恶的来访者和精灵。神庙本身已消失，但是，彩绘的石灰岩雕塑和建筑的残片还有留存，虽然不是在原位。这非常不幸，因它可能是第一座完全的多立克柱式的神庙：渐细的凹槽柱身，立于一个无基座的柱座之上，上冠有浅浅的柱头，支撑着一个檐部，饰有一个三陇板加陇间饰（metope）的中楣（檐壁）（frieze），其间点缀着檐底板（mutules）和滴珠饰（guttae）。之后的几个世纪里，很多细节和比例都更为精致，但是，多

26 狼头神神坛的门廊，于哈谢普苏的神庙，北墓区（约公元前1470年）

立克柱式本身基本上没有变化。

同时期的还有赫拉神庙，位于奥林匹亚，是一个结合了石灰岩、日晒泥砖、木柱的建筑，建于公元前6世纪中叶之后，木柱逐渐被换成石柱。保存至今最古老的一个6世纪的神庙柱廊，便是阿波罗神庙的7根柱子，位于科林斯，约建于公元前540年。近21英尺（6.3米）高的石灰岩柱子，原有白色的抹灰，有着强大的原始元素的形象，这要部分归功于完全垂直的外观。如果柱子缺乏纯熟的线条，其耸立的石头地面会从神庙的四面，看似以一种微弯的曲线向中心凸起的，最早的一个视觉调整实例，我们在讨论帕提侬神庙时会再述。另一个调整在科林斯，是令所有多立克神庙设计者着魔的问题，即其拐角三陇板。希腊人在每根柱子上都会放一块三陇板，以标志着柱子的承载。为了保留这种力度错觉，设计者还坚持在中楣（檐壁）上用三陇板而不是视觉上弱些的陇间板（嵌板）为终结点。这就意味着，拐角三陇板并不对应拐角柱子的中心线。为了缩减

① 狼头神：
阿努比斯。

② 阿特米斯：
宙斯女儿，月亮女神。

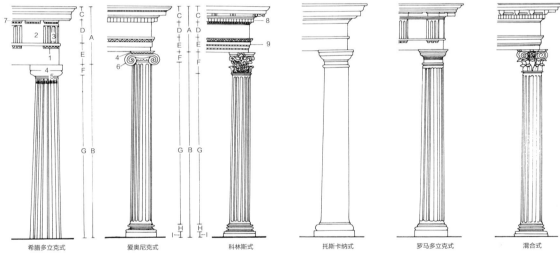

| 希腊多立克式 | 爱奥尼克式 | 科林斯式 | 托斯卡纳式 | 罗马多立克式 | 混合式 |

由此引起的三陇板和陇间板（嵌板）间距的不规则感，两端的柱子会排列得稍紧些；同时，在科林斯的阿波罗神庙，靠近拐角三陇板的陇间板（嵌板），要比其他的宽2英寸（5厘米）。科林斯曾是一个富裕的商业中心，靠海，位于连接伯罗奔尼撒和希腊本岛的地峡（isthmus）底部。因此它是理想的贸易地点，有南北之陆路和东西之海路。在城中崛起的如山一样的科林斯卫城，作为世上保存极好的要塞之一，依然令现今的参观者震撼。科林斯自公元前4000

27（上） 阿波罗神庙，于科林斯（约公元前540年）

28（下） 建筑古典柱式（约公元前700年）[A.柱楣（entablature），B.柱子，C.上楣（cornice，檐口），D.中楣（frieze，檐壁），E.下楣（achitrave，额枋），F.柱头，G.柱身，H.柱础，I.柱基（plinth）。1.滴珠式（guttae），2.陇间板（metope），3.三陇板，4.顶板（abacus），5.圆饰（echinus），6.涡卷（volute，爱奥尼克），7.檐饰（mutule，多立克），8齿饰（dentils），9.挑饰（fascia）]

年起即有居民，其最有影响的时期，也许是7世纪在独裁者吉普瑟勒斯和其子佩里安德尔的统治之下，当时它殖民了叙拉古城（Syracuse）①和科孚岛，并成为古代世界里的主要陶瓷生产和销售者。于公元前146年，科林斯被罗马人劫掠并毁灭，直到公元前1世纪，在恺撒大帝的统治下，它作为一个罗马殖民地又开始了重建。继而，它成了罗马希腊的奢华首都，后又被圣保罗选中，作为他向古教（Pagan）②世界的传教中心。

在科林斯，被众多人参观的阿波罗神庙在风格上应近似于另外两座阿波罗神庙——一个在雅典，一个在特尔斐（Delphi）。在雅典卫城的雅典娜波丽爱斯神庙，大约建于公元前6世纪中叶，是在"专制者"皮西斯特拉特的统治之下，后者创立并扩大了酒神节和泛雅典节（Dionysiac and Panathenaic）③，同时也确定了《荷马史诗》的官方文字。皮西斯特拉特和岛上其他统治者保持着联系，这也许能够解释神庙中来自爱琴海岛屿的大理石以及爱奥尼克的柱式，后者在之后有更多的应用。因此，这座阿波罗神庙是第一个用大理石来制作的山花墙雕塑，同时雕塑也是立体的，因为它的创作是在独立于石灰岩的背景之上。庞大的宙斯神庙位于雅典，始建于公元前约520年，是于皮西斯特拉特的统治时期，但是直到公元约130年于哈德良的统治时期才得以完工。皮西斯特拉特的雅典娜波丽爱斯神庙精彩地采用了大理石作为顶部和屋瓦的装饰，这也促使一个流放的雅典家族——阿尔西马奥尼斯——第一次用大理石做了一个神庙的立面：这就是阿波罗神庙，位于特尔斐，建于公元前513年。

多立克风格的纪念性建筑建于公元前6世纪中叶到前5世纪的，没有多少可媲美位于"大希腊"④的大神庙遗址，即希腊殖民的西西里岛和那不勒斯以南的意大利海岸。他们有着坚实而又淳朴的雄厚气魄，对有些人来说，这完美地概括了多立克的"精神"，特别比较于后来更为成熟的雅典5世纪的多立克柱式。位于西西里的叙拉古城（Syracuse）⑤是最大的多立安殖民地，也是当时希腊世界中的最大城市。叙拉古城6世纪早期的阿波罗神庙，是早期多立克风格庄重威严的一个实例，有着密集且巨大的锥形柱子。在塞利努斯（Selinus）有一些出色的多立克神庙保留下来，有4座在卫城，另有3座在附近的高地上。另外也有一组著名的多立克神庙保留下来，这便是在波塞冬城中位于那不勒斯以南50千米的一个希巴利人（sybarites）⑤的殖民地，后被罗马人改名为帕埃斯图姆。三座神庙里最早的一个，即6世纪中叶的"长方厅堂"（Basilica）⑥，或是第一座赫拉神庙。与其相连，建于一个世纪之后的，即第二座赫拉神庙（也叫尼普顿或波塞冬神庙），它近似于奥林匹亚的宙斯神庙，后者建于公元前约470—前457年。帕埃斯图姆的第二座赫拉神庙有两层很高的壮观室内，是所有古神庙中保存最好的。由此向北的一处高地上，有一座更小的神庙，建于6世纪后期的雅典娜神庙（谷类女神或德墨特尔神庙）。

在第一座赫拉神庙和帕埃斯图姆的雅典神庙中，膨胀状的柱式形状所产生的效果即所谓的凸肚形，是古老神庙中最为夸张的一组（虽然和奥林匹亚赫拉神庙中的柱式还是有得一拼）。这种形状在帕埃斯图姆亦回应在其所支撑的矮胖柱头的轮廓之上，这里，我们几乎能听到巨石负重的呻吟。这种淳朴、接近自然的感受，又因其粗糙多孔的当地石灰岩的表层而被意外地强化了，其表层原本遮于一个平滑艳丽的抹灰之下。有人宣称，这种凸肚形状，于5世纪中叶之后曾细微地回应在帕提侬神庙之中，是用来调整地面中

① 叙拉古城：
又称西拉克斯，于现今意大利的西西里岛，阿基米德生于此，罗马入侵时被害。

② 古教：
基督教之前的所有宗教。

③ 酒神节和泛雅典节：
酒神即为狄俄尼索斯。

④ 大希腊：
罗马人的称呼，指意大利那不勒斯以南的希腊，包括西西里岛。

⑤ 希巴利人：
后名声远扬，成为追求感官享受、纵情奢侈的代名词。

⑥ 长方厅堂：
通常音译为巴西利卡。

29 第二座赫拉神庙，亦为波塞冬或尼普顿神庙，于帕埃斯图姆（公元前5世纪中叶）

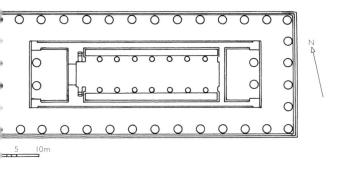

30 第二座赫拉神庙的平面，于帕埃斯图姆

间的下沉错觉，因全直的柱子会引发这种错觉。然而，它在帕埃斯图姆是如此彰显，这说明无论后来的运用目的是什么，其初始之用并非一种视觉矫正，而是一种艺术手段，用以独享作为一个承受巨重的象征。

帕埃斯图姆神庙中还有很多极具特色的

设计，这足以说明其建造者们都是才华横溢的天才：柱头会有装饰性的雕刻；爱奥尼克柱式会融合于多立克柱式；建筑的细节，如上楣（檐口）（cornice）、檐底、方嵌条、滴珠饰，也会被偶尔省去。最特别的要数雅典娜神庙的上部做法。正面水平向的上楣（檐口）在神庙的两端被省去，取而代之的是神庙两侧的上楣（檐口）则直达山花的两侧，并构成了出挑的屋檐，而其底部的装饰则为井格状。所有的柱子都向内微斜，突出了神庙强大的垂直重力，这座神庙属于伟大的女神——雅典娜。这座建筑通过其高度和地段来挑战每一位参观者的视觉和意识，无论他们是从陆地还是从海洋来到帕埃斯图姆。

规模最大，在某种程度上，也是所有多立克神庙中最出色的一个，即奥林匹亚宙斯神庙，位于西西里岛上的当时的奢华城市——阿克拉加斯[①]（Acragas，拉丁语的阿克拉琴图姆，现今的阿克拉真托）。神庙大概始建于公元前500年，但于公元前406年中断，因迦太基人[②]的"阿克拉加斯大劫"，这也终结了这座历史城市最繁荣的世纪。这座庞大的纪念物，其设计是要征服其参观者，173英尺×361英尺（52米×108米），向上5级台阶，建于一个15英尺（4.5米）高的平台之上。为了支撑檐部的重量，外侧的柱子并非独立，而是用半个柱身靠在一道通长的实墙上。虽然看起来体量很大，但实际上檐部都是用相对小些的石块砌成。建筑中最奇怪、最神秘的部分，是那些保存下来的石雕像残块，这便赋予了其流行的名称——"巨人神庙"。从这些残块以及中世纪的描述中，我们得知它采用了巨型男性雕塑（telamones 或 atlantes），有25英尺（7.5米）高，双臂高举过顶，来支撑建筑的上部。而它们在神庙里的准确位置却成了一直以来的争论点，但是，现代考古学家们推测，这些有点稍显粗野的雕像应

① 阿克拉加斯：
西西里的西南部，现名为阿克拉真托（Agrigento）。
② 迦太基人：
也可称为腓尼基人，属闪米特人。

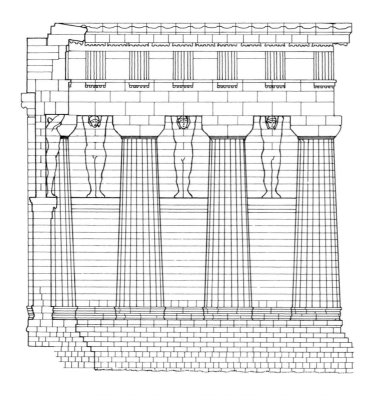

31 宙斯神庙复原图，于阿克拉加斯（约公元前500年）

是站在墙的一个臂架之上，于两个柱子之间，协助支撑其檐部，而自身又好像有铁杆加固。这座奥林匹亚的宙斯神庙，由此而成为一个更为直观的表现，表现了一个建筑在重压下的呻吟状，如我们在帕埃斯图姆所见。这些雕像传出的粗暴感应该是关于——也许只是想象——公元前480年迦太基人在西梅拉（Himera）[①]的战败，之后，很多迦太基囚犯被迫服苦役，来建造神庙。

我们已经描述了辉煌、纯熟的多立克神庙，但是，几乎没提及建筑的选址。没有多少希腊的选址会像阿克拉加斯那样震撼人心。而雅典卫城则坐落于北部的一个山脊上，包括有保存下来的雅典神庙，但是向南又有一道山脊平行于海岸，很有诗意地聚集着至少6座神庙，各自相距半英里（0.8千米）。对于希腊建筑之间以及和周边景观的联系，因我们

对于古希腊人的设计意图知之甚少，因而也启始了现代学者们提出很多对立的理论。其范围从很随意的争论到某一种认知，比如一个神庙的选址和一个邻近山峦的关系，都会影响到柱式的所有处理：或是奔放，如帕埃斯图姆的雅典娜神庙；或是矜持，如卧于阿卡洛科林斯下科林斯城的阿波罗神庙。可以肯定的是，神庙依山而建，其整齐的列柱之后是粗糙的山岩，且柱石采自山岩，这的确是一个令人惊叹的象征，象征着人类在和自然的一场艰苦争斗中取得的掌控和尊严。说起位于巴塞的神庙，新古典主义建筑师C. R.科克雷尔在19世纪早期曾写道："柱式之工艺，即如沙漠之绿洲。"此外，我们亦可将多立克神庙中平衡和张力的结合，看作一种回应，回应着因对立而激发出的精神历程，而同时，将神庙奉献于诸神，也是提醒众人，作为单独的个体，人是无法与周边的自然世界力量相抗衡的。

另外一个壮观的选址，且有着保存极好的古代后期多立克神庙，就是阿法亚[②]神庙，建于约公元前510—前490年，位于雅典附近的埃伊纳岛上。阿法亚是世间古老的女神，是水手和猎人的守护神。她的神庙位于其洞穴的上方，两侧都有俯瞰大海的最佳视野，从其岩丘之顶并透过绿松之间。它用当地石灰岩建成，表层涂以奶油色大理石粉饰，很多装饰细节也被饰以艳丽的色彩，如山花雕像、檐饰、狮子面具、狮鹫。神庙山花墙上，《荷马史诗》的特洛伊之战雕塑是保存下来的此类最早的雕塑群。更早些、更古老些的，是在西面的山花墙上，建于约公元前490年，那里，武士们有一种超脱的沉静和典雅的微笑，和神庙气氛极为相辅，虽然它与稍微后期的东面山花墙形成鲜明对比，因后者的人物雕像有着极为强悍的肌肉动作。

神庙展示了很多比例上的矫正。例如，除了帕埃斯图姆的雅典娜神庙，阿法亚是第

① 西梅拉：
现西西里岛北。

② 阿法亚：
Aphaea，古老女神，水手和猎人的守护神。

32 阿法亚（Aphaea），埃伊纳岛（约公元前510—前490年）

一座神庙，令全部柱子内倾，且拐角柱子有些许加粗；柱子也有凸肚形，柱座有一个上卷曲线，室内则是一个双层廊柱的早期范例。这些建筑特征都预示着帕提侬神庙，但是，在我们转向 5 世纪的雅典研究多立克柱式的顶峰之前，我们应该先看一看爱奥尼克式的起源和发展，即希腊亚细亚的风格。

爱奥尼克式的兴起

我们已经涉及爱奥尼亚殖民地，它位于小亚细亚沿海，是由迈锡尼希腊人于公元前 1100 年后为躲避其文明的毁灭而建立的，直至公元前 8 世纪，已建立了诸多沿海城市，如米利都（Miletus）①、普里安尼、以弗所、士麦那（Smyrna）②。在此以及爱琴海岛屿，如萨摩斯、希俄斯、纳克索斯、提洛，他们创立了精致而又奢华的文明，对我们来说其

象征即爱奥尼克风格——有着曲线悠然的典雅，且有着些许的感性。爱奥尼克柱式的起源，即如古代世界的很多其他事物，至今无法确定。有人认为它源自所谓的伊奥利斯柱头（Aeolic），是于 7 世纪晚期或是 6 世纪早期，发现于小亚细亚西北部的伊奥利斯。虽然很优雅，但伊奥利斯柱头上有个很长的长方形延伸板，比起多立克柱式的方形，是对纵向梁的一个更好支撑。伊奥利斯的早期版可见于巴勒斯坦和塞浦路斯，但是这和后来的相似也许只是巧合，而爱奥尼克式则发明于公元前 550 年，在两座现已毁掉的建筑中，它们曾列为希腊第一批庞大的神庙：即位于萨摩斯的第三座赫拉神庙和位于以弗所的阿特米斯（戴安娜）神庙，其费用都是出自吕底亚（lydia）的国王。

西奥多勒斯（Theodorus）是一位建筑设

① 米利都：
米利都哲学的发源地，主要人物有泰勒斯，他亦是数学家、天文学家，以其科学性的哲学思考而著称。

② 士麦那：
现土耳其的伊兹密尔。

计和工程的天才，来自萨摩斯，他建造了这两座庞大的神庙，并写了一本相关的书籍，现已失传，那是最早的建筑条例，但至少我们还知道其书名。它们是首批有双廊的神庙，即宣称有双层列柱环绕四周，是一种小亚细亚神庙的特色，也许是来源于埃及神庙壮观的廊柱厅。在西面的入口处，柱子的间距向中心逐步加宽，这是另一个受埃及影响的特征。奢华的阿特米斯神庙几乎全部采用大理石，这倒不同于古代的多立克神庙。其柱子则为后来的爱奥尼克式建筑确立了风格，同多立克相比，它的特点在于其纤细的形状，其柱头的设计，以及柱基的华丽线脚，且有一个水平的环托。有些柱子的下部还刻有人物雕像，虽然这种异国风情的特色未形成一种时尚，但是凸显的雕塑展示却是爱奥尼克神庙中的一种装饰注重，相对而言，多立克神庙则有着结构注重。因此，爱奥尼克风格完全地省略了多立克式中楣（檐壁），因其三陇板和陇间板被认为是结构真实性的一种诗意表现。在亚细亚的爱奥尼克式里，取而代之的是紧贴上楣（檐口）下方的一排齿饰或小方块，在爱琴海西部的爱奥尼克式则是一排石头，上刻有人物雕塑。

　　另有一座建筑，以其独特的丰富性和魅力，最生动地代表了早期的西部爱奥尼克风格，亦是一件大理石宝物，建于约公元前525年，位于希费诺斯岛附近的特尔斐。建筑门廊的两侧是两尊巨大的女像柱子①（独立女性雕塑），其风格被后来雅典伊瑞克提翁的建筑师重复。她们头顶上奇异的柱头有精心雕刻的男人和狮子的形象。中楣（檐壁），甚至山花墙，都雕满了人物塑像，都是一些高浮雕，并华丽地涂以红、蓝、绿色，而主厅入口周边的建筑装饰也有同样精致的雕刻。

希腊古典时期：公元前 480—前 400 年

　　帕提侬神庙、卫城山门、伊瑞克提翁神

33 特尔斐（Delphi）的宝物，希费诺斯岛（约公元前525年）

34 第三座赫拉神庙的平面，萨摩斯（约公元前550年）

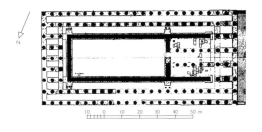

庙，汇集于雅典卫城或者是雅典要塞之上，在建筑传统上一直被视为多立克和爱奥尼克风格的制高点。而 5 世纪的雅典则标志着古建筑顶峰的观点，这要部分归因于 19 世纪的学者，他们惯于阐释历史阶段和风格，或用生物学的，有时也用伦理学的发展来臆断一种不可避免的过程，即产生、成熟、衰落。然而，建筑的古典语言一直有被沿用来建造宏伟、多样的建筑，直至今日。所以，我们没有理由认为使用古典语言的传统只是一种简单的效仿，即效仿较好的公元前 5 世纪。

　　无论如何，在这些年里，我们看到了古代世界人类文化的首次确立，这是现代人可以从情感上和理性上都有所同感的。它来自建筑师和雕塑师，如卡利克拉特斯、伊克蒂

① 女像柱子：Caryatids，有说是女奴，现有争议。

32

诺、姆诺斯克利、菲迪亚斯；壁画家，如波利格诺托斯、米孔、帕纳诺斯；哲学家，如苏格拉底——逻辑学的奠基人；或是来自诗人，悲剧作家，埃斯库罗斯、索福克勒、欧里庇德斯，他们对人类情感戏剧性的描绘，一直无人能比，直到莎士比亚的出现。古典文化兴盛于 50 年的和平时期，于波斯战争和伯罗奔尼撒战争之间。的确，仅仅宣称经济条件可以创造或者决定文化成果的特色并非正确，但是很明显，这种波及广泛的艺术兴盛，如果不是植根于一个经济繁荣且世态平和的土地之中，也是不大可能。在公共收入上，此时的雅典是希腊最富有的城邦。还有一个被广为推测的，即雅典已经发展了一种政治体系，预示着现代的民主程序。然而，这些年辉煌的建筑成果却是一如既往地归功于某些强大的个人，而不是民主的议会。

雅典的政治命运掌握在帕里克利（Pericles）之手，他是军事和政治的领袖，执政自公元前约 450 年直到他去世的公元前 429 年。帕里克利出身贵族，并继承了丰厚的遗产，他既有远见又有能力，着意打造一个新的雅典，让其成为全古代世界的仰慕之地。雅典的主权确立是早在公元前 490 年，是在距离雅典 26 英里（42千米）的马拉松（Marathon）①，雅典人成功地击败了波斯人。于公元前 477 年，"提洛同盟"（Delian League）在雅典的主持下成立了，意在巩固马拉松和萨拉米战役的胜利成果，并将入侵的波斯人永久拒之于希腊之外。帕里克利急于加强雅典的政治主导地位，便建造了一系列显著的公共建筑，尤其是帕提侬神庙，用来供奉城邦的守护神——雅典娜。宗教和政治在这里很难分解开来，即如中世纪的欧洲。的确，帕里克利太过决意将其设想付诸实施，以至于动用了其他资金，即提洛同盟和其他城邦筹集的，用以抵抗波斯人未来入侵的资金。

帕提侬神庙，作为全世界著名建筑之一——当时亦是一部专著的主题，但现已失传——它是世上公认的多立克柱式杰作。然

35 雅典卫城的平面 [胜利神庙、通廊（propylaea）、伊瑞克提翁神庙、雅典旧神庙、帕提侬神庙]

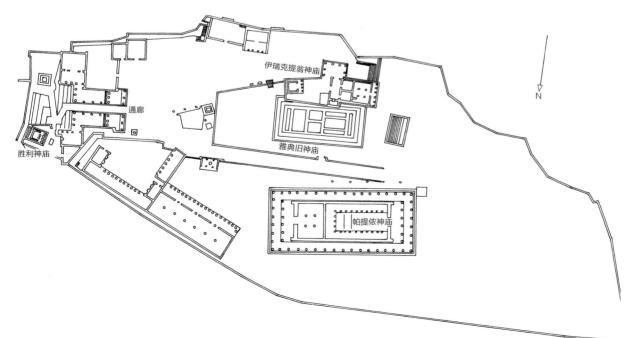

① 马拉松：
马拉松之战，公元前 490年，希腊打败波斯，为送喜讯送信员一直跑到雅典，即 42 千米。

36 帕提侬神庙的室内（完成于公元前438年）

37 帕提侬神庙的外观

而，我们对此建筑建造的历史几乎一无所知，只知它不像是来自一个设计师的完美版本，而是来自一个协调和适应的设计过程。我们已经说过帕里克利要"重建"帕提侬神庙，但是却不清楚其中多少是所谓的"旧帕提侬神庙"，即原建于公元前447年，当时，他委派建筑师伊克蒂诺（Ictinus）为新雅典娜的雕像提供了一个永久而雄伟的居处，雕像则由雕塑家菲迪亚斯（Phidias）完成。

雅典卫城上的第一座雅典娜神庙大概建于6世纪中叶，然而，另一座更具气魄的神庙则始建于约公元前490年，在人工的石灰岩平台之上，位于卫城的南边。在德摩提尼（demosthenes）的赞美文中，提及神庙是

38 帕提侬神庙中楣的细节（完成于公元前432年），展示泛雅典娜节的一个骑士组

"建自马拉松的战利品"，但是，除了平台及一些柱子的底座，直到公元前480—前479年波斯人那场骇人的报复行为时，好像神庙并没有建造多少，这次是在泽尔士（xerxes）①的带领下，波斯人掠夺并摧毁了卫城的建筑群。有一种理论认为，这次战败的15年之后，雅典的政治家基蒙又委任建筑师卡利克拉特斯（Callicrates）继续建造那座未完成的神庙。公元前450年，当基蒙去世时，神庙只完成了一半。基蒙的政敌帕里克利辞掉了卡利克拉特斯，于公元前447年又委托伊克蒂诺建造一座全新的、更大的（8根×17根柱子，而不是6根×16根柱子）建筑，但是建在原址之上，并结合了卡利克拉特斯的大部分设计，包括柱子和一些雕刻陇间板，其风格显然要比上楣（檐口）和山花墙上的雕塑要早些。伊克蒂诺于公元前447年开始建造，于公元前438年完成结构，神庙于同一年献于泛雅典娜节，然而山花墙的雕塑直到6年之后才完成。神庙后来又被改作他用，

如天主教堂、清真寺等，但建筑本身一直保存完好，直到1687年，当时在正厅临时存放的火药发生爆炸，彻底毁掉了建筑的中心部分。自此以后，建筑很快衰落，直到后来埃尔金爵士（Lord Elgin）将大部分雕塑搬至伦敦，那是在1799—1803年。

帕提侬神庙是希腊式完美结合的化身，雄伟和细致、抽象和感性，这亦表现在菲迪亚斯非凡的雕塑之中。神庙全部用当地的彭特里克大理石（Pentelic）②建造，这比起惯例的石灰岩材料，更适合构建我们所谓的"视觉矫正"。我们之前提过这种神秘的矫正方法，以及考古学家们的看法。在帕提侬神庙中，这些矫正包括柱座和檐部的凸曲线；柱子的凸肚线及其在拐角处的加粗；柱子及神殿外墙的内倾。这些矫正中有一点令人疑惑的是，大多数极尽微妙，以致肉眼无法辨别。例如，柱子的内倾角度极微，两侧柱子的轴心线如延续向上，要在神庙地面上1.5英里（2.4千米）处才得汇聚。另一个疑惑点是有关柱子不规则间距的问题，有些看似有意，而有些却似偶然。

区别帕提侬神庙和早期多立克神庙的，

① 泽尔士：
执政于公元前486—前465年，于大流士一世之后。

② 彭特里克大理石：
细腻，颜色为有些泛黄的白色。

不是视觉矫正，而是其雕塑装饰的质量和数量。陇间板上描绘的战斗场面是诸神和巨人、亚马孙人和雅典人、半人马和拉庇泰；中楣（檐壁）上，是每四年一次在雅典举行的泛雅典娜节的游行场面；山花上，则是雅典娜的诞生，以及她和海神波塞冬的雅典之争①。这座建筑体现了一种多立克和爱奥尼元素极为特别的融合，因为雕塑能有如此之大的规模，特别是中楣（檐壁）浅浮雕会连续地环绕整个内建筑，这便是更为爱奥尼的手法。

这种生动的自然主义风格，其雕塑者是菲迪亚斯，令人吃惊的是，他也是帕里克利所有公共建筑工程的总监，这一事实令人们可以想象得出一位成功的雕塑家可以达到的社会地位，继而，其艺术的重要性。的确，希腊建筑，正如帕提侬神庙所表现的，是以雕塑为本的建筑。我们可以将整座神庙阐释为一件雕刻作品：其建筑和雕塑都是成形于一个类似的过程，使用相同的工具，并且采用相同的材料——大理石。大多的雕刻都是现场制作，如南北两边的中楣（檐壁）和柱子凹槽，而柱头以上所有的突出点和雕塑都强化以鲜艳的颜色，用一种涂色蜡的手法。这里还有一种徒手工作的品质，令建筑师和雕塑家将生命的气息注入建筑和雕塑之中。视觉矫正亦是视觉的结果，而不是数学计算的结果；而其中的一些也肯定不是预先制作的，而是来自建造的过程。

为我们所见，希腊神庙的室内空间一般无惊人之处。帕提侬神庙著名的中楣（檐壁）虽然总长有 500 多英尺（150 多米），且比之前所有浮雕都精致些，但其位置却令人不解，不仅这里照明极差，而且大部分都被外圈的柱子和神庙的下楣（额枋）遮蔽。想象不出的是，现代品位面对菲迪亚斯的雅典娜像时

会如何反应，其庞大且用黄金及象牙制成的神像应该会震撼所有神殿的造访者。这座神像高 40 英尺（12 米），构造为木胎，面部、手、足镶嵌有象牙，衣饰和其他部分则贴有金箔。然而，伊克蒂诺为神殿内部设计了一个更具生气的建筑布局，他将两边的列柱环绕至建筑很短的第四边，从而为这座供奉的神像提供了一个更有趣的背景，而不是惯例的空墙。这个双层柱廊为神像创造了一个建筑画框，是 150 多年来多立克式神庙室内设计的第一次改进。这里还有更多的改进，如在侧殿或是宝库的设计之中，看似包括了 4 根爱奥尼柱子，这是爱奥尼元素第一次被用于多立克式神庙之中。

雅典卫城的另外两座主要建筑，即山门和伊瑞克提翁神庙，它们是比帕提侬神庙更为独特的纪念性建筑。山门，作为通往神庙神圣内院之门，建于公元前 437—前 432 年，是帕里克利出资修建的第二座建筑。如帕提侬神庙一样，它也是由大理石建成，且是当时造价昂贵的建筑物之一。令人惊讶的是，帕里克利没有聘用伊克蒂诺，而是选择姆诺斯克利（Mnesicles）为其建筑师，他应该是一位杰出的建筑师，然而，我们对他设计的其他建筑一无所知。且不幸的是，建筑因为公元前 432 年爆发的伯罗奔尼撒战争而未能完工。

自迈锡尼时期开始，这里便一直有个正式的入口。的确，姆诺斯克利本想在这里修建一座壮观的对称式建筑，但却未果，不仅因为占地坡度陡峭，而且还因留存的墙体是沿着卫城悬崖的一个不规则形状。进入山门要先经过一个 6 柱多立克式门廊，而后经过一个漂亮的柱廊通道，后者使入口更具戏剧效果。柱廊通道的爱奥尼式柱子支撑着一个华丽的大理石天花，其井格式天花被饰以金星和蓝色的背景，它曾是当时的一个建筑奇

① 雅典之争：
是雅典城市保护神之争，之于波塞冬之盐水和雅典娜之橄榄树。

36

39 卫城通廊（公元前437—前432年）

观。顺便提一下，建筑师用的铁杆用以支撑神庙下楣（额枋）的一部分，在结构上并无必要。于柱廊通道的尽头，参观者便会直面这整座建筑的意图，即其巨大的入口墙，中间门道为车骑者之用，而两侧门道则为步行者之用。之后的地势则急剧上升，由此，经过多立克式门廊，人们便会进入雅典卫城的圣区——位于爱奥尼式柱廊通道的东端，而此门廊是一座两屋顶建筑的前部，它要远高于西入口门廊。这里，两个屋顶的连接则令室外的立面略显尴尬。

入口立面的两侧为两座稍低些的侧翼柱廊。这些柱子比门廊柱子要短些，因此虽同处于一层，姆诺斯克利还是要面对着如何衔接不同高檐部的问题。其解决办法即令柱廊的檐部继续延伸，一直绕过门廊拐角的柱子，因而，在侧翼和门廊之间的连接处也创造出一个通道似的区域。

北翼的房间可能本来是做祭祀膳食之用；后因公元2世纪墙上悬挂的绘画便一直以画廊著称，然而，在一个山门的范围内，这两种功能看似都不大可能。南翼的设计显示了姆诺斯克利最为独创的天赋，因为它是一个视觉假象的一部分，用来平衡北翼画廊的立面，但又不能将其建成完整的神庙，因这里需要一个进入雅典娜胜利女神庙[①]的通道，而凸出的神庙又建于紧邻着卫城西南面工事。在山门的西端部分有一个假的北立面，因为在沿墙三柱式柱廊的最后一根柱子后面其实什么都没有。

山门还有很多其他奇异且精美的设计，包括采用错觉矫正，以及黑色的条形埃莱西斯石和白色的大理石的对比。然而，其特别之处在于，它是一个建筑群体组合的早期范

① 胜利女神庙：
胜利女神 Nike，音译为耐克。

40 卫城的伊瑞克提翁神庙（公元前421—前405年）

例，建于一个复杂的平面上，各个部分之间于不同的层高上来打造出和谐的空间关系。这种潜能已被人们探索了几个世纪，始于古代世界中，台地式希腊化风格的雅典娜神殿之中，位于罗得岛的林佐斯，以及附近科斯岛上的阿斯克勒庇俄斯神庙之中。山门，这种非同寻常的建筑组合，又重现于伊瑞克提翁神庙，后者矗立于雅典卫城的北部，建于公元前421—前405年。这一座高造价、全大理石的神庙建有两层，并有4个设计不同的门廊，有至少5个入口，这是留存的希腊建筑中最为混搭的一座。不幸的是，其初始的建筑师名字未有记载。

伊瑞克提翁神庙以其独特的多样性和复杂性，显然是为邻近帕提侬神庙庞大而稳重的节奏做一个烘托。当然，这里不规则的建筑组群也是源自几个分开的祭祀场地，包括雅典娜、伊瑞克提翁、潘得洛索斯、一个蛇穴。它还包含了一组并不协调的留存神物，如雅典娜的橄榄树、凯克洛普斯国王的坟墓以及两个纪念物，即波塞冬（Poseidon）[1]和雅典娜为争夺雅典主权时留下的：其三叉戟在岩石上留下的痕迹和一个海水蓄水池。建筑师的办法是先提供一个主体建筑，形似一个普通的神庙，而于其西端设有两个体积迥异的门廊。南边朝向帕提侬神庙的小门廊，即一座著名的女像柱廊，而北边门廊的尺寸要大很多，看似好像属于另一个神庙。此地

[1] 波塞冬：
海神，出现于《荷马史诗》的伊利亚特之中。

38

段为北高南低，且东高西低，这样不仅西边的两个门廊处于不同的层高，而且东面的主入口立面也比西立面高出 10 英尺（3 米）。西立面的设计则明显地有别于东立面，而且其柱廊是立于一堵简单的巨墙之上，墙上则有一个通向地下室的入口门。

建筑大多数的重点是在局部的雕刻装饰上，也许部分原因是要将注意力从整体不规则上分散开来。的确，它的装饰极尽精美奢华，以至于全希腊都不见有效仿者。北面、东面、西面的柱廊上，都有饰以雕像的中楣（檐壁），而柱头、柱颈、壁角柱则都刻有精致丝线式的装饰，饰纹为莲花和棕榈叶；同样的装饰也使北柱廊的门口增色不少，令其成为现存柱廊中最华丽的一个。确实，我们从建筑账簿上得知，建筑装饰的费用已超过了建筑雕像的费用。这个明细账本，是于公元前 409—前 407 年被刻在大理石上，包括支付给 130 名工匠的费用，其中有 54% 的外国人，24% 的自由公民，以及 21% 的奴隶。

我们对公元前 5 世纪希腊的调查，可在这一章中终止于一个制高点，它既是在建筑上的，也是在地理上的高度：这就是与世隔绝的阿波罗伊壁鸠里乌斯（Apollo Epicurius）神庙，位于高达 3700 英尺（130 米）的，巴塞（Bassae）①丛山峡谷之中。帕夫萨尼奥斯，于公元 2 世纪曾拜访了这处偏僻又美丽的阿卡狄亚（Arcadia）②，并告知我们他对神庙的极度赞赏，设计出自伊克蒂诺，委任来自附近的费加利亚小城，意在还原一个其赶走瘟疫的誓言。然而它之所以感谢阿波罗的援助，有可能是军事胜利的原因，而不是健康的原因，因为伊壁鸠里（Epikouri）是一支阿卡狄亚的雇佣军。关于神庙的建造日期也有很多猜测，但如今一般认为是于约公元前 429—前 427 年设计的，且于约公元前 400 年完工。

阿波罗伊壁鸠里乌斯神庙，大部分用当地灰色的石灰岩建成，其外围的多立克式柱廊有一种古代或是旧风的味道；但它缺乏帕提侬神庙的视觉矫正，特别是柱子的凸肚形。其室内与之相反，却展示出一系列惊人的创新，也修正了以往伊克蒂诺的传统特征。其内殿的两侧是漂亮的爱奥尼式半柱，比外面的多立克式柱子要高些，并用一些奇特的凸饰连接着内殿的墙壁，这可能是对类似形式的一种回应，它来自早期古代的赫拉神庙，位于附近的奥林匹亚。这些半柱有着夸张的钟形柱基，有着优美的曲线，这又回应在惊人的三面柱头之上，带有双斜涡卷和弯曲的顶部。这一惊人的发展，是来自一个爱奥尼柱廊后端的柱头，并在其角落，雕刻有一个斜对角的涡卷。巴塞这种独特的爱奥尼柱式或是科林斯柱头都是前所未有的，科林斯柱头是冠于内殿南端中的其中的一个，也许是位于柱子之上的全部三个。在这些神奇的四面柱头之上有双层莨苕叶的卷曲须，是此种设计的最早期范例，并于之后成为罗马建筑的一个主要标志。

内殿设计的另一个创意之处，是环绕其室内四周，有着连续人物雕刻的中楣（檐壁）。这里，人们可以一览中楣（檐壁）的雕塑，这在帕提侬神庙里却是不可能的。然而室内极其昏暗，这令人猜测中楣（檐壁）的雕塑应是供天上神祇欣赏，而不是给凡人的。这些大理石雕刻生动地表现着希腊人和亚马孙人、拉庇泰和半马人之间的争斗场面，现可见于大英博物馆，在风格上和帕提侬神庙中更为优雅的中楣（檐壁）相比，它要更为强劲、更为有力。

内殿最为与众不同的是，它没有后墙，但是居中、独立的一根科林斯柱子（现已被毁）之后有一个密室，或者说一个内圣堂，也是特别地经由东面墙上的一道门而通

① 巴塞：
原意为峡谷。

② 阿卡狄亚：
后为"世外桃源"的代名词。

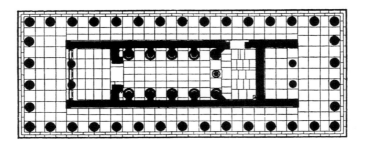

41（上）阿波罗神庙的平面，巴塞（约公元前429—前400年）

42（右）阿波罗神庙室内的复原图，巴塞

43（下）阿波罗神庙，巴塞

向外柱廊。因为这座神庙面北而立，而不是通常的朝东，这道门便令东来的光线倾至内圣堂，而这里也许曾有供奉阿波罗神像，神像应靠于西墙。这会在昏暗的内殿之中创造出一种戏剧性的采光效果，而位于南端独立的科林斯柱子便会被奇妙地显现出剪影轮廓，进而吸引来访者走向其后半隐半现的神像。还有一种可能，即雕像坐落于内殿，于科林斯柱子的前方，如是这种，它便是被置于一个由柱式组成的建筑框架之中，这种又类似于伊克蒂诺首创的帕提侬神庙的内殿。

希腊化的背景

虽说世上的荣耀通常都有其极限，但是，雅典人于公元前5世纪之末好像比大多数人都更为不幸。即便是筑起雅典帝国伊瑞克提翁神庙的石头，也要为自身抗争，这便是伯罗奔尼撒战争[①]，这是和斯巴达人自公元前412年开始的战争，因此时斯巴达又有了新同盟，即雅典的宿敌——波斯人。雅典于公元前406年战败，因此终结了其政治上的最高统治，同时也终结了整个希腊的稳定。然而，波斯似乎也是外强中干，其帝国也很快被亚历山大大帝（公元前356—前323年）毁灭了，进而在近东地区被取而代之，这便是希腊化帝国——一个短暂却庞大的帝国。古老的波斯帝国便由此置于马其顿人和希腊人的管理之下。自公元前306年亚历山大的将军们及其继任者们将帝国的疆土瓜分成无数个小王国，我们称其为希腊化帝国，因其虽远离希腊本土，但都保持了一种文化，即忠诚于曾经的雅典记忆。这些亚洲国王也由此自豪地以雅典荣誉公民而自居，同时，他们也用众多的神庙、柱廊、还愿（votive）仪式来充实这种文化。

最重要的三个希腊化王国是马其顿的安提柯王国、叙利亚的塞琉古王国和埃及的托勒密王国；规模较小的有位于小亚细亚北部的阿塔利德王国中的柏加马、希腊北部的埃托利亚联盟、伯罗奔尼撒岛上的亚该亚联盟、罗得岛和提洛岛上繁华的贸易中心。这些便形成了希腊化时期的建筑背景，但是，这里一直都存在着争议，如一个希腊化风格的确切起始时间，尤其之于整体的希腊建筑，这有助于我们确定所谓的希腊化时期。通常可以共鸣的是，如将起始时间定于公元前306年，即希腊化王国时期的开始，在风格上则过于局限，因其发展始于整个公元前4世纪。例如，位于小亚细亚的城市爱奥尼克的新的生活及繁荣，稍有讽刺意义的是，这种繁荣始于公元前387年，即当希腊本土大陆放弃征讨，并和波斯人签订和平条约之后。他们在波斯人的统治之下，于公元前4世纪发展

出了一种新的风格，于规模上极其宏伟，于装饰细节上又极其丰富。

公元前4世纪的希腊大陆和科林斯柱式的发展

特尔斐的圆形神庙（一个圆锥顶的圆形建筑，仪式目的不明）建于约公元前375年，用大理石建造，建筑师是来自福西亚（Phocaea）[②]的西奥多勒斯，他还写了一本专著（已失传）。这座风格神奇、装饰华丽、造型独特的建筑外部建有一个柱廊，由20根多立克柱子构成。神庙室内有10根科林斯柱子，受启发于巴塞的神庙，它们惊人地矗立于一圈连续的黑石灰岩长凳之上。既已来到特尔斐，我们应多逗留一段时间，虽然其建筑在建筑学上远不及雅典卫城，但它曾经且依旧是，仅次于雅典的著名希腊名圣。令人难忘的是其壮观的基址，它诗意盎然地耸立于一座天然半圆剧场之上，位于重峦叠嶂的帕纳萨斯山脚之下，且有着令人敬畏的故事，即它是古代世界最具威望的神谕宝座：Oracle，地处雅典北100多公里，特尔斐Delphi的阿波罗神庙中，预言来自女祭司皮媚娅。

比特尔斐的圆形神庙更大的一座建筑物位于埃皮达鲁斯（Epidaurus），由年轻的建筑师和雕刻师波利克雷特斯设计于约公元前360年，且在之后的30年中慢慢建造。14个生动的科林斯柱头环绕室内，其上则精心雕刻着自然且细节华丽的莨苕叶饰，并分离于后面的柱钟部分。有几个柱头保留下来，其中一个看似是有意埋下的。如果它是建筑师的一个样本，而非一个后来仿品，如此波利克雷特斯则会被授以科林斯柱头的发明者，此柱式后来成了希腊化时期以及罗马建筑的柱式标准。

我们在巴塞神庙内殿已见到科林斯柱头尝试的开端，其装饰的华丽似乎是用以强调神像周边区域的神圣性。依照维特

① 伯罗奔尼撒战争：
公元前431—前404年，发生于以雅典为首的提洛同盟和以斯巴达为首的伯罗奔尼撒联盟之间，波及整个希腊世界。

② 福西亚：
现土耳其。

鲁威的论点，科林斯柱头是由卡利玛克斯（Callimachus）发明，他为人所知的设计即他在伊瑞克提翁神庙制作的一个铜烟囱，形似棕榈树。科林斯柱头的来源可能就是来自金属工艺以及内部家具和装饰。可确定的是，希腊人很少将其用于室外，也是在4世纪，它才开始出现在许多建筑物的室内。用于一些小型建筑的室外之后，科林斯柱式最终在希腊本土最伟大的神庙中获得了胜利，这就是雅典奥林匹亚的宙斯神庙。叙利亚的国王——安蒂奥什四世——于公元前174年开始继续建造这座始建于公元前6世纪的神庙，作为献给雅典人的一份礼物，同时也表达了自己对希腊理想的信奉，以及对宙斯的忠诚。非同寻常的是，建筑师是一位罗马公民——

科休提乌斯（Cossutius），他采用了公元前6世纪原始方案中的平台及平面设计，虽然在相当程度上他将多立克柱式改为科林斯柱式。这也许是最早的如此大规模的科林斯神庙，一直到哈德良皇帝期间才得以完工，即公元132年。科休提乌斯大胆而又华美的柱头近似埃皮达鲁斯的圆形神庙中的设计，它对罗马建筑也产生了巨大的影响，而罗马独裁者苏拉在公元前86年的雅典大掠夺之后，将一些柱头带回罗马，用以装饰卡比托里山上的神庙。

建筑结构和功能的分离我们曾见于公元前4世纪希腊科林斯柱式的装饰作用之中，这也许是因为圆形神庙作为一种建筑类型，

44 圆形神庙，特尔斐（约公元前375年）

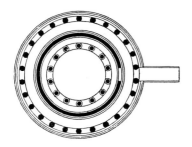

45 圆形神庙的平面，特尔斐（约公元前375年）

46 奥林匹亚的宙斯神庙，雅典（始于公元前174年）：科林斯柱头

47 利西克拉特合唱纪念亭，雅典（公元前334年）

只为装饰或庆典之用。一个留存下来的最为迷人的小型古代建筑之一将其赋予了一个优雅奇幻的展示，这便是位于雅典的利西克拉特合唱纪念亭。这座奢华的纪念亭是为了表现青铜三足鼎奖杯，是于公元前334年，利西克拉特于雅典歌剧院的合唱比赛中获得的。

这座圆柱形的纪念亭有6根壁柱环绕，柱上有绚丽纤细的科林斯柱头，之上又冠以一个精美的莨苕叶的尖饰。这要感谢英国考古学家的先驱——斯图尔特和里夫特，他们出版于1762年的测绘图纸《雅典古迹》，在很大程度上影响了之后英国和美国的新古典主义设计。

剧院

　　剧院是一种极为重要的希腊建筑类型，其种子已在公元前5世纪末播下，但直到公元前4世纪及之后才最终兴盛。希腊剧院建筑的精髓是其乐坛，也叫舞台，是一块圆形平台，演员们和合唱队在其上轮流表演。观众则坐在一块岩地斜坡上俯而视之，不像罗马的剧场，它是直接建在山坡之上，而非建在人工拱顶或平台之上。希腊剧院的原型位于雅典卫城的斜坡上，是献给酒神狄俄尼索斯的。直到公元前5世纪晚期左右，好像这已成为一种惯例，即沿着一个细长柱廊的后墙竖起木制布景，柱廊位于舞台和邻近的狄俄尼索斯神庙之间，而戏剧便是献给酒神的。

此柱廊可能建于公元前4世纪，成为至今所有剧院门厅的始祖。之后大约早在公元前4世纪末，木制布景被一个固定石制布景或是布景建筑所代替，同时，一个半圆形可容纳17000名观众的石台阶也取代了早期的木条凳。

　　最美且保存最好的希腊剧场，是在埃比道拉斯，建造时间为约公元前300年。其宏大且对称设计的观众席比半圆大些，被辐射状的阶梯划分开来，其特别之处在于观众席有两段斜坡，上面部分的斜坡稍陡一些，其下面2/3的座位很明显是要安装垫子的，而且都会有清晰的舞台视野，也是现今来看戏

48 在埃比道拉斯的剧场（约公元前300年）

剧的任何观众仍能欣赏到的，这亦是保存较好希腊剧场的魅力之一，即在近 2500 年之后，它们仍能执行其原始的功能。然而，其保留下来的酒神祭坛也会提醒我们，剧场最初是一个神圣的功用，祭坛曾正式居于圆形舞台的中心。舞台之后的布景建筑和希腊化时期添加的前舞台都已不在。其两端是优雅的石制通道，也可能是后加，要晚于波利克拉泰斯（Polykleitos）①时代。这个前舞台由单层的柱廊支撑着一个平顶或是舞台，演员们在其上表演，这可能与希腊化时期新喜剧的流行有关，后者兴盛于公元前 4 世纪末期到公元前 3 世纪中期。新喜剧的创作者如米南德（Menander）和菲利蒙（Philemon），开始将重点放在戏剧的对白和人物的塑造上，而不是大型的合唱表演，后者更适合被置于下面的乐池中。令舞台高于乐池之上，这在古希腊剧场向现今剧院逐步发展的过程中显然是最重要的一步。在希腊化时期，大多数老剧场都设计有一个前舞台。位于普里安尼（Priene）的剧场保存完好，虽不如埃比道拉斯剧场那般宏大，却赋予人们希腊化时期前舞台的一个更清晰的概念，而位于奥罗普斯的木制舞台亦于近期被重新翻建了。

公元前 4 世纪和公元前 3 世纪的小亚细亚

精致的陵墓是一个亚洲传统，而不是一个希腊的本土传统。据我们所知，公元前 4 世纪最漂亮的陵墓属于一位非希腊皇帝——玛索勒斯国王（Mausolus），于小亚细亚的卡里亚，他的执政期是公元前 377—前 353 年。他在去世之前，即公元前 353 年之前，好像已在哈利卡那苏斯（Halicarnassus）②开始修建自己的陵墓，而最后是由他的遗孀和姐姐——阿尔泰米西亚女王（二世）——于公元前 350 年完工，作为一座纪念建筑，既为个人的哀思，也为王朝的尊严。陵墓规模

宏伟、装饰华丽，是金字塔和爱奥尼式神庙的完美结合，在古代作家的眼中，它被称为世界七大奇迹之一：的确，其名声亦赋予了它一种完整的建筑类型，玛索勒姆，即陵墓（mausoleum）③。其建筑师是佩萨斯和萨蒂诺斯，前者也是王陵顶部大理石四马战车的雕刻师。他们在另一篇失传的古代世界建筑条例中描述了这个杰作。这座纪念建筑是雅典和亚洲品位结合的一个结晶，因为 4 位顶级的希腊雕塑家——布亚克斯、莱奥哈雷斯、斯科帕斯、提谟修斯，或者是伯拉克西特列斯，都是乘船从希腊本土越过爱琴海而来，雕刻了 3 幅装饰中楣（檐壁），以及众多的人像、狮子、骏马。数世纪之前，陵墓被拆除，用作别处的建筑材料，因而，王陵的精确造型一直是一个争论议题，虽然自 19 世纪 50 年代，已开始有很多雕刻细部被保存于大英博物馆里。

佩萨斯（Pythias），即哈利卡那苏斯王陵的建筑师，还在小亚细亚修造了另一座雄壮的爱奥尼式纪念建筑——大理石的雅典娜神庙（Athena polias）④，位于米利都附近的普里安尼，始建于公元前 340 年，奉献仪式始于公元前 334 年。它始建于一个繁荣时期，在波斯的统治之下，但是当亚历山大大帝于公元前 334 年到达时，作为波斯帝国的征服者，它便成了为其扬名的建筑之一。根据门廊中一个壁端柱上的一篇铭文，它是于公元前 334 年由亚历山大进献的，虽然当时还未完工，一直到公元前 2 世纪中期才得以完工。当然也是事出有因，佩萨斯将这座虽规模不大，却造价昂贵、深思熟虑的建筑作为一个爱奥尼柱式典范，并且还写了一本书（现已失传）似乎着重描述其比例的设计。其平面设计的布局是由一个大大小小的方格组成的，有一个长宽约为 2 : 1 的比例。与公元前 5 世纪的建筑不同，对这种正规设计的逐渐重视正是希腊化时期

① 波利克拉泰斯：
  雕塑家，公元前 4 世纪。

② 哈利卡那苏斯：
  现土耳其，也是希罗多德的故乡。

③ 陵墓：
  mausoleum，词源来自玛索勒斯国王 Mausoluso。

④ 雅典娜神庙：
  城市保护神。

的建筑特色。无论如何，其爱奥尼式柱头是古希腊优雅风格的典范，以其涡卷式枕形柱头形成了一种优雅的流垂线条，这在后期希腊化建筑和罗马建筑中都被拉直。正是这些柱头，令英国的希腊复兴建筑师，罗伯特·斯默克爵士于19世纪20年代选来设计了大英博物馆的外部柱廊，然而，他还是不免"修正"了佩萨斯的设计，用了雅典式（Attic或Attica）柱基而不是亚洲式柱基。

我们已在哈利卡那苏斯见识了古代世界七大奇迹之一，在小亚细亚的其他地方，我们还会发现另外一个奇迹，这就是位于以弗所的阿特米斯（Artemis）神庙，这是一座双列柱廊式建筑，它于公元前356年的一场大火后重建。以弗所（Ephesus）是小亚细亚沿岸12个爱奥尼亚城市中的主要城市，而其神庙——如位于普里安尼的一样——被亚历山大选中，作为文化和政治象征的建筑之一。的确，我们从阿里亚（Arrian）——公元2世纪亚历山大的传记家——得知亚历山大在以弗所重建民主制度，但是"下令向阿特米斯神庙捐资，数额即他们之前给波斯人的税金"。这座雄伟的大理石神庙是希腊世界中宗教和建筑保守主义的一个典范，因它复制了前身的设计，即公元前6世纪的古代神庙，虽然其爱奥尼柱式的细节稍成熟些。如之前的古代式神庙，它也因其特别的鼓形柱而为人赞赏，其中大多都刻有动人的人物雕塑。一座类似的神庙，虽没有雕刻的鼓形柱，坐落于以弗所东北的萨迪斯城，后者曾是吕底亚君主王国的首都，之后在波斯帝国统治下成为吕底亚的总督府。奉献给阿特米斯母神的神庙始建于公元前300年，但一直到公元2世纪才完工。其列柱廊中的爱奥尼柱式高达58英尺（17.5米），是当时小亚细亚最大的石柱，而其39英尺（11.5米）高的前门和后门通向神庙两端巨大的空

49 陵墓的复原图，于哈利卡那苏斯（完成于约公元前350年）

50 雅典娜神庙，于普里安尼（始于约公元前340年）

46

间，面积为 60 英尺×45 英尺（18 米×13.5 米）。这些令人难忘的列柱室内可能都是露天的。

公元前 2 世纪：宗教和世俗建筑

近乎自负的野心是这些亚洲神庙的建造原因，而更为宏大的表现还可见于迪迪马的阿波罗神庙，位于米利都附近。这座神庙可能始建于约公元前 300 年，建筑师来自以弗所和米利都，但是施工期却延续了 3 个世纪之多，直到公元 2 世纪最终被放弃。米利都是爱奥尼亚同盟 12 个城市中最南部的一个，它一直是一个强大的海上城邦，米利都人曾英勇地和波斯人作战，但没有成功。于公元前 334 年，当亚历山大大帝在米利都击败波斯人之后，当地居民即开始建造一座新爱奥尼式神庙，来替代公元前 494 年被波斯皇帝大流士烧掉的神庙。

迪迪马的新建筑作为古代世界中规模较大的神庙之一，宣称有 64 英尺 7.5 英寸（19.4 米）之高，是所有希腊神庙中最高、最纤长的一座。它借用了之前古代神庙的独特平面，有着一个开敞式庭院，其中原种着些月桂树，还有一座独立的神坛，形似一座小型的爱奥尼亚式神庙。这座神坛被用以放置阿波罗的古代风格铜像，铜像被泽尔士拿走，后又于公元前 3 世纪末被送回。这里进深特别长的前通道终止于稍高的一层，至一个前厅，于此，神谕可能被宣告于众。这间可能是神谕厅的两侧各有一个小型石阶梯一直向上，而在其西立面装饰着科林斯半柱的，则是一段漂亮的大阶梯，24 级，50 英尺（15 米）宽，一直向下，进入内殿宽大的露天庭院。庭院围墙并无任何修饰，高达 17.5 英尺（5.25 米），其上是一排壁柱，其柱头和中楣（檐壁）上雕刻有华丽的叶饰、鹰头飞狮、七弦竖琴。这种庆

典式装饰从时间上推测很可能出现于希腊化时代晚期，而神庙前面柱子上雕刻精致的柱基，有奇异角度的柱头，饰有公牛头像、诸神半身像、飞翼怪兽，则一定是罗马帝国时期的。

从公元前 2 世纪后中叶开始，我们能够确认，一些建筑是来自普里安尼的著名建筑师——赫莫杰尼斯（Hermogenes）。它们包括位于泰奥什的狄俄尼索斯神庙和位于马格

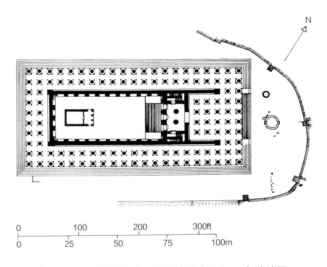

51、52（上和下）阿波罗神庙，于迪迪马（Didyma）（始于约公元前300年）：平面和景观

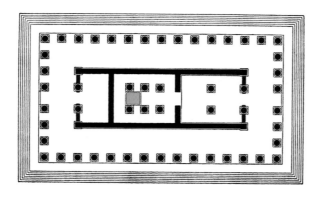

53 阿特米斯神庙的平面，迈安德河上的马格尼西亚，自赫莫杰尼斯（约公元前150年）

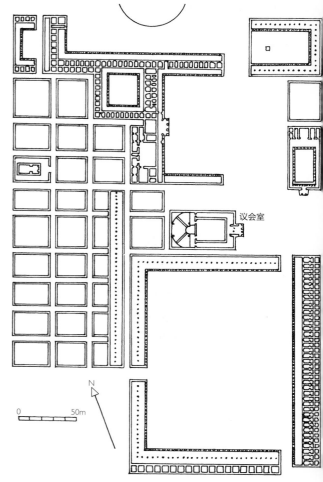

54 米利都市中心的平面，于公元前150年

尼西亚（Magnesia）①迈安德河的阿特米斯神庙，赫莫杰尼斯曾为两者写过专著，但都已失传。赫莫杰尼斯在奥古斯都时代颇受崇拜，尤其是被维特鲁威（Vitruvius），由此，赫莫杰尼斯可被视为影响了整个罗马建筑传统以及文艺复兴时期。他认为多立克柱式不适合神庙建筑，因其拐角的三陇板会后患无穷，并提出了一套标准比例规格的爱奥尼柱式。他在马格尼西亚修建的神庙是假双列柱廊，因他去掉了双列柱廊中的内廊部分。由此，他创造出了一个新颖的开敞空间，即在外柱廊和神庙墙壁之间，虽然这一种布局曾有人试过，但未有呈现出这样的一种空间感和清晰度。他在山花墙上的3个特别开口似门又似窗，也是意在减少希腊古典传统，并削弱墙壁作为隔断的传统角色。

我们不认为窗户是希腊纪念性建筑中的特色，如我们所见，神庙被视为一座独立的雕塑纪念碑，主要从室外来欣赏。然而，之前建筑已有开窗，如雅典的卫城入口和伊瑞克提翁神庙；提洛岛的雅典娜神庙；奥林匹亚的菲利普奥；以及埃比道拉斯的圆形神庙。大约从公元前3世纪末起，窗户便在建筑设计中担任了一个重要角色：如公元前200年，于普里安尼的会议厅（古希腊的会议厅或立法会议厅）就因一扇巨大的半圆形窗户而照亮，这也是第一个建筑圆拱的早期实例；位于米利都的立法会厅（bouleuterion），它是所有希腊化建筑中极为引人注目的建筑之一，其部分费用是来自钟爱希腊的叙利亚国王——安蒂奥克斯四世（公元前175—前164年）。这里，通过一个科林斯柱式入口便进

① 马格尼西亚：
现土耳其。

48

入了一个多立克柱廊庭院，立法会厅墙壁的上部开有很多大窗子，并饰以多立克半柱，这是一个广泛运用附壁柱的早期范例。

城市规划

建筑特征，如壁柱式，用墙或低屏将柱子连接起来，都清晰地表明了古典希腊建筑时期的结束，后者着重于独立柱式、墙壁及其承重的真实性。这种新方式可能与神庙不再是主导建筑类型相关，它希望建筑师按照一种几何布局来设计建筑，而不是着重于应用"正确"的柱式于一座独立的纪念建筑中。我们在米利都可见到建于公元前2世纪的立法会厅，是市中心的一个宏伟的公共建筑群的一部分。

规划城镇的概念是殖民主义时期的产物，尤其是在西方。但在公元前约466年，建筑师希波丹姆斯（Hippodamus）[1]就已经在棋盘样的图纸上，表现出他的米利都城规划。它由大约400个街区组成，各街区由最宽14英尺（4.2米）的街道相隔。这些街区的目的是纯住宅，而公共活动则在一系列建筑和空间中进行，这便是城市中心的市政区域。但是这些公共建筑是逐渐被加上去的，且要到希腊化时期城市才会为政府专门提供不同职能的建筑。应该是米利都的希波丹姆斯的功劳，他创造出统一且规范的设计，令后来的大多城市所遵循，直至19世纪后期。

希腊聚会广场

在这些公共和政府建筑到来之前，广场上最重要的建筑就是柱廊，它位于广场的一边，为遮风避雨之用。

廊道或是柱式门廊应是希腊最具特色的世俗建筑类型，之后亦成为希腊化城市于公元前4世纪到公元前2世纪的一个重要特征。这种类型在古代世界已为人所知，而在雅典

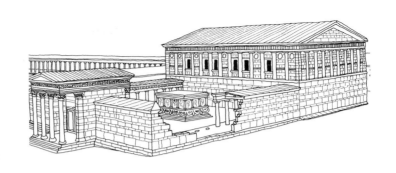

55 立法会厅的复原图，于米利都，约公元前170年

聚会广场中被采用，则是在公元前5世纪晚期。将独立柱廊作为一种纪念性建筑是古代希腊人的专有。一个有顶的集会场所可服务于一个广泛的活动形式，而作为辅助希腊化城市中心的空间和建筑组群在建筑上也具有重要性。虽然在罗马人统治下，它已失去了大部分功用，但它无疑影响了带有长柱廊的街道设计，而后者也成为罗马城镇规划的特征，特别是在近东区域。

我们已经描述过雅典卫城的著名建筑群，但是，要想知道雅典城是如何运作的，我们应该从城市的整体地势上来考虑。自卫城有一条宽街，是卫城的一条主要通道，一直通向聚会广场，通过广场则可进入并置双门的大门，这里是斜穿而过的。作为一个巨大的公共广场，这个聚会广场是古代雅典人生活的中心地点，但是不似卫城，这里的纪念建筑没有留下多少。

至少自公元前5世纪以来，聚会广场就是雅典市民活动和政治辩论的中心，同时也是宗教游行和运动表演的场地。开敞空间的附近是众议院，雅典众议院的500位立法委员每天在此议事，还有将军军事总部、造币厂、法院、赫菲斯特（Hephaestus）[2]神庙，后者为广场上最为华丽的建筑，也是保存最为完好的希腊神庙。广场也有零星散落

① 希波丹姆斯：
被视为欧洲城市规划之希波丹姆式，即为井格式规划。

② 赫菲斯特：
火和锻造之神，为诸神打造各种兵器。

49

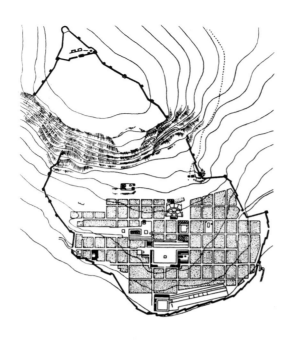

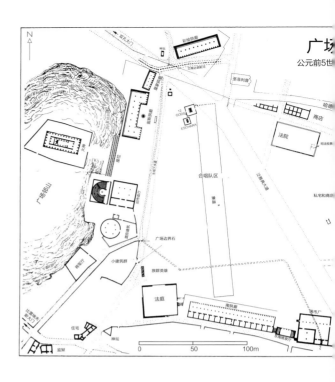

56 普里安尼城市的平面（公元前4世纪晚期—前3世纪）　　　　**57** 广场的规划，雅典

的神坛，定期被人朝拜，因而，这里的参拜者要多过卫城的主要神坛。在城市规划历史上，聚会广场的重要之处在于它是罗马集市广场的前身，并且是后来所有大小广场的前身。

公元前 4 世纪晚期，当米利都和普里安尼的聚会广场开始建造之时，多是用"U"形和"L"形的柱廊为公共建筑群创造一个漂亮的背景，如众议院、体育场、市场店铺，以及神庙、神坛。要记住的是，希腊的公共和私人生活就如中世纪的欧洲，充满宗教元素。柱廊、剧场和其他公共建筑都是奉献给诸神的，且包含祭坛、神像。在米利都和普里安尼拱廊的轴线关系，都部分决定于它们和城市整体井格式规划的微妙关系。在这一点上，它们便和早期的聚会广场极为不同，如雅典，后者最初应该显示的是更为偶然、

杂乱的一面。

可以宣称，希腊人是塑造建筑师这一角色的初始群体，建筑师亦参与城市的整体设计，而不只是单体的建筑设计。小城市普里安尼有大约 4000 位居民，重建于公元前 4 世纪晚期至公元前 3 世纪，作为希腊城市或希腊城邦的一个典范。哲学家亚里士多德（公元前 384—前 322 年）——亚历山大的老师，曾在他提供智慧模式的著作《政治学》中称赞了这座理想城邦。普里安尼占据的地段是一个阶梯状的陡峭斜坡，在一个几乎无法接近的高耸卫城的南面，它的布局规划是一个井格式，有 6 条主要街道是东西走向，垂直相交的有 15 条街道，沿坡向上，因太陡，看似令人紧张。市中心的附近是聚会广场，并由位置适宜的市政建筑构成了一个新颖的开敞空间，而运动场和角斗学校则位于城镇的

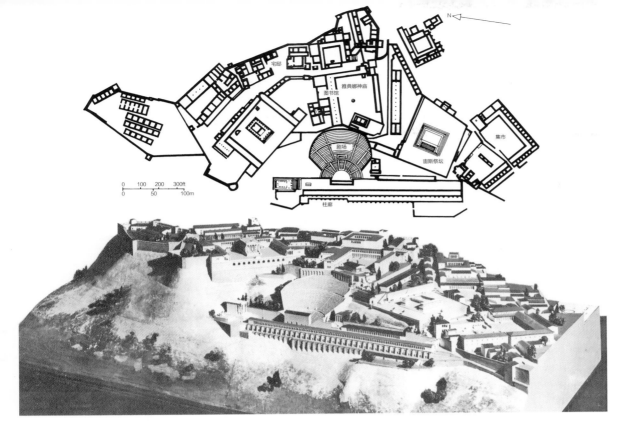

图书馆
雅典娜神庙
宅邸
剧场
集市
宙斯祭坛
柱廊

0　100　200　300ft
0　50　100m

N

58、59 帕加马上城的平面和模型（公元前3世纪中期—公元前2世纪中期）

最南端，和位于最北端嵌入卫城山岩的剧院正好构成一种平衡。奉献给雅典娜的圣区与其出色的爱奥尼克神庙组成了一个很吸引人的非中心区域，位于聚会广场西北部一个居高临下的台面之上。公元前2世纪中期，聚会广场被重新设计，形成了一个更为封闭的室内空间，有一个优雅的半圆形拱门，标志着其东面的入口。这可能是希腊装饰性拱门的一个最早实例。

大体量的石墙和塔楼不仅环绕着整个城市，也环绕着卫城周边，同等面积、更为陡峭、未建造的地段之上。这里有一种鲜明的对比，即卫城之井然有序、非刻意对称的街道规划，和卫城整体上的不规则布局，其轮廓由封闭的堡垒沿着卫城和南面的沟壑勾勒而出。虽然普里安尼的人口只不过相当于现今的一个村子，但其宏伟的神庙和公共建筑，

其喷泉、体育场、宽敞拱廊，都体现了一个文明城市的生活场景，坦然地向我们展示了其完美。

帕加马，位于小亚细亚的更北方，却代表了另一个不同的希腊时期城市的理想范例，因其规划设计并未局限于"希波丹姆式"（Hippodamian）的井格式布局：的确，普里安尼忽视其斜坡地形，而帕加马却加以利用。它是由帕加马王朝的第二位国王阿塔勒斯二世和他的儿子尤蒙尼斯二世建造，自公元前3世纪中叶至公元前2世纪中叶，作为阿塔利德（Attalid）[①]王国的辉煌都城。我们对希腊化世界中的主要城市几乎一无所知，如亚历山大市，建于托勒密王朝，于马其顿帝王的埃及，和安蒂奥丘斯市（Antioch），建于塞琉古王朝（Seleucids）[②]，于马其顿帝王的叙利亚。然而，帕加马城虽

① 阿塔利德：
位于帕加马的王国，在亚历山大的将军利西科斯（Lysimachus）去世后创立。

② 塞琉古王朝：
由亚历山大的将军塞琉古创立，包括叙利亚和部分米索布达、伊朗。

51

在政治上并不重要，但是因为是在近期被完整挖掘出来，因而有了特殊意义。但是遗址上也几乎没有留下什么，甚至宏伟的宙斯祭坛残部也被送到了位于东柏林的帕加马博物馆，馆里还有一个漂亮的整个上卫城的模型。

上卫城大致是新月形的平面，极富戏剧性地坐落于山坡之巅，其仪式性的建筑都建在一系列不规则的台地之上，依山就势，因而形成了奇异的角度。城脚下是下聚会广场，这是一个全封闭的庭院。北部紧邻的是上聚会广场，主体为高台上居高临下的宙斯祭坛。其北部则是雅典娜神庙，为旧式的多立克风格，这也许是对帕提侬神庙的一种称颂，也可能只是对附近阿索斯神庙的一种呼应。雅典娜神庙位于一个巨大庭院中，有柱廊环绕，其中一列柱廊之后便是著名的图书馆，是亚历山大图书馆之外的另一座。它装饰着和帕提侬神庙中一样版本的雅典娜神像，再一次强调了这些小亚细亚对强大希腊化王国的确认，即希腊为其文化之母。有一座庞大的剧场部分建于罗马时期，嵌于雅典娜神庙西面的山坡之上，其前方横贯着一个 700 英尺（213 米）长的平台或拱廊，从卫城边沿着一道挡土墙延伸出来。拱廊的北端是一个小爱奥尼式神庙，原建于希腊化时期，又由卡拉卡亚皇帝重建于公元 3 世纪前期，这是因为公元前 133 年最后一位国王决定接受罗马的统治，而阿塔利德王朝一直倾向于罗马，之后帕加马便接受了许多罗马装饰。事实上，帕加马建筑中最为重要的建筑即罗马帝国的图拉真神庙，它高居于整个城市之上，立于剧场北部加建的一个巨大平台之上。卫城东部的主体是简洁的希腊化宫殿，其兵营、仓库则向北延伸。

帕加马，如所有的希腊城市，也是男人的世界。当妇女们被局限于下卫城简陋的泥

60 宙斯祭坛，帕加马（柏林博物馆）

砖房中时，男人们却在聚会广场的凉爽柱廊中聊天散步，或是欣赏运动场上训练的英俊少年。从建筑学上讲，帕加马最杰出的建筑便是宙斯祭坛，由尤蒙尼斯二世于约公元前 170 年在卫城的第二级平台上建造。虽然早在公元前 6 世纪爱奥尼亚就已有建造纪念性祭坛的传统，而古希腊的祭坛一般都很简单，或是包括神庙前的一个窄长基座，或是只有放置牺牲者骨灰的一个土墩。但是在希腊化时期，其重点逐渐落在祭坛的规模和建筑装饰之上，由此，位于叙拉古城的大约建于公元前 200 年的解放者宙斯祭坛，每年祭祀 450 头公牛，其祭坛有近 650 英尺（198米）长。我们要避免自欺欺人地去认同希腊人的心理，而是要意识到此景中的恶臭、肮脏、喧闹，以及酷暑中在污黑血迹上的苍蝇。

在莱克苏拉（Lycosura）[①]和萨摩特拉西（Samothrace）[②]也有一些大尺度的祭坛，但无一能超越帕加马祭坛的辉煌。作为古代世界里最庞大的雕塑性纪念物，帕加马祭坛的规模和功能在基督徒眼中却是恐怖至极，并于《圣经》中称为"撒旦之座"（《启示录》2：13）。建筑前部呈现的是一个"U"形的爱奥尼柱廊，耸立于一座高台之上，高台上刻有大量浮雕。高台两翼之间的整个区域则

61 阿塔勒斯（Attalus）拱廊的复建，雅典聚会广场（公元前2世纪中叶）

填充着一个巨大的阶梯，直接向上至祭坛，而祭坛则是一个相对简洁的作品，位于柱廊后一个柱式庭院的中心。这里，建筑的兴趣点不是在祭坛的内部，而是在其极为生动的人物雕塑之上，列于高达 7.5 英尺（2.25米）的高台之上，它以极具威慑力和激情的现实主义手法，描绘了奥林匹亚诸神和泰坦巨人之间的战斗场面。它象征着帕加马国王打败野蛮部落高卢人（Gauls）的胜利，后者曾于公元前 278 年侵略小亚细亚。帕加马的雕塑风格极大地影响了后来的罗马艺术，这是通过帕加马和罗马之间密切的文化和政治联系。

公元前 2 世纪中叶，雅典的聚会广场混乱的布局被大加调整，新增了沿轴线设置的

拱廊，其中最为出色的是阿塔勒斯拱廊，它是由帕加马国王阿塔勒斯二世委托建造的，他极具建筑意识，也因为将希腊化城镇规划的理想引进雅典中心而深感自豪。这座极为奢华的拱廊于 20 世纪 50 年代被整体重建为一座博物馆，全部由大理石建成，且宣称有双层柱廊，又有一排店铺建于其后。最引人注目的是它结合运用了多达 4 种不同的柱式，一种多立克式、两种爱奥尼式、一种华丽的叶形柱头，着意带有古风的特征。这些似乎是回应帕加马附近用过的柱头式样，后者大约建于公元前 600 年，我们也许可以将此引用看作一种巧妙的方法，用以显示现代帕加马风格的历史源头。

离开雅典之前，我们应再看一座特别的

62 风塔，雅典（公元前1世纪中叶）

的居胡斯（Cyrrhus）[1]，这座建筑是希腊结构和希腊化时期科学完美结合于建筑和雕塑上。

民用建筑

与普里安尼和帕加马的雅典截然不同，一座希腊化城市的范例便是提洛岛[2]，其建筑有非正式性、非纪念性的特色。虽然它是基克拉德斯群岛中最小的一个，但它自称阿波罗和阿特米斯的诞生地，使其成为主要希腊圣地之一。为了纪念阿波罗，任何人不许在此出生或死亡，除此条件之外，提洛岛是一个繁华的社区，波斯战争后亦成为以雅典为首的一个同盟中心。它于公元前2世纪被罗马帝国变成一个自由港，取代罗德岛而成为爱琴海区的重要贸易中心，并成为罗马帝国的主要奴隶市场。提洛岛是一个小巧且美丽的岛屿，有着不规则且岩石嶙峋的地形，这里，建筑的布局不可能依照之前的任何方案，无论是希腊时期还是希腊化时期的，因而其建筑都是呈零散状，遍布全岛。

始于迈锡尼时代，提洛岛的祭祀中心就已坐落于圣港，位于岛之西北处。这里因混合了一个圣区和商区而变得异常拥挤，有3座相互紧邻的阿波罗神庙，以及公元前3世纪和公元前2世纪的拱廊、聚会广场、住宅、仓库，和一个大型的被称为"意大利聚会广场"的商人俱乐部，以及多柱式大会堂，或者叫交易所，它是一座优雅且功能性很强的建筑，由44根多立克和爱奥尼柱子将其分为5条走道。聚会广场的正北方是纳克森狮台（Terrace of the Naxian Lions），其简洁古老的大理石形体，已被数世纪的海风吹得非常光滑，这些对现今，无疑也对古代的众多游客们，都是离开海岛时所能带走的美好记忆之一。这些轻盈的生灵守护着通向"圣湖"之路，圣湖现已干涸，其西部则是一个精选的

建筑，虽是建于罗马时期，但其风格实质上却是希腊化时期的。这便是风塔，大约建于公元前1世纪中期，是一种俊朗的八角形结构，大理石建材，其8面定位于4个基本方位及4个区间方位，代表着8个风向。每边都刻有浮雕，各象征着一个不同的风向。风塔的外部也设置有日晷，中间是一个水钟，屋顶上的一尊青铜雕像即一个手举风向标的海神。前廊柱子的柱头则优雅地刻有莲花和莨苕叶，它被后来的古典主义和新古典主义建筑广为模仿。出资者是安德罗尼柯（Andronicus），他来自遥远的幼发拉底河畔

① 居胡斯：
现叙利亚北部。

② 提洛岛：
任何人不许在此出生或死亡。

63 提洛斯城市和圣区的平面

64 纳克森狮台，于提洛斯（约公元前7世纪晚期）

居民区。在剧场附近的居民区中还有更精致的住宅，剧场位于圣区和商区港口之南。有大量留存或重建的公元前2世纪希腊化晚期建筑，如赫米斯宅邸和马斯克斯宅邸，都著称于其生动的马赛克地面、彩绘泥墙、双层柱廊庭院。更好的住宅类型一般朝南，呈长方形，用日晒泥砖建成，围绕着一个内庭院，庭院有时会饰以一列柱廊，于其一边或数边。这些设计是非正式、非对称的，没有刻意创造对称的景观，每个住宅在平面上都会彼此不同，即便是在同一个街区之内。这种灵活性、简单性使这类房屋适用于一系列的功用，包括客栈、工厂、学校、旅店，它们都位于提洛岛剧场以南的一个街区中。

我们也许能划分出希腊房屋的3种主要类型，最初的一种，始于公元前5世纪晚期的奥里索斯，其建筑特征为"面条式"，一种东西向的长条房间，一般贯穿整个房屋之宽。其南墙会打通，穿过柱子即可进入一个庭院。之后的这一种，在石材运用更多以后，我们在普里安尼亦发现了一个房屋，以前厅或凉廊为中心，这被解释为迈锡尼正厅的复兴或是留存。最后的一种，则是列柱廊式的房屋，其源头和提洛岛有着特别的

65（上）维蒂伊宅邸，庞贝（公元1世纪早期）：柱廊，主房间向此开敞

66（下）维蒂伊宅邸的平面

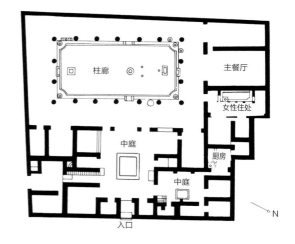

67（左）壁画，庞贝

关联。

自公元前 3 世纪，因经常接触希腊人和希腊生活方式，罗马人的生活和思想也已经非常文明了。意大利①的知识阶层开始逐渐且彻底地希腊化。关于这样的实例，我们可以转向意大利的南部小城，庞贝，它建于罗马共和国时期，而建筑的特色却是希腊化的。庞贝城中最古老的住宅可追溯到公元前 300 年，其主要部分是一个中央开放的空间，一个中庭，它和周围的房间呈轴线且对称关系。一个较好的例子便是外科医生的宅邸，这里有一个小门厅，两侧各有一间服务房，由此通向中庭，两边有卧室开向中庭。中庭的另一端是主要的起居室，有窗子开向之后的花园。这种房屋逐渐因希腊化的建筑特色而丰富，如中庭中的柱子，但到了公元前 2 世纪末，房屋后部又有了一个柱廊或围柱庭院，还可能有一个花园。维蒂伊宅邸是一个奢华的晚期实例，它有着中庭和俊朗的列柱廊。在这种房屋之中，个体的公民创造了一个微型的希腊化世界中东方国王的宫殿。在提洛岛，公元前 3 世纪末期和公元前 2 世纪早期，室内装饰师们就已开始模仿彩绘建筑图案和彩色大理石饰面。这种技术始于所谓的"庞贝第一风格"（约公元前 200—前 90 年），如在琴托里宅邸之中，墙壁被平行划分为 3 层，并用灰泥和涂料进行了建筑处理。

"庞贝第二风格"（约公元前 80—前 15 年）则伴有中庭和列柱廊中更多的柱子运用，并结合了彩绘柱廊，框有幻想的乡村景色。这种类型中一个漂亮的例子，亦可能是受启发于希腊化时期的舞台绘画，就是约公元前 40 年的彩绘卧室，自贝培附近玻斯科勒阿勒的一座别墅。这些绘画现存于纽约的大都会博物馆，它们是新希腊化时期罗马人文主义（humanism）的产物，人文主义认为，正确

的哲学可作为开明统治者的一个指南。在提洛岛，马斯克斯宅中精美马赛克地面是另一种流行的希腊化风格，它于公元前 1 世纪到达意大利。著名的希腊和希腊化时期的绘画会被仿制在马赛克上，这可见于庞贝的方尼宅邸中，其描绘的即亚历山大大帝在伊苏斯战胜波斯人的场景。这很明显是复制了古典晚期的一幅画作，后者现存于那不勒斯的国立博物馆之中。

罗马的崛起

公元前 2 世纪末，伟大的希腊化建筑时期终结了。的确，很多主要的艺术家和思想家都是出现在公元前 200 年之前：哲学家，如亚里士多德、芝诺（Zeno）、伊壁鸠鲁（Epicurus）；科学家和数学家，如欧基里德、阿基米德；雕塑家，如伯拉克西特列斯、利西卜斯，他们的成就便构成了我们现今社会的框架。他们最早定义了人生哲学，即我们所知的斯多亚主义②（Stoicism）、伊壁鸠鲁主义（Epicureanism）③、犬儒主义（Cynicism）④；他们最早出版了书籍，关于语法、静力学、流体静力学，并测量了地球圆周，且几近发现了血液循环；而且也正是这一时期的雕塑家们被罗马人及其后来者大量模仿，一直到 18 世纪，因这时人们又发现了古代和公元前 5 世纪的希腊艺术。其科学和数学研究中展现的开拓精神，却又伴随着文化和艺术中的保守态度。因各地的希腊化王国们相信，能给予其身份证明的便是对希腊的公共和代表性艺术的模仿。因此，公元 4 世纪晚期的艺术风格已有了一种政治意义，看似能赋予希腊化统治者们某些亚历山大大帝的权威。

对艺术角色的这种自觉发展，于公元前 300 年左右在亚历山大市又激发了最早的艺

① 意大利：
当时各城邦各自为政，统一于 1871 年。

② 斯多亚主义（Stoicism）：
因古希腊哲学家芝诺在柱廊（stoa）教学而得名。

伊壁鸠鲁主义：
认为快乐为人之终极，而获得快乐则要远离喧嚣、认知世界、减少欲望，这会令人进入全佳自由状态的教学地点是自家花园。

③ 犬儒主义：
认为美德为幸福的唯一源泉，提倡返璞归真，因在白犬体育场教学而得名。

术史的出版。亚里士多德，这时已近于探讨文化相对论（cultural relativism）[1]的问题。但他和柏拉图的信念相去甚远，后者认为，人类的作品只是苍白地效仿所谓神性的现实和天堂的"概念"，他强调，神庙、雕塑、绘画反映的个人品位，是人类的创造者和出资人的品位。这就启始了一个新的理论，即它们被视为"艺术作品"，而不是祭祀仪式或政治形象。的确，正是在希腊化时期，我们才开始见到艺术收藏的诞生。

希腊化文明成就在公元前2世纪和公元前1世纪的崩溃，是在罗马不断强大的事实之下。公元前3世纪和公元前2世纪，高度军事化的罗马城邦对迦太基人（Carthage）[2]发动了这场持久且终胜的战争，即布匿战争（Punic War）[3]，到了公元前201年，即已确定了统治西方世界的，是罗马人而不是迦太基人。罗马对希腊和希腊化各王国的征服还要更为迅速，于公元前168年征服了马其顿，20年后征服了希腊，公元前151年占领了迦太基及其北非领土；科林斯于公元前146年沦陷，雅典则于公元前86年，同时，帕加马王国也于公元前133年，成了罗马的一个省，随之，叙利亚则于公元前64年，埃及于公元前30年，也成了罗马的一个省。虽然罗马人对整个希腊东部的文化冲击是毁灭性的，尤其是战利品掠夺和贡金征收，但是，希腊文化对罗马的影响却是全面且永久受益的。

罗马人在组织和规划上的天分展现于罗马帝国时期，在法制罗马时期[4]，即其法律体系成为后来西方世界的法典出处；而在和平罗马时期[5]，其一个半世纪的和平则归功于智慧的管理上；当然，特别显现在其大城市的建筑和规划之上。其公共建筑，长方厅堂、神庙，规整地置于纪念广场或聚会广场上，宽敞的街道沿线排列着住宅区、商业区、办公区，以及仓库和精心设计的排水系统，

这些都标志着都市建筑的一种全新蜕变。建筑工业的系统化和新建筑技术的引进促进了宏伟工程的发展和更新，其中包括桥梁、输水道、连接城市的新公路。

一系列的新型建筑类型构成了更为多样、更为灵活的一种建筑体系，尤其相比于希腊和希腊化文化中的建筑。后者因为依赖柱子作为一个结构元素，基本上都是一个横梁式结构体系，与此，垂直线条和水平线条相互对比。而其内部空间的打造并不是首要的考虑因素。但罗马的建筑师们，则反其道而行，恢复了墙体，发展了圆拱的使用，成为室内设计的专家，特别是关系到穹顶、半圆殿、拱顶。罗马穹顶建筑的终极源头，是古代的宗教和陵墓建筑，但必须强调，这些建筑很少允许公众出入。在探索公共穹顶空间的可行性上，在设计浴室、皇宫、别墅，尤其是万神庙时，罗马人为了建造拱顶而发展了模板混凝土。

混凝土技术发展于公元前3世纪至公元前1世纪，起始于罗马人的粗石灰泥的结构，因他们不似希腊人，邻近于便利的大理石矿。罗马帝国建筑师们开始大胆地使用混凝土，尤其在拱顶上，这令其创造出一种新型的建筑空间，且令建筑成为一种模具式的壳体。罗马的混凝土是一种灰泥，并用很多小碎石加固而成，通常的铺设大概都是水平向的。然而，它不像现代的混凝土要混合和浇铸，但它也有所发展，从砖墙之间的一种碎石填充，到形成一种其特有的建筑材料，用以建造墙体、圆拱、拱顶。其强度大部分来自其灰浆的配置，其中有石灰和罗马附近的火山灰砂。

重要的是我们亦要铭记，任何时期的罗马建筑师都未曾犯过现代建筑师的错误，即把混凝土的表面暴露于外部。他们意识到混凝土初始的视觉粗糙感，但之后却会事与愿

① 文化相对论：
此论点认为，文化只适用于产生此文化的群体，如价值观、信仰甚至对错，只是相对，而非绝对。

② 迦太基：
是腓尼基人的帝国，以突尼斯为中心。

③ 布匿战争：
公元前264—前146年，共三次，最终罗马获胜。布匿是罗马对迦太基的称呼。

④ 法制罗马时期：
Lex Romana，lex 为拉丁语，法律之意。

⑤ 和平罗马时期：
Pax Romana，pax 为拉丁语，和平之意，公元前27—180年。

68 四方神殿，尼姆（公元1世纪早期）

违地变脏，而不是优雅地变旧，因而，罗马人总要做掩饰处理，在室内使用灰泥、大理石或马赛克，而在外部则使用砖面或石面，其中我们已知的主要有3种类型，按时间顺序排列如下：毛石墙（opus incertum，公元前2世纪和公元前1世纪早期），即一种随意的小石块贴面；方石墙（opus reticulatum，公元前1世纪和公元1世纪），即呈对角排列的小方形石块；砖面墙（opus testaceum，公元1世纪中期往后），即一种砖或瓷砖的贴面。当混凝土被广泛用于地基、墙体、拱顶时，一系列不同的石头、大理石则被用于其他结构和装饰部分。如石灰华（Travertine），自公元前2世纪采于蒂沃利（Tivoli）附近，是一种漂亮的硬石灰石，为淡灰色，且有轻微凹点。克拉拉矿场（Carrara）位于意大利北部，有一种苍白色的大理石，它缺乏彭特里克大理石块状的丰富感。在罗马帝国的后期，红色和灰色的花岗岩以及红色的斑岩亦开始从埃及进口。

罗马人虽用了混凝土，一种看似现代的材料，但我们却不能轻易地去假设，即认定他们在技术上有了根本性的发展，其实这仅限于拱顶部分。像希腊人一样，他们无意改进自己熟知的技术知识，因而，他们只是习惯地将承重墙建得比结构需求更大些。的确，有人甚至这样说，罗马世界在技术上并没有太多进步，尤其比较于2000年或3000年前的青铜时代文化。

罗马人的生活和建筑都充满着政治色彩。几乎没有任何建筑，如帝国罗马的巨大神庙、广场，是如此完全地服务于政治。这些建筑的直接政治象征也表现在同样直接的对称布局上。与希腊人不同，罗马人喜欢建造一个有明显立面，且是要沿着轴线进入的建筑。这种迥异的建筑方式，便意味着罗马神庙的本身特点即不同于希腊神庙。例如，保存较为完好的罗马建筑物之一，法国南部尼姆的四方神殿（Maison Carrée），建于奥古斯都统治下的公元1世纪的开放时代。它建于一个高台基之上，一种非希腊的风格，台基在前入口处被一部宽大的阶梯打开，其两侧则是矮墙。从这里进入神庙，便不可能有其他通道，只有沿着轴线向上的阶梯。此外，虽然柱子在入口前廊有一个壮观的展示，但它们并没有环绕四周以柱廊的形式出现。相反，在建筑的背面和两侧，柱子嵌入内室墙体之中，这样神庙便成为一种所谓的"伪双柱围廊式"（pseudo-dipteral）。也就是说，柱子是嵌入式，完全是装饰之用。罗马附带装饰的墙体已经成了神庙的主导，由此取代了希腊神庙中独立承重的柱子。

共和国时期的建筑

罗马人在一个台基上建造一个神庙的概念，如尼姆神庙，只有一端设有门廊，要归功于伊特鲁斯坎人（Etruscans）①，而一个神庙和一个柱廊庭院的关系则是一个希腊化时期的理念。伊特鲁斯坎的国王们来自意大利中部的伊特鲁里亚地区，于公元前7世纪中

① 伊特鲁斯坎人：早于古罗马的文化，被视为罗马人的原始文化源头。地处罗马以北至现今的塔斯坎地区，风格更似希腊，罗马城市下水工程始于伊特鲁斯坎人的入侵之后，大约在公元前600年。

期征服了罗马，并统治了长达 150 年。他们带来的文明则是受到了同时代希腊文化的影响，遗憾的是没有几个建筑保留下来。他们是首批在罗马建造纪念物——如朱庇特神庙、朱诺神庙、米涅瓦神庙——是于公元前 6 世纪晚期在卡比托山上建造，而他们的工程业绩亦包括地面的排水系统，后来又建造了聚会广场（Forum）。公元前 509 年，伊特鲁斯坎人被赶走，一个共和制城邦在罗马贵族的领导下成立了。接下来便是明显的文化衰败，一直到大约公元前 2 世纪中叶。在这漫长的时间里，罗马人忙于进行了一系列的战争，并确立了其统治地位，首先是之于整个意大利，到了公元前 202 年，则是整个地中海地区，这是在和迦太基人的第二次布匿战争之后。公元前 146 年，科林斯陷落，希腊置于罗马的统治之下，意大利也因此得利，大量的希腊艺术作品涌入意大利，同时还有避难的工匠和建筑师。

来自萨拉米斯的克莫德洛斯——一位希腊建筑师——在罗马设计了第一座全大理石神庙，这是在科林斯沦陷的同一年。神庙是献给神祇朱庇特的，委托来自 Q.卡西利斯·梅特洛斯，他曾协助击败马其顿人。很可惜这座神庙没有留下，但位于台帕河附近博阿留姆广场屠牛广场之上的命运女神庙却保存完好，是罗马共和国晚期的一个爱奥尼克例子。神庙的建造时间可追溯到公元前 2 世纪下半叶，很可能是最早的伪双柱围廊式神庙，也有可能影响了位于尼姆的四方神殿。虽然细节上是希腊式，但其平面是意大利式，

69 罗马的屠牛广场：中心为女灶神（Vesta）或大力神赫尔克里斯（HerculesVictor）神庙；右侧为命运女神神庙（应是公元前2世纪晚期和公元前1世纪早期）

而结构则是罗马式，也就是说，其台基是石灰华贴面的混凝土，柱子是石灰华的，而墙体是凝灰岩（tufa），后者是一种固化的火山灰或火山泥，墙面则为粉饰。

同样在博阿留姆广场上，有几座迷人的圆形神庙，包括所谓的女灶神神庙（其实更可能为大力神赫尔克里斯的神庙）。建造时间可能是公元前1世纪前半叶，虽在帝国时期被重建，它采用的是彭特里克大理石，来自雅典，而其建筑师也可能来自同一个地方。其圆形形式回应了希腊的圆形神庙；而其科林斯柱头则类似雅典的奥林匹亚神庙的柱头，环绕周边的台阶也是希腊式的。后来的罗马作家们致信，这种神庙的形状是模仿意大利早期铁器时代的小圆屋，在女灶神神庙中，这种类却因缺少檐部而被意外地得以强化。

几乎是同一时期的另一座著名圆形神庙，即是没有正式确定的女灶神神庙还是女卜（Vesta）神庙，风景如画地栖息于蒂沃利峡谷之上。神庙有一个混凝土台基，贴面为石灰华板片，地基为凝灰岩，神庙整体都是采用石灰华的方石，包括柱子、门、窗框。其漂亮的科林斯柱头显得特别华丽，因柱钟的上部中心放置有一朵雕刻的大花。它们支撑着一个爱奥尼式的檐部，檐壁上则刻有牛头，并由鲜艳的花环连接起来，这一种希腊化式主题从奥古斯都时代起变得更为流行。这部分亦归功于它所处地段的美丽，这座漂亮的神庙一直是非常受人喜爱的古建之一。文艺复兴时期以来无数的艺术家都曾为之素描，并出现于帕拉第奥的一张著名的线描中，发表在他的《建筑四论》（1570 年），且被后来英国建筑师所模仿，如威廉·肯特（Willima Kent，1685—1748 年）和约翰·索恩（John Soane，1753—1837 年）。

命运圣堂位于普勒尼斯特，罗马东约 30

70 女灶神神庙，蒂沃利（公元前1世纪早期）

英里（48 千米），则不同于我们见过的任何建筑。它是极具想象力的古代建筑之一，它有着一种共和国时期帝国后期建筑师的景观性前瞻和混凝土拱顶。它的建造时间可追溯到公元前 2 世纪晚期，尽管它在传统上常和独裁者苏拉（Sulla）连系在一起，后者是在公元前约 80 年时在此安置其支持者的。它是奉献给幸运女神或命运女神的，传说至少从公元前 3 世纪开始，她就在此发布神谕了。在山坡的顶端，从最早的神庙和聚会广场展开，便是一系列的平台。这些平台由阶梯和坡道连接起来，最高处即一个剧场，其上先是有一个半圆形双门廊，之后则是一个圆形的小神庙。巨大的双坡道阶梯自然是源自东方，因其看似是古代的西亚金字塔，阶梯两侧是柱子，有随着坡道而异样倾斜的柱头。第四层平台之后是一排柱廊店铺，其中嵌有两个屏障，为半圆形状、有着爱奥尼柱式，且有着混凝土井格的筒形拱顶。这个惊人的古典式对称组合有着足够的保留部分，结合

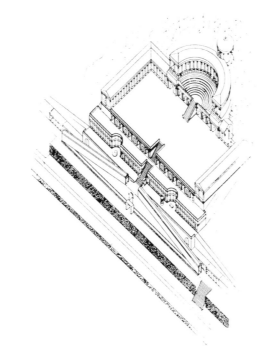

① 三人政权：
亦称三头同盟，即恺撒，克拉苏和庞贝大帝。因克拉苏死亡，于公元前53年结束。

② 勒斯波斯岛：
后引发女同性恋一词，Lesbian，源自女诗人莎孚的诗句。

71、72 命运圣堂，普勒尼斯特（可能于公元前2世纪晚期）：重建透视和景观

了混凝土、凝灰岩、石灰华、粉饰，在这个不大可能的地段，有着透过罗马平原俯瞰大海的绝佳视野，着实令我们折服，不论在此前还是在此后，几乎都没有建筑和景观的这种搭配风格。

罗马竞技场和罗马浴场一起，已是描述罗马生活方式的一个日常用语了。虽然罗马皇帝的宫殿已大多消失，但罗马帝国的西部仍散落着巨大椭圆形竞技场，这里，公民们欣赏着常有的野蛮表演，虽然对于现代来说这是不文明之举。竞技场从建筑角度来说，则是古希腊人剧场被罗马人的演变。意大利较早的石结构剧场之一建于公元前2世纪的庞贝城，但罗马共和国极为保守的态度却拖延了这种建筑形式，即将公共娱乐场所建成永久性的结构。所以，罗马的第一座剧场，几乎没留下任何痕迹，这就是庞贝大帝（Pompey）剧场，建于公元前55年。庞贝大帝曾于公元前60年和恺撒、克拉苏（Crassus）一起在罗马组成了"三人政权"①（triumvirate），这时他刚从希腊回来，据说建筑是以勒斯波斯岛②（Lesbos）上米蒂利尼剧场为模型的。所幸马塞勒斯剧场得以保留下来，是由恺撒设计，但是由奥古斯都于公元前13年或公元前11年献出，来纪念他的孙子马塞勒斯，它是罗马共和国晚期保留下来的重要纪念物之一。

马塞勒斯剧场典型地展现了希腊和罗马剧场之间的不同，首先，它不是建在山坡上，而是在一个精致的弓形底层结构上，并有一个混凝土筒形拱；同时，其舞台呈半圆形，而不是圆形，其乐池的设计不像是为合唱队，而是为议员们准备的座位。在罗马剧场中，不同于希腊，观众们不再透过舞台看到乡村景色，因为这里的布景舞台虽在马塞勒斯剧场还很简单，但已成为一种形式，且其尺度和重要性都在逐渐增加。对剧场设计未来尤为重要的是，马塞勒斯剧场的半圆形立面以其层叠的拱洞，框以层叠的柱式，这里，多立克柱式在第一层，稍轻些的爱奥尼柱式在其上，科林斯柱式也许就是在已消失的顶层。这种连接体系发展自重要的共和国时期建筑，如普利奈斯特及蒂沃利的圣堂以及罗马的档案馆是一个完美的早期阐述，阐述着后来成形的罗马特色组合，即结构性圆拱和装饰性柱子的组合。它在一所著名的建筑中得到了最具纪念性的展示，又因其受启发于马塞勒斯剧场，所以也适于在此讨论：这就是罗马大角斗场（Colosseum）。

意大利最早留存的永久性石结构角斗场建于公元前 80 年，位于庞贝城，建造尺度相对小些。公元前 29 年，奥古斯都在罗马建造了马提乌斯校练场（Campus Martius），但于公元 64 年毁于一场大火。因此，罗马大角斗场——由维斯帕西安（Vespasian）建于公元 75—80 年——便成为罗马最早的，也是保存最好的大角斗场。其原名为费拉维安（Flavian）角斗场，是以维斯帕西安的家族姓氏命名的，但从公元 8 世纪起，它便著称以大角斗场的名字，这可能源自附近的尼禄皇帝巨像（Colossus of Nero）。而且，它的建址原是尼禄金宫私人花园的人工湖，如此，维斯帕西安便能够将自己的宽宏大量对比于尼禄的自我放纵。显然，大角斗场的建造是用来满足大众口味的，它可容纳 50000 人。

大角斗场使用了蒂沃利的石灰华，其外部立面极为引人注目，由三层共 80 个圆拱孔洞组合而成，每个圆拱两侧都是嵌入的柱式，其上是一个高些但装饰较少的一层，设有科林斯壁柱。层叠柱式韵律连贯的宁静感在文艺复兴时期对建筑师产生一种强烈的影响，如阿尔伯蒂和朱利亚诺·德·桑迦洛（Giuliano de Sangallo，见第六章）。大角斗场源于马塞勒斯剧场，其立面在建筑上有些

73 马塞勒斯剧场，罗马（完成于公元前 13/11 年）

保守，但作为建造工程的一个成果，也作为罗马人组织天分的一个证明，这座建筑取得了一个超然的成就。梯台式的座席多为大理石，由逐渐上升的拱顶支撑着一个弓形底部结构为砖面混凝土。这个庞大的蜂窝状结构，被放射状坡道、拱形通道、回廊、水平通道所穿插，这样有利于安全，有利于疏导大量观众，他们都是从 76 个编号的入口凭票进场的。类似的创新也体现在地下迷宫般的房间设计和建造上，在这里，野兽被关在笼子里，而笼子又可以被拉至地面的一层。

罗马大角斗场的影响极为广泛，规模小些但同样吸引人的版本，至今还留存于意大利的维罗纳和波拉，以及法国南部的尼姆、阿尔勒。在尼姆，我们甚至还会发现一处更令人惊叹的拱形建筑，这就是嘉德水道（Pond du Gard），由阿格里帕于公元前 1 世纪晚期建造，它是用来承载穿越嘉德河谷的尼姆输水道。它全部用方石构成，高 160 英尺（49 米），以单拱形式跨越夏季河床，如

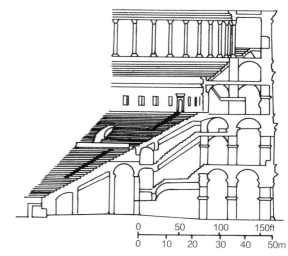

75、76（左和上）大角斗场，罗马（公元75—80年）：剖面图和鸟瞰图

大多罗马桥梁和输水道，以避免在急流下设置桥墩。而更令人震惊的是西班牙塞哥维亚的输水道，它比附近现代城市的房顶更戏剧性地高出近 100 英尺（30 米）。建于公元 1 世纪或 2 世纪早期，这座扣人心弦的石制工程特意做得粗糙，也许是要强调其力度感。

74 塞哥维亚的输水道（公元1世纪或2世纪早期）

直至今日，它仍以其双层的 128 个圆拱为城镇输送泉水。

广场、长方厅堂（巴西利卡）和神庙：罗马式组合

许多罗马城市的规划回应了其要塞的设计，而通常的主体即穿过市中心的两条笔直大道。在交叉点附近会有广场，一般为柱廊式，在其四周则是重要的公共建筑群，这一种布局可见于无数的罗马城市之中，从庞贝城到大马士革。罗马广场取代了希腊和希腊化时期的聚会广场，成为城市生活和规划的主要中心。在罗马城本身，其最著名、最古老的广场却有着截然不同的起源。这就是罗马城的旧广场（Forum Romana），它位于卡比托山下，本是一个贸易市场，虽然其西北角是寡头统治的元老院。公元前 2 世纪时，它被加建了一些长方厅堂，多为有顶的厅堂，用作法庭、交易所、市场。

到帝国初期，罗马旧广场已变得拥挤不堪，在之后的一个半世纪中，它被后来的皇帝大规模地扩建，这些建筑即公开展示

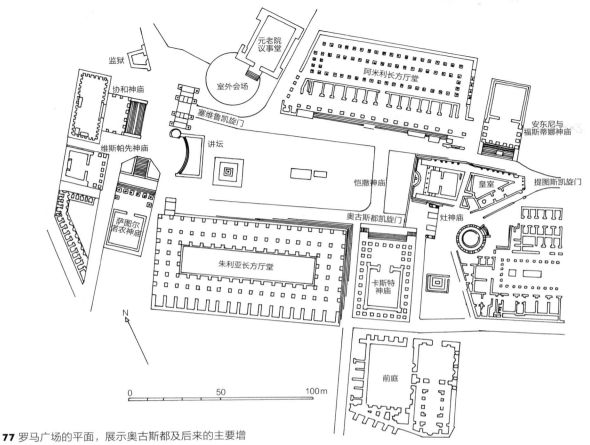

77 罗马广场的平面，展示奥古斯都及后来的主要增添建筑

他们个人的政治和军事成就。朱利斯·恺撒（Julius Caesar）即开启了一个先例，于公元前 54 年，他在旧广场的正西北方增建了恺撒广场（或者称朱利斯广场）。它包括一个柱廊式的长方形，其主要建筑是一座维纳斯母神（母亲维纳斯）的神庙，她是埃涅阿斯的母亲，即朱利安族人[①]之先辈。此广场的平面对之后的罗马广场影响极深，其本身亦可能是受启发于希腊化时期的例子，如科林斯岛上的埃斯克里庇欧斯（Asclepios）圣殿。

恺撒计划的一部分是给这个历史悠久的凌乱广场带来一种秩序，他完全重建了一座古老的共和国时期的长方厅堂——森普若尼长方厅堂，现在它已是朱利亚长方厅堂，同时他修复的阿米利长方厅堂，即在广场北边与其相对。阿米利长方厅堂，较早的长方厅堂之一，建于公元前 179 年，它看似有一

个两层的柱廊立面，有 16 个格间，很像一个希腊化的柱廊。但不同的是，它有一个封闭的大厅，采光来自一个高天窗，在此，一名地方法官可以很方便地处理公务。继朱利斯·恺撒的修复之后，奥古斯都于公元前 14 年又完全重建了阿米利长方厅堂。它变成一座设计华丽的建筑，外墙有一排壁柱。而更为宽敞的朱利亚长方厅堂则先是被奥古斯都重建，后又被戴克利先皇帝重建，后者是于公元 3 世纪晚期进行重建的，它有一个中央大厅，两侧是被圆拱分开的 4 条通道，圆拱架于成排的礅柱之上。

恺撒对罗马的前景规划最终由奥古斯都和阿格里帕（Agripa）实现了。奥古斯都（公元前 63—前 14 年），是共和国最后一位共和独裁者，是朱利斯·恺撒的外甥和养子，于公元前 31 年成为罗马的第一位皇帝，这是

① 朱利安族人：
朱利斯·恺撒的族人。

78 罗马广场，展示（左）塞普蒂缪斯·塞维鲁（Septimius Severus）凯旋门，远处为泰特斯（Titus）凯旋门以及（右）双子神庙（castor and pollux）的三个柱子（约公元前700年）

在他于亚克兴角海战中击败了安东尼和克利奥佩特拉（Cleaopatra）①之后。苏拉、恺撒、奥古斯都的功绩都极其复杂、极其广泛，无法在此总结，他们使罗马成为一个庞大帝国的主人，到了图拉真皇帝（98—117年）时期，罗马已经占据了欧洲大多地区，向北远至苏格兰，同时占据了整个地中海世界，包括北非海岸和近东的多数地方。罗马的法律将它们联合在一起，并经历了一段150年之久的和平，这一景象从未再现。

奥古斯都最早的抱负之一，便是将意大利的道路系统现代化，他在罗马即委派自己信任的朋友和同僚——阿里帕——修建新的输水道，并改进排水系统。根据苏里托纽斯（Suetonius）②记载，奥古斯都曾如此炫耀自己帝国的中心，称他"发现的罗马是一座砖城，而留下的则是一座大理石城"。对大理石的重视是其典型的传统主义品位，即其壮观的新古典主义风格，而不是普勒尼斯特的那种砖和混凝土的实验。作为一位军事领袖，他大胆激进，但作为一位建筑出资者，他在风格上却是极为保守，因其建筑物要完成的任务是着重于旧共和国和新帝国之间的政治延续。由此，他不仅建造新的公共建筑，而且还重建或重修现存的神庙：的确，在其自传性的遗言中——《神圣奥古斯都之成就》——他宣称，在一年之内他建造了82座神庙，那是公元前28年。

作为对罗马广场进行重建和扩建的一部分，亦是朱利斯·恺撒起始的一个持续性的

① 克利奥佩特拉：
  埃及艳后，最后的法老。
② 苏里托纽斯：
  69—122年，历史学家，
  记录了12位罗马皇帝。

79 战神马尔斯（Mars）神庙及部分奥古斯都广场的复原图（公元2年）

项目，奥古斯都用大理石完全重建了两座神庙，即双子神庙（Castor and Pollux）和协和神庙（Concord）。在广场的东端，他还加建了第三座神庙——神圣朱利斯神庙（神话的朱利斯），建于公元前29年，奉献给他的养父恺撒，作为其对自己宗教和政治理想的一个明确声明。双子神庙和协和神庙的建造，由奥古斯都的养子负责，后者就是下一位继任的皇帝——提比留斯（Tiberius）（公元14—37年执政）。双子神庙（竣工于公元6年）是一座重要建筑，之于罗马科林斯柱式的建造史，因其首次设立了科林斯檐部的标准，即有一个线脚华丽的楣梁、一个简洁的檐壁、凸出的齿状饰支撑于卵锚饰（egg–and–tongue）的一个边上、其上还有一个花冠置于精美的涡卷托饰上、托饰的上下雕有莨苕叶饰。保存下来的3根柱子自中世纪以来一直成为旧广场上一个著名标志，柱上冠以卷曲生动的柱头，每个柱头都是用两块克拉拉大理石雕刻而成。和协和神庙一起，后者只留下一块重修后的大理石上楣（檐口），它成为奥古斯都晚期风格的完美范例，因其引进了细节上的一种新式的华贵，又带有一种希腊式的清新。

奥古斯都为罗马之贡献在建筑上和雕像上达到顶峰是在公元2年，此时，他建造了奥古斯都广场和宏大的战神马尔斯神庙。奥古斯都广场是一个柱廊式的长方形空间，位于恺撒广场的北面，且和广场成一个直角，它也类似地在一端有一个主体神庙建筑。奥古斯都广场位于罗马旧广场的正北方，此地段是奥古斯都买下并送给城市的一份个人礼物。神庙则是献给战神：Mars，音译马尔斯，亦为火星马尔斯（复仇者马尔斯）的，这全因奥古斯都的一个誓约，誓约立于公元前42年的腓利比战役之前，在此战役中，曾谋杀恺撒的布鲁图斯和卡修斯被处死。这种政治形象以雕塑的方式展现出来，并装饰了神庙和广场。为了展示奥古斯都帝国在历史上和政治上的合法性，同时又作为罗马共和国的必然结果，他令人将罗马的两位创建者——埃涅阿斯和罗米拉斯，和战神火星和女神维纳斯联系到一起，罗米拉斯既是朱利安家族的创始者，亦是奥古斯都所继承的。由此，在神庙的后殿室作为室内空间的高潮，便有着火星、维纳斯、神化的朱利斯的神像。

神庙和广场都满是白色和彩色的大理石，毋庸置疑，其中大多都是希腊来的工匠所建，但是很不幸，除了3根科林斯柱子之外，神庙没有留存什么。其雕刻华美的室内，两侧有两排独立的柱子，它们则和外墙壁柱呼应。在神庙的另一端，即和入口相对的，便是后殿室。神庙建在一个高台基之上，向柱廊广场延伸过去，创造出强烈的立面效果，这也是意大利式传统的一部分。广场两侧的柱廊托着一个顶层，其上饰有华丽的女像柱，此复制或是来自雅典的伊瑞克提翁神庙，或是来自位于艾留西斯（Eleusis）的山门。每个柱廊都会戏剧性地在后敞开，面向一个半圆庭院，并引入一个横向轴线，这种方式在图拉真广场中被表现得更为有效。

神庙和广场的这种搭配源自希腊化时期的先例，这也被韦斯帕西安皇帝（公元70—79年执政）的两座伟大建筑之一加以强调，它名称诸多，被称为和平神庙、和平广场或韦斯帕西安广场。这座壮观的纪念建筑建于公元71—79年，是为纪念韦斯帕西安皇帝征服了犹太人，并占领了圣城耶路撒冷。它位于奥古斯都广场附近，其地段原为肉类市场，也许因此得到了一个大正方形的平面。这座广场是依据一个正式花园来设计的，有树木引导，直至神庙的门廊，后者和柱廊同高，柱廊环绕着广场的三面。神庙沉静的前立面并不是广场的主导，但左右两侧则设置了一个图书馆和一个画廊，里面陈列犹太战争中的著名战利品，如圣约柜、七烛台，还有希腊绘画、雕塑杰作。对普林尼（Pliny）[1]来说，和平神庙、奥古斯都广场、阿米利长方厅堂，是"史上最美的三座建筑"。

多米提安皇帝（Domitian，公元81—96年执政），用过渡广场（Transitium，又称乃尔维广场），填补了奥古斯都广场和韦斯帕西安广场间的狭长地带，于公元97年由内尔瓦（Nerva）皇帝完工。过渡广场两侧的长边因独立柱子而有了的活力，每根柱子都有各自的檐部，从后面的墙体分离出来。这种部分嵌入的壁柱形式已在室内应用，但此广场的建筑师应是第一个如此大胆地将其用在外部，这里，其装饰性的目的更加显著。这个柱廊的存留部分有雕刻华美的檐壁和顶部，是帝国广场中极为引人注目的古迹之一。其涟漪般柱式的生动欢快被后来的建筑广为模仿，如雅典的哈德良图书馆。

紧邻的奥古斯都广场位于罗马旧广场西北方，就是旧广场的最后扩建部分，即图拉真广场和市场（约公元100—112年）。它是广场中最为奢华的部分，其规模等同于其他所有面积的总和。由来自大马士革的阿波罗多罗斯（Apollodorus）设计，图拉真广场将旧广场的区域向西北延伸，以便和马提乌斯校练场相接。广场的东边是一个庞大、微微弯曲的柱廊，其中间是一个胜利凯旋门，面

80 内尔瓦（Nerva）广场（完成于公元79年）

对奥古斯都广场。与其平衡的西边部分，则是巨大的乌尔皮亚（Ulpia）长方厅堂，它亦在广场内形成了一个明显的横轴线。图拉真于公元113年建此长方厅堂，用来储存自达契亚（Dacian）[2]战争中掠夺的财物，要令其成为罗马最大的一座建筑。它是极富特色的王朝纪念建筑，并以图拉真的家族姓氏名字命名——乌尔皮乌斯（Ulpius）。之前的广场，几座神庙占据着主位，但是在这里，则是乌尔皮亚长方厅堂，它整整占据了广场的一边，即400英尺（122米）的长度。其中央长方形的内殿由两个有顶的回柱廊封闭构成，且在两个短的端头开口，并通向两个大半圆形的空间。长方厅堂的室内则装饰豪华，采用多色大理石和镀金青铜。这座罗马

① 普林尼：
《百科辞典》的编辑者。

② 达契亚：
王国位于黑海西部，多瑙河下游，建于公元前168—前106年。

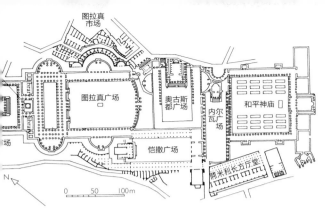

81 帝国广场的平面，罗马

82 图拉真柱，罗马（公元113年）

的长方厅堂对罗马各省的建造者有着极大的影响，特别是在特里尔（Trier）[①]和大莱普提斯（Lepcis Magna）[②]发现的长方形建筑，后被康斯坦丁皇帝，于公元4世纪，选为基督教堂的建筑模型。

紧邻乌尔皮亚长方厅堂西边，有两座图书馆，一为希腊式，一为罗马式，两者中间是一个封闭的柱廊，内部立有图拉真纪功柱（Trajan's Column）。这个惊人之物高达125英尺（38米），由巨大的克拉拉大理石建成，形成一种图解式石书，和两侧图书馆中的书籍相配。由此，它雕刻着连续且螺旋而上的人物饰带，长约600英尺（180多米），叙述了图拉真皇帝的达契亚战争，其图案越向上则越模糊。这根柱子在概念上和风格上都是一个原创性极高的纪念碑。一系列事件描绘在连续的背景之上，这取代了国家正式的古典浮雕传统，并影响了后期的古雕塑。这座庞大的自我崇拜性的纪念建筑在其前台座中有图拉真的坟墓，后又扩建为圣图拉真的神庙，建于公元119年，即其逝后的第二年，由哈德良皇帝修建。神庙四周环绕着门廊庭院，它宣告了图拉真广场的彻底完成，也由此宣告了其西北部整个罗马广场的完成。

凯旋门

罗马广场上的另一种建筑特色我们还未曾描述的，即其东西两端所标记的、独立的纪念拱门，即凯旋门。凯旋门，有时并无功用，经常盛气凌人，但却又不乏高贵，应该是罗马所有建筑发明中最具个性的一种。没有几个帝国能够创造出如此极易识别，或是广为应用的象征物了。这种形式的起源至今不明，但据利维（Livy）[③]记载，早在公元前2世纪，罗马境内就已建过一些纪念性拱门，而装饰性的拱形通道正如我们在第51页所见的，曾出现在普里安尼的希腊化城市中。是奥古斯都开创了在帝国境内建造凯旋门的时尚，在他统治期间建成的最早期的凯旋门，保留至今，简洁且有力，以其荣誉而建的，即建于公元前9—前8年位于意大利的苏萨，它是一个极具特色的范例。而另一座极其奢华的早期拱门是雕刻精美的提比留斯凯旋门，建于约公元26年，位于法国南部的奥林奇（Orange），它是为了纪念一次起

① 特里尔：
德国城市。

② 莱普提斯：
利比亚城市。

③ 利维：
罗马史学家，公元前59—前17年，主要记载罗马早期历史。

83 提比留斯（Tiberius）凯旋门，奥林奇（约公元26年）

些柱子是嵌入式的，但自公元 2 世纪则常常是分离式的；而其上是一个嵌入的檐部，并冠以一个高耸的顶层，其巨大的罗马柱头上刻有敬献碑文，这永远是凯旋门上最为优雅的特点之一。其最高处又冠以一组雕塑群，通常有一辆战车雕塑，这就是所谓的四马双轮战车（quadriga）。

一个晚期范例，且是一个特色华丽的三拱凯旋门，便是塞普蒂缪斯（Septimius Severus）凯旋门，建于公元 203 年，在罗马广场西端一个很拥挤的地点上。它是第一座有独立而非嵌入式柱子的凯旋门，其装饰的角色亦被一段通向凯旋门的阶梯所强化。凯旋门在罗马帝国东部和北非各省被极度狂热地沿用。在很多城市里，如现今利比亚的大莱普提斯和阿尔及利亚的提姆加德，凯旋门耸立于平坦的沙漠之上，它成为罗马统治和秩序一个直接全面的象征。

宫殿、别墅和新混凝土建筑

在上一章讲述希腊化时期时，我们已提到罗马共和国时期建筑，如庞贝城，都是围绕一个中央庭院或大厅而建。它一般在屋顶有一个开口，而地下则埋有一个蓄水池。这种中庭应该是一个稍显幽暗的建筑特色，到了公元 2 世纪，它则在房屋后部，通常添加一个更令人愉悦的围廊庭院，且常会有一个花园。这些围廊式房屋中最壮观的一个，便是庞贝城外的"神秘别墅"，始建于公元前 2 世纪，扩建于公元 1 世纪中期，加了一个挑出的半圆形游廊，面朝大海，两侧为优雅的夏季别墅。由此，在罗马帝国的早期，罗马人看似很想从内视型的希腊化房屋中跳出来，以便能欣赏周边的自然景色。这种对自然的欣赏亦是罗马文化吸引人的特色之一，也很好地展示在迷人的自然和花园景观壁画中，出于画家斯塔第乌（Studius）之手，壁画在

义的镇压。作为第一座三重拱门，它对于帝国后期伟大的凯旋门是一个非同寻常的早期范例。

泰特斯（Titus）凯旋门坐落于罗马广场东边的萨克拉大道上，是为纪念泰特斯，庆祝其征服了耶路撒冷。它由多米齐安皇帝建成，于泰特斯死后不久的公元 81 年。它是混凝土结构，并贴有彭特里克大理石，它是最后采用单拱的凯旋门之一，也是首次采用一种新柱头的公共建筑之一，此柱头就是自奥古斯都时代即已闻名的复合柱式（composite）。这种复合柱式的突出特点，就是在科林斯柱头的莨苕叶饰板上加了爱奥尼的对角涡卷。一般来说，罗马人喜欢其凯旋门设计依照同样的法则：即标准拱门的两侧有科林斯或复合式的柱子立于柱基台之上，且框以雕刻的墙板。在早期的凯旋门中，这

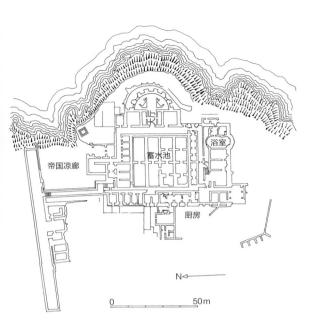

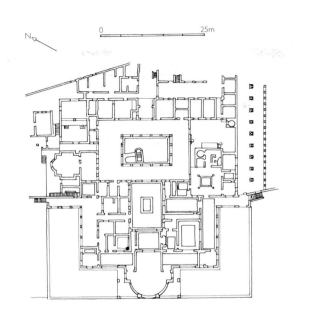

84 约维斯别墅的平面，卡普里岛（公元14—37年）　　　　**85** 神秘别墅的平面，庞贝（公元前2世纪—1世纪中叶）

"第一门"（Prima Porta）别墅中，隶属奥古斯都皇帝的妻子——利维亚（Livia）。作画时间为公元前1世纪晚期，壁画现收藏于罗马国家博物馆。这种赏识更为清晰地表达在小普林尼（公元61/62年—约113年）的一封信中，他描述了自己在托斯卡纳的别墅，或观赏紧邻自家规整花园的自然草地，抑或只是观赏自家的花园，房主人都会得到同等的快乐。

　　古罗马人欣赏自然，在建筑上的一个结果则惊人地展现于约维斯（Jovis）别墅，它是由提比留斯皇帝，建于公元14—37年，选址是在卡普里岛（Capri）上，一处看似不可能但却风景如画的悬崖峭壁之上。这座异国风情的休闲别墅有着令人窒息的那不勒斯海湾景色，虽没有多少保存下来，但是其平面已被复原重建，如此我们便可以欣赏到它分散的布局，有平台、斜坡、观景楼、浴室、无数的附属房。它代表了早期非常精彩的一个实例，即自然和建筑的完美融合。

　　也许更为显著的，应是约维斯别墅的建筑精神，令其不止一次地再现于罗马帝国的核心。第一个，也是建筑上最震撼人心的，便是尼禄的金宫，由尼禄皇帝建于公元64—68年的大火之后，这次大火烧毁了1/3的罗马城。得助于他的工程师兼建筑师——塞维鲁斯和塞莱乐（Severus and Celer），尼禄开辟了一块漂亮的公园地段，范围超过300英亩（1.2平方千米），从广场进入，要经过一个柱廊式门厅，这里有一个巨大的尼禄青铜像，高120英尺（36米）。公园的中央是一个人工湖，其轮廓是极具品位的不对称形，此形状和18世纪英国的卡帕比利特·布朗相关联。整个公园内部散落着神庙、喷泉、浴室、门廊、亭子，其中最重要的建筑，即尼禄绵延伸展的皇宫：金宫（Domus Aurea）。

　　金宫的难忘之处是其奇特的六角形入口庭院——很可能是作为一个光井来设计的，一种机械玩具，但最主要的是其精巧的顶部照明的室内设计。虽然尼禄作为一位皇帝也许并不理想，但是作为一名建筑出资者，他却是罗马建筑史上的重要人物之一。无论如

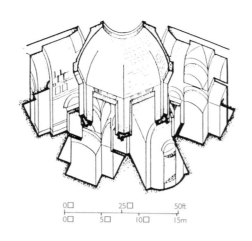

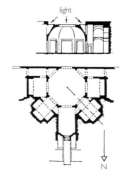

87 尼禄的金宫,罗马:八角厅的正面图和平面图

86 尼禄的金宫,罗马(公元64—68年):八角厅的透视图

88 尼禄金宫八角厅的室内,罗马

何,于公元68年尼禄自杀[①]之后,其风景优美的公园里的华丽建筑几乎荡然无存:的确,在之后的半个世纪里,其原址上建造了很多主要的罗马纪念建筑,包括大角斗场,建于原人工湖上;维纳斯神庙、罗马神庙、和平神庙;弗莱维(Flavian)皇宫;以及泰特斯浴场和图拉真浴场,后者的地下结构沿用了一部分金宫住宅的侧翼。文艺复兴时期,人们在地下,即其"洞穴"中,发现了一些带拱顶的房间有尼禄装饰的石膏工艺和彩绘,并结合了精美的涡卷装饰和阿拉伯式回纹。此装饰风格被文艺复兴时期的艺术家们广为模仿,如拉斐尔(227页)、乔瓦尼·达·乌迪内(Giovanni da Udine)和瓦萨里(Vasari),以及18世纪的建筑师,如亚当和怀亚特(377页之后,及386页),它也被称为"洞穴式"(grotesque)[②]。

公元1世纪中期的作品,装饰风格相比16世纪的留存要少些,但是相比拉斐尔,现代的考古学家们又能让我们更好地欣赏其惊世独创,即其位于金宫东部的中心的穹顶八角形房间。这个房间显然是建于后尼禄时期,是砖面混凝土发展的一个重要标志,整间都是如此结构。混凝土的应用不同于其他建筑材料,它会坚固黏合如一个单体,这令八角的拱顶在上升时便自然地转为一个正常

的穹顶。即如万神庙一样,空间为顶部采光,通过穹顶上的一个宽圆洞,无窗。然而,它在其五边都有开口,通向各自的一个拱顶长方厅,后者也都是顶部采光,却是来自穹顶外缘上的隐蔽光井。墙体被化解,于一种丰富且含糊,光与影的游戏之中,这又强调了空间之虚,而不是空间之实,是一种空间想象上的惊人壮举。此外,其敞开的穹顶上,也可能曾冠以一种结构,即苏埃托纽斯所描述的"一个圆形大厅,昼夜旋转,如天堂一般",而这里及其他地方的墙壁上都饰有大理石壁柱和粉饰工艺,甚至还有"黄金镶嵌工艺,并缀以宝石和珍珠母"。

金宫,炫耀且放纵,建造得非常之快,

① 尼禄自杀:
  因其暴政,他被法庭判决死刑,得知结果后自杀。

② 洞穴式:
  也意为"怪异式"。

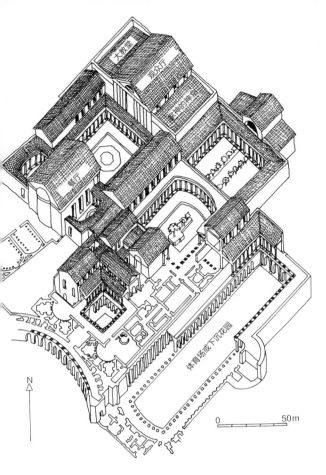

89 弗莱维皇宫的复原图，罗马（建于公元92年）

因混凝土是一种适于快速施工的建材。然而金宫的最佳特色却很快被更为彰显地用于另一座建筑，这就是在帕拉丁山上的弗莱维皇宫，于公元92年为多米提安皇帝加冕而建。它被称为多姆斯（Domus Auguatana）皇宫，或是更流行的名称——帕拉丁（Palatium）宫殿，它一直是皇帝的正式住所，长达3个世纪之久，它也给我们留下了一个建筑词汇，即帕拉斯（Palace），意为"皇宫"。多米提安的建筑师拉比留斯（Rabirius）设计了一个庞大的建筑群，它形成了一种模式，即如何在一个不规则的选址上，包含又环绕有现存的历史建筑，且最终又能表现出尊严和秩序。拉比留斯没有将整个地方铲平用以建造一个单体的对称建筑，与之相反，他设计了一

座皇宫，虽整体上为不对称形，但其附加部分则都是对称的，只因其小又不碍眼。皇宫稍低的部分还包括并保存了有趣的各种早期建筑，如共和国晚期的格里菲斯（Griffins）宅邸。

公务侧翼包括各部机关，位于皇宫的西北角。它有一个围柱式庭院，中间有一个喷泉，庭院的两侧一边是王座大厅（throne room）、长方厅堂、小礼堂，另一边则是一个巨大的宴会厅。奢华的大理石柱子沿大厅的墙壁而排列，却是完全装饰性的，这和罗马的建筑习惯相配，即支撑其庞大结构的不是柱子，而是混凝土的礅柱和墙体。皇宫的起居部分，位于西南角，其地段呈陡坡直导罗马马克西姆大竞技场（Circus Maximus），进入居住区，则要自东北部经过两个华丽的围柱庭院。皇宫的首层有着形状和高度各异、巧妙如蜂巢般的小房间，从这里有一段阶梯通向皇宫的底层部分。整体建筑之高大也是混凝土使用的自然结果，而其室内的布局有两层，不同层的房间用于一年中不同的季节，非常复杂。

皇宫①的稍低部分包括一组顶部采光的房间，环绕着一个庭院，庭院中的主要部分是一个装饰华丽的喷泉，呈奇特的蛇形。庭院的东北部是一对带穹顶的多边形大厅，嵌入山坡的岩石之中。如皇宫的大多建筑一样，它们体现了尼禄金宫特色的一种成熟的多样性。此庭院的对面有一条通道，会意外地引至皇宫弯曲的西南立面，这里，拉比留斯在前面加了一段弓形的柱廊。另一个惊人之处便是其带有长墙的花园，从庭院进入，沿着皇宫的东南边扩展开来。极富想象的一笔，这个狭长的下沉式柱廊花园有着弧形的南端，模仿了一个赛马场或体育场的形式。的确，花园的南端结构上有一个包厢，从这里，皇室成员便可以观看下面竞技场上的活动。

① 皇宫：
Palace，词源来自帕拉丁（Palatiam）山上的宫殿。

73

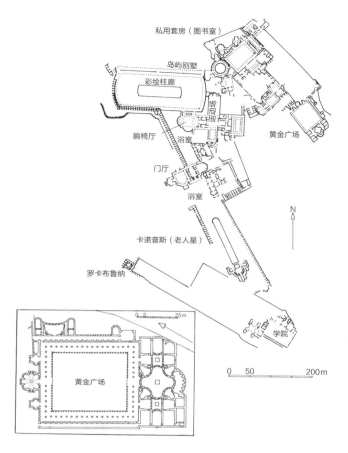

90（上）哈德良别墅的平面，蒂沃利（公元118—134年），和（插图）黄金广场的细节，柱廊庭院和亭阁

91（下）哈德良于蒂沃利的别墅：岛之别墅

图中标注：私用套房（图书室）、岛屿别墅、彩绘柱廊、躺椅厅、浴室、门厅、浴室、卡诺普斯（老人星）、罗卡布鲁纳、黄金广场、学院、N

虽然皇宫大多保留下来，但其建筑装饰和贴面材料成块脱落，对于现代参观者来说，它看似荒凉且令人迷茫。要寻求一座类似的建筑，极具魅力且更易理解，我们必须转向哈德良著名的别墅，它位于蒂沃利附近的罗马平原上，距罗马15英里（24千米）。

虽说它是罗马史上最大的别墅，但在形式或是设计上，它都不同于其他别墅。公元118—134年，它逐渐建成，于现有的共和国时期的别墅之上，它是一个建筑组合，建筑大多不相干，但都是迷人的极品，随意地延展在一片高地之上，长达1.5英里（2.4千米）左右。其建筑，如岛之别墅，有两个亭子居于黄金广场的两侧，还有学院和诸多小浴室，都几乎没有在一条直线上。它们是源自一位设计师极为惊人的宣言，因他决意不惜代价摧毁传统的模式，即有四面墙和一个天花板的正方形房间。穹顶的八角形亭子位于黄金广场的西北端，它比我们见过的任何设计在此思路上都走得更远，这里，长方空间和半圆室相交替，完整地表现为其外观上的波浪形状。

在蒂沃利的独特曲线建筑有着凸凹之间的本质冲突，有圆形的柱廊，有混凝土拱顶和穹顶，且有微光闪烁的玻璃马赛克，它因光彩照人的水塘、喷泉、瀑布、水道，而处处充满了生机，而哈德良皇帝收藏的人物雕塑，更为添彩。因为这座别墅本身就是一座开敞的古董博物馆，作为鉴赏家的哈德良在此聚集了其藏品，包括古埃及和新埃及，以及古典和现代的艺术品。另外，他对古历史的欣赏和怀旧的性情令他将建筑物变成复兴者的博物馆展品，如此，它们的名字也令人想起其旅途中所见的著名古迹：例如这里的一座彩绘（Poikile）柱廊，得名于一个雅典的柱廊；一条装饰用运河——卡诺普斯（Canopus）——得名于连接卡诺普斯和亚历山大的2英里（3.2千米）长河道，此运河两

92 卡诺普斯，哈德良别墅，蒂沃利

边则列以古希腊雕塑的复制品，包括伊瑞克提翁庙的女像柱，而在另一端则有塞拉皮姆（Serapaeum），令人想起卡诺普斯的塞拉皮姆神殿；还有一座圆形的希腊多立克式维纳斯神庙，是小亚细亚的尼德斯（Cnidus）的一个复制，它俯瞰着一个"潭蓓谷"（Vale of Tempe），令人想起提萨里（Thessaly）的一个著名山谷。

哈德良修建的其他建筑

　　见过哈德良在蒂沃利的别墅之后，我们应转向其建造的最重要建筑，这便是罗马的万神庙。哈德良执政于公元117—138年，是史上伟大的建筑出资人之一，而万神庙建于公元约118—128年，是一个极富创新的合成体，主导了三项时代风尚：室内空间的创造、混凝土结构的联合发展、古典形式的保留。万神庙和帕提侬神庙相竞争，成为西

方世界最著名的纪念建筑，而且，它无疑是被模仿最多的建筑之一。幸运的是，在所有古代建筑中，它也是保存最为完整的，虽然其柱廊式的前庭院已不存在，如奥古斯都广场一样，它原本是要在视野的尽端将视线引至神庙的门廊。这里，逐渐上升的地面以及后来消失的阶梯一起通向神庙的门廊，却也好像会削弱一些神庙外立面的冲击力。然而巨大的门廊看似只是以一种保守的姿态来满足人们对一座神庙的传统期望。哈德良和其建筑师——后者身份至今不明——显然把兴趣都放在之后的革命性圆厅之中。建筑门廊和主体间的不协调，因其草率的连接方式被近乎令人痛苦地强调出来。门廊的传统特色之中，被哈德良奇特的误导决定所强调，即他用了前身神庙上不同的铭文复制品来修饰万神庙的檐壁，前身神庙是由阿格里帕建造，其上所书：M·AGRIPPA·L·F·COS·TERTIUM·FECIT（马尔克斯·阿格里帕，卢修斯之子，三任执政官，建此）。

　　我们已见到希腊人和罗马人建过很多圆形建筑，而和万神庙最相似的应数阿尔西诺恩（Arsinoeion）神庙，一座圆形神庙，敬献给诸神（Great Gods）①，建于公元前约270年，位于爱琴海北部的萨莫色雷斯岛上。但所有这些无一能堪比于万神庙，它有着令人窒息的规模，极具戏剧性，又极为庄严。其穹顶跨度（142英尺，43.2米）是前所未有的，即便是建于1400多年后的罗马圣彼得大教堂，跨度也只是139英尺（42.5米）。万神庙室内有着完美的平衡比例，因为穹顶的内部直径精确地等同于穹顶天眼到地面的高度。圆厅两侧的内墙龛室有科林斯柱子排列其间，柱子又是一个精彩的比例参照：知其高度为一座神庙的柱子，我们便会被立于其上的建筑所震慑。龛室也强化了穹顶的魔力，

① 诸神：
于古教时期，多有各路众神，居于奥林匹斯山上。

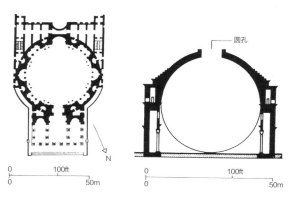

圆孔

93（上）万神庙的外观，罗马（约公元118—128年）

94（上右）万神庙的平面和剖面

95（下）万神庙的室内：绘画自帕尼尼（G.P.Pannini）（国家艺术馆，华盛顿）

① 不同的成分：
这种成分的比例、制作至今是谜，因而无人能复制此穹顶。

因其化解了整个墙面，如此，穹顶便轻盈地飘浮着，于一处实虚相应且落影神秘的垂帘之上。

万神庙的结构亦极为精彩，复杂且又具原创性，但它没有显露在内部，整个鼓形内墙及大部分穹顶都被覆以装饰，而装饰和其后的建筑体或是完全不同，或是结构上毫无关系。的确，穹顶内面上的菱形格天花精心地模制而出，即为创造一种透视的错觉。建造万神庙大部分结构的混凝土其制作过程中，亦有添加不同的成分①：石灰华、凝灰岩、砖块、轻火山石（pumice）。随着高度的上升，建筑重量要逐渐减轻，这些材料就被配成不同的组合，创造出6套结构层，始于最重的地基部分，终结于最轻的穹顶上端，火山浮石便用于后者。从某种角度说，还应该有第七层，这便是简单的空气了，因穹顶最上端朝天敞开，是一个穹眼，直径为28英尺（8.5米）。

穹顶这个摄人的光眼成了一个令人无法抗拒的空间高潮，吸引着每一位参观者凝视的眼神。完全隔绝于尘世的喧嚣和景象，我们似乎可以通过这明亮的光眼，神奇地触及居于其中的诸神。的确，通过观察太阳是如何照亮这庞大的万神庙，在其昼日的轨迹之上，我们能感受到其神性之存在，时而于其地面，时而于其墙体，时而于其穹顶，神庙则是奉献给所有神祇的。神庙形状为圆形，连绵不断、天衣无缝，如造就它的帝国，辉煌至极。几近完美的圆形穹顶内部，完全是地球上前所未有，看似是一种诸神、自然、人类、国家永久合一的象征和结果。它即刻成为一种象征符号，并保持了数世纪之久，作为人类最高宗教和政治抱负，且比帕提侬神庙更具说服力，因此，也不仅是其圆厅和门廊组合被模仿，从意大利文艺复兴时期的帕拉第奥，一直到1900年左右纽约的麦金、米德和怀特，同时，也可以说它是所有穹顶空间之父，直至（也包括）勒琴斯总督府的接见厅（1912—1931年），位于新德里。

当然，万神庙对哈德良及其无名建筑师的意义，如我们以上所述，大部分是推测出来的。应该意识到的是，我们正在做如下假设：高贵的建筑必定出自高贵之人，或是丑恶的建筑必定出自丑恶之人。因此，我们也许可以清醒地回忆一下，据历史学家戴奥·卡修斯（Dio Cassius）于公元200年所

96 凯基利亚·梅特那王陵（Caecilia Metella），阿比亚大道，罗马（约公元前20年）

叙，哈德良毫不犹豫地处决了这位杰出的建筑师——来自大马士革的阿波罗多罗斯，而其罪过只因批评了一下哈德良自己设计的维纳斯和罗马神庙，而以现代观点其批评是公正的。建筑史学家们可以肯定地说，而非推测，万神庙有助于开启建筑的一个新阶段，从此以后，建筑的关注点便是室内空间的创造。

万神庙建造之时，地中海世界旧神们的信仰正在被来自东方神秘的新宗教①代替。万神庙，其设计看似只是用以表达超自然的理念，而不是一个特定宗教居所的功能，但其完好的保存要归功于教皇博尼法斯四世，于公元609年，他将神庙变成一个新东方宗教的礼拜场所，且为时间最久的。直至今日，它仍是一座罗马的天主教教堂，而对现代罗马人而言，它不是万神庙，而是圣玛丽亚教堂。

哈德良的陵墓（约公元135年）虽然现已被改为圣安吉洛城堡——罗马的另一座纪念性圆形建筑，这也要归功于哈德良。这种建筑亦有其承传性，源自伊特鲁斯坎人的古代坟墓，有一个圆形石鼓，其上冠以一个圆锥形土堆：一个著名的早期例子是凯基利亚·梅特那王陵，建于约公元前20年，位于罗马阿比亚大道上。奥古斯都王陵，位于马提乌斯校练场，于罗马的台伯河畔，则是大约建于同一时期。它的保留部分足以告知我们，它是一座高大的鼓形混凝土建筑，建筑表面为石灰华，直径为290英尺（88米），其中有几间墓室，被放射状的混凝土墙分隔。其顶部为一座古式土墓，其上植有常青树，并用一尊奥古斯都雕像来坐镇。哈德良王陵则是这种主题更为精致的版本，保存更为完整，虽然并没有冠以一圈树木。

哈德良为罗马所做的诸多贡献中，最后一个，也是我们要看的，即维纳斯和罗马神

① 东方神秘的新宗教：
这里指基督教，即罗马城的东方。

97 维纳斯和罗马神庙，罗马（完成于公元135年）

庙。奉献给罗马人传奇的祖先，一个罗马的化身，这座神庙建于和平神庙和大角斗场之间，地段的前身是尼禄金宫的一部分。其始建日期不确定，但献祭时间为公元135年，是一座令人震撼的纪念建筑，作为哈德良对雅典之敬慕，因为它采用了蓝色纹理的希腊大理石，即可能被视为奥林匹亚神庙的再版，其工匠也可能是来自帕加马。然而我们并不清楚其视觉上的成功效果，即试着将一座巨大的科林斯式神庙置于低台阶的希腊式底座之上，而不是置于宏伟的罗马式基座之上。保留下来的半圆殿内室，以及半个穹顶

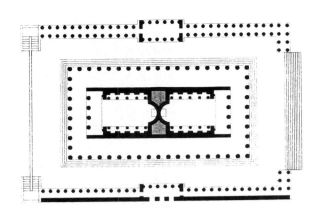

98 维纳斯神庙的平面，罗马

99 哈德良的陵墓（现为圣安吉洛城堡），罗马（约公元135年）

上的菱形格天花，也许建于公元307—312年，是马克森提乌斯（Maxentius）①的一次重建。

虽然哈德良建造了一些罗马令人难忘的建筑物，但他更喜欢在雅典生活，他受启发于希腊化国王的先例，成为许多非希腊人中最有影响力的一位，去维护雅典的一种怀旧情结，之于雅典文化的最高峰，即其公元前5世纪的成就。我们已见到，公元131—132年，哈德良是如何建成了庞大的奥林匹亚宙斯神庙，此神庙始建于公元前6世纪的雅典，公元前2世纪时由叙利亚的安蒂奥丘斯（Antiochus）四世继续完成。几乎与此同时，哈德良还在附近建造了哈德良凯旋门，一座城市之门，如普里安尼聚会广场的拱门一样，但它却意外地冠以一个漂亮的三分式屏障，它原本包含有哈德良和提修斯的雕像。这座凯旋门作为一个划分新旧城的标志，却奇异地刻有铭文，其西面为："此为雅典，提修斯之古城"，而自卫城可见的另一面为："此为哈德良之城②，而非提修斯之地。"

这种生动的韵律亦回应在哈德良建造的图书馆中，建于公元131年，是一个封闭的长方形柱廊，紧邻恺撒市场和奥古斯都市

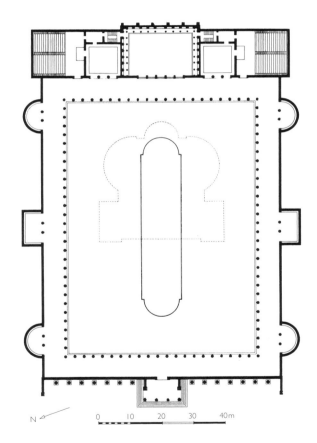

100 哈德良图书馆的平面，雅典（公元131年）

① 马克森提乌斯：
　执政于306—312年。

② 哈德良之城：
　即哈德良之雅典，与之相媲美有奥古斯都之罗马，君士坦丁之君士坦丁堡。

场，都在雅典的聚会广场附近。庭院入口处保留下来的墙体引导直至图书馆，它因独立科林斯柱子的装点而富有生气，柱子支撑着一连串凸出的檐部，后者只是装饰之用，启发于公元97年罗马的特兰西托利姆聚会广场。建筑清新，却也奢华，柱子用的是来自尤比亚（Euboea）岛的绿纹西坡里诺大理石（cipollino），醒目地依靠在一面墙上，墙上又有砌石装饰令其生动许多，这是一种源自小亚细亚的粗糙风格。后来增建的，现已消失的，还有雕像成排的顶楼，以及有100根弗利吉亚（Phrygian）石柱的内柱廊。

浴场

帝国大浴场设计中的很多特色在帝国的早期就已确立了，这便是泰特斯浴场（约公元80年）。对罗马人来说，浴场是一种生活方式。它们包括的不只是一系列的冷水厅、温水厅、汗蒸厅，以及附属的更衣间，而且还有图书馆、餐厅、博物馆、休闲厅，其间又散落着庭院、花园，其整体构成一个消遣性的环境，服务于健康、社交、知识等活动。泰特斯浴场令双循环设计极为流行，其中心部分是一个大长方形的棱拱顶冷水厅，且每个角落都有一个冷却装置，围绕着冷水厅则对称分布着一连串的小房间，如此两边设施也会相同，如热水厅、更衣间、运动场。

泰特斯浴场和图拉真浴场同样留存不多，前者主要留在帕拉第奥画的一张平面图上，是大约25年后的设计，由来自大马士革的阿波罗多罗斯，他的乌尔皮亚长方厅堂我们已有欣赏。图拉真浴场于公元109年建成，不仅在规模上是泰特斯浴场的2倍，而且在美学上更有想象力，在设计手法上更为壮观。冷水厅现被置于接近建筑群的中心位置，这里，它可以成为两轴线交叉点的一个视点，两轴线穿过浴场，一条是从北入口到南边的热水厅，另一条则是从西边运动场到与其平衡的东边运动场。图拉真浴场的特别之处，是它在室内设计历史上的重要性，特别是建筑师利用景观的方式，即通过一系列相连、相扣的空间来处理景观。这些室内的结构也如泰特斯浴场一样，全因使用混凝土得以建成了高大宽敞的穹顶。

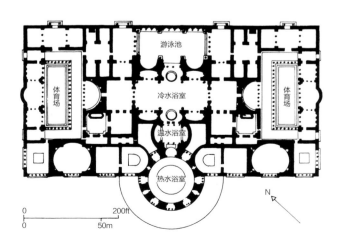

101 卡拉卡拉浴场的平面，罗马（212—216年）

102 戴克里先浴场的室内，罗马（298—306年）

卡拉卡拉（Caracalla）浴场（212—216年）和戴克里先（Diocletian）浴场（298—306年），都是保留下来的罗马古迹中令人难忘的纪念建筑，虽说其建筑师并未在图拉真浴场的成就之上增加什么。卡拉卡拉浴场，占地近55英亩（222577平方米），能容纳1600名浴者，因其巨大的圆形热水厅而令人难忘，它从浴场西南面凸出，以便最大限度地吸收太阳热能，有一个混凝土穹顶横跨其上，比万神庙的穹顶要高，但直径几乎接近。其纯熟的纵横景色，戏剧般的柱子屏障，光与影的对比，高和低的厅堂，色彩斑斓的大理石贴面、马赛克、粉饰工艺，都汇聚一处，构成一种引人入胜的视觉美宴，必须承认，其苍白且有些冷漠的室外几乎无法和室内相媲美。

　　戴克里先浴场虽比卡拉卡拉浴场要大一些，但有一个更为呆板的设计，有更少的半圆殿和曲线房间，这也令卡拉卡拉浴场更加诱人。然而这里冷水厅的视野要更长些，且有更不同的柱子拥挤于此，至少和早期的浴场相比较。我们现在还能欣赏到这种理念的戏剧性效果和规模，因冷水厅的主要三联间

都有保留，现为圣玛丽亚天主教堂的一部分，此教堂是米开朗琪罗于16世纪60年代在原浴场的废墟上雕琢出来的。然而数世纪之后，浴场的地面有上升，如此底层巨大的罗马红花岗岩柱子便都被埋没其中。同时，浴场冷水区及其他相连房间都没有被收进米开朗琪罗的教堂中，而拱顶也失去了彩色玻璃的马赛克贴面。最有说服力的一处（虽常被人遗忘）即戴克里先浴场留下来的外围圆厅，建于公元1598—1600年，后被转为教堂，这便是现在的圣伯纳多教堂。原来的穹顶格天花还保存完好，即如万神庙一样。

　　罗马浴场在全帝国的流行也导致了无数的模仿，从北非的莱普提斯和提姆加德，到德国的特里尔。这同时也确保了传播的不仅是罗马的生活方式，还有罗马纪念性建筑的技术，虽然因缺乏一种类似白榴火山灰（pozzuolana）的沙土会影响罗马各省不能完整地采用罗马的实践。浴场的奢华室内为其功用提供了一种显著的宫殿式环境，这对普通的罗马大众定会有一种特殊的

103、104（左和右）马克森提乌斯长方厅堂，罗马：室内的景观和复原图（307—312年后）

吸引力，因他们不大可能看到真正宫殿的室内。

浴场的影响力来自现存最大的、同时也是最后的罗马长方厅堂之中，这就是马克森提乌斯长方厅堂，一块极大的占地，位于维阿萨克拉大道附近，于罗马广场和竞技场之间。作为古代的主要遗址建筑之一，它始建于公元 307—312 年，由马克森提乌斯皇帝修建，并于公元 312 年后由君士坦丁皇帝完工。这里附近早期的柱式长方厅堂已被放弃，全因对浴场庞大交叉拱顶的喜爱，如新近建成的戴克里先浴场。其高大的中殿有260 英尺 × 80 英尺（80 米 × 25 米）高，从三联间上升至一个混凝土的交叉拱顶，高出地面 115 英尺（35 米）。它由 8 根科林斯柱子支撑，两侧长边都有着 3 个筒形拱顶过道，高度明显低些，是用于承受高拱顶传下的压力。为完成这座建筑，君士坦丁改变了其轴线，并在南向开了一个新入口，即于维阿萨克拉大道的长边之上，由此减小了内部空间的冲突。他还在北面的中央增设了一个半圆殿，以便和新入口相平衡。现今只有北面过道保留下来，然而，即便只是整体建筑的一个局部，它仍有一种不可一世的规模和气势。

城镇规划

我们在别墅设计部分里已描述过庞贝城，但在其最后的几年中，即公元 79 年维苏威火山喷发毁灭它之前，逐渐加快的商业化已给城市带来了很多变化。其宽敞的城市住宅有着精美的彩绘，被划分为客栈或商铺，甚至著名的神秘别墅也都被转为工业生产。一种相应的变化也发生在罗马，于其公元 64 年灾难性大火之后，大火毁掉了老城区的大部分，连同其狭窄弯曲的小街和即将倒塌的租屋。取而代之的是尼禄的指令，即建造彼此独立的新公寓区。其临街面都有柱廊，屋顶是平的，这样便于人们灭火；地板和天花板都为混凝土；每个庭院之中都有一个水箱，有助未来灭火。建筑采用防火材料，如砖面的混凝土，采用筒形拱顶，而不用木梁天花，这些漂亮的街区排列在宽阔的新街之上，于火灾后的城市之中。

这些建筑几乎都未留下，但所幸和罗马相关的一个城市规划系统还在，且保存极佳。这就是新商业区，建于约公元 98—117年，图拉真统治时期，位于其纪念性广场的东北部。它被称为"图拉真市场"，这是一个商业发展区，有 150 家店铺、办公室、一个壮观的有顶商业厅。其主要特征即有巨大的半圆形拱廊的商铺，呼应着图拉真广场的室外会场。整个建筑群分三个不同的层次，环绕着一条街道，街道则在半圆拱廊之后，且是沿着一个迂回曲折的轮廓线，建筑都是奎里纳莱山痕面的贴面，或是构成，因为图拉真为建广场而将此山切割。庞大、简洁但却纯熟的商业建筑组群，带有砖面的混凝土和石灰华的细节，以及敏感的窗户开口，奇怪地相似于 20 世纪 80 年代的一些后现代主义建筑。它们比多数的现代作品要更为灵活，因半圆形拱廊采用了古典特色，如三角山花墙和托斯卡纳壁柱，它以一种巧妙的方式逐渐将其容纳于邻近的，建筑上更为丰富的图拉真广场。作为一个革命性的拱顶空间建筑群，用于商业、社交，它构成了一种虚实相间的建筑，这里，结构性柱子已被取消，图拉真市场为都市设计了一个全新形象。

图拉真市场保存得要好些，时间也要早些，这是和奥斯蒂亚城里多数类似的建筑相比较，此城是距罗马 15 英里（24 千米）的帝国港口。主要建于1世纪晚期和 2 世纪，它

107 公寓楼的模型，于奥斯蒂亚（Ostia），近罗马（公元1世纪末和2世纪）

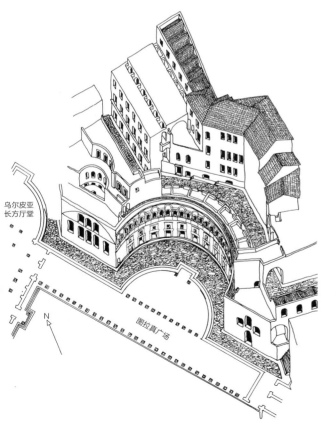

105、106（上和下） 图拉真市场的室内，罗马（约公元98—112年）：景观和一个复原透视图

是罗马保存得较为完好的城市之一，在庞贝城和赫库兰尼姆（Herculaneum）①之后。庞贝城因奢华的别墅和宅邸而著称，受启发于意大利和希腊化文化，而奥斯蒂亚则是典型的罗马城市，它取代了更为古老的，但在许多方面也更是为典雅（gracious）的意大利文化。都市人口的增长结束了宽敞的单层别墅和宅邸形式，如此，一个城市的街道——如奥斯蒂亚一样——便挤满了多层的公寓楼，大多有商用房在第一层，如办公室、公共仓库，当然还有浴场。公寓楼区高达 5 层之高，大多环绕着一个中心庭院，并有楼梯通向各自公寓。许多底层的临街面，结合有传统的单间商铺，又都有一个木制夹层，用于贮存或是睡觉，且采光有自己的小窗户。这种既简洁又不失尊严的街区都是砖面混凝土结构，砖外露，且无粉饰，这又呼应着奥斯蒂亚的其他建筑类型，如仓库、粮仓、保安营房（消防队指挥部）和一些商业会所。

　　奥斯蒂亚城中心部分的街道规划是源自罗马人于公元前 4 世纪晚期设立的"古罗马兵营"（castrum）或是军事防区要塞。它采用了通常的形式，即一个有墙的广场，内有两条垂直交叉的街道，其交叉点即设有聚会广场。广场为一个狭长的长方形，两端各有

① 赫库兰尼姆：大力神赫拉克勒斯之城。

83

108（上）提姆加德城，阿尔及利亚（建于公元100年）：鸟瞰图，中心为图拉真凯旋门

109（右）提姆加德城的平面图，阿尔及利亚

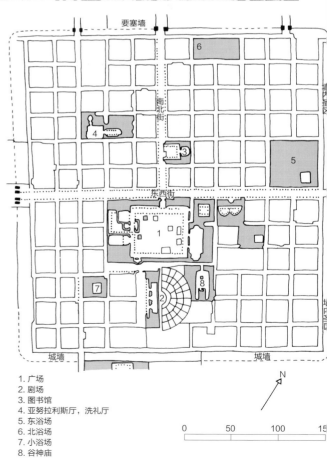

1. 广场
2. 剧场
3. 图书馆
4. 亚努拉利斯厅，洗礼厅
5. 东浴场
6. 北浴场
7. 小浴场
8. 谷神庙

一座神庙。经过长时期的发展，奥斯蒂亚和阿尔及利亚的提姆加德城（Timgad）迥然不同，后者是图拉真于公元 100 年建造，作为一个老兵驻防地。提姆加德是罗马城市类型的经典范例，基于一个井格状的规划。城市呈一个完美的正方形，进入其整洁的格式街道要通过一个三重拱门的纪念性建筑，虽然可能建于公元 2 世纪晚期，却被称为"图拉真凯旋门"。

利比亚的大莱普提斯是一个迦太基人的贸易中心，有一个"古老广场"，建于公元前 1 世纪晚期至公元 2 世纪，它有几座神庙，一个柱廊环绕着广场的三边。到公元 2 世纪末时，大莱普提斯，即塞普蒂缪斯·塞维鲁斯皇帝（Septimius Severus，公元 193—211 年在位）的出生地已是整个罗马世界中极富有的城市之一。塞普蒂缪斯·塞维鲁斯这时为此城建造了一个新区，有一个宏伟的新集会广场和长方厅堂。紧邻广场的是一条俊朗的柱廊街道，始于哈德良浴场的一个广场，一直延至皇帝重修的港口。大莱普提斯的公民为表达谢意，于公元205年建造了一座四通道的凯旋门来纪念这位皇帝。虽然这座凯旋门坐落在一个交叉路口上，位于城市中心的附近，但它只是一个非功能性建筑，而无意用于交通。

巴尔米拉（Palmyra），是位于叙利亚沙漠中心区的大型商业城市，有一条长约3/4英里（1千米）的柱廊街道，建于公元2世纪中期，用于连接一系列新建公共建筑。这条街道在两处改变了方向，一处标以一个装饰柱亭，另一处标以一座建于公元220年的三重凯旋门。平面图上这座拱门是一个长"V"形，目的是使其能够顺应轴线的转变，两条轴线即主要大道和计划中的"圣道"，后者通往贝尔圣殿。巴尔米拉和巴勒贝克（Baalbek）的柱廊街道和神庙都缺少西方罗马建筑的主体形式，如混凝土拱顶，因而它们便极为有力地呼应着希腊和希腊化世界中的基本柱式建筑。在西方，罗马人的建筑天才们并不主要局限于神庙建筑，因而在东方，古希腊和希腊化时期的传统围柱式神庙则得以保留，即如我们在这两座城市中的所见。

非同寻常的朱庇特赫利奥波利斯（Heliopolitanus）圣殿位于巴勒贝克，始建于公元1世纪早期，完工于3世纪中期，空间始于一座大门，两侧为高塔，之后便戏剧性地进入一个六边形的前庭，转而再进入一个更大的柱廊式庭院，坐落于庭院另一端的是其主体建筑，这就是庞大的朱庇特神庙。与此神庙平行的，于神殿之外的，就是酒神①神庙（Bacchus），虽然比朱庇特神

110 朱庇特神庙，巴勒贝克（公元1世纪早期—3世纪中期）：其中一个半圆凹室（exedrae），庭院北部

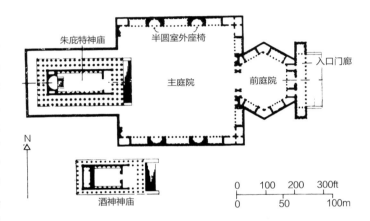

111 朱庇特神庙圣区的平面，巴勒贝克

庙小些，但仍比万神庙大。它保存完好的内室令人难忘，因其嵌入的科林斯柱子，其间又交替着圆拱形和山花式的壁龛，是希腊立柱和罗马墙体组合的一种完美表现。正当罗马的建筑师们忙于发展先进的工程和拱顶技术来创造一种新型古典建筑的空间和实体之时，东方的建筑师们却在继续精化古典的柱式，甚至向罗马求援来协助设计其柱式建筑。

在小亚细亚的米利都，于公元2世纪中期，南边的聚会广场被改成一个规矩的柱廊，且在其东北角建有一个壮观的大门。风景如画的建筑群，光与影的游戏，以及这座纪念性大门上中间断开的山花，都是源自

① 酒神：
巴克斯（Bacchus）是酒神的罗马名字，其希腊名字为狄俄尼索斯Dionysus。

85

112 市场门道，米利都，小亚细亚（公元2世纪中叶），重建于帕加马博物馆，柏林

113 戴克里先宫殿，斯普利特（Split，约公元300—306年）：大庭院

精致的"舞台布景"，即罗马剧场的舞台建筑。今天，它已重建于柏林的帕加马博物馆，它本来是面朝外的，这样在元老院前的广场便可形成一种显著的戏剧性特征。广场东边是一座宁芙女神（Nymphaeum）或是壮观的喷泉，留存不多，虽说它曾是流行于小亚细亚风格中的最奢华案例。它在风格上近于壮观的克尔苏斯图书馆（约公元117—120年），后者位于以弗所，如画的建筑群和三层柱式的小建筑构成了一种复杂的对位韵律，这令其成为一个比紧邻大门更为震撼的典范，后者被视为罗马近东地区的前巴洛克建筑。

古罗马兵营塑造了诸多罗马城市的规划设计，甚而影响了一座公元4世纪初的宫殿设计，这是一个动乱的时期，此时军事建筑和公共建筑几乎没有差别。一般来说，有两座建筑勉强有些强烈的对比，一个是哈德良皇帝的别墅，位于蒂沃利，随意且全无设防，建于罗马帝国的盛期；另一个是戴克里先皇帝壮观的要塞式宫殿，位于达尔马提亚（今属南斯拉夫）的斯普利特，建于约公元300—306年，是罗马古教帝国的最后一座大宫殿。戴克里先的罗马浴场周边有高墙围绕，但是在为其退休准备的宫殿中，位于达尔马

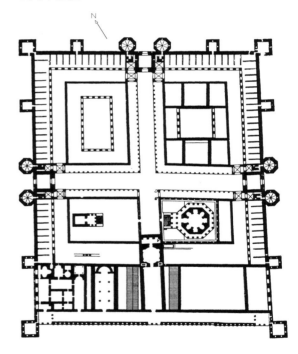

114 戴克里先宫殿的平面图，斯普利特（约公元300—306年）

提亚①海滨，其大体量的外墙和塔楼却有一种全新而又阴郁的目的——作为垂死帝国面对蛮族起义的一部分。的确，这座庞大宫殿的整体规划，覆盖面积约为595英尺×710英尺（180米×216米），模仿了传统罗马要塞，有两条街道垂直相交，于将军府之前，

① 达尔马提亚：现克罗地亚。

即军团长官的住所，位于军营的中心。在斯帕拉托①，整个南半部被封闭的区域，都是用宫殿、王陵和相关的神庙，而北半部则可能大部分是兵营。

戴克里先的八角形王陵，其室内外都环绕有装饰性柱子，内部柱子无意假装支撑半圆形的砖穹顶，因其檐部都是离开墙体的。这里还有一个装饰性外层穹顶，由轻型混凝土构成，向上则转变成一座八角形的金字塔。在这座高耸的王陵和其西侧较小的神庙之间，有一条特别的柱廊式街道，或是围柱式街道，它成为宫殿的主要保留部分。它构成了一个礼仪前庭院，有一段阶梯通往另一端的主入口。两边的开敞柱廊则宣称是在柱头上直接架拱顶的一个最早范例。这种生动的设计先于拜占庭建筑和罗马风建筑，在小亚细亚和北非的建筑中已有预兆，如公元216年在莱普提斯的塞韦瑞广场，以及在其墙上的壁画中，如早在公元前1世纪庞贝城的神秘别墅。在斯普利特所展示的这些建筑特色无疑是因其雇用了小亚细亚的工匠。与此相关的特色还有宫殿临海立面的装饰，这里，嵌入式柱子由枕梁支撑，骑士的雕像于一个楣梁之上弯曲，用来形成一个圆拱状。这种大胆的设计已用于叙利亚的巴勒贝克，但用于斯普利特的戴克里先官殿，装饰其主入口以及临海立面，却可能是西方最早的。

君士坦丁及其对基督教的接受

基督教这时已经脱颖而出，进而威胁到罗马诸神的至高地位，并于公元313年，在罗马帝国正式合法。尽管受到罗马富有的古教贵族们的抵制，君士坦丁皇帝（公元306—337年在位）于公元324年将皇宫迁到了一座古希腊城市，位于欧亚交界处，并以自己的名字命名，这就是君士坦丁堡，也就

是现在的伊斯坦布尔。6年后，他采取了至关重要的一步，将帝国首都迁到君士坦丁堡，并正式命名为"新罗马"。我们在下一章中会论述此举的后果，但现在，我们应看看他对旧罗马的两个贡献。

君士坦丁凯旋门作为所有凯旋门中最大的一个，是元老院于公元313—315年建造，选址为罗马大角斗场附近的一块漂亮地段，是为纪念公元312年的庞斯战役，其间，君士坦丁战胜了其皇帝竞争对手——马克森提乌斯。极为特别的是，它试图用怀旧情结来恢复古教时期的罗马荣耀来纪念这场战役，而此时君士坦丁已转信基督教，据说，因他看到天上一个明亮的十字架，即在凯旋门上刻有"凭此十字而征服"。此拱门是历史性复兴主义的一件特别作品，因觉得当代的雕刻者无法在质量上胜过前人，其建造者采用了公元1世纪和2世纪的雕刻镶板。这些镶板来自一些纪念性建筑，关系到一些并不堕落的罗马皇帝，如图拉真、哈德良、马可斯·奥里留斯（Markus Aurelius），他们也是君士坦丁要与其等同的。早期清新优雅的自

① 斯帕拉托：
现在的斯普利特（Split），
克罗地亚城市。

115 君士坦丁凯旋门，罗马（公元313—315年）

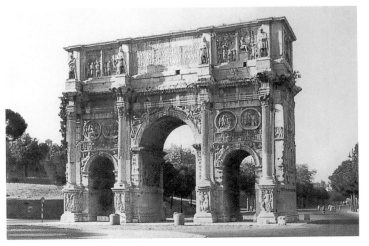

116 (上) 圣康斯坦茨教堂的室内，罗马（约公元340年）

然主义风格和君士坦丁的时代构成了一种奇怪的对比，后者用冗长的叙述性檐壁，以一种肤浅的粗糙风格。显然，君士坦丁的雕刻家不喜欢现实主义形式，后者对希腊化时期

的艺术家来说意味深重，这里则采用了一种象征性手法来表现历史，简单地说，就是基督教的史实。

我们应用君士坦丁之女圣君士坦西亚的陵墓结束此章，它建于罗马，是将我们带到早期基督教建筑的一座建筑，然而，它也提醒我们，君士坦丁时期的基督教建筑也可被视为古建筑晚期的最后一幕。陵墓建于约公元 340 年，现是圣康斯坦茨教堂，它是圆形穹顶结构，有 16 个圆头窗子，绕鼓形的墙构成一圈天窗。它有可能是受启发于罗马传统中央布局的一个范例，即 4 个世纪前建于罗马的一座楼阁——著名的"米诺瓦神庙"。为其壁龛的设置，圣康斯坦茨教堂在首层建有一圈拱廊，由 12 对复合式柱子构成，拱廊外圈环绕着一个昏暗的筒式拱顶回廊，后者有礅柱来支撑中央圆厅。这种建筑将一个穹顶空间、一个拱廊及圆形通道融为一体，跨越古教及基督教的世界，最终将我们带至拜占庭建筑的边界。

117、118（下左和右）圣康斯坦茨教堂的正面和平面图，罗马

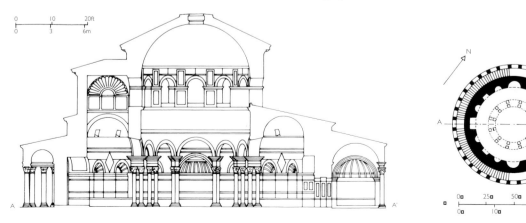

第三章　早期基督教和拜占庭式建筑

君士坦丁大帝虽然直到临终时才正式洗礼，但他一直视自己为上帝的第13位使者，上帝的代表，并受其指令将衰落的罗马帝国注入新的生命，使之变成世间的"上帝之城"（City of God）。对这些看似夸张的信念，他却能给予坚定的表述，因为他是一个很实际的人，且是一名天才斗士。最特别的是，他的继任者们与其观点相同，如此，到了公元4世纪末，皇帝已成为一名"神圣的皇帝"（Holy Emperor），被供在神圣的宫殿之中，于重新命名的君士坦丁堡[①]，并围绕以复杂的朝拜仪式，独裁统治其臣民，其中大多数都已是基督徒，虽说在公元313年君士坦丁转换信仰之时，基督徒才只有人口的1/7。

公元330年，君士坦丁在拜占庭设立新政权和宗教的首府之时，其效果并不尽如人意，因而加速了罗马帝国东西两部[②]的分裂，东罗马讲的是希腊语，西罗马讲的则是拉丁语。于11世纪，因为东罗马的基督教会（东正教）和以罗马为中心的天主教会相分离，这种分裂又得以进一步确定。君士坦丁过世不到30年，瓦伦蒂诺（Valentinian）皇帝，即意识到一个人维护帝国的责任过于繁重，便在公元364年，任命其兄弟瓦伦斯为共统皇帝（co-emperor），主管东部，这一职位一直延续到罗马帝国的最后瓦解。这场毁灭，发生于公元5世纪，是日耳曼人的入侵和国内经济、社会问题的共同后果，它将人们的注意力转至东部，因其政治和文化的力量更为强大。

罗马

初期的基督徒对艺术几乎没有什么兴趣，尤其于受迫害期间，但到君士坦丁的时代，其聚会房屋和陵墓的墙上都会覆以彩绘装饰。君士坦丁基督教的全新公共形象亦要求有一个相应的公共建筑形式。其寻找的灵感不是来自罗马的神庙建筑，因其显然有着古教风格，而是来自有过道的长方厅堂，后者曾是罗马和诸多罗马化城市中最重要的公共建筑形式。自4世纪早期，基督教的集会大厅就有长方厅堂特点的不同组合：长方形平面、木制屋顶，其桁架（trusses）或裸露，或被一个平面天花板封起来，而两侧通道有的为柱廊式，有高天窗，且总有一个裁判厅，通常为半圆殿，于大厅的最后端，以前还有法官座位，而现今则为主教座位，其前面便

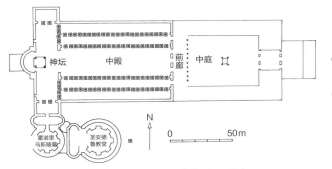

119 旧圣彼得大教堂的平面图，罗马（始于333年）

① 君士坦丁堡：
即现今的伊斯坦布尔。

② 东罗马、西罗马：
讲希腊语的为东罗马，
其东正教堂采用希腊
十字平面，即正十字。
讲拉丁语的为西罗马，
其天主教堂采用拉丁
十字平面，即长十字。

120 圣洛伦佐大教堂的室内，米兰

121 圣洛伦佐大教堂的平面图，米兰（可能于5世纪）

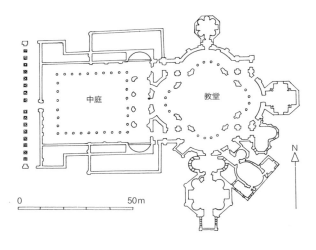

中庭　　　　教堂

0　　　　　　　　　　50m

N

是圣坛。这种教堂的一个精美早期范例就是"君士坦丁尼亚长方厅堂"，罗马的天主教堂现已改称"拉特兰长方厅堂"，或是拉特兰诺的圣乔瓦尼教堂，由君士坦丁始建于公元约313年。教堂大部分为砖面混凝土结构，虽然后来有很多改造和扩建，但我们知道其室内原本饰有7个金制的圣坛，以及马赛克

的装饰，在100多只吊灯和60个金或银的烛台映照下，熠熠生辉。

君士坦丁时期的最大长方厅堂，即圣彼得大教堂，后于16世纪时被现在的建筑完全取代。它始建于公元333年，作为一个朝圣神殿或是殉难所，因其建于殉难者使徒圣彼得的墓上。这种功能便意味着不同于一般，长方厅堂要在其半圆后殿与中殿之间增加一个很宽的通道。其目的就是提供一个回转空间，令成千上万名来自罗马和帝国的朝圣者能够膜拜半圆后殿中的神龛，此神龛位于一个由螺旋槽柱支撑的华盖（Baldacchino）之下。柱廊式中殿和通道被用作一个封顶的墓地和葬礼厅，而长方厅堂的前面则是一个柱廊式的中庭或是庭院，一个中央喷泉是用于仪式净洗，其形状为一种2世纪的青铜松果。这件俊朗的饰物现已是一个著名的建筑特色，于布拉曼特设计的观景楼上层庭院中，位于梵蒂冈。

君士坦丁于330年离开罗马，之后的半个世纪中，罗马已经变成一个建筑死区，建筑兴趣已转移到君士坦丁堡的官殿，于东方的安蒂奥克、耶路撒冷，以及其西方的米兰、特里尔、科隆。米兰的圣洛伦佐大教堂（大概建于5世纪）是一个有着惊人原创的教堂。从平面图上看，它是一个正方形，每边凸出一个半圆厅，形成了一个四叶形状，这又在内部为其双层柱廊所回应，后者将中央空间和周边的过道空间分离开来。这是基督教堂的一个早期实例，采用中央布局的罗马建筑，以适应教会的需求，即如建于4世纪早期的亭阁，位于蒂沃利哈德良别墅的金广场之上。

12世纪罗马的圣克莱门特教堂，结合原长方厅堂的地基部分，始建于约380年。的确，后来且之上的教堂在风格上非常保守，以至于数世纪之后，一直到1857—1861年被发掘出来时，还被认定是4世纪时期的教堂。此外，上半部分的12世纪教堂，还保留

了 872 年建造的唱诗厅，围绕以大理石矮墙，且两边都有一个讲经台（一个宣讲《使徒书》和《福音书》的讲台）。这个精美的围合区，修士和修女们可以在此唱赞美诗，但它却进入了教堂的中殿空间，使其空间不够再容纳小半圆后殿的圣坛。由此，在之后的数世纪里欧洲西部教堂建筑的历史，其中一部分便是逐渐加大东端或是高祭坛的终端。圣克莱门特教堂是一座精彩的建筑物，因其同时保存了一种建筑和礼仪的设置，能令人回味君士坦丁时期的基督教。

从一个柱廊中庭进入，圣克莱门特教堂4 世纪建的下半部分，低于上部约 13 英尺（4 米），结合了大量可追溯到之前 3 个世纪的建筑局部，其中有一座波斯太阳神教（Mithras）[①]的神庙，这是一个东方教派，有一段时间曾经与基督教竞争民众的声望。教堂简洁的中殿宽度大，进深短，层高低。中殿两边各有 8 根间距很宽的柱子——尺寸和材料不一——支撑着圆拱。

圣保罗教堂，始建于公元 385 年，于罗马，是为圣保罗使徒的神龛提供一个建筑环境，要同圣彼得大教堂建得一样壮观。沿中殿设立的柱子是用来支撑圆拱的，而不似圣彼得大教堂是用来支撑檐部的，这一主题又被巨大的凯旋门进一步强化，后者隔开了中

① 波斯太阳神教：
古罗马人的一支教派，传是源于拜火教，活动于1—4 世纪。

122 圣克莱门特教堂的室内，罗马（主体建于12世纪；唱诗厅建于872年）

123 圣玛丽亚教堂的室内，罗马（432—440年）

124 圣斯特凡圆形教堂的室内，罗马（468—483年）

殿和包含神龛的耳堂。教堂现今的形式，是于1823年的大火之后，一部分被精确复制的原型。另一座主要的长方厅堂式教堂，自早期基督教罗马时期，便是圣玛丽亚教堂（432—440年），其重建部分比圣保罗教堂少些，但仍能以其有力的5世纪古典化风格（classicizing），给人以一种极具说服力的印象。它建于教皇西斯都（Sixtus，432—440）三世的执政期，这一时期的基督教已能更自由地发展，尤其于392年提奥多西皇帝彻底灭亡了罗马的古教信仰。在公元5世纪，罗马曾多次地有来自北欧和中欧的入侵者，但这却未能阻止其成为教堂建筑史上伟大的时期之一。

圣萨宾教堂位于罗马阿文蒂诺山上，建于422—432年，是一座成熟且保存完好的古典复兴（Classical Revival）范例，特别是它关系到西斯都三世的资助。教堂中殿高、长、窄，比圣克莱门特的教堂下半部要更为优雅，而且它用的古代柱子亦是经过更为精心的挑选。要归功于西斯都三世还有拉特兰长方厅堂的洗礼堂，中央布局的穹顶结构大量采用了斑岩及其他珍贵建材，还有马赛克和大理石片的镶嵌。洗礼堂曾被翻修过，但留下更多的是一件类似的5世纪作品——圣斯特凡（S. Stefano）①圆

形教堂（468—483年）。教堂中两个同心的圆柱圈，界定了中央区域和周边通道或走廊。内柱廊为爱奥尼克柱式，支撑着一个水平的檐部，而外圈的科林斯廊柱，则支撑着圆拱，其中的三个圆拱，支撑于两根科林斯柱子之上，穿过中央的圆形空间，呈现出一种惊人的跨越。中央布局的陵墓是古教罗马的建筑，是一种特别适于转化为一个基督徒殉难所的建筑。我们可以推测，这便是那一种殉道所，放置第一位殉道者的遗骨，斯特凡。

君士坦丁堡、萨洛尼卡和拉韦纳

事实上，公元5世纪君士坦丁堡建造的基督教建筑大多没留下，只有一个除外，这就是圣约翰斯塔迪奥修道院教堂的废墟，有着典型的半圆后殿和柱廊式的中殿。希腊北部的萨洛尼卡（今天的塞萨洛尼基）最终成为罗马帝国的第二大城市，尤其在罗马帝国失去东部诸省之后，这包括以弗所、安蒂奥克、耶路撒冷、亚历山大，其5世纪教堂建筑要比君士坦丁堡丰富。这里有着精美且影响极大的圣季米特里奥斯教堂，可能建于5世纪末，在1917年的一场大火后又被如实地复建了。教堂的中殿柱廊形成了一种复杂的韵律，有

① 圣斯特凡：
狄更斯曾描述其壁画为"骇人听闻"。

125 加拉·普拉西狄亚陵墓的室内，拉韦纳（约425年）

4、5、4个柱子的组合，又由礅柱相隔。圣季米特里的坟墓，位于教堂的地下室，因而不影响教堂建筑醒目的整体效果。还有另一座更为华丽的教堂，这就是希腊5世纪时的圣利奥尼扎斯教堂，位于莱希安，科林斯的海滨城市。保存得不多，然而很清晰的是其总长，即其前庭、中庭、长方厅堂的总长，为610英尺（180米）。各自不同的地面层高、柱子组合、深雕柱头、大理石铺地图案，令其成为爱琴海沿岸华丽的早期基督教建筑之一。

在西方，早期基督教建筑的一些较好例子，多在意大利北部的拉韦纳，它于402—455年，曾是西罗马皇帝的首都，后来属于来自北方的东哥特（Ostrogothic）①征服者，其首领就是高度罗马化的国王——狄奥多里克（Theodoric，490—526年）；最后，它于540年成为拜占庭的总督府，即于查士丁尼大帝（Justinian）短暂的意大利光复之后。加拉·普拉西狄亚（Galla Placidia）皇后，是狄

① 东哥特：
又译东哥德，古日耳曼人到达拉韦纳 Ravenna 的一支。西哥特则是到达西班牙在托莱多 Toledo 的一支。

奥多里克皇帝的女儿以及瓦伦提尼安三世的母亲，约于 425 年在这里修建了圣克罗切教堂，并于教堂前厅的一端附建了一座拉丁十字形建筑，作为圣劳伦斯殉难祠堂，且是一座皇陵，葬有其自己、丈夫及其兄弟霍诺留斯（Honorius）。加拉·普拉西狄亚陵墓的马赛克装饰代表了帝国宫廷艺术，与其最为自然主义和希腊化的风格，画中的基督是一位无胡须的年轻牧羊人，独自在蓝天下喂养羊群。这种轻松且阳光的情调到了公元 6 世纪就已消失了，这时，马赛克被重新制作，是为圣阿波利奈尔·纳夫教堂，位于拉韦纳，由狄奥多里克于 490 年建成。在高大宽敞中殿的拱廊之上，表情严肃地排列着男女僧侣，以一种笔直的、非世间的方式向圣坛前行。教堂整个室内极为特别，都被覆以马赛克，如此，它便会在神圣的光辉下闪烁，而来自通道窗户的阳光亦强化了其效果，这时的窗子已和天窗一样大了，不似圣萨宾教堂中的。

拉韦纳的建筑物给我们带来的风格即是所谓的"拜占庭"，在某些意义上，它被视为早期基督教建筑的顶峰。拜占庭建筑的起源和查士丁尼的文化及政治野心相关甚密，这位虔诚的独裁者于 527—565 年统治了东罗马帝国。如许多其他伟大的统治者一样，查士丁尼以一种庞大的规模鼓励建造，作为一种仁慈统治的表达，也作为一种视觉展示的方式，即展示他的世界秩序形象。可以推测地说，应是在查士丁尼的坚持下，其宫廷历史学家——来自恺撒里亚的普罗科皮乌斯（Procopius，500—560 年）——用了一整卷《建筑物》，专门记录查士丁尼的建筑计划。普罗科皮乌斯记录的数百座查士丁尼的建筑，都极其重视防御，但很清楚的是，查士丁尼皇帝的主要任务中，有取代君士坦丁堡的两座大教堂，并扩建那里的神圣宫殿；发展拉韦纳，使其成为一个令收复的意大利各省敬仰的首都；修复耶路撒冷和西奈山（Sinai Mountain）上的圣坛；以及在整个帝国境内，准备防御和其他类型的公共建筑。

而在西方，中世纪期间及之后的教堂都是按照一个体系建造的，即最终受启发于早期基督教时期的罗马长方厅堂，而在东方，则自查士丁尼时代起，其教堂特色为有一个穹顶、拱顶、中央布局的建筑，这便回应了罗马人的试验性建筑，如尼禄的金宫、哈德良别墅的亭阁。查士丁尼式的穹顶大教堂，如我们要见到的，在东方有着极其广泛且出乎意料的影响，不仅影响到俄罗斯和巴尔干半岛的晚期拜占庭教堂建筑，而且也波及伊斯兰的波斯、北印度、土耳其的清真寺建筑。

圣索菲亚大教堂

最伟大的查士丁尼教堂便是圣索菲亚大教堂，位于君士坦丁堡，在建筑学上它已超出了之前所述的传统原则。它取代了由君士坦丁和君士坦提乌斯①所建的教堂，于 532 年的内卡（Nika）暴动中被烧毁。查士丁尼镇压了暴动，并用建筑来标志他的胜利，便于 532—537 年兴建了新的圣索菲亚大教堂，它是有史以来规模极大、极华美、极昂贵的建筑物之一。查士丁尼的设计师是两位技术高明的科学家和数学家，于小亚细亚，他们是来自特拉里斯的安西米厄斯和来自米利都的伊西多洛斯。正因其专业不是建筑师或营造师，这也是他们能够以全新的方式设计出前所未有的穹顶建筑的原因。

教堂的平面设计是一个巨大的长方形，面积为 230 英尺×250 英尺（71 米×77 米），围着中央的一个正方形空间，其设定是四个礅柱用以支撑着一个穹顶，穹顶巨大无比，占据了整个内部空间，虽然之前的穹顶比现在的要低约 20 英尺（6 米）。不似万神庙的穹顶——模仿巨大的因纽特冰屋，其支撑是

① 君士坦提乌斯：Constantius，君士坦丁的父亲。

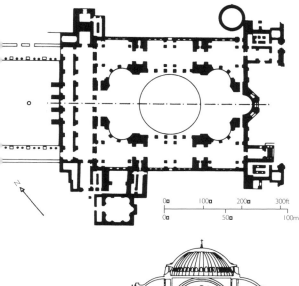

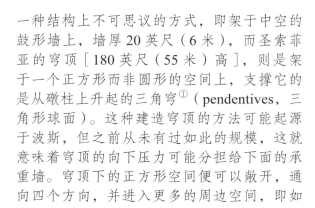

126（**左上**）圣索菲亚大教堂的平面和剖面，君士坦丁堡
（532—537年）

127（**左下**）圣索菲亚大教堂的外观，君士坦丁堡。宣礼塔是
后来添加的

128（**上**）圣索菲亚大教堂的室内，君士坦丁堡

一种结构上不可思议的方式，即架于中空的鼓形墙上，墙厚 20 英尺（6 米），而圣索菲亚的穹顶［180 英尺（55 米）高］，则是架于一个正方形而非圆形的空间上，支撑它的是从礅柱上升起的三角穹①（pendentives，三角形球面）。这种建造穹顶的方法可能起源于波斯，但之前从未有过如此的规模，这就意味着穹顶的向下压力可能分担给下面的承重墙。穹顶下的正方形空间便可以敞开，通向四个方向，并进入更多的周边空间，即如

圣索菲亚教堂这样。这里，教堂的中央空间在南北两侧的廊式通道处被隔开，是被夸张的两层大理石柱子组成的屏障，柱子又支撑着圆拱，而在东西两侧，则根本没有任何辅助性的支撑，这使其空间顺利地汇入两个巨大半圆穹顶下的空间，这两个半圆穹顶则位于中央穹顶的东西两端。它们，与主穹顶的直径相同［107 英尺（32.5 米）］，协助承受了主穹顶下的侧压力，而其自身又延伸到更低的半圆后殿或者壳形之上。

① 三角穹：
又称帆拱。

其结果就是，虽然教堂的整体结构是理性且对称地布局，但我们的视线仍会不断地从一个空间转至另一个空间，且无法确定其准确的规模和形状。这种诗意般的朦胧，因其光与影之间摇曳的对比，也微型地反映在拜占庭柱子极富特色的柱头上。在罗马的科林斯柱头上，莨苕叶饰从素面钟形柱头上清晰地伸展出来；但拜占庭的钟形柱头上则被覆盖以一个交错凸出的叶饰雕刻，其下有钻孔，看着像一种浆过的花边面纱。

人们不禁要将教堂室内和礼拜仪式相联系，因设计是服务于礼拜仪式的，甚至认为室内是礼拜仪式的必然结果或是一种表达方式。然而，建筑史学家们对此意见不一，因为几乎无法确定 6 世纪君士坦丁堡教堂的礼仪和使用。曾有人认为，基于晚期拜占庭教堂的使用情况可以确定，早期礼拜仪式的神秘感和隐蔽性是非常重要的。根据这种观点，教堂中殿或者说中央空间是为神职人员之用，而普通教民只能从通道或侧廊一瞥精彩的礼拜仪式。这也是中央布局教堂被用作东方式礼仪的原因之一，因为长方厅堂的教堂中，要为神职人员提供足够的空间，便会有唱诗厅侵入中殿的空间，如圣克莱门特教堂，而若无此妨碍，视觉效果会更好些。也有人认同，同样也有人反对，通道和圣坛的帷幕使弥撒更为隐蔽，隔之于世俗大众。而我们知道的是，于圣索菲亚大教堂弥撒的开始，大主教即要带领其神职人员，而于国事活动之时，皇帝则要带领他的宫廷朝臣，列队进入中殿。而大主教的出现是在"供献仪式"之后，即弥撒中最严肃的时刻，以便与皇帝交换"和平之吻"。这神圣之印，于上帝、教会、皇权之间，见之于公众视野之中，于巨大中心穹顶的东面边线之下，而这本身亦是一个"天之穹"的有形象征。

建造天国等级的世间形象，这里采用的

不是罗马帝国建筑的厚实砖面混凝土，而是很薄的砖块，当然，这里建构 8 个主礅柱的方石块则除外。这些轻砖被用以创造了一系列穹顶，如轻盈的水泡一般，其效果令普罗科皮乌斯把建筑上部描绘成"悬浮于空中"。试验的结果则非常危险，因薄砖穹顶于 558 年坍塌了，取而代之的，是斜度陡些的肋架穹顶，之后又经很多次修复，一直保存至今。大教堂的内墙覆以一层熠熠生辉的贴面，有彩色大理石、斑岩、玄武岩，这些都是帝国的盛产，而拱顶和穹顶上则覆有一层马赛克，由玻璃和半贵宝石拼成的，它们在阳光下，尤其在无数黄金灯台、吊灯、烛台下，微光萦绕。

帕提侬神庙、万神庙、圣索菲亚大教堂，是西方建筑史上的三大名作[①]。万神庙居中，既是在年代上，也是在风格上，它之前的建筑基本上只注重外观，如帕提侬神庙；而之后的建筑外观只是内部的外在表现，如圣索菲亚大教堂。圣索菲亚大教堂的外部由毫无特色的岩壁状的抹灰砖建成，上面的穹顶则覆以暗灰的铅。后来逐渐添加了巨大的扶壁，加之 1453 年改成清真寺，又添加了庞大的伊斯兰尖塔，却并未改进建筑的协调性。因为我们在前一章中，因失去了古典希腊时期同时代人写成的建筑专著而痛惜，所以在此，我们会得到些许补偿，援引对圣索菲亚大教堂梦幻且美丽的描述，来自查士丁尼的史学家——普罗科皮乌斯。其充满诗意的解析证实了，我们并非是幻想地认为大教堂的室内设计是拜占庭特有的一种空间美学的一个至高实例。

"阳光之下及大理石反射来的阳光之下，它显得富丽堂皇。的确，有人会说，照亮室内的，不是太阳，而是太阳之光，而这满满的光又沐浴着这座神坛……（这穹顶）优雅至极，但是，又其看似不安的组合，而令人惶恐。因其无坚实的基础，似浮于空中，然而，面对四伏危机，却又泰然高处……其两侧则是柱

① 三大名作：
它们不仅代表了建筑活动由室外转至室内的过程，也代表了古教转至现代宗教的过程。

子，立于拼铺的地面之上；也同样，它们未呈直线形，而是向里退，呈半圆形，好像要融汇彼此，如一种合编舞蹈……（穹顶）看似并非架于坚石之上，而是悬自天国，以其金黄穹顶覆盖着这个空间。所有这些细节以精湛的技巧搭配在一起，于半空中，彼此飘忽不定，又支撑于邻里，创造出一种完整、非凡的和谐，同时，令观赏者不会过多注重某个细节，但是，每个细节又能吸引人们的视线，无法抗拒。如此，视线便会持续游离，因视者已无法选择哪个细节更值得赞美……

"整个天花都覆以纯金，于其美丽之上又增添辉煌，进而，美石上反射的光亦跳跃出来，与纯金的光争相斗艳……谁能细述装点教堂的柱子和美石之秀呢？人人都可想象着，是来到了一片百花盛开的草地。他定会惊诧于这儿的紫，那儿的绿，以及这里泛起的红色，或是那里闪烁的白光，其他地方，大自然亦如画师一般，变换着对比颜色。同时，无论何时来此教堂祈祷，他都会立即知晓，这不是任何人类所能的技术，而是上帝的感化，才使教堂成为完美之作。"

君士坦丁堡和拉韦纳的其他 6 世纪教堂

圣索菲亚大教堂有时也被解析为一种合成体，即纵向的马克森提乌斯长方厅堂和有穹顶的万神庙。穹顶长方厅堂的主题，体现在下一个最大教堂之中，于君士坦丁堡，建于圣索菲亚大教堂之后，这便是圣伊雷内大教堂（神圣和平教堂），由查士丁尼始建于 532 年，重建于 564 年，再次重建于 740 年。8 世纪的改建很特别，因其在教堂中殿的第一格间上加建了一个穹顶，由此，在一个穹顶教堂中创造出了一种新型的纵向强调。6 世纪的遗迹中还有另一个有趣之处，这就是阶梯状长凳（拜占庭和东正教堂中为教士准备的长凳），它沿着半圆后殿的曲线，形似

一个微型的石制圆形剧场。

约 525 年，查士丁尼开始建造圣塞尔乔和巴基奥教堂，于君士坦丁堡。如圣索菲亚大教堂一样，虽稍早些，它有着复杂的室内，在有穹顶的中心区域由柱子屏障所围绕，既有直线形的，也有半圆形的，透过它们便可见到外侧的回廊通道。和圣索菲亚相比，它在规模上小些，但在建筑上则更集中些，教堂平面为正方形，有一个南瓜形的八边形穹顶，约 70 英尺（21 米）高，为肋形，如一把伞，也因此能够分解来自三角穹压力。在比例和装饰上，它不如圣索菲亚大教堂成熟，却有着绝妙的蕾丝柱头和檐部，它们都是预制定做的，来自政府经营的大理石采场的作坊里，于附近马尔马拉海上的普罗肯尼西安①（Proconnesian）群岛。

在君士坦丁堡之外，只有一座教堂类型近似圣塞尔乔和巴基奥教堂。这便是美丽的圣威塔尔教堂，位于拉韦纳，始建于约 532 年，完成于 546—548 年，是此世纪西方最精美的建筑。建造的开始是在东哥特人的统治下，主持由埃克尔斯修，拉韦纳的主教，出资人则是当地的一位银行家胡利亚努斯·阿尔真塔里奥，其最终完工则是在查士丁尼收复意大利之后。其新角色作为一个皇家宫廷教堂，又用马赛克强化了祭坛，其上描绘有头顶光环的查士丁尼皇帝，与其皇后狄奥多拉一同，将礼物奉上圣坛。如圣塞尔乔和巴基奥教堂一样，它有一个中央八角形穹顶，开向周边连续的回廊或者外侧的通道。然而，此教堂的外部形状却不是正方形，而是一个八边形，这便产生了一系列不断转换的切面，同时在教堂的内部和外部创造出一种更为生动且更吸引人的动感。空间的停顿和漂移变得更为显著，因其八角室内的每一边都有半圆小殿，除了通往祭坛的一边，而在圣塞尔乔和巴基奥教堂中，这样的半圆小殿只有 4 个。

① 普罗肯尼西安大理石：又称马尔马梅大理石，海岛位于伊斯坦布尔以西。

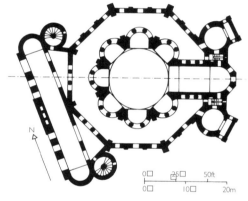

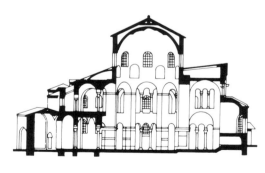

129（上）圣塞尔乔和巴基奥教堂的廊道柱头，君士坦丁堡（始于约525年）

130（上左）圣威塔尔的外观，拉韦纳（约532—548年）

131、132（左）圣威塔尔的平面和剖面，拉韦纳

术，即将中空的陶器瓶①彼此相套的技术。这种穹顶的重量要轻于君士坦丁堡的砖制穹顶，如此，建筑师便只需扶壁分解压力。这座教堂下半部分空间有着强烈对比的明亮和幽暗空间，都充满了闪烁的马赛克，多为绿色、白色、蓝色、金色，它亦引导着人们的视线，掠过之前缥缈直视的圣徒和主教人像，进而停留在高坛拱顶的顶部，即"上帝的羔羊"②。

类似的马赛克也镶嵌装饰了圣阿波利奈尔教堂，位于克拉斯（Classe），拉韦纳的港口城镇，约532年，在东哥特人的统治下，完工于549年，即在拜占庭的统治下。圣阿波利奈尔其形象极具魔力且不虚幻，是拉韦纳的第一位主教，环绕四周的是有象征意义的天堂花园的羊群，装点了此长方厅堂教堂的半圆后殿，教堂保存了早期基督教教堂的形状，且不受查士丁尼时期君士坦丁堡新型建筑的

① 陶器瓶：
　是瓶状陶器，无底，相套而成拱状。

② 上帝的羔羊：
　指耶稣。

圣威塔尔教堂建筑采用的是薄薄的长砖，模仿着君士坦丁堡中的砖形，而其大理石柱子和柱头却无疑是来自普罗肯尼西安的作坊。然而，此穹顶，或更准确地说八角拱顶，架于突角拱（squinches）上，则是一种西方的技

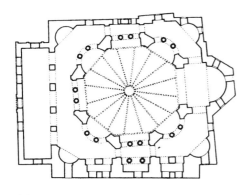

133 圣塞尔乔和巴基奥教堂的平面，君士坦丁堡

134（右）圣阿波利奈尔教堂的外观，克拉斯，拉韦纳（约532—549年）

影响。而在圣阿波利奈尔教堂中，建于拉韦纳，由东哥特国王狄奥多里克建造，是另一个充满马赛克镶嵌画的亮丽室内。

查士丁尼在君士坦丁堡建造的教堂中，也许最有影响力的一个，便是有5个穹顶的圣使德大教堂（约536—550年），于1469年被土耳其人毁掉。在平面图上，它是一个希腊十字形，每一个臂上都有一个穹顶，且在交叉点上有一个更高的穹顶。这一种布局影响了西方著名的拜占庭教堂之一，这就是威尼斯的圣马可大教堂。

晚期的拜占庭建筑

11世纪拜占庭教堂一个特有的形式，即梅花形，或者说是正方十字形的平面。它包括一个长方形或正方形的建筑，分为9个开间，中心开间是一个有穹顶的大正方形；其两侧各有4个筒形拱顶的长方形开间，而4个小开间——位于各角落处——则是正方形，且一般也有穹顶。位于萨洛尼卡的帕纳约·乔肯教堂（1028年），是一个典型的早期范例，有着生动的组群，都是高大多边的鼓座，覆以带有波形瓦的小穹顶。君士坦丁堡和萨洛尼卡的纯砖立面，结合附壁柱、壁柱、壁龛，自11世纪却没有出现在希腊，这里的墙壁饰有石和砖拼成的图案，这亦称为"景泰蓝贴面"[1]（cloisonne）。其各

种实例可见于两座漂亮的教堂中，建于约1020年，它们是位于施蒂里亚的圣吕克希腊东正主教堂（Katholikon）和位于雅典聚会广场上的圣使徒小教堂。这里的强烈对比，光与影、虚与实、光滑大片的大理石与小片的马赛克，使得圣吕克希腊东正主教堂的室内成为6世纪查士丁尼式建筑通亮神秘感的嫡系后代。这种风格的其他精美实例还有塞奥托基斯教堂，它是一座小教堂，于公元约1040年加建于圣吕克希腊东正主教堂；雅典的塞多罗伊教堂和卡普尼拉教堂，都建于11世纪60年代；多米蒂奥修道院教堂位于雅典附近的达夫尼，建于约1080年，它是一座具有古典尊严的建筑，完全避开了圣吕克希腊东正主教堂如画的复杂性。达夫尼教堂因其高超的马赛克而著称，这作品也许是来自君士坦丁堡的艺术家。虽然基督世主（世间万物的统治者）以其闪族人（semetic）[2]严肃的面孔，是典型拜占庭的非尘世（otherworldliness）冷酷的一面，但是一种新的精神看似要告知大家基督生平的一些叙述场景，意图暗示着某种倾向，甚至人类情感。

拜占庭帝国的帕莱奥洛林（Paleologue）王朝期间（1261—1453年）对外墙的装饰处理，在11世纪时有了新的重点，这就是"人"字形（herringbone）、棋盘形、钻石形的拼砖图案，如位于马其顿奥赫里德的圣克

① 景泰蓝贴面：
是拜占庭建筑特色之一。

② 闪族人：
闪米特人，有其自己的语言，至今，其基因留于犹太人和大多的西亚人，脸形为长形。

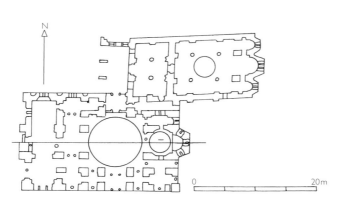

135（顶）圣吕克希腊东正主教堂（Katholikon）的外观，施蒂里亚（Hoisios Lukas）

136（上）圣吕克希腊东正主教堂的平面，施蒂里亚（约1020年）和塞奥托基斯教堂（Theotokos，约1040年）

137（右）多米蒂奥修道院教堂穹顶基督主（Christ Pantocrator）的马赛克，达夫尼（Daphni，约1080年）

138（上）山坡上的教堂，拜占庭城镇米斯特拉（Mistra），
希腊

139（右）圣使徒教堂，萨洛尼卡（Salonica）

莱门特教堂（1294 年）和位于希腊阿尔塔的
帕雷戈里提萨教堂（1282—1289 年），以及
圣狄奥多罗教堂（约 1290 年）和布龙特克翁
教堂（约 1300 年），后两者位于斯巴达附近
迷人的拜占庭城市——米斯特拉。这种动人
的晚期风格，较为成熟的实例之一，便是位
于萨洛尼卡的圣使徒教堂（1312—1315 年）。
在教堂的前立面，红色的砖和白色石材形成
鲜明对比，创造出了一种色彩主题，于 14 世
纪得到显著的发展。

特克尔·萨拉依官以其壮观的主立面，
由三层圆拱洞形成，饰有各色的楔形拱石
（voussoirs），它是君士坦丁堡唯一留下来的皇
家宫殿。直至 1390 年，即建成约 60 年之后，
拜占庭帝国的余部已基本上在土耳其人手中。
伊斯兰的最终胜利是在 1453 年，穆罕默德苏
丹（Sultan Mehmed）胜利地进入君士坦丁堡，
也因此灭绝了神圣的帝国，它曾保存了古希
腊和古罗马的文学，既为子孙后代，也为保
护欧洲文明，且长期抵抗了土耳其的侵略。

俄罗斯

罗马帝国的陨落并不意味着拜占庭建筑
的终结，因为它在俄罗斯、意大利、法国得
以继续发展，以丰富且偶尔惊人的方式。俄
罗斯和君士坦丁堡在文化和经济上的联系始
于 988 年，即基辅的大公弗拉基米尔皈依基
督教之后。于约 1015—1037 年，来自君士
坦丁堡的建筑师和石匠大师在基辅修建了多
穹顶拜占庭教堂——圣索菲亚大教堂，开启
了一种极具风格的传统，并持续了近 900 年
之久。位于诺夫哥罗德（Novgorod）的圣索
菲亚大教堂只有 5 个主要穹顶，而不似基辅
的教堂共有 13 个穹顶，后者代表着基督和他
的 12 位门徒。然而，在 12 世纪，基辅教堂
的中央穹顶外部有重修，以其突出的轮廓，
进而成了俄罗斯教堂的一个独特标志。"洋

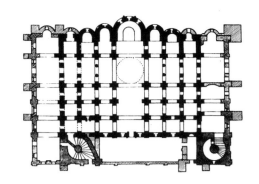

140（顶） 圣索菲亚大教堂的平面，基辅（约1015—1037年）

141（上） 圣索菲亚大教堂的外观，基辅

142（右上） 变容节教堂的外观，基扎（1714年）

143（右） 圣巴兹尔大教堂的平面，莫斯科（1555—1560年）

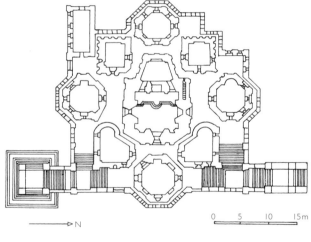

$\longrightarrow$ N

0　5　10　15m

葱头"形状，于 15 世纪和 16 世纪时风行一时，其最终形式可见于诺夫哥罗德大教堂改建的附属穹顶上，以及在诺夫哥罗德附近涅列迪察的救世主大教堂（1199 年）上。毋庸置疑，在俄罗斯，亦在伊斯兰建筑中，洋葱头穹顶的采用是因其显著的美学品质，而且它在北方气候中还有更多优势，即甩掉积雪。它亦形似一个头盔，即当时俄罗斯士兵的头盔。

当然，我们也不能忽略俄罗斯传统的本土木制建筑，它也曾创造出惊人的建筑作品，如位于俄罗斯北部基扎（Kizhi）的变容节教堂（1714 年）。这是一个极晚期的木质结构范例。这种传统的顶峰则是圣巴兹尔大教堂（1555—1560 年），由伊凡四世（Ivan Ⅳ）[①]建造，位于莫斯科克里姆林宫广场的救世主门附近。它采用的元素有穹顶的拜占庭教堂和木制的帐篷式俄罗斯教堂，最终，即构成了一个令人难忘的天际线。其特异的设计包括一个小型的中央教堂，环绕周边的有 8 个独立的小礼拜堂，每个礼拜堂都是纪念一个军事胜利，且有各自的穹顶。

① 伊凡四世：
因性格暴躁而被称为"雷帝"。

曾有一个传说，因沙皇对这种教堂的创意非常欣赏，他竟下令挖掉建筑师们的双眼，这样他们再也无法创造任何与之媲美的建筑了。

威尼斯的圣马可大教堂

其他拜占庭影响的前沿可见于威尼斯、西西里岛、阿基坦地区（Aquitaine）[1]。威尼斯反映了君士坦丁堡理想地理位置的一种微型版，它介于东西方之间，于古世界贸易通道的交会点上。城市创立于5世纪，并很快成为拜占庭帝国的一个省，到了10世纪，它已变成一个实际上的独立共和国。

威尼斯的第一座教堂，圣马可大教堂，于830年，建于十字形平面上，即查士丁尼在君士坦丁堡修造的圣使徒教堂之上，然而，它是否复制了其原型的5个穹顶却不得而知。好似在10世纪晚期，圣使徒教堂侧翼的4个穹顶被取代为拜占庭晚期的建筑特色：高大的穹顶，立于高鼓座之上，并有窗子环绕。可以肯定的是，更高些的配窗穹顶后为现今的圣马可大教堂所采用，教堂建于公元约1063年，由一位希腊建筑师设计。在公元976年的一场大火之后，830年的原教堂被重建，也许是一个复制，如此，1063年重建的教堂便是原址上的第三座教堂，虽然规模和初始极近。它的十字形平面是拜占庭梅花形平面的一个版本，中央正殿上有一个穹顶，其四边又各有一个穹顶，提供了室内空间，后者又被逐渐贴以华丽的大理石和马赛克。它进而取消了一些窗子，由此便造成了幽暗朦胧的雍容氛围，迷住了数世纪的访问者，令其呼吸着纯正的东方神秘之气（图170）。

拜占庭西立面是简洁砖砌的五拱形，展开来如同一座凯旋门，而自13世纪之后却被包在一片喧闹之下，它们是大理石片、立柱、

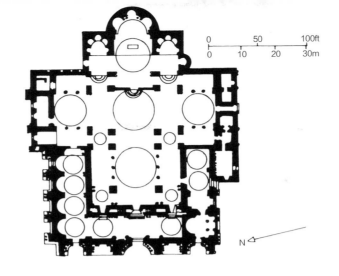

144 圣马可大教堂的平面，威尼斯（始于约1063年）

柱头、雕塑、马赛克，其中有些是源自早期的建筑，最著名的便是中心大门上的4匹罗马青铜马[2]，这是1204年从君士坦丁堡带来的。在12世纪或13世纪之时，砖制的拜占庭穹顶被赋予了奇幻般的外表，它们装上了洋葱头的形状，即我们在俄罗斯拜占庭建筑中见到的，而在15世纪之时，西立面的上部又抹上一大片泡沫状饰物，它们便是增添的很多洋葱头圆拱，之间又穿插有很高的华盖和卷饰的壁龛。

圣马可大教堂的建造作为一座纪念性礼拜堂和圣徒祠堂，紧邻着总督府，因总督是威尼斯共和国选举出来的领导人，如此，圣马可大教堂便有着君士坦丁堡圣索菲亚大教堂的王朝角色。虽然现今它已不再保持这种功能，但它从未停止过：其一，震撼来访者，以其历史性基督教崇拜的一种力量和神秘之感；其二，激发来访者的想象力，作为将东方辉煌财富引至西方门前的一个提醒之地。约翰·拉斯金被这座神奇建筑的宗教、历史、文化的共鸣深深地打动，他是一位极具影响力的19世纪英国评论家。他在其书——《威尼斯之石》（伦敦，1851—1853年）中，对圣马可大教堂的西立面有着极为浪漫的描述，用一种反诘的方式来对

① 阿基坦地区：
法国西南，波尔多是其最大城市。

② 罗马青铜马：
于1797年被拿破仑夺走，运至巴黎，于1815年滑铁卢战败后被返回，现建筑上为复制品，原件置于建筑室内中。

比富丽堂皇的威尼斯教堂和不同特性的英国中世纪教堂。之于后者，他在附页中指责为"忧郁"和"冷酷"。对圣马可大教堂的陈述：

"……那里，一处幻景，从地平线上升起，所有的广场便由此而展开，带有一种敬畏之感，我们可远远看到这所有；一组礅柱和白色穹顶，簇拥成一座又长又矮、光色各异的金字塔；它看似是一座宝山，镂空的 5 个圆拱廊道里，天花饰以华丽的马赛克，环绕周围以石膏雕塑，透如琥珀、细如象牙，雕塑奇异，且有棕榈叶、百合花、葡萄、石榴，鸟儿在树丛中攀附鼓翼，所有这些都是一张花蕾和鸟羽编织的无边之网……而这之上，又是另一组熠熠生辉的尖塔，混之以白色的圆拱，镶之以深红的花卉，全然一种愉悦的混杂，这里，希腊的铜骏马于其金色的恢宏中燃烧，圣马可的狮子则被衬托在缀满星星的蓝幕之上；而最后，如梦幻一般，圆拱冲破顶冠，变成一片大理石的泡沫，远抛蓝天，圈圈点点，似雕塑的浪花仿佛利多海岸的浪花落下时被冻住一般，又好像是海神们用珊瑚和紫晶为其做的镶嵌。"

西西里和法国

西西里的建筑代表了另一种，也是极其不同的一种，即东西方影响的同化。自535年西西里成为拜占庭帝国的一部分，但于 827 年它落入阿拉伯人之手。诺曼人（Normans）[1]，

① 诺曼人：
法国北部，诺曼底人。

145 圣马可大教堂的西立面，威尼斯（始于约1063年）

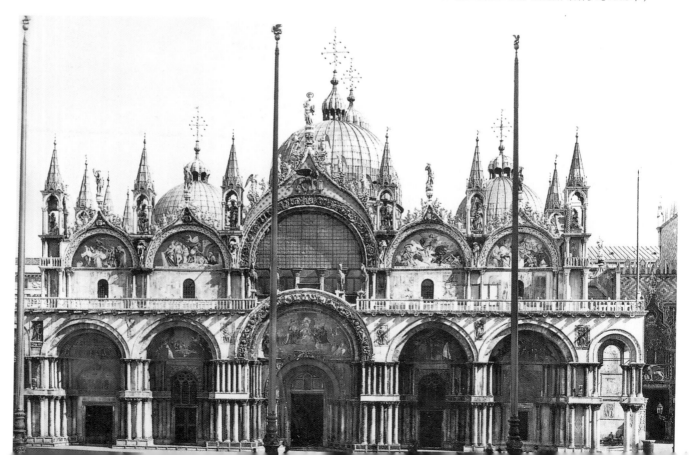

146（上）帕拉蒂尼礼拜堂的室内，巴勒莫，（1132—1143年）

147（右）大教堂东端的外观，蒙雷阿莱（Monreale）（始于1174年）

于 1061—1091 年征服了西西里，恢复了和拜占庭宫廷文化的联系，但是，同时也保留了一些穆斯林建筑特征，如尖拱、肋拱、蜂窝或钟乳石状的天花。这种迷人的异国情调可见于帕拉蒂尼礼拜堂室内，位于巴勒莫，由诺曼国王罗格二世（Roger Ⅱ）建于 1132—1143 年，作为一个拉丁式长方厅堂和一座希腊式穹顶正厅的结合。教堂中殿里的拜占庭式柱子和柱头支撑着一条拱廊，上有穆斯林尖拱和彩绘的蜂窝状天花。在 12 世纪 40 年代，希腊艺术家们从君士坦丁堡被召来，为教堂穹顶和鼓形墙镶嵌马赛克，依据约定俗成的拜占庭式"万世之主基督"布局，即结合天使长、天使、先知、神音传教士们。同样于 12 世纪 40 年代，还有一座小教堂——

圣玛丽亚·戴尔·阿米拉列奥教堂，一般被称为拉马尔托若娜教堂，是为罗格二世的海军司令——来自安蒂奥克的乔治——而建的。尽管它已修改过许多次，但还是可认其为一座典型的拜占庭式正方形建筑，其中心穹顶支撑于 4 根柱子之上，周围是一个回廊，有交叉的筒形拱支翼，东边末端则是一个三联半圆殿。穹顶上的尖拱和对角拱（squinch）都源自穆斯林建筑，而此教堂的辉煌之处，则是其精致且生动的马赛克装饰，它有着我们在达夫尼（Daphni）①曾见过的，一种人性的温馨。

① 达夫尼：雅典西北面。

148 圣弗龙特大教堂的室内，佩里格（约1125—1150年）

149 圣弗龙特大教堂的平面，佩里格

品出自君士坦丁堡的工匠们。

西西里的大教堂代表了在罗马风时期建起的一批建筑，风格虽为罗马风式，但却有着拜占庭式的室内装饰，同时期一组令人费解的穹顶教堂却出现在法国的核心地带，都是拜占庭风格，但却没有任何装饰。其中最早的可能是安古莱姆大教堂（1105—1128年），有4个石穹顶鲜明地排列于中殿之上。而置放这些穹顶的三角穹虽是来自拜占庭的灵感，却架于法式的尖拱之上。与此相同的是卡奥尔大教堂（约1100—1119年）的两个巨大的穹顶，它又影响了后来的苏亚克教堂（1130年）。在这些令人惊诧的教堂中，最为精美的要数位于佩里格的圣弗龙特大教堂（约1125—1150年），它和法国的罗马风式传统关联不多，因其建筑形式是一个希腊十字，且有5个穹顶，近似于威尼斯的圣马可大教堂，也因此更近似于君士坦丁堡的圣使徒教堂。其华贵的室内有未装饰的石砌工艺，和威尼斯相比，这令人更容易欣赏其穹顶和墩柱之间的大型交会。然而，其冰冷的现代外表却是部分因为一次大规模的重装修和重建，发生于19世纪50年代，由建筑师保罗·阿巴迪（1812—1884年）负责，他也因此掌握了足够的技术进而设计了萨克-协克尔教堂（1874—1919年），它是拜占庭建筑的一个极为猖狂，却又极为宠爱的嫡孙，它的尖啸声从蒙马特尔③一直划过巴黎的屋顶。

① 切法卢：
西西里巴勒莫以东。

② 蒙雷阿莱：
西西里巴勒莫以南。

③ 蒙马特尔：
巴黎的小山丘。

位于切法卢（Cefalu）①的大教堂始建于1131年，由罗格二世建造，而位于巴勒莫的教堂始建于1172年，位于蒙雷阿莱（Monreale）②的教堂，始建于1174年，它们在建筑上并不像是拜占庭式，而是更近于西西里罗马风的建筑。然而，切法卢大教堂的室内，尤其是蒙雷阿莱教堂的室内，都以华丽的拜占庭马赛克镶嵌画而驰名，大部分作

第四章　加洛林王朝和罗马风[①]建筑

修道制度的兴起

从 526 年狄奥多里克国王去世，到 800 年查理大帝加冕之时，欧洲西部在建筑上并非荒野。其主要的文明动力便是修道制度（monasticism）[②]，首次传入欧洲是在 4 世纪和 5 世纪，作为一种苦行修炼的方式，来自叙利亚和埃及大沙漠的洞穴和茅屋中的基督教隐士。虽没有放弃各自的草屋，这些隐士很快便聚集在一起，组成了第一批原始修道院。从这些机构便产生了修道院体系，男女通过成为修士和修女将他们的生命完全奉献于上帝崇拜之中。他们许下三大誓言，贫穷、贞操、服从，并用大多昼夜时间一同诵读礼拜仪式。此外，很多修士亦是学者和教育家，其能力也协助确定了整个中世纪的文化模式。

早期的修道院运动从英国和高卢又发展到爱尔兰，其发展的传道士亦会定时回到英国北部甚至欧洲大陆工作。然而，天主教修行制度的凯尔特—东方式（Celto-Oriental）版本却和罗马式版本发生了不悦的冲突，支持后者的传教士——如圣奥古斯都——于 597 年到达英格兰南部的盎格鲁-撒克逊地区。罗马式的修道生活是基于圣本尼迪克特（St Benedict）确立的规则，于约 530 年，其创立的修道院即位于意大利南部的蒙特卡夏诺。对于修士即为隐士或遁世者的概念已逐渐让位给本尼迪克特的概念，即受过教育的修士亦是秩序的监护人，那段时间唯一可循的秩序便是古代罗马的记忆。根据一项规则，本尼迪克特修士做圣歌礼仪时要有礼节和保持肃穆，此规则统一执行于此派的所有修道院里。664 年，英国惠特比宗教会议（Synod of Whitby）确定了罗马仪式对于凯尔特仪式的胜利。在高卢，丕平三世在 754—768 年用罗马仪式取代了法国天主教（Gallican）仪式，同时，查理大帝也于 789 年将本尼迪克特的规则强加于所有的修士。

加洛林文化的复兴

西方文明，一直绚丽多彩，因其试图与古罗马成就相媲美。罗马帝国的西部，于公元 5 世纪，陷落于来自北方的蛮族日耳曼部落，后者的势力横跨整个欧洲：如在意大利的伦巴第人；在高卢的法兰克人和勃艮第人；在英国的盎格鲁-撒克逊人；而在西班牙的西哥特人（Visigothic）则于 711 年被阿拉伯人替代。然而，于 732 年，位于普瓦捷的一位法兰克人领袖查理·马特打败了一支阿拉伯军队，后者曾跨越比利牛斯山脉，其目的是将高卢纳入伊斯兰帝国的西部版图，此版图已包括了西西里、部分南意大利、大部分西班牙。马特的儿子丕平（Pepin）于 751 年自立为法兰克斯国王（King of Franks），建立了"加洛林王朝"，王朝的名字得自查理·马特。丕平的儿子查理（Charlemagne，约 742—814 年），成为第一位加冕的神圣罗马帝国（Holy Roman Emperor）[③]，于罗马的圣彼得大教堂，于 800 年的圣诞节。

虽然拜占庭的皇帝们是实际上的西罗马帝国残余主人，这种惊人大胆的挑战却又被

① 罗马风：
又称罗马式、罗曼式、仿罗马。

② 修道制度：
其修道院模式影响了之后的西方大学，即建筑及文化模式。

③ 神圣罗马帝国：
宗教化的罗马皇帝，即区分于古罗马的皇帝。

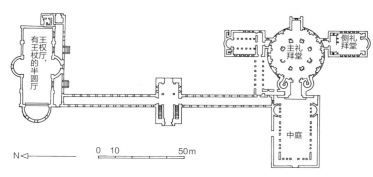

150 宫殿和礼拜堂的平面，亚琛（约790—约800年）[王权（Regalis）厅，有王杖于半圆殿、主礼拜堂、侧礼拜堂、中庭]

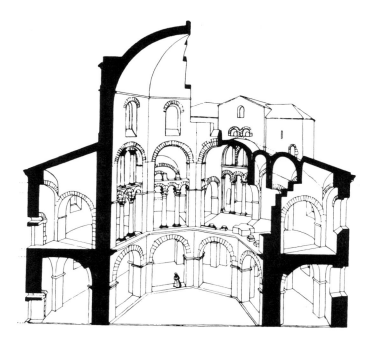

151 宫殿礼拜堂的复原透视图，亚琛

查理领地的迅速扩大而变为合法，其领土有现今大部分的德国、荷兰王国[①]、比利时、瑞士、法兰西、意大利。虽然到9世纪末时，这个帝国就已瓦解，但查理大帝在其后却留下了一个西欧的前景，对创建中世纪和现代欧洲都有着重要意义。加洛林帝国没有时间去发展稳定的政府机构、陆军、海军，如拜占庭帝国所享有的。取而代之的是，查理依靠本

① 荷兰王国：
又称尼德兰。

② 加洛林小写字体：
即如英文中的小写体。

尼迪克特的修道制度作为一种稳定力量，由此为整个中世纪时期设定了一个重要先例。

查理大帝主要是一位军事领袖，他学会了拉丁语，虽然其母语为德语。他也在整个帝国内推广拉丁文作为官方语言，同时也用于宗教目的。作为这次古罗马文化复兴的一部分，他还在北欧以一种前所未有的力度扶持艺术，并将欧洲的学者们召集到自己的宫廷中，协助培养修士和神父，使后者能参与新政服务。这些学成之人，既自我学习又因此帮助保存了拉丁文的古典文本，并在抄写的过程中发明了一种新的手写体，这就是我们今天所熟知的"加洛林小写字体"（Crolingian minuscle）[②]。手稿是后来被早期文艺复兴的学者们重新发现的，原以为是古代原作，因在印刷的书籍中曾用过小写字母。实际上，古罗马字母中没有小写字母，只有大写。

小写字母一直被视为查理留给现代世界的主要遗产之一，但加洛林时期的建筑却没有多少留存下来。可能是唯一一座最重要的建筑纪念物，至今保存完好的，便是位于亚琛（Acchen）的帕拉蒂尼礼拜堂，由查理始建于790年左右，由来自梅斯的奥多（Odo）设计，约于800年完成，献于圣母玛丽亚。但是，这里的宫殿作为其中的一部分，已经完全消失。其设计意在回味罗马帝国，因而宫殿便被命名为"拉特兰"（Lateran），与罗马的宫殿同名，后者在传统上被作为礼物，献给君士坦丁的天主教会，君士坦丁为第一位基督教罗马皇帝。一座青铜骑马的塑像可能是狄奥多里克，置于查理宫殿的柱廊前庭之中，它回应着马可斯·奥里留斯的塑像，后者陈列于罗马的卡比托利山上，但在中世纪，它则被置于拉特兰宫内，因其代表着君士坦丁大帝。与此类似，亚琛礼拜堂的门厅里也有一尊青铜母狼像，复制了曾于卡比托利山上后又搬至罗马拉特兰宫的母狼像。宫

152 小教堂（Oratory）的室内，热米尼·德·普雷（806年）

153 圣里克尔（St Riquier）的平面（790—799年）

殿的布局有一个庞大的半圆形谒见室，或者叫帝王殿，也许用来平衡礼拜堂长轴的另一端，令人想起罗马帝国在北欧最壮观的建筑物之一，即4世纪早期位于特里尔的长方厅堂，或者叫奥拉·帕拉迪丁纳。

即如一座神庙要掌控一个罗马广场一样，查理的礼拜堂亦耸立于一个柱廊式庭院的一端，庭院可容纳7000人。礼拜堂的西面有一个讲坛，皇帝可在其宝座上向大众宣讲。此16边形的礼拜堂有一个高耸的、拱顶的、八边形的中厅（图164），四周为回廊，显然回应了拉韦纳的圣威塔尔教堂（98页），虽然，它也被比较于另一座八边形大厅——位于君士坦丁堡的神圣宫殿，后者建于约570年。但是，拉韦纳精美的曲线和空间的朦胧感却不见于亚琛，因为围绕圣威塔尔教堂八边中厅的曲线柱式壁龛已被取消，且底层柱子也为坚固的礅柱所代替。因此，梅斯来的奥多便采用了一种拜占庭形式，且以一种既大胆又不烦琐的方式，它在后来又成为罗马风建筑的典型特色。同时，他也没有采用拜占庭建筑的轻型结构方式，如用轻砖和空心陶瓶建造拱顶。而是在罗马废墟被拆除后，用石料来建造墙和厚重的筒形拱和交叉拱，而其奢华的装置，如大理石柱、青铜栏杆，则一定要来自意大利，有些是来自拉韦纳。

帕拉蒂尼建筑群有着更多拜占庭和东方特色，建于806年，位于法国北部圣伯诺依

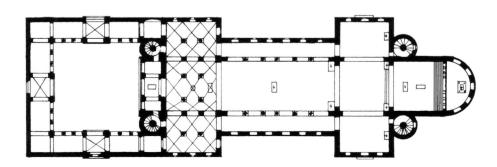

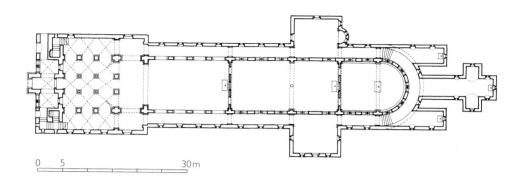

154（上）威悉河边科尔弗教堂的平面（873—885年）

155（左）威悉河边科尔弗教堂的室内，展示西端工程

特·叙尔·卢瓦尔附近的热米尼·德·普雷，是为奥尔良主教泰奥迪夫建的，他是查理政治圈里的一员。它包括一座保存完好的小教堂，曾于1867—1876年重修，紧邻一座别墅或宫殿，但后者几乎全无。这座漂亮的小礼拜堂有着拜占庭式的梅花形平面，中央有4根立柱，穹顶由四角隔间的对角斜拱支撑。这种设计一直到10—11世纪才在东罗马帝国开始流行，因此这里呈现的，以及马蹄形拱和半圆后殿，也许可以说是受到7世纪或8世纪西哥特人王国的西班牙基督教建筑的影响。还应指出的是，泰奥迪夫就是一名哥特人，来自塞普蒂马尼，现今的纳博纳主教区，近西班牙边境。

除了亚琛，查理宫廷主要的建筑贡献应是琴图拉修道院，现今的圣里克尔，在法国

北部的亚眠（Amiens）附近。它于哥特时期全部重建，始建于790—799年，它有很多细节，如柱子、柱基、线脚，都是来自罗马。如果我们能相信11世纪此建筑的一幅绘画，它则看似反映了一些修道院院长安吉尔伯特的强势，他是帕拉蒂尼宫廷中性格极为多彩的人物之一。依照此幅画，修道院有一个复杂的结构，有诸多高塔，立于建筑的交叉点和精美的西端工程①之上；一个东端，有一处凸出的半圆后殿，两侧各有一座圆形楼梯塔；一个有柱屏及隔间的中殿，有着诸多叠加的回廊式礼拜堂。但画中有多少是真实存在于8世纪，我们无法确定，如此，我们就应该转向一个现存的西端工程实例，这就是德国威悉河边的科尔弗（Corvey）教堂。

首先，我们应解释一个名词，"西端工程"（Westwork），在亚琛我们已有接触。它特指一个形如塔状的教堂西端，包括一个入口门厅，以及其上的一个礼拜堂。也许起初它只被视为一个军事化教会的象征以抵御外来的敌对力量。在琴图拉和兰斯（Reims），它实际上构成了一个独立的教区教堂，且有一个洗礼盆令其完整。在后加洛林王朝时期，它亦延续很长时间，尤其在德国。于9世纪，

① 西端工程：
  教堂的入口在西侧。

156 洛尔施修道院的大门（约800年）

它在法国的兰斯和科尔比地区被采用，并由此传到德国，即威悉河边的科尔弗，后者的创建者就是来自科尔比的修士们。科尔弗教堂的西端工程建于873—885年，有一个低矮拱顶的入口大厅，被礅柱和圆柱相隔，其上是一个两层的教堂。这里，有一种生动的光和影的游戏，是由开放的拱廊创造出来的，它将中殿、通道、西立面墙相互隔离。

另一座新颖的加洛林时期教堂即圣热尔曼教堂，位于法国东部的欧塞尔，它有一个拱顶地下室，其建造日期被标以不同的年代，6世纪、8世纪晚期、9世纪早期，它于841—859年重修，以便让人参拜圣热尔曼的遗骨。其间添加了一个斜角（canted）通道，这亦开拓了一个先例，即为后来罗马风和哥特时期教堂东端的梯形室（echelon）。同时又产生一个圆形大厅，奇异地置于轴线的最

东端。赖谢瑙岛（Reichenau）位于德国康斯坦茨湖（constance lake）[1]岸附近，即一个加洛林王朝修道制度完好地保存，这里有3座教堂，都始建于公元8世纪：位于下区的圣彼得大教堂；位于中区的修道院礼拜堂；以及位于上区的圣乔治教堂，它们的中殿墙壁上都饰以叙事性绘画，自10世纪或11世纪，都是奥托派（Ottonian school）的绘画，赖谢瑙岛也因此而驰名。

也许最著名的加洛林建筑，即其入口大门，隶属8世纪的洛尔施（Lorsch）修道院，建于约800年，位于莱茵兰德。这是为纪念修道院院长里奇伯德而建，他是亚琛帕拉蒂尼学派的一员，大门是一个独立的三重拱结构，在修道院入口的庭院前占据了一个独立的位置。它也由此令人想起一座广场上的罗马凯旋门，还有罗马旧圣彼得大教堂前庭院的入口。其嵌入式的柱子和刻有凹槽的壁柱，及其极富创意的复合柱头，跃于一个多色的背景之上，背景则是用红褐色和奶油色石块交替拼成。这一种法国—罗马式的石工艺，又是一种地区性回应的古典罗马方石墙（59页）。

可以理解，加洛林世界的旧圣彼得大教堂作为罗马基督教的中心建筑有着巨大的吸引力，这在莱茵河地区也能感受到，如富尔达的修道院教堂。修道院于790年重建，模仿了圣里克尔的教堂，又于802—819年在修道院中殿的西部增建了庞大的耳堂和半圆后殿，用以接收圣博尼法斯的遗骨。这处令人难忘的加建则是极尽模仿了旧圣彼得大教堂西部耳堂上的圣彼得神龛。

最为全面地表达着加洛林王朝修道院生活制度，作为一种模板城镇[2]——包括教堂、学校、商店、作坊、酿酒房、农庄建筑，不只存于保留下来的建筑物，而是存于一幅著名的修道院平面图中，画于约820年，这就是圣高尔修道院，位于康斯坦茨湖附近，现

① 康斯坦茨湖：
隶属德国。

② 模板城镇：
因水质不保，酿酒厂成为主要部分，酒精度数低的传统源自于希腊。

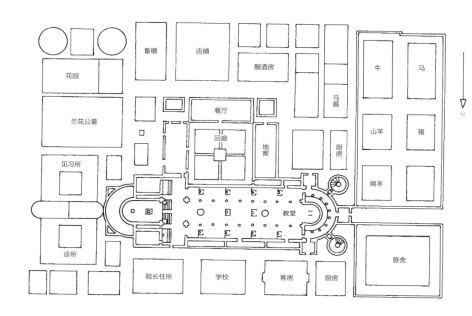

157 圣高尔修道院的平面（约820年）

于瑞士境内。作为一个中世纪大修道院的模式，这种组织成功得令人惊讶，因它在整个邻近地区，成为不仅是精神上的，而且也是行政、文化、农业上的中心。

9—11 世纪早期的英国和西班牙

加洛林帝国的文化和知识之光，在"黑暗时代"（the Dark Age）[1]的背景下闪耀得极为诱人，且又极为意外，但却于 9 世纪晚期和 10 世纪早期被熄灭。加洛林的继承者是奥托人（Ottonian），但因他们的建筑更适于讨论在罗马风早期风格之中，由此，我们现转向前罗马风时期，于其两个还未探讨的欧洲地区，即英国和西班牙。

英国

在 5 世纪和 6 世纪，古教的盎格鲁−撒克逊来自一个大致现在德国西北部的地区，尽管开始入侵英国时极为野蛮，但是，到了700 年，盎格鲁−撒克逊的文化已经确立，且令英国成为欧洲最为文明的国家。虽然，盎格鲁−撒克逊的世俗建筑大多为木结构，但是罗马传教士们还是引进了一种新型的砖石建筑，来自地中海和高卢地区。它被用来建

造教堂，如简朴的圣约翰小教堂，位于康提达勒姆地区的埃斯孔布，可能建于 7 世纪晚期，而且明显结合了重复使用的罗马石砌工艺。它有一个狭长的中殿和一个小圣坛，平面上都是严谨的长方形。更为吸引人的是布里克斯沃斯的教区教堂，位于北安普顿郡，是一个 7 世纪晚期的修道基地，建造由来自彼得伯勒的本笃会（Benedictine）[2]修士们。也许建于 8 世纪，这是一座四格间通道的长方厅堂，虽然通道现已不在，东端有一个高窗和一个多边形后殿。其拱廊和高窗上的圆拱都是由两圈宽条罗马砖构成，合起来达到了惊人的总长——140 英尺（42.5 米），并一同赋予教堂以一种意大利品位。当代高水准的雕塑成就则可见于鲁斯韦尔的十字碑，这种感人的纪念物上，其肖像浮雕可能是仿自象牙雕版和配图的福音书。

这一时期，高卢地区的长方厅堂式教堂和小礼拜堂几乎没有留存下来，但是 7 世纪及 8 世纪的金属工艺、石雕、绘画——来自英格兰北部、爱尔兰的盎格鲁−爱尔兰学派——却保存下来，数量之多足以使我们看到，它是全欧洲极为辉煌的成就之一。它创造的纪念性建筑，有林迪斯凡福音书（Lindisfarne

Gospels）和尼格（Nigg）石十字碑，以一种庄严的抽象风格，基于本土粗野艺术的强劲回卷。这种令人眼花缭乱的工艺虽没有质量相当的建筑物，但在建筑雕塑上有一个特别且精致的应用，约8世纪晚期，于圣玛丽亚教堂之中，位于莱斯特郡的布伦登山。这些建筑雕塑，包括人物雕像的石板，可能受启发于加洛林的象牙雕，还有中楣，有7英寸或9英寸（18厘米或23厘米）高，约60英尺（18米）长。雕刻装饰中有希腊回纹、葡萄或常春藤涡卷，交织着奇异的动物、鸟类。

圣劳伦斯小教堂，位于威尔特郡埃文河畔布雷福德，其底层的建造时间暂定为约700年，上部为约975年，但现在被确认是同一时间建造，可能为约1000年。它是一座比例完美、精细建造的石制教堂，其外部很诱人地配以装饰性连环拱。其南北两边各有一个突出的门廊，南边的已毁，教堂有一个狭窄的中殿，其长与高等同，都为25英尺（7.5米）。这些陡而窄的比例，被小巧的神坛圆拱进一步强化，后者只有3英尺6英寸（107厘米）宽。

一些"日耳曼加洛林"（Germanic Carolingian）王朝时期的建筑特色亦被采用，尤其在英国10世纪的修道院复兴运动中，于坎特伯雷、达勒姆、伊利、温切斯特的教堂中，这里，我们应注意到一个真正西立面的早期存在。所有这些建筑现已消失，而埃文河畔的布雷福德教堂虽看似简单，但在建筑上，却可能比撒克逊保留的任何建筑都更为成熟，除了撒克逊晚期的教堂，如卡斯特罗的圣使徒教堂，位于肯特郡的多佛，建于公元1000年。虽然平面图为拉丁十字形，它有一个中殿、

158（上左）圣劳伦斯的外观，埃文河畔布雷福德（约1000年）

159（下左）圣使徒教堂的塔楼外观，巴顿伯爵（10世纪晚期或11世纪早期）

礼拜堂、侧廊、低矮的中心塔楼，但是，因其礼拜堂和侧廊要比中殿更窄、更矮，从而减弱了建筑的效果。更有味道的是教堂的塔楼群位于北安普顿郡的巴那克，建于10世纪早期，和位于亨伯赛德郡亨伯河畔的巴顿教堂，以及北安普顿的巴顿伯爵教堂，两者都建于10世纪晚期和11世纪早期。其装饰不是采用如埃文河畔布雷福德的装饰性连环拱，而是采用了垂直和水平的壁柱条（pilarster strips）来构成图案，只是在亨伯河畔的巴顿塔楼中看似有些幼稚。对于石制结构，这种装饰方法并不适宜，却能令人想起英格兰-撒克逊的木制建筑。正如我们所见，金属制品、雕塑、绘画——来自7世纪和8世纪英格兰北部、爱尔兰的盎格鲁-爱尔兰学派——在艺术上有了更大之进展。

西班牙

西班牙的建筑发展在这些年较为复杂，因伊斯兰教的阿拉伯人在8世纪早期占领了大部分土地。西班牙的西北部未被摩尔人侵略，阿斯图里亚斯（Asturias）王国于8—10世纪发展了一种成熟的风格。国王阿方索二世（791—842年在位）在其奥维耶多附近的宫殿里，于830年建造了圣朱利安·德路斯·普拉多斯教堂，设计来自一名建筑师——蒂奥达。其外部是德国式分段的组合，但室内却保留了古典装饰的一种主题，灵感源自庞贝城的神秘别墅。9世纪40年代早期，阿方索的继任者拉米罗一世修建了今天的圣玛丽亚教堂，紧邻其宫殿和浴场，位于奥维耶多附近纳兰科。它本是用作一个大厅，但后来改建成一所教堂，并献祭于848年。整体布局上，它有些类似英国埃文河畔布雷福德的圣劳伦斯的撒克逊教堂。纳兰科的圣玛丽亚教堂是一座保存得极为完好却也是有些令人费解的皇家纪念建筑，一部分是宫殿大

160 纳兰科圣玛丽亚教堂的东端外观（约840—848年）

厅，一部分是教堂，还有一部分是观景楼。建于一个拱顶地下室之上，建筑的主体则为一个方形大厅，在长边的一端有一则石阶梯通向正中的一个门廊。在建筑的每一端，大厅或中殿都经由一个拱廊便进入了敞开的外部凉廊，现今其中的一个已被封闭。开敞式凉廊的圆拱有着华美的科林斯柱头，但是礼拜堂室内沿墙而立的双柱，有着粗雕的螺旋图案，并冠以同样粗制的柱头。礼拜堂和地下室的屋顶都是隧道式石制拱顶，并用横向方石圆拱来加大强度。在西方中世纪的教堂建筑中，它们是最早的范例。

710—711年，伊斯兰阿拉伯人对西班牙大部分土地的占领使其产生了一种欧洲无可比拟的建筑。阿拉伯人不同于欧洲"黑暗时代"的其他入侵者，因其带来了一种高水准的文明。其宗教、科学、城市生活方式，最佳表现于伊斯兰西班牙的首都科尔多瓦，一座曾经的罗马城市。它在穆斯林的统治下，人口达到50万人，使其成为西欧最大、最繁华的城市。城中的主要建筑——大清真寺（786—988年）——通过一个过街桥和哈里发宫殿相连。这种布局令人想起基督教王国的宫廷教堂，如

161 大清真寺的室内（786—988年），科尔多瓦

君士坦丁堡的圣索菲亚大教堂，以及亚琛的帕拉蒂尼礼拜堂。它是一座庞大的建筑，有11条通道，每条有12格间之长，大清真寺看似是一个古罗马长方厅堂和一个柱子森林的一个放大结合体。它最重要的建筑特色即其3个小穹顶，每个都由8个圆拱构成，并相互交错，由此构成一个八角的星形。其下长方形房间的各角落则被圆拱沿对角切割，技术上称为"抹角拱"。与其形成对比的是另一种主要方法，用来建造石制穹顶，于长方形基础之上，这就是"球形三角拱"，或者叫"三角穹"，如圣索菲亚大教堂采用的。在科尔多瓦的伊斯兰穹顶中，对角拱和古罗马人的肋拱框架相结合，后者是被古罗马人用来加强水泥穹顶的。科尔多瓦的穆斯林们因热衷于几何学，表露且装饰了建筑的结构系统，不像罗马人和拜占庭人会将其遮掩。然而穆斯林建筑师们并没有发挥这种系统的潜能，正如我们所见，是后来的哥特和巴洛克建筑师们将其发展。

从9世纪晚期到11世纪早期，西班牙的基督徒们开创了一种艺术风格，叫穆萨拉比式（Mozarabic），它结合了基督教与伊斯兰教的主题。一个大胆的设计就是圣米

162 阿尔罕布拉宫，格拉纳达（1354—1391年）

凯尔教堂（913年），位于莱昂附近的埃斯卡拉达，它有一个马蹄形的拱廊，这在西班牙的摩尔占领区非常流行。甚而，连这座教堂后殿室的平面图也是这种马蹄形。在西班牙，保存得最好的摩尔建筑建于1492年前的一个世纪，那一年，摩尔人被天主教的统治者，即费迪南德和伊莎贝拉，赶出了这个国家。这就是位于格拉纳达的阿尔罕布拉宫（Alhambra）（1354—1391年），它是一座奢华的皇宫，建于其要塞式的外观之后，包括一个令人迷离的庭院网络，其中有很多喷泉、植被、雕刻精美的装饰赋予其生机。

奥托建筑及影响

加洛林王朝的辉煌面临维京人（Vikings）、穆斯林人、阿拉伯人、马扎尔人（Magyars）

的入侵，于9世纪被瓦解，呈无政府状态。然而，其帝国的理念还是被奥托一世大帝（936—973年）得以恢复，并于962年在罗马被加冕为第一位撒克逊皇帝。奥托大帝国一直延续至1056年，其范围却没有加洛林王朝之大，因其未包括现今的法国，而只包括德国和意大利北部地区。至此，法国和德国已分道扬镳，开始发展各自的独特文化。在不断发展的封建制度背景下，奥托帝国王侯般的主教们既建造教堂，也建筑城堡，既蓄养军队，也宣传教义，从而协助创出"教堂军事化"（Church Militant）的形象，因此，欧洲罗马风式的建筑风格被赋以有力的表达。

奥托时期的教堂大多被毁掉或翻建，只有圣西里亚克斯女修道院是一个保存完好的实例，位于盖恩罗德，始建于959年，这种

建筑类型可追溯至圣里克尔（St Riquier）教堂。此建筑还要归功于罗马的一种早期基督教的长方厅堂，如圣洛伦佐教堂（579—590年）和圣阿涅塞教堂（625—638年），这些也是其内部柱廊细节的来源。教堂中殿的交替支撑体系——礅柱和立柱——对未来的建筑也同样极为重要。本笃会修道院的圣庞莱翁教堂，位于科隆，于约966—980年，由奥托一世和二世重建，作为一种德国式复兴的罗

163（下）圣米凯尔（Michael）教堂的外观（1001—1033年）

164（对页顶）亚琛：帕拉蒂尼礼拜堂的穹顶（约790—约800年）

165（对页底）新圣阿波利奈尔（Apollinare Nuovo）长方厅堂，拉韦纳［由狄奥多里克（Theodoric）始于532年，于549年］

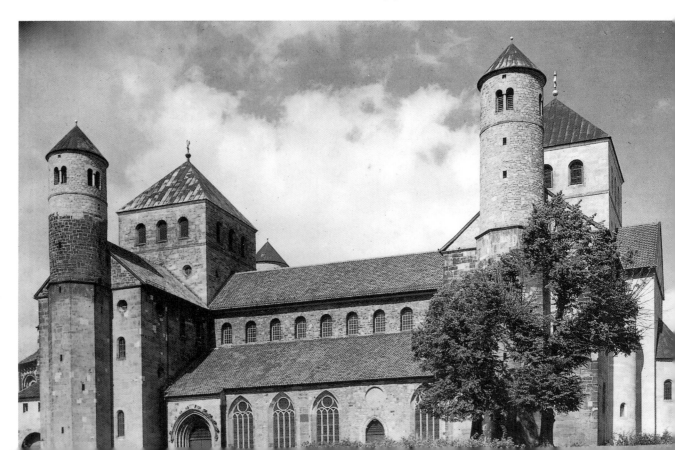

马式无通道教堂。带有塔楼的西立面保留了下来，还有中殿，虽然增添了后来的通道。其典型特色是壁柱条、圆拱挑檐（arched corbel tables）、封闭式连续拱券（blind arcading），而这些全都被采用于早期罗马风之中，它于800年左右创于意大利中北部的伦巴第。

美因茨大教堂始建于978年，后被重建，以及帕德伯雷（Paderborn）大教堂，始建于1009年，两者都融汇了加洛林和罗马早期基督教的建筑模式，以一种庞大的方法令我们开始认识到典型的德国式建筑。其强劲组合的教堂——圣米凯尔教堂——位于希尔德斯

166 大教堂的室内，施派尔（1030—1106年）

海姆，近期被重建成1001—1033年的初始模样，其东西两端各有一个半圆形殿室，如圣高尔教堂，同时也有东西耳堂，每个耳堂都有一个中心塔楼，两侧配有圆形阶梯塔楼，如圣里克尔教堂一样。而此教堂又以诸多的重要方式超过了其源头。由此，它的西部后殿室是建于一个地穴式，或者说地下室式礼拜堂之上，进入要通过一个半地下楼梯，而非同寻常的是，进入整座教堂要经过南部通道上的大门，这便令入口变成了一种室内前廊（narthex）。教堂中殿与耳堂的十字交叉，被圣坛圆拱的四边加以强调，它们类似凯旋门，同时，中殿被分成一系列的正方格间，分隔由一个礅柱和双柱的交替支撑。这种三重旋律可能源于撒克逊的加洛林式，后在中欧的罗马风式教堂中成为惯例。然而在西欧，尤其在英国，被采用的是双格间，以其厚薄交替支撑的简单旋律。

希尔德斯海姆教堂中有种明显转向更大的空间复杂性，这可能要归功于资助人，圣伯恩瓦尔德（约960—1022年；1193年被教会宣布为圣人），希尔德斯海姆的主教，也是帝国宫廷的御用牧师，奥托三世的家庭教师，且是奥托一世的孙子。1001年，伯恩瓦尔德——曾多次参观罗马——这次陪同20岁的奥托三世来到罗马，并住了一段时间，于阿文蒂纳山（Aventine Hill）上的皇宫中。这里，他也

167（下）圣米凯尔教堂的平面，希尔德斯海姆（Hildesheim）

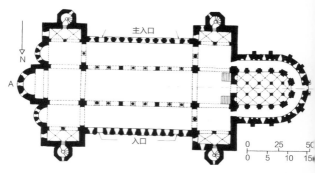

许见到早期基督教的长方厅堂式教堂，其有些单调的室内布局，则被他在希尔德斯海姆拒绝使用。12 英尺（3.6 米）高的"复活节青铜柱"（Easter Column）其上刻有基督的生平景象，是他在约 1020 年为教堂定制的，很明显，他是图拉真立柱的仰慕者，并做了惊人的基督教式的仿制。青铜雕刻的大门于 1015 年为其制作，作为罗马时代后西方第一个此类的一体浇铸，它在技术上亦非常重要。

斯特拉斯堡（Strasbourg）大教堂和哈尔特山上的林堡修道院教堂由康拉德二世皇帝建于 1025 年，两者都在 11 世纪前叶建造了有双塔①的西立面，它也成了之后大教堂的标准，而不是之前圣吕克教堂中的更复杂类型。斯特拉斯堡教堂后被重建，林堡修道院教堂已成为废墟，所以我们必须去施派尔（Speyer）、玛丽亚拉赫（Maria Laach）、特里尔，去寻找早期德国罗马风式的一种理念。宏大的施派尔大教堂中 235 英尺（72 米）长的教堂中殿始建于康拉德二世（Conrad Ⅱ）的统治下的 1030 年，作为帝国统治的王朝万神庙。建造时间是指其壮观的交叉拱地下室，而原来中殿的屋顶是一个平顶的木质结构，可能完成于约 1060 年。然而，于 1082—1106 年，又有一次新发展，包括加固交替的中殿礅柱，用额外的柱干、副柱头来支撑现有的石制交叉拱，有可能这还是其设计的初衷。施派尔大教堂在规模上和细节上从罗马建筑吸取灵感，如特里尔的长方厅堂，以及伦巴第的罗马风建筑，由此，它成为我们所谓的罗马风建筑的一个经典实例，有着汹涌的节奏，将所有建筑局部化为一个完整的体系，而其主体便是连绵不断的，于拱廊、挑檐（corbel tables）、窗户、殿室、拱顶之上的重复圆拱。

特里尔的罗马天主大教堂始建于君士坦丁时代，于 11 世纪时重建，添加了一个带有中央半圆殿的西立面。这和四座高塔一起，构成一种加洛林主题有力的再声明，而另一座多塔楼的沃尔姆斯（Worms）天主大教堂始建于 11 世纪早期，但又在 12 世纪和 13 世纪被极尽细化，则是庄严宏伟的德国罗马风建筑的最佳实例。这种极其夸张地铺满厚石堆的方法看似和霍亨施陶芬王朝（Hohenstaufen Dynasty）的成就很匹配，正是在后者统治的 1138—1268 年神圣罗马帝国的领土和影响都达到了辉煌至极。

圣玛丽亚·卡比托教堂位于科隆，始建于约 1040 年，有一个三叶形的东端，可能是效仿伯利恒的耶稣降生教堂。这种三叶形设计平面又出现在科隆的使徒教堂，始建于约 1190 年。尽管建造时间较晚，教堂的半圆殿室仍旧大量地装饰了伦巴第罗马风的细节，如在屋檐下厚墙内做的封闭式拱廊和回

① 西立面的双塔：成形于罗马风时期，在哥特时期达到顶峰。

168 大教堂的外观，特里尔（主要建于11世纪和12世纪）

169（上）圣巴兹尔大教堂，莫斯科（1555—1560年），建筑师为巴尔马和波斯尼克（Barma and Posnik）

170（下页）圣马可大教堂，威尼斯（始于约1063年）：交叉及中央穹顶

171 玛丽亚拉赫（Maria Laach）大修道院的外观（1093—1156年）

廊。另一座建筑有着保守特色，即是位于玛丽亚拉赫的修道院教堂（1093—1156年）。这是受希尔德斯海姆的圣米凯尔教堂影响的一个晚期实例，它有一个西端半圆殿室，进入要通过一个中庭，它还有一个强劲组合的外观，簇拥着至少6个塔楼，并有伦巴第式装饰。在其邻湖美丽的田园风光之中，直至今日，教堂仍是一个本笃会的中心，且是一个极受欢迎的朝圣地。此外，我们还能欣赏到其他回应这一类型的建筑，如有诸多塔楼的图尔奈大教堂，位于现今的比利时，始建于1110年，直至约1165年，还有12世纪中期瑞典的隆德大教堂。

10世纪与11世纪早期的法国

　　法国，因加洛林帝国瓦解的损失要比德国

多，随之又有维京人、匈牙利人、穆斯林人的入侵。10—11世纪，法国没找到统一的文化和政治影响形式，即如奥托帝国的王侯和主教们在德国提出的那种形式。相反，它的历史特色却是一些小而敌对省份之间的争执和战争，都不情愿效忠于统治法兰西岛的卡佩（Capet）国王们。在这些争战的公爵中，最为成功的是诺曼底公爵。这些信奉基督教的维京入侵者的后代在1066年征服英国之后实力大增。法国的统治权威无疑是教会，尤其是两个首要的教会团体——本笃会（Benedictines）和西多会（Cistercians），他们为人尊崇的克吕尼和锡托大教堂对整个西方基督教世界有着强大的宗教、建筑、艺术影响。

在后加洛林时代，法国虽在建筑上没有德国多产，但对罗马风建筑的发展却有着重要的贡献，主要是在建筑东端，或者说圣坛一端的空间组织和布局上。随之发展起来的还有逐渐盛行的朝圣活动和圣徒崇拜。建筑历史学家们乐于将半圆后殿归结于神父和僧侣渐长的每日弥撒惯例，但有证据说在11世纪和12世纪时神职人员已有此习惯，因而，不能强调它是建筑发展的决定因素。有一座很重要的早期教堂——图尔尼的圣马丁大教堂，其圣徒的墓地常被朝圣者们参拜，即它靠近半圆后殿，在弥撒唱诗厅以东。为使朝圣者既能访问墓地，又不打扰弥撒，一条回廊便围绕在半圆殿室的外端而建成，同时，有辅助性的礼拜堂，带有弥撒圣坛，以一种圆形殿式礼拜堂（absidioles）的形式从回廊处辐射出去。这种半圆形的东端带有回廊和辐射礼拜堂，一般称之以法文名字"chevet"①，后来普及于法国的罗马风建筑和哥特建筑之中。图尔尼的这种辐射布局只能在发掘中推测出来，同时教堂的建造日期仍有争议，虽然考古证据已经确认了一条11世纪晚期的回廊，也可能还有另一条建于约1000年的回廊。

较早辐射回廊的保存实例之一即本笃会修道院教堂——圣菲利贝尔（St Philibert），位于勃艮第的图尔尼，建筑时间是约1008年—11世纪中叶，约1120年时有加建。这里，我们发现了西端工程、前廊、半圆形东端，于地下室和第一层上，都有辐射礼拜堂。圣菲利贝尔教堂没有精致的装饰或花纹，却动人地表达了早期法国罗马风中极为质朴的简洁。它很容易，也应是很正确地被解释为一个永久性的象征，其取得极其缓慢、极其不易，因于一个动荡、暴力的社会背景之下。同时，建筑的其他部分则用石头构成了不同、新颖的拱顶。这令我们想到勃艮第，它在10

172 圣菲利贝尔的回廊，图尔尼（约1008年—11世纪中叶）

世纪前半叶屡遭马扎尔人②的入侵，其城镇和建筑被烧毁掠夺，由此，勃艮第也成为发展防火拱结构的先驱。在圣菲利贝尔教堂，11世纪前半叶，中殿和前厅上的礼拜堂都奇怪地架有拱顶结构，是用平行横向的筒形拱（tunnel vault），而二者的内部通道却是采用交叉拱（groin-vaulted）。

壮观的克吕尼本笃会修道院不仅是勃艮第最重要的罗马风建筑，而且也是中世纪欧洲极有影响的教会机构之一。他由阿基坦公爵威廉建于910年，并有特许权免受外界干扰，不论是来自教会，还是世俗的。在之后的3个世纪里，它远已实现了约820年的圣

① chevet：
又称为多角室，伸展出的礼拜堂和回廊，位于教堂东端。

② 马扎尔人：
Magyars，即匈牙利人

高尔计划，即建造一个理想修道院的雄心。它打破了本笃会的规矩，即修道院各自为政，克吕尼修道院院长亦付诸实施，直接管理1450多个克吕尼派修道院。克吕尼的诸多修道院教堂，今天分别以克吕尼第一、克吕尼第二、克吕尼第三而著称。克吕尼第一奉献于927年，于约955—981年被克吕尼第二替代，直到1010年建筑才改为筒形拱。接下来，克吕尼第三替代了克吕尼第二，建于1088—1130年，成为基督教世界中最大的教堂。石制的筒形拱为拉丁礼拜中的庄严唱诗仪式提供了一个理想的回音效果，这也令克吕尼修道会闻名于世。访问今天的克吕尼则是一个伤感的体验，因大部分已毁，于1810年被所谓的"理性之人"（men of reason），后者是法国大革命腓力斯帝①的后果之一。

克吕尼第二有一个错开的东端，或者说是梯阵式（echlon）的半圆殿室，其中有圣坛的小殿室则沿东边侧廊延伸出去。此外，其通道越过耳堂继续向东延伸，止于主殿室两侧的小殿室。源自9世纪的加洛林教堂，如位于德斯的大利厄湖边的圣菲利贝尔教堂，

① 腓力斯帝：
Philistine，早期于迦南地区和犹太人争土地之人，后成为庸俗、无教养的代名词。

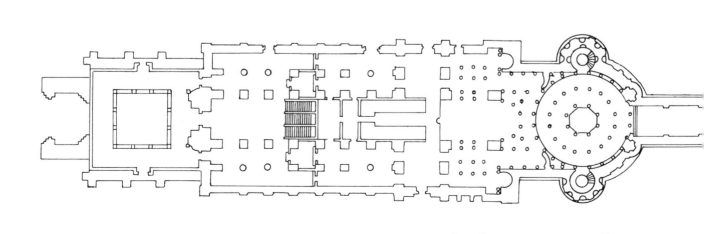

173 位于克吕尼的大修道院平面：克吕尼第二（约955—981年）

174 圣贝尼涅教堂，第戎（1001—1018年）

175 圣米尼奥托·阿蒙特（Miniato al Monte）的西立面，佛罗伦萨（11—12世纪）

以及位于欧塞尔的圣热尔曼教堂，这种布局设计有着广泛的影响。克吕尼第二的外部设置也有同样的影响，其西端有两个一样的钟塔，并在交叉点上建有一个更高的塔楼。

　　第戎（Dijon）的圣贝尼涅教堂，有着惊人的原创性，它是勃艮第的另一座克吕尼派主要建筑，现大部分已毁。它建于1001—

1018年，由沃尔皮亚诺的圣威廉建造，他是一位有教养、游历极广的修道院院长，与德国皇室有着多重关系，德意志帝国在11世纪时拥有勃艮第公国。他看似不仅在勃艮第，而且从其祖国意大利雇来了很多工匠，为了建造一座教堂，作为一个极富想象力的合成体，集之前以及10世纪建筑成就中令人仰慕的纪念建筑。

　　对于此教堂的印象，则要归功于科南特

教授在图纸上的复原，必须承认，其中推测成分居多。他提出了一种教堂的设计，综合了加洛林风格和德国特色，如西端工程和如画般的九塔天际线，带有一个石制的勃艮第筒形拱，一个双通道的教堂中殿，如罗马早期基督教的长方厅堂，以及伦巴第罗马风的建筑细节。最有趣的建筑特色是教堂东端的庞大圆形大厅，它回应了万神庙和中央布局的耶稣复活大厅，后者建于 4 世纪中期，位于君士坦丁殉教式长方厅堂的庭院里。圣贝尼涅的圆形大厅建于一个拱顶地下室之上，包含不止三个同心圆的双层连环柱廊。最内层的一圈又升起形成一个形似圆顶的第三层，通过一个中心光眼开敞向天。有人提出这是受启发于伍弗里克（Wulfric）院长的圆形大厅，后者位于坎特伯雷的圣奥古斯修道院，建于约 1050 年。虽然可能性不大，但中殿里叠加的圆拱很像罗马的输水道，其效果令我们赞赏不已，现可见于一座英国的罗马风式教堂之中，如约 1130 年建成的索思韦尔·敏斯特教堂。这种跨越海峡的联系，提醒我们要转向 11 世纪时的英格兰，即自 1066 年的诺曼征服之后，最佳的诺曼教堂。

11 世纪和 12 世纪的诺曼底和英格兰

我们已见识过基督教化维京人的强势，他们就是诺曼人，在法国自 911 年开始，他们就发展了一个跨越海峡两岸且组织超强的政权。看似无须争论，即其坚实的大教堂、修道院、城堡已形成了一条石链，将诺曼诸省紧紧地连在一起，它亦是诺曼人坚定的执政方式在视觉上的反映。1002 年，诺曼底理查二世公爵邀请到沃尔皮亚诺的圣威廉——第戎圣贝尼涅修道院的院长——按照克吕尼方式来改革诺曼的修道院。其建筑上的结果之一即伯奈修道院教堂（1017—1055 年），它是诺曼底和英格兰几代修道院和教区教堂之父。伯奈修道院教堂中特别有影响力的创新即在正厅礅柱上的嵌入式柱子，以及一个三层立面上的一个中层拱廊和高窗。其东端有我们所说的"勃艮第式错落布局"（Burgundian staggered plan），但是其他诺曼教堂则采用卢瓦尔王国（Loire country）特有的"回廊式布局"，并有辐射型礼拜堂。一个重要范例即鲁昂大教堂，建于约 1037—1063 年。

位于瑞米耶日的圣母修道院教堂，始建于 1037 年，30 年后举行了奉献仪式，是在"征服者"威廉征服英格兰后胜利归来之时，并确立了诺曼的罗马风建筑标准。教堂强大的西立面采用了孪生双塔，源自 11 世纪早期的德国，但在其上却冠以八边形的上层，极具原创性。教堂高大中殿的特色是双格间式，在连墙的圆筒礅柱和复合礅柱之间交替支撑，后者结合了墙体。后期罗马风和哥特教堂都是这样，将石拱天花置于礅柱上，但这时高石拱的问题还没有解决。也因此瑞米耶日的屋顶大部分为木制。在耳堂处，我们发现了典型的"诺曼厚墙"（Norman thick-or double-shell wall），或者叫双层墙的技术来源。这里墙体如此之大，以至于其本身已成为一座建筑，底层的连续拱廊支撑着一条很深的内廊或讲坛，偶尔还有另一条通道设在高窗之前。

现今的瑞米耶日已是废墟，因此，若要找一个同时代稀有的保存实例，且有原来的木屋顶，我们必须去参观极具戏剧性的建筑，蒙特-圣-米凯尔修道院（1024—1084 年）。建造虽晚些，但更清楚些的，还有两座修道院教堂，是"征服者"威廉在卡昂（Caen）修建的，作为一个赎罪之举，因为他未经教皇的豁免便娶了一个近亲——玛蒂尔达：一个是达姆斯修道院的圣特林耐特教堂（动工于 1062 年），一个是更为壮观的奥姆修道院的圣艾蒂安修道院，也可能始建于 11 世纪

176 圣母修道院教堂的西立面，瑞米耶日（Jumièges）
（1037—1067年）

60年代早期。这两座教堂的中殿本覆盖着平面的木制天花，于约1105—1115年换成石制的交叉拱，而玛蒂尔达的达姆斯修道院礼拜堂的天花，可能建于11世纪80年代，则是采用两个大双格间的交叉拱顶。这是欧洲最早使用交叉拱顶来覆盖如此宽的一个跨度。与此可比的，应是施派尔大教堂，后者的木制天花于约1082—1106年被一个交叉拱顶代替，虽然为了承担其重量，还需在每个格间加建一个横向拱或隔板拱。真正的交叉拱顶由两个筒形拱交叉而成，没有中间的隔板拱，在结构上比一个筒形拱更方便，因为它将自身重量更分散地落于4个外接点上。因

此，支撑它的墙体也就不需太过庞大和连续，并能打开，以便获得更多光线。

11世纪末，这种拱顶的初始形式看似意外地出现在英格兰，"忏悔者"爱德华国王就已在威斯敏斯特修道院（约1050—1065年）中引入了诺曼风格，甚而在"诺曼征服"之前。爱德华实际上是半个诺曼人，13~40岁一直住在诺曼底。于1066年后征服英格兰的诺曼人，采取了建造而非拆毁的政策，无论在规模上，还是效果上，都是前所未有的。诺曼人选择了两种建筑类型用来象征这种新型文化和政治统一，即教堂和城堡，尤其是本笃会修道的教堂。

从"忏悔者"爱德华的威斯敏斯特修道院以及东端的三个后殿、西端的双塔、交叉塔楼，便可以清楚地看出诺曼风格已植根于英格兰，即便没有诺曼人的征服。然而这个过程在诺曼人征服之后被不可估量地加速了，且以一种英国建筑前所未有的规模。纪念性的新建筑——仅在1070年——就包括建于坎特伯雷、林肯、旧塞勒姆、罗切斯特、温切斯特的大教堂，和建于伯里、圣埃德蒙兹、坎特伯雷圣奥尔本斯的修道院。征服者于1087年去世，之后这个进程毫无退减，又建造了位于诺里奇、伊利、达勒姆的僧侣大教堂，位于旧圣保罗、格洛斯特、切斯特、奇切斯特的世俗大教堂，以及位于蒂克斯伯里、布莱斯、圣玛丽、约克的修道院教堂，这些教堂在之后的中世纪中都得到了部分重修，但是从保存下来的部分人们仍能极好地欣赏11世纪晚期作品的规模和力度，如温切斯特教堂和伊利教堂的通道耳堂，及其宏伟的回廊式圣坛和高窗。它们展示了厚墙技术的强劲之力，技术源自诺曼底的瑞米耶日和卡昂，或者来自图尔尼的圣马丁教堂。

西米恩1081年被任命为伊利修道院院长，他和其兄弟沃克林——温切斯特大主

177 林肯大教堂的西立面（约1072—1092年）

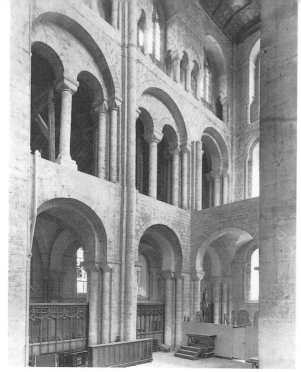

178 北耳堂的西侧，温切斯特大教堂（1072—约1090年）

教——都是"征服者"威廉的亲戚。威廉在温切斯特——英格兰第二大城市——以及伦敦进行了加冕礼，在温切斯特和伊利，其同族的建筑虽无装饰的力度，却代表了早期诺曼人最豪放的政治能量和建筑风格。尽管伊利和温切斯特耳堂成了典型的严肃模式，但林肯大教堂（约1072—1092年）在英吉利海峡的两边壮观的西立面都是诺曼建筑中极为独特的一个。其出资人——雷米吉乌斯大主教——来自诺曼底的费康，这也许能够解释强调西立面的一种影响，但无法解释其原创的外形。林肯大教堂西立面3个巨大的凹圆拱有时被极浪漫地解释为效仿罗马人凯旋

门：对于11世纪的教士们，这是一种他们心目中的卓越文明，一种最佳的赞誉。然而，之后没有人立即效仿它，直到13世纪早期才有了彼得伯勒大教堂漂亮的西立面。高傲的圆拱构成了蒂克斯伯里修道院教堂的西立面，约建于1120年，这也许是一种模仿，即对特征类似的查理大帝礼拜堂，后者位于亚琛。

　　林肯大教堂和蒂克斯伯里修道院教堂的纪念性，能与之媲美的只有在11世纪的世俗建筑之中，这就是令人生畏的要塞建筑，如伦敦塔中的"白塔"（约1077—1097年），以及更大的科尔切斯特城堡，位于埃塞克斯郡，它们也许出自同一位建筑师。诺曼人是欧洲第一批建造如此精致缜密的要塞和城堡的民族，白塔便是此种巨石类型的先锋，之后，这在诺曼领地逐渐成为常见风格。威廉将其高塔——一个107英尺×118英尺（32.5米×36米）的长方形——置于泰晤士河边，刚好在伦敦城现存的古罗马墙内，这里，他可以

俯瞰到走向城市的一切，自泰晤士河、自邻近的郊区。伦敦塔被用作一座监狱，几乎直至今日，虽然白塔的主要建造目的不是这类，而是提供一处有皇家规模的住所。它对撒克逊英格兰的影响可以用事实来衡量：即当征服者到来之时，这个国家几乎没有任何石制房屋。的确，这座三层塔楼底层基墙厚约12英尺（3.6米），它应该是自罗马人统治之后英格兰最威武的建筑物。如很多英格兰其他诺曼建筑物一样，它也是用从诺曼底卡昂进口的石灰石建造的，似乎只为强调其特色，作为一个英国景色中的一个外来入侵者。白塔建于罗切斯特大主教冈多夫的指导下，他于1070年由卡昂来到英格兰，其第二层有一个显赫的礼拜堂。它占据了白塔的整个东立面，其凸出的半圆殿室达到建筑同样的高度。礼拜堂室内设计简洁且无装饰，筒形拱顶的中殿排列着巨大的圆形礅柱，一些礅柱上冠有原始的扇形柱头，支撑着两层无线脚的圆拱。对于当代的所有军事工具而言，白塔是功不可没的，进入白塔要通过第一层的一扇门，接着是一段木制阶梯，后者在危险时可撤回。

为了保卫"沃特灵古道"（Walting Street），即一条自欧洲大陆穿过多佛海峡进而到达伦敦的道路，冈多夫主教还修建了一座石头城堡，于1080年，在肯特郡罗切斯特的梅德韦河边。来自科伯伊的威廉——坎特伯雷大主教——于1127—1139年，取而代之以一座精美的卡昂石塔楼，这座塔楼如12世纪时的其他塔楼一样，如位于多佛（肯特郡）、赫丁汉姆（埃塞克斯郡）、里奇蒙（约克郡）、泵恩河边纽卡斯尔（北安普顿郡）的，都是对伦敦白塔影响力之极佳赞誉。

达勒姆的综合建筑群，有城堡、修道会、教堂，高高地栖息于一个悬崖峭壁之上，崖下有河环绕，在英格兰或是诺曼，它展示了

179 白塔外观，伦敦塔（约1077—1097年）

180 圣约翰礼拜堂的室内，白塔，伦敦塔

诺曼人天赋最壮观的形象，既在宗教上，也在军事上。达勒姆是英格兰最后沦陷的地区之一，在"征服者"威廉之前经历了一番血战，而后者的功绩似乎也都反映在雄伟的建筑规模之上。达勒姆教堂原为世俗教堂，被诺曼人改成一座修士教堂。这种体系即教士们在一名主教指导下生活，祈祷于一座修士教堂，同时也是一座主教堂，在欧洲大陆是未有所闻。然而，在英格兰还有其他的修士大教堂，直至16世纪的宗教改革，它们是坎特伯雷、罗切斯特、温切斯特、巴斯、伍斯特、考文垂、伊利、诺里奇的教堂。因此，英国人对一座大教堂的印象部分决定于典型的本笃会修道院教堂形象，并有辅助和住宿建筑。这种理解，即一座大教堂进行于一个社区背景下，有助于形成独特优美的英国历史教堂城市的特色。与此类似，牛津与剑桥大学以及古老的公立学校虽然不是修道机构，但在视觉上则看似是优雅的修道院，有着开敞的绿地和回廊庭院（cloister）①，这样在英格兰，特别是在欧洲，已获得教育和学术，却依旧无法脱离其社区性。

在达勒姆的新教堂始建于1093年，设计者是法国主教威廉，来自圣卡利斯，或者是其英国化名字——圣卡里利夫。因其是11世纪教堂大建设时期的最后一批，设计师们得以借用在美学上、技术上已达到的成果。由此，教堂中殿拱廊与之上回廊在高度上的关系，要比伊利或林洛斯特教堂中更为协调并且有一种熟练的平衡感，于交替的圆柱和复合礅柱之间，虽然其形式上不同，但视觉上的着重却基本等同。庞大的圆柱形礅柱，深雕有"之"字形和菱形的抽象图案，并产生了一种震撼效果，似在暗示此为巨人之游戏。这种整体线条图案的出现后成为英国中世纪建筑的一个特色，一直关系于达勒姆教堂的"手稿装饰派"（school of manuscript illumination），并持续到

12世纪，至有线条特色的"盎格鲁-撒克逊装饰派"（Anglo-Saxon illumination）。在达勒姆，这种紧凑的线条图案还有一个更令人震惊的例子，即以"肋形石拱"的形式，这是首次出现在任何欧洲教堂中，它将整个教堂的室内束为一体，用一种由石线和填条组成的封闭网络。在早期的教堂中，中殿的墙体意在被视为独立且互不相关，之上，则为一个平面的木制屋顶，而达勒姆高拱顶的设计师却在一笔之下令统一的石制室内成为可能，我们知道，但他当时还不知，它在之后欧洲哥特式的石头和玻璃笼子中最终达到了顶峰。

181（下） 达勒姆（Durham）大教堂（始于1093年）：中殿的室内

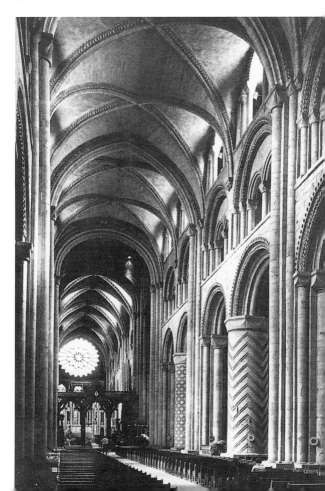

① 回廊庭院：
　　形式始于修道院。

182（上）达勒姆大教堂，自北侧

183（下）达勒姆大教堂的平面

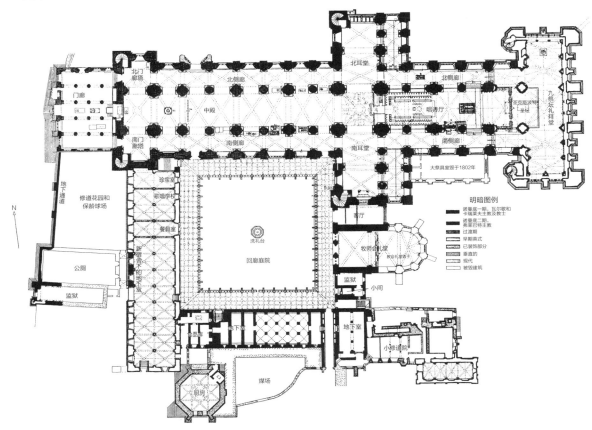

达勒姆教堂从一开始，即 1093 年，就是要被设计为一座交叉拱式的教堂，全部为石制，因此，看似是欧洲此类教堂的第一座。工程始于东端，而通道上的拱顶完成于 1096 年，唱诗厅上的拱顶则完成于 1107 年。北耳堂拱顶的建造始于约 1110 年，而南耳堂和中殿拱顶结合了尖拱技术，则始于约 1130 年。中殿拱顶上的横向拱为尖形，使其形成一个陡些的曲线，如此，可以比半圆曲线更有效地承受下推压力。这些拱顶将教堂汇集成一个视觉整体，其后果之一就是高侧窗被大多汇入拱顶，而不是居于独立的横向水平。正如我们所见，令人震撼的不仅是整个教堂的石拱顶，而是其采用肋条和板条的构成。实际上，这些板条非常沉重，是由涂灰泥的碎石构成，至 1235 年，圣坛上方的板条严重破裂，被迫换掉。这种建筑试验未在英格兰继续，一直到 12 世纪的下半叶，而肋拱的下一个发展阶段则是在诺曼底的卡昂，最后到达法兰西岛，这里，板条是由薄网及切割的石块构成。

12 世纪早期，再次出现了波浪形或"之"字形的装饰，又是在著名的达勒姆大教堂。这种图案最终源自史前，后成为晚期诺曼建筑的标志之一。其中的实例之一便是加利利礼拜堂，或称圣母礼拜堂，其达勒姆大教堂西端的增建，由休德皮塞主教（或普齐主教）于约 1170—1175 年建成。圣母礼拜堂是献给贞女玛丽亚的，按例置于教堂的东端附近，而达勒姆独特的西端因长期遵守传统上普齐主教的意愿，即禁止妇女进入教堂的主体，只是限于必需的部分。然而，可以清楚地知道，其原始位置是在东端，于圣卡思伯特神龛的附近，是根据另一个传统——因为圣卡思伯特对妇女的敌意——而导致了此结构的失败，以至于原址的工程被放弃。普齐建造的圣母礼拜堂有 5 个宽敞的通道，已失去了早期罗马风建筑的大体量，其轻盈

的拱廊看似在狂乱地飘移，因其雕有强悍的"之"字形，即如巨形齿轮上的牙齿一般。值得一说的是，普齐在达勒姆城堡中的居住室内也同样华美。

诺曼风格，如罗马风建筑一样，在英格兰为人所知，其发展过程中，装饰的奢华逐渐提高，直至 1170 年，才让位给哥特风格，如我们所见，早在约 1100 年已在达勒姆大教堂的肋拱顶中崭露头角。此过程可很好地见于伊利大教堂的建造中，始建于 1080 年，一直到 13 世纪的中期。伊利大教堂其壮观的西立面建成于 12 世纪晚期，称有德意志罗马风建筑的伟大塔楼及耳堂，虽然很难找到一个可媲美的德国例子。特别隶属英国而不是欧洲大陆的，便是其特殊的墙体做法，同时其外墙和内墙都饰有层层叠加的封闭拱廊，看似是实墙前的一种装饰性格子。这种特色又被着重强调，于西北耳堂处的两个多边大角楼之中，其柱礅没有被放在拐角，而是于各边的中心，如此，它们便可与一个圆拱相会，并于拱前再嬉戏攀升。这种动人且不合逻辑的装饰始于约 1200 年，同年，又被仿制于林肯大教堂南部耳堂的叠加柱廊之上，30 年后又出现在贝弗利教堂的三重拱廊之上。伊利教堂这种对开拱式（bisecting）独立柱礅的主题在约 1230 年又重现在贝弗利教士大会堂（chapter-house）的阶梯上。这是一个很重要的主题，全因英国人对柱礅和边角线开敞图案的喜好，排列似墙前的格子，它最终于哥特的一个阶段达到了高潮，亦只是在英格兰：这就是 14 世纪晚期至 16 世纪早期的"垂直式哥特建筑"（Perpendicular Gothic）。

不断重复的封闭式拱廊——只作为一种装饰图案，和之后的建筑结构大体无关——又出现在一些建筑中，如埃克·普里奥瑞堡（Castle Acre Priory）的西立面，建于约 1150 年，于诺福克郡，以及诺里奇大教堂的塔楼，而布里斯

184（左）伊利大教堂的西立面（1080年—13世纪中期）

185（下左）修士大会堂的室内，布里斯托尔（Bristol，约1150年）

186（上）教士大会堂的楼梯，贝弗利（约1230年）

托尔大教堂中修士大会堂的室内将封闭拱廊和一种华美的菱形格子（diapering）结合在一起，成为英国迷恋表层装饰的早期实例之一。

法国和西班牙的朝圣教堂

我们已见过在诺曼国王们统治下的英格兰建筑，于约1070—约1170年，即一个感人且具持续性的欧洲罗马风的一个分支。而法国，虽面积大些，但政治上却少些统一，也发展了一系列地域性的罗马风分支，其中最重要的，除了北部的诺曼底之外，则位于法国的中部和南部：东部的勃艮第（Burgundy）、西南部的阿基坦、中部的奥弗涅（Auvergne）、西部的普瓦图（poitou）、东南部的普罗旺斯（Provence）①。它们被 4 条朝圣路线上的建筑划分开来，这 4 条路线分别起自法国不同地区的城镇：圣丹尼或沙特尔、韦兹莱、勒皮、阿尔勒。它们会合于西班牙境内的比利牛斯山脉，宾蓬特-勒-拉雷纳，从这里变成一条单独的线路，经布尔戈斯和莱昂（Leon），最终到达西班牙西北角的圣地亚哥·德·孔波斯特拉（Santiago de Compostela）②。这个偏远城镇因其有力却也有些牵强的声明，即自称拥有使徒圣詹姆斯的遗体，出人意料地变成了继罗马和耶路撒冷之后中世纪最流行的朝圣地。这些异常惊人的朝圣旅途包括极为严肃的宗教活动，如祈祷、忏悔、感恩，这一种情景近似于现代的假日旅游团，并成为不朽之传，于乔叟（Chaucer）③的《坎特伯雷故事集》（Canterbury Tales）④中。朝圣者们是国际主义的一个重要部分，而国际主义又是中世纪文化中最令人欣喜的一面：富人和穷人，神父和俗人，来自不同国家和不同背景，朝圣者们联合在一起，不仅因一个共同的宗教理想，而且因一种共同的朝圣中的肉体考验——沿着炎热且灰尘遍布的道路之上，中间时而有些圣坛和住宿地。

这种统一也表现在建筑之上，于一系列有相关的教堂中，始建于 11 世纪晚期，在孔波斯特拉的朝圣路线上，包括图尔尼的圣马西教堂、利摩日的圣马夏尔教堂，现都已被毁，还有孔克的圣富瓦教堂，以及一座（原建筑）和它一样的，位于图卢兹的圣塞尔南教堂，最后，便是圣地亚哥·德·孔波斯特拉教堂本身。这些环境阴暗的教堂中，诺曼教堂的高窗和木屋顶，都已经被取代为石制筒形拱，置于单层的柱廊之上。由于其设计不只是为了容纳教会唱诗班或教士成员，还有参加重要仪式的大批朝圣者，这些教堂中，最大的有 5 条通道；有一个神龛，位于或低于高祭坛；大耳堂和一个半圆后殿，这些都

有一条回廊以及辐射型礼拜堂，后者受启发于图尔（Tours）教堂，是为存放殉教者遗骨或做小弥撒之用。无疑，教堂的规模和华丽程度都是一种试图竞争的结果，即与位于罗马圣彼得大教堂的康斯坦丁式长方厅堂，而后者是欧洲朝圣路线的主要重点。

留存的朝圣教堂中，也许最能唤起记忆的，即孔克的圣富瓦教堂，虽是较小的教堂之一，却有着整体建筑群之高且窄的比例。它如画一般地坐落在一个未受破坏的山村边缘，位于朗格多克地区，从约 1050—1130 年建成之后，教堂及其周边都没什么变化，除了西边塔楼是建于 19 世纪。令人吃惊的是它留存了自己的宝库，这使得现代的参观者们，至少有一次，能够体验 12 世纪教堂室内阴暗且乏味的细节是如何为炫目的神龛和圣物的视觉盛宴所抵消的，它们都是贵重金属，并缀满了珠宝、珐琅。在孔克的宝库中，最令人震惊的是一个圣富瓦的金圣骨盒——也可以说是圣富瓦的偶像。这个受人崇拜的僧侣偶像应制成于 10 世纪中期，它是一个生动的表现，即表现了中世纪文化的共鸣和延续，因其头部装饰是一个 5 世纪罗马游行用的头冠，而头部与其他部位在之后的几个世纪中一直被缀以宝石和装饰，一直到 16 世纪，在一次修复中到达顶峰。

再向南，便是朗格多克地区的首府——图卢兹，这里有法国最大的筒形拱顶教堂，圣塞尔南教堂（始建于约 1080 年），其结构是砖，也是当地的主要建材。其多重半圆殿回廊很醒目地被放置于外部，虽然教堂外观主要是一个座庞大的八角形塔楼，大多建于哥特时期，它从十字交叉处耸立，像是一座基督教化的东方宝塔（pagoda）。圣地亚哥·德·孔波斯特拉教堂（约 1075—1150）作为朝圣者目的地，其外部在后期被改建得更为彻底，这一次则是巴洛克风格。但是，

① 普罗旺斯：
原意"省"，因原是古罗马的一个省，一个阿尔卑斯山外的第一个省。

② 圣地亚哥·德·孔波斯特拉：
朝圣终点。至此路线上于地面及建筑，如住宿地，教堂都有贝壳做标记。

③ 乔叟：
诗人、作家、哲学家、天文学家、炼金术士。

④ 《坎特伯雷故事集》：
描述僧侣阶层的腐朽，并涉及妇女问题的思考。

187 圣富瓦教堂的圣骨，孔克（Conques）（约10世纪中叶）

188 圣富瓦教堂的外观，孔克（约1050—1130年）

189 圣塞尔南教堂的外观，图卢兹（始建于约1080年）

西班牙人的建筑智慧在于，不断积累以往的建筑财富，而不是拆除以便重建，这就意味着在1730年翻修时，建筑师不仅至爱地保留了罗马风式的室内，而且在其壮观的新立面之后，还保存了部分原有的西立面。

　　圣地亚哥·德·孔波斯特拉教堂保存下来的雕塑入口，位于南耳堂立面，建于约1111—1116年，虽然许多雕刻不是在其原位，这提醒我们，于1100年左右，这里有很多纪念性石雕的复兴，在间隔近6个世纪之后。我们探究的目的的重要性在于，这里以及在米耶热维尔门道，后者位于图卢兹圣塞尔南教堂，建于约1115—1118年，设计师们已开始依建筑而采用雕塑，使其建筑形式和雕塑装饰能融为一体。米耶热维尔门道的巨大

圆拱内，门楣中心（tympanum）描绘的是耶稣升天的情景，下面有一个门楣刻有十二使徒，支撑有两个有生动雕刻的枕梁（corbel）。拱两边的拱肩（spandrel）处分别雕着圣彼得和圣詹姆斯。这种生动的风格，加之夸张的垂帘图案，又重复出现在穆萨克修道院（约1100年）的礅柱上，以及西班牙朝圣路上的其他教堂之中，比较著名的有哈卡、莱昂、圣地亚哥教堂。

克吕尼第三修道院教堂和法国罗马风建筑的地方派别

克吕尼第三修道院教堂建于约1088—1130年，作为基督教世界中的最大教堂，与其同一时期的，即诺曼英格兰前所未有的建筑活动。我们已言及本笃教会中具有特别地位的克吕尼派，因其强大且中央集权，也涉及克吕尼第二修道院教堂（约955—1000年）的重要性。这当然有助于我们所知的"交错式平面"（staggered plan，124页）的流行，但是科南特教授对其影响力的夸大，我们在接受它之前还需谨慎。克吕尼派的僧侣们献身于不断的追求，即于隆重礼拜的雄伟气势。教堂中石制筒形拱形成了一个适宜的宏大的封闭空间，这里克吕尼派特有的吟唱能够回荡，再回荡，如一种连绵不断的节奏庄重的浪潮。克吕尼第三修道院由强势的院长们主持，其中最著名的是圣休院长（1049—1109年），很明显，它意在作为一个平衡的力量，之于施派尔大教堂的皇家气势。它也因此成为教皇的中心，用以反对皇帝的权势，尽管他们之间的冲突在意大利最为尖锐。

克吕尼第三修道院教堂是由岗索（Gunzo）设计，他是一名克吕尼教士，亦是一位音乐家，对数学亦有兴趣。教堂的执行建筑师赫齐伦（Hezelon）也是一位数学家。这座庞大的教堂有600英尺（183米）长，100英尺

190 荣耀（Gloria）入口门廊，圣地亚哥·德·孔波斯特拉（约1168—1188年）

191 圣地亚哥·德·孔波斯特拉大教堂的平面（约1075—1211年）

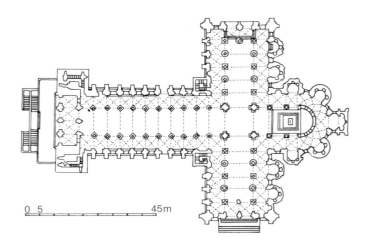

0   5   45m

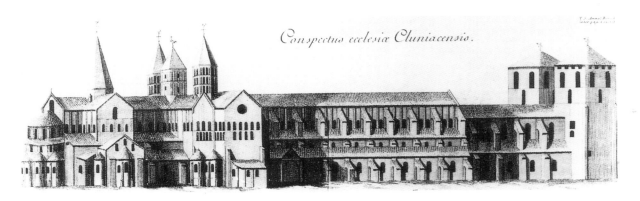

Conspectus ecclesiæ Cluniacensis.

（183 米×30.5 米）高，后者是量至中殿的拱顶，它们之间由一种复杂的数学程序相关联，包括一套基本的模数，即 5 英尺、8.5 英尺、25 英尺、31 英尺（1.52 米、2.6 米、7.6 米、9.4 米）。这种比例模数的采用，不是基于美学基础，而是出于实用方便，且是对重视数字的一种反映，于一系列哲学家的著作之中，从柏拉图到奥古斯丁（Augustine）。

克吕尼第三修道院教堂令人窒息的规模，及其空前的长度和高度、无数的塔楼和辐射型礼拜堂、两套耳堂、能容纳 300 名教士的唱诗厅，还有壁画、雕塑，都会令所有的参观者震惊，直至其 19 世纪早期的悲剧性毁灭。教堂的东面执行其复杂的弥撒，是源自施派尔大教堂，完成于 1100 年，教皇英诺森二世（Innocent Ⅱ）于 1130 年举行了奉献仪式。其平面设计遵循朝圣教堂的回廊式，而不是克吕尼第二修道院教堂的叠加式，其东部则回应了一种中央布局的设计，而五通道式的中殿，又是采用了长方厅堂式。科南特教授花费了一生的时间研究克吕尼教堂，将其看作一个学问的集合体，有罗马之宏伟、加洛林之生动、前哥特式之力度。由此，不仅教堂中殿的比例关系已是哥特式的，而且拱廊的圆拱也是尖形。

教堂西部入口的门楣中心高达 64 英尺（19.5 米），完成于约 1113 年，上面雕刻有极富寓意的画面。虽然它几乎完全毁掉，但从保存部分中亦清晰可见，如古代的大多雕塑一样，它是彩绘的。的确，中世纪早期的

192 位于克吕尼的大修道院雕版图：克吕尼第三（约1088—1130年）

193 修道院西门廊，La Madeleine，韦兹莱（Vézelay）（约1125年）

大部分，即后罗马和前哥特时期，雕塑都是彩绘的。克吕尼门廊开创了一系列罗马风式门廊，于穆萨克修道院（约 1125 年）、苏亚克（约 1125 年）、孔克修道院（约 1130—1135 年），位于良格多克地区；还有韦兹莱修道院（约 1125 年）、欧坦大教堂（约 1130 年）、沙尔略长老修道院（约 1140—1150 年），位于勃艮第地区。这些雕塑描绘的戏剧性，关于"使徒们""最后的审判""庄严的耶稣"，初始为彩绘，后又因其受限于周边各种建筑形状而被强化。欧坦大教堂的门楣浮雕——"最后的审判"，是这一时期最特别的，并签有雕塑家的名字——吉斯勒贝尔（Gislebertus），而所有门廊中最为奢华的则是位于韦兹莱修道院，描绘的是"十二使徒受命图"。其强劲的线条创造出了一种似乎超越自然的力量，在某种程度上，是西方雕塑无法超越的。

雕塑在建筑上极为不同的运用是在穆萨克、欧坦、韦兹莱，可见于昂古拉姆（Angoulême）大教堂（约 1130 年）的西立面，亦是首例用雕塑占据了一座教堂的整个立面。设计师这种将立面当作一块幕布的惊人展示，似乎暗示出他很可能受启发于罗马剧场的舞台背景。这个令人炫目的立面却被建筑历史学家们有些忽略了，对他们而言，作为罗马风穹顶教堂，建筑的特别之处代表了阿基坦的一个地区流派。

欧坦（Autun）大教堂（约 1120—1130 年），是无数效仿克吕尼的建筑中最漂亮的一座，它有着筒形尖拱和新古代式的科林斯凹槽壁柱，可能是受启发于城里的罗马大门，但这种特征也出现在克吕尼，但那里却没有古罗马遗迹。位于普罗旺斯的圣-吉勒-迪-加尔，是克吕尼派的修道院和朝圣教堂，更是带我们远离其原始的模型。于约 1170 年，教堂建了一个西立面，有雕刻华丽的圆拱，

194（上） 大教堂的西立面，昂古拉姆（约1130年）

195（对页左） 欧坦大教堂（约 1120—1130年）：展示柱子的中殿细节

196（对页右） 拉·格兰德圣母院教堂的西立面，普瓦捷（Poitiers，约1130—1145年）

197（对页下） 圣-吉勒-迪-加尔的西立面，普罗旺斯（约1170年）

这是一个对古罗马精神有力的重述，即如在附近罗马城遗迹中所表明的，于阿尔勒和尼姆。类似的圆拱门廊也有保存，于阿尔勒和阿维尼翁大教堂中。

位于法国中部的圣-伯努瓦-苏尔-卢瓦尔修道院教堂（约 1080—1130 年）始建时间比克吕尼第三修道院教堂早，是克吕尼类型一个留存的高贵实例，它有辐射型礼拜堂和一个大胆体量的东端。它原本还有一个塔

楼式门廊，一个保存下来的惊人实例可见于埃夫勒（Eveuil）。位于普瓦捷市（Poitiers）的拉·格兰德圣母院教堂（约1130—1145年）令人难忘的主要是其奇异的西立面，完全缀满了华丽的雕刻，创造出的效果已像一个拜占庭的象牙宝盒。其显然的东方式豪华，应归功于与东方通商的影响。教堂的圆锥顶塔楼覆有石瓦片屋顶，且有如鱼鳞般的图案装饰。拉·格兰德圣母院的华丽雕刻后又重现于普瓦图省（Poitou）的华贵的朝圣教堂，圣东日奥尔，同时，鱼鳞图案主题又被大肆发挥了一次，是于壮观的金字塔厨房之中，它隶属丰特夫罗拉特本笃会修道院，位于卢瓦尔地区昂热附近，这里，无数的半圆凹室中都装有壁炉，屋顶为烟囱式塔楼。教堂献于1119年，作为金雀花王朝（Plantagenet Dynasty）的"万神庙"，王朝是由安茹公爵和英格兰国王们组成，始于12世纪中期。教堂无通到四间格的中殿，其屋顶则是一组穹顶，它一定关联于佩里格尔的奇异穹顶教堂，位于南部阿基坦地区：如佩里格尔的圣弗龙特教堂、卡奥尔（Cahors）、苏亚克（Souillac）、昂古莱姆的大教堂。它们的相关背景之前有提过，都是受启发于威尼斯的拜占庭教堂、圣马可大教堂，但是，除了著名的威尼斯圣弗龙特教堂，它们应被视为法国罗马风的本土发展。

同时，西多教会逐渐抵制克吕尼派奢华的建筑和礼仪，它是由来自莫莱姆的罗伯特创立于1098年。西多会的修道院，如锡托（1125—1150年）、丰特奈（1139—1147年）、克莱乐沃（1153—1174年），虽然，在整体形式上以圣高尔或克吕尼为模型，但是却回避了奢华的部分，如塔楼和彩绘玻璃。西多会修道院中，教士们过着苦行冥想的生活，都居于流水附近，于偏僻而又美丽的山谷之中，如英格兰的廷特恩和方廷斯。

11世纪和12世纪中的西班牙

西班牙北半部的基督教王国于11世纪和12世纪与摩尔人的争斗期间，将其领土扩展了一倍之多，最终将摩尔人一直推向南方。我们已言及法国的朝圣路线对建筑的影响，于大约1000年克吕尼教团的到来，则更是强化了这种法国影响，可见于一个早期实例，这就是哈卡（Jaca）大教堂（约1060年）。另一个受克吕尼派影响，却是不同的实例，即加泰罗尼亚地区里波尔附近的圣玛丽亚修道院（约1020—1032年），其建造者——奥利巴院长——是克吕尼圣休院长的朋友。如晚期的朝圣教堂一样，它显然效仿了罗马的旧圣彼得教堂，因其终端是一个巨大的殿室的东耳堂。

西班牙天主教的斗争精神，更完美地体现在壮观的洛阿雷要塞式教堂和修道院之中，建于11世纪晚期，以及其同时期带城墙的阿维拉之中——这里要记住，一直到1492年摩尔人才被彻底赶出他们最后的据点——格拉纳达。倔强的西班牙天才们综合了宏大虔诚，并总结于阿维拉壮丽的城墙上，后者原有罗马风式大教堂的要塞般半圆殿室。虽然大教堂已被取代，但是，始建于约1109年的朝圣教堂圣文森特，自称有一个壮观的雕刻西门

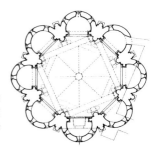

198（右）丰特夫罗拉特（Fontevrault）大修道院的厨房平面，近昂热（Angers，12世纪早期）

199（上页）丰特夫罗拉特大修道院厨房的外观，昂热

廊，受启发于勃艮第风格。

穆萨拉比式建筑影响的残留以及穆斯林工匠的使用，使得西班牙的罗马风建筑成为一个特别有趣的研究课题，这可见于托里斯·德·莱欧的圣墓教堂，位于纳瓦雷省的东北部，其八边穹顶有交叉的飞肋拱，很明显是受启发于科尔多瓦的清真寺。这种穆斯林影响沿朝圣路线从西班牙回流到法国，可见于12世纪勒皮大教堂明显的似摩尔形式，位于奥弗涅地区，其木门上甚至有库法铭刻（Kufic）[①]。圣多明戈·德·西洛斯的回廊（约1085—1100年）里，内有西班牙最著名的一些建筑雕塑，其阿拉伯式柱头亦是受启发于伊斯兰，而其拐角礅柱上饰有雕工精细的人物嵌板则是基于罗马风的象牙雕刻和穆萨拉比式的彩饰手稿（illuminated manuscripts）[②]。

12世纪晚期的旧萨拉曼卡大教堂位于旧卡斯蒂利亚，可被视为西班牙罗马风建筑的顶峰，虽然和许多其他西班牙建筑有共同之处，它经常被通常的西方建筑史所遗漏，也许是因为它在风格上没有导向。其首先惊人之处是它紧邻庞大的新教堂，后者始建于1512年，是一种后来的晚期哥特风格。这种对先前建筑的宽容保留方式，当时肯定不会发生在欧洲的任何国家，而是只有在西班牙。作为一个有力的保守主义实例，新教堂可能被视为旧教堂设计的一种平行作品，而其交叉点上奇怪的肋架穹顶则是对摩尔建筑的一个刻意模仿。其壮观的穹顶架于两层的连续拱窗之上，亦有力地展现在外观上，有8边，轮廓凸出，并覆以我们之前在普瓦捷见过的鱼鳞状石片。其辅助的山墙和圆锥顶的塔楼

202 阿维拉（Ávila）要塞墙（11世纪晚期）

203 旧萨拉曼卡大教堂外观，萨拉曼卡（Salamanca，12世纪晚期）

200（上页顶）洛阿雷（Loarre）教堂和修道院（11世纪晚期）

201（上页下）圣多明戈·德·西洛斯（St Domingo de Silos）（约1085—1100年）

① 库法铭刻：
古阿拉伯字母，源于巴比伦南部库法城。

② 彩饰手稿：
一种一度流行的印刷出版方式。

为一个整体的布局，增加了欢快又复杂的合音（polyphony）。此阶段极为特别，因它记录了建筑杰作的建筑师——佩德罗·佩特里兹（Pedro Petriz）。他明显是受启发于同省的萨莫拉大教堂，后者于约1174年就已有一个穹顶的横跨塔楼。这种混搭的特色回应了耶路撒冷圣墓教堂的十字军耳堂，建于1140年，虽然教堂也同样结合了法国和穆斯林的特色。

意大利

意大利不同的地区，如法国一样，在罗马风时期形成了极为不同的建筑特色。各个省之间以及教皇和皇帝之间的权力角逐，即意味着意大利不可能有一个统一风格，即如诺曼人统治下的英格兰。最主要的冲突是在教皇和神圣罗马帝国之间，教皇有着至高无上的精神统治和意大利北部教区的世俗统治，而神圣罗马帝国则有意大利和德国历史承传的世俗统治。一种风格——有时被称为"第一罗马风时期"，其元素于9世纪就已在伦巴第地区发展起来了。现今没有什么留存，然而，圣温琴佐（Vincenzo）教堂，位于米兰的普拉托，显然重建于11世纪早期，是依其9世纪的形式，有壁柱条止于屋檐下的小拱廊。一种古罗马装饰主题的复兴，这就是"第一罗马风时期"的特色。之后，这种风格在莱茵兰德地区亦有所发展，在意大利北部于11世纪又复兴起来，这里即如我们要看到的，得到了进一步细化，且取得了显著的成功。

在波河（Po）①以北的北方省份，伦巴第、皮德蒙特、艾米利亚、部分韦内齐亚，以米兰、帕维亚（Pavia）为中心，发展了一种极尽宏大的风格，于11世纪晚期和12世纪早期，它融合了砖砌法，受德国皇室和法国罗马风的影响。在托斯卡纳，城市如佛罗伦萨、比萨、卢卡，已经有了属于自己的欢快风格；而

罗马及南部省份，出于不同的原因，不是罗马风建筑的中心。我们在之前章节中已说过罗马的明显保守主义，且延续了基督教早期的建筑方式，并极有说服力，以至于一座12世纪的圣克莱门特教堂在19世纪中期之前都一直被认为是4世纪的。其他采用传统主义的手法著名实例，于罗马风时期，还有科斯马丁的圣玛丽亚教堂、拉斯特凡的圣玛丽教堂、拉特兰诺的圣乔瓦尼·保罗教堂、圣乔尼的回廊、圣保罗·富奥里·勒穆拉教堂。唯一例外便是威尼斯和西西里的圣马可教堂，它们惊人地融合了拜占庭、罗马风、穆斯林的影响，已作为总结在同一章中提过。

伦巴第

伦巴第，作为意大利北部一个富裕的农业省，其罗马风建筑的宗教和政治背景则是丰富多彩，全因本笃会修道院制度的扩张，以及其逐渐对于罗马皇帝城市的抵制。米兰，伦巴第的省府，曾经是西罗马帝国的一个首都，直至因为对蛮族入侵的恐惧，末代皇帝们为安全而转向拉韦纳的沼泽地带。米兰的贵族们首先于744年被查理大帝征服，然后于961年被德意志皇帝奥托一世征服，在之后的几个世纪中，当地的王侯家族希望通过授权能使皇帝授予其司法制裁权，虽然他们还会抵制皇帝的政治权力。正是在米兰的圣安布罗吉教堂中，由本笃会修士和一个支会教士主持，德国的皇帝们被加冕为意大利的国王。

伦巴第的建筑师们大量借鉴了撒克逊和莱茵地区的罗马风建筑，它们在12世纪的建筑质量上是等同的。米兰的圣布罗杰教堂始建于约1080年，为"帝国风格"（Imperial Style），但一直没有建穹顶，直到1117年的地震之后。教堂穹顶的建造时间虽有些问题，但却非常重要，因中殿的高肋架拱是欧洲此

① 波河：
从阿尔卑斯山以西到亚得里亚海。

144

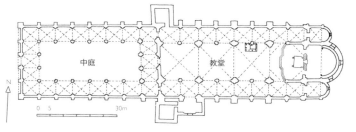

204（左）圣布罗杰教堂（St Ambrogio）的立面和中庭，米兰（始建于约1080年）

205（上）圣布罗杰教堂的平面，米兰

206（下）钟楼（campanile）和洗礼厅（baptistery），帕尔马（Parma）大教堂（始于1196年）

类的早期范例。然而，其平面还是长方厅堂式，因它是一座4世纪教堂的重建，建筑甚至还结合了早期基督教的特色，一个宽敞的柱廊中庭，于西立面之前，建于约1098年。教堂两侧为正方形的钟楼，其中一座建于10世纪。这些钟楼如肋架拱顶一样，也成为伦巴第罗马风建筑的一个特色。

帕维亚的圣米歇尔教堂（约1100—1160年）受启发于圣布罗杰教堂，以及位于皮亚琴察（1122—1158年）、帕尔马（1117年后）、摩德纳（始建于1099年，建筑师为兰弗朗克）的大教堂，与其他教堂一起，如维罗纳的圣齐诺大教堂（约1123年后），都是北意大利风格壮丽的范例，通常都有巨大的屏幕式立面，其上冠以一个单独的宽山墙，屋檐下的小圆拱柱廊，后又成为伦巴第－莱茵风格（Lombardo-Rhenish）的标记，门廊由独立柱子支撑，置于雕塑动物的背脊之上。罗斯金（Ruskin）的著书《威尼斯之石》（*Stones of Venice*，1851—1853年）使这种建筑的流行起了很大作用，尤其于英文读者之中。他极具说服力地写道："这种伦巴第能量的冲击，之于拜占庭，宛如一股猛烈的北风，降临到一片稀薄的空气之中。"他写道："早期伦巴第，看着就像是一只老虎，如果你能赋予它对笑话的喜爱、丰富的想象力、强烈的正义感、对地狱的恐惧、北方神话的知识、一个石头兽穴、一把木槌和凿子；再想

象一下，它在兽穴里来回踱步为消化晚餐，并敲打着墙壁，而每一个转身又会有一个新的主意，如此，你便是看到了伦巴第的雕塑家。"

帕尔马大教堂有一个巨大的地下室，无疑受启发于施派尔大教堂，带有半圆殿的耳堂几乎和唱诗厅一般大，这是一个仿自科隆圣玛丽亚·卡比托教堂的建筑特征。这里令人难忘的是其高塔般的八角形洗礼厅，始建于1196年，建筑如教堂本身，是石头和红砖的混合。教堂四层开敞柱廊的强化装饰可能受启发于比萨大教堂，对此，以及托斯卡纳的罗马风建筑，便是我们之后的关注。

托斯卡纳

三座佛罗伦萨的主要罗马风建筑，即佛罗伦萨洗礼堂，圣米尼奥托·阿蒙特本笃会修道院教堂——雄踞于一个山坡之上俯瞰着佛罗伦萨，以及菲耶索莱附近的巴迪亚教堂。它们有着一种精致且又古典的约束，这令其即刻有别于欧洲同时代的其他建筑。托斯卡纳的商业城市比伦巴第城市更为安逸和富裕，在女伯爵马蒂尔达（1046—1115年）温和、文明的统治之下，它们繁荣昌盛。石料和大理石的大量供给立即表现于佛罗伦萨壮观的八角形洗礼堂之中。建筑始于5世纪，现今的形式则是11世纪和12世纪的，然而一些室外拱廊和室内的马赛克和铺石则是13世纪的。建筑室内外采用的一种多彩大理石贴面图案是一种典型的佛罗伦萨式反映，之于古罗马和拜占庭的奢华装饰。这完全不同于北部的罗马风建筑，于其规模、重量、雕塑力度之上。其著名的青铜门是于15世纪上半叶由吉尔贝蒂（Ghiberti）增加的，它们成为文艺复兴时期欧洲较早的完美的纪念物之一。它们也因此为一座历史建筑进一步添加了更多共鸣，并联合同样奢华装饰的长方厅堂式教堂，即圣米尼奥托·阿蒙特（1062年，外部完工于12世纪，图175），经常被认为是制定了一种托斯卡纳

207（左）洗礼堂的外观，佛罗伦萨（主要于11世纪和12世纪）

208（下）洗礼堂的室内，佛罗伦萨

209（上）圣米尼奥托·阿蒙特（S. Miniato al Monte），佛罗伦萨（始于约1062年）

210（上右）大教堂室内左侧，比萨

211、212（下左和右）洗礼堂（1153—1265年），大教堂（始于1063年）和斜塔（1174—1271年），比萨，以及洗礼堂剖面

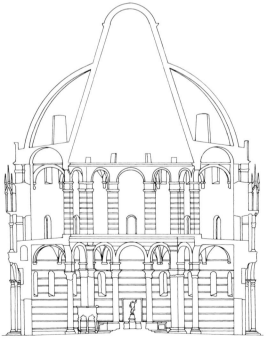

213 大教堂外观，卢卡（约1204年）

整体上是伦巴第的皇家建筑风格。另外，教堂的椭圆形穹顶立于交叉点上，其对角拱和浅三角穹立于又高又窄的尖拱上则看似受伊斯兰的影响。

大教堂构成了一组壮观的视觉冲击，以其12世纪的洗礼堂，著名的钟塔——又名斜塔，以及13世纪的"坎普桑托"（Campo Santo）或是墓地。其惊人的圆穹顶洗礼堂（1153—1265年），是一位建筑师的杰作，他就是蒂奥提萨维（Diotisalvi），虽然，只有比萨式拱廊的底层是罗马风的。其上层和外部穹顶则是哥特式变体，此改建出自尼古拉·皮萨诺（Nicola Pisano），于1260—1265年完成的。最终结果就是，一座建筑融合了一个奇特外观并有着强大的建筑特色，几乎无人能比，直至莱奥·冯·克伦策（Leo von Klenze）设计的解放堂，于科尔海姆，于1842—1863年（485页），科南特教授曾指出，它类似于耶路撒冷的阿纳斯塔西斯圆形大厅。

因而毫不奇怪，一种如此炫目的风格，如比萨式的罗马风建筑，迅速且广泛地传播开来，在托斯卡纳地区，也在之外的地方，如阿普利亚、热那亚、撒丁岛、现今克罗地亚的扎达尔。其影响中最著名的一个产物便是壮观的卢卡教堂，距比萨13英里（22千米）。圣米歇尔教堂建于1143年，其西立面的整个上部两层都只是一个装饰性拱廊的假立面，覆盖以大理石装饰，且基于东方的纺织图案。教堂同样惊人的立面建于约1204年，后成为朝圣地，因其拥有"圣面"，即由尼科迪默斯（Nicodemus）依据传统雕刻的一个耶稣受难像。此时，在欧洲的北部，古典传统并非根深蒂固，罗马风形式被取而代之以哥特风格，这是一种风格，至少在表面上和罗马风毫无共同之处，也是我们下一章必须讨论的主题。

的"早期文艺复兴风格"。也就是说，它们先于15世纪的佛罗伦萨古典主义复兴，其建筑师有阿尔伯蒂（Alberti）和布鲁内莱斯基（Brunelleschi）。

同样的大理石贴面并结合数层开敞柱廊为伟大的比萨大教堂提供了主体基调。比萨大教堂始建于1063年，是在比萨舰队战胜巴勒莫附近撒拉逊人（Saracens）①之后，于1118年举行进献仪式，然而于1260年，教堂中殿以同样的风格向西扩展。教堂有着非常广泛的来源，而最终它在一个视觉角度上的协调成功，是因其主导的拱形图案。教堂的拉丁十字平面好似三个半圆殿室和柱廊式长方厅堂结合在一起，以其连续不断的拱形，带有古罗马花岗岩石柱，后者来自厄尔巴岛。其柱头有各种形式，从皇家罗马风格到拜占庭风格，而墙体则覆以拜占庭风格的罗马雕塑、铭刻。半圆殿室的马赛克也是拜占庭风格。有趣的是，根据瓦萨里（Vasari）16世纪的艺术史学家，其建筑师是一个希腊人，名为博斯凯托（Boschetto），虽然，此建筑

① 撒拉逊人：
　阿拉伯人。

第五章　哥特①试验

建筑历史上，没有几个阶段能够激发出如此之多的风格解析，即如哥特这样。这种极富诗意且有结构天分的兴盛，看似不同于罗马风传统中的古典化元素，后者被哥特中断，则大多被解释为明显地表达了天主教的教义、民族的特征、结构的诚实、学院的哲学等。无论这些解析有多实际，而且在一起，它们又会互相抵消。有些还流传至今：如保罗·弗兰克尔（Paul Frankl）于 1962 年出版的一部哥特史中辩论到，中世纪文化不同方面的"共同基础"即"植根于基督"；而其他很多观点亦被摒弃，如国家主义式的宣传，是于 1800 年左右，在英国、法国、德国，因这时每个国家都自称孕育了哥特风格，作为其国家天赋的一种表达形式。

现被广为认同的是，哥特风格是于 1130年诞生于巴黎周边——法兰西岛，虽然某些特征——如肋拱、尖拱——曾出现于伊斯兰建筑和罗马风建筑中，哥特的确代表了一种和过去的脱离。这种脱离的确定，亦表现在视觉语言上，即消除厚墙结构、罗马风教堂的立面设计，进而采用了一种更轻型、更通透的结构，并有一个对角线和视野的着重。这种全新的空间感虽然将一部分室内和一系列肋条格间相结合，如此，无论大小、无论宗教世俗，哥特建筑便都被建成一副骨架般的模样。这种建造方法从未出现于古代建筑或是中世纪的早期。同样全新的，是其着重的垂直线，这里水平线非常隐蔽，所有的线条都是直耸云霄，好像无视地心引力。这种超

凡的场景又被光线加以强化，光线透过幽光莹莹的彩绘玻璃，弥漫着缤纷的五彩，好像来自某种非自然之源。

虽然中世纪的哥特建筑都多少共有某些特征，哥特风格的发展亦有时间上的顺序，从早期 12 世纪的法国式②，到一种更为成熟的 13 世纪版本，即所谓的"辐射式"（Rayonnant）③。此风格在法国又被一种更为华丽的变体所替代，即"火焰式"（Flamboyant）④，后者传播到欧洲大部分，只是未及英国。而英国发展的则是从 12 世纪一种简单的"尖拱式"（Lancet）⑤，到一种更为精美的"装饰化式"（Decorated）⑥，及至最终的"垂直式"（Perpendicular）⑦，且一直延续到 16 世纪，这在欧洲未有类似的出现。

这种新型建筑，如同欧洲一样，进入一个新的阶段，即 1100 年后的稳定和繁荣。罗马风世界中与世隔绝的修道院、城堡、村落，逐渐替代以城市、集镇，后者作为人口、文化的中心。欧洲虽然依旧统一于一种国际概念，即基督教世界，此时，于英国、法国、西班牙亦呈现出国家概念的诞生。12 世纪和13 世纪的知性生活与日俱增，其顶峰是于圣托马斯·阿奎纳的经院哲学，并伴有宗教神秘主义和精神方面的很多著作。精神与物质之间成功的对质，极度地表现于雄伟的大教堂中，虽为石制建筑，却好像是令人退思的仙境。这种新型的基督教建筑还带动了一种艺术形式，结合着新叙述主题和奉献偶像。全身等比例的人像雕塑从古时代晚期后再次

① 哥特风格：
非哥特人的建筑风格，而是文艺复兴时期对此风格的称谓，认为其如哥特人一样野蛮。

② 12 世纪的法国式：
又称高哥特式，见 151、155 页。

③ 辐射式：
法国 13 世纪的版本，见157 页。

④ 火焰式：
法国华丽的变体风格，见164 页。

⑤ 尖拱式：
英国 12 世纪一种简单的风格，见 168 页。

⑥ 装饰化式：
英国精美的风格，见173、177 页。

⑦ 垂直式：
英国最终风格，见 177 页。

重现，宗教主题也从人类的角度来表达。这种崭新的人性被置于无数的立像之中——"贞女玛丽亚和圣婴"，这里，"圣母"被塑造成一个年轻的形象，美丽且微笑着。

法国

"新光芒"：叙热院长和哥特建筑之源

多角室和前廊，于本笃会修道院教堂中，建于1140—1144年，位于巴黎附近的圣丹尼，是这场新建筑运动最早、最重要的惊人之作。这座新建筑的出资人——修道院院长叙热（Abbot Suger，1081—1151年）——是法国文明史上一位重要的人物。他曾经是路易六世和路易七世的首相，在某种程度上，还是皇家集权制的缔造者之一，此制度的顶峰即路易八世的执政期。圣丹尼是卡佩国王（王朝统治自10世纪晚期至14世纪早期）的墓地，因而要增添其辉煌，叙热不可避免地要展示出一种国家重要性。其刚劲的性格，有力地表现在两个令人着迷的事情上，一是他为我们留下的圣丹尼修道院，二是他在改建时期所做的一切。对于叙热而言，这座加洛林教堂当时已近一座废墟，且太小，不能容纳大批朝圣者，来此敬拜遗骨，包括来此供奉法兰西的圣恩主、圣丹尼及其同伴们。在教堂西端，叙热修建了一个双塔式前廊，立面中心有一个玫瑰窗。一个双塔立面和一个玫瑰窗的结合，可能是此类建筑的第一个，但在总体上，其西端则回应着位于卡昂的诺曼式罗马风教堂——圣艾蒂安教堂。叙热和他的建筑师——对后者我们还不知其名——正是在围绕唱诗厅的回廊之中向全新型建筑迈出了决定性的步子。

回廊中的形式——尖拱、肋拱、礼拜室围绕着一个半圆室向外辐射——是已用过的手法，如我们上一章所见。其全新之处则在于它用纤细的柱子取代了厚重的隔离墙，如此，空间便能任意流淌，于一种光与影的形式之中创造出了一种垂直的张力，这正是哥特风格的核心，而非罗马风的。我们知道，这种不只是现代艺术史学家的反应，连叙热自己也曾写过类似词语，其"一圈环绕的礼拜室，令整个教堂因壮观、倾泻而下的光线而耀然，光线来自极为通透的窗子，使其充满了室内之美"。他还解释说，新的多角室"长宽之美令其变得高贵"，同时，"建筑的中心，被突然举向空中，由12根柱子，……加之，侧廊中还有同样多的柱子"。

叙热文字中对光的强调成为哥特美学的基础。关于加洛林中殿两侧的前廊和多角室，他写道：

214 圣丹尼（St Denis）的回廊（1140—1144年）

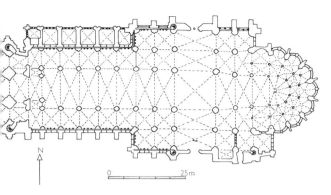

215 圣丹尼大修道院平面，近巴黎（西端和东端建于1140—1144年；中殿、耳堂，唱诗厅建于1231—1281年）

"一旦，新建的后部和前部，相接一处，教堂因中殿之光明而光芒四射，光又和着光，交相辉映，且这宏伟建筑之明又会被光笼罩。"

叙热对上帝的理解为"无上之光"，其文字源自苏格兰约翰（约810—877年）和"狄奥尼修斯"（Dionysius）[1]，后者又被称为"假阿雷奥佩吉特"，因其被（错误地）认定为是圣丹尼，即高卢人的使徒。狄奥尼修斯统一了基督教义和新柏拉图主义哲学，后者源自3世纪的柏罗丁（Plotinus），他认为所有生命的形式，包括美，都来源于其"唯一"和"至上"。狄奥尼修斯曾写道："这块石头，或者那块木头，于我，都是一片光"，因为，所有可见物都是"物质之光"，折射于上帝自身的无限之光。这令叙热理所当然地喜爱装饰华丽且明亮闪烁的物品，如圣盒、神龛、金属工艺品、彩绘玻璃、马赛克，作为一种手段，催眠般地令人关注于其烁光，使其思绪从物质升华到精神上。

圣丹尼教堂的多角室是哥特室内的一个主要先例，因其着重于彩绘玻璃，尤其是有人物的。这种玻璃在叙热的哥特世界中有一个明显的角色，它们本身即令人沉思的对象，同时又提供了一种晶莹、神秘、超凡

的光亮，因而，可为宗教反思和美学体验提供一个适合的背景——无疑，叙热对于色彩和天主教礼拜恢宏的反应，即充满了诗意和情感。

叙热，作为一个艺术和建筑上重要的出资人，记录了自己的目标和业绩，这亦是一件独特之事。我们因此要多讲述他，不仅因其本人重要，也因中世纪无数教堂的崇拜者和设计者都会以同样的方式视其建筑和内容。中世纪天主教亦希望被提示着，叙热生命中所接触的任何事物都是其宗教的真谛。因此，我们之前引用过叙热描写的新多角室，之后，12根柱子便意味着12位使徒，而侧廊中的12根柱子则象征了次级预言者[2]。

法兰西岛上的其他大教堂：桑斯、努瓦永（Noyon）、拉昂（Laon）和巴黎

叙热在圣丹尼教堂的唱诗厅被一个轻巧、高耸的结构所取代，这便是"辐射式哥特风格"，后者建于1230年，桑斯大教堂的唱诗厅却保留下来，建于约1140年，作为一个法兰西岛上早期哥特实例之一。努瓦永大教堂始建于约1150年，仍保留着圆形端头的侧翼耳堂，以及诺曼底罗马风教堂的三层立面，后者带有很深的回廊，但是墙体结构却变得生动了，因添加了第四层，是一个中层拱廊或低墙过道，介于回廊与高窗之间。它结合了中殿的一个交替支撑体系——庞大的复合礅柱和圆柱——支撑着六肋拱顶。努瓦永大教堂代表了早期哥特式的平衡，即于尖拱的垂直和多层的水平之间的平衡。13世纪"高哥特式风格"[3]的统一精神，如我们会在沙特尔大教堂及其他地方所见，将删减其隔间特色，如努瓦永、拉昂、巴黎的圣母院。

拉昂大教堂和巴黎圣母院同时建造，约1160年之后，则代表了对早期哥特风格极

[1] 狄奥尼修斯：雅典的一个法官。

[2] 次级预言者：记录于《旧约》。

[3] 高哥特式风格：High Gothic，特点为高度和谐，兼具沉稳和精细。

为不同的解析：拉昂大教堂具有一种热情且如画的欢快感；而巴黎圣母院则是一种宁静、沉稳的庄重感。拉昂大教堂壮观的中殿效仿了努瓦永大教堂的四层立面，但却用一排一样的圆形礅柱取代了拱廊的交替支撑这种主题，在高哥特式风格中得以广为应用，因为人们发现交替支撑会减慢沿中殿移动的视觉效果。圆形礅柱或柱子，如拉昂和巴黎圣母院大教堂，有一种古罗马的宏大感，我们知道这为当时的人们所欣赏。叙热也宣称其圣丹尼教堂的柱子是一种模仿他崇拜的罗马建筑，即戴克里先浴场和其他地方。我们因此不应认为早期哥特风格的出资者和设计师于其作品中，会对古典传统有任何敌意。

拉昂大教堂特别令人难忘的是 5 个塔楼的阵容，一对在西端，两个在两侧耳堂，还有一个在十字交叉上。其效果又被进一步强化，因教堂所处的夸张位置——一个山坡之上——非常不同于法国大多的重要教堂。这些塔楼受启发于图尔奈（Tournai）大教堂，因而在其原设计之内展示了罗马风传统持续的活力，然而一直未有建成，直到一次后期的建造活动，始于约 1190 年。其活力、开敞、无尽的对角线一起构成了一种空间的复杂感，一位学者曾定义其为哥特所渴望的"多重形象"的一个结果。给予塔楼以更多生气的则是令人意外的 6 座巨大公牛雕塑，于塔楼顶端的附近，这是一份感人的纪念，纪念它们常年的辛苦，将石头从山下平原运至山坡之顶。这些塔楼为活跃的建筑师维拉尔·德·洪库尔（Villard de Honnecourt）所欣赏，他的速写簿是 13 世纪的唯一留存，虽然其拉昂大教堂的速写少些厚重感，因源自其对高哥特式风格中一种纤细线条的喜好。

拉昂大教堂雄伟的西立面始建于约 1190

年，具有一种塑性和深度，虽不是所有高哥特式风格的典型特征，但已明确地脱离了罗马风建筑的较平坦设计。同样生动的是苏瓦松大教堂的南耳堂，约 1180 年完工，其半圆形殿室有 4 层叠加的圆拱。如努瓦永和拉昂大教堂一样，此 4 层墙面分解了罗马风建筑的"墙体"部分，这样，便留下一个密集、通透、有张力的圆拱骨架。这件美丽如画又令人意外的杰作与苏瓦松大教堂中殿较为严肃的高哥特式风格形成了戏剧性的对比，后者建于 13 世纪初。可以很容易欣赏到向高哥特式风格统一而又严谨的设计特色过渡，只

216 努瓦永大教堂的中殿（始于约1150年）

需一览巴黎圣母院底层的平面图，它始建于1163年。巴黎圣母院就是一个统一体，即平面上无隔间、无罗马风建筑特征的统一。初建之时，它是基督教世界中最高的教堂，为防止坍塌，保险起见，飞扶壁即于约1180年被加上了。作为飞扶壁的一个最早实例，它们协助中殿拱廊上的回廊承受着高穹顶的侧推力（lateral thrust）。这些剖面于1230年后重建，同时，其4层被减为更时尚的3层，后者源自沙特尔大教堂。

沙特尔

沙特尔大教堂于1194年的大火之后重建，一直被视为是高哥特式风格发展中的主要建筑，也是最有效地表达了中世纪天主教的力量和诗意。沙特尔大胆地取消了讲坛通廊，其影响即一个轻盈且清晰的墙结构，于此，内立面亦减到3层：一个高拱廊、中层拱廊、高天窗，后者有被扩大至高拱廊的等高。沙特尔的建造大师明显已算好了，其飞扶壁本身足以稳住高穹顶，而无须一个讲坛通廊的附加支撑。一种统一和垂直的精神即被强调出来，是由中殿礅柱上纤细的壁柱，

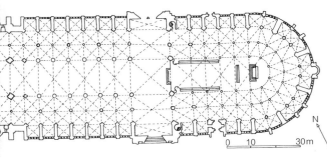

217（上）巴黎圣母院的平面，巴黎（始于1163年）

218（上右）拉昂大教堂的西立面（始于约1190年），展示塔楼上的公牛雕塑

219（下右）苏瓦松大教堂南耳堂的室内（始于约1180年）

它们高耸至拱顶的起点，于此又会入肋拱。这是第一次在一个大型哥特教堂中，沙特尔的建筑师以单格间作为中殿的设计单位，而不是罗马风教堂的双格间。这即刻加倍了教堂内由西向东行进的速度。

　　沙特尔城，一个富裕的主教辖区，其繁荣归功于主教和修士们，后者创立了一年四次的贸易集会，都是在教堂供奉的圣童贞女玛丽亚的节日中——圣母诞生节、天使报喜节、圣母圣烛节、圣母升天节。为这些所选节日生辉的，是沙特尔大教堂声称拥有的玛丽亚外袍，即生育耶稣时所穿，且在1194年的大火中神奇地留存下来。大教堂的窗子饰满了人物画彩色玻璃，多是奉于玛丽亚礼拜会，它们沐浴着整座建筑，透着宝石般的超凡之光，这亦是完整哥特经历中的一个重要部分。彩色玻璃和雕塑装饰的捐赠来自法兰西岛的贵族和绅士，也来自沙特尔城的商人、交易主，甚至工人。

　　一座重要的朝圣教堂，如沙特尔大教堂，不仅是人间实现的"天国城市"，即如《圣约翰启示录》中所描写的，而且也是一种象征，即象征市民宗教的虔诚和商业昌盛。同时，它也为很多世俗的活动——从法律到商业——提供了一个背景。的确，于中世纪晚期，城市文明被认为更加重要，而在建筑上能和大教堂相提并论的，如沙特尔大教堂，亦是一些宏伟的市政建筑，如伊普尔和布鲁日（Bruges）的服装交易厅。

　　沙特尔大教堂虽是一个杰作，并保存了几乎所有的中世纪玻璃，以及6个13世纪雕塑门廊，但实际上，它是诸多不同时期的一个合成体。西立面的底层部分建于1134—约1150年，是大火前的教堂中留存下来的，而南北耳堂的立面则是13世纪的。它有9座塔楼，但只有2个建成，其西北塔楼建于约1140年，是世上最早的哥特式塔楼，虽然后来于1507年它被冠以了一个华丽的火焰式塔尖。沙特尔大教堂的强烈对比和不规律性很好地表达了哥特风格创造者的善变和活力。要想看到沙特尔建造大师的理念于1195年左右在逻辑美学上达到的高峰，我们必须转向13世纪早期的大教堂，如兰斯（Reims）①大教堂、亚眠（Amiens）②大教堂、博韦（Beauvais）③大教堂、布尔热（Bourges）④大教堂，都是位于法国北部的大教堂。

① 兰斯：
　　巴黎东北 129 千米。

② 亚眠：
　　巴黎北 120 千米。

③ 博韦：
　　巴黎北 75 千米。

④ 布尔热：
　　巴黎南 247 千米。

220 沙特尔大教堂（自1194年）：中殿室内展示了3层的立面。

高哥特式风格：兰斯、亚眠、博韦和布尔热

我们已强调了沙特尔大教堂的特别之处，即作为繁荣都市和农庄社区的一个象征性核心。兰斯大教堂，在建筑上更为宏伟，亦类似地关联于其特别之处，即作为法兰西岛卡佩王朝君主正式加冕的地方。王朝以缓慢的过程逐渐统治了疆土，如诺曼底、勃艮第、布列塔尼，则有助于创造并确定了现代的法兰西国家，这里就不用再多说了。无论如何，重要的是我们要认识到 13 世纪的法兰西岛视自己为特别的代表，即代表天主教法国在文化和物质上的优越。兰斯大教堂造价高昂的奢华，亦须在此背景下得以解释。另外，正是从法兰西岛，哥特风格最终散播到欧洲的

221（上左）沙特尔大教堂的西立面（主要于1194年后；下部1134—约1150年；左尖塔1507年）

222（上右）沙特尔大教堂：南耳堂的外观（约13世纪早期）

223（下）伊普尔（Ypres）的服装交易厅（1200—1304年）

所有文明首都。

兰斯的设计者，也许是让·德·奥尔拜（Jean d'Orbais），于约 1210 年，采用了三层内立面、四瓣拱顶、束柱式礅柱、沙特尔大教堂的飞扶壁。然而，他令这些结构特色变得生动，则是因为雕塑装饰的一种新型强调，这便

是外部塔尖上的天使、卷饰雕、滴水怪、植物雕刻，于门廊、礅柱柱头、檐部之上。兰斯大教堂中，还有最早的铁棱窗花格（bartracery）实例。在石雕窗花格（platetracery）中，如沙特尔大教堂，窗洞都是从整块石头雕成的，如此，墙面仍为主体。但在兰斯的铁棱窗花格中，两扇窗构成一个玻璃窗口，上又冠以一个六叶花的圆形窗，这里，其线性图案已几乎完全取代了实墙。窗花格①是一个哥特式最重要的发明，因为无须夸张地说，到最后，整个建筑物，如巴黎的圣礼拜堂，都是由窗花格和其中的玻璃来界定、组合的。

　　兰斯大教堂本要冠以6个塔楼，如加上交叉处的小尖塔，便是7个，但只有2个建成，于其西立面，都是建于15世纪。不该忘记的是，塔楼上冠以尖塔也是一项哥特发明，虽然可能是一个陈词滥调，它们一直被认为是人的手指，指向天堂。华贵的兰斯大教堂西立面，可能是让·勒卢（Jean le Loup）设计的，于1230年中期。建造进程缓慢地延至13世纪晚期，其上的通廊一直到15世纪才完工，其中的各国王雕像强调了其皇室重要性，这也是法兰西岛大教堂中的一个共同特色。三重突出的山墙门廊在逻辑上标志着中殿和通廊的入口，构成了一种极其威风的凯旋门式主题，其手法即如一位天才所表现，他曾在1190年设计过拉昂大教堂的西立面。但是，拉昂大教堂基本上还只是在一面墙上有凿洞开窗，并饰以附着的门廊，而兰斯大教堂的西立面却是一个耀眼的雕塑组合，致使3个山墙门廊因饰以华美的卷饰雕和人

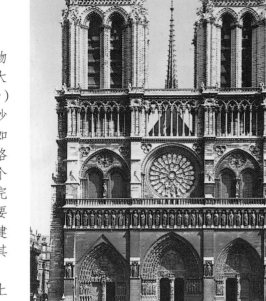

224（上右）圣母院的西立面，巴黎（约1200—1250年）

225（右）圣礼拜堂的外观，巴黎，自西南方向（1243—1248年）

① 窗花格：
　　又称窗饰花格，窗格。

226（对页）兰斯大教堂的西立面（始于约1235年）

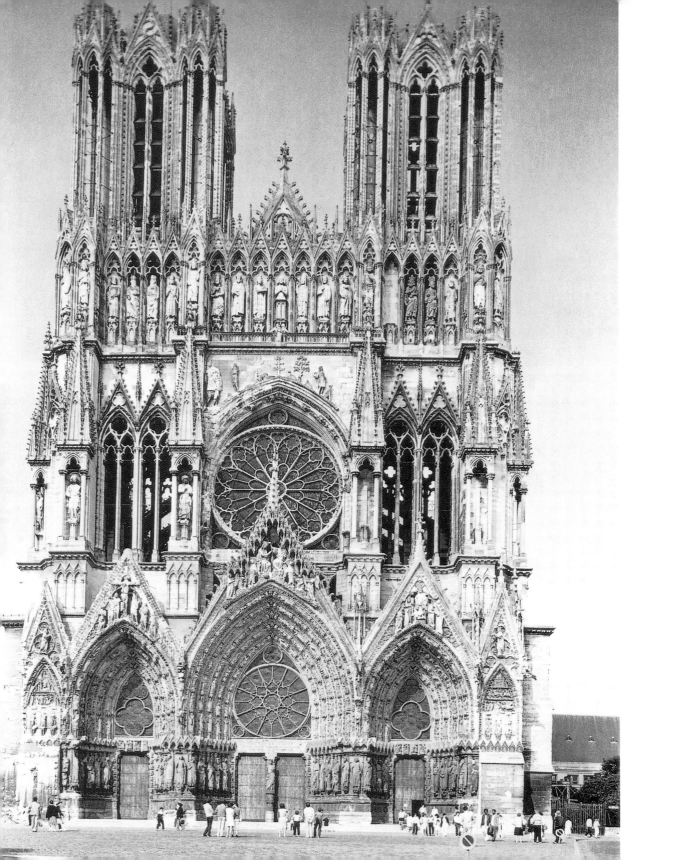

像雕塑已经完全融为一体。作为一件艺术品，其建筑质量，统一宏伟和精致、逻辑和梦幻，又结合作为法国宗教和政治历史中心的至高重要性，使得兰斯大教堂被多数人认为是一座可与万神庙媲美的哥特建筑。

对于有些人来说，此种设计更倾向于巴黎圣母院的西立面（约1200—1250年），因其完美制胜的水平和垂直网格式。然而一般来说，亚眠大教堂却被视为是高哥特式风格的经典。亚眠大教堂，建于1220年，由罗伯特·德·吕扎什（Robert de Luzarches）设计，一场大火烧毁了之前的罗马风式教堂，其中殿设计非常接近兰斯大教堂。其穹顶更高：近140英尺（42.5米），相比之下，兰斯大教堂穹顶为125英尺（38米），沙特尔大教堂穹顶为120英尺（36.5米）。亚眠的窗花格也标志着兰斯大教堂后的一个新发展：这里，四扇窗上冠有3个窗花格式的圆窗，如此，墙面便和玻璃相融，玻璃采用薄石的隔线，如叶子上的茎脉一般。这种窗花格的图案现已扩展至中层拱廊，令其看似是一排无玻璃的窗子，呼应着其上的高窗。中层拱廊最终转化成真正窗子，并与高窗会集，如我们所见的，是在"辐射式风格"中，一种统一线性精神的标志，这是在高哥特风格之后。这种布局晶莹剔透的效果可见于亚眠大教堂的唱诗厅，建于1250年，由教堂的第三位建筑师勒尼奥·德·科尔蒙（Regnault de Cormont）建造。

另一个具有相同特点的早期例子则醒目地出现于博韦大教堂，始建于1225年，是最后一座伟大的法兰西岛大教堂。教堂建造时已有明确的决心，即实现一个最高的穹顶，高过150英尺（46米），超过所有哥特建筑。拉斯金在《建筑七灯》（*Seven Lamps of Architecture*）一书中，带着敬畏地写道："没有几多山岩，即便是在阿尔卑斯

227 亚眠大教堂的室内（1220—1250年）

228 亚眠大教堂的平面

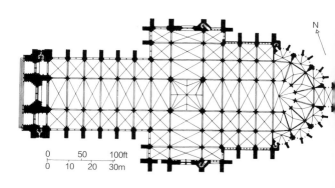

山脉，能如博韦的唱诗厅这般，有着如此明显的一个垂直落差。"教堂，以如此规模拔地而起，却于1284年受到重挫，因唱诗厅穹顶的坍塌，虽然可能不是因为高度，而更多是地基和支撑的不足。教堂造价太高，因而从未完工，今天保留下来的3个凄美的残部，有最初的多角后殿、于1284年后以修改方案重建的唱诗厅、两个华丽的火焰式耳堂。

博韦大教堂强调垂直性的期望，并没有

全面地反映在之后的法国建筑中。反之，辐射式风格的建筑师们不大顾及建筑的高度、宏伟、新空间的效果，而是更多考虑其尖薄性、近乎金属式的优雅、一种纯熟的线性图案。在研究此传统之前，我们应该看一下布尔热大教堂，始建于约 1195 年，它更强调室内空间视野的多重性，而不是从沙特尔大教堂转化到博韦大教堂的统一热望。其中殿的拱廊、中层拱廊、高窗以一种小比例被复制在高大的内走廊之中。这必然令教堂的视线复杂化，将内外通廊算在一起，一共有 5 个水平区，或是说 5 层立面。这种扩展系统的效仿可见于 13 世纪教堂的唱诗厅中，如法国的勒芒大教堂、库唐斯教堂，

以及西班牙的托莱多大教堂、布尔戈斯大教堂。

宫廷风格与辐射式哥特建筑

　　法国哥特辐射式风格的早期阶段在亚眠大教堂之后有时被称为"宫廷风格"（court style），因它和路易九世（1227—1270 年）关系密切，后者于 1297 年被封为"圣路易"。他的声誉——作为一名基督徒统领和骑士士兵——要高于欧洲当时任何一位君主。特别是 1254 年后，因其王国的昌盛和文化的卓越，他得到了更多的尊敬。宫廷风格装饰的紧凑线条简洁地表达于 1230 年的 3 个杰作之上，应为同一人设计，辐射式哥特风格便由此诞生：它们是特鲁瓦大教堂、重建的圣丹尼修道院教堂、路易九世的圣日尔曼·昂·莱礼拜堂。在特鲁瓦的唱诗厅中，高窗和中层拱廊的连接比之前更为彻底，达到顶峰的是始于 1220 年，修建于兰斯大教堂后殿中，这里，让·勒卢用小柱子将两层连接起来。

　　圣丹尼教堂在宫廷风格发展中，即如它

229 博韦大教堂的唱诗厅（1284年后）

230 布尔热大教堂：东面外观，展示了飞扶壁（始于约1195年）

在哥特起源中，是一个重要的角色。1231—1281 年，叙热院长唱诗厅的上半部被重修，用一个俊朗的新中殿和耳堂与西端门廊连在一起。自 1240 年，此细化过程的一位首要建筑师是皮埃尔·德·蒙特勒依。亚眠大教堂中，中层拱廊和高天窗的融合设计导致了将中层拱廊改为窗子的理念。这在圣丹尼教堂中得以完成，即于中层拱廊的外墙装窗，而于中殿一侧保留无玻璃的窗花格，如亚眠大教堂。中层拱廊所面对的是通道上的暗顶空间，或是厚墙中的盲通道。然而，教堂高度的不断增加，就意味着——如圣丹尼教堂——其中层拱廊可以高过且脱离于通道的屋顶。将拱廊上的整个墙面化解为一片通亮的金属薄片，且在中层拱廊和高天窗之间置些极小的水平分隔，这即为将来埋下了伏笔。将墙体完全开窗的最惊人作品，则是在圣丹尼的耳堂之中，这里，硕大的玫瑰花窗——于南北墙之上——占据了中层开窗拱廊上的整个空间。另一项重要的原创即礅柱的设计，它废除了传统的柱子，改用附着柱式，特别是一种菱形的小柱群，并相应于拱顶的肋条和拱廊的柱式。

宫廷风格之瑰宝，是巴黎皇宫内的圣礼拜堂（图 225），于 1243—1248 年，为圣路易而建，作为一个国家祭坛，来放置其"真十字架"的一个断片，即他从拜占庭皇帝那里买回的，据说是"荆棘皇冠"（Crown of Thorns）的圣物。此礼拜堂也因此是一个法兰西成就的象征，制其最为皇权、最为天主教的成就。它是一个巨大的圣盒，带有一种金属质地，无疑，是有意地令人想起中世纪价值连城的银制圣坛、圣迹、圣体匣，后者多已失传。紧凑而又尖薄的宫廷风格将墙体化解为玻璃和金属丝般的窗花格图案，极为理想地适用于这一种纪念性建筑。大玻璃笼

子般的墙体未被耳堂或任何其他凸出部分打断，填满了连续不断的彩色玻璃窗，上自拱顶，下至地面，除了一段低墙裙（图 225、图 236）。

这种风格从巴黎传播出去，便导致了神坛般的圣乌尔班教堂，位于特鲁瓦，始建于 1262 年，由法国教皇乌尔班四世建造，为了荣耀其圣恩主且纪念他的出生地。教堂外部的尖山墙和尖塔产生了一种紧凑的纤细感，而其室内，中层拱廊被最终取消，便成为两层的内立面，其墙体也几乎全是细窗格的玻璃。这种风格被漂亮地表现在塞大教堂矫饰且善变的唱诗厅里，建于约 1270 年，位于诺曼底，其拱廊的圆

231 圣乌尔班（St-Urbain）教堂的东端，特鲁瓦（Troyes，始建于1262年）

拱被加上凸出的三角山墙，在功能上，这不适于一个室内，因其应为屋顶终端。借用于亚眠大教堂1250年的唱诗厅中层拱廊，这种构造混淆了室内和室外的区别，以至于塞大教堂的拱廊几乎形似一个室外的门廊。

在此新型的光之建筑中，我们不再看到幽暗的彩色玻璃，即如早期和高哥特风格中的纯红色、蓝色，却是更多白色、灰色的玻璃，创造出一种更为凉爽、轻盈的效果。建筑物被视为一张巨网，由尖薄的束柱和窗花格编织而成。这种设计曾出现在13世纪早期的高哥特风格中，如沙特尔大教堂的南门廊，它被诸多极为纤细、拉长的束柱包住，看似是从某种天国脚手架中遗落下来的。如果再加上圣乌尔班的两层窗花格窗子，以及令空墙变得生动的垂直尖耸墙板，这便接近了一种全窗花格（autonomous tracery）的线性建筑。这正是我们在斯特拉斯堡大教堂的惊人西立面中所见，始建于1275年或1277年，设计可能出自一位大师，名为欧文（Erwin）。欧文很显然非常欣赏圣乌尔班教堂，以及圣母院的南北耳堂，北耳堂则由德谢勒设计，始建于1240年，而南耳堂由他始建，于1258年，但其设计是出自皮埃尔·德·蒙特勒依。然而，这些建筑都被斯特拉斯堡大教堂的异样创新超越，这里，纤长的石束柱在窗花格窗子前2英尺（0.6米）处拔地而起。

鲁昂大教堂北耳堂的立面，即图书馆的门廊，始建于1281年，同族于斯特拉斯堡大教堂和圣母院的耳堂。它采用了一种新颖的欢快感，因其将建筑的盲装饰延伸到了两侧房屋的立面之上。大教堂因此看似是一个永远高耸、带有动感的活框架，掌控着城市的物质、精神生活。晚期辐射式哥特的紧凑风格即注重建造用石片分隔的

透光墙体，可欣赏于勃艮第的圣蒂博－恩－奥苏瓦教堂唱诗厅，于旺多姆的三一修道院教堂唱诗厅，于巴约纳、纳韦尔、奥塞尔大教堂的中殿，它们都是始建于13世纪的后10年或14世纪的前10年。可能此种通透线条最精美的例子，便是鲁昂的圣旺教堂，一座本笃会修道院教堂，始建于1318年。

厅堂式教堂（Hall Churches）

自13世纪后期，紧随皇权势力的增长，辐射式大教堂建于法国的南部和西部，虽然

232 塞（Sées）大教堂唱诗厅的室内（约1270年）

233 鲁昂（Rouen）大教堂的图书馆的门廊或北耳堂（始于1281年）

某些区域，如西部金雀花王朝的省份，普瓦图、安菇，依旧继续其厅堂式教堂的传统，即其通廊和中殿一样高。一个早期的实例便是普瓦捷大教堂，和拉昂大教堂、圣母院同期。厅堂式教堂尤其受宠于方济各会（Franciscan）①和多明尼会（Dominican），都是创立于13世纪早期。这些托钵教会或是乞讨教会的修士们拒绝本笃会和西多会的修道院——不是隐秘的田园式环境中，而是在城镇教堂中设置讲坛，这里，他们向城市贫民进行传教。

一种同样背离高哥特风格的标准的类似的传统，即用横向礼拜堂取代通廊。在哥特教堂里的一个最早实例，是于约1270年，在多明尼会教堂圣卡特琳娜的中殿里，位于巴塞罗那。这种建筑后变成加泰罗尼亚地区教堂的标准，因此，它也可能影响到惊人的要塞式大教堂，如法国南部的阿尔比大教堂（1282—1390年）。教堂是由贝尔德·德卡斯塔内主教修建的，他是一

① 方济各会：
亦称圣弗朗西斯会。

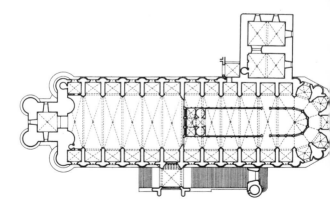

234（顶）阿尔比（Albi）大教堂（始于1282年），展示Flamboyant南入口（1519年）

235（上）阿尔比大教堂的平面

236（下页）圣礼拜堂的室内，巴黎（1243—1248年）

名多明尼会教士。砖砌墙体的阿尔比大教堂从地面直线上升，有一种20世纪式的直白，且未被拖累于耳堂、东部礼拜堂或飞扶壁。飞扶壁可见于室内，直接冲入完整的中殿之中。礼拜堂设于两者之间，但后来这些被水平向地分割了，因要提供一个上层空间。

火焰式风格

1340年之后，法国主要教堂的建造活动极度减缓，一部分是因为和英国的灾难性"百年战争"（1337—1444年）。然而在此时期，法国哥特风格最后阶段的种子已播下，这便是"火焰式"风格，其特征为双重卷曲的窗花格图案、形似向上跳跃的火焰。这种风格的盛行在法国北部尤甚。在鲁昂（Rouen）的圣马克卢教堂，其神奇的五角形西立面是来自一种雄心，即将实墙化解成一个尖塔装饰的对角多重奏，并令其恍惚地消失在空中，如摇曳的热雾。塔楼和尖塔比立面更适合这种设置，可见于鲁昂大教堂中蕾丝充斥的"奶油塔楼"（1485—1500年），或是1507年的沙特尔大教堂北塔楼。火焰式风格美学很难用于室内空间的打造，因而，火焰式教堂异国风情的门廊和外墙之后常常是以往辐射风格的一种重复。火焰式风格中展示的词汇形式早已出现在英国晚期"装饰化风格"，或称"曲线风格"（Curvilinear）中。的确，英国影响也可能隐藏于很多建筑之后，如鲁昂大教堂的西立面，后者其实就是一块屏幕，挂满了一排排的雕塑。虽然这一主题看似完全非法兰西，但是人们也应记住，它已用在12世纪时的昂古拉姆大教堂中了。

中世纪法国的世俗建筑

法国的世俗建筑，从12世纪到14世纪，

237 圣马克卢（St Maclou）大教堂的西立面（约1500—1514年），鲁昂（1434—1470年）

最特别的纪念性建筑都是要塞式的城堡和城市，它们遍布全法国，特别是在"百年战争"时期之末。威严的高墙城镇有保留下来，特别是法国南部的卡尔卡松（Carcassonne）和艾格-莫尔特（Aigues-Mortes）。城堡都是位于一个要塞的中心，而要塞则通常是圆形，如加亚尔城堡，或者是多边形的，如日索尔城堡和普罗万城堡，但13世纪的维朗德罗城堡却是一个长方形的环墙，两侧各有一个圆形塔楼，有着一个极好的对称。这些带有塔楼尖顶的城堡，其封建制度的辉煌被诗意般地记录下来，于《伯利公爵祈祷书大全》（1413—1416年）的插图中。这是一本世人宗教奉献的最著名书籍，即所谓的"祈祷书"。《伯利公爵祈祷书大全》中的一幅插图展现了巴黎西岱岛的皇宫墙，这是由圣路易和他的孙子菲利普四世重建的，于13世纪和14世纪早期。现今已没有多少保留，除了大厅，其肋拱架于四排柱子之上，还有隔壁的厨房，有4个炉台各占一角。

　　许多城堡都在17世纪被毁，全因黎塞留大主教的命令（319页），即封建时代的要塞必须拆掉。保存最好的是阿维尼翁的教皇宫殿，这是一个庞大复杂的要塞式建筑群，周边有高塔和高墙。它包括有两座宫殿，一座由本尼迪克十二世教皇建于1336—1342年，作为一个要塞和修道院的综合体；另一座是由教皇克雷芒六世建于1342—1352年，按照建筑师让·德·卢贝内雷的设计。这是一座更为奢华的建筑，墙上的绘画和雕塑令其有着优雅的活力。建筑自由度见长并达到顶峰则是于15世纪的豪华住宅，如克吕尼旅馆①，即克吕尼修道院院长在巴黎的住所，以及特别是富有的雅各·克尔在布尔热的府邸，他是国王的财政主管。它建于1445—1453年，围绕着一个庭院，有一个不对称且功能性布局的平面，一边是集中的银行办公室，另一边是私人的公寓。采光来自大量的窗子，之间的连接则用开敞的石阶梯、通廊、门廊，它们的组合极为生动，并冠以一个由三角墙、塔楼、烟囱所组成的天际线。火焰式风格在市政建筑中也一样成功，可见于法国中世纪晚期最杰出的一座公共建筑物，即鲁昂司法院，建于1499年。

238 教皇宫殿，阿维尼翁（Avignon，1336—1352年）

239（上）雅各·克尔（Jacques Coeur）的宅邸，布尔热（1445—1453年）：庭院

240（左）雅各·克尔宅邸的平面，布尔热

241（下页左）林肯大教堂：中殿（拱顶完于1233年）

242（下页右）布里斯托尔大教堂：唱诗厅和南通道的拱顶（1298—约1330年）

① 旅馆：
hotel，始为私人旅行公馆，后发展为商用。

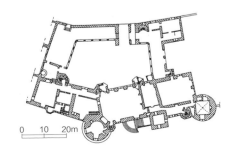

243 位于布尔热正义宫（Palais de Justice）的庭院
（1499年）

英格兰

坎特伯雷及其影响

  1174 年，在坎特伯雷大教堂，一位英国主要的教会资助人决定要追随法兰西岛新设定的建筑时尚：其结果，即坎特伯雷唱诗厅，成为全英国最早的主要哥特建筑。正如我们惊诧于叙热院长的建造记录，之于法国 1140 年的第一座哥特式建筑同样因一个特别的巧合，这里也有一个同时代的记录，是由一位坎特伯雷修士——杰维斯——记录了 1174 年 9 月的大火之后，花费了 10 年的建造过程，但大火毁掉了罗马风式唱诗厅的大部分。火灾之后，法国和英国的首席工匠们被请来，并提出了关于如何重修这座著名的都市教堂的建议，英国首席主教的座席教堂又是一座

正在兴盛的本笃会修道院，也是一个逐渐发展的中心，用来祭奠圣托马斯·阿·贝克特，后者于 1170 年被谋杀于此。最终的选择落于一名法国人身上，即来自桑斯的威廉，因他无法说服教士们完全地替代原诺曼式唱诗厅，便不得不抬高哥特建筑的结构，这是受启发于拉昂大教堂和巴黎圣母院，并将其架于原地下室之上，且是在原诺曼式唱诗厅的外廊墙体之内。无论如何，其高大的三层哥特立面着实是一种震撼，有着六肋拱顶、承重的束柱（applied shafts）、雕有莨叶纹的柱头、尖拱廊、半圆形回廊。

  杰维斯将其在风格上和罗马风式的建筑相对比：

  "原建筑和新建筑的柱子在形状和厚度上很相近，但长度不一。因新柱加长了近 12 英尺（3.7 米）。原建筑的柱头简洁，而新柱头则雕刻精美。原唱诗厅周围有 22 根柱子，而新的则有 28 根。圆拱及其他都很简陋，或者说，是用斧头而不是用凿子雕刻而成的。而现在，几乎一切都雕得非常适宜。原来这里并没有大理石束柱，而现在却是数不胜数。原来唱诗厅周边的拱顶都很简单，而现在却都是肋拱顶，且有拱心石。"

  因要强调承重的束柱，它们由黑色珀贝壳（Purbeck）抛光大理石①构成，其在颜色和质地上，都和背景中，卡昂较暗淡的石料，形成鲜明对比，由此，杰维斯把注意力吸引到唱诗厅中最主要、最有影响力的特色之上。这种欢快的装饰性图案在法国知者不多，却变成了英国本土哥特风格的一个固定特征，就如曾经的盎格鲁-撒克逊及之后的手稿插图一样。此外，坎特伯雷大教堂的结构体系，类似于盎格鲁-诺曼的厚墙技巧（126 页），也是不同于法国早期哥特式风格的发展步伐，因为它在高侧窗前加有一条内墙通道。

  来自桑斯（Sens）②的威廉于 1178 年从脚

① 珀贝壳抛光大理石：
 自英国珀贝壳半岛。

② 桑斯：
 法国的一个区。

手架上跌落，严重摔伤，其职位由另一位匠师所接替，他被称为"英国的威廉"，后者继续着教堂向东的工程，在半圆后殿中增建了三一礼拜堂，在东端则加上了圆形烛架，两个设计都是为了圣托马斯的神龛。他的工作和其前任的一起，为大教堂建造了一个东端，有着典型英国的"附加排列"布局：这就是由一系列连接且又分开的空间组成，和法国大教堂对比，后者是更为凝聚、单一的布局。修士唱诗厅有交替的圆柱和八边形礅柱，和紧邻的"高圣坛"司祭席（presbytery）相比则采用了不同的处理方式，后者的礅柱是承重的束柱。另一处不同，是其三一礼拜堂采用了双柱式，受启发于法国东北部桑斯的教堂和消失的阿拉斯教堂。最后，在坎特伯雷的圆形烛架处，礅柱为珀贝壳大理石的墙柱所取代。这种趋于多样及错位的倾向又被强化了——三一礼拜堂地面如画般地升起，高于唱诗厅 16 级台阶，还有意外的圆形烛架所产生的空间诗意。另一个不同于法国哥特的是大教堂特别的长度——是为二倍建于 1096—1130 年，同时，来自桑斯的威廉保留了第二对耳堂，受启发于克吕尼第三修道院教堂，这便更强调了布局的附加特征，也就是说，它更像一座罗马风式，而非哥特式的教堂。

这是一个惊人的事实：即多彩而又优美如画的特征设定了一种模式，它后被英格兰的哥特建筑广为流传：如林肯、索尔兹伯里、索斯韦尔、伍斯特的双耳堂；从东至西的夸张长度；隔离间组群；如"装饰化风格"中的空间技巧；以及这些特征的装饰性应用，它们至少在法国，通常会采用一种明显的逻辑。其长度和复杂性部分归因于英国的非正常组合，即将一座本笃会修道院教堂和一座大教堂的不同功能综合于一座建筑之中，这种模式亦重现于巴斯、坎特伯雷、考文垂、达勒姆、伊利、诺里奇、罗切斯特、温切斯

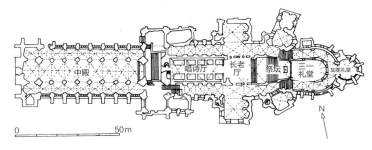

244（顶）坎特伯雷（Canterbury）大教堂的唱诗厅和东端（1174—1184年）

245（上）坎特伯雷大教堂的平面

特、伍斯特。

坎特伯雷大教堂的直接影响可见于奇切斯特、罗切斯特、温切斯特大教堂的东端，因其采用珀贝壳大理石的随意装饰。在英格兰的北部，哥特风格于同一时期到此，但却是受西多会的影响。我们在上一章已提过，西多会教团创立于 1098 年，作为对克吕尼派本笃会的一种抵制，即抵制其渐增的奢华装饰和礼拜仪式。因而在建筑上，西多会极力

追求风格简洁和功能创新，这令其采用了早期的哥特风格，如柯克斯托尔修道院（1152年）和罗什修道院（1172年），两者均位于约克郡。英格兰西南部也形成了另一个流派，其中心为韦尔斯大教堂，它设计于约1185—

1200年，施工并改建，直至约1240年才完工。韦尔斯大教堂的原中殿立面，类似于罗什修道院，但其展现的一种舒展的宽阔及精致和当时法国盛行的纤长垂直亦形成对比。由此，其中层拱廊在立面上是一种着重横向

246（上）韦尔斯（Wells）大教堂的中殿室内（约1185—约1240年），展示1330年增建的滤网式（strainer）圆拱

247（上页）因凡塔多宫殿（The Palacio del Infantado），于瓜达拉哈拉（Guadalajara，1480—1483年），出自胡安·迦斯（Juan Guas）

的元素，没有柱墙将其与下面的拱廊相连接。另外，其礅柱有24根束柱，沿中殿创造出了一种雍容华美的涟漪效果。这是一种"盎格鲁-诺曼"装饰华丽性的复苏，再现于约1210—1215年的精美北门廊，以及建于约1220—1240年的著名西立面，后者是一个如画般的非逻辑性屏风，其上则挂有近400个雕刻和彩绘石像。两翼有塔楼延伸出来，独立于教堂的主体外，它是第一个装饰性的屏式立面，成为一个英国大教堂的特色，从索尔兹伯里至埃克塞特。

林肯及其影响

林肯大教堂由杰弗瑞·德·努埃尔（Geoffrey de Noiers）重建于1192年，它是另一个杰作，亦有一种法国不能媲美的创新方式。圣休的唱诗厅是为了纪念杰弗

瑞·德·努埃尔的出资人，在法国出生的卡尔特教团（Carthusian）[1]教士，林肯大教堂的圣休，其屋顶便是林肯著名的"疯狂拱顶"（Crazy Vault）。它可能是欧洲哥特式建筑中的一个最早实例，即强调了肋拱是装饰性，而不是功能性。而此拱顶也因此成为一个继续的线性网架，多与开间无关，且首次展示了放射拱肋（tiercerons），即装饰性的肋拱并不会集到拱顶的中心点，而是沿着一根边肋拱（ridge rib）达至拱顶的冠部。而同样近乎欢愉的情绪也主导了空拱廊（blank arcading）的设计，它修饰着圣休唱诗厅的墙面。这里，诺曼传统中交错的圆形拱廊上又发展为一种三维的形式，即在尖拱廊上又叠加一层，如此，便在两个板面之间创造出一种抑扬顿挫的韵律，同时，又用柱子材质的对比加以强调：于低层，采用石灰石；而于上层，则采用抛光的黑色珀贝壳大理石，这是受启发于坎特伯雷大教堂。

林肯大教堂，也得名于其继续沿用的盎格鲁-诺曼厚墙，或称双壳墙，此技术第一次出现于11世纪中叶的瑞米耶日耳堂之中，后又被用于卡昂、圣乌尔班、达勒姆、温切斯特。哥特式建筑中，它令拱顶的压力在飞扶壁上减少，而是转至侧廊上方回廊的墙体之上。林肯大教堂中殿的拱廊，跨度非常之大，以至于侧廊也同时收入视线中（图241）。西立面上，水平方向的装饰更为显著，建成于约1230年。之前其立面的主导是3个巨大的诺曼拱门，而如今则向两边开展，采用重复的多层空拱廊，并和后面墙体无结构关系。

不出人意料，林肯大教堂产生了即刻而有力的影响，尤其是对伊利教堂，这里建于1234—1252年的司祭席便是对林肯大教堂中殿的一种丰富。索尔兹伯里（Salisbury）大教堂（1220—约1260年）也有着林肯大教堂和韦尔斯大教堂影响的痕迹，虽然其设计者并

[1] 卡尔特教团：自沙特勒斯山，意译，修道院山。

没有仿效杰弗瑞·德·努埃尔极度的风景如画风格。索尔兹伯里有一种沉静、简洁的风格，这使其区别于其他3座"早期英国风格"的主要大教堂——林肯、韦尔斯、坎特伯雷。对于一座英国大教堂，有些特别的是它完整地建在全新的位置上，除了14世纪时建造的壮观交叉塔楼和尖塔，而没有后来的增建。正是其塔楼和尖塔——虽不是原设计者的初衷——在视觉上统一了大教堂诸多分开的屋顶。确实，两组耳堂、凸出的北门廊、长方形的东端，已令索尔兹伯里成为英国哥特风格中"隔间主义"（compartmentalism）的典范，与其相对比的，是法国哥特风格的统一精神，这反映在亚眠大教堂，以其后殿东端、极简耳堂，它和索尔兹伯里教堂始建于同一年。保守简单的重复"早期英国"特征，如尖拱、扶壁、塔尖，以及低矮的中殿立面，令参观者没有准备教堂东端空间的兴趣点，即圣母堂，一个微型的厅堂式教堂，其拱顶则巧妙地会入唱诗厅的长方形回廊中。空间在此自由流畅，在某种程度上预示着"装饰化风格"的到来，因其创造了一种通透的特质，用并支撑拱顶的极为纤细的珀贝壳大理石柱来强化。

威斯敏斯特修道院 ①

"早期英国"建筑主题的少量特征在索尔兹伯里大教堂中不断重复，亦开始稍显乏味。威斯敏斯特修道院，始于1245年，为亨利三世而建，欲设计出一种最具声望的国家形式，令之前的风格即刻过时，这便是英国传统风格和法国最新发展的一种混合。它试图集三座建筑的功能于一体，建筑都与亨利的妹婿②路易九世有关：它们是兰斯加冕教

① 威斯敏斯特修道院：
区别于威斯敏斯特大教堂，1903年建成。前者为英国国教教堂，牛顿、达尔文等人的墓地；后者为罗马天主教教堂。

② 亨利的妹婿：
亨利和路易九世的夫人是姐妹，都是来自普罗旺斯的公主。

248（上）林肯大教堂圣休（St Hugh）唱诗厅的拱顶（始于约1192年），视角自东北耳堂

249（左）圣休唱诗厅墙上的盲拱廊，林肯大教堂

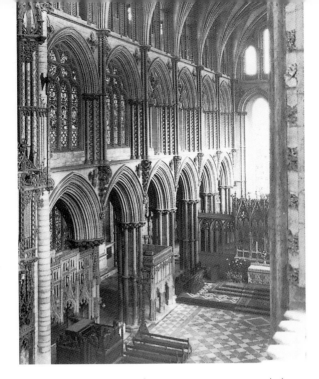

250 伊利大教堂的长老会（presbytery，1234—1252年）

巨大的窗花格窗子，是最为时尚的辐射式风格，即创立于巴黎圣母院中殿的侧礼拜堂中，是1240年的增建。这样一座中央布局且从未出现于法国的建筑，其界定出的一个摄人的空间几乎完全被玻璃环绕。这种室内的空间效应和建筑师对巨大复合式窗花格的激情，都是未来英国哥特风格的前兆。

威斯敏斯特的影响及"装饰化风格"的起源

  利奇菲尔德、赫里福德、林肯、索尔兹伯里大教堂都有着耀眼的作品，受影响于法

① 雷内斯：Reynes，音似 Reims 即兰斯。

251（下）索尔兹伯里（Salisbury）大教堂，自东北角（1220—约1260年）

堂、圣丹尼皇家陵园、巴黎的圣沙佩勒教堂。威斯敏斯特修道院中的法国特色，包括多角室和回廊；高且窄比例的中殿，高于任何英格兰的所建；上部的薄墙技术，带有飞扶壁，但无高侧窗通道；拱顶有单独（起拱石）的起拱点；连续无遮挡的束柱，从拱顶至墙墩之底；特别是其窗花格，包括来自兰斯大教堂的铁棱窗花格、来自圣沙佩勒教堂的球面三角形窗子、来自巴黎圣母院北耳堂的玫瑰窗。必须承认，这种法国的词语被说出时，则会带有英国的口音，其1245—1253年的石匠师来自雷内斯①的亨利，也可能是来自英国埃塞克斯的雷内斯，而不是来自法国的兰斯。由此，英国的传统亦在此坚持，表现于特别突出的耳堂；从墙肋处后退的高侧窗所产生的有力效果；深深的中层拱廊；以及先入为主的表面质地，即大量使用珀贝壳大理石，以及带有菱形格子、叶饰或人物雕塑的盲拱廊。

  八角形礼拜堂完成于1253年，采光来自

252 威斯敏斯特（Westminster）大修道院（始于1245年）：
唱诗厅和拱顶的室内

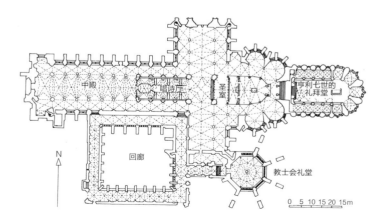

253 威斯敏斯特大修道院的平面

国的宫廷风格，是由威斯敏斯特引入英格兰的。利奇菲尔德的中殿始建于约1258年，展现出新窗花格自由、优雅的效果，而其西立面完工于约1280年，则试图回应法国的双塔式风格。圣母礼拜堂建于约1320—1325年，是圣沙佩勒的一个时尚版本。它有着同样的设计手法，较同类型建筑更有些金属特质，这令其看似是一个奢华的金属工艺神龛。这种紧凑纤细的比例曾出现在赫里福德大教堂的北耳堂中，建于约1260年，由当时的宫廷主教，来自萨伏伊地区艾格布朗什的彼得，他是与亨利三世的妻子，即来自普罗旺斯的埃莉诺王后，一起来到英格兰的。林肯大教堂奢华的天使唱诗厅增建于1256—1280年，是奉献给圣休的一个华丽神龛，将花格窗推到一个通透华美的新水准。高侧窗被复制，但却是建于高侧窗通道的内侧，作为一个面向唱诗厅敞开的屏面。天使唱诗厅空间的最高潮，是其布满东墙庞大的花格窗，这是记录最早的八格光窗（eight-light window），也是很多窗型的祖先，尤其是在英格兰的北部。索尔兹伯里的礼拜堂和回廊院则少些创新，始建于约1270年，是威斯敏斯特的复制。

成熟的"装饰化风格"始于约1290年。它和"S"形曲线（Ogee）的使用有着特别的关系，"S"形曲线也就是双层的曲线，最早出现在"埃莉诺十字"（Eleanor Crosses）上，由爱德华一世，建于1290—1294年，用来标志其王后的葬礼过程，从林肯郡到威斯敏斯特修道院。这种风格的极佳案例，是于埃克塞特大教堂和约克大教堂；韦尔斯大教堂和布里斯托尔教堂的唱诗厅；伊利大教堂的塔楼、唱诗厅、圣母院；以及布里斯托尔的圣玛丽-雷德克利夫门廊。埃克塞特大教堂的中殿始建于约1310年，令人难忘的是其宏大拱顶创造出的厚重丰富感，它看似是一件装饰物，而不是逻辑上覆盖格间的屋顶。它像棕榈叶一样茂盛地展开，因其为凸出的肋拱所遮盖，且其起拱点是一个地方，有 11 根，多于之前的建筑。

韦尔斯、布里斯托尔和伊利的装饰化风格

韦尔斯大教堂工程始于 1285 年，一直延至 1330 年，比埃克塞特大教堂更为纯熟、更有创意。其八角形的礼拜堂以极度炫耀的方式展示了埃克塞特的棕榈叶主题：中心柱子上起拱的 32 根肋拱和房间周边 8 根附着束柱中散出的肋拱最终会集在一起。同样的效果也出现在圣母礼拜堂中，这里是一个不规则的八角形，有两个西边的礅柱很模糊地渗透到祭坛之后（retrochoir），后者在高度上很低。这种空间技巧，包括强调交叉的景观，亦重复于圣母礼拜堂的另两处重要创新设计之中：第一处就是下垂拱（nodding），如三维立体的，以及牧师席的"S"线拱；第二处

就是枝肋拱（lierne vault），即一个拱顶的肋拱，既非起拱于浮凸饰（boss）[1]，亦非起拱于主拱点上，而是用来形成装饰性图案，即星状图案，如韦尔斯大教堂一样。此主题，在韦尔斯大教堂达到高潮，于其摄人的唱诗厅，建于约 1330 年，这里没有对角肋或边拱肋，因而也就模糊了格间的界限，以便形成一种连续不断的装饰展现，即展示其大小不一的巨大尖角菱形（cusped lozenges）。室内墙体的处理，也有着惊人的原创性，拱廊和高侧窗之间的大量区域被填以一个由高框椟构成的开敞石格栅，直接立于拱廊的圆拱之上。这是窗花格的一个极度发展，和我们曾观察的 13 世纪法国宫廷风格相比，后者为一种较适中的规模，如圣丹尼、图尔、塞大教堂的唱诗厅，圣母院、亚眠大教堂的耳堂，以及圣乌尔班、特鲁瓦的半圆殿室。在研究垂直风格的源头时，我们还会回到此话题。

254 埃克塞特（Exeter）大教堂的中殿（始于约1310年）

255 韦尔斯大教堂唱诗厅的拱顶（约1330年）

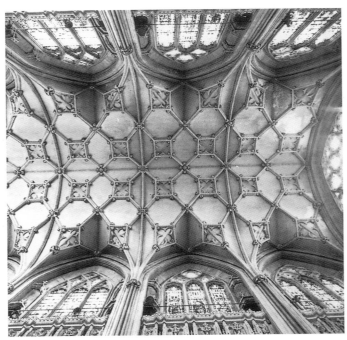

① 浮凸饰：博斯浮凸饰。

在韦尔斯大教堂中，要阐述的最后一个创新，便是其壮观的滤网式（strainer）的圆拱，嵌入交叉处，建于1330年，协助承受塔楼的重量。看似是两个相互交错的"S"形曲线，或者说是一个倒立的圆拱，架于一个正常的圆拱之上，它们以一种有趣的方式表现了装饰化风格对角线的重视。事实上，韦尔斯只是一个重复的增大，因其曾在布里斯托尔大教堂的牧师席和飞拱上以各种方式被尝试过。奥古斯都修道院教堂，即今天的圣奥古斯都大教堂，位于布里斯托尔，于1298—约1330年，增建了一座新圣坛和圣母礼拜堂。圣坛及其侧廊构成了一个厅堂式教堂，这里，唱诗厅拱顶的重量被转至外墙的扶壁之上，借助于跨越通道的拱形石桥，但是并非异于韦尔斯的滤网式圆拱。之前并没有这种横梁的先例，也许除了圣沙佩勒教堂的地下室通道。

如画的式样及结构上的天赋可见于六边形的北入口，这是一个教区教堂的增添，位于布里斯托尔的圣玛丽·雷德克利夫，建于约1325年。这个入口门廊具有一个东方式轮廓，由一连串6个凹曲线构成。布里斯托尔是一个重要港口，与东方有着大量的贸易往来，这一事实也许最好地解释了其异国情调门廊上的大量雕刻，以及采用"S"曲线拱和肋条构成星形图案的拱顶。

"装饰化风格"的巅峰——以任何空间概念来评价——是出现在伊利大教堂之中，这里，于1322年，诺曼风格的交叉塔楼倒塌后而造成的荒芜区域，看似是一种中央布局的空间创造，直径超过65英尺（20米），其上冠以一个八角形的塔楼。如我们在韦尔斯和布里斯托尔所见，对角线景象是装饰化风格设计者的最爱。相比于雄伟的八角形，没有任何空间形式能赋予更富诗意、更强有力的表达，它惊人地打破了伊利教堂诺曼式中殿中持续、重复的韵律。光线自四扇大窗倾泻

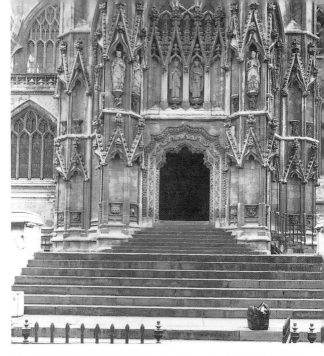

256 圣玛丽·雷德克利夫（St Mary Redcliffe）教堂的北入口外观，布里斯托尔（约1325年）

257 伊利大教堂八角厅的室内（1322—1342年）

而下，它们置于八角形的对角上，光线来自其上的灯笼式屋顶，其肋拱形成了一个生动的星形图案。韦尔斯大教堂的礼拜堂中，中央立柱看似神奇地消失了，而拱顶的冠部好似被切开，以令视线向上延伸，直至上面飘浮的灯笼屋顶。

伊利教堂是一座修道院式的大教堂，正是在其塔楼之下，修士们布置了其唱诗厅，一个独特且具如画般魅力的位置。为了协助他们设计大灯笼式的屋顶，伊利教堂的石匠师们请来了国王在伦敦的木匠大师——威廉·赫尔利，因为木材是这一种结构唯一的适用材料。无疑，他们知其先例，即建于约1300年于约克的八角形礼拜堂采用了木材拱顶，已无须一个中心承重柱了。英国并不特产石材，却有着大量的木材，而其造船业的传统亦促进了木匠们的技巧，他们在13世纪和14世纪时，创造了一系列的仿石木制拱顶，其首要作品是1340年伊利大教堂的八角拱顶。这些木制天花又被不断地饰以雕刻的浮凸饰，比起法国的沉重石制拱，更适用加装饰。哥特建筑被19世纪的作家们，如普金和维奥莱-勒-杜克——视为建筑的真正方式。然而，没什么能比伊利的八角拱顶更为真实了，这里，灯笼式屋顶不是置于下面的拱顶之上，至少看似如此，而是置于一个木制托架的悬挂框架之上，它支撑着8个结实的木柱。框架和木柱都被特意遮于视线之外；的确，隔板和木拱肋也都被巧妙地隐藏在托架下面，以便造成一种石拱顶的错觉。

伊利唱诗厅最西端的3个开间于约1328—1335年被重建，是在塔楼倒塌之后。它们在祭坛后部的空间连接上，发展了一种新型的奢华主题，如回廊敞开处的星形枝肋拱和金银细工窗花格。圣母堂始于1321年，建成于约1335—1349年，是英国迷人的装饰化风格空间之一，以其巨大展开的星形枝肋拱、

流畅窗花格的窗子闻名，最重要的是，波澜起伏的立体"S"形曲拱遍布四周的墙面上。这个诱人的迷你建筑有壁龛、山墙、拱顶、卷叶饰、小尖塔，又因雕琢叶饰、人物雕塑而变得生动，其原有的鲜艳彩绘在17世纪时被野蛮地毁掉了。约克大教堂显赫的西立面的主体为火焰窗花格的宏大中心窗子，展示了装饰化风格，在巨大的尺度上，亦会产生同样的效果。

圣斯蒂芬礼拜堂和垂直风格的起源

"辐射式风格"于13世纪中期采用于英国的威斯敏斯特修道院，并在英国一些地方一直延续至14世纪，如英国北部约克大教堂的中殿，始建于1292年。然而，辐射式风格的影响也衍生了两种风格，对比强烈，却又基本上是同期发展的：它们就是"装饰化风格"（Decorated）和"垂直风格"（Perpendicular），后者得名的原因来自一种直线性体系的设计和装饰，基于尖头垂直板的重复性。这个故事要始于威斯敏斯特的圣斯蒂芬礼拜堂，它是为爱德华一世而建，目的是与圣沙佩勒教堂抗衡。很长的建造过程包括了三个时期，1292—1297年、1320—1326年、1330—1348年，后期添加了拱顶、高侧窗。现今只剩下曾经注重修复的地下室。

它主要是一座装饰化风格的纪念建筑，带有奢华彩绘、饰以"S"形曲线尖拱、地下室中可能是最早的枝肋拱顶，它也有着板条笼子的一种感觉：而盲窗花格令其墙面变得生动，这包括内窗拱肩上垂直的盲板条、外墙窗下的渐降直棱。很清晰的是，其第一位建筑师，来自坎特伯雷的迈克尔，后又于1323年被他的儿子托马斯接任，将法国宫廷风格中的某些倾向发展成了早期的垂直风格。此风格于1323—1349年又被带到了一个新的阶段，于在现已被毁的，位于伦敦旧圣彼

258 圣斯蒂芬（St Stephen）礼拜堂的剖面，威斯敏斯特（1292—1348年），为考古（Antiquaries）协会绘制

得大教堂的礼拜堂和修道院，后者由建筑师威廉·拉姆齐建造，他曾在圣斯蒂芬礼拜堂工作过。圣彼得大教堂中，包括窗子直棂，于墙表面向下延伸，这是最早的直线式垂直风格的窗花格，也应是第一次使用"四心拱"（four-centered arch）①，之后，它成为垂直风格的标记之一。四心拱的平坦表面，有助于将垂直风格定义为一种刻板型的风格，与装饰化的灵活型风格相反。这种形式之前从未在欧洲大陆使用过，除了在佛兰德斯的一小部分。的确，虽然英国装饰化风格对欧洲有过一种冲击，并影响了一系列建筑，从波希米亚到葡萄牙，但是，垂直风格却从未达到欧洲大陆。虽然装饰化风格一直延续到14世纪中期，从1330年后两个世纪中的主导风格，却是垂直风格。

格洛斯特的垂直风格

旧圣彼得大教堂的垂直风格第一次被用到一座重要的教堂上，是于1331—1337年和1337—1350年，重建本笃会修道院教堂的南耳堂和唱诗厅时，即如今的格洛斯特（Gloucester）大教堂。唱诗厅的原设计是一个神坛，为国王爱德华二世的遗骨筹建，他于1327年被谋杀，曾希望成为一名皇家圣

徒，如"忏悔者"爱德华一样，并因此吸引朝圣者。此工程的监管也许是来自伦敦的皇家建筑师，也可能是威廉·拉姆齐或是坎特伯雷的托马斯。后者在格洛斯特的南耳堂开工时，是国王的御用建筑师，但这里的大窗子却近似于旧圣彼得大教堂的礼拜堂，即拉姆齐的设计。

格洛斯特教堂最惊人的部分是其11世纪唱诗厅的墙体，有大部分保存下来，它是在一层镶板，或是一层网状的下行直棂和尖板条之下。它是细木工艺在石材上的一个创举，换言之，是源自木匠在石材上表现的工艺，达到极富想象力的制高点，这亦是一种主题，曾表达于圣斯蒂芬礼拜堂。这标志着一个从圣沙佩勒教堂的重要转移，它曾是圣斯蒂芬礼拜堂的一个模型，这里源自金属工艺的形式，看似扮演了一个重要的美学角色。格洛斯特唱诗厅的东端是一面玻璃墙，由窗花格相连接，由装饰墙体所用的尖板条组成。

晚期垂直风格和扇形拱顶

格洛斯特教堂唱诗厅的拱顶是复杂的肋架变体（lierne variety），有很多用浮凸饰强调的小隔间。之前不久，有人发明了一种拱顶类型，与墙体板条更为协调。这就是"扇形拱顶"，其要素即将装饰性尖角板条覆于实体的半圆锥之上。这些板条受启发于垂直风格中的窗花格，并被线脚隔开，而线脚虽形似但却不是拱肋。扇形拱代表了垂直风格的最后阶段，有着装饰性的拱顶图案。这种大量装饰的拱顶在结构上得助于英国保留的厚墙工艺，后者提供了一个够大的支撑体。扇形拱顶的第一次使用不得而知，然而，格洛斯特修道院的东走廊，于1331—1357年完成，却是常被提到的一个。

格洛斯特的风格影响了约克大教堂，虽然其司祭厅和唱诗厅建于1360—1400年，

① 四心拱：
4个圆心的拱，类似还有二心拱、三心拱。

采用一种和辐射式中殿类似的风格，它们都饰有盲拱廊，其制高点是一扇庞大的东窗，很明显是受格洛斯特教堂的启发。独立的直棂屏面向下落于几扇窗子之前，于其室内和室外，在约克大教堂的东侧翼，类似斯特拉斯堡和乌尔姆大教堂（189页）。坎特伯雷大教堂的中殿建于1379—1405年，建筑师也许是亨利·伊夫利，而温切斯特大教堂的中殿建于1394—1450年，则是由威廉·温福德建成，他们都是王室的石匠师，两座教堂虽仍有直线性拱顶，但却是新型垂直风格完全、自信的宣言。一个过渡性阶段，即在祭坛拱顶，建于约1430—1459年，位于多塞特的舍伯恩修道院中，虽然在技术上还是直线拱顶，但已经貌似是一个扇形拱顶。至此，这便是此类拱顶中最大的一个，它可能已激发了设计者的想象力，如巴斯修道院高拱顶的设计者——弗图兄弟，罗伯特和威廉，以及剑桥国王学院、威斯敏斯特修道院的皇家礼拜堂的设计者。

国王学院及其礼拜堂是由亨利六世建于1441年，而温莎的圣乔治礼拜堂——是由爱德华四世建于1475年，但其完工日期却都被拖延了，因为"玫瑰战争"（War of the Roses）①，和之后约克（Yorkists）和兰卡斯特家族（Lancastians）间的王权转换。因反对极端装饰化风格，亨利六世在1447年写过，希望其礼拜堂应"规模庞大、简洁、坚实，避免太过猎奇的浮华，如雕琢和复杂的线脚"。这座礼拜堂的原设计采用复杂的直线拱顶，但最后却采用一种堂皇的扇形拱顶，由约翰·华斯泰尔设计，建于1508—1515年。精美图案石拱的巨大重量，看似不过是架于玻璃墙体之上，而此礼拜堂和圣沙佩勒教堂都是同一系列。实际上其重量已被巨大的外飞扶壁承受，其凸出的部分已隐藏于其间的侧礼拜堂之中。"皇家圣徒，无须赋税"，诗人沃兹沃斯（Wordsworth）呼吁，于其关于礼拜堂的著名十四行诗之中，用语言提醒大家，这样一种规模的装饰性扇形拱顶是奢华、耗资的玩物，只有皇室财富才能支撑。

还有一座更为奢华的，即亨利七世的礼拜堂，建于1503—约1512年，于1220年建的圣母礼拜堂的原址上，位于威斯敏斯特修道院的东端。亨利七世作为都铎王朝的第一位国王，意在为自己建一个祈祷礼拜堂，在此，于其死后，弥撒亦可以安息其灵魂，同时，也作为一个神祠献给亨利六世，并希望

259 格洛斯特大教堂唱诗厅室内的北墙（约1337—约1350年）

① 玫瑰战争：
约克家族标记是白玫瑰，兰卡斯特家族标记是红玫瑰。

260 亨利七世礼拜堂的拱顶，于威斯敏斯特大修道院（1503—约1512年）

他能被奉为圣徒。它是一座宗教和政治的纪念物，其中，亨利七世意在展示都铎王朝至高的权力和法力。虽然此设计常被归属于弗图兄弟——他们后来成为亨利八世的建筑师，但礼拜堂，更有可能是由小罗伯特·詹尼斯（Robert Janyns）设计的，他也是皇家的石匠师之一。亨利七世礼拜堂装饰华美的拱顶上，又有添加的垂饰，这一种形式始于1479年的牛津神学院，由威廉·康查德设计。庞大的垂饰以一种扇锥体的形式由横拱来承重，其冠顶则消失在拱顶之后。在这些横拱上，褶纹（frilly）的尖角边，即如整个礼拜堂的华丽装饰一样，令人想起法国和西班牙的火焰式哥特风格。其重量也落于八边形的小角塔上，其外部装饰的水平板条又会集于三叶形凸窗，以一种石头和玻璃的波澜起伏状。礼拜堂的中

央安放着亨利七世及其妻子的奢华坟墓，其妻子是来自约克的伊丽莎白，墓是于1512—1518年由佛罗伦萨雕刻家彼得·罗托里加诺雕制，作为一件英国最早的文艺复兴设计。

教区教堂与世俗建筑

至此，我们所见的建筑，一直都是国王、主教、修道院院长们的委托。我们最后应审视一下教区教堂和世俗建筑——大多由逐渐富裕的商人阶层建造，特别是城镇教堂，多来自14世纪和15世纪时日渐流行的世俗宗教协会。石拱顶对简朴的教区一般太过昂贵，这里，一种木制屋顶的传统便达到了一个顶峰，以其托臂梁（hammer-beam）教堂屋顶，在垂直风格的时期，如位于东安吉利亚的尼达姆市场、怀门德姆教堂。最早记载的托臂梁屋顶中，其圆拱、支杆（brace）都是由墙体中凸出的水平托架所支撑，这是在温切斯特的朝圣大厅中，建于14世纪中期。此种形式作为一种大胆的结构而为人赞赏则是在一座皇家的建筑，这就是威斯敏斯特大厅，这里的一个托臂梁屋顶建于1390年，由国王的木匠师休·埃兰建造，当时大厅被亨利·伊夫利重建。

大塔楼常被添加于大教堂或修道院教堂的十字交叉处，也特别影响了教区的教堂。一个早期的例子即是建于1307—1311年的林肯大教堂，之后于14世纪，则是赫里福德、利奇菲尔德、诺里奇、索尔兹伯里的大教堂。这种传统因壮观的垂直风格塔楼，于贝弗利、坎特伯雷、达勒姆、伍斯特、约克，而达到了顶峰。萨默塞特地区，如科茨沃尔兹、东安吉利亚一样，因羊毛而兴盛，自诩拥有一批惊人的教区教堂塔楼，其中位于韦

261（下页）国王学院礼拜堂，剑桥，展示1508—1518年的扇形拱顶，和1530年的管风琴屏风

262 威斯敏斯特大厅，于威斯敏斯特宫殿（1390年），展示托臂梁天花

263 哈勒赫（Harlech）城堡，格温内斯（Gwynnedd，1283—1290年）

尔斯的圣卡斯波特教堂的塔楼，于大教堂的影子下，则是最为杰出的。

对哥特时期的世俗建筑故事，我们要始于威尔士城堡，于13世纪晚期，由爱德华一世建成，用以结束他对威尔士的征服。一种强烈的对称性美学塑造了很多城堡，如哈勒赫城堡，这里，一种同心圆形式是受启发于法国和意大利的先例（165页和199页），则耸立于英国特色的一个要塞门楼的中心。对称性再一次成为主题则是在没有完成的井式布局城镇，即新温奇尔西，位于苏塞克斯郡，它是于1283年，在爱德华一世的执治期建成，其中一部分是作为一个聚集区，为和加斯科（Gascony）做贸易的葡萄酒商人而建。同一年，爱德华的财政大臣，亦是韦尔斯的伯内尔主教，开始为自己建造一座很大的乡村别墅，于阿克顿伯内尔（Acton Burnell），位于什洛普郡。

阿克顿伯内尔位于一块威风的长方形街区，有着井然的窗式，每个角都设有一座塔楼，是英国保存下来的较早私家建筑之一，布局上有着视觉和谐的美学意愿。它和什洛普郡的斯托克塞城堡，因其随意聚合的建筑群，而形成了鲜明的对比，后者早几年动工。建筑的不同部分对应不同功能的建筑方式，如斯托尔塞，表现在其不对称的外观之上，

这一直成为中世纪小型庄园的建筑形式。类似的一种建筑布局，在法国得到了采用，如我们在布尔热的雅各·克尔府邸中所见。直至文艺复兴的影响，才又转回到哈勒赫的对称式布局。

别墅的主要房间——如阿克顿伯内尔，亦如所有的城堡、宫殿、学院一样——是其大厅，为整个家庭一起进餐的地方。保存得较完好的大厅之一，是肯特郡的彭斯赫斯特，建于约1341年，由伦敦的市长约翰·波尔特尼建造，而较大的大厅之一，则有90英尺×45英尺（27米×14米），现已是废墟，是于1390年加建到凯尼尔沃思城堡中的，建者为来自冈特（Gaunt）的约翰，即亨利四世的父亲。15世纪，为了舒适和私密，高桌常被移走，从大厅搬至一个叫大房间或大阳光房之中，它通常位于一楼大厅的平台一端。

对塔楼的热衷源于一种军事设施，当其主要目标为美学时，便为15世纪的建筑增添了色彩。例如，用砖砌成且是部分为防御作用的塔楼，位于诺福克的凯斯特城堡，就是第一个采用这种材料的建筑；而位于林肯郡的塔特舍尔城堡是为亨利六世的财政大臣而建；以及位于亨廷顿郡的巴克登宫是林肯主教们的一个座席教堂。这种传统都反映了修

道院的巨大门楼，如林肯郡的桑顿修道院，建于约 1382 年，以及埃塞克斯郡圣奥塞斯的小修道院，建于一个世纪之后。此传统达到高潮时，是在 16 世纪早期塔楼威然的门楼之中，它构成了都铎王朝很多官殿和大学的雄伟的正式入口，如汉普顿宫殿和剑桥的圣约翰和基督学院。

264 斯托克塞（Stokesay）城堡，什洛普郡（Shropshire）：塔楼，有外楼梯的阳光厅和大厅（约1270—1291年）

265 彭斯赫斯特（Penshurst Place）的主大厅，肯特（约1341年）

牛津和剑桥大学

　　牛津和剑桥大学是一份英国中世纪建筑的独特财富，至今一直保留着一种团体生活方式，多是反映了中世纪修道院和庄园的组织形式。这种建筑模式以一种随意的方式发展了约一个世纪，最终被来自威克汉姆的威廉明确了，他是英格兰的大臣，于 1379 年创立了牛津大学的新学院。如叙热修道院院长一样，作为另一位杰出的建筑出资人，他也是一位执着而且基本上是白手起家的人。他的建筑师威廉·温福德在 1380 年设计了一个四边形空间，在一个俊朗的建筑布局里，聚集了大厅、礼拜堂、图书馆、学监住宅、员工和学生的宿舍。在剑桥，学院这个概念作为一个计划有序的和谐实体，在王后学院中有着成熟的表达，建于 1440 年，设

计师可能是雷金纳德·伊利，即国王学院礼拜堂的第一位建筑师。虽然有几座建筑是修士们出资建造的，这些学院的布局并无修道院的影响，它更类似于14世纪和15世纪庄园主的宅邸。例如，德比郡的哈桑大厅，如王后学院同样是围着两个庭院，且有大厅相连接，虽然其散落而优美的建筑群和学院的严谨拘束性有些反差。我们应比较的是王后学院和赫斯特蒙苏城堡，后者建于苏塞克斯郡，大体上是一座对称的红砖建筑，原有一系列的长方形院落，其中一个院子环绕着一条封顶的走廊，如同王后学院的第二个庭院。这种正式宏大的建筑本应在剑桥的国王学院实现，如果雷金纳德的设计能多些实施，即除了礼拜堂，后者位于原设计主庭院的北端。我们已在其他地方涉及此礼拜堂。这里要说的是，其雕琢的庞大木制管风琴屏面建于1530年，其许多佛兰芒风格的玻璃建于1515—1527年和1526—1527年，但都已是文艺复兴的风格了。即如亨利七世在威斯敏斯特修道院礼拜堂中的坟墓，这些文艺复兴风格的佳作都是为亨

① 宗教改革：
起因是亨利八世的婚姻，因其不被教皇接受。

利八世而建，因他为英国带来了宗教改革①，从此要断绝源自罗马天主教教堂和欧洲文化的艺术。我们在此书中再次审视英国时，因其隔绝于意大利文艺复兴的设计源泉，它已成为一个极不快乐的国度。

德国与欧洲中部地区、比利时、意大利、西班牙、葡萄牙

我们将要审视的国家，虽采用了哥特风格，但却晚于法国和西班牙，因而，它们最重要的建筑都是倾向于一种晚期哥特风格。比起早期哥特风格，这种风格被研究得较少，这是因为19世纪的认知，即一个晚期风格应比早期风格要败落些，同时，也因其过度的装饰触怒了20世纪的美学意识。然而，我们当前的部分目标，就是要将其确立为西方建筑中最伟大的时期之一，且研究主要建筑人物的作品，如彼得·帕勒、本尼迪克迪·里德、胡安·迦斯、西蒙·德·科隆纳、迪奥戈·伯依塔、迪奥戈·阿鲁达。

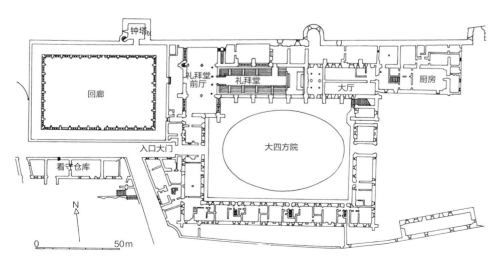

266 新学院的平面，牛津（1380年），设计出自威廉·温福德（Wynford）

科隆、布拉格和帕勒王朝

神圣罗马帝国的领地，特别是莱茵盆地的西部地区，初始本是排斥哥特风格的，因他们视其为一项法国发明。很多建筑都属于过渡性的风格，如1208年的唱诗厅，有着多边形后殿和回廊，在马格德堡大教堂内，位于现今德国东部，还有圣乔治学院教堂（1211—1235年），位于德国兰河（Lahn）边的兰河畔林堡，后者结合了一种哥特式肋骨拱顶的室内，以及一种威风的晚期罗马风外观。一直到1230年，对于法国风格的抵制才基本结束。由此在德语区内，正如我们会看到的，最有趣、最令人激动的教堂都是属于晚期的哥特风格，而非早期，一种完全不同于流行在法国的风格。哥特风格最早的两座主要建筑都始建于1230年，它们是黑塞地区兰河畔马尔堡（Marburg）的圣伊丽莎白教堂（始建于1236年）和特里尔的圣玛丽亚教堂。前者是一座厅堂式教堂，有着栅栏式的窗花格，源自兰斯大教堂，还有一个三叶形平面的东端，这里，哥特风格的处理方法受启发于努瓦永大教堂的东端。优雅的特里尔教堂将这种中央式平面向前推进了一步，得以创造一座极具原创的、有多个后殿室的多边形教堂。

如果兰斯大教堂为马尔堡和特里尔留下了很多建筑细节，那么，亚眠大教堂则为建筑师格哈德留下了主要灵感来源，他于1248年开始设计科隆大教堂，是在年初的火灾之后，原来的加洛林风格大教堂被毁。建筑的进程很慢，如此，建筑师们也能够结合日益成熟的流线效果（streaming effects），它始于亚眠大教堂，由其第三位建筑师——勒尼奥·德·科蒙特——从1250年开始建造。这里最终的结果即科隆大教堂于1322年举行奉献仪式之时，其唱诗厅拱顶已超过141英尺

（43米）高，可以媲美博韦教堂，作为高哥特风格影响的制高点。科隆大教堂，如博韦大教堂一样，其哥特风格的雄心被证明太过宏伟，以至于不能实现，中世纪时只有唱诗厅建成。科隆大教堂完工于19世纪，是依据重新发现的原始设计，的确是当时浪漫民族主义的一个奇异成果。

较少依赖于法国哥特源头的，即（德国）巴伐利亚雷根斯堡的多明尼会教堂，建于13世纪下半叶。虽然它反映了高哥特风格之喜好，如高度、纤长、将中殿和祭坛合并为一个连续体，教堂也表现出节俭的精神，建有二层内立面，这里，拱廊和高侧窗之间的大片墙面都留为空白。它代表了一种托钵僧团中日渐流行的建筑风格：一个朴素的宣讲大厅，完全没有承袭哥特盛期的对角性风格，却具有一种紧凑的感觉，它来自又长又高的唱诗厅，又被极高的尖顶窗照亮。

托钵僧团，如意大利和法国，从13世纪开始就特别关联于这种类型，即厅堂式教堂。在德国，此传统被赋予了早期且成熟的表达，于圣十字教区教堂，位于施瓦本的施瓦本–格穆德，始建于1320年。教堂中殿简单的圆形墩柱表达了托钵僧团的简朴性，这与大教堂的华丽截然相反，并在唱诗厅中延续，后者始建于1351年，按照厅堂式的模样，设计者有可能是亨利希·帕勒（生于约1290年）。帕勒，于唱诗厅的外观和内部的装饰处理之中，介绍了一种新型的复杂设计。这些包括拱廊上醒目的上楣，当其跨过墙柱时，它以三角形状向前弯曲；而其华丽的窗花格带有异样的曲线和半圆，则带来英国所谓的"几何图形风格"，亦是"曲线风格"（Curvilinear）的边缘。

在韦斯特法利亚的索斯特有两座厅堂式教堂，都是于约1330年建造，它们是方济各会教堂和维森教堂，其中，后者是同类教堂

267（上）圣十字教堂唱诗厅的拱顶，施瓦本-格穆德
（Schwäbisch-Gmünd，1351年）

268（左）科隆大教堂唱诗厅的室内（1248—1322年）

中最美的一座。它的平面基本上是正方形，不分中殿和唱诗厅，创造出一个显著的平衡空间。高侧窗和中层拱廊的取消更强调了这种统一的感觉，如此，拱廊，在某些教堂已达到异常的高度，便可以毫无障碍地直至拱顶。维森教堂还有一个同步的改进，即将拱廊较为纤细的礅柱改成一束线脚精细的柱子，而之后又变成拱顶的肋条，不受任何柱头的阻碍。这种流畅的直线型设计不再是暗示于1298年的布里斯托尔大教堂祭坛之中，而是成了德国晚期哥特建筑的一个标志。

这种晚期风格多和帕勒王朝的石匠师们有关，他们在德国的南部工作，大多在施瓦本，以及波希米亚和布拉格，并连续几代在同行内联姻。在施瓦本-格穆德唱诗厅

中，我们已经看到对创意的自由和对角线的爱好，即亨利希·帕勒或其儿子彼得所展示的。1356年，查理四世皇帝令彼得·帕勒（1333—1399年）到布拉格继续大教堂的工程。查理四世，一位法兰西文化的崇拜者，将布拉格设为帝都，并意在将其建成北欧最伟大的城市。他在1344年设立了一个大主教管区，建了一座大教堂，并开始建设布拉格新城，又于1348年创立了布拉格大学——第一所德语地区或者说斯拉夫语地区的大学。1344年新大教堂的设计是来自阿拉斯的马蒂亚斯，一位法国建筑师，他可能曾参与过纳博纳（Narbonne）大教堂和阿维尼翁教皇宫殿的建造。马蒂亚斯当时已经装饰性地运用了建筑功能元素，例如，布拉格大教堂东端

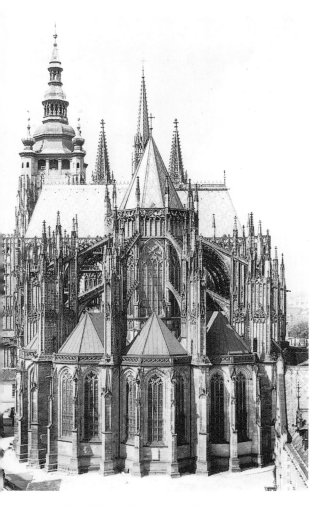

269 布拉格大教堂的东端，展示尖塔扶壁（设计于1344年）

270 布拉格大教堂：圣器室（sacristy）的室内，有彼得·帕勒（Peter Parter）设计的吊拱（1356—1362年）

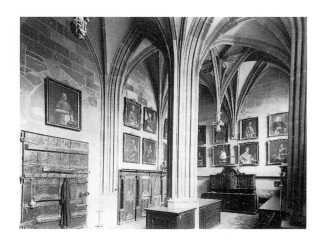

和飞扶壁相连的尖塔。于 1356 年，即马蒂亚斯逝世 4 年之后，彼得·帕勒接替其职，他打破了启发于法国的回廊所产生的流畅节奏，回廊有着辐射式礼拜堂，他在北边用了一个两格间的圣器室，建于 1356—1362 年。他在南边于 1366—1367 年增建了一个庞大正方形的圣温塞拉斯礼拜堂，并用半贵宝石装饰。此礼拜堂，非传统地，占据了南耳堂的一部分，同时他还为其配置了一个精美的凸出门廊。这些区域之上架有拱顶，采用了放射肋和枝肋，且消除了柱子上的柱头，与此，帕勒展示了一种极富想象的创新，可与其媲美的，只有约半个世纪之前的一些英国装饰工艺。的确，圣器室和门廊中的奇异飞拱肋可能直接受启发于布里斯托尔的伯克利礼拜堂，以及林肯大教堂中的复活节陵墓（Easter Sepulchre）①。

帕勒在建于 1374—1385 年的布拉格大教堂唱诗厅的上层部分，奇怪地着重于对角性，即在每个开间之中，将中层玻璃拱廊的末端以一个角度向前推进了些。这种起伏的韵律，也反映在高侧窗之上，在每一个开间中也有倾斜的圣龛壁室，带有"S"形的尖头曲线。类似设置的壁龛也出现在约克郡韦尔斯大教堂和塞尔比大教堂的唱诗厅之中，而其高侧窗上流畅的窗花格也令人想起英国的源头。此外，网状拱顶（net-vault）——如此称呼是因为其拱肋构成了网状的菱形——也是一种英国特色。它们呼应着温切斯特大教堂中殿的拱顶，虽然帕勒为了增强其流动整体性除去了边拱肋，并且首次在一个德语国家，打破了横向拱。可以猜到的是，帕勒应和一些英国作坊有关系，或者说他要么访问过英国，要么看过英国建筑的绘图。

英格兰装饰性的放射肋拱顶在地中海国家中很少见，却被极为热情地用于北德和波

① 复活节陵墓：
多于内龛中，于复活节期间，会有圣物展示。

271（上）玛丽安堡（马波克堡）城堡，但泽（Danzig）

272（顶右）亚琛大教堂唱诗厅的室内（1355—1414年）

273（底右）维也纳大教堂的屋顶和塔楼（塔楼约1370—1433年）

罗的海沿岸地区。要塞式官殿位于但泽（格但斯克）附近的玛丽安堡（Marienburg）（今天的马波克堡，Malbork），即条顿骑士团（Teutonic order）团长的驻地，此骑士团曾于13世纪征服过西普鲁士的信奉古教的斯拉夫人，其下礼拜堂和上礼拜堂建于1335—1344年，有着精美的放射肋拱顶，而建于约1325—1350年的团长的宴会厅则有着一连串的波浪形拱顶，回应着英国教士会礼堂的拱顶，但是却有着德国的"三向放射式"（triradial）肋拱。1370年，帕勒在赫拉德坎尼山上修建了万圣教堂，高高的山丘以其城堡和大教堂统领着整个布拉格城。万圣教堂是一座着意模仿巴黎的圣沙佩勒教堂。彼得·帕勒还可能设计了纽伦堡的弗劳恩教堂，一座贵气的厅堂式教堂，建于1355年，而他肯定设计了跨伏尔塔河的查理大桥，于布拉格，上桥要经过一座漂亮的塔楼大门。

亚琛大教堂，德国皇帝的加冕地，于1355—1414年增建了唱诗厅，这是查理四世皇帝委托建造的另一个佳作。这里，帕拉蒂尼礼拜堂，是9世纪建造的低矮、结实的八边形空间，查理四世1349年在此登基，和其面对的一个巨大高耸的玻璃笼子之间产生的对比，是欧洲一个最令人震撼的展示，这里是哥特的活力和基督教王权中世纪式理想相融合的结晶。朝圣者们于此参拜查理大帝的遗物，查理四世奢华的哥特式神坛中，亦结合了一些建筑元素，来自圣沙佩勒教堂、科隆大教堂、更多的德国教堂，如索斯特的维森教堂。维也纳大教堂同样亦要审视于此风格的背景之下。它有一个厅堂式唱诗厅，建于1304—1340年，和一个中殿及塔楼，始建于1359年，然而，中殿的网状拱顶则是建于1446年。每个塔楼有一个礼拜堂，其中都有一个拱顶，而其飞肋拱都是终结于垂悬的浮凸饰，这种生动的装置是借自彼得·帕勒在布拉格设计的大教堂。此种拱顶的第一个建于约1370年，而其精彩的南塔楼则是建于约1370—1433年。它将不同的层次化解成一个蕾丝般的交织网，这里有尖塔、圣龛、窗花格、卷叶饰、山墙，这是一个镂空式塔楼的惊人尝试，即法国火焰式和德国晚期的哥特风格。

274 乌尔姆大教堂的西立面（始于14世纪，完工于19世纪）

德国晚期哥特式风格

哥特式晚期风格（有时叫特殊哥特式，sondergotik）中，最佳的塔楼是在斯特拉斯堡和乌尔姆大教堂中，这和当时的建筑师圈子有关，由4位主要的德国建筑师组成，他们的工作多在1390年后的30年之内，而且，皆受益于帕勒学派。他们是乌尔里希·冯·恩辛根、文佐·瑞克泽尔、亨利希·冯·布隆斯伯格、汉斯·冯·布格豪森（有时被错误地称为施特赛穆尔）。除了布隆斯伯格是在德国东北部，其他人都是南德人。1392年，乌尔里希·冯·恩辛根接任乌尔姆大教堂的建筑师，乌尔姆由帕勒家族开始建造。西部门廊，竣工于1434年，延续了哥特晚期风格的装饰复杂性。这座高大的三重门廊位于庞大塔楼的底部，此塔楼设在西立面的中心，则与高哥特的理念背道而驰。塔楼的工程于1419年后继续，由乌尔里希的儿子——马陶斯·恩辛根主持，并在1478—1492年，由马陶斯·巴布林格不断地使用大量的装饰，他的设计直到1881—1890年才完成，其尖塔成为当时欧洲的最高。设计精彩的东塔楼最终完成的时间也是在19世纪。

1399年，乌尔里希·冯·恩辛根继续斯特拉斯堡西立面的工程，其塔楼的设计灵感影响了乌尔姆和埃斯林根大教堂，是来自弗莱堡（Freiburg）大教堂，后者建于1275—约1340年。乌尔里希的继任建筑师——约翰·赫尔兹——于1419年后的最后建筑阶段强调了弗莱堡的塔楼梦想，使斯特拉斯堡的尖塔变成一种通透的哥特式阶梯金字塔，或是通天塔，即有着外部阶梯，螺旋而上。教堂因此亦成为一个统一的哥特晚期风格的典范，它模糊了室内外的界限。正如墙体已成

275 圣洛伦佐的室内，纽伦堡（始于1439年），设计出自孔拉·海因策尔曼（Konrad Heinzelmann）

276 斯特拉斯堡（Strasbourg）大教堂的西立面（始于1277年；塔楼1399—1419年）

为有玻璃的石制框架一样，在弗莱堡和斯特拉斯堡，原本用于窗子上的窗花格已被用于一个尖塔之上，使其变成一个网状镂空的石制掐丝工艺。

1390年后的10年里，亨利希·冯·布隆斯伯格将帕勒风格用于砖砌建筑，这时他开始建造位于德国普鲁士地区施塔加德的圣玛丽亚教堂，以及布兰登堡的圣卡特琳娜教堂。汉斯·冯·布格豪森则建造了两座主要的砖砌厅堂式教堂，于巴伐利亚的兰茨胡特，即圣马西教堂（1387—约1432年）、医院教堂（1407—1461年），两者都创造出一种统一的、几乎完全游离的室内空间，并带有极为高耸、纤细、宽间距的礅柱，没有

柱头的阻碍，且支撑着一个飘浮的网式拱顶，这里，开间界线感全都消失了。这种对建筑强大张力的极度注重，更因砖材和极简装饰的运用而得以强调。在医院教堂中，唱诗厅有一个极具诗意的特征，其半圆殿室里的中央礅柱和其棕榈叶似的拱顶合为一体，其轮廓呈现在高祭坛之后，紧靠着回廊的东窗。这种用一个礅柱遮住教堂中轴线的方式在汉斯·冯·布格豪森的另一座唱诗厅中出现之时，则更加有力，这就是萨尔兹堡的方济各会教堂唱诗厅，始建于1408年，这里，再一次通过化解有限的东端创造出的效果，令教堂消融于一种朦胧的光与影、实与虚之中。

兰茨胡特教堂的优雅和协调影响了一代的建筑师，包括孔拉·海因策尔曼（约1390—1454 年）、尼古拉斯·伊塞勒（约1400—1492 年）、约尔格·冈霍弗（卒于1488 年），他们创造出了一系列类似的杰作。其中的佳作有纳德林根的圣格奥尔格教堂（始建于1427 年）、纽伦堡的圣洛伦佐唱诗厅（始建于1439 年），都是由海因策尔曼设计的；丁克尔斯比尔的圣格奥尔格教堂（1448—1492 年），由伊塞勒设计；慕尼黑的弗劳恩教堂，由冈霍弗设计。圣洛伦佐教堂是一个令人难忘的中世纪晚期的宗教狂热景象。圣体室的高石尖塔由亚当·克拉夫特雕刻于1493 年，升至复杂的星状拱顶，其上满是一个有"S"形双曲线、植物纹饰、生动人像的混合。同样的欢快气氛也表现在"圣母领报"肖像之中，由法伊特·施托斯（约1450—1533 年）雕刻，并悬于高祭坛之前，于其节日般装饰的椭圆形框架之中。这些教堂所代表的建筑传统，以大教堂的规模一直延续到16 世纪，如弗莱堡大教堂的唱诗厅，建于1510—1513 年。砖砌的厅堂式教堂，如在巴伐利亚，由海因策尔曼和冈霍弗设计的，和在北德和东北德地区，都有着同样的特色，例如，现在都是位于波兰境内的，在但泽（格但斯克）、布雷斯劳（弗罗茨瓦夫）、托伦、斯德丁（什切青）的大教堂。它们引入了折叠式或钻石式的拱顶，完全摒弃了肋拱，来产生一种如皱纸般的效果。一个典型的晚期实例即16 世纪早期的拱顶，位于波希米亚的贝钦（贝希涅）方济各会教堂。

里德和波希米亚

厅堂式教堂的传统结合了帕勒家族的一种空间和装饰的发展，于1490—1520 年产生了一次最后的梦幻展示。德国哥特的

这一阶段风格还不大为人所知。中欧的主要人物是本尼迪克特·里德（Benedikt Ried，1454—1534 年），这名德国石匠师后来成为波希米亚地区国王工程的总监。这种复杂的生长和交织的建筑形式，其特征为双重曲线拱、飞拱肋、偶尔有机的肋拱装置，形如树干。飞拱肋，或称骨架拱，通常自成轮廓，并紧贴其上的一个实面的肋拱，在某种程度上，它是哥特建筑逻辑上的制高点，在美学上表达出结构的力度，其背景又是一种以诗意方式展开的对角线景致。里德于1493—1502 年创作了弗拉迪斯拉夫大厅，于查理四世旧王宫的上部，它位于布拉格的赫拉德坎尼皇家城堡中。作为中世纪晚期最大的世俗大厅，它原本是骑士比武的场地。其精彩的拱顶，宣称有盘绕双曲线，或是三维直线性拱肋，一直到达地面。类似的创新还有骑士阶梯（Rider's stairs）之上的拱顶，有着相互缠绕的、不对称的、被截短（truncated）的肋拱。建筑的另一个创新之处即是，尽管它是哥特形式，但在门和窗上却包含有意大利"15 世纪文艺复兴"[①]惊人的早期细节。

出生于萨克森的安娜贝格的圣安妮教堂

① 15 世纪文艺复兴：Quattrocento，词原意为1400 年。一种影响广泛的风格。

277 弗拉迪斯拉夫（Vladislav）大厅，于赫拉德坎尼皇家（Hradcany）城堡，布拉格（1493—1502年），设计出自里德

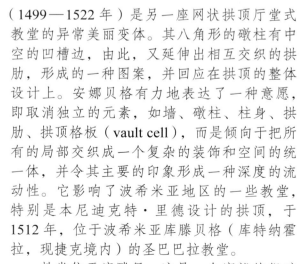

278 圣巴巴拉教堂，库滕堡（Kuttenberg）：东端（始于1388年）

279 圣巴巴拉教堂室内，库滕堡，展示肋拱；始于1512年，设计出自里德

（1499—1522年）是另一座网状拱顶厅堂式教堂的异常美丽变体。其八角形的礅柱有中空的凹槽边，由此，又延伸出相互交织的拱肋，形成的一种图案，并回应在拱顶的整体设计上。安娜贝格有力地表达了一种意愿，即取消独立的元素，如墙、礅柱、柱身、拱肋、拱顶格板（vault cell），而是倾向于把所有的局部交织成一个复杂的装饰和空间的统一体，并令其主要的印象形成一种深度的流动性。它影响了波希米亚地区的一些教堂，特别是本尼迪克特·里德设计的拱顶，于1512年，位于波希米亚库滕贝格（库特纳霍拉，现捷克境内）的圣巴巴拉教堂。

教堂位于库滕堡，这是一个富裕的银矿城镇，始建于1388年，由彼得·帕勒建造，他的儿子约翰接任其后。在中殿里，里德设置了互相缠绕、波澜起伏的肋拱，它们顺畅地从礅柱上升，并在拱顶上构成一幅生长的图案，如春天里新生植物的柔软卷须。这种新颖的自然主义效果在侧廊中被极大地强调了，这里，下降的放射肋被骤然止于近窗的半空中，只留下独立的、被截的末端，如同一位园丁修剪的枝头。其墙体几乎全为玻璃，由飘浮的窗花格分隔，其外部则饰有一排连续的飞扶壁，支撑着拱顶的重量。这个惊人的集合体由尖角的圆拱和林立的小尖塔组成，而其上的教堂屋顶则如三个帐篷一般，类似洛乌尼地方的教堂，为建筑增添了一点中国风，又像是一个土耳其的露营地。

德国和波希米亚的世俗建筑

　　城堡和市政厅是德国中世纪辉煌的一部分，但对此段历史的研究却远不及教堂，其中有很多原因，包括它们经常被改建、毁掉或是任其荒芜。虽然它们和哥特风格的发展在年代顺序上的关系不是很清晰，然而我们的确注意到了于玛丽安堡和布拉格城堡中其前驱性的新型拱顶体系，这里还应加上位于萨克森地区迈森的阿尔布雷克特斯堡，此城堡是由来自韦斯特法利亚的阿诺德于在 1471 年设计的，带着晚期哥特变形拱顶（tortured vault）的所有构思版本。

　　在同时代，阿维尼翁教皇的宫殿之后，玛丽安堡的建造者们创造了也许是中世纪最伟大的世俗建筑。外城堡通向四边对称的上城堡，建于约 1270—1309 年，上城堡两翼为有三面墙的中城堡，建于 14 世纪，上城堡中则有骑士团团长的住所。转角生硬的砖砌外观在风格上和宽敞明亮并带有抒情拱肋的室内形成了强烈的对比。与此相同的还有大教堂和城堡的综合体，建于 14 世纪，在条顿骑士团主持下，位于马林维尔德（克维曾），大约距维斯图拉河 25 英里（40 千米）。自修道院西端，有一条 200 英尺长（61 米）的通道，通向一座极高的"人"字形塔楼，这是一座极为奢侈的卫生间塔楼（latrine towers），骑士团亦用此，来宣传其对卫生的注重。

　　布雷斯劳（现在的弗罗茨瓦夫）现今位于波兰境内，自 1335 年隶属波希米亚，自 1526 年隶属奥地利，自 1741 年隶属普鲁士，它宣称有一座极为奢华的市政厅，展示着各时期成熟的哥特工艺，从 13 世纪到 16 世纪。这里，当地出产的西里西亚（Silesian）[①]砖，被华丽地饰以波希米亚边境的沙石。砖块有时被上釉、上色，被认为足以展示壮观的市

280 条顿骑士团（Teutonic Order）的大教堂和城堡，于马林维尔德（Marienwerder），波兰：卫生间塔楼（14 世纪）

政厅，于波罗的海繁荣的贸易城镇之中，如吕贝克和斯特拉尔松。不来梅和不伦瑞克，则是另外两座隶属汉萨同盟（Hanseatic）[②]的城市，同盟创立于 13 世纪，意在保护德国北部对外贸易的利益。这两个城市在第二次世界大战期间都受损严重，但是，不来梅宏大的曲线形市场得到了完整的修复，用作欧洲最有力的建筑提示，即提示着中世纪晚期文化和商业的兴盛，这里有大教堂正对着华丽的砖制市政厅，建于 1405 年。一个类似的形式还存在于不伦瑞克的旧市场之中，这里，圣马西教堂正对着同样壮丽的市政厅。这座"L"形建筑宣称有两个开敞式拱廊，其中满是精致的窗花格，分别建于 1393 年和 1447 年，它们构成了市场的两侧。便利的城市生活提供的安全和财富远远超过城堡或是修道院，在此，给予了早期且具有说服力的表达。

比利时

　　比利时，或者说荷兰南部，于中世纪是科隆主教管区的一部分，即会有很多教会建筑，从 13 世纪开始，如图尔奈大教堂、圣居

① 西里西亚：
现位于波兰、捷克和部分德国境内。

② 汉萨同盟：
是神圣罗马帝国和条顿骑士团城市的联盟，多为德国北部城市，以吕贝克为主，还有汉堡、科隆、不来梅等城市。

281 卢万的塔式市政厅（1448年）

杜尔教堂、布鲁塞尔教堂、赫托亨博斯教堂的东端，到15世纪伟大的火焰式风格教堂，如安特卫普的圣母院、马林的圣龙博特教堂、列日的圣雅克教堂、卢万（Loivain）的圣彼得大教堂。然而，却是其世俗建筑——即富裕商业城市的行业大厅和市政厅——使得比利时变得独具一格。其辉煌程度常常超越同时代的教堂建筑，而其装饰语言亦不会不影响到其教堂建筑，如安特卫普大教堂。

经典的建筑类型确立于阿尔斯特的市政厅，建于约1225年，它有着4个角楼和很长的正立面，立面上穿透着连续的水平窗带。后来，它被回应在建于13世纪布鲁日的服装大厅，而此时，建筑主导却是庞大的八角形钟楼，增建于15世纪；这亦回应在伊普尔的服装大厅，建于1304年，作为欧洲最大的一座，立面有49个开间，总长440英尺（134米）。布鲁日和布鲁塞尔的市政厅建于14世纪晚期至15世纪中期，发展的建

筑类型即将立面结合着哥特晚期的华丽装饰。相同的壮观形式也主导着蒙斯（1458年）和根特（1518年）的市政厅，但其中最有雄心的则是卢万的塔式神坛般的市政厅（1448年），以及奢华的奥德纳尔市政厅（1526—1536年），它们是哥特的最后一次大胆宣言，自北方的商人们针对着南方的新文艺复兴风格。

意大利的早期哥特式建筑

如德国一样，意大利较晚地采用了哥特风格，但是在意大利文化坚实的古典土壤之中，这种风格不可能像北欧一样扎下根来，因此，在哥特宗教建筑历史中，意大利远不如德国重要。另外，15世纪是德国和西班牙的哥特多产阶段，但在意大利，其主导却是古典主义回归，这就是所谓的"文艺复兴"。然而，不同的意大利城邦在13—14世纪大多注重用世俗建筑作为其形象标志，虽也是哥特式，却缺乏北方教堂中高耸的垂直感。

第一批意大利重要哥特建筑，在西多会于福萨诺瓦和卡萨瑞的早期法国版尝试之后，是两座方济各会的教堂，分别为阿西西的圣方济各（St Francis）[①]教堂，建于1228—1239年，以及位于波洛尼亚的圣方济各教堂，建于1236—1250年。阿西西的圣方济各（约1811—1226年），是由一名传教士而不是一名神父创立了一个新的宗教会，提倡一种信仰复兴，即通过一种基督徒苦行的恢复。他的典范建筑被同时代的西班牙圣多米尼克（1170—1221年）效仿，后者建立了多明尼会，并有一种镇压异端（heresy）[②]的观点。这两个新兴的苦行僧修道会所关心的是世人的道德和精神福利，而不是教会人士，无论是修士还是神父，这在欧洲的教区和大学中产生了极大的影响。正如我们在162页

所见，它们特别关联于厅堂式教堂，作为一个便利的布道环境。阿西西教堂对简洁墙面的强调亦是一种标志，即其源于重视厚墙的古罗马和罗马风建筑，但也被发现它适于作为壁画的表层来描绘圣徒的生活，由此，很多意大利的教堂墙面得以装点。阿西西教堂上端的壁画，出自首席哥特风格的画家契马布埃（活跃于1272—1302年）。圣方济各及其追随者的圣歌和布道不仅影响了意大利绘画的主题，而且还可能孕育了意大利的语言，由此产生了一种早期的语言兴盛，这可见于但丁[①]（Dante，1251—1321年）的著作之中。

　　阿西西的圣方济各教堂建在一个陡坡之上，一个结实的地下室构成了一个低部教堂，平面是简单无侧廊的拉丁十字式，没有繁杂的细节，或是法国哥特建筑高耸的垂直感。在波洛尼亚的圣方济各教堂，虽然还有一个多为罗马风式的立面，却有一个展示更多哥特理念的室内，即带有侧廊的长方厅堂平面，而且回廊有着辐射式礼拜堂和飞扶壁。其简洁和清新看似和建筑材料有关，而当地的红砖在室内却多被抹灰，在之后的近两个世纪里，它在波洛尼亚成了一种模式。更为显著的是佛罗伦萨的多明尼会主教堂，即新圣玛丽亚教堂，始建于1279年，它比圣方济各教堂更轻盈、更通透，也更忠实于哥特式的，虽然它同时也将宽拱廊完全开敞于侧廊。圣克罗齐，在佛罗伦萨与其抗衡的方济各会教堂，是于1294年由阿诺尔福·迪·坎比奥（约1245—1310年）设计的，后者最初的规划是要做一名雕塑师。如圣玛丽亚教堂一样，圣克罗齐是另一个表现通透清晰的代表作，

282（上右）圣方济各的上教堂，阿西西（1228—1239年），及后来契马布埃的壁画

283（下右）上下教堂的平面，圣方济各教堂，阿西西

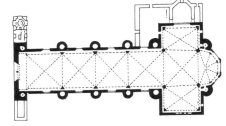

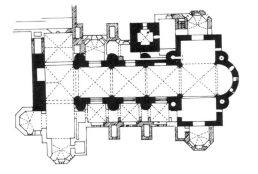

① 但丁：
诗人、作家，是意大利语的奠基者。

但仍保留了开放桁架（trussed）①的木制屋顶，是早期基督教和意大利罗马风的形式。

在西恩那（Siena）、奥维罗（Orvieto）、佛罗伦萨的哥特式大教堂，对接受哥特风格都以不同的方式表现了一种类似的含糊。西恩那大教堂，始建于13世纪中期，且以同样风格持续了一个半世纪，无数的哥特元素都被罗马风的特色抵消了，如穹顶的横跨塔楼，其中最主要的是醒目的彩色大理石水平条饰，据一位艺术史家所言，它令人感觉"好似置身于一匹巨大斑马之腹"。教堂最为哥特之处，即装饰华丽的屏风式西立面，其底部设计和部分雕刻是出自雕塑家乔瓦尼·皮萨诺，建于1284—约1320年。它影响到了奥维罗大教堂的奢华西立面，始建于1310年，由西恩那建筑师罗伦佐·迈塔尼设计。这个组合规整的哥特式立面被视为一个庞大的祭坛后屏风（reredos），作为一个背景，提供了一个五彩缤纷的展示，即用大理石、青铜、马赛克制作的雕饰和雕像。

佛罗伦萨和米兰大教堂

佛罗伦萨大教堂于1296年由阿诺尔福·迪·坎比奥设计，有着和圣玛丽亚教堂一样宁静宽敞的空间，其中殿和侧廊意在作为一个单体大空间展示于人。施工进程很慢，而且注意力被转移到紧邻的钟楼，设计于1334年，出自画家乔托（Giotto）②。于1337年，乔托去世之后，工程由安德利亚·皮萨诺承接，并最终以弗朗西斯科·塔伦蒂（Francesco Talenti）完全不同的设计，完工于15世纪50年代，其精美的钟楼、正方形的平面、用一种长方形大理石镶板的装饰，都是源于佛罗伦萨的罗马风传统，而几乎与哥特无关。它的风格源自附近的一座洗礼堂（建于约1060—1150年），它在当时被认为是改建的罗马神庙。

塔伦蒂继续佛罗伦萨大教堂的工程，这

① 桁架：
组合的构架。

② 乔托：
画家、建筑师，被称为是欧洲绘画之父。

284（上）奥维罗大教堂的西立面（始于1310年），设计出自迈塔尼（Maitani）

285（对页）佛罗伦萨大教堂：东端外观，原始设计自阿诺尔福·迪·坎比奥（Arnolfo di Cambio）于1296年；修订于1366年；穹顶自布鲁内莱斯基（Brunelleschi，见第六章）

里，阿诺尔福的设计于 1357—1368 年被修改，由一批数目惊人的委员会成员，其中有画家、雕塑家、金匠，包括塔代奥·加迪、安德利亚·奥尔卡尼亚。这种辩论说明了对艺术家渐多的关注，尤其是在文艺复兴时期，亦说明了数量明显下滑的全职匠师，后者曾受训于中世纪欧洲的行会中（lodges）。同时，这也是一个重要的标志，即佛罗伦萨大教堂

被视为一个城市的符号。本质上，它是一座纪念性的公共建筑，资金源自城市财政补贴和男性居民的税收。据 1339 年的一道命令，大教堂周边的高度要降低，以便使新建的建筑在高度上得到最佳视觉效果。

大教堂于 1366 年的设计，于 1368 年才被采用，建成了一个庞大的穹顶，是中殿和侧廊的总宽，架于一个八边形的基座之上，基座又通有 3 个半圆后殿。这种设计理念要追溯到阿诺尔福，但是无论是在他的时代，还是在 14 世纪 60 年代，都无人知晓如何建造这种古罗马以来最大的穹顶和圆顶。人们常常以为，新的材料和结构技术会导致新型风格的发展。然而，美学上对一种新建筑的需求，即如在佛罗伦萨，也会引领必要的技术。由此，一直到 15 世纪，感谢天才布鲁内莱斯基，佛罗伦萨大教堂的穹顶才能够得以建成。

威尼斯的托钵僧修道团体于 14 世纪建造了两座巨大的红砖教堂，都始建于 14 世纪 30 年代，都是源于波洛尼亚的圣方济各教堂：它们是多明尼会的圣约翰及保罗教堂和方济各会的佛拉瑞荣耀圣玛丽亚教堂。这两座教堂都领先使用了连接梁（tie beams）、横跨中殿、侧廊，显示了意大利人无意于飞扶壁的支撑体系，而后者则成就了法国的哥特建筑。然而，在 14 世纪末的米兰，一种认真的尝试即便是不成功，亦用于建造了一座似法国式的建筑。在米兰又一次重演了佛罗伦萨式的指责辩论，虽然这里是一个更为国际性的基准，它发生于 1387 年，是在接受了大教堂的一个初步设计之后。为了建造一座庞大的长方厅堂式大教堂，带有双侧廊，受启发于布尔热和勒芒大教堂，却又要采用意大利人喜好的宽比例，米兰人于 1387—1401 年求助于来自坎皮奥内和波洛尼亚的几位建筑师；来自巴黎的尼古拉斯·德·博纳旺蒂尔和让·米诺；来自德国的约翰·冯·弗莱

286 米兰大教堂的中殿（始于1387年）

伯格和汉斯·帕勒；以及一位数学家，来自皮亚琴察（Piacenza）的迦布里尔·斯多纳哥罗。米兰的这场有趣辩论提醒了我们，在中世纪，即便在法国，也没有人能够完全理解或预测其建筑的结构压力，而选择哪一种几何体系，则完全取决于美学爱好或传统实践。

大教堂室内具有一种势不可当的宏伟，其礅柱有着奇异的、带有雕像的神龛式柱头，这有助于形成一种近乎古董的感觉，因其总会令人想到阿特米斯神庙（32 页）的人物雕像柱，位于以弗所。这种华美的郑重感又因大教堂内部和外部的粉色大理石贴面得以进一步强化。工程几乎一直在进行，直到 1858 年完工之时。其尖塔繁茂的外观，是一种晚期哥特的梦想，这在意大利无与伦比。

意大利世俗建筑

中世纪的意大利，其世俗建筑在城市环境中比欧洲其他地方更为丰富。在城市中，如西恩那、佛罗伦萨、威尼斯，世俗建筑得

以保留到一个极好的程度。这种大型的建造活动关系到逐渐增长的财富，意大利作为欧洲银行中心的新角色，以及逐渐增长的城市形象意识，后者又被无休止的派别争斗而强化，包括其内部和外部权力的争斗。这种社会环境以及渐增的自信都鼓励了一种建筑嗜好，即向外面的世界开敞，通过底层的凉廊、上层的大窗、阳台、户外的楼梯。一层通常都有一个大厅，可有壁画。自13世纪下半叶，我们注意到很多显著的市政建筑都关于"市民首领"的新设办公室，它代表商会和资产者的一个实体：例如，位于奥维多的市民首领宫殿，位于皮亚琴察的内政宫殿，位于佩鲁贾省（Perugia）的普瑞奥利（priori）宫殿，以及位于佛罗伦萨的更似要塞的市民首领宫殿（巴尔杰洛博物馆）。在托迪，一个广场，含有一座13世纪的大教堂和三座市政建筑，包括动工于13世纪90年代的首领宫殿和紧邻的市民宫殿（1213—1267年）。

14世纪的创新位于西恩那的著名扇形广场——坎普广场，标志着一个城市规划遵循美学的开始，它也许是古代之后的第一次。坎普广场的建造是依据1298年的市政规则，用来控制房屋的面积和风格，坎普广场的主体是公共宫殿（1298—1348年），其上耸立着芒吉亚塔（Torre della Mangia）[①]是意大利最高的市政塔楼。这座雄伟的政府大楼是一个复杂的网络，其中有会议室、办公室、生活区，还有很多壁画，都是出自当时著名的艺术家，包括西蒙·马丁尼、安布罗焦·洛伦泽蒂、斯皮内洛·阿雷蒂诺。佛罗伦萨相应的市政大楼、著名的总领（Signoria）宫殿或是旧宫殿（1299—1310年），设计可能出自阿诺尔福·迪·坎比奥，还未做到从要塞式到宫殿式的飞跃。和谐，近乎古典式的约束，则是佛罗伦萨14世纪大多建筑的基调，亦可见于私人的宫殿，如达万查提府邸（约1350年）、总领

287 西恩那鸟瞰图，展示坎普广场的扇形和公共宫殿（14世纪的前半叶）

288 西恩那坎普广场的平面

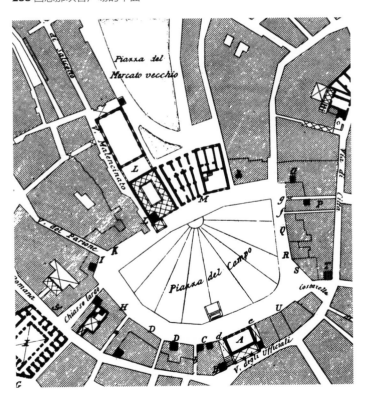

敞廊，建于14世纪70年代后期，设计来自西蒙·塔伦蒂、本茨·迪·西奥内。在希诺利亚广场中，紧邻韦基奥宫殿的希诺利亚敞廊接受了文艺复兴的理想，即形式为圆形的拱和水平

① 芒吉亚塔：
mangia，意为食者，因敲钟人是个美食爱好者。又有人说只因这里的美食实在诱人。

① 德尔蒙特城堡：
位于意大利半岛东南部。

② 斯卡利杰瑞：
维罗纳的望族。

289（上）威尼斯：小广场，背景为公爵府（15世纪20年代的立面）和圣马可

290（左）黄金府邸（Ca'd'Oro），于威尼斯（1421—1440年）

的天际线，从视觉、功能上，都有助于一个公共广场的优雅感。

城堡建筑达到建筑上成熟的顶峰，是在12世纪三四十年代，于意大利南部，即神圣罗马帝国皇帝，霍亨斯陶芬王朝的弗雷德里克二世（Frederick Ⅱ）的城堡（1212—1250年），如德尔蒙特城堡（Castel del Monte）①，以及位于西西里的乌塞诺城堡（Castel Ursino）。德尔蒙特城堡，以规则的八边形，结合了法国哥特和古罗马的细节，以一种独特的方式出现在当时的欧洲，无疑，反映了弗雷德里克自己对古典主义的品位。托斯卡纳——这个共和式城邦则采纳了城堡的功能性质，而于意大利北部，尤其在伦巴第地区，我们亦可以看到很多华美的城堡，建造直至14世纪。在加尔达湖（Garda）的西尔米翁湖岸延展的城堡，建于1300年左右，由斯卡利杰瑞（Scaliger）②家族修建，令人想起同时代的卡那封（Caernarvon）城堡，位于威尔士，其防护也是依靠庞大的幕墙而非一个堡垒。菲尼斯（Fenis）的城堡建于约1340年，位于瓦莱达奥斯塔，是一个五边形的平面，结合防御性的塔楼，并带有舒适的必备生活区。

意大利对中世纪晚期宅邸建筑的贡献最为吸引人的，坐落于辉煌的威尼斯城。15世纪时，威尼斯被誉为"最为平和的共和国"，正处于昌盛的顶峰，尤其在拜占庭帝国1453年的陨落之后，它接管了地中海的东部。其公爵府除了含有公爵的公寓，还有议会厅、法院、监狱、庞大的大议会厅，后者就是威尼斯议会中选举产生的下议院。公爵府，有一个14世纪中叶建造的核心，但现有的特色却是建于15世纪20年代，有着优雅的双柱廊，占据了底层和一层，而与之鲜明对比的简洁上层则挂有粉色和白色的大理石，图案如一种大马士革锦缎（damask）①。其网格的窗花格似有一种伊斯兰的感觉，但经由拱廊而敞开的立面则是一个历史悠久的威尼斯传统，其到达顶峰是在15世纪，于无数的晚期哥特式官殿之中，如皮萨尼-莫雷塔、弗斯卡瑞、萨努力多，其中最早的、最吸引人的，即黄金府邸，建于1421—1440年，为马可·康塔利亚而建，他是圣马可教堂的财政长官。它得名的来源是因其蕾丝网般的双曲线窗花格和精美的雕刻，原都是涂成鲜艳的红色、蓝色、金色。川流不息的大运河所增添的斑驳水光令其更为魔幻，它的这种绚丽奢华都是中世纪晚期人们热衷且又能赋予其宅邸的。

13世纪和14世纪时西班牙的哥特建筑

西班牙在哥特宗教建筑上远比意大利更为丰富，然而，基于种种文化和政治原因，它却鲜为现代的旅行者造访。虽然直至1150年，伊比利亚（Iberian）②半岛的大部分已解脱了穆斯林的统治，在之后的一个世纪里，又从摩尔人手里夺回了一些主要城市，科尔多瓦于1236年，穆尔西亚于1241年，塞维利亚于1248年。因而，自13世纪早期，基督教的王国，尤其是阿拉贡（Aragon）③和卡斯蒂利（Castile）④王国，已准备发起一项建筑计划，意在与法国建筑竞争。

受启发于法国早期的大教堂，哥特式建筑大约于1200年慢慢出现，多表现于平面、立面，如于阿维拉、塔拉戈纳、昆卡、莱里达的大教堂。然而，西班牙哥特建筑，或者说是在西班牙的法国哥特建筑，其真正开始是于13世纪20年代，于布尔戈斯和托莱多的大教堂之中。它们模仿了法国布尔热大教堂的横宽形式，然而莱昂大教堂显然始建于13世纪50年代中期，则是辐射式最新版本中特别的一个，它结合的建筑特征，有连接的高侧窗、中层拱廊，后者的外墙有玻璃窗。现今的莱昂大教堂基本保留了原有的形式，包括早期的玻璃，色彩多为绿色、黄色、紫色，而不是法国的红色、蓝色。另外，布尔戈斯和托莱多大教堂的原始线条在几个世纪中因后来加建的礼拜堂和圣器室已渐消失，而这样一个积累的过程也反映在精美的屏风和其他建筑局部上，它们在之后的几世纪里堆满了室内空间。所有这些都是其丰富文化沉积的一部分，这赋予了西班牙建筑别具风格的醉人品位。

加泰罗尼亚省，加上马略卡岛（Mallorca），隶属阿拉贡王国，加泰罗尼亚是1262年兴起的一个曾经的短暂王国，于1393年被阿拉贡王国兼并，这里都发展了一种特征鲜明的建筑形式，与辐射式风格完全相反。其实，它是一种广泛流传的地中海风格的一部分，特别是相关于托钵僧教团的单一中殿（single-nave）教堂，两侧有礼拜堂置于拱座（abutment）之间。这种类型中，阿尔比（Albi）⑤是一个经典实

① 大马士革锦缎：
以大马士革命名的锦缎始于丝绸之路，以其独特的图案流行于欧洲至今。

② 伊比利亚：
西班牙所在半岛。

③ 阿拉贡：
西班牙东北部。加泰罗尼亚即隶属阿拉贡。

④ 卡斯蒂利：
西班牙北部。与阿拉贡统一后，语言适用于卡斯蒂利语，即西班牙语。

⑤ 阿尔比：
法国大教堂。

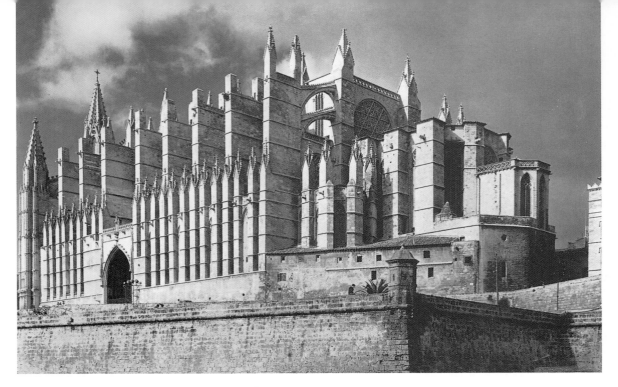

291（上）大教堂的南立面，于马略卡岛的帕尔马（始于1306年），自东南方向

292（右）塞维利亚（Seville）大教堂的室内（始于1401年）

例，而其代表则是始建于1298年的巴塞罗那壮观的大教堂，和始建于1306年的马略卡岛的帕尔马大教堂，以及始建于1312年的赫罗那（Gerona）[1]大教堂。帕尔马大教堂，其惊人的规模和独特戏剧性的临海景观，使其成为一座最令人难忘的欧洲哥特建筑之一。丛林般的礅柱、拱座、飞扶壁构成教堂的侧立面，毫不掩饰地彰显着建筑的工程技术，它亦支撑着大胆的室内，其拱顶高过法国的亚眠大教堂，且有一个中殿，其宽度近约克大教堂的2倍，后者的中殿是英国的最宽。巴塞罗那大教堂中，法国式的多角室和中层拱廊已被废除，这令其不再阻碍通透空间的流动。光线自各个角度倾泻而入，尤其来自巨大的玫瑰窗，它高高地嵌于中殿的东墙之上。由交错的等边三角形窗花格而构成的巨大纱网，它令人想起西班牙的摩尔人建筑装饰。

帕尔马大教堂的规模又被塞维利亚大教

[1] 赫罗那：
西班牙西北部。

202

堂遮蔽，后者始建于 1401 年，是欧洲占地面积最大的一座教堂。它有一个巨大的平行四边形，有 5 条通道，并有加泰罗尼亚风格的侧礼拜室，被置于内扶壁之间，看似是效仿了伊斯兰风格的正方形清真寺。的确，它取代了一座清真寺，但其中只保留了一个 12 世纪末的塔楼——吉拉达塔（Giralda），于 1568 年加高之后命名。塞维利亚大教堂中哥特晚期风格的中殿因缺少一个完整的中层拱廊，其巨大的高拱廊便可以直冲向上，至高侧窗的底部，达到火焰风格的栏杆回廊。简单的四分拱顶，在中心交叉处，让位给一个火焰风格的装饰性尖肋图案，由胡安·吉尔·德·亨塔南（Juan Gil de Hontanon）设计，即于 1542—1526 年，当他增建交叉灯笼屋顶之时。如很多西班牙建筑一样，包括摩尔人建筑、基督教建筑，塞维利亚大教堂决意要为人所崇拜，大多从室内，而非室外，这是因为南方的阳光太过炫目，很难让人集中于建筑的外观。西班牙人最喜欢用的一个技巧，即用平素的墙和骤然密集的镶嵌装饰，形成鲜明的对比，尤其是于圆形的门和窗。塞维利亚大教堂的外部和谐，后来被严重破坏，尤其因 16 世纪时加建的一些奢华圣器室和一个教士会礼堂，当时，塞维利亚已是西班牙的主要港口，而西班牙亦因美洲得来的财富，而成为一个暴富的国家。

胡安·迦斯和伊莎贝拉式风格

西班牙的统一是在阿拉贡王国的费迪南德和卡斯蒂利亚王国的伊莎贝拉结婚之后，于 1469 年；对格拉纳达的征服，即摩尔人的最后一个据点，以及美洲新大陆的发现，则是发生在 1492 年[①]；西班牙的查理一世升为神圣罗马帝国的皇帝，即查理五世，这是在 1519 年；所有这些，都赋予西班牙一个权力和财富的基础，几乎无人能比，也因

此，开始实施了其建筑计划。一系列杰出的主要教堂，直到 16 世纪，用哥特风格建成的都是西班牙此阶段的一个强大象征，于其财富、天主教义、保守主义：例如，阿斯托加大教堂（1471—1559 年）；帕伦西亚教堂的耳堂和中殿（1440—1516 年）；萨拉曼卡大教堂（1512—约 1590 年）和塞哥维亚大教堂（1524—1591 年），后两座的设计出自胡安·吉尔·德·亨塔南和其子罗德里格。

很多建筑师和工匠师来自德国、佛兰德、法国，也加入西班牙人之中，创造出了一种独特的西班牙式哥特晚期风格，有时也被称作 "伊莎贝拉风格"[②]，得名自其王后，虽然，这里还有一些伊斯兰因素源自穆迪扎尔风格（留在西班牙的穆斯林所建，多用砖及重复图案），始于托莱多地区。其中最杰出的一

293 圣胡安·雷耶斯，室内（1477—1496年），迦斯

① 1492 年：
于次年，哥伦布的船队到达美洲大陆。

② 伊莎贝拉风格：
Isabelline style, 是西班牙哥特晚期风格。

位建筑师就是胡安·迦斯（约1433—1496年），他设计了方济各会修道院教堂，圣胡安·雷耶斯，位于托莱多（1477—1496年）。教堂的出资人是费迪南德和伊莎贝拉，即信天主教的统治者，这是为了纪念1476年在托罗战胜葡萄牙国王，同时，在征服格拉纳达之后，将其作为皇家陵墓。这里有着极为丰富的雕饰，包括佛兰芒镶边圆拱、双弯曲线、星形拱顶、伊斯兰钟乳石上楣、耳堂里华丽的纹章（heraldry）、隔壁修道院中皇家公寓的阳台、室外素面的尖形板条，其上挂有装饰性的锁链，因为此锁链源自费迪南德和伊莎贝拉释放的基督教囚犯，所有这一切都令此教堂成为一个极为奇特、耀眼的展示场所，但这和一座方济各会的修道院有些不大协调。一种常见于西班牙哥特建筑特征却罕见于欧洲其他地方，就是八角灯笼式天窗（cimborio），置于交叉塔楼之上，由双曲形肋拱组成的一个星形拱顶来支撑。建筑的装饰处理应和剑桥国王学院礼拜堂的最后建筑阶段相比较，后者建于1508—1515年，在亨利七世统治期间，其间大规模的纹章装饰被添加于礼拜堂的西端。在建筑中使用纹章，不仅是一个西班牙特色，而且在国王学院里，于紧邻开间中，也重复使用了相同的徽章（coats），即如圣胡安·雷耶斯教堂一样。应记住的是，正因阿拉贡王国凯瑟琳的成功婚姻——于1501年和1509年，先后嫁给了亨利七世的两个儿子，阿瑟王子和亨利八世，才使得英格兰的新贵——都铎王室——接触到了世界上最伟大的政权。

另一个例子亦展示了这种异国情调的王室艺术，且令天主教义染上了世俗的色彩，这就是八角形的卡皮利亚·德·孔代斯特布尔礼拜堂，于布尔戈斯大教堂，是于1482—约1494年，为卡斯蒂利亚的总管（Constable of Castile）而建造。建筑师，科隆的西蒙（约

1440—1511年）是胡安·迦斯之后最重要的伊莎贝拉风格建筑师。在总管礼拜堂中，拱顶为"S"形的墙拱上有着错综的尖角、火焰式的窗花格、对角放置的硕大徽章，好似有所统一，而此种统一来自用掌控的装饰精心谱成的交响乐，这又在星形拱顶上达到了全盛的顶峰，这里，其中心星形含有镂空的开敞式窗花格，也许是受启发于伊斯兰的风格。

科隆的西蒙还设计了圣马勃罗隐修道院的西立面（约1495—1505年），位于巴利亚多利德，以其重复的双曲拱，影响了胡安·吉尔·德·亨塔南的萨拉曼卡大教堂，于1512年设计。我们还可以保险地确定，是西蒙和雕塑家吉尔·德·西洛埃创作了帕伦西亚大教堂1499—1519年建的唱诗厅屏风，以及圣玛丽亚·拉瑞尔教堂的西立面（约1506年），位于杜罗河畔的阿兰达，此教堂形似一座巨大的石制祭坛屏风。同样的类似，更多出现于圣格雷戈里奥多明尼会学院的立面（约1494年），位于巴利亚多利德，其设计归功于吉尔·德·西洛埃和笛耶哥·德·拉·克鲁斯。

满是海带般的雕饰，几乎要吞噬三重双

294 贝尔维尔（Bellver）城堡和宫殿，近马略卡岛的帕尔马：圆形庭院（1300—1314年，设计自西尔瓦）

曲拱上的皇家徽章，这个极度夸张的入口大门，只是一个奢华庭院的序幕，院子中，螺旋的柱子支撑着一个窗花格的回廊，受启发于穆迪扎克风格。更为严谨的，则是格拉纳达大教堂中的皇家礼拜堂，建于1506—1521年，由胡安·迦斯的学生恩里克·艾加斯（卒于1534年）建造的，虽然未必是他的设计。进入这座天主教国王的陵墓礼拜堂要经由一个精美的门廊，它回应了火焰式装饰风格，后者来自勃艮第地区的布鲁（Brou）教堂和公爵墓地。布鲁的建筑是由一位来自比利时的建筑师为奥地利的玛格丽特而建，它常被用来和伊莎贝拉式风格相比较，但其建造时间太晚，于1513—1523年，因而，不大可能在西班牙产生任何影响。

西班牙的世俗建筑

西班牙，同意大利一样，其世俗建筑在未被干扰的中世纪村镇中极为丰富，其中在阿维拉和托莱多最为著名。这里的中世纪市政建筑要少于意大利或佛兰德，也许有例外的，即15世纪的加泰罗尼亚和紧邻的巴伦西亚，这里，火焰式风格创造了很多辉煌的建筑，如巴塞罗那的议会大楼、帕尔马、巴伦西亚的交易所，后两者都宣称有螺旋柱子支撑的巨大厅堂。然而，没有哪个欧洲国家可与西班牙媲美，于其保留城堡的数目和完整的程度之上。建造最多、最为壮观的大多在15世纪，但是最早、最特别的一座，则是皇家城堡宫殿贝尔维尔（Bellver），冠于马略卡岛帕尔马城边的一个山坡之上。这是为阿拉贡的海梅（Jaime）国王建造的，于1300—1314年，来自佩雷·西尔瓦的设计。宫殿是一个正圆形，国王的寓所为一个鼓形，环绕着圆形的开敞式庭院。它被一圈双层拱廊优雅地环绕着，拱廊的上层有尖角圆拱。城堡之外，由一座高桥连接的，是一处稍小

些的要塞，也是圆形，包含有警卫室和地牢。贝尔维尔富有诗意的几何形，呼应着意大利南部弗雷德里克二世的八角形德尔蒙特城堡，但是贝尔维尔解决了住宅区和军事区分开的问题，这种精彩的尝试却没有被后人模仿。

奥利特（Olite）的皇家城堡由来自纳瓦尔的"高贵的查理"建造，于约1400—1419年，是一座松散型的防御式宫殿，如阿维尼翁教皇宫殿一样，但其内部装饰却由穆迪扎克的工匠们完成，且宣称有一个如同巴比伦空中花园的屋顶花园、一个有水池的鸟舍、一个狮穴。然而，15世纪的西班牙自相残杀，导致了一系列要塞建筑的建成纯为军事工程之用，而无美学或奢华的元素，如贝尔维尔或奥利特的城堡。建于炎热多尘的平原，保存完好的15世纪城堡石墙，如蒙蒂阿莱格雷、托雷洛瓦通或阿维拉的巴尔库，它令人毛骨悚然，因其无任何修饰的圆形或正方形的塔楼和几乎无窗的恐怖墙面，其魅力却不如已成为废墟的英国同类，后者坐落于绿色的山谷之中。

市镇宅邸保持了摩尔式布局的天井或庭院，常伴有装饰华丽的拱廊，但其立面则极为简朴。临近1500年，立面本身也开始了装饰性的处理，如萨拉曼卡的孔查宅邸，很美地散落着雕饰的贝壳，因为此宅是为一位骑士而建，其所在的圣地亚哥骑士团，即以贝壳为徽章。一种类似的主题也出现在瓜达拉哈拉（Guadalajara）①的因凡塔多（Infantado）宫殿之中，建于1480—1483年，是为因凡塔多公爵二世而建（图247），由胡安·迦斯建造，得助于装饰雕刻家艾加斯·奎曼。其立面点缀着菱形的浮雕饰，升高至一个伊斯兰钟乳石状的上楣，其上则冠有一个开放式的拱廊，带有凸出的半圆形观景敞廊。不乏异国情调的是宫中的狮子园，融汇于饰有褶边的拱廊，有着哥特和穆迪扎克的纹饰、狮

① 瓜达拉哈拉：
西班牙。勿混于墨西哥的同名城市。

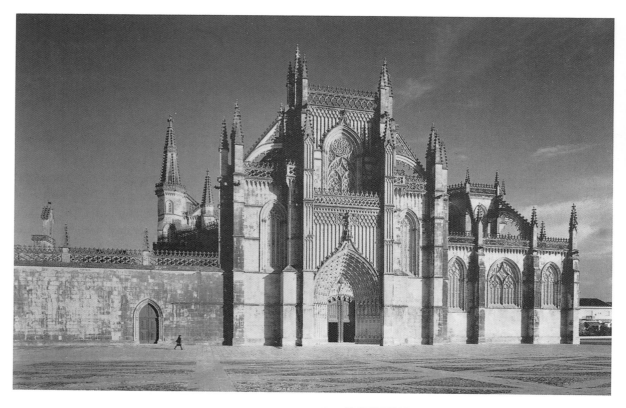

295 维多利亚的圣玛丽亚教堂于巴塔尔哈，葡萄牙（1387年及之后）

296 耶稣修道院，托马尔（Tomar），葡萄牙：曼奴埃尔式窗子，设计出自迪奥戈·德·阿鲁达（1510—1514年）

子纹章、螺旋扭曲的柱子。

葡萄牙的哥特建筑

葡萄牙特别关联于"曼奴埃尔风格"（Manueline），它得名于其国王——曼奴埃尔一世（1495—1521年执政），是一种散漫的火焰式风格，与其同代的，则是西班牙更为精美的伊莎贝拉式风格。然而，12世纪的简洁哥特风格早已通过西多教会到达葡萄牙，其壮观的阿尔科巴萨（Alcobaca）的教堂，建于1178—1223年，是勃艮第西多教会的建筑风格。14世纪中的主要纪念建筑则是一座多明尼教会教堂，即维多利亚的圣玛丽亚，始建于1387年，在巴塔尔哈（Batalha）[①]战役的战场上，这是国王若昂（Joao）一世纪念他战胜卡斯蒂利亚的胡安国王。这场胜利致使葡萄牙得以重新建立，进而成为一个独立于西班牙的国家，而巴塔尔哈教堂极尽的华美和混搭主义则可视为是一种尝试，即宣布葡萄牙亦可角逐欧洲最好的

① 巴塔尔哈：里斯本以北。

206

建筑。因而，此建筑起初是作为一座传统的修道士教堂，随着 1402 年一位新建筑师的到来，则被发展为一座火焰式风格的混合体，有一个受启发于英国垂直风格的立面；英国式的肋骨拱顶，却有着法国火焰式的窗花格；东礼拜堂遵循了一种西多教会布局；一座尖塔则是基于德国的透雕式尖顶，即如德国的埃斯林根和斯特拉斯堡。意料之中，这座独特的建筑没有影响任何葡萄牙的建筑。

巴塔尔哈教堂作为若昂国王及其继任者的墓地，于 15 世纪因很多增建而变得丰富，添加的殡葬礼拜堂和庭院都有着和教堂一样的极尽华美风格。"伟大的"曼奴埃尔国王，于约 1500 年，继续建造"永远建不完"的东端八角形葬礼厅，它有 7 个辐射式礼拜堂，并有一个奢华的大门，由马特乌斯·费尔南德斯设计。层层叠加的双曲线和三叶头圆拱和繁杂如蕾丝般雕刻的大量装饰创造出更为深度的哥特晚期风格的特征。这个大门令人想起早期的圣玛丽雷德克利夫教堂的门廊，位于布里斯托尔，是一个和葡萄牙贸易船队经常接触的港口。

曼奴埃尔国王，实际上成了一家国际贸易公司的头领，也是因为其统治期间，自 1495 年，瓦斯科·达·伽马（Vasco da Gama）开辟了一条通往印度的海上路线；卡布拉尔（cabral）确立了和巴西的联系；同时葡萄牙亦占领了果阿（Goa）[①]和马六甲。财富经由海路从异国源源不断地涌入葡萄牙，这种感觉正是曼奴埃尔风格的一个明确特征，而曼奴埃尔国王出资建造的纪念性建筑便都是以此风格设计。它看似反映了国王的个人品位，大多工程停止于他去世的 1521 年。巴塔尔哈教堂是个例外，它是由法国设计师迪奥戈·伯依塔设计，主要的纪念性建筑还有位于塞徒巴尔（Setubal）[②]的耶稣教堂；热罗莫特修道院，由曼奴埃尔创立于贝伦，亦是瓦斯科·达·伽马返回葡萄牙的登

陆地；圣克鲁斯教堂和庭院，位于科莫布拉，都是波塔克的设计；坦普勒修道院的教士礼堂和中殿，位于托马，由迪奥戈·德·阿鲁达设计；贝伦塔楼，建在热罗莫特修道院的对面；以及位于阿尔科巴塞的圣器室门，其框为树干，但连有树根、疤结、带叶枝干，且相互交织构成了一个双曲拱。曼奴埃尔风格中，其立柱似扭转的捻绳，其尖顶似香蕉树的边叶，其无处不在的饱满和丰腴，在迪奥戈·德·阿鲁达设计的地下室窗子之中得到了最奇特的表达，它建于 1510—1514 年，位于托马尔耶稣修道院的唱诗厅之下。这个长方形的窗子作为瓦斯科·达·伽马的一种纪念，其框上覆盖着一片茂盛的海洋植被，包括树根、绳索、浮木、链条、贝壳、星盘。上部窗子为圆形，有一个很深的边框，上有雕刻，形似涡流或是有绳索牵制的摇曳风帆。其所在的一座建筑亦是直接拔地而起，形如一艘从海上返航的船只，其扶壁上则缀满了延展的珊瑚、藤壶、石化的海带。

城市规划

市政形象的提升

在罗马帝国衰败之后，欧洲的罗马城市规模缩小，后来，即成为 5 世纪崛起的德国王国的小型聚集区。罗马典型的长方形街道网络被逐渐摒弃，特别是在阿尔卑斯山以北的城镇中，并开始以修道院作为其文化中心。然而，在"黑暗时代"的末期，即 12 世纪，开始出现了某种城市化的复兴，这亦是自罗马文化灭亡后一直被忽略的。

其结果因中世纪整个欧洲城市的雄心是要自治，便导致了市政议会的广泛兴建。起主导作用的是意大利北部的城市，即主教席位的城市（seats of bishops），自 11 世纪，

① 果阿：
印度一个小省，最大城市以瓦斯科·达·伽马命名。

② 塞徒巴尔：
里斯本以南。

297 布鲁日（Bruges）景观，比利时

298 服装交易所，布鲁日

将封建的制度转变为大众的政府（popular government）。这种自治壮大的力量逐渐表现在建起的诸多市政厅、协会厅、仓库、市场、店铺，这也展示了一种挑战，面向设立已久的主教、教会、当地领主的政权。

贸易的发展，于此民间独立力量的发展过程中是一个主要的工具。这些城市的分布都是沿着贸易线路，从北部的低地区域，经过莱茵河至罗纳河地带，直到意大利的北部城市，如比萨、热那亚、威尼斯。甚至在罗马，虽是教皇的权力范围，一个议会的领地也得以建立，于卡比托山上，于一座重新修复的12世纪中叶的罗马建筑之中。在托斯卡纳地区，以自由城市和合众社会（republican community）而著称的地区，都市改进的计划于1284年于佛罗伦萨开始，一条新的街道将大教堂、洗礼堂和谷物市场、市政厅连接起来。

在法国和佛兰德的北部，如安特卫普、阿拉斯、布鲁塞尔、布鲁日，市场的开敞空间周边是一座市政厅、协会领地、较富裕公民的住宅。作为一个国际港口和服装贸易中心，布鲁日是保存较好的中世纪城市之一。其留下来的建筑，多建于13—15世纪，是按照一个不规则的城市规划而建，有着砖和木结构的住宅。

教堂对中世纪城市的生活和形式的极大影响，已经不可能再夸大了。这里，假期都是基于宗教的节日，并成为集市，而且所有社区活动，如工业协会和射箭组织，都有些宗教的内涵。因此，我们不应假设宗教和民间活动是一直分开的。例如，乌姆就是一个政治和宗教建筑有力相连的典范。其巨大的新教堂被视为市议会于1377年成立时的创举，由城市的公民支付费用，它亦成为他们的一个独立象征。在13世纪的西恩那，则开启了一种平行的政治体系，即权力从贵族家族被转至首要的商业家族中。

299 塞哥维亚（Segovia），西班牙

建造规则

这些漂亮城镇的发展并不是随意的。在佛罗伦萨，有法规控制建筑的高度，而在西恩那，居民们则有一个极为复杂的建造条例，用以统一这座城市的三个地理上分开的区域。城市议员每年都要开会颁发建筑规范，指导建造公共建筑、教堂、住宅、街道、喷泉。其结果即造就了欧洲所知的极为诱人的中世纪城市。

同时，类似的规范亦在其他城市产生，虽然大多是关于市政设施，而不是我们现在意义上的城市规划。由此，截至 1300 年，大型城市的居民，如伦敦和巴黎，必须清理其

300 维罗纳（Verona）的俯瞰图

铺设地面，同时垃圾排除也要在控制之中。在伦敦，有防火和下水规定，在意大利和西班牙的主要城镇里，有实施街道和屋檐伸展宽度的规定。有人统计过，在威尼斯，最终有 35 项之多的规定，都是基于公共秩序和道义上的理念，影响了人们生活的诸多方面，从外部装饰的小细节，到节庆及贡多拉（gondolas）[①]的设计，直至宫殿的装饰标准。

对罗马遗迹以及对景观的反映

虽然一直加强规范，城市规划却几乎都不是很和谐。加之中世纪城镇的独特性和魅力，大多源自其与周边自然景观的关系。在拉昂，大教堂和上城是建在一个高地之上，高为 650 英尺（200 米）。在塞哥维亚极易防守的岩石嶙峋的海角，也有着类似的规划，占据其中的不是一座城堡，而是一座巨大的教堂。爱丁堡的旧城，建于陡峭的岩石之上，而陶贝尔河边的罗滕堡（Rothenburg-an-der-Tauber，德国）则是沿着一道长长的山丘而建。西恩那于其"Y"形的山脊的不规则布局，致使城市以一种独特的方式扩展开来，其高潮之处，便是著名的扇形坎普广场，位于罗马集市广场的原址。

这令人想起其规划原理的一个主导因素，常常是保留的古罗马规划或是遗迹。在维罗纳，罗马的圆形剧场一直是城市的最大建筑物，且很多中世纪建筑都是遵循罗马的井式规划，主要的市场——草药广场（Piazza delle Erbe）——则是居于原罗马广场的遗址。在卢卡（Lucca），剧场被漂亮地保存于椭圆形的剧场广场。在阿尔勒（Arles），于法国南部，一个曾经的希腊居住地[②]，被朱利斯恺撒大帝于公元前 46 年重新创建为一个驻军城市，而罗马的圆形剧场于 9 世纪被加上防御工事，并最终成为居住性的城市，又加有两个社区教堂。

[①] 贡多拉：
狭长小船，现成为威尼斯的标志，亦成为建筑及城市景观的规范之内。

[②] 希腊居住地：
亦可翻译为殖民地，但因希腊移民较多，当时已是希腊王国的一部分。

新城镇

我们应注意到，这里有两种中世纪城市。大部分即我们所说的"历史性"城市，经过了一段很长的历程，多以一种无规则的方式发展。我们之前所述就是这种。然而，还有与之截然不同的，即很多在全新的选址上精心规划的城市，如索尔兹伯里，或卢贝克（Lubeck）^①，有时它们被称为"种植式"，在法国则是"城堡式"的城市。它们都是按照一种井式规划布局，与周边环境无关，都为长方形地基，遵循事先设定的单位尺寸。这种规划体系要追溯至米利都的希波丹姆斯，这位希腊的建筑师和规划师。

卢贝克创立于 1158 年，保存的建筑多建于 13 世纪和 14 世纪，大多为砖结构。而威尔特郡的索尔兹伯里则是于 1218 年被萨勒姆（Sarum）的主教从附近交通不便的山上，即老萨勒姆搬迁下来的。在新的平坦地带，在主教的支持下，它成为一座名城，作为英国中世纪最成功的新城。这是一个以针织业为主的城市，为增加主教的收入，其宽大的街道围绕着大市场区域，形成了一个不规则井式布局。然而，同很多规划的城镇一样，索尔兹伯里也最终从其核心向外扩展。

1246 年，法国国王圣路易斯，创建了艾格-莫尔特，于法国南部罗恩河口，作为一个商业中心，来促进地中海东海岸^②和法国北部的贸易往来。这是一座有城墙的城市，为极度的井式布局，它是保留下来的较大的城堡式城镇之一。1296—1297 年，英国国王爱德华一世，又是阿基坦大公、法国国王圣路易斯的外甥，设立了一个学术讨论会，来探讨如何规划、管理城镇。虽然英国已有很

301 艾格-莫尔特（Aigues-Mortes）（始建于1246年）

多规划的城镇，无疑，他深受艾格-莫尔特的影响。他于 1296 年下令创建 24 座城镇，分布于加斯科尼（Gascony）^③、英格兰、威尔士。这些城堡式城镇，如波美立斯、卡那封，多是海岸的港口城市，即用于军事、商业。都有井式的布局，中央为一个市场，其目的是商人之用，他们都是自由的市民，不需要再付给封建领主任何捐税。

很多城镇其初始目的为城堡，如果没有外界的资助便无法生存，因而一直未得以扩展。在其城墙之内，欧洲中世纪伟大的"历史性"城市是以一种紧凑的方式扩大，有着狭窄弯曲的街道，只比一般小巷稍宽些。在英国，城堡多是最重要的元素，如在林肯和伦敦市，而在意大利和法国，主教的宫殿和紧邻的大教堂则多是主导元素。因为不受益于任何整体系统的规划，很多主要的中世纪城市到 12 世纪末其构成还只是基本的形式，这至少一直能延续到工业革命时期。

① 卢贝克：
德国城市。

② 地中海东海岸：
Levant，词源拉丁，意味太阳升起之地，即东方，意大利用语中指意大利以东地区。

③ 加斯科尼：
法国城市。

第六章　文艺复兴之和谐^④

中世纪的学者们博览古典文学。但是作为牧师和修士，他们至多止于神学和哲学的观点。随着城邦的兴盛，意大利亦产生了一个新兴的专职行政阶层，且不一定隶属教会，他们大多教授拉丁文、哲学、语法、修辞。这些人文主义者阅读古典作品虽只为文学之用，却提供了一个知性的氛围，此间，人们逐渐相信不仅古典文学的文字本身很是珍贵，而同时，产生这种古典文学的文明也应被视为楷模，并用来再生文化或者复兴文化。哥特风格多集中在北方，没有在意大利完全成气候，这使他们很自然地去寻找本土古典建筑的灵感，而这些建筑的存留也一直提醒着人们古代的罗马世界。

人文主义学者推广"人道"^①研究：即人类的基本尊严。这亦表现在 15 世纪初的绘画之中，得力于直线透视法的发明，发明者是被其同时代人所公认的建筑师——布鲁内莱斯基。对于人类能力的崭新关注亦导致了多面手的增加，这些人可能曾经做过学者、士兵、银行家、诗人。建筑师阿尔伯蒂是 15 世纪最重要的"通才"^②，之后又有很多艺术家，如莱昂纳多（达·芬奇）、拉斐尔，其中最突出的一个，米开朗琪罗，是建筑家、雕塑家、画家、诗人，他一生因其才华而被认为是"神赐"（divine）。

意大利辉煌的文艺复兴文化影响着整个欧洲，初始仅限于装饰细节，之后才缓慢地延伸至晚期哥特传统的生动景象之中。例如，在英格兰，文艺复兴一直未呈现于一种纯建筑的形式之中，直到 17 世纪的早期，而此时的意大利建筑师们已开始转至不同的古典主义阶段，即所谓的巴洛克。

文艺复兴的诞生

佛罗伦萨和布鲁内莱斯基

佛罗伦萨是一座从未忘记其古典历史的意大利城市。所谓的"早期文艺复兴"（proto-Renaissance），产生于 11 世纪和 12 世纪，建成的建筑有艾尔蒙特的圣米尼奥托教堂（图209），其设计是一种极具诱惑力的优雅古典风格，并在之后的 3 个世纪里一直影响着佛罗伦萨的建筑师们。甚至建于 1294 年的八角形交叉厅，位于佛罗伦萨的阿诺尔福·甘比欧大教堂之中，也似乎是受启发于紧邻的八角洗礼堂，此建筑如我们上一章所讲，当时被认定为原是一座罗马神庙。在佛罗伦萨建造一个穹顶的问题，在近 140 英尺（42 米）宽度的交叉处，到了 1410—1413 年即变得更为紧迫，因为它新加了薄墙体的八角鼓座，这致使建筑从地面到鼓顶总高近 180 英尺（55 米）。理所当然的办法即将上升的穹顶架在一个木制构架上，亦称为中心脚手架（centering），常用于拱顶和圆拱的建造过程，而在此因跨度太大而不大可能实现。

最终的解答来自菲利普·布鲁内莱斯基^③（1377—1446 年），一位成功的佛罗伦萨公证人、外交官之子，他接受过良好的古典教育，

① 人道：
humane，对人类尊严的强调。
② 通才：
universal men，通晓世界知识的人，又称文艺复兴人。
菲利普·布鲁内莱斯基：
金匠师、雕塑家，对古罗马建筑复兴做出的贡献，创新见于佛罗伦萨大教堂。
③ 意大利文艺复兴：
初期发展于佛罗伦萨及至曼图亚、米兰。全盛时期于罗马及至维罗纳、威尼斯、曼图亚、维琴察等。

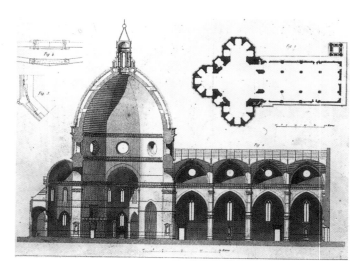

302 大教堂的平面和剖面，佛罗伦萨，建造由布鲁内莱斯基（和坎比奥）（穹顶建于1420—1436年）

并受过金匠师的训练。后来于1410年，他转而学习雕刻，并参加了洗礼堂新门的设计竞赛。最终，吉贝尔蒂获奖，布鲁内莱斯基便和雕塑家多纳太罗一起去了罗马学习古代的雕塑。这是他多次游学的第一次，在此期间，他还考察了古罗马的遗址，特别是其建造的原理。我们得知古罗马对他的影响，是来自一个和其近乎同时代的人，因其名声，他亦成了一部传记的主人公，大约是在1480年，书籍出自安东尼奥·马内蒂。从书中我们了解到：

"当他（在罗马）研习雕塑之时，他以感性的眼光和敏锐的头脑观察到了古代建筑方式及其对称的法则。他似乎能够辨别出一种特定的组合规律，如同人体器官和骨骼之间的关系，好像上帝已令其开悟……更令他震惊的是，这些建筑方式都是异于当时常用的办法。"

1418年，布鲁内莱斯基和吉贝尔蒂各自制作了屋顶的砖砌模型，但最终布鲁内莱斯基的设计被采用，并于1420—1436年建成，成为世界奇观，因为它实为一座人造的山，而和其等同的只有圣索菲亚教堂和万神庙。布鲁内莱斯基的天才之举取代了中心脚手架的结构，且有四个特征：第一，穹顶建造的跨度和混凝土的万神庙一样。第二，建造了双层屋顶，以便最大限度减重，此设计借鉴于比萨和佛罗伦萨的洗礼堂。第三，效仿了哥特式的肋拱结构，将外屋顶延伸成一个24条肋拱的框架。第四，由于一个尖拱的侧推力要比圆拱小些，因而，他最终赋予了屋顶以一个尖顶的外貌，而不是他所期望的同万神庙一样的穹顶。同时，他又进一步固定了圆拱，将其埋入由石头和铁链构成的多个加固圈。建筑结构的技术包括用砖和石铺成的青鱼刺状，很显然，他研究过的不仅仅是万神庙，还有其他罗马建筑的拱顶，如被称为梅内瓦·梅迪卡的神庙。他对罗马建筑的兴趣在于结构而不是外观，这使其有别于阿尔伯蒂之后的许多文艺复兴时期的建筑师。

布鲁内莱斯基之后设计的建筑虽然形式上更为古典，至少相比于佛罗伦萨教堂鼓起的半哥特式屋顶，但是，他汲取的来源却几乎是一半为托斯卡纳的早期文艺复兴风格，一半为古代罗马。然而，在当时布鲁内莱斯基被广为称颂，言其确是"为神保佑"，用建筑师菲拉雷特的话说，为了恢复"佛罗伦萨城的古代建筑风格，这致使我们现今的教堂和私家建筑都未曾有过其他风格"。佛罗伦萨，又因何成为建筑活动的中心？14世纪的最后25年中，佛罗伦萨一直在争取确立其至高主权，之于地区如伦巴第、威尼斯、罗马教皇的城邦、那不勒斯、西西里。其雄心是要统领整个托斯卡纳，以便创立一个区域而不只是一个城邦国家。而教堂作为必要的公共业绩，即成为其野心的一个有力象征，而其穹顶巍然地伏卧于城市的今天和过去（图348），彰显着建成它的"羊毛商会"的财富和权力。佛罗伦萨在15世纪政治和经济上的成功，继续激励着希望将其建成欧洲最美城市的人们，这尤其和一个国际银行家族有关——美第奇家族（Medici）。佛罗伦萨的领头资助人是家族老者科西莫，一位佛罗伦萨的实际统治者，从1434年到他去世的30年间，以及他的外孙"显赫的"罗伦佐，之后是其他巨贾家族，如斯特罗齐、鲁切拉、皮蒂。但是，经济并不能说明建筑风格，我们还是要问个为什么，因为如此规模的资金也曾用在荷兰王国、英格兰、西班牙，资助了哥特式晚期风格的建筑，然而，佛罗伦萨的艺术家却已排斥哥特式的风格而钟情于古典的风格，即所谓的"文艺复兴"。

为了试图理解这种现象，我们需再次强调，哥特式艺术从来没有在意大利本土扎根，即如其在欧洲其他地方那样，意大利存留的古罗马遗迹，则不断唤起其旧时辉煌的记忆，而人文主义学者对古典文学的研究，或许激起了古典艺术的复兴。托斯卡纳的建筑师们在11世纪已经开始复兴古典的完美理想；彼特拉克（1304—1374年）模仿了拉丁语诗歌的每一种风格；而在但丁[①]的《神曲》中则是第一部将古典世界和基督世界等同并列。另外，佛罗伦萨人视哥特式艺术为野蛮的北方风格，因它和征服过罗马的日耳曼统领后裔有关，这也不无道理，但是，却又反过来去庆祝他们独特商业性的佛罗伦萨共和，这恰恰重申了其原本是罗马共和殖民地。很多创新来自建筑师、雕刻家、画家，如布鲁内莱斯基、米开罗佐、吉贝尔蒂、多纳太罗、马萨乔，他们以一种庄重明朗的"全古风"（all antica），在文化和政治上可以和古罗马媲美，并物化地表达了佛罗伦萨人对于自身历史和命运的感觉。

布鲁内莱斯基的建筑委托大多来自佛罗伦萨的行会和银行圈。他为丝绸商和金匠行会（后者亦他所属）于1419年设计了弃婴医院，这是欧洲第一座有着优雅拱廊式凉廊的医院。佛罗伦萨美第奇家族的乔瓦尼·德·比丁·德于1421年委托他建造了圣洛伦佐大教堂的圣器收藏室，前者之友——巴齐家族的银行家安

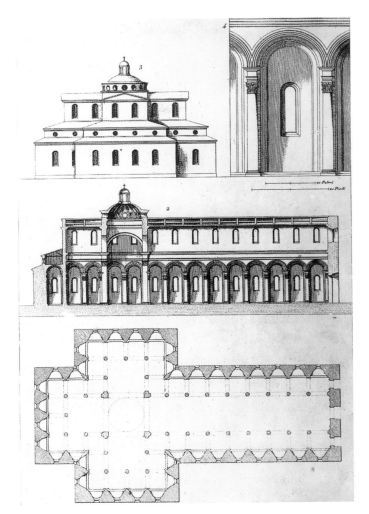

303 圣斯皮里托教堂（St Spirito）的立面、剖面和平面，佛罗伦萨，自布鲁内莱斯基（建于1436年）

德利亚德——于1429年又委托他建造了圣克罗希教堂的牧师会礼堂和巴齐礼拜堂。布鲁内莱斯基在佛罗伦萨两座主要的长方厅堂教堂，即圣洛伦佐（建于1421年）和圣斯皮里托，其设计意在创造一种有序和谐的平衡，完全同步于当时佛罗伦萨画家对透视原理的发现。两座教堂成为比例设计的样板，因为交叉处的正方形是整个设计的基本模数。因此，在圣斯皮里托教堂中这种模数重复了三次便构成了唱诗厅和耳堂；中殿的长为4倍，其高和宽则为2倍；高侧窗和拱廊的高度一致；侧廊包括有数

① 但丁：
Dante，佛罗伦萨人，被视为意大利语之父，之前意大利是以拉丁语为主流语言。

213

304（上）巴齐（Pazzi）礼拜堂的室内，佛罗伦萨，布鲁内莱斯基（始建于约1430年）

305（右）巴齐礼拜堂的部分图解

306（对页）圣斯皮里托教堂的室内，佛罗伦萨，布鲁内莱斯基

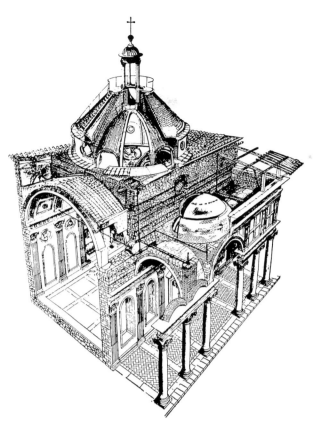

个正方形开间，其高和宽也是模数的 2 倍。所有的建筑部分都以一系列的建筑角度，和谐地相互关联着，又被围绕室内的强壮科林斯柱廊赋予了一种罗马帝国的宏大气势。

巴齐礼拜堂（始建于约 1430 年），一座极为精致且纯熟的建筑，严谨地说，不是中央布局设计，因其中央穹顶下的空间在两侧有筒形拱的开间。建筑之前是一条入口凉廊，中央有一个浅碟穹顶空间，绝妙地平衡了礼拜堂另一边轴线上的小穹顶唱诗厅。教堂室内充满了线性图案，由结构及装饰材料构成，材料是当地的灰色石材，在白色抹灰墙的背景上很是突出，这些线条似乎是新发现的建筑透视原理的线条。布鲁内莱斯基后来的设计更为沉重及模数化，如教堂的灯笼式采光窗、穹顶鼓座下的休息厅、未完工的圣玛丽亚·德利安杰利教堂（1434—1437 年）。后者是第一座完全中央式布局的文艺复兴建筑，其风格迷倒了 15 世纪和 16 世纪的所有建筑师。这座教堂的中央八角穹顶由一圈 8 个礅柱定位，并支撑着穹顶的鼓座，且形成分割墙，辐射出 8 个分堂或后殿。如此，整个建筑即被当成一个雕塑体，且

是基于模数化墙体的概念，而其来源应是他学过的古罗马中央布局的穹顶室内。

阿尔伯蒂

15 世纪建筑界的另外一位巨匠天才，即是莱昂·巴蒂斯塔·阿尔伯蒂（Leon Battista Alberti，1404—1472 年），然而，他从未受过正规的建筑师训练，也没有参加过任何行会。实际上，他代表了新一类的天才，如本章开始所描述的，他既是学者、作家、数学家、运动家，又对各类艺术有真知灼见。拥有整个文艺复兴时期数一数二聪慧的头脑，他决意要在其时代留下印记。这就意味着他要研究古罗马建筑的遗迹，如同其友布鲁内莱斯基一样，为现代的建筑提供确切的基础。然而，布鲁内莱斯基专注的是构筑的方法，极少劳神它和建筑规则之间的不同，而阿尔伯蒂的兴趣却是在其设计的原理，及其用来展示的建

筑模型。他记录下其结论于《论建筑》①（*De re Aedificatoria*）中，这是文艺复兴时期众多建筑论文中的第一部，其中于1452年的第一版是献给教皇尼古拉五世的。它以西塞罗式②的拉丁语写成，论文以古罗马人维特鲁威的原文为模板，甚至称教堂为"神庙"，称上帝和圣人为"诸神"，然而，毋庸置疑，他的全部古典文化视野完全成形于基督教义的结构之中：其原因，比如说，即他曾是一位天主教牧师。

在书中，阿尔伯蒂认为，建筑学不是植根于手工艺，而是一种知性的学科和社会学艺术的实践，其中两种技能最为必要，即绘画和数学。因此，他暗指建筑学的知识不需要在中世纪的工匠房里获得，后者为哥特式建筑匠师们的学成之地，而是可以开放于所有的学者、资助人和有教养、有品位的业余爱好者。虽然阿尔伯蒂并非一个不实际的人，但是，他看似没有很多建筑结构的技术知识；他只做设计，而将建造过程留给他人。如同许多评论家一样，他发现维特鲁威的文字令人困惑，因而他要确保自己的书一定要有更好的秩序。尽管如此，他也围绕着维特鲁威的名言组织了自己的论著，即好的建筑应由三部分组成，功能、结构、设计或美观，他同时亦附加说明，个体建筑的美观要基于三种特性的综合：数、比例（主要受启于维特鲁威的学说，关于人体各个部分和整体关系的理论，以及毕达哥拉斯的和谐比率在建筑学中的应用，此比率已用于音乐）、布局（即选址、布置、组合）。它们组合在一起进而形成一个"和谐体"。他不相信美观有任何绝对的法则，呼应着苏格拉底，并以一段名句定义，"美观是所有各部分的一种和谐，于此，无一物可以被减掉，或添加，或替换，除非其变质"。美观需要装饰才能极尽其效，而且"在一切建筑中，最基本的装饰无疑，是柱子"。他阐释了5种柱式的正确使用，

且占据了书中的大部分，虽然后来许多现代学者认为，阿尔伯蒂并不知道柱子只是在古罗马建筑中，而不是在古希腊建筑中，才开始扮演了一个装饰而非功能的角色。

阿尔伯蒂要把建筑视为一种公共艺术，其中，社会和宗教理想的层次都要得以清晰至上的表达，这对于一个生活工作在15世纪佛罗伦萨的人来说，并不奇怪。他将市镇建筑划分为神圣的和世俗的两类，前者包括长方厅堂（指法院）。最重要的建筑应是神庙（指教堂），其前立面要有门廊，并起于高台基之上。他的博大理想最终有多少能付之于实际呢？他的主要作品为数不多：3座教堂的建筑、第4座教堂的正面、佛罗伦萨府邸的立面，然而其魄力及想象力所确立的先例一直激励着后来的建筑师们。佛罗伦萨鲁切拉府邸的立面是于1446—1470年为银行家乔瓦尼·鲁切拉所建，阿尔伯蒂第一次把壁柱体系用于住宅，这源自古罗马的公共建筑，如大角斗场。位于里米尼（Rimini）的马拉泰斯蒂亚诺神庙是阿尔伯蒂于1450年建造，为亚吉斯蒙多·马拉泰斯塔——军人、艺术资助人——14岁时从其叔父和兄弟手中夺得了里米尼的世袭领地权力。它原本是一座中世纪教堂，奉献给圣弗朗西斯科，后被转换成一座轩昂的新古典式神庙，展示着亚吉斯蒙多的荣耀，同时也是个墓地，为他和他的妻子，即曾经的情妇伊索塔，以及宫廷人员。将亚吉斯蒙多逐出教会的皮乌斯二世谴责教堂为"充斥古教形象"，这座教堂后不被称为圣弗朗西斯科，而是其更为古典的、古教的名字。

阿尔伯蒂将古典凯旋门用在天主教教堂的入口立面，这是第一次受启发于里米尼城自己设计的奥古斯塔斯凯旋门和罗马的康斯坦丁凯旋门。亚吉斯蒙多和伊索塔的墓置于其立面的壁室中，如此，其形式即象征着天主教战胜死亡的胜利，而不只是古代模式的军事胜利。这

① 《论建筑》：
是建筑理论的重要著作之一。

② 西塞罗式：
Ciceronian，是基督之前的拉丁语，因而词汇中只有关于古教，而没有基督教，因而神的居所就是神庙而不是教堂。

一布局形式源自拉韦纳的狄奥多里克陵墓，马拉泰斯塔教堂立面边上简洁的模制圆拱中都置放有宫廷里的人文主义诗人和哲学家的石棺。虽然马拉泰斯塔教堂有着无疑的庄严和原创性，古代的因素在神庙里得以复兴，但它绝对不能提供一种模式，即用古典的原理去设计普通的教区教堂。在曼图亚，阿尔伯蒂提出了一个极其精彩、极有影响的解决办法，那里，他建造了其两座教堂中的第二座：两座教堂是始建于1460年的圣塞巴斯蒂亚诺教堂，以及10年后建成的圣安德利亚教堂。它们都是受委托于路德维科·贡扎加——曼图亚的公爵，后者的宫廷画家安卓亚·曼特利亚的工作风格亦受到古希腊和古罗马雕塑的强烈影响，即如阿尔伯蒂受罗马建筑的影响一样。

圣塞巴斯蒂亚诺教堂是众多希腊十字平面穹顶教堂中的第一座，但更有影响力的圣安德利亚教堂是阿尔伯蒂最优秀的作品，他用一系列的侧礼拜堂，一笔创造出了一种新型的教堂，取代了哥特式和长方厅堂式教堂传统的侧厅。这为拥入教堂的朝圣者们提供了一个视线开阔的穹顶十字间，这里置有两个瓶罐，据说其中盛有被钉于十字架上受难基督的血液，在每年的耶稣节展出。建筑的先例可见于罗马的戴克里先的浴室和康斯坦丁的长方厅堂，这里，穹顶的重量由巨大的拱座承受，而拱座则中空，进而形成了通道开口，并和主要中轴线成直角。阿尔伯蒂巨大的筒形网格拱顶近60英尺（18米）宽，是古罗马后最大的拱顶，由礅柱支撑，其中包含有小型的四方穹顶礼拜堂，和大筒形拱顶的礼拜堂相交错。其辉煌的室内的灵感源自从圣彼得大教堂到罗马的耶稣教堂的16世纪意大利精美教堂建筑。其西立面是同样有力的古代主题变奏，令人吃惊的是，它对后来的影响却较少。教堂巨大的拱形通道两侧是较小的通道，呼应着中殿侧立面中大小礼拜堂相互交错的韵律。它的立面以其中

307 马拉泰斯蒂亚诺神庙的外观，里米尼（Rimini），自阿尔伯蒂（Alberti）（始于约1450年）

308 圣安德利亚（St Andrea）的西立面，曼图亚（Mantua），自阿尔伯蒂（始于约1470年）

309 圣安德利亚的室内，曼图亚，自阿尔伯蒂

厅，都是出自佛罗伦萨的建筑师贝尔纳多·罗塞利诺（1409—1464年），并在皮乌斯二世的监督下完成。广场是一处精心设计的视觉透视，这里，宫殿在大教堂的一侧，斜角摆放，如舞台布景的一翼。皮科洛米尼的宫殿直接受影响于阿尔伯蒂，炫耀着一个新颖的3层花园立面，带有3层敞开式门廊，特意如此建造，以便皮乌斯二世能享受乡村景色。这应是自普林尼别墅之后的第一座建筑，即由景色来确定其选址和布局。

皮恩扎在一幅美丽的建筑画上得以再现，展示着一个理想城镇的广场，此画出自皮耶罗·德拉·弗兰切斯卡。现存于乌尔比诺国家美术馆，此画可能是为弗德里科·达蒙费尔特罗公爵所作，公爵将其小公国的首府转变成意大利最美丽的文艺复兴城市，以及欧洲最文明的宫廷。于1455—1480年，他集中精力建造公爵府邸，后者被人称为"军事学院和古典研究院的美妙结合"。它展示的空间组合感觉同样可见于很多画家的线条之中，从皮耶罗·德拉·弗兰切斯卡到拉斐尔，后者于1483年生于乌尔比诺。这种特质于公爵府邸的大拱顶庭院最为显著，其设计几乎可确认于约1464年出自达尔马提的卢亚诺·劳拉纳（约1420—1479年）。很明显，他研究过佛罗伦萨的建筑，如布鲁内莱斯基设计的孤儿医院和米开罗佐·巴托洛米（1396—1472年）设计的美第奇府邸（1444—1459年），然而他把拐角拱廊设计得更为精细，采用了"L"形的礅柱。庭院处有一段庞大的楼梯，这是此类设计的第一例，一直通到公爵的寓所房间，这里于门、窗框、柱头、壁炉之上，都有精美的古典雕刻。在此极小的新古典风格宽恕礼拜堂之中，有筒形的拱顶、半圆的后殿、华丽的装饰，而紧邻的缪斯神庙中，公爵亦同样地表达了他对基督教和古教的尊敬，又显然没有任何不协调的感觉。在第一层之上是公爵精致的书房，陈列着

央拱门和影深的拱腹（soffit），更是有机地和内部相关联，因这种形式呼应了中殿巨大的筒形，且使参观者有所准备。此外，整个立面结合了对凯旋门和神庙立面的借鉴，因为中央拱门的两侧有4根壁柱，且立于高墙基之上。

皮恩扎、乌尔比诺和佛罗伦萨的宫殿及城市设计

阿尔伯蒂的影响也能感受于皮恩扎，位于西恩那附近，始建于1460年，是第一座理想的文艺复兴城市，受命于人文主义教皇，皮乌斯二世皮科洛米尼。这座迷人小镇一直以15世纪的原貌保存至今，中心为广场，包括大教堂、大主教的宅邸、皮科洛米尼的宫殿和市政

古典及基督教哲学家和诗人的肖像插图，并藏有他收集的稀世手稿。从这里，便可以进入迷人的露天凉廊，其位置能让人们捕获到周边乡村的最美景致。于此，对古典学问的钟爱最终会让位于对大自然的喜爱。

米开罗佐在佛罗伦萨设计的美第奇府邸，其影响不仅是因其优雅的庭院——作为一个世俗版的修道院回廊庭院，而且还是因其立面及总体布局。米开罗佐于1396年出生于佛罗伦萨的平民家庭，他曾和吉贝尔蒂、多纳太罗一起工作，之后于1444年赢得了极负盛名的建筑委托——为美第奇家族的科西莫设计庞大的新府邸。这座巨型建筑占据了一个城市街区，其设计有一个新的重点，即对称和平衡，并用厚重粗凿的石块向外面世界显示其权力的面孔，它后来成为佛罗伦萨府邸一种地位的象征。其新颖的建筑特征还包括有宏大的古典式檐口，近10英尺（3米）高，冠于整个建筑，这对很多建筑产生了极大的影响，如皮蒂府邸

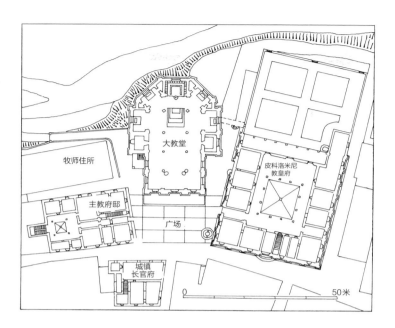

310 广场平面，皮恩扎，罗塞利诺（始于1460年）

311 广场，皮恩扎，展示大教堂和皮科洛米尼宫殿，自罗塞利诺

① 莱昂纳多：
莱昂纳多·达芬奇是文艺
复兴时期的博学通才，尤
以见画家、发明家著称，
比例于"维特鲁威人"其
完美人体绘画作品。

（始建于 1548 年）、斯特罗齐府邸、贡迪府邸，后两座建筑由朱利亚诺·达·桑迦洛（1443—1516 年）设计于 1490 年。

菲拉雷特和莱昂纳多

在米兰，米开罗佐、菲拉雷特、莱昂纳多①、伯拉孟特等，都曾受雇于伟大的资助人士，如米兰大公（公爵）斯福尔扎（Sforza）。安东尼奥·阿韦利诺（约 1400—1469 年），佛罗伦萨的雕塑家，被人称为"菲拉雷特"，希腊语意思为"热爱至美之人"，他设计了米兰的大医院（约 1460—

1465年），其8个正方形庭院是由病房楼构成的（两个）十字形围成，中央为一个长方形庭院，包含有一座中央式布局的教堂。作为第一座现代医院，同时也是第一个用十字平面而围成庭院的范例，它对后来所有类型的公共建筑都产生了影响。虽然它把托斯卡纳文艺复兴的有序精神带给了米兰，但它却有着典型伦巴第风格的华丽装饰和高角塔楼，如米兰圣欧斯托希奥的波尔蒂纳里礼拜堂（约1460年），这种设计常归功于米开罗佐。

菲拉雷特于1455—1460年写了一篇建筑论文，提出了一座理想城市，即斯福尔扎之城（Sforzinda），以米兰的公爵命名。文章有一种浪漫的童话色彩，例如，斯福尔扎之城，即宣称拥有一个10层的塔楼，集恶和善为一体，底层为一个妓院，而顶层则为一个天文台。然而，斯福尔扎之城的星状平面布局中，其辐射型街道则是有史以来第一个对称型设计的城市。这种强有力的集中式概念充分展示了菲拉雷特对大尺度的策划能力，这令其比较于尼可罗·马基亚维利（1649—1527年），后者著有《君主论》[1]，把国家视为一件艺术作品，给人类的意志带来荣耀。

菲拉雷特对中央式布局的兴趣，似乎激励了莱昂纳多、布尔多、伯拉孟特。莱昂纳多·达·芬奇于约1490—1519年的大量建筑绘图中，包括城市规划设计、建筑项目，有着中央布局及纵向布局的教堂，且常有多个穹顶。其中显示了平面、透视、立面，这些绘图

① 《君主论》：
The Prince，被视为意大利国家军事管理名著，与中国的《孙子兵法》齐名。
② 美第奇府邸：
文艺复兴时期府邸设计的典范。

312（对页上） 皮耶罗·德拉·弗兰切斯卡（Piero della Francesca）的圈子：一个理想城镇，国家美术馆（15世纪）

313（对页下） 公爵府邸（Ducale）的外观，乌尔比诺，劳拉纳（约1464年）

314（右上） 美第奇府邸[2]的外观，佛罗伦萨，米开罗佐

315（右下） 宽恕礼拜堂（Cappella del Perdono）的室内，公爵府，乌尔比诺，劳拉纳

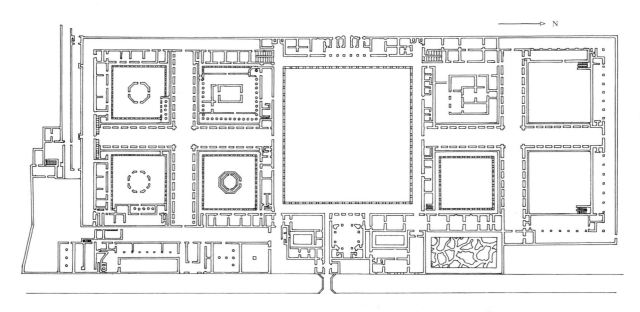

316 大医院（Ospedale Maggiore）的平面，米兰，自菲拉雷特（约1460—1465年）

实际上是此类的最早建筑图，《建筑之论》是为其未完成的论文。它作为一个有创意的综合体，集中了莱昂纳多·达·芬奇和他同时代人的早期文艺复兴理想，如阿尔伯蒂、菲拉雷特、弗朗西斯科·迪·乔治，这一本惊人的绘图文集也预示了文艺复兴全盛期的建筑实践。

全盛时期的文艺复兴

罗马：伯拉孟特

    莱昂纳多·达·芬奇看似从未建过任何建筑，而他的朋友多纳托·伯拉孟特^①（Donato Bramante，1444—1514 年），却走出了从设计到建造的一步，也因而影响了西方建筑达数个世纪。伯拉孟特，生于乌尔比诺附近，可能受过绘画训练，师从皮耶罗·德拉·弗兰切斯卡和曼泰尼亚，他于 1480 年受卢多维科·斯福尔扎的邀请，来到米兰。他于伦巴第的早期作品是一个建筑语言的混合物，语言来自位于乌尔比诺的劳拉纳和弗朗西斯科·迪·乔治；阿

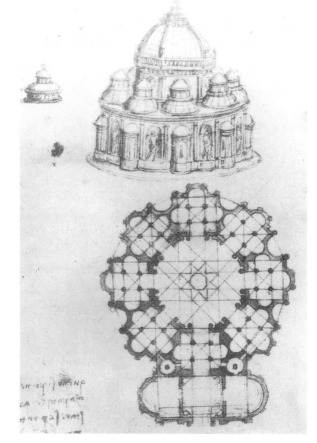

317 莱昂纳多：一座中央布局教堂的平面和制图（约1490—1519年）

① 伯拉孟特：
首位文艺复兴盛期的建筑师，其作品见于米兰和罗马。其经典作品见于罗马的小神庙（Tempietto），意译坦比哀多。见 224 页。

尔伯蒂于曼图亚的设计，因他去米兰的路上经由此地；以及伦巴第的罗马风建筑，如帕维亚的切尔托萨教堂立面和米兰本地的罗马晚期及基督教早期的著名建筑。他的早期建筑作品是于 1478 年重建 9 世纪的圣萨蒂洛、圣玛丽亚教堂，这包括有一个东端，室内效仿了阿尔伯蒂于曼图亚的圣安德利亚教堂的设计，却是以平面浮雕的形式建造，如同一幅透视的绘图：以纪念其绘画的本行。圣萨蒂洛原是基督教早期风格的教堂，伯拉孟特不仅没有拆掉它，反而极尽优雅地去修复，其平面为希腊十字形的正方形，建于一个圆形之内。这也因此为伯拉孟特后来在罗马设计的圣彼得大教堂埋下了种子。他在米兰的另一件作品是一座圣坛，有巨大穹顶，即位于圣玛丽亚·德莱·格拉齐亚教堂，始建于 1493 年，作为斯福尔扎的纪念礼拜堂，也是中央布局，这次是效仿了阿尔伯蒂在曼图亚设计的圣塞巴斯蒂亚诺教堂。

1499 年，伯拉孟特搬至罗马不久，法国占领了米兰，推翻了斯福尔扎公爵，这对他的创作风格产生了很大的影响。15 世纪前半叶，教皇一般不在罗马，城市本身在政治上也不大重要，但是，当佛罗伦萨美第奇家族的罗伦佐去世，加之米兰的卢多维科·斯福尔扎公爵于 1490 年倒台，罗马便成了文化和政治的影响中心，而其达到顶峰则是在教皇朱利斯二世（1503—1513 年）时期。他是一位勇士，忙于扩展其短暂的教皇权力，他也是一位独具慧眼的资助人，同时雇用了伯拉孟特、米开朗琪罗、拉斐尔。15 世纪的后半叶已经有两座主要的主教府邸——德拉·坎切列里亚宫和韦内齐亚宫，虽然都是由不知名的建筑师所设计，却已将阿尔伯蒂的建筑风格带进了罗马，并展现为一种罗马式的特征，雄伟、厚实。韦内齐亚宫辉煌的廊柱和未完成的庭院建于 1460 年，其礅柱上有半圆柱，如同附近的马尔切

鲁斯剧场，或者是大角斗场，而坎切列里亚宫（始建于约 1485 年）则是阿尔伯蒂和乌尔比诺主题的奢华版，如其带柱廊的庭院、粗石的壁柱立面、连续的横楣，其上亦刻有拉丁铭文，这在文艺复兴时期的罗马也是此类的第一个。

伯拉孟特一到罗马，便开始准备罗马古建筑绘图。这一切引起了那不勒斯红衣主教的注意，并于 1500 年，请他为圣玛丽亚·德拉·帕切修道院设计了一个新的回廊庭院。它是罗马完全的新古典建筑特色中自韦内齐亚宫庭院之后的第一件作品，而此回廊庭院又被他设计的小神庙超越，尤其在重要性和影响力之上，后者位于蒙托里奥圣彼得大教堂，西班牙方济各教会的修道院之中。小神庙建于 1502 年，受委托于西班牙的费迪南德和伊莎贝拉，用以标志圣彼得在罗马被钉十字架之

318 圣玛丽亚·德莱·格拉齐亚教堂（St Maria delle Grazie），米兰，及伯拉孟特（Bramante）的圣坛（chancel）（始于1493年）

319 坎切列里亚宫（Palazzo della Cancelleria）的庭院，罗马，伯拉孟特的圈子（始于约1485年）

320 伯拉孟特：小神庙，于蒙托里奥圣彼得大教堂（St Pietro, Montorio），罗马（1502年）

地。伯拉孟特是第一次在古罗马之后建起了一座带穹顶的围柱式圆形建筑，也就是说，它是一个为列柱所环绕的圆厅，其建造方式等同于所谓的维斯太神庙，位于罗马的蒂沃利和台蒂附近。

小神庙如同拉斐尔的绘画，同时含有古教的古希腊哲学家和梵蒂冈的现代天主教神学家（1509—1511年），也意在协调基督教和人文主义者的理想，因其微型的中央式布局回应了早期基督教的殉难者祠堂，不是用作教区的教堂，而是用以标志圣事之地。由此，神庙就是个纪念碑，有着极度的艺术能量，没有任何实际功能，但是却承载着极大的基督教义。为了强调这一点，其列柱由正宗的古罗马多立克柱子构成，其三陇板的间饰上雕有圣彼得的钥匙以及弥撒礼拜的器皿：类似维斯帕西安神庙的楣饰，它也雕有祭祀器皿，神庙于16世纪才被挖掘出来。此外，作为一个圆形建筑，它被伯拉孟特置于庭院中圆形柱廊的中央，被视为代表着世俗和天堂之

真实景象，是一种中世纪和文艺复兴思想家极为推崇的概念。帕拉第奥认为圆形万神庙的特别之处在于它代表了"世界的一个形象"，并给神庙以极高的赞誉，包括其为"古代神庙"之一，并成为其《建筑四书》[①]（1570年）第四章的标题。这种建筑由此便成为一种标准，是那个世纪且一直保持的标准，用以评价整个文艺复兴的盛期，尤其在建筑方面的成就。

伯拉孟特于约1512年为府邸建筑建立了一种类似的模式，其设计是按照被毁的卡普里尼府邸，它更为人所知的名字便是"拉斐尔之宅"，因其于1517年被这位艺术家买下。墙体的连接非常庄严、坚实、厚重，并在顶层第一次使用了罗马半圆柱。伯拉孟特更进一步展开这一设计主题则是在梵蒂冈观景楼的侧立面，为教皇朱利斯始建于1505年。它一直未能竣工，后又有了很多改动，是朱利斯打算重建的梵蒂冈宫殿和圣彼得大教堂的一个重要部分，其重建计划，使这里形成了一座帝王的

① 《建筑四书》：
  The Four Books of Architecture，是帕拉第奥的主要著书。

321 伯拉孟特：观景庭院的外观，梵蒂冈（始于1505年）

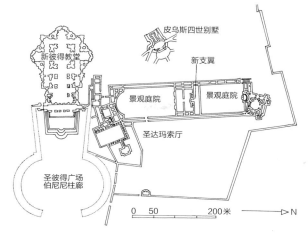

322 观景庭院的平面，梵蒂冈

宫殿和教堂，这适合他的角色，作为一个新的朱利斯·恺撒，一位皇帝、一位教皇，由此，他在加冕典礼上用朱利斯这个名字亦不无原因。在他的统治下，教皇城邦首次成为数世纪以来欧洲的强国，而罗马城也在古罗马之后首次成为欧洲的艺术之都。伯拉孟特设计的观景楼，有平台、凉廊、雕塑庭院、露天剧场、橘树、喷泉，有意仿效罗马丘陵上的古代帝王宫殿，如尼禄金宫、蒂沃利的哈德良别墅、帕拉蒂尼宫殿，罗马竞技场则启发了观景楼的形状。

从伯拉孟特到马代尔纳的圣彼得大教堂

圣彼得大教堂的重建项目于1506年由教皇朱利斯委托给伯拉孟特，其建筑设计气魄宏大。我们只能重新构想伯拉孟特的设计方案，从两个重要的来源：即1506年的一枚纪念勋章图片，以及他手中显示部分设计的方案草图。虽然圣彼得大教堂是基督教世界里最伟大的教堂，尤其是在圣索菲亚教堂变成一座清真寺之后，但是，它一直首先是一座殉教者的祠堂，使徒王子的陵墓。伯拉孟特因此设计了一座中央式布局建筑，如他设计的其他神庙一样，只是加大为一个超常人的尺寸。建筑的平面基本上是希腊十字形，每个支翼都终结

于一个半圆后殿，且有一个巨大的似万神庙一样的穹顶，位于交叉处，立于一个柱廊鼓座之上。还有一些小穹顶在十字拐角上，以及高大的钟楼坐落于主立面的两侧。所有这些都类似1500年左右莱昂纳多和菲拉雷特在米兰的建筑。然而，其平面变得更为复杂，当4个拐角礼拜堂变成4个附属的希腊十字形，由此而形成了一个方形回廊，环绕着中央的穹顶空间。直到1514年伯拉孟特去世之时，完成的设计有庞大交叉礅柱的底部，用格式天花的圆拱将其连接，进而支撑着穹顶。尽管伯拉孟特的其他设计未被接受，现今的圣彼得大教堂穹顶仍置于他的礅柱和交叉拱之上。此建筑规模极为庞大，尺度在古罗马之后无与伦比。他否定了一个15世纪之"墙只是简单平板"的概念，在其未完成的佛罗伦萨建筑，即圣玛丽亚·德利·安基卢斯之中，他成功地回到布鲁内莱斯基曾经暗示过的：罗马浴室的模板墙，实际上是砖面的混凝土构件。

伯拉孟特独创的希腊十字形布局产生了强烈的影响，这可见于很多优美的教堂之中，都是受启发于他的设计，其中著名的有圣玛丽亚·德拉·孔索拉齐奥内教堂，位于翁布里亚（Umbria）的托迪，由科拉·达·卡普拉奥拉设计，始建于1508年，以及圣比亚焦教

堂（1518—1545 年），位于托斯卡纳的蒙特普尔恰诺，由老安东尼奥·达·桑迦洛设计（1455—1534 年）。两座建筑都十分特别，其设计不是作为教区教堂，而是作为漂亮的神坛或是朝圣之地。它们高耸在开阔的山坡之上，一览美丽的乡村景色，这景色很明显地被设计为建筑的一个附加部分。中央布局或希腊十字形教堂，与长方厅堂或拉丁十字形教堂相比较，不能为大型集会提供足够的空间，因此在伯拉孟特过世之后，有人提议修改其圣彼得大教堂的设计，加建一个中殿。参选方案中，有来自拉斐尔和佩鲁齐，而最有魄力的一个设计，可见于 16 世纪 40 年代建的木制模型，是来自小安东尼奥·达·桑迦洛（1485—1546 年）。然而，桑迦洛用小尺度柱式做重复式的装饰的多层设计，令人想起杰弗瑞·斯科特对于伦敦维多利亚和阿尔伯特博物馆的评价，"虽然我们知道建筑规模巨大无比，但它给人的感觉却不是因其大，而是因其小的叠加"。

也许唯一一位建筑师，即可以在伯拉孟特超人尺度之上思考的，就只有米开朗琪罗了，他于 1546 年成为安东尼奥·达·桑迦洛之后的主建筑师。直到 1564 年他去世之时，他已完成了圣彼得大教堂的大部分工程，是按照伯拉孟特的中央布局修改方案而建造。我们将

323 圣玛丽亚·德拉·孔索拉齐奥内教堂（St Maria della Consolazione），托迪（Todi），卡普拉奥拉（始于 1508年）

324 圣彼得的平面，伯拉孟特（1506年），伯拉孟特和佩鲁齐（1513年前），桑迦洛（1539年），及米开朗琪罗（1546—1564年）

在适当的地方另加描述，包括鼓座至穹顶起拱点的建造，以及其建议修建的形状稍尖些的穹顶。此方案于16世纪80年代由科莫·德拉·波尔达和多梅尼克·丰塔纳实施，而其长中殿和西立面则是于17世纪上半叶由卡罗·马尔代诺增建，作为拉丁十字布局的最后成功之举。（图354）

拉斐尔、佩鲁齐和小安东尼奥·达·桑迦洛

如果说米开朗琪罗继承了伯拉孟特圣彼得大教堂设计的超人品质，那么，拉斐尔[①]（拉法埃洛·圣齐奥，1483—1520年），在翁布里亚学成的画家，则反映了伯拉孟特早期作品中的甜美古典式和谐。这一点得见于其绘画之中，如梵蒂冈藏书阁的《雅典学院》（*The School of Athens*）。他设计的佛罗伦萨潘道菲尼府邸始建于1518年，混合了佛罗伦萨风格——如斯特罗齐府邸——和罗马风格，如伯拉孟特设计的，以他命名的"拉斐尔之屋"。其建筑形式是于府邸和别墅之间，因它的建造是位于城郊。1515年，拉斐尔被美第奇家族的教皇莱昂十世指定为罗马遗址的总管。马达玛别墅位于罗马附近，是他于1516年为红衣主教朱利奥·德·美第奇——未来的教皇克莱蒙特七世所建造，反映了热爱罗马古迹的新时尚。这一点体现在其精彩的花园凉廊之中，这里，拉斐尔和他的弟子使用了华贵艳丽的粉饰，效仿了刚刚发现的尼禄金宫以及名为泰特斯浴室的穹顶。有半圆后殿的凉廊以及中央圆形的庭院则源自浴室的蓝图，而山坡上别墅的整体布局更是反映了罗马别墅的如画式的组合，如蒂沃利的哈德良别墅。这里还有一系列的设计元素，虽并不都是一目了然，如梯形花园、赛马场、露天剧场。

他将一座布局特别的宫殿，不无逻辑地改建为一个建筑的首层，这便是马西米·阿莱·科罗内的府邸，于1532年为彼得罗·马西米和安杰洛·马西米兄弟建造，设计师是出生于西恩那的巴尔达萨雷·佩鲁齐。实际上，它是两座紧邻的府邸，有着对比强烈的平面巧妙地建在一个不规则的地基之上，更为壮观的应是东边的彼得罗·马西米府邸。府邸粗石的立面沿着微曲的街道而建，是一种非传统的做法，且有一个被阴影遮蔽带角壁柱的门廊。横跨门廊的石梁也许是最早的一种古代建筑的复兴。由此进入一个柱廊中庭，这里有一个装饰华丽的底层凉廊。每座府邸的主庭院都被设计成一个新古代式中庭，也许是意指马西米家族的罗马根源，他自称是法比乌斯·马克西姆斯的后裔。后者在公元前3世纪曾5次担任古罗马执政官，是罗马共和国时期的重要职位之一。

精致、多样、创新是这座独特古典佳作的基调，如佩鲁齐在罗马的首件重要作品，法尔内西纳别墅（1509—1511年），是一座同样没有后人效仿的建筑。法尔内西纳别墅有两个敞开的底层凉廊，其室内有精美的壁画，由拉斐尔及其弟子（包括佩鲁齐自己）共同打造。是文艺复兴的佳作之一，它是用透视法创作的错觉建筑画，此别墅是一个早期的尝试，意在创造出一种城郊的别墅，即小普林尼在古代描绘中的那种（70页）。

罗马文艺复兴时期最负盛名的府邸即法尔尼斯的府邸，由小安东尼奥·达·桑迦洛设计，是在佩鲁齐的法尔内西纳的别墅之后不久，建于1517年。法尔内西纳的别墅，是为西恩那的银行家和收藏家——奥古斯蒂诺·基吉——设计，而法尔尼斯的府邸则隶属罗马极富权力的人物之一，即拥有300多随员的红衣主教——亚历山德罗·法尔尼斯。他于1534年当选教皇成为保罗三世之时，令桑迦洛翻建全部府邸，以显示其显赫的新身份。建筑如峭壁的立面，近300英尺（30米）高，有着威风的筒形拱顶及柱廊式入口通道，和宏大的拱

[①] 拉斐尔：
与伯拉孟特、米开朗琪罗一同服务于教皇朱利斯二世。他的古典建筑之美见于其画作《雅典学院》。

325（上）花园凉廊的室内，马达玛（Madama）别墅，罗马，拉斐尔（始于约1516年）

326、327（下和右）马西米（Massimi）府邸的外观和平面，罗马，佩鲁齐（1532年）

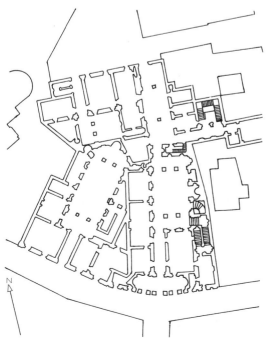

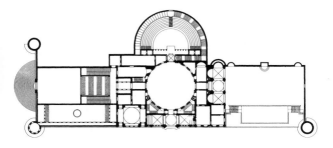

廊相连接，庭院拱廊如罗马大角斗场或是马塞卢斯剧场，所有这些都显现出建筑师在此能够反映古代建筑的雄伟壮观，即如伯拉孟特后期及米开朗琪罗的设计。的确，建筑巨大的屋顶檐口和造型强劲的庭院二层便是米开朗琪罗在16世纪40年代加建的。

330（上左）马达玛别墅的平面，罗马

331（下）法尔尼斯府邸的平面，罗马

328（上）法尔内西纳（Farnesina）别墅的外观，罗马，佩鲁齐（1509—1511年）

329（下）法尔尼斯（Farnese）府邸的外观，罗马，桑迦洛（始于1517年）

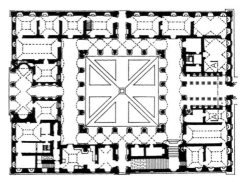

0   25米

曼图亚的文艺复兴分支：朱利奥·罗马诺

332 德泰府邸（del Tè）的庭院，曼图亚（1525—1534年），自朱利奥·罗马诺（Giulio Romano）

333 德泰府邸的平面，曼图亚

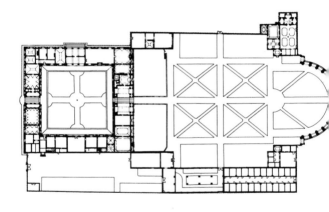

在拉斐尔、佩鲁齐、小安东尼奥·达·桑迦洛之后，设计府邸和别墅的主要建筑师便是朱利奥·罗马诺（Giulio Romano，约1499—1546年），人如其名，他是一个真正的罗马人，的确，他也是第一位出生于此城的顶级艺术家。其纯熟及鉴赏家的风格，充分地反映出他所在的一个小而内敛的鉴赏家圈子，此圈中人着意追求新古代学术，且极尽其精致。他的主要出资人是弗雷德里格·贡扎加（Federigo Gonzaga，1500—1540年），曼图亚的第二公爵，后者于1524年召其进宫；在那里，他受到了极高的待遇，也是因为他在罗马曾为拉斐尔的主要助手。在曼图亚城郊，公爵的一个著名牧马场上，他决定重建一座古代的"城郊别墅"，不为居住，而是为放松、休养、娱乐。德泰府邸由朱利奥设计，建于1525—1534年，是古典主义的尝试，之前也在马达玛别墅尝试过，其装饰亦是罗马诺使用过的。如一座古代罗马的别墅，德泰府邸包含有4块低地，并围合着一个正方形庭院，但是它背离了文艺复兴盛期的和谐风格，其东面、西面、入口立面的建筑处理都有所不同，而其花园虽前面有一个轴线直对府邸的入口，但其本身并不对称。在庭院里，每个立面设计各异，在拐角处碰撞，而在并列的粗石和滑方石之间亦有更多的抵触，其著名的垂落三陇板及拱顶石，则示意着建筑仍处于调整之中，可能是因为功能，更可能是因为美学因素。它是一座审美学家的建筑，建造的目的是赞誉且娱乐其出资人，不仅令其理解，而且能够令其参与建筑设计的过程。

同样生动的艺术效果亦主导了建筑室内的粉饰及壁画。例如，骏马厅里塑有公爵喜爱的马匹，虽不协调，却很真实地立于带有雅致凹槽的壁柱之前，而且，更为壮观的是其巨人厅，这是一间幽暗的房间，拐角被抹圆，进而成为一幅喧闹画面的背景，其中反抗奥林匹斯的巨人被压在坍塌的柱子之下，而坠落的岩石和石块恐怕也像是要吞噬参观者一般。走过了这里，参观者心情才会得以缓解，因为进入花园前有一个反差极大的筒拱顶凉廊，这是一部古典式优雅及规则的交响乐，以其和谐的柱群支撑着一个三重拱顶，框出了工整的花园美景。花园的正面形成了一个前所未有的光和影的景象，因其前面是一个连续开敞的拱式屏风，拱是架于被称为"威尼斯式"①窗子之上。窗子有三开，中间的有拱且较宽。它常被帕拉第奥采用，也被称为是一个塞里安纳（Serliana）或塞里安（Serlian）主题，因其曾

① 威尼斯式：又称赛里安窗、帕拉第奥窗。

以插图形式第一次出现于塞里奥（Serlio）的《建筑学》（1537年）。

　　类似的展示方式也出现于朱利奥·罗马诺的庭院——贡扎加的公爵府邸中，建于1538—1539年，位于曼图亚。这里，超大尺度的元素在一系列的立面上彼此冲突，立面本身即因螺旋的柱子而有着动态张力，柱子是受启发于老圣彼得大教堂的高圣坛，但这里首次以原尺度用于建筑外部。16世纪40年代的曼图亚大教堂重修，罗马诺采用了一个平顶的中殿，以及科林斯式的柱廊，并选择了回应老圣彼得大教堂的本原，即早期基督教风格。然而，他在曼图亚自己的家中，一座堂皇的府邸，则反映了他在这座城市中的地位，这里，他重返到德泰府邸的狂想之中。它被视为伯拉孟特"拉斐尔之屋"的再版，标志以奢华的特质，其典型细节即横向条饰，其中的一条消失

于底层窗户上的拱石之后，而另一条则灵活地向上弯曲，形成了主入口之上的山花墙。这种自由形式构成了一部分我们今天所谓的"手法主义"（mannerism），这亦见于米开朗琪罗、瓦萨里、阿曼纳蒂、朱利奥·罗马诺的作品之中。其复杂的表面装饰、模棱两可的韵律、曲解的古典主题，一直被视为精神上不安定的征兆，但更应解释为行内的艺术术语，作为针对文艺复兴盛期静止状态的一种抵抗。

米开朗琪罗

　　朱利奥·罗马诺的建筑设计大多是成熟的自成规范，但米开朗琪罗的自由创新后被贝尼尼和波罗米尼进一步发展，则形成了一种新型

334 公爵府的庭院，曼图亚，朱利奥·罗马诺（1538—1539年）

335 朱利奥·罗马诺的府邸，曼图亚（1538—1544年）

的古典风格，即我们所谓的"巴洛克"。米开朗琪罗·博纳罗蒂①（Michelangelo Buonarroti，1475—1564年），一直自认为只是一个雕塑家，事实上我们已知晓他的诸多建筑形式。在佛罗伦萨学画时，他的才能被（显赫的）罗伦佐·美第奇发现，之后自1489—1492年在美第奇极其有趣的府邸中居住过。他的第一项主要委托设计是于1505年为教皇朱利斯二世设计的一座巨大陵墓，有40尊大理石雕像，但是当教皇的兴趣转向伯拉孟特的圣彼得大教堂时，他迫使并不情愿的米开朗琪罗去画了西斯廷礼拜堂的天花。美第奇家族的两个教皇是米开朗琪罗在他们小时就认识的，罗伦佐·德·美第奇的小儿子莱昂五世（1513—1521年执政）和克莱蒙七世（1523—1534年执政），在他们执政期间，米开朗琪罗一直在佛罗伦萨美第奇家族的教堂里工作，即布鲁内莱斯基设计的圣洛伦萨教堂。他于1517年设计的建筑立面，其形式为一种优雅的线型画框，且和雕像一同悬挂，此方案最终未能实施，但是在此教堂他设计的新圣器收藏室或美第奇礼拜堂却于1519—1534年建成了。对其内部之新颖，最好的描绘可见于艺术家和历

学家乔吉奥·瓦萨里的叙述，他于1525年作为米开朗琪罗的弟子曾参与这项工程：

"因他要效仿旧的圣器收藏室，即菲利普·布鲁内莱斯基的所建，但又要采用另外一种装饰，他便设计了一种装饰组合，是一种更多样、更原创的方案，超过了任何时代的任何名家，无论是古代还是现代的，因其新颖精美的檐口、柱头、底座、门、壁龛、墓碑，都不同于常规的尺度、秩序、规则，后者是其他人通常的依据，遵循维特鲁威及古代的规则，而这正是他所不愿做的……因此，工匠们对他有着无限、永久的感恩，因他打破了他们惯例中的束缚和锁链。"

设计独特的壁龛挤压着其下的门，预料中的古典主题奇特地消失了，交错的平板构成了线型的编织，这一切都意在化解墙体的定位，且明显地将功能性的柱体设计成一件线型的抽象雕塑。此外，正如瓦萨里自己所述，"之后，他更为清晰地展示了其方法，于圣洛伦萨的图书馆里……那里，他极大远离常人的惯用法则，令所有人目瞪口呆"。图书馆的入口门厅始建于1524年，然而其奇特的楼梯占据一半的空间，它完工于16世纪50年代，是在阿曼纳蒂的监督之下，根据米开朗琪罗1550年从罗马寄去的泥制模型而建。参观者因房间超大的高度而变得渺小，房间禁闭的盲窗被楼梯阻挡，楼梯看似意在阻止而不是攀升，流溢下来如同凝固的熔岩。居中的楼梯有着凸形的台阶，向下逐渐变宽，其两端则向外弯曲呈球形，看似被一种奇异的内力所致，而两边直直的侧梯因没有外沿栏杆的防护，又暗示着新的危险隐患。周围的墙体在底层大多为白墙，点缀以大尺度的角撑托架，后者通常为支撑之用，但与此却是向下悬挂，只支撑其自身的重量。托架之上又是隔离于托架，都有着成对的柱子，怪异地建成无须承重之状，且都是反常地埋入墙龛之中。也许这样看似还不够怪异，

① 米开朗琪罗·博纳罗蒂：文艺复兴盛期的中心人物，也是巴洛克风格的创始人之一。

柱子因而又被窘迫的墙龛挤压着，好似米开朗琪罗的囚徒雕塑，挣扎着欲逃出未完工的石头。米开朗琪罗是一位虽自认是浪漫型的天才的艺术家，但其内心却充满着痛苦的冲突，例如，于其对基督教的极度虔诚，以及他对绘画和雕塑中裸像的痴迷和反改革教会对裸像的敌意之间。

他最后 30 年的人生是在罗马度过的，那里，他最重要的作品是卡比托宫殿，新颖夸张的波尔塔·皮亚城门、圣玛丽亚·德利·安杰利教堂、圣彼得大教堂的后期工程，对后者他不接受任何薪水。被称为卡比多利奥（Campidoglio）的高地位于卡比托山之顶，在整个中世纪一直是罗马政治生活的中心。自1538 年米开朗琪罗为教皇保罗三世改建了卡比多利奥，这是整个文艺复兴时期最精彩的城市规划设计。它在之后的几个世纪中有着极其广泛的影响，尤其在城市设计之中、虚体和实体的空间处理上、府邸和别墅的组织上。初始，人们见到的是一组混乱的中世纪建筑，而他留下的则是一个聚气的广场，带有 5 个入口以及3 个府邸。东侧的中世纪议员府邸和南侧的 15世纪监督官府邸彼此不成直角，而是 80° 的角度。米开朗琪罗借用了这种令人意外的布局，创造了一个梯形的广场，带有镶嵌式的铺装地面，在中央形成一个凸起的椭圆形图案。椭圆形在此时的建筑设计中还是一种新颖的形式，而之后的巴洛克设计中，它则成为一个极为生动的角色。椭圆形的中心是米开朗琪罗设计的一个端头为椭圆形的基座，其上矗立着一个皇帝马尔库斯·奥雷利乌斯的骑马塑像，是教皇于 1538 年带到坎皮托里奥的。塑像之后即整体上精心布局的最精彩之处，这就是米开朗琪罗设计的宏伟的双层坡道阶梯，位于重建的议员府邸之前。这是此种楼梯第一次被用于府邸的立面，其构思即赋予了市政仪式以一个戏剧性的焦点。

336 米开朗琪罗：美第奇礼拜堂的室内，佛罗伦萨（1519—1534年）

337 圣洛伦佐图书馆入口门厅（始于1524年）和阶梯（16世纪50年代），佛罗伦萨，米开朗琪罗

广场两侧府邸的设计也同样具有很大的影响力。随着所谓的"巨柱式"（giant order）的流行，即科林斯式的壁柱上升到建筑两层的高度，而附属的底层柱式及柱顶则位于其后的另一块板面之上。米开朗琪罗再一次利用了互相交错、互相叠加的板面，将扁平的墙体转化成复杂的框格式。

我们已经在圣彼得大教堂见过米开朗琪罗的作品，于1546年他被任命为建筑师之后，他放弃了桑迦洛的设计，后者倾向于伯拉孟特的风格。然而，他并没有恢复伯拉孟特的辅助性穹顶和尖塔，而是把外围墙体都建到同样的高度，并将它们和庞大成对的科林斯式壁柱相连接，后者则是伯拉孟特的发明，因为支撑穹顶的是教堂内的礅柱。米开朗琪罗在此所做的贡献，即令礅柱及其后面的壁柱条看似把压力施于它们之间的狭小空间上，而这里，置放的奇特小窗和壁龛又看似有被挤出的危险。这种动态图案的强劲垂直性自然地将人们的视线向上引导，及至巨大的穹顶，及其近哥特式的扶壁、肋拱结构之中。

伯拉孟特的圣彼得大教堂是极为自信的朱利斯二世构想出来的，作为一个里程碑式的建筑，它比古罗马的浴池更为耀眼。米开朗琪罗后期的设计之一，是于1561年为教皇皮乌斯四世，将戴克里先浴场（见81页）的大厅或温水浴室改建成圣玛丽亚·德利·安杰利大教堂。它附近的废墟被改建成一座卡尔特教团的修道院，此教团是默祷式修士最为苦行的一支。在朱利斯二世和皮乌斯二世教皇统治的近半个多世纪的时间里，教会受到了宗教改革在精神上、物质上的双重威胁，在精神上，改革发起人路德[1]于1517年在维特堡大学教堂的门上张贴了关于赎罪券[2]的95条建议，而在物质上，10年之后查理五世的雇佣军洗劫了罗马。人文主义和新柏拉图主义作为伯拉孟特、朱利斯、年轻的米开朗琪罗的钟爱，被取而代之以对古教的憎恨，并以耶稣会（Jesuit Order）的形式严格重申天主教，耶稣教会是米开朗琪罗的朋友罗尤拉的圣伊格内修斯于1540年创建的，另外还有1542年重设的宗教法庭，以及1545—1563年特伦特回应公布的教令。反

① 路德：
Luther，宗教改革的发起人，之后的基督教通常为新教，有别于天主教和之前的东正教。

② 赎罪券：
教堂拍卖赎罪券的不义行为，即用钱财的多少免去罪过的多少。

338（右）圣彼得，罗马：米开朗琪罗设计的礼拜（liturgical）东端（1549—1558年），及其穹顶和灯笼屋顶，加科莫·德拉·波尔塔（1588—1593年）

339（对页）米开朗琪罗：坎皮托利奥（Capitol）北侧的宫殿，罗马，设计于1538年（建于1644—1654年，杰洛拉诺和卡罗·雷纳迪），展示其"巨柱式"

改革时期的几年里，看似教会是要永远敌视古教，这也意味着敌视古典主义及其原始的形式。

圣玛丽亚·德利·安杰利大教堂工程并不是始于教皇的一个必胜信念，却是西西里的一个牧师强加于皮乌斯四世的，因他自称能看见天使。米开朗琪罗因对宗教的虔诚，虽已86岁，但仍然接受了浴池的改建工程，使其变成一座简朴的，即只有简单白墙的卡尔特教堂。这一基调并没有持续很久。古代世界的辉煌很

① "罗马大洗劫"：
又称罗马之劫，是1527年的兵变，为欧洲文化史上惨烈的浩劫之一。

快再次迷住了很多建筑师的想象力，于是在巴洛克的后期，建筑师万维泰利将米开朗琪罗的作品埋在彩色大理石的装饰之下，其基调近于罗马帝国风格，而不是米开朗琪罗16世纪60年代的单色调室内风格。

文艺复兴盛期的维罗纳和威尼斯：圣米凯利和圣索维诺

"罗马大洗劫"①导致意大利中部建筑工程的减少，但是，威尼斯城邦仍然保持着以往的强大。在罗马大洗劫之后，雕塑师圣索维诺（雅各布·泰提，1486—1570年）离开

340 米开朗琪罗：圣玛丽亚·德利·安杰利大教堂（St Maria degi Angeli）的室内，罗马（始于1561年）

罗马，并搬至威尼斯，即当时意大利最富裕的城市，并于1529年被指定为总建筑师。米歇尔·圣米凯利（1484—1559年）出生于隶属威尼斯的维罗纳，可能在罗马受过建筑师教育，但直到1530年他一直为威尼斯共和国工作，后成为总军事工程师。他建造的维罗纳城门——"诺瓦大门"（1533—1540年）以及"帕利奥大门"——建于20年之后——都是防御性建筑，他采用象征手法，运用了多立克柱式，产生了一种富有力度的氛围。它们回应着朱利奥·罗马诺的建筑语言。圣米凯利欢快的佩莱格里尼小教堂始建于1527年，在维罗纳的圣伯纳第诺教堂中，是罗马万神庙的一个微型版，而他于1559年始建的迪坎帕尼亚圣母教堂是一座圆形的朝圣教堂，位于维罗纳的郊外，有一个神奇的形象，但其比例却少些愉悦之感。这是为数不多的设计之一，即跟随着阿尔伯蒂的现代教堂理念，提倡独立式圆形"神庙"的形式，然而它的室内实为八角形，同时唱诗厅又是一个分开设计的中央布局的希腊十字形平面。

在威尼斯，城邦和私人出资者要比基督教会出资者更为重要，因此，圣索维诺的重要建筑作品即包括公共建筑和府邸。他最负盛名的建筑是威尼斯的圣马可图书馆，平面呈"L"形，始建于1536年，是城市设计的精彩一笔，使现在的圣马可广场和紧邻的小广场呈直角。它是威尼斯第一座完整的古典主义建筑，其柱式的使用非常正确，在1570年，帕拉第奥认为此图书馆"也许是从古至今最丰富、最华丽的建筑"。虽然它有坚实的伯拉孟特式的渊源，有着来自马赛勒斯剧场壮观的柱式，图书馆越向上却变得越加欢快。其立面材质上不断增添的丰富结合了顶层上两套尺度对比强烈的爱奥尼式壁柱，檐壁上有丰富的垂饰，屋顶上有塑像和尖尖方塔构成的翩然起舞的天际线。由画家和雕塑师极尽奢华

341 圣米凯利（Sanmicheli）：朝圣小礼拜堂（Cappella Pellegrini），维罗纳（始于1527年），及伯纳迪诺·印地亚（Bernardino India，画家，主要于维罗纳）于1579年的圣坛绘画，圣母子以及圣安妮和天使

地装饰，整个建筑的室内，其华贵、明暗对比、颜色是极近圣索维诺的风格：他们是提香、丁托莱托、维罗尼斯、维托里亚、卡塔内奥。

对于装点华丽的连廊，繁茂的装饰则是一个主旋律，它是于1537年由圣索维诺建造，位于其图书馆旁边，且于一座中世纪的钟楼脚下，后者在视觉上与其形成了鲜明的对比。这座小建筑带着凯旋拱门的主题，是为参加国会的贵族们设计的一个集会厅。大约在同一时期，在图书馆的另一端他又建造了造币厂，同时也是财务部，里面藏有共和国的储备黄金。因这座建筑要求看起来坚固可靠，因此圣索维诺极尽使用多立克柱式，如他之前的罗马诺和圣米凯利一样，来表达一种摄人的权力感，即便看似有些牵强。为此，这里要运用粗石工

342（上）圣索维诺（Sansovino）图书馆的外观，威尼斯（始于1536年），及其钟楼

343（左）圣索维诺：钟楼脚下的连廊，威尼斯（1537年）

艺，据瓦萨里所述，亦是圣索维诺将其引进到威尼斯的。

朱利奥·罗马诺再一次看似隐藏于圣索维诺的一些细节之后，在圣索维诺设计的壮观宏伟又极具影响力的考乃尔府邸（图365）之中，

始建于1533年后，其三重圆拱的入口凉廊源自德泰府邸的设计。从凉廊开始，有一条很长的游廊，可以直至一个漂亮的庭院，庭院在威尼斯显得有些异乎寻常的大，它有着模式丰富的粗石立面。

圣索维诺一个不同格调的设计是加尔佐尼别墅，位于帕多瓦附近的彭特卡萨利，大约设计于1540年，是文艺复兴盛期极为沉静、和谐的建筑之一。"U"形的平面入口正中有一个凉廊，其设计源自佩鲁齐的法尔内西纳别墅，但是凉廊在二层又有重复，而且建筑的一个庭院向后开敞。这座别墅是一个独立的艺

术作品，很难想象它还是一个运营中的农场中心。关于这类建筑的改造，我们则必须转向另一组别墅，其建筑师就是16世纪威尼斯最为著名的帕拉第奥。

维尼奥拉和巴洛克的起源

在此之前，我们应当先看一下自16世纪的下半叶起始的，位于罗马和意大利北部的别墅和府邸。这里最重要的罗马人物便是加科莫·巴罗齐·达·维尼奥拉（1507—1573年），他的第一个主要建筑是尤拉别墅，始建于1551年，一个优雅的休闲之处，是为教皇朱利斯二世设计，位于罗马的城边。一个相对简单的入口，却有着一个惊人的半圆后翼，其柱廊成为一个庭院的一端，很明显回应着梵蒂冈观景楼的庭院。庭院终止于一个开敞的凉廊，由此，再进入第二个庭院，这便是一个半圆形的宁芙女神庭院，两侧有四分圆的楼梯，尽头是另一个开敞的观景楼。在阿曼纳提、瓦萨里、米开朗琪罗、教皇本人的帮助下，维尼奥拉将建筑、花园、平台、喷泉、楼梯、雕塑交融成了一个仙境，这里，朱利斯可以在户外用餐，伴有歌手和舞者，而且，在他返回梵蒂冈之时，他亦通常会坐在一只铺满鲜花的小船上，沿着第伯尔河返回梵蒂冈。

位于卡普拉罗拉的法尔尼斯府邸是维尼奥拉于1552—1573年建造，它是一件非同寻常的作品，一半为宫殿，一半为城堡，其五角形的平面是小安东尼奥·达·桑迦洛和佩鲁齐在16世纪20年代的设计。府邸室外的宽大楼梯和坡道的起点平台上有着歌剧院般的设置，呼应着其室内戏剧般的布局，围绕着一个巨大的圆形庭院，周边为柱廊，由此，再通向建筑主体的房间，房间都饰以丰富的壁画。并不逊色的是其正式花园的布局，经由一个树林进入一个秘密花园，设计在此便达到了高潮。它亦被称为维尼奥拉的"法尔尼斯别墅"，这里，红

344 加尔佐尼（Garzoni）别墅外观，彭特卡萨利（Pontecasale），圣索维诺（约1540年）

衣主教亚历山德罗·法尔尼斯能够躲避聚集了诸多教会人士的公共仪式。

同一位红衣主教，也是耶稣教堂（Gesù）的出资者及施主，他为耶稣会建了在罗马的母教堂，由维尼奥拉于1568年开始设计。这座教堂的设计被视为一个耶稣会建筑的典范，因为它在世界各地被仿造。在1568年，法尔尼斯红衣主教写信给维尼奥拉："这座教堂不该有一个中殿和两个耳堂，而只应有一个中殿，于两边有礼拜堂……教堂应全部为拱顶……（这样）声音的效果会好些。"耶稣会需要一个布道厅，这里，每个人都可清晰地看到高大的祭坛。维尼奥拉又回到了宽阔、无耳堂、拱顶为筒形的中殿，这是阿尔伯蒂在曼图亚圣安德利亚教堂中设计的，虽然在视觉上其侧礼拜堂比阿尔伯蒂的要矮小且无关紧要得多。最初，中殿里的双壁柱是朴素的灰色，而拱顶则刷成白色。这一简朴的风格同当时特伦特会议（**The Council of Trent**，1545—1563年）在艺术上的理念是一致的，因其主张在罗马天主教会内部恢复纪律和精神生活。华丽的巴洛克式幻境般的壁画以及彩色的大理石又在后来完全覆盖了室内，这不会得到维尼奥拉赞同，然而我们必须说，他把中殿最后的墙体弯区做小、做暗，如此，和白穹顶倾泻而下的强光即可构

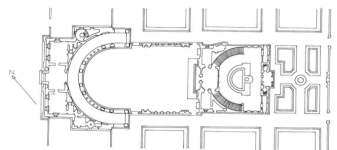

成鲜明的对比，这本身已是巴洛克的手法了。类似的还有，他将椭圆形第一次用于教堂设计，于弗拉米尼亚路上的圣安德利亚教堂和圣安娜·帕拉弗莱尼埃利教堂，是两座建于16世纪60年代的罗马建筑，这里，他开拓了一种新的平面，后来成为很多巴洛克建筑的基本要素。这对耶稣教堂的两层立面也很有影响，始建于1571年，设计出自加科莫·德拉·波尔塔（1533—1602年），他选择将维尼奥拉的设计复杂化。巨大的涡卷轴使其上层中部的连接变得流畅，这又源于阿尔伯蒂的另一件原创作品：佛罗伦萨的新圣玛丽亚教堂。

受维尼奥拉影响的建筑师之中，在罗马，

345、346（左上和左）半圆的景观和尤拉别墅的平面，罗马（始于1551年），维尼奥拉

347（下）法尔尼斯（Farnese）府邸的外观，卡普拉罗拉，维尼奥拉（1552—1573年）

348 佛罗伦萨和大教堂的全景

无人能比的即多梅尼克·丰塔纳（1543—1607年），他最著名的作品是重新竖立起来的埃及方尖碑，于1586年，在圣皮埃特罗广场上。当时他任职为教皇西斯都五世（1585—1590年）的建筑师，而教皇正开始满怀热情地重新规划罗马城，设计了新街道，并在交叉路口上标志以方尖碑和喷泉。丰塔纳设计的独立建筑却远没有如此活泼，可见于他的罗马拉特兰

349 耶稣教堂的立面，罗马，加科莫·德拉·波尔塔，源自维尼奥拉的一个设计（始于1571年）

350 维尼奥拉的耶稣教堂平面

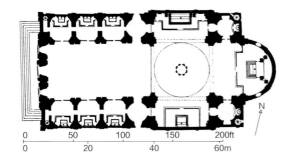

① 新街：
Strada Nuova，又称诺瓦大街，街上布满文艺复兴风格的豪华府邸，非常壮观。

② 帕拉第奥：
被模仿最多的建筑师，他的建筑作品比例以沉静和谐著称，代表作品为"圆形别墅"，见于246、247页。重要著作《建筑四书》，见243页。

为一位新富的热那亚商人而建，其规模和华丽的装饰都如19世纪中期的政府建筑，而其中央式布局教堂的穹顶于圣玛丽亚·迪卡利尼亚诺教堂里，于1549年始建，于热那亚的山顶之上，则是大胆效仿圣彼得大教堂的早期设计，设计来自伯拉孟特、米开朗琪罗、桑迦洛。

查尔斯·保罗米奥，米兰的大主教，后成为红衣主教，于1577年出版了一本书，为教堂的建造者设定了建筑说明，且与特伦特会议的法令相一致。他任用了阿利西和佩莱格里尼（或提保迪，1527—1596年）。佩莱格里尼在帕维亚设计的保罗米奥学院（1564年）有拱廊庭院，呼应着阿利西的马里诺府邸。保罗米奥另一个主要米兰项目，即由马提诺·巴希（1542—1591年）重建的圣洛伦佐教堂，一座早期的基督教堂，于1573年坍塌。令人惊讶的是，这座16世纪的建筑竟建于一个古代后期的四叶式平面之上，这是保罗米奥坚持要保留的。

一座更大些，但更晚些的中央式布局建筑，于意大利北部开始建造，是为萨伏伊的卡罗·伊曼纽尔一世公爵而建，于1596年，由阿斯坎尼奥·维托兹（约1539—1615年）设计。这就是朝圣者或避难者的教堂，维科弗特·迪·蒙多维的圣玛丽亚教堂，位于皮德蒙特。巨大的穹顶之下覆盖着一幅令人震惊的画面，其两侧为角塔，这是为家族墓地提供的礼拜堂，因此教堂同时也是皇家的葬礼教堂，圣玛丽亚教堂有一个生动的椭圆形平面，蕴藏着皮德蒙特巴洛克风格的种子。这种延长的椭圆形是典型的巴洛克风格，具有非常的方向性动感，鲜明对比于静态的圆形平面，即文艺复兴盛期沉静且和谐的特征。

帕拉第奥和文艺复兴盛期的和谐

安德里亚·帕拉第奥②（Andrea Palladio，1508—1580年）的作品，于数世纪之中一直

大教堂，始建于1586年，亦可见于梵蒂冈城，因为这也是他的主要作品。

城市规划，如上所述，于文艺复兴盛期的威尼斯和罗马，在热那亚亦有同样绚丽的表现。这里，格莱佐·阿利西（Galeazzo Allessi，1512—1572年）曾在罗马受训，并深受米开朗琪罗的影响，从1550年起，他开始参与规划一条布满贵族府邸的大街——新街①（现在的加里保蒂大道）。他设计的最大府邸不在热那亚，而是在米兰，即马里诺府邸，建于1558年，是

351 新街，热那亚（Genoa），阿利西（始于1550年）

352 维托兹（Vitozzi）：圣玛丽亚的平面，维科弗特·迪·蒙多维（始于1596年）

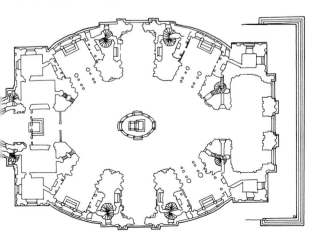

被视为文艺复兴盛期沉静、和谐的精品。的确，在此期间，没有一个建筑师的作品能被如此广泛地效仿。部分原因是其大多数建筑都有留存，同时，也因为他出版了自己的建筑理念，于一部插图明了的著作之中——《建筑四书》（威尼斯，1570年）。这本书提供了古典柱式的图解，源自一些古罗马重要的建筑，以及一些帕拉第奥自己设计的作品，包括平面图、立面图、剖面图、尺寸、说明文字。他自己的建筑也因此和古代的建筑一起出现。

人们相信，帕拉第奥设计的和谐比例源自超凡的启迪，这令其设计更为权威。文艺复兴时期，关于音乐和空间比率的定义可以追溯到古希腊，据称包括毕达哥拉斯。拨动不同长度的琴弦会产生不同的音调，他们因而发现，当一根弦的长度是一半时，其调差是一个八度音；长度是2/3时，其调差是五度音，长度是3/4时，其调差是四度音。由此，人们假设，实和虚的空间以同样的比率，1∶2、2∶3、3∶4，即可以得到视觉上的和谐，如同音乐上的和谐。基于此，帕拉第奥便出版了其建筑和室内空间的尺度，被展示为，如房间尺度，以18×20或12×20为单位，他在古希腊音阶的基础上使用了3∶5的比率，或在其他地方便用大三度、小三度音阶的比率，如5∶6、4∶5。对帕拉第奥建筑的考察显示，它们并非精确地按照其设计的图纸而施工，毋庸置疑，当他设计建筑时，先行的导向还是其眼力，而不是其脑中的抽象比率。总而言之，如果不知道他致信数字之和谐，及其反映的超凡规律之宇宙，我们绝不可能欣赏其作品的全部意味。

帕拉第奥受过石匠和雕塑师的训练，但是他的天分一直未被发现，直到约30岁之时，他遇到詹乔治·特里西诺伯爵，一名维琴察的人文主义学者。他同特里西诺一起到了罗马，在那里他学习了古代的建筑，特里西诺甚至给他起了一个新古代式的名字——"帕拉第奥"，隐喻希腊的智慧女神帕拉斯·雅典娜，以替代他的甜美流畅的姓氏安德里亚·迪·皮特罗·德拉·冈多拉。他的第一项工程是于1549年重建维琴察中世纪的长方厅堂或是市政厅的立面。这里，他以一种戏剧性的方式使用了"威尼斯式窗户"，后者来自圣索维诺的威尼斯图书馆。之后他又在维琴察建了一系列的城市府邸，很多只不过是个街区块，虽然他在《建筑四书》中的设计都是用新古代式的围柱来装饰的。粗石的西恩尼宫（约1550年）展示了他豪迈的格调，这来自朱利奥·罗马诺，而其瓦玛拉纳宫（1566年）则采用巨大的壁柱式，这源于米开朗琪罗的卡比托府邸，结合了线型的交错平板，加之雕塑的自由运用，便构成了一种图案，他经常被称为"手法主义者"。

一种手法主义者的奇特性为他的两件晚期作品增添了色彩，建于约1570年，第一个是

353 帕拉第奥：卡比塔尼亚托（Capitaniato）的凉廊，维琴察（始于1571年）

萨莱戈别墅，其粗石的柱子看起来像层叠的奶酪，第二个是卡比塔尼亚托凉廊，在他设计的长方厅堂对面，位于维琴察总领广场。这是为威尼斯的总领建造，始建于1571年，其中有一个会议厅和一个可用于向市民宣告的阳台，凉廊未完工，止于1572年。虽然其设计已完成，但是其立面还有可能再扩展出两个开间。这座建筑的形式回应了开敞式的拱顶凉廊，亦被很多中世纪意大利社区用来作为公共仪式的背景。然而，其侧立面则是一座凯旋门的形状，带有一块纪念1571年莱潘托战斗的浮雕，并且和其正立面奇怪地相关联，正立面巨大的柱子看似为古代建筑的遗留物，却又被嵌进后面的建筑之中。这里，窗户嵌进柱顶；三陇板则分离于已经不存在的多立克柱式的檐壁，而成为支撑阳台的托拱；墙面则覆以粉饰。这座多彩具雕塑感的建筑在帕拉第奥的作品中有极少类似的。

帕拉第奥在威尼托地区所建的诸多别墅之中，位于梅萨尔的巴巴罗别墅（约1560年）和卡比塔尼亚托凉廊最为相近。它的立面顶部冠以山花，如一座神庙，但是，柱子却嵌于墙体之中，其柱顶亦被圆顶窗子打破，其上部则覆以粉饰的垂花装饰。这座别墅是为帕拉第奥的朋友——巴巴罗兄弟而建，兄弟中的丹尼勒是一个人文主义学者，维特鲁威著作的译者，帕拉第奥亦曾为其译作绘制过插图。巴巴罗在他的书中赞扬了皮罗·里格里奥（约1510—1583年）的作品，其小巧的代表作是位于梵蒂冈的皮奥四世（Pio IV）府邸，有着手法主义的立面，并覆以粉饰的点缀。也许，巴巴罗别墅中的某些元素源自丹尼勒对里格里奥的

354（对页上）圣彼得教堂的中殿，罗马，卡罗·马尔代诺（1607—约1614年），展示了贝尼尼的华盖（1624—1633年）

355（对页下）米开朗琪罗：美第奇礼拜堂或新圣器室（1519—1534年）

356 巴巴罗别墅的外观，梅萨尔，帕拉第奥（约1560年）

钟爱，同时，他也可能是选择了罗马废墟、景观、雕塑的主题，维罗纳人曾用此主题，于十字大厅和花园房绘制了幻境壁画。

由此，便可进入一个半圆形的宁芙女神庭院，围绕着一处水池，位于别墅之后，这里的壁龛中都有粉饰的奥林匹斯诸神雕像，是亚历山德罗·维特利亚的作品。帕拉第奥在《建筑四书》中着意描述了这座花园，清晰地说明了喷泉的水首先流入厨房，然后进入两个鱼池，最后又灌溉了厨房的园地。的确，巴巴罗、帕拉第奥、维罗尼斯、维特利亚所创造的古典主义格调在劳作农场的局限之内得以充分的体现，这里，别墅主体的两侧设有拱廊，其中有家畜棚、鸽子棚、农场设备间。这种布局在帕拉第奥的其他别墅中亦有重复，因为其客户——威尼斯和维琴察的贵族们——面对海上贸易的缩减，都商业性地转而发展他们的陆地产业，既有利润，也可以在那里偶尔小住。

帕拉第奥早期别墅的多种样式多是基于古罗马浴池的主题，但是因为缺少古罗马住宅的真实信息，他亦想当然地误认为古罗马的住宅应如神庙的形式，应有多趣的柱廊。由此，建于 16 世纪五六十年代的许多别墅，如皮萨尼别墅（位于蒙塔那亚那）、巴都尔别墅、齐里加提别墅、艾莫别墅、弗斯卡利别墅（毛民坦塔）、考纳托别墅、圆厅别墅，都在其神庙主题的立面上有着一系列多样明快的柱廊，其两层别墅则有叠加的柱廊或是凉廊。这些别墅也变得更为多样，因为不同摆放的附加建筑及侧翼，有时还有四分圆体，后者将它们和别墅主体连接起来。其中最著名、最正式的一个，因离维琴察近，被称为"城郊别墅"，又因其缺少服务性部分，被称为田园别墅。这就是"圆厅别墅"（Villa Rotonda），建于约 1566—1570 年，主人为保罗·阿麦里科，是一位退休的蒙席主教（monsignor），也是教皇宫廷的官员。这座建筑意在展示纯粹的几何形之美，正方形、圆形、矩形，并有 4 个对称的门廊立面。帕拉第奥自己亦描述其为纯粹的艺术，它的唯一功能就是一个观景台："它坐落于一座容易到达的小山坡之上……周围环绕着宜人的群山，建筑更似一座巨大的剧院，且都有着文化的印迹……因而，由其每一处便都可享受到极美的景色，有的局限些，有的宽阔些，有的则可远及地平线，其四面都有凉廊。"这种结合古典风格之和谐和自然景致之欣赏，确实是品质最高，这也令帕拉第奥得宠于 18 世纪

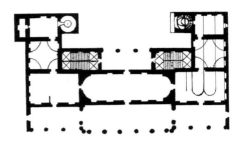

357 齐里加提别墅（Chiericati）的平面，维琴察（16世纪五六十年代），帕拉第奥

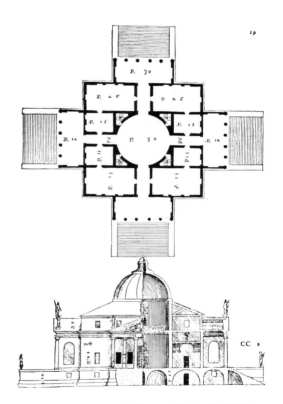

358（上右）齐里加提别墅的外观，维琴察，帕拉第奥

359（上）圆厅别墅的平面和剖面，近维琴察（约1566—1570年），帕拉第奥

360（右）圆厅别墅的外观

361（下页）尚博（Chambord）府邸（Château），始于1519年，多梅尼克·达·科尔托纳

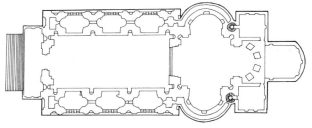

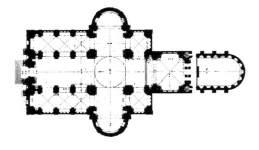

362（顶）救世主教堂（Il Redentore）的室内，威尼斯，帕拉第奥，展示东端的柱屏（1576—1577年）

363（中）救世主教堂的平面，威尼斯，帕拉第奥

364（上）大圣乔治教堂（San Giorgio）的平面，帕拉第奥

英国辉格派的贵族庄园主，并建了至少4种圆厅别墅，都是于18世纪20—50年代（374—376页）。

乡村的景色，不仅可观自圆厅别墅的柱廊，亦可观自中央的圆形大厅或客厅。这间大厅覆有粉饰和壁画，其上冠有一个穹顶，这种和教堂相关的建筑形式也许是第一次应用于住宅建筑。的确，它在风格上近似于他设计的小礼拜堂，建于1579—1580年，位于梅萨尔，在巴巴罗的别墅用地之上。他在威尼斯的两座主要教堂——大圣乔治教堂（1565年）和救世主教堂（1576—1577年）——都为穹顶式，但又都拒绝采用阿尔伯蒂喜爱的中央式布局。然而，它们却拓展了阿尔伯蒂的建筑尝试，即为基督教堂的西立面寻找一种适宜的古典式解决方法，用了一个巧妙的办法，即将两个分开的带山花的神庙立面通过嵌入式的柱子连接起来。因两座教堂都有着非同寻常的设计要求，即要有两个唱诗厅，举办总督出席的特殊礼拜仪式。每次活动，修士唱诗班，即大圣乔治教堂的本尼迪克特教团修士和救世主教堂的圣方济会修士，都会被安排在列柱屏蔽的后边。在救世主教堂中，列柱屏蔽是一种大胆的分割形式，可能源自罗马的浴池大厅，是帕拉第奥在职业初期研究的。救世主教堂的结构同样也是罗马帝国式的。它又回归到用墙体来支撑拱顶的方式，中空来作壁龛，并悬挂着纯装饰性的柱式。这种沉静的白、灰色调的室内体现了优雅、诗意，集阿尔伯蒂、伯拉孟特的理念，至此，我们应适可而止，结束审视西方古典建筑中伟大的阶段之一。

意大利以外的文艺复兴

弗朗索瓦一世统治下的法国

没有哪个欧洲国家如意大利这样，能够

250

如此保持一种和谐的传统，即文艺复兴盛期的古典建筑传统。而于意大利之外，哥特风格一直持续了整个 15 世纪，但对于文艺复兴的认识则是在 1500 年之后，且多是以装饰细节的形式。各欧洲国家之中，法国创造了最为壮观、广博的文艺复兴建筑，部分原因是它和意大利的直接接触，即于 15 世纪末及 16 世纪初法国国王发动的"意大利战争"①。查尔斯八世于 1494 年入侵那不勒斯和米兰，之后，路易十二世在米兰和热那亚重新确立法国的统治，继而，弗朗索瓦一世于 1500—1525 年把文艺复兴文明的全部传给了中世纪的法国人。返回法国的法国人亦热衷于模仿意大利宫廷中纯熟的古典主义，不仅是在建筑、绘画、雕刻上，同时也在服饰、家具、室内装饰上，确切地说，是和文艺复兴宫殿相关的所有生活方式之上。

为首的出资人之一就是红衣主教乔治·安布罗塞，他是鲁昂的大主教，路易十二世的首相，以及米兰的总督，他于 1502—1510 年建造了鲁昂附近的加永府邸，得助于来自图尔的工匠和来自意大利的艺术家们。如今留存的是 1508 年的入口，虽在形式上为中世纪，却宣称有着古典壁柱和檐壁，装饰则为伦巴第的文艺复兴风格。比里府邸（1511—1524 年）、舍农索府邸（1515—1524 年）以及阿赛·勒·里杜府邸（1518—1527 年），都是为富有的金融家建造，且效仿了此种装饰，并引入了一种新的设计规范。然而，它们将这些特征结合在建筑的天际线上，包括带山形墙的老虎窗、高屋顶、烟囱、塔楼，最终产生了一种浪漫的效果，令人不禁称其为"谨慎中世纪化的风格"（self-consciously medievalizing）。

同样的组合亦可见于尺度更大的皇家宫殿，于卢瓦尔河区域的布卢瓦府邸和尚博府邸，在此，弗朗索瓦一世倾注其热情，并以一个庞大的尺度建造。在布卢瓦府邸，1515—1524 年，他建了一个新翼，在其中世纪建筑的地基之上，采用的是以往的设计，却在外部的立面上凸出一个三层的圆拱凉廊。虽是受启发于同时代梵蒂冈的凉廊，但此凉廊除了位于顶层之外并无任何意义，开间之间没有任何内部连接。庭院正面著名的室外楼梯为其传统的 15 世纪法国石制螺旋楼梯带来了文艺复兴的设计细节，以及一种新的标志性。同样的特征亦出现在尚博府邸，它其实是一个有护城河的中世纪城堡，主体为一个方形要塞，两侧的圆塔有锥顶。然而这要塞却奇怪地建在一个源自文艺复兴的希腊十字平面上。确实，它的建筑师是多梅尼克·达·科尔托纳，朱利亚诺·达·桑迦洛的学生，后者设计了独创的美第奇别墅（约 1480 年），位于佛罗伦萨附近的波焦阿卡亚诺，尚博府邸中的房间组合是按照套间的方式设计。公寓即源于此，后来成为法国府邸建筑的一种常规模式。在尚博府邸希腊十字平面的中心，是著名的双螺旋楼梯，其设计灵感可能来自莱昂纳多·达·芬奇，后者于 1516 年被弗朗索瓦一世诱至法国。尚博府邸漂亮的轮廓是一个独特的范例，结合了火焰式哥特的丰富和异常纯粹的古典细节（图 361）。

弗朗索瓦一世在法兰西岛也建造了许多宫殿，最著名的即马德里府邸和枫丹白露宫。前者，始建于 1528 年，平面设计的灵感源自波焦阿卡亚诺，以及吉罗拉莫·德拉·罗比亚设计的精美陶制装饰，现已不在，但是，1528—1540 年枫丹白露宫的增建部分则是法国最完整的早期文艺复兴的建筑。建筑师吉勒斯·勒·布雷顿以一种随机布局的方式扩建了这座中世纪建筑，其中主要的保存部分是多雷金门（Porte Dorée），有一个叠加的凉廊，类似乌尔比诺公爵府的凉廊，以及舍瓦尔·勃朗庭院北侧更简单的凉廊。

枫丹白露宫的长廊就是之后弗朗索瓦一

① 意大利战争：
Italian Campaigns, 1494—1559 年。开始是在米兰人的帮助下，最终夺取那不勒斯。

251

365（对页） 考乃尔府邸（Corner della Ca'Grande），威尼斯，圣索维诺（16世纪中叶）

366（上） 弗朗索瓦（François）一世画廊，于枫丹白露（Fontainebleau），及罗索（Rosso）和普里马蒂乔（Primaticcio）的粉饰工艺和绘画（16世纪30年代）

世的画廊（图366），是此类形式最早的例子，后在法国和英格兰非常流行，虽然其建筑的起源甚至其功能一直不为其所知。其约1533—1540年华丽而精致的室内装饰，是出自罗索（Rosso，1494—1540年），一位佛罗伦萨艺术家，于 1527 年罗马沦陷之后离开了罗马，于 1530 年被召入弗朗索瓦一世的宫廷。1532 年又有一位加入其行列，即弗朗切斯科·普里马蒂乔（约 1504—1570 年），后者自 1526 年开始跟随朱利奥·罗马诺参与了曼图亚的德泰府邸的室内工程。粉饰工艺和壁画的结合完全覆盖了墙面，令枫丹白露的画廊过目不忘，这又源自拉斐尔于罗马的布兰科尼奥·德拉奎拉府邸（1516—1517 年）立面的装饰处理，以及朱利奥·罗马诺的设计，而其雕像——姿态不凡、四肢修长的青年男子，很明显是米开朗琪罗式。一种主要的粉饰做法，即条带装饰（strapwork），是第一次以这种规模在枫丹白露中使用，后来则被过度地使用于英国、德国、佛兰芒的装饰之中。

　　威尼斯的塞巴斯蒂亚诺·塞里奥（1475—1554 年）于 1540 年来到枫丹白露，随之，法国的建筑得以进一步的影响，他曾跟从佩鲁齐，自 1514 年直到罗马沦陷。在枫丹白露，他于约 1541—1548 年为依波利多·埃斯特建造了现已毁坏的大费拉拉府邸，埃斯特是费拉拉的红衣主教，以及罗马教皇在法国的使节。这是一座联排式别墅，或是环绕庭院三面的旅馆，在之后的一个多世纪里它为此类房屋确立了典型的法国式设计风格。塞里奥在法国设计的主要建筑物即位于勃艮第的安西-勒-弗朗府邸（约 1541—1550 年），其庭院的立面上，双壁柱和壁龛的韵律，源自伯拉孟特设计的梵蒂冈观景楼。

　　塞里奥在他的《建筑规范》[①]中画了观景楼的插图，这是一部建筑论著，出版于 1537—1551 年，分六部分发表，第七部分是于其逝后的 1575 年发表，这部著作相比于其不多的建筑作品要更具有影响力。作为一部建筑实践的概要，它避开了阿尔伯蒂钟爱的理论，而其流行的部分原因，也许正是在于它没有智慧上或是理念上的内容。同时，它也不用

367 庭院立面，布卢瓦（Blois）（1515—1524 年），展示开敞楼梯

拉丁文，如阿尔伯蒂的著作，而是用其家乡的意大利语，且由此被译成法文、佛兰芒文、西班牙文、荷兰文、英文。作为第一部规范了 5 种柱式的著作，它还包括如何建造这些柱式，以及古代建筑和罗马文艺复兴建筑的插图，还有教堂、房屋、壁炉、窗户、入口的设计，加之丰富的装饰多标志以手法主义者的特质。这种装饰，被建造者和工匠们踊跃采用，意将其叠加于大多为哥特式的建筑之上。

法国古典主义的确立：莱斯科、德洛姆和比朗

　　确立法国古典主义的建筑不是塞里奥的设计，而是巴黎罗浮宫的广场庭院，始建于 1546 年，由皮埃尔·莱斯科（1510/1515—1578 年）

①　《建筑规范》：又称《建筑七书》，塞里奥去世后被命名。

368（上）塞里奥（Serlio）：安西-勒-弗朗（Ancy-le-Franc）城堡的庭院，勃艮第（约1541—1550年）

369（下）尚博城堡的平面（始于1519年），多梅尼克·达·科尔托纳，源自安德鲁·杜·塞尔素（Androuet du Cerceau）的一张图纸

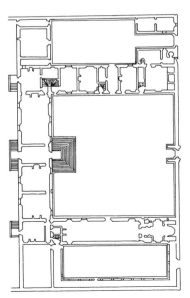

370（上）大费拉拉府邸（Le Grand Ferrare）的平面，枫丹白露，塞里奥（1541—1548年）

371 女王府邸，格林尼治，伊尼戈·琼斯（Inigo Jones），始于1616年；于1661年由约翰·韦伯（John Webb）增建

为弗朗索瓦一世建造。它的立面设计大胆，线条丰富，以多样的窗子处理，带有精确细节的圆柱、壁柱，而柱式为最华美的科林斯式及复合式。罗浮宫的雕塑变得丰富多彩，因其雕像和浮雕被同时置于室内和室外，雕刻家是让·古琼，他的作品亦可见于巴黎莱斯科的卡尔那瓦莱特旅馆，始建于1545年。莱斯科是一个完全不同的人物，不同于中世纪法国的石匠师，甚至不同于一位建筑师，如吉勒斯·勒·布雷顿。他出生在一个富裕贵族、从事法律的家庭，在数学、几何、绘画、建筑学方面受过良好的教育。

比莱斯科更为杰出的，虽然更为反复无常，即菲利贝尔·德洛姆（Philibert de L'Orme，1505/1510—1570年），一名才华横溢、神秘莫测的建筑师，他的大部分作品已毁。他生于里昂，是一位石匠师的儿子，16世纪30年代在罗马研究古迹，并结交了收藏家、发掘家红衣主教贝莱以及他的秘书人文主义作家拉伯雷。1540年，他为红衣主教设计了一座宅邸，位于沙朗通附近的圣莫尔·莱斯福塞斯，是一座再版的德泰府邸。德洛姆因贝莱而认识了亨利二世，并于1547—1552年为黛安·普瓦捷——亨利二世的情妇——建造了阿内府邸，位于诺曼底的德利克斯附近。

他富于创新而又敢于尝试的设计风格，于其阿内府邸华丽组合的入口之中可以得到完美的鉴赏。这是凯旋门主题的一个新颖变奏，处

372 罗浮宫的广场庭院，巴黎，莱斯科（始于1546年）

理方式如一种抽象雕塑，强化以特别的烟囱，形似古代石棺。附近的小礼拜堂是漂亮的圆形版本，即阿尔伯蒂所推崇的圆形，被伯拉孟特在神庙中采用过，也被圣米凯利继续用于佩莱格里尼的小教堂中，位于维罗纳的博纳迪诺，而对此教堂德洛姆又好似曾精心研究过。阿内府邸的穹顶中有精致的格天花，产生出一个由钻石形嵌板组成的螺旋形网，并同时回应在黑白大理石的地面设计上。天花板和地板的古代渊源是维纳斯和罗马神庙（图97），以及某种罗马的马赛克地面，但与此，却被发展成一种活泼且完全崭新的风格。府邸西立面的两侧为塔楼，并冠以高高的金字塔，带有一种奇特的古典格调。

很不幸，阿内府邸的大部分已被毁，虽其主体的正立面后在巴黎的美术学院的庭院中被重建。这是一座三层柱式塔楼，有多立克式、爱奥尼式、科林斯式，此立面有着严肃性、纪念性，和莱斯科在罗浮宫的华丽作品成鲜明

对比。

德洛姆作为亨利二世的建筑总监之时，为弗朗索瓦一世设计了一座壮丽的陵墓，于1547年，位于圣丹尼。其灵感来自罗马的塞普蒂缪斯·塞维鲁斯凯旋门，虽然优雅的爱奥尼柱式代替了罗马原本更为华丽的科林斯柱式，同时，其中央圆拱亦被戏剧性地前移了。陵墓的底座及其内部的筒形拱顶则由雕刻家皮埃尔·邦唐精美地饰以浅浮雕。这些和彩色大理石的运用即构成了其表面的丰富性，这和建筑本身的庄重性产生了有力的对比。德洛姆于1567年出版了《建筑学第一卷》，在书中其特立独行、创新意识及避免盲目模仿意大利样式的意愿使其最终发明了法式的古典建筑柱式，不同于5种意大利柱式。继此书之后，本来还有一本书，阐述了其"神圣比例"的理论，基于《圣经·旧约》中描述的，即按上帝的指示设计给犹太人的建筑。

菲利贝尔·德洛姆，是确立法国式古典

PLANVM SACELLI INTRA
ÆDIFICII PROXINTVM
CVNSTITVTI DANET

LE PLAN DE LA
CHAPPELLE DEDANS
LE LOGIS DANET

373（左）阿内城堡（Anet）的平面，近德利克斯（1547—1552年），德洛姆（de l'Orme）

374（下）城堡入口大门，阿内城堡

主义的中心人物，可以说，此形式一直延续到 18 世纪。其稳重、炽热的风格，以及许多独特的建筑特征后又重现于让·比朗和萨洛蒙·德布罗斯的作品之中，特别是其得意门生弗朗索瓦·孟莎（François Mansart）的作品中。在库昂府邸，位于塞纳瓦兹，让·比朗（Jean Bullant，约 1515/1520—1578 年）于约 1555—1560 年建造了现已毁坏的立面，受启发于菲利贝尔·德洛姆的阿内府邸，但是现存的南侧入口门廊建于约 1560 年，却是第一次在法国展现了巨型柱式。而他对纪念性建筑的审美品位又重新回归，可见于其漂亮的廊道，于费尔昂塔德努瓦，出资的主人是库昂的法国元帅安·德·蒙特莫伦西，此廊道意在连接一座 13 世纪的要塞城堡及其附属建筑。一连串巨大的圆拱牵着廊道戏剧般地穿过山谷，给人以罗马输水道的感觉，却也因建筑的损坏状态而偶然成了亮点。大约在 1560 年，比朗在尚蒂伊再次为蒙特莫伦西建造了一个小府邸。其特征为有一个宏大的圆拱，由双柱支撑，或许是受启发于伯拉孟特 15 世纪 90 年代的作品，虽然用在尚蒂伊的手法主义并不为突出入口，而只是作为一种装饰设置，使其有窗无门的立面变得生动些。手法主义的切分节奏重现于在其廊道之中，是于 16 世纪 70 年代为太后凯瑟琳·德·美第奇建造，廊道建在菲利贝尔·德洛姆设计的桥上，于舍农索府邸，即卢瓦尔河府邸中最美的一座。

比朗的风格由德洛姆的沉重向手法主义异想的转变，使其近似老雅克·安德洛恩特·切尔希（约 1515—约 1585 年），即法国建筑和装饰王朝的奠基人。后者最著名的是其版画书籍，其中有很多奢华的装饰细节，大多基于意大利的"洞穴式风格"。自《建筑之书》之后，他出版了很多设计图，关于联排府邸和别墅府邸，作为建造者手册，而其《法国最佳建筑》

（两部，1576 年及 1579 年），是古典主义建筑法国式骄傲的记载，虽然，他还是禁不住把自己发明的奇特装饰特征也加进现有建筑记录之中。

法国成就的骄傲结合了中产阶级对舒适的强调，且标志了城市规划的主题，后者是亨利四世于"宗教战争"[①]（1560—1598 年）后的衰败，为国家的首都提供一个新的心脏。于

① 宗教战争：
Wars of Religion，是罗马天主教和胡格诺派之间的战争。其间死亡人数约 300 万人。仅次于英法之间的宗教战争，1618—1648 年，死亡人数约 600 万人。

375 小城堡景观，尚蒂伊（Chantilly），及其中心由比朗于约 1560 年的立面设计

376 德洛姆和比朗：舍农索（Chenonceaux）城堡（1556—约1576年）

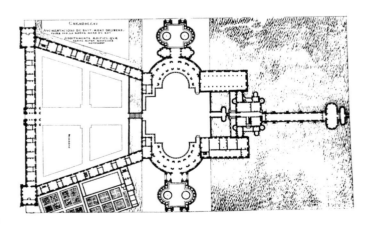

1599—1610 年，他完成了纳夫桥，建造了圣路易医院，创办了法兰西大学，而且更重要的是，他建造了矩形的皇家广场（现在的孚日广场）、三角形的王子广场、半圆形的法兰西广场。意大利的广场因公共建筑而显威严，而亨利的广场则着重于提供私人宅邸给新富的中产阶级，并以意大利文艺复兴的规整性为背景。孚日广场始建于 1605 年，采用威严却又温馨的建筑风格，使用感性的红砖和转角石，且大部分有保留下来，成为亨利四世城市理念的一个迷人的纪念物。要证明它在法国及之外的影响，有一个令人瞩目的后期建筑，这便是伊尼戈·琼斯（Inigo Jones）的女修道院花园，位于伦敦，建于 1630 年。

古典主义的发展自德布罗斯（de Brosse）、勒梅西埃（Lemercier）和孟莎（Mansart）

17 世纪的法国古典建筑在进入巴洛克风格之前，主要由 3 位建筑师所主导，萨洛蒙·德布罗斯（约 1571—1626 年）、雅克·勒梅西埃（约 1582—1654 年）、弗朗索瓦·孟莎（1598—1666 年）。萨洛蒙·德布罗斯虽是雅克·安德洛恩特·切尔希的孙子，却拒绝注重装饰和细节，而是把其建筑设计成圆形。这种雕塑般的体量明显地表现在其主要建筑之中，包括布勒朗科特府邸（1612—1619 年），现已毁；巴黎卢森堡宫（约 1614 年）为摄政女王玛丽·德·美第奇而建；以及在勒恩（Rennes）建的布里议会大厅（1618 年）。布勒朗科特府邸是一个非凡之作，是继菲利贝尔·德洛姆的先锋作品后法国第一个独立的对称式府邸，后者位于圣热尔曼的纳夫府邸。府邸有四个立面，因不被任何服务侧翼妨碍，即可作为一件纯粹的艺术品为人所欣赏。萨洛蒙府邸将特征鲜明的建筑群体和清晰的古典细节结合在一起，这甚至可见于现存的小尺度维尼奥拉式的亭子之上，位于布勒朗科特的前庭院

377 孚日广场（The Place des Vosges），巴黎（始于1605年）

里，这令其成为 17 世纪法国最伟大的建筑师，他就是弗朗索瓦·孟莎①（1598—1666 年）。

雅克·勒梅西埃，于约 1607—1614 年曾在罗马学习，他为巴黎带来了当代罗马的学院品位，正如加科莫·德拉·波尔塔和维尼奥拉的语言中所表述的。这一点可见于其穹顶教堂，位于索邦神学院（始于 1612 年），平面基于罗萨托·罗萨蒂的设计，即罗马（1612 年）的圣卡洛卡蒂纳里教堂。索邦神学院的委托，来自路易八世的首相，黎塞留红衣主教自 1631 年起勒梅西埃为他建造了府邸和邻近的黎塞留新城，位于安德尔-卢瓦尔。现已毁掉的府邸不如新城有趣，后者保留下来，亦成为一个引人注目的范例，展示了亨利四世"巴黎广场"理念的影响。其井格式规划有两个广场，其中较大的一个两侧有教堂和市场大厅，黎塞留新城反映了法国城市的中央式布局，这也被视为黎塞留红衣主教作为一个政治家的成功基础。

巴莱洛伊府邸位于卡尔瓦多，始建于约 1626 年，是弗朗索瓦·孟莎的早期作品，同时也是亨利四世的砖石世俗建筑的一种变体，展示了孟莎绝妙的建筑组合。同样显著的是府邸生动的连接方式，于府邸和村落之间，并于高低不一的地势之上使用了阶梯、平台。孟莎的第一件成熟的建筑作品是布卢瓦府邸的奥尔良

① 孟莎：
法国屋顶因其命名"孟莎屋顶"。弗朗索瓦·孟莎的侄孙也是建筑师，见315 页。

支翼，建于1635—1638年，为路易八世的兄弟加斯通，即奥尔良公爵而建造，他的大臣又是孟莎在巴莱洛伊的赞助人之子。孟莎出身卑微，父亲是一位木匠师，他从师于其表兄热尔曼·戈蒂埃，后者曾和萨洛蒙·德布罗斯在雷恩一起工作。他后来建于布卢瓦的作品即源于德布罗斯的建筑，如布勒朗科特和卢森堡宫，但是却标志以更为纯粹的细节特征，创造出一种庄重古典式的明朗，被誉为可媲美于彼尔·卡莱尔（1606—1684年）的悲剧、尼科拉斯·普桑（1593/1594—1655年）的古典绘画、瑞内·笛卡儿（1596—1650年）的哲学。孟莎在布卢瓦纯熟的设计遮掩了入口立面和花园立面之间的轴线和层高的差别。

之后的作品中，孟莎的立面设计更为丰富，如其代表作，位于巴黎附近的麦松府邸，始建于1642年，为富有的金融家勒内·德隆吉维尔建造，他给了孟莎创作的自由。这座府邸的构思是一个独立体，建在带有护城河的雄伟的石台之上，石台仅在入口处有一个最小的凸形，是一层高的翼形；墙体则是较厚的直线格栅状，用了一系列直切的平镶板，来界定壁柱、独立柱子、柱顶、窗框。它是一曲柱式的圣歌。建筑装饰处理的多样性及纯熟性也反映在其室内，于支翼的椭圆形房间，特别是于入口门廊和紧邻的楼梯，于此，有雕刻的多立克柱式，而其极具寓意的浮雕则采用了朴素的石料，既没有色彩，也没有镀金。

于教会建筑上，孟莎则要稍逊一筹，但是他在巴黎的圣玛丽亚·德·拉·威斯蒂昂教堂（1632—1633年）则是一座穹顶式教堂，三面环绕有小礼拜堂，如德洛姆在阿内的礼拜堂。其椭圆形又是断切的穹顶，奇异地呈现出轮廓，于高天窗倾泻而下的光线之中，为一个完全为文艺复兴盛期的建筑，带来了一笔近乎巴洛克式的混杂符号。同样的空间之趣亦添彩于巴黎教堂瓦尔·德·格拉

378 索邦神学院（the College of the Sorbonne）教堂的外观，巴黎，自勒梅西埃（始于1612年）

斯，始建于1645年，由奥地利的安娜出资建成，是为履行其誓约，即在其王子，未来的路易十四世出生之前立下的。孟莎是一个自负且难处的人，一个完美主义者，习惯于在建造过程中不断地修改设计方案。并不是所有的出资人都如勒内·德隆吉维尔那般随和，因而，瓦尔·德·格拉斯教堂的建造任务被撤出其手，于1646年托付给了勒梅西埃。其方案的不定性，同时，也可以称为是不断发明的能力，使他失去了罗浮宫的东立面的设计委托，他受邀于路易十四的首席顾问科尔贝，已于1664年曾设计了很多项目。1665年，他又为科尔贝提供了一个设计，即一座庞大的礼拜堂，是波旁王朝的皇陵，位于圣丹尼。它效仿了莱昂纳多·达·芬奇的设计，中央穹顶的空间环绕着稍小些的礼拜堂，其上是切开的穹顶，由此，参观者可一见穹顶的外层。这种巴

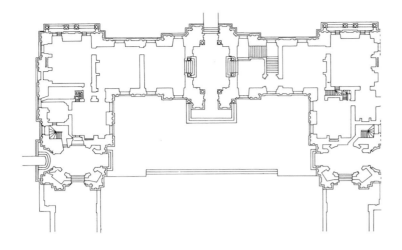

379、380（上和下）孟莎：麦松城堡（Maisons-Lafitte）的平面和外观，近巴黎（始于1642年）

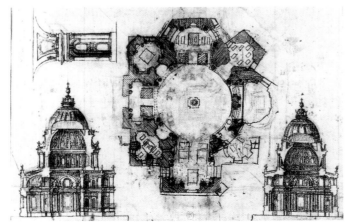

381 孟莎：波旁王朝礼拜堂的平面和剖面，圣丹尼（1665年）

① 银器式风格：
建筑装饰以浅浮雕制成，似银器工艺一般。

洛克式的做法曾在其布卢瓦府邸的楼梯上提示过，之后亦影响了荣军院的穹顶，后者建于17世纪80年代，设计师是他的侄孙——J.H.孟莎。

西班牙

西班牙的文艺复兴形式如法国一样，也是过继而来的，这是因为它和意大利的政治关联。在西班牙对那不勒斯的统治期间，即1526年后的查尔斯五世和1555年后的菲利普二世，都保障了两国紧密的艺术联系，这于西班牙的早期建筑，可见意大利的影响，如圣地亚哥·德·孔波斯特拉的皇家医院，设计出自恩里克·艾加斯，是1501年为天主教君主费迪南德和伊莎贝拉而建，后者在同时期亦委托伯拉孟特设计了位于罗马的神庙。孔波斯特拉的医院是十字形平面，效仿了菲拉雷特在米兰设计的大医院，以及桑迦洛在罗马设计的圣斯皮里托医院。华丽却又精致的门窗周边装饰混合了哥特的形式和伦巴第文艺复兴的细节，形成的风格即所谓的"银器式风格"①（Plateresque），因其类似银匠师的工艺。这种风格后期中的时尚作品之一，即位于埃纳雷斯堡的圣伊德方索学院（1537—1553年），设计出自罗德里戈·吉尔·亨塔南（1500/1510—1577年），同时，在托莱多设计的阿尔卡萨尔宫，其北面主立面的设计则出自阿朗索·德·科瓦吕比亚（1488—1570年，设计于1537年，施工于1546—1552年），可能更近似意大利的建筑，然而，这里文艺复兴的形式基本上都为装饰之用。

截然不同的则是那座未完工的宫殿，即位于格拉纳达的阿尔罕布拉宫，是为查尔斯五世建于1527—1568年，设计者是佩德罗·马丘卡（约1485—1550年），他是一名在意大利学习过的西班牙画家。受启发于伯拉孟特和拉斐尔的宫殿设计，它应是欧洲文艺复兴盛期风

382（上）西洛埃：圆厅的穹顶，格拉纳达大教堂的东端（始于1528年）

383（上右）皇家医院，圣地亚哥·德·孔波斯特拉（1501—1511年），艾加斯，及1518年的正门入口

384（右）宫殿的圆形庭院，由马丘卡（Machuca）建造（1527—1568年），为查尔斯五世，阿尔罕布拉宫，格拉纳达

格的完美宫殿。其圆形的庭院环绕着双层的独立柱廊，由多立克、爱奥尼柱式构成，效仿了拉斐尔在马达玛别墅未完成的庭院，建于维尼奥拉在卡普拉罗拉的建筑设计之前。它是一座非常罗马式的建筑，以至于在西班牙没有任何模仿者，虽然迭戈·德·西洛埃（约1495—1563年）设计了装饰华丽的镀金楼梯，于布尔戈斯天主教堂（1519—1523年），它可能效仿伯拉孟特在梵蒂冈观景楼中连接各露台

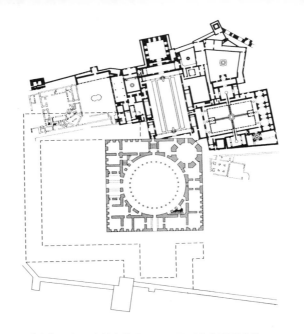

385（上）阿尔罕布拉宫的平面，及马丘卡的圆形庭院

386（上右）宽恕之门，格拉纳达，西洛埃（始于1528年）

387、388（下和对页）托莱多和埃雷拉：埃斯科里亚尔的平面和外观（1563—1582年）

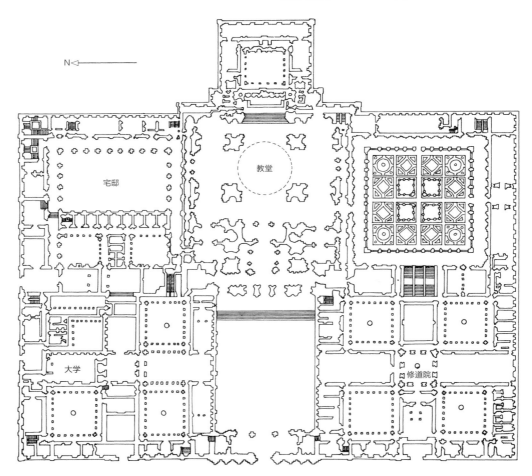

的楼梯。西班牙银器式风格的首席建筑师西洛埃，众所周知的是自1517年起一直住在意大利，其父是一位法国雕塑家，定居在西班牙的布尔格。他的代表作品格拉纳达教堂始建于1528年，原址曾是一座清真寺。教堂东端是宏伟的圆形穹顶大厅，其初衷是永久展示圣礼仪式，是为格拉纳达摩尔时期的过去，作为一种赎罪之举。这一启发性的设计令人想起了早期基督教时期的阿那斯塔希斯圆厅，位于耶路撒冷的圣墓教堂，以及伯拉孟特设计的圣彼得大教堂。同时，此建筑又有着很强烈的银器式风格特点，很明显，于其北耳堂的外部，漂亮的凯旋门装饰之上，此门亦被称为"宽恕之门"。

至此，西班牙文艺复兴时期最重要的作品，即埃斯科里亚尔的修道院兼皇宫，建于1563—1582年，在距马德里30英里（48千米）的山中。受菲利普二世的委托，此建筑用作安置其父查尔斯五世的陵墓，此举足以象征了西班牙皇室的强权以及西班牙人对天主教的虔诚。庞大建筑的设计，其图纸出自建筑师胡安·包蒂斯塔·托莱多，他曾是米开朗琪罗的助手，是在建造圣彼得大教堂之时，即于

1546—1548年，他于1559年受邀于菲利普二世，由那不勒斯来到马德里。建筑巨大的十字形平面效仿了菲拉雷特在米兰设计的医院，以及古罗马后期的设计，如位于斯巴拉托的戴克里先宫和罗马的戴克里先大浴场。素然的立面是一种简洁的风格，更简化于加科莫·德拉·波尔塔和维尼奥拉的设计，这亦关系到坚硬的材质，即当地的灰色花岗岩，以及精神上的反宗教改革观念，这一点吸引了菲利普二世。即便如此，托莱多的设计最终还是没有打动国王，后者对建筑有着非常浓厚的兴趣，之后，国王即寻找替代者，从阿利西、迪巴尔弟、帕拉第奥、维尼奥拉及其他建筑师之中。最终，胡安·埃雷拉（约1530—1597年），自1563年一直是托莱多的助手，于1572年成为托莱多的继任者，修改了托莱多的设计，而设计成一个希腊十字穹顶教堂，有多处的东弯大厅是为唱诗班而设。它展示出埃雷拉通晓阿尔伯蒂、阿利西、迪巴尔弟所设计的教堂，以及伯拉孟特设计的圣彼得大教堂，其肃穆宏大与建筑群格调相和谐，后者包括有17个庭院，连接着一个杰拉伊麦特修道院、神学院、医院、皇宫、皇陵，最终成为当代世界上的奇观

之一。菲利普二世，一半为王，一半为僧，是历史上最强国度的统治者，卒于 1598 年，于教堂的一个无装饰的小房间中，后者是专门为他设计的，用以俯瞰大祭坛。作为皇家建筑的总监，埃雷拉能够保障国王这种令人震惊的习惯，而这种设计后来也成为西班牙的官方建筑风格，并一直延续到 16 世纪后期和之后的时期里。它可见于众多的宫殿、公共建筑、市政大厅、教堂之中，且遍布整个国家。

德国

法国和西班牙作为天主教国家，和意大利的接触比较容易而且明显，并以一种持续的方式接受了文艺复兴的建筑风格，而形成鲜明对比的是英国、德国、一些低地国家，那里，宗教改革的冲击更为强烈，阻碍了他们全盘接受文艺复兴的理念。德国人，更关注其巴洛克风格，而不是文艺复兴建筑。文艺复兴的风格进入德国，是在一个小礼拜堂之中，是奥格斯堡的圣安娜教堂西端的增建，位于施瓦本，是于 1510—1512 年为富格尔银行家族修建。富格尔礼拜堂则是一种尝试，用意大利北部或者说威尼斯"15 世纪风格"的手法，但又包含了不协调的德国晚期哥特式的网式拱顶。在德国，于 16 世纪的多数时间里，文艺复兴只是一种装饰体系，源自意大利北部，在科莫或帕维亚的 15 世纪风格建筑，而后，才用于哥特式晚期的结构之上。我们可以见之于 16 世纪 30 年代的乔治堡，于德累斯顿的宫殿中，虽然同期的约翰·弗雷德里希堡，于哈顿费尔宫，位于托尔高，同样在萨克森州，设计出自康拉德·克莱布斯（Konrad Krebs），则是一座更为张扬的纪念性建筑。这座建筑物宣称有一个惊人的敞开式楼梯，在一个巨大的石洞之中，是一种伦巴第—德国式的设计，可以媲美弗朗索瓦一世宫的侧翼楼梯，后者位于布鲁瓦（Blois）。

一个例外即来自斯塔特莱斯德茨，意为

389 柱廊庭院，于阿尔代斯（Altes）城堡，斯图加特市，特莱茨（1553—1562年）

390 奥特姆里希城堡（Ottheinrichsbau）的庭院立面，海德堡（1556—约1560年）

391 圣米凯尔耶稣会教堂的西立面，慕尼黑，苏斯特里斯（始于1583年）

"城市公寓"（Stadtresidenz），位于巴伐利亚的兰茨胡特市，为巴伐利亚的路德维希五世修建，于1536—1543年，得助于从曼图亚带回的石灰匠和泥瓦匠，因路德维希五世曾于1536年访问过曼图亚，极为欣赏那里的德尔塔官。因其带有拱形的凉廊，城市公寓在建筑上没有很好地反映德尔塔官，但是在室内设计上，其壁画及粉饰却更具意大利式风格。更为典型的是，建筑以山墙为主，饰以佛兰芒式的装饰，即短而粗的柱子，庭院则设置了漂亮的拱廊。很多市政厅即以这种风格设计，典型的作品都位于萨克森州，在莱比锡（1556—1564年）和阿尔滕堡（1562—1564年）。一个拱廊庭院的佳作位于斯图加特市的阿尔代斯官，建于1553—1562年，其建筑师为阿尔柏林·特莱茨（卒于1577年），是为符滕堡的科里斯托夫公爵修建。佛兰芒式灵感的装饰性丰富达到顶峰，则是在海德堡

修建的奥特姆里希堡官，建于1556—约1560年，为收藏家兼出资人奥特姆里希而建，他于1556年成为帕拉蒂尼选帝侯。虽然建筑展示给世界的是简洁的外表，但奥特姆里希堡庭院的立面现已为废墟，却有着浮夸的组合，完全覆以雕塑装饰。其设计要归功于塞里奥的论著，而其建筑细节，如三维的卷轴带饰，则可能源自康涅利斯·弗洛里斯（约1514—1575年），后者曾出版了两本极具影响力的雕刻书籍，于1556年和1557年。

慕尼黑，一座信奉天主教的城市，享受着与罗马的密切联系，并将此纪念于圣米凯尔教堂，始建于1583年，作为耶稣会在欧洲北部建造的第一座主要教堂。这座教堂的费用出自威廉，即巴伐利亚公爵，他已于1573—1578年重建了兰茨胡特的特劳斯尼茨堡，其中有一个拱廊庭院，建筑师为荷兰的弗兰德里克，建筑风格是一种国际晚期文艺复兴风格。特劳斯尼茨堡的室内华丽地绘以阿拉伯纹饰及人物绘画，其艺术家们是苏斯特里斯从意大利带回的。亦是这些艺术家，于1569—1573年，在苏斯特里斯的帮助下，为汉斯·富格尔完成了室内装饰，于现已损坏的奥格斯堡的富格尔府邸中，其风格是华丽的手法主义，媲美意大利朱里奥·罗马诺和瓦萨里（1511—1574年）的作品。苏斯特里斯曾学习绘画，可能是慕尼黑教堂的初始建筑师，毫无疑问是，他于1593—1597年塔楼倒塌之后修建了崭新的十字架和唱诗厅。在带有筒形拱顶及侧礼拜堂的罗马式中殿之后，其西立面则几乎不像维尼奥拉设计的耶稣会教堂，因其上层回应着北方文艺复兴的特色，即山墙式联排府邸。

而这时，威廉五世也正将慕尼黑府邸，即原来维特斯巴赫王子旧城堡，改建为一个文艺复兴风格的府邸。他最大的贡献即古玩收藏馆，于1586—1600年，委托苏斯特里斯，改

392 古董馆（Antiquarium），慕尼黑宅邸（1586—1600年）

393 约翰·尼斯伯格城堡（Johannisburg）的外观，阿茨芬堡（Aschaffenburg），里丁格（1605—1614年）

建原来的一幢长条矮房，矮房本是作为德国第一座博物馆，建于1569—1571年，是为巴伐利亚的阿尔布雷希五世修建，设计来自米兰的古董家雅格布·斯特拉达（Jacopo Strada）。在斯特拉达的筒形拱顶似半地下的房间中，为了获取层高，苏斯特里斯降低了地面的高度，可能受启发于古罗马半地下室的室内设计。苏斯特里斯把宽大拱顶的每一寸空间都覆以壁画，包括有令人产生错觉的人物绘画和阿拉伯多色花纹，此为晚期手法主义风格，类似瓦萨

里的风格。装饰的团队包括有尼德兰、德国、意大利的艺术家。

更为典型的是丰富的德式山墙，位于增建的巨大南翼，建于16世纪90年代晚期，是在已经很庞大的海姆申伯格宫之中。作为16世纪晚期德国极有气势的世俗建筑之一，其宏伟壮观可堪比于英国的"大臣府邸"，如伍拉斯顿和哈德维克，尽管它缺少后者的协调和对称。这些理念实施在巨大方形的约翰·尼斯伯格宫，位于阿茨芬堡，其建造过程是1605—1614年一气呵成的，设计出自乔治·里丁格（1568—1616年之后），是为美茵兹的侯爹大主教约翰·施维科哈德·范·科隆伯格建造，后者对领土和建筑的抱负超过了当时任何一个世俗参选者。此建筑的规模和气势可能预示了德国17世纪晚期的一些大宫殿，但是高耸山墙上漂亮的手法主义装饰则是源自文德尔·迪特林（Wendel Dietterlin）于16世纪90年代出版的书中插图，确切地说，它是德国文艺复兴建筑的顶级佳作。随后的另外一件作品是位于海德堡的弗雷德里希堡，建于1601—1607年，由约翰·肖赫（Johann Schoch）设计，很明显他还没有完全摆脱紧邻的奥特姆里希堡建筑对他的影响，后者上部冠有装饰。与之完全相同的宗教建筑，则是新教城市教堂（1610—1615年）奢华的西立面，位于巴科伯格，其设计者可能是汉斯·沃尔夫，而室内设计的主导还是晚期哥特式风格。

在如此的狂想之后，沉静的风格又最终得以回归。启用此风格的首要建筑师是埃利阿斯·豪尔（1573—1646年），一个新教教徒来自奥格斯伯格的石匠家庭，曾受雇于富格尔家族。他在1600—1601年的威尼斯访问之后，便替代其父，于1602年成为奥格斯伯格的城市建筑师。他设计的简朴风格在其城堡中极易辨认，于其维里巴斯堡宫（约1609—1619年），位于巴伐利亚的埃赫斯塔德市和奥格斯

伯格的两座建筑，即屠宰场（1609 年）以及圣安娜体育馆（1613—1615 年）。在风格上，近于维里巴斯堡宫的，应是海德堡中的英国建筑，建于 1613—1615 年，由帕拉蒂尼选帝侯弗雷德里希五世建造。其简洁的设计有时令人想到一个名字，即伊尼戈·琼斯，后者可以确切地说，于 1613 年曾造访过海德堡，随着阿伦德尔勋爵，是在弗雷德里希五世和伊丽莎白公主，即英格兰詹姆士一世女儿的婚礼之后。

　　豪尔（Holl）的经典之作是奥格斯伯格的市政大厅，建于 1515—1520 年，看似作为反对宗教改革运动的摩天大厦，其中心体为 6 层，加上一个带高山花墙的阁楼。这里细节的简洁，令人想起加科莫·德拉·波尔塔和丰塔纳的作品；其八角形的穹顶塔楼更像德国式；而其复杂的综合和立体的清晰则是豪尔独有。其室内设计豪尔并没有参与，达到一个顶峰的是在庞大奢华的金色大厅，建于 1620—1623 年，不幸的是，大多毁于第二次世界大战。市政厅极为简洁的风格影响了纽兰伯格市政厅的新翼，建于 1616—1622 年，设计出自小雅克布·沃尔夫（1571—1620 年）。建筑冷酷且壮观的外表以及近似工业化的重复窗带，看似有些像埃雷拉的埃斯克里亚尔。尽管纽伦堡的居民喜爱同时是画家和绘图者的阿尔布雷希的作品，人们还是迟疑于接受建筑中的巴洛克风格，这可见于皮勒府邸，建造时间不晚于 1602—1605 年，设计者为老雅克布·沃尔夫，带山墙的立面和带拱廊的庭院都完全被覆以装饰。市政大厅和纽伦堡的皮勒府邸都于第二次世界大战中被毁，但之后，又大部分得以重建。

东欧

　　欧洲东部的国家，如匈牙利、俄罗斯、波兰、波希米亚、奥地利和以上提及的国家，更

394 豪尔设计的市政厅外观，奥格斯伯格（1515—1520 年）

早地接受了文艺复兴风格。如果我们从未涉及此话题，那是因为其进程比较随意，以至于无法划分。在莫斯科的克里姆林宫，意大利建筑师阿列维西奥·诺维建造了圣米凯尔天主教堂，于 1505—1509 年，采用了文艺复兴的细节，但是，保持了传统的俄罗斯—拜占庭设计。匈牙利自 14 世纪起因意大利文艺复兴的人文学术既而成为一个孤立的前沿，这一种文化繁荣一直持续在 15 世纪，只是在 16 世纪土耳其入侵之时才被压制下去。此间的关键人物即玛西亚斯·科维努斯国王（1458—1490 年在位），他是曼特尼亚、韦德基奥、贝内德托、达玛亚诺的一位出资人，还雇用了佛罗伦萨的建筑师，基曼蒂·莱昂那多·卡米奇在布达佩斯为其城堡重建，现已毁，它几乎可以媲美乌尔比诺的宫殿。在匈牙利完全文艺复兴的风格中，最早的一个是明显呈佛罗伦萨式的小礼拜

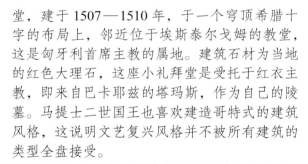

395 观景楼的柱廊式凉廊，布拉格，保罗·德拉·斯特拉（始于1534年）

396 瓦威尔（Wawel）大教堂，克拉科夫（1519—1533年）。右边是比里茨（Berrecci）设计的西格蒙德（Sigismund）小礼拜堂

堂，建于 1507—1510 年，于一个穹顶希腊十字的布局上，邻近位于埃斯泰尔戈姆的教堂，这是匈牙利首席主教的属地。建筑石材为当地的红色大理石，这座小礼拜堂是受托于红衣主教，即来自巴卡耶兹的塔玛斯，作为自己的陵墓。马提士二世国王也喜欢建造哥特式的建筑风格，这说明文艺复兴风格并不被所有建筑的类型全盘接受。

1502 年，波兰未来的国王西格蒙德一世成长于玛西亚斯·科维努斯的宫廷之中，将佛罗伦萨的建筑师弗朗西斯科斯·弗罗伦蒂那斯从布达佩斯带到了克拉科夫。西格蒙德于 1506 年加冕，弗朗西斯科斯·弗罗伦蒂那斯得以开始施工，改建一个文艺复兴式的广场，位于克拉科夫的瓦威尔城堡，工程持续于 1516—1535 年，由另一位佛罗伦萨的建筑师主持，即巴托洛米奥·比里茨（约 1537 年）。其主要的特征便是其庭院，有着叠加且有圆拱的柱廊，此风格后来在德国非常流行。比里茨经由匈牙利来到波兰，很明显他曾在伯

拉孟特的手下学过。他的最杰出成就即西格蒙德小礼拜堂，在位于克拉科夫的瓦威尔教堂内，是受西格蒙德委托，于 1517 年，在后者的第一任妻子去世之后，作为皇室的陵墓之用。它替代了原来的哥特式侧礼拜堂，建于 1519—1533 年，得助于很多意大利的艺术家，都是国王从匈牙利带来的。建筑材料为白色沙石和红色匈牙利大理石，它有个立方体，其上架有穹隅，支撑着圆筒形鼓座，其外部呈八角形，最上面则冠以高灯笼窗。建筑上，同时也在装饰上，西格蒙德礼拜堂是意大利早期文艺复兴理念的一种最精美表达，此类似不见于意大利，更不见于法国或德国。它的室内满是奢华的雕刻装饰，遵循的方案可能受到克拉科夫大学人文主义环境的影响。西格蒙德于 1518 年的婚姻是和博娜·斯福尔扎，来自米兰的统治家族，这也许可以解释这座小礼拜堂的伦巴第气息，此风格曾被拉斐尔或桑迦洛家族认为有些装饰过度。这座小礼拜堂倒是对波兰的一些中心布局礼拜堂有着很

大的影响，包括瓦威尔天主教堂中的礼拜堂，虽然后者还是缺少些灵气。

西格蒙德的兄弟，弗拉迪斯拉夫，波西米亚的国王，雇用了本尼迪克·里德，于1493—1502年修建了弗拉迪斯拉夫大厅，于布拉格的城堡内。其哥特晚期的拱顶我们在第五章中有欣赏过，奇异地结合了文艺复兴的特征，如窗框采用科林斯式的壁柱和半柱。宫殿的这一部分于1510年完工之时，其剧增的传统形式使其成为阿尔卑斯山以北地区较早的文艺复兴建筑之一。费迪南德二世，查理五世皇帝的兄弟，波希米亚哈布斯堡王朝[①]的第一位统治者，除了布拉格的建筑之外，又建造了另一座标志性的建筑，体现了早期文艺复兴风格，即观景楼，它始于一个花园凉廊，是于1534年为其妻子而建。此拱形凉廊带有威尼斯16世纪风格，其建筑师是保

罗·德拉·斯特拉（卒于1552年），一名雕塑家，曾师从安德利亚·圣索维诺。工程因1541年的一场火灾曾中断，其"S"形的铜屋顶直到1563年才最终完成，设计出自曾就学于威尼斯的建筑师博尼法斯·瓦尔姆特（卒于约1579年）。附近的网球场建于1567年，也是由瓦尔姆特设计，有一个厚重的拱廊，饰以粉饰刮画（sgraffito）风格。这些意大利式的建筑非常之特别；因为波西米亚的建筑一般来说遵循着德国风格的外山墙和叠加的拱廊庭院。

荷兰王国

约1512年，教皇利奥五世委托拉斐尔为西斯廷教堂设计了一套壁毯。拉斐尔绘制的

① 哈布斯堡王朝：Hapsburg，欧洲历史上统治领域最广的王室，曾统治神圣罗马帝国、西班牙帝国、奥地利大公国、奥匈帝国。

397 弗洛里斯（Floris）设计的市政厅外观，安特卫普（1561—1566年）

398 林中屋府邸（Huis Ten Bosch）的外观，马尔森（Maarssen），近海牙，坎普（1628年）

399 毛里斯住宅（Mauritshuis）的外观，海牙，坎普（1633—1635年）

400 鲜肉市场（MeatHall）的外观，哈莱姆（Haarlem），德·基（1601—1605年）

壁毯草图于1517年到达布鲁塞尔，并在那里进行了编制，也由此给荷兰带来了文艺复兴的风格，且是以这种决定性的方式。同年，摄政王——自奥地利的玛格丽特——以这种新的风格增建了梅克林的宫殿，但是，直到1561—

1566年安特卫普市政厅的建造，文艺复兴才在佛兰芒开始成熟。其建筑师科涅利斯·弗洛里斯（约1514—1575年）生长在安特卫普，曾学习雕塑，师从于詹博洛尼亚，并于1538年造访过罗马。这座市政厅是一座庄重的标志性建筑，长为19个开间，主体部分是一个塔形的山墙立面，它实为一个装饰，其后并没有任何东西。其装饰特征源自伯拉孟特和塞里奥，如成双的柱子、壁柱，两侧为壁龛、卷轴饰、方尖碑，之后，它亦影响了德国及荷兰的众多市政厅，初期则是轻度的效仿，如海牙市政大厅，建于1564—1565年，建筑师无名。同样具有影响力的是其丰富的条状饰物，虽然不是主题特色，无论是在此建筑中，还是在弗洛里斯设计的壮观的大理石十字架屏障中，于图尔奈教堂，建于1572年，但是，它之于圆拱以及其他仪式用建筑却是一个重要的元素，建筑是为纪念国王查尔斯五世和他的儿子——未来的西班牙的菲利普二世于1549年亲临安特卫普市而建。这些设计的雕刻版图于 1550 年出版，后还出版有 1556—1557 年弗劳利斯的《古雕塑的新设计》、汉斯·弗莱德曼·德·弗里斯的《建筑学》（安特卫普，1563 年）和《分割》（1566 年），文德尔·迪特林更为精美的《建筑学》（纽伦堡，1594—1598 年）。

这种装饰的山墙进入 17 世纪的荷兰王国之时，即成为经典的特征，之于市政厅、行会厅、私人寓所。但是，无一能比哈莱姆的米特厅（1601—1605 年）更为壮观，设计出自哈莱姆的首席建筑师利芬·德·基（约 1560—1627 年）。在阿姆斯特丹与其相当的是建筑师及雕塑家亨德里科·德·基塞尔（1565—1621 年）。基塞尔的两件主要作品是南教堂（1606—1614 年）和西教堂（1620—1638 年），其威风的塔楼主导了阿姆斯特丹的天际线。南教堂是荷兰第一座大型的新教教堂，其设计的重点是布道坛，而非祭坛。两个教堂都有简单的圆拱柱廊，但是基本上保持了一种过渡时期的哥特风格。

这里，最后遗留的华丽佛兰芒装饰和过渡时期哥特风格被雅格布·范·坎普（1585—1657 年）无情地铲除了，他是一名建筑师、画家、农场主，也是一个富有的单身汉。他将帕拉第奥主义引到荷兰的建筑设计之中，如科依曼斯府邸，建于 1625 年，在阿姆斯特丹的凯泽格拉赫特和美丽的森林之家，建于 3 年之后，于海牙附近的森林之中，称其为荷兰建筑史上第一个"山墙巨柱式"，此设计显然是受启发于斯卡莫齐（Scamozzi，1548—1616 年）所著的《建筑思想》（威尼斯，1615 年）。雅格布·范·坎普的杰作应是毛里斯住宅，为王子约翰·毛里斯·范·拿骚而建，位于海牙，建于 1633—1635 年，朴素的红砖建筑因其密集且庞大的爱奥尼式砂石壁柱而变得生动：这种风格并不异于法国

亨利五世时期的风格。作为王子宫殿，它亲切威严，却又不张扬，这种建筑手法深刻地影响了英国世俗建筑的发展。雅格布·范·坎普接着设计了漂亮的石制市政厅（现在的皇宫），于阿姆斯特丹，其叠加的巨柱成就了一个巴洛克式的辉煌。建于 1647—1665 年，市政厅无与伦比的规模似乎反映了因"明斯特和约"而产生的情感，经过 80 年同西班牙的战争之后，荷兰共和国的独立得到了正式的认可。

英格兰和英式大臣府邸[①] 的发展

亨利八世统治下的改革，之后即岛国国家主义政策，这来自其女儿伊丽莎白一世，这一政策确保了英格兰在很大程度上孤立于意大利文艺复兴思想和设计的源头。例如，英格兰是欧洲唯一一个从未邀请过意大利建筑师去设计过任何建筑的国家。亨利八世的南萨奇宫殿位于萨里，始建于 1538 年，毁于 17 世纪 80 年代，与弗朗索瓦一世的尚博宫比较，在建筑上是个失败，后者可能是其模板。粉饰的室内设计则比较成功，且令人想起罗索设计的枫丹白露，但也是因为雇用了国外的工匠。第一座完全古典主义的建筑现已毁，即伦敦老萨莫斯特府邸，建于 1547—1552 年，其建造者是护国公萨莫斯特，他曾自 1547 年起担任了两年摄政王，是在爱德华六世未成年之时。其底层带有凯旋门的立面，则令人想起菲利贝尔·德洛姆和让·布朗设计的同时代法国建筑。萨莫斯特，作为护国公的继任者，即诺森伯兰公爵，于 1550 年送约翰·舒特去意大利学习古代和现代建筑。其结果即产生了第一本用英文写出的关于古典建筑的著作——《建筑学之首要和重要基础》（1563 年），这很明显是源自对塞里奥和维尼奥拉的研究。两座漂亮的府邸都可以追溯到萨莫斯特勋爵的圆形设计：伯利府邸，设计出自其秘

① 英式大臣府邸：
prodigy house，又称普罗蒂吉屋，庞大、奢华，大多为朝臣所建，用来招待女王及其随行，多建于1600 年左右，伊丽莎白和詹姆士时期，多位于英国中部。多为哥特风格。

书威廉·塞西尔，而朗利特府邸，设计出自其管家约翰·提那爵士，后者曾经负责老萨莫斯特府邸的建造。

伯利府邸位于北安普敦郡，建于16世纪50—80年代，建造者为伊丽莎白女王的第一大臣，最高财政勋爵威廉·塞西尔，即伯利勋爵一世（1520—1598年），此人同其他人一样，负责确立新兴的新教王国之权威、和平、昌盛。庞大的府邸反映了国家的威望，这就是经典的大臣府邸，其设计的初衷是用以接待女王及其宫廷人士。其建造经过了很长时间，其风格也逐渐改变，它结合了传统的特征，如有角塔的入口通道，以及当时最为流行的法国古典主义风格，如带有筒形拱顶的石楼梯和庭院中的柱式塔楼，后者完成于1585年，用凯旋门圆拱的主题，并冠以金字塔形的方尖碑。我

们知道，伯利从巴黎购买了一些建筑书籍，包括菲利贝尔·德洛姆的书，而其塔楼的设计即显现出"佛兰芒装饰"的影响。

类似的设计来源亦见于优美的荣誉之门（1572—1573年），位于剑桥大学的贡维和凯斯学院，是为凯斯医生建造，他是一名文艺复兴学者及医生，曾在帕多瓦学习、讲学。因其方尖碑、嵌入的柱式、六边形的穹顶，这座漂亮的玩具般建筑源自位于安特卫普节日用的大门通道之一，此通道是为1549年菲利普王子进城而建，基于塞里奥的一个设计。荣誉之门是由凯斯设计，在狄奥多尔·德·哈维的帮助下完成的，后者是一名佛兰芒建筑师，于1562年定居英格兰，在荣誉之门以后，又建有谦逊之门及美德之门。由此，凯斯医生的学院规划也象征着大学的进程，以一种寓言式的图象，倾

401（下）伯利宅邸的外观，北安普敦郡（16世纪50—80年代）

402（对页）凯斯（Caius）和德·哈维（de Have）：荣誉之门，贡维和凯斯（Gonville and Caius）学院，剑桥（1572—1573年）；右边是现代的美德（Virtue）之门

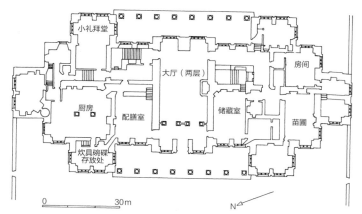

小礼拜堂

大厅（两层）

房间

厨房

配膳室

储藏室

苗圃

炊具碗碟
存放处

0   30m

N

403（顶） 朗利特府邸（Longleat）的外观，威尔特郡，斯密森（1572—1580年）

404、405（上和左） 哈德威克府邸大厅的外观和平面，德比郡，斯密森（1590—1596年）

向于"伊丽莎白式"思维（Elizabethan mind）。

朗利特大府邸位于威尔特郡，虽然沿用了早期的工程，其大部分的建造日期为1572—1580年。罗伯特·斯密森（约1536—1614年），一位石匠大师，又是一位毋庸置疑的设计师，是其时代最具天赋的建筑师。颇为新颖的是其正立面完全对称、其古典式的和谐平衡、巨窗的直线型网格、沉默无语的天际线。之后，斯密森又修建了诺丁汉郡的沃拉顿府邸，于1580—1588年，为弗兰西斯·威洛比爵士设计，后者希望建造一个得体且豪华的场所来接待女王。沃拉顿府邸是朗利特府邸更为生动的版本，因其有着塞里奥和德·弗里斯的装饰细节。哈德威克府邸位于德比郡（1590—1596年），毫无疑问是斯密森设计的，它成为垂直玻璃外壳主题的高潮。其设计引进了一个崭新的意大利式对称，即首次将大厅置于中央，垂直于府邸的主体建筑，不同于中世纪的大厅，后者通常是不对称放置的。的确，大厅看似已不再是用作主餐厅，因为在一层已有一个大餐厅，一层部分还有众多的漂亮房间服务其主人，一位极富色彩的人物，即施鲁斯伯里伯爵夫人。在此之上，二层部分为公用房间，有长画廊和高厅房，自后者能看到壮观的景色。府邸设定有两组独立的生活部分，公共和私用，这种布局极具影响力，应该源自中世纪晚期英国的传统，即如在皇宫内国王和王后都有各自分开的套间。

另一座伊丽莎白时期府邸，建筑引人注目且布局特殊，即朗福德城堡，位于威尔特郡，建于16世纪80年代，建造者是一个朝臣，托马斯·乔治爵士。其平面为三角形，可能以此象征三位一体，而一个五开间的双层敞开式凉廊也许源自弗朗索瓦一世在马德里的城堡，始建于1528年。正如我们所知，这种凉廊是英国文艺复兴建筑中唯一的双层凉廊，其形式在德国和中欧尤为流行。即使是一层的凉廊，在约1600年以前亦不常见：其中极为精致、较早的凉亭之一，即哈特菲尔德府邸的凉亭，位于赫特弗德郡（1607—1612年），郡主是罗伯特·塞西尔，索尔兹伯里伯爵一世（1563—1612年）世袭了同样的国家高职，于詹姆士一世时期，如同他的父亲——伯利勋爵——

406 主大厅的室内，哈特菲尔德府邸，赫特弗德郡，莱明（1607—1612年）

服务于伊丽莎白一世时期。如其父，他也是一个热衷于建筑的人士，对设计有着浓厚的兴趣。因此，尽管木匠兼建筑师的罗伯特·莱明设计了大部分的哈特菲尔德府邸，索尔兹伯里勋爵也请教过建筑师西蒙·巴兹尔——国王工程的总勘测师，还有其职位的后继之人——伊尼戈·琼斯。的确，琼斯的手法有时会出现于南立面的设计中，于其有9开间的凉廊和中心柱式塔楼之中。琼斯原创的这种特征看似被遮蔽在佛兰芒的条饰装饰之下，但是和此装饰在标志性屏风上的粗糙泛滥相比较，这并不算什么，屏风立于大厅及大楼梯处，两处的雕刻皆出自约翰·巴克。

伊尼戈·琼斯和文艺复兴盛期的活力

是伊尼戈·琼斯（1573—1652年）将这种附加的装饰终止，后者主导了哈特菲尔德府邸，这是第一次，虽然有些晚，即将文艺复兴的理念，而不是其装饰语言引进了英格兰。有人于1606年曾写过，琼斯，"因为他，人们有了希望，从此，雕塑、造型、建筑、绘画、表演，以及所有古代值得称赞的优雅艺术，便会在某一天越过阿尔卑斯山脉，进入英格兰"。伊尼戈·琼斯的角色类似于阿尔伯蒂，即相信建筑学是一门创作艺术，而不仅仅是一种工艺，建筑师需要游走意大利，去学习、去思考。确实，琼斯基本上创立了英国的建筑师办公室，而此前的建筑设计都是出自石匠师、勘测师。

虽然出身平民，琼斯曾于1603年之前去过意大利，在那里，他可能学习了化装剧设计，于佛罗伦萨的美第奇宫廷里，因其自1605年被雇用为化装剧设计师，雇主为詹姆士一世的王后——来自丹麦的安妮。化装剧，作为音乐娱乐剧，有着政治或寓言式的对白和丰富的场景，是文艺复兴宫廷的必需，很明显，它给琼斯以深刻的印象。

1613—1614年，他再次造访意大利，这次同行者有托马斯·霍华德，阿伦德尔伯爵十四世（1586—1646年），英国的第一位鉴赏家，以文艺复兴的方式系统地收集，是著名的收藏家之一和英国艺术历史的保护人。琼斯于维琴察、威尼斯、帕多瓦、热那亚学习16世纪城市中心的建筑杰作，最主要的是，他在罗马学习了古代建筑，手里拿着帕拉第奥的《建筑四书》。他不仅得到了帕拉第奥的公共和私人建筑的绘图，这是对英国建筑的未来一次极为重要的购置，同时他也见到了斯卡莫齐，后者的建筑采用的是帕拉第奥的风格，且摒除了手法主义的元素。于此以及其他方面，琼斯都效仿了斯卡莫齐，并在其意大利的草图本中总

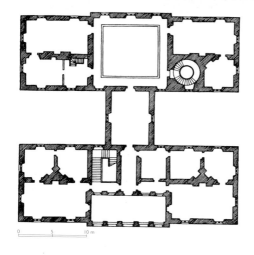

407 女王宅邸的平面，格林尼治（始于1616年），琼斯

结艺术之纯粹，并用语言表述了目标，于1615年1月20日：

"说实话，所有这些组合的装饰出自众多的设计师，且由米开朗琪罗及其后来者引进来，以我之见，最佳的应用之处并非在坚实的建筑及府邸的立面之上，而是在花园、凉廊、粉饰，或壁炉装饰，或府邸的内部区域，那里确有此需。因在外表之上，每个智者都会在公众场合呈现其沉稳，然而，于内心，其想象力则似火焰，偶尔肆意迸发，很自然地，他自己便会常常放纵一番，令我们愉悦、令我们惊讶，又令我们时而欢笑、时而沉思和惊恐，因此，在建筑上，外表的装饰应该坚实，呈现既定的比例、阳刚、沉稳。"

这些特质见于他设计的第一件主要作品之中，这时他是国王的总勘测师，于1615年上任：这就是王后在格林尼治的府邸，为王后，来自丹麦的安妮而建，始建于1616年。平面设计也许要部分归功于朱利亚诺·达·桑迦洛的别墅（图371），建于15世纪80年代，位于波焦阿卡亚诺，但是其南立面有着开敞凉廊则是源于斯卡莫齐的莫里尼别墅，建于16世纪90年代，在帕多瓦附近。王后府邸完全白色的立面其效果依靠的不是装饰，而是窗和墙的完美比例关系，令人非常震惊，就如豪尔在德国的作品和范·坎普在荷兰的作品一样。事

408（上）帕尔马诺瓦的鸟瞰图（16世纪90年代）

409（左）图纸展示了琼斯的正门入口（1634—1640年），旧圣保罗天主教堂的西立面

实上，1618 年因女王的逝世整个工程暂停，直至 1630 年，而最终于 1635 年完工，为查尔斯一世的妻子亨利埃塔·玛丽而建成。与此同时，琼斯建造了詹姆士一世的新宴会厅，建于 1619—1622 年，其设计随意的都铎宫殿位于怀特豪尔，而其成熟的古典式立面受启发于帕拉第奥在维琴察的城镇府邸，却是个惊人的反差。内部设计模仿古罗马的长方厅堂平面，源自经由帕拉第奥的维特鲁威设计，有着一个完美的双立方的比例，110 英尺×55 英尺（33.5 米×16.75 米）。

同样的比例再次出现于天主礼拜堂，于都铎圣詹姆士的红砖宫殿中，是于 1623—1627 年，琼斯为威尔斯王子的西班牙籍未婚妻增建，王子于 1625 年成为国王查尔斯一世。它以王后礼拜堂著称，因其最初为查尔斯的法国妻子之用，即王后昂里埃特·玛丽亚，其设计看似交织于一个罗马神庙的内殿和帕拉第奥的府邸之间。当然，无论是室外还是室内，它都不同于这个国家的任何一座宗教建筑。琼斯的新教教堂圣保罗，其女修道院花园（1631—1633 年），相比之下则是一个

简朴的尝试，用维特鲁威的托斯卡纳柱式，拘谨的门廊，有些古代风范，预示着 18 世纪的某种新古典建筑形式。琼斯也设计了周边的场地，亦成为广场，作为贝德福德伯爵后期可能发展的一部分。琼斯的府邸带有拱顶的底层凉廊，有红砖立面，粉饰壁柱使其异常生动，回应着那些巴黎广场的情景，如孚日广场。可悲的是，这些都没能保存下来。

琼斯显著的成就之一是旧圣保罗天主教堂的西立面，建于 1634—1640 年，有着阿尔卑斯山脉以北最大的柱廊。其豪华的科林斯柱式是基于在罗马的安托尼努斯神庙和弗斯蒂纳神庙，他采用了巨大的无山花柱廊，高度是其身后紧靠之建筑物的一半，源自帕拉第奥的罗马及维纳斯神庙（78 页）的重建工程。柱廊采用精选的波特兰石材，廊柱的建筑规模令当时的人们瞠目。建筑师约翰·韦伯的姻侄曾声称："它引发了所有基督世界对我们国家的嫉妒，只是因为一座建筑，也因其在以往的'世界时代'[①]中无与伦比。"这里，在宗教改革之前，英国终于出现了第一座可以宣告其欧洲地位的建筑。它代表了古代世界辉煌的第一次真正文

① 世界时代：
world ages，是基督教术语。

艺复兴。

城市规划

理想城镇

我们已经提过 15 世纪中叶的文艺复兴城市规划是在皮恩扎，那里有一个设计得如舞台布景般的广场，俨然立于一个简朴的托斯卡纳山城之上，同时，也在菲拉雷特未实施的斯福尔扎之城中，后者有辐射式街道规划。虽说这是文艺复兴的发明，发散式规划有可能受启发

于对维特鲁威①的误解，即他谈论的城镇朝向和风向的关系（《建筑十书》一书，第六章）。这种激进的形式也好像认为它在美学上比起大多规划城镇的井式布局更为优秀。

一个留存下来的意大利文艺复兴的井式布局便是萨比奥内塔市，于波河谷，位于意大利北部。它是一个小贡扎加公爵府，这是一个模板城镇，是公爵于 1560—1584 年修建的。它是一座平衡极佳的市镇，有着 30 个长方形的街区，有足够的准备提供军事、市政、文化、家居的功能。其漂亮的剧场出自斯卡莫齐之手，萨比奥内塔可视为一次尝试，即重现维特鲁威的城市，基于维特鲁威译本中的插图，如塞萨雷阿诺（Cesariano）在 1521 年的版本。唯一一个完整的辐射式规划实例建于 16 世纪的意大利，这就是帕尔马诺瓦②，建于 16 世纪 90 年代。很可能是由斯卡莫齐设计的，它主要是一个城堡，由威尼斯的统治者建成，用来保护其乡村地区，抵御奥托曼帝国的袭击。

广场的创作

意大利都市设计者的核心成就，至少对很多人来说，便是广场，而不是几何形的规划市镇，如帕尔马诺瓦。在中世纪规划的城镇里，集市广场的周围并不一定要有和其相关的建筑。而这重要一步便发生于 1421 年的佛罗伦萨，布鲁内莱斯基新开了一个区域，用来建造一个长方形的广场——安农齐亚塔广场，两边是两个入口门廊，一个属于教堂，另一个属于和其成直角的医院。教堂的对面则是一条新街道，其设计是为了延续广场的轴线。

阿尔伯蒂更是明显地强调其城市广场，且加有柱廊，又通过凯旋拱门，其设计的灵感源自维特鲁威所述的罗马广场。这种人文主义的雄心壮志，意在复兴罗马广场理想，很明显地影响了伯拉孟特，他重新设计了丝织中心的城镇，维杰瓦诺（Vigevano），于 1492—1494

410 圣母领报（SS.Annunziata，安农齐亚塔）广场，佛罗伦萨

411 伯拉孟特：维杰瓦诺（Vigevano），主广场（1492—1494年）

412（上）罗马城平面，西斯都（Sixtus）五世执政下［萨洛内·西斯蒂诺（Salone Sistino）的壁画，图书馆，梵蒂冈，罗马］①

413（右）墨西哥城市鸟瞰图（始于1524年）

年，创造了巨大的、柱廊式的公爵广场。虽然现今依旧迷人，此广场已有改动，如斯福尔扎城堡的大阶梯被拆除，以及大教堂前加建的一个巴洛克立面。由此，广场不再清晰地展示伯拉孟特创造的一些微妙的权力平衡，在王子的权力，即米兰的斯福尔扎和以大教堂形式出现的教堂权力，以及以城市官殿形式出现的市政权力之间。

米开朗琪罗的坎皮托里奥广场，于罗马，设计于1530年，作为一个早期建筑的转化，其在市政规划历史上的影响力已被重视。能超过它的都市景观只有同时代的圣索维诺在威尼斯设计的衔接部分，即衔接圣马可广场和小广场。

纪念性街道

纪念性街道的改进从建筑角度上来讲和广场同样重要。在佛罗伦萨，瓦萨里创造出了一条景观街道，于其乌菲兹建筑的两个侧翼之间，自16世纪60年代。这个景观广场可能要归功于都市舞台景观，是斯卡莫齐在维琴察为奥林匹克剧场设计的。然而，文艺复兴期间街道建筑的发展最终起到重要作用的，则是在罗马。

罗马，当然，有一个经典的范例，科尔索大道（Via del Corso），即古代的勒达大道，一直跨过历史名城的中心。1585年教皇当选之日，西斯都五世教皇（Sixtus V）委任多梅尼克·丰塔纳，建造费利斯水道（Acqua Felice），一条输水道，将水送至罗马的山丘，也是自古罗马以来的第一次。这令他可以扩展罗马的居住范围，即从1585年的费利斯大道，连接圣玛丽亚大教堂和圣三一教堂。他还继续用更远的道路连接到朝圣教堂，这也是需要的，因自1450年起大量的朝圣者将每25年便进入罗马，庆祝圣年②。他用方尖碑点缀着这些道路，方尖碑是视觉关系之用，同时也是基督教战胜古教的有力象征。罗马新规划的影响也致使建成了其他意大利城市的类似街道，著名的就是那不勒斯的托莱多大道（1536—1543年）和热那亚的新街（1548—1571年）。

西班牙和法国的城市规划

我们已经见到古代经典富有想象力的重创，作为文艺复兴的一个指导力量，但是，这个时期也是另一种探索的时代，这便是美洲大

① 1. Porta Pia, 庇亚门；
2. Obelisk in Piazza del Popolo, 人民广场的方尖碑；
3. Viadel Corso, 科尔索大道；
4. ViaClementia/Paolina Trifaria, 克莱门蒂亚/保利纳特利法利亚大道；
5. ViaFelice, 费利切大道；
6. ViaPia, 庇亚大道；
7. S Maria Maggiore, 圣母大殿的方尖碑；
8. S Croce in Gerusalemme, 耶撒撒冷圣十字；
9. Marcus Aurelius, 马可斯奥利乌斯柱子；
10. Lateran, 拉特兰方尖碑；
11. Via S Giovanni in Laterano, 拉特兰的圣乔瓦尼大教堂；
12. Colosseum, 大竞技场；
13. Column of Trajan, 图拉真柱；
14. Il Gesù, 基督堂。

② 圣年：
Holy Year, 每25年一次。

414 马德里，主（Mayor）广场（1617—1619年）

过来，赫雷拉采用了印度群岛法来设计大广场的布局，用作节日和庆典，以及贸易之用。它最终于 1617—1619 年建成，用红砖和石头，由胡安·高梅斯·莫拉（Juan Gomez de Mora，约 1580—1648 年）设计。

在马德里的大广场之前，有类似的巴拉多利德的大广场，后者也就是实施宗教审判③的场景。它的建造是出自城市建筑师弗朗西斯·萨拉曼卡（Francisco de Salamanca，卒于 1573 年），是作为 1561 年大火后城市重建的一部分，设计出自胡安·保蒂斯塔·托莱多（Juan Bautista de Toledo，约 1515—1567 年），埃斯科里尔的建筑师。这里，城市出现了新的公共和私人建筑，都是依照严格的区域功能规划而分布。

在法国，主要的城市规划要归功于亨利四世，他在紧凑的 5 年里，即其 1610 年被暗杀之前，将巴黎从一个经历了战火和遗弃的中世纪城市，最终变成一座现代的都市。这是一个真正意义上的文艺复兴，因其沿用了意大利模式，也是他的妻子玛丽亚——美第奇家族的一员，托斯卡纳公爵的一个女儿——最为熟悉的模式。他在巴黎主要的成就即罗浮宫的大画廊，新桥和王子广场、圣路易医院和皇家广场。他大胆地将自己骑马塑像在佛罗伦萨制作，放在新桥上一个居高临下的位置，即和西岱岛交叉的地方。塑像也俯瞰着一个新的三角形广场——王子广场，也是他创建的，位于桥的东面。

有着柱廊的孚日广场一直保留完好，是受启发于意大利的范例，如建于约 1605 年的广场位于利弗诺，这是位于托斯卡纳的美第奇港口，广场有着统一的立面和封闭的转角。亨利四世这些规划的目的不只是，虽然大多认为是，"展示皇家权势"，甚而只是美学理想，而最主要是提高民间制造业的发展，这也将宫廷和商业相连，并使巴黎成为新近联合的法国各地的中心点。

陆。西班牙人是第一个开始在其殖民城市规划街道的。由此，当他们于 1519—1521 年占领墨西哥城时，他们毁掉了阿兹台克人①的神庙，即大神庙，但是在基址的部分区域建造了一个大教堂，并将神庙的庭院，就是阿兹台克城市特诺奇提特兰②的祭祀中心，改建成一个新西班牙殖民城市的主要柱廊广场。相比于西班牙城市中心常见的柱廊或门廊式集市广场，这是一个规模较大的模仿。城市建筑的规则，即所谓的印度群岛法，则是由西班牙的菲利普二世于 1573 年制定。其撰文很可能出自他的建筑师胡安·赫雷拉（1530—1597 年），而其最终根源则是源自维特鲁威。结合了欧洲的井式布局，它们都有一个中央广场，用作集市、各种节庆，包括各种比赛。

从 16 世纪 60—80 年代，胡安·赫雷拉负责了很多主要公共建筑项目和城市重建，在西班牙，也在殖民地，这是菲利普二世的委任。这些包括在意大利之外的第一批西班牙式文艺复兴广场，用作仪式之用，还有商业之用。马德里之前远不及巴拉多利德重要，直到 1561 年菲利普二世将其宫廷从托莱多市搬迁

① 阿兹台克人：
Aztec，玛雅之后的统治者。
② 特诺奇提特兰：
Tenochtitlan，原城基还在现今城市的地底下。
③ 宗教审判：
Spanish Inquisition，臭名昭著的西班牙宗教法庭，中世纪天主教审判异端。

第七章　巴洛克[1]拓展

意大利

生机盎然、辉煌壮丽的巴洛克建筑，尤其在意大利和德国南部，代表了天主教堂和天主君王权力的极致，当然，这是在它被理性主义、国家主义的浪潮吞没之前。特伦特会议恢复了教会的自信，亦回归了传统的教义，然而，简朴的建筑风格，即于反宗教改革的初期，一旦结束之时，特伦特会议（239 页）便以一种中世纪以来从未有过的激情，承担起代表永恒真理的职责，且以一种世俗的形式极尽其张扬之势。在建筑上，它还是采用古典主义风格，即意大利文艺复兴的先驱者们所创立的。然而，建筑形式则以更三维立体、更为有力的方式，来创造更为惊人的空间效果，它采用了开放式的结构，并以富有想象力的方式来控制光线，这样又似乎更接近哥特风格的理念。在第五章，我们已看到哥特建筑反复强调的多重形象，及其对角景致的通透结构。这些建筑效果也被巴洛克建筑师采用，虽然他们的建筑太过厚重，还称不上通透。首席晚期巴洛克建筑师伯纳多·维托内于 1766 年曾写到，他教堂里"多孔开敞"的拱顶，且"保持其敞开，如此，光线便可自穹顶倾泻而下，教堂便得以通明而示于人"，言语之强烈，令人想起法国修道院长叙热（150 页）。

巴洛克的创造：贝尼尼

吉安伦佐·贝尼尼（Gianlorenzo Bernini, 1598—1680 年）是第一位最先完整地向我们展示了所谓巴洛克风格的建筑师。此风格展示于 1624—1633 年的华盖上，位于罗马圣彼得大教堂中，后者作为一个纪念性建筑，超出了建筑和雕塑的界限，如其巴洛克时期的后来者们。教堂建于圣彼得的墓地之上，是一个纪念性的祭坛，护以铜华盖，支撑以生动螺旋扭曲的"所罗门式"柱子（Salomonic column），它是罗马天主教威严、辉煌的一个成功宣言。熠熠闪烁的奇作，高 95 英尺（29 米），是一个象征性的庆典，即为天主教战胜古教和犹太教，因铜柱子的部分来源就是古教万神庙中的铜门廊，而其扭曲形式则效仿了旧圣彼得大教堂的高祭坛，后者应源自耶路撒冷的神庙。

贝尼尼[2]出生于那不勒斯，母亲是那不勒斯人，父亲是佛罗伦萨的雕塑家，贝尼尼的风格为文艺复兴晚期手法主义。大约于 1605 年，贝尼尼一家迁至罗马，这是一座他要经历其职业生涯的城市，亦是一座他要改变的城市。如米开朗琪罗一样，他自认是一名雕塑家，虽然他也是个建筑师、画家、诗人，是一个充满活力而又严谨的工匠，也是一个虔诚的天主教教徒。但是，不同于米开朗琪罗，他没有受到迷惑和反省的困扰，他是个幸福的家庭型男人，有着贵族的举止和极大的优越感。这种优美轻快而旺盛的情绪最终体现在巴洛克的艺术之中，并遍及全欧洲。亦如米开朗琪罗，贝尼尼将自己的最佳作品归功于教皇的资助。在他的好友的身上，玛菲奥·巴贝里尼，即教皇乌尔班八世，执政于 1623—1644 年，以及法比奥·基吉，即教皇亚历山大七世，执政于

① 巴洛克：
Barogue，原意为不规则的珠子。后期更为夸张的风格，即"洛可可"，见322 页。

② 贝尼尼：
首位巴洛克建筑师，他对光线的设计区分见于 283 页。人们容易把他和帕尼尼（Pannini，画家，见于369 页）混淆。

1655—1667 年，贝尼尼看到了激情洋溢的资助人，因他们决意要把罗马打造成一种节日般辉煌的气氛。

圣彼得大教堂炫目的华盖导致了与其华丽相称的祭坛建造，后者位于半圆后殿，于教堂的焦点，即东端（图 354）。尽管祭坛的自身组合已很优秀，但其设计亦要从远处观赏，框以华盖的柱子，这一种精致画面的构思，即成为巴洛克设计师的经典手法。此项目直到亚历山大七世统治的 1658—1665 年才得以建成，为"圣彼得座椅"设置了一个适宜的场所，它一直被敬为是圣彼得的座席，现则被认为是查理，即"无畏者"国王于其接受加冕时的席位，自 877 年之后。贝尼尼用一个华丽的青铜宝座彰显其神圣，由 4 个"早期神父"支撑，高度为正常人的两倍，采光则来自其上的一个椭圆形窗子，并透过纯黄色的玻璃，窗上的图案亦有一只代表神灵的鸽子，这亦是教皇信任的神圣来源。金色的光线经此图案照射下来，并穿过丘比特栖息的波浪状粉饰云朵。这种幻境又和现实的雕塑混合，有着直接光线、间接光线、人造光线，此做法即贝尼尼于 1645—1652 年的发明，于其戏剧场景般的科尔纳罗礼拜堂，后者位于罗马的圣玛丽亚·德拉·维托里亚教堂。

贝尼尼的著名柱廊始建于 1656 年，于圣彼得大教堂前形成了一个庞大的椭圆形广场，如同教堂的华盖和圣椅一样，它作为一个象征符号尤为引人注目。柱廊用一种语言概括了大多巴洛克艺术基本上为天主教的本性，贝尼尼曾描述过其设计过程，即"以母性的姿态，接受天主教、确定人们的信念，对于异端者，将其统一在教堂，而对于无信仰者，向其展示真正的信念"。虽然这些廊柱有一种飘逸的动感，但对于我们所理解的巴洛克风格这是必不可少的一部分，它强调了独立承重的柱子，又令人们想起希腊神庙的精神，

415 贝尼尼的斯卡拉阶梯（1663—1666 年），梵蒂冈

而不只是强调墙体的古罗马，或文艺复兴时期的风格（图 500）。

斯卡拉阶梯（Scala Regia），建于 1663—1666 年，为仪式之用，由柱廊一直延至教皇的房间，这是贝尼尼极具天赋的设计理念之一。它利用了建筑的现状，即楼梯两侧墙壁的不平行，与此，贝尼尼更是戏剧化了其透视效果，于楼梯的两侧，采用了两排爱奥尼柱子，且随着台阶的升高而降低了柱子的高度。光线则落于楼梯的间歇平台，来自一个间接光源，自底层楼梯之上的窗户。贝尼尼于楼梯的底部平台设置了君士坦丁皇帝的骑马塑像，是后者皈依天主教之时惊异地仰视金色十字架之状，十字架位于楼梯入口的拱形之上。这种戏剧性的做法波及整个建筑空间，又再次出现于圣安德列·欧吉利纳教堂（1658—1670 年），这是贝尼尼的 3 座教堂中最精美的一个，都是中央布局：它们是圣安德列教堂的椭圆形、甘多尔夫堡的希腊十字形、阿里西

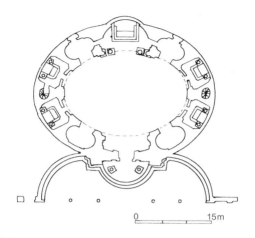

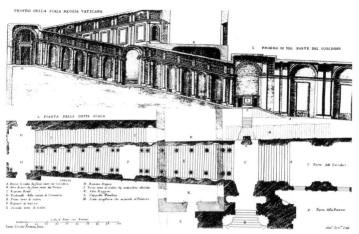

418（上） 贝尼尼：斯卡拉阶梯的平面，梵蒂冈（1663—1666年）

亚中的圆形。

　　圣安德列教堂的祭坛画描绘了圣安德鲁的殉难，采光来自穹顶，如此，人们自中殿即可得见，另外还有一个圣人的石膏雕塑，于凹进的山花之上，驾着荣耀之云，直升天堂，其下支撑的柱子则框出了祭坛的入口处。椭圆形室内的动态感，于充满生气却又空灵极致的塑像之上达到了极致。这座教堂是为新入教徒所用的礼拜堂，按照耶稣会的建筑标准设计，此教会的牧师曾经指导过贝尼尼教义，且练习过圣依格纳修·罗纳拉（Ignatius Loyola）教堂的"精神培训"。这座相对较小的教堂外部设计亦同样充满活力，虽然影响力不如其室内。教堂立面的两侧都有四分圆矮墙，这便围成了一个微型的小广场。圣安德列教堂的整体布局用曲线创造了一个全新的组合，是巴洛克精彩的范例之一。凸出门廊上柱顶的水平部分有一个反韵律的设计，是相对于入口墙上垂直的半圆拱。这种动态设计因带山花墙的前立面的稳固能量而稍加收敛，山花墙则由庞大的科林斯柱式来支撑。

416、417（顶和上） 贝尼尼：圣安德列·欧吉利纳教堂（St Andrea al Quirinale）的平面和室内，罗马（1658—1670年）

419 贝尼尼：圣母升天教堂（St Maria dell' Assunzione），阿里西亚（1662—1663年）

贝尼尼设计的圣玛丽亚·德拉逊西奥内教堂（1662—1663年），位于阿里西亚，则与之截然相反，这令人极为惊讶，因其外部设计就是万神庙的简化版。这是一种新古典的习作，如果是建在一个世纪之后，它则会被称为"新古典主义风格"。对此教堂，人们应该谨慎贴以任何现代风格的标签，如巴洛克和新古典主义，虽然其室内设计，于穹

顶的底部，有现实主义的天使和丘比特雕塑，手持花环，暗喻着荣耀圣母玛丽亚，这些应是更接近于我们常想到的巴洛克雕塑的生动性。

在世俗建筑中，贝尼尼亦起到非常重要的作用，因其建造的标志性宫殿的立面，于基吉·奥德斯卡尔齐广场，始建于1664年，有着巨大的壁柱，立于粗琢的底层之上。贝尼尼又进一步发展了这种极具影响力的形式，于1664—1665年，于其庞大的巴黎罗浮宫的收尾项目，这是为路易十四准备的。虽然，于1665年，贝尼尼以国王客人的身份，成功地造访了巴黎，但是工程一直未有动工，然而，它还是影响了无数18世纪的皇宫设计，包括马德里和斯德哥尔摩的皇宫。

特立独行的声音：波罗米尼

罗马另一位伟大的巴洛克建筑大师，与贝尼尼同时代，即是弗朗西斯科·波罗米尼（Francesco Borromini，1599—1667年），其真实姓氏为卡斯特罗，出生在一个石匠之家，位于比索内的卢加诺湖畔。他性情不稳且有些神经质，是一个忧郁且怪癖的单身汉，最终自杀而亡，他和贝尼尼的性格完全不同。这令人想看到在建筑上回应的这种不同，于此，贝尼尼则斥责其妄想，声称他是"被派

420 贝尼尼为罗浮宫的首个项目（1664—1665年）

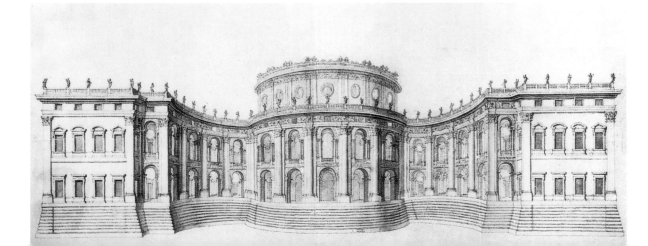

来毁灭建筑的"。波罗米尼拒绝建筑作为一种反映人体比例宁静和谐的理念，后者是一种为所有古典建筑师所接受的，始于布鲁内莱斯基，直至贝尼尼。与之相反，波罗米尼却宣称他的建筑是基于自然、米开朗琪罗、古代建筑。米开朗琪罗，如我们所见，是怪异建筑的源头。波罗米尼之古代建筑的来源并不是标准的模式竞技场和万神庙，而是极具创意的曲线形建筑，如黄金广场的亭子，位于蒂沃利的哈德良别墅之中（74 页）。他一定也知道乔瓦尼（1534—1621 年）此种极具幻想的建筑设计草图。波罗米尼之自然概念，虽从未解释过，看似是关系到他对几何的兴趣。这也许是继承自哥特晚期的石匠大师，因他年轻时在米兰教堂的扩建工程中曾见过他们。

波罗米尼于约 1620 年开始了其设计生涯，于圣彼得大教堂的工程中，作为一名装饰石材切割手，作为其亲戚卡罗·马代尔诺的手

下，同时，他也在贝尼尼的指导下参与了华盖的建造，但是他的主要设计不是如贝尼尼那样受之于教皇，而是受之于更谦卑或者更专业化的机构，如西班牙的赤脚三一教会、奥拉托利教会、罗马大学。他第一件独立设计的作品——小型教堂及修道院，建于 1634 年，是为赤脚三一教会修建的圣卡罗四喷泉教堂，并展现了其新建筑的三个设计来源。于此，他效仿了米开朗琪罗处理建筑元素中所需的塑性手法；他显然研究过古代的中央布局建筑；同时，也一定在自然界中为其流畅的有机线条找到了源泉。

圣卡罗四喷泉教堂的精彩设计由两个等边三角形构成了一个菱形，其中有两个圆形，并用弧形将之连接，进而形成了一个椭圆形。波浪形状环绕其周边，此设计是一种希腊十字和拉长菱形的结合，而椭圆只形成于穹顶的檐口线之上。呈深蜂窝状的天花也许是源自 4 世纪圣科斯坦萨的陵墓。然而，比例变细的 16 根柱子令不大的室内空间变得拥挤，但却给这座既复杂而又充满诗意的建筑增添了一种近乎哥特的垂直符号。波罗米尼力将我

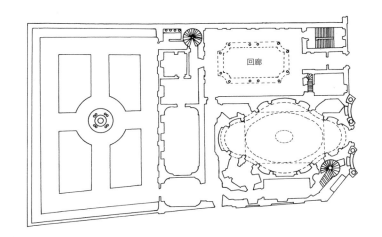

421、422 波罗米尼：圣卡罗四喷泉教堂外观和平面，罗马
（1637—1641年；立面始于1665年）

423 圣菲利普·内里礼拜堂（Oratory of the Congregation of St Philip Neri）的立面，罗马（1637—1640年），波罗米尼

们的注意力吸引到新颖的形状之上，并拒绝在教堂室内添加任何色彩，只以灰色为主色调。华丽多彩并不是波罗米尼的审美特征。教堂的原创震惊了当时，赤脚三一会的行政长官曾宣称，全欧洲的建筑师都在求问这座教堂的设计图纸，"每个人都认为，在世界上任何地方，都找不到类似的，具备如此艺术价值、奇异、卓越、非凡的作品"。

教堂建于 1637—1641 年，而其波澜起伏的立面虽设计于 17 世纪 30 年代，但直到 1665 年才开始建造，且于波罗米尼 1667 年逝世之后才最后完工。凹凸的对比形式完全地决定了整个立面的构成，由此，其摇曳的旋律令其成为巴洛克盛期而不是早期的一个极佳典范。每层两个等高巨柱的运用是米开朗

琪罗在卡比托利尼官殿之后一个极具魄力的发展，而奇特的华盖位于圣查尔斯·伯罗米奥雕塑之上，其实是由小天使赫耳墨（cherub-herms）的双翼构成，则显示了波罗米尼已远离贝尼尼的设计。对于贝尼尼来说，人物雕像是叙述之需，而不可属于或是混于建筑之中。与此同时，波罗米尼比贝尼尼更加依赖建筑的造型，且通常避免隐蔽的光源。

圣卡罗教堂的立面曾预示于 1637—1640 年波罗米尼的奇异曲线立面之中，即于圣菲利普·内理祈祷会教堂，此教会是主要的反宗教改革派。这个立面非常精致，也许是罗马的第一个曲线立面，又其因精细的建筑砖面而得以凸出，因它遵循的是罗马帝国建筑的原始工艺。这个立面后的小礼拜堂由巨大的壁柱建成，壁柱一直穿过天窗及至拱形天花，形成了交叉网的图案，近似哥特拱顶的肋条。撇开这种哥特的味道，我们应注意到，波罗米尼本人曾声明过，古罗马的混凝土拱顶是此种骨架结构的先例。在他的《建筑》（约 1647年）一书中，他写道：

"我一直想要在一定的程度上因循古人的实践，他们不敢将拱顶直接架于墙上，却可以将全部重量架于柱子或壁柱之上，后者又被设在房间的角落，如此，相连的墙壁只是用来缓冲这些壁柱，如我们所见，于哈德良别墅、圣玛丽亚-天使教堂、戴克里先大浴场，以及其他地方，还有我们见过的最新挖掘出来的玛尔凯塞·德尔·布法罗，位于拉特兰医院附近，那里，角落的壁柱支撑着地下庙宇的拱顶。"

小礼拜堂的入口墙是一个拱洞屏蔽，一层有 3 个拱，之上，是为与其对应的大主教凉廊的开口。波罗米尼开始转向敞开式结构，而之后，又被另一个人进一步发展，他就是瓜里尼。

波罗米尼更严谨地采用了这一主题，是

424 波罗米尼：罗伯特的天花，传信会，罗马（1662—1664年）

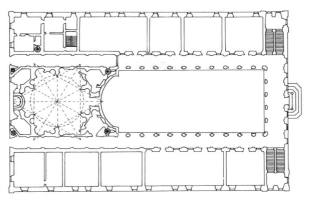

426、427（上和下）圣伊沃·德拉·萨宾恩萨礼拜堂（St Ivo della Sapienza）的平面和外观，罗马

425 圣伊沃·德拉·萨宾恩萨穹顶的室内，罗马（1642—1660年），波罗米尼

在1662—1664年的传信部小教堂之中，这里，假肋拱没有拘于拱形，而是呈对角线穿过整个天花。另外，壁柱之间的墙体几乎完全消失，创造出一种类似哥特教堂的骨架效果。波罗米尼在圣伊沃·德拉·萨宾恩萨礼拜堂（1642—1660年），完全不同地展示了其极具创意的想象力，礼拜堂连接着罗马大学或者萨宾恩萨，后者拉丁文意为"智慧"。此布局

设计由两个等边三角形构成，相互交叉，形成了一个6角的星状，后者亦是智慧的象征，空间的中心则为一个六角形。六边形的外侧有3个半圆形的后殿，因此，整个设计就像一个带有3个后殿的三角形。这一独特的形式又以惊人的方式被强调，因其室内的檐口轮廓极为分明，而背景是直接由此升起的穹顶，又没有被常用的鼓座打断。尽管细节都是完全古典式的，但是整体效果却是一种近乎哥特式的气势，即很像伊利的八角建筑（176页）。很自然，随着教堂的平面布局，建筑穹顶也有着一个多面体的表层，这在之前的文艺复兴建筑中未有先例，而波罗米尼很清楚，它曾出现于晚期的古代建筑之中，如黄金广场的塞拉皮斯庙和亭子，位于蒂沃利的哈德良别墅之中。

波罗米尼时代的人视圣伊沃教堂的设计为蜜蜂的形状，这亦是巴贝里尼家族教皇，即乌尔班八世朝代的象征，而正是此教皇于1632年任命波罗米尼为大学的建筑师。教堂也有来自所罗门神庙的援引，亦是因他的至理名言，如穹顶上雕刻的小天使、棕榈、石榴、星星。但是，对于教堂外部形状奇异的穹顶及灯笼屋顶，其象征性的解析却有些难度。鼓座之上是一个台阶形的金字塔，冠以灯笼屋顶，环绕以成对的壁柱，壁柱又列于凹

428 纳沃纳（Navona）广场，罗马（始于1652年），及其前面贝尼尼的摩尔喷泉（1653—1655年）和之后的四河喷泉（1648—1651年）；左为圣阿格尼斯教堂

形壁龛的两侧，即如罗马晚期的维纳斯神庙，后者位于叙利亚的巴勒贝克。这座早期巴洛克风格的神殿不可能为波罗米尼所知，但是，或许他在罗马附近曾经见过，现已失去的，但又有些类似的古代墓葬建筑物。灯笼屋顶之上则环绕着一个更令人费解的形式，即一个螺旋坡道，形状如通天塔，或是巴比伦金字塔。屋顶的最上则是火焰般的月桂花冠，代表着真理的火焰，由一个弯曲的铁质笼子支撑，其下则是一个十字架和球体。在此之前，从未有过如此不拘一格的设计。

波罗米尼在罗马的最后一个作品，我们亦应研究，这就是圣阿格尼斯教堂，位于纳沃纳广场，后者是欧洲极具代表性的广场之一。乔瓦尼·巴蒂斯塔·潘菲利，即教皇英诺森十世，任期于1644—1655年，想要把这个广场，即其家族府邸之所在地，建成一个罗马最高贵的广场。其拉长形状的源头还要追溯到多米提安的竞技场，于马提乌斯校练场，这也许是教皇之意，即以基督教的方式重新设定了可俯视到的建筑关系，它们是帕拉蒂尼的多米提安皇宫、奥斯塔那府邸、马克西姆赛马场。奥古斯都在赛马场的轴线上，立起了一座红色花岗岩的埃及方尖碑，而于1647年，波罗米尼为英诺森十世设计的一个喷泉亦带有方尖碑，于纳沃纳（Navona）广场。此项目又转至贝尼尼的手中，后者在1648—1651年建造了著名的"四河喷泉"，其中央的方尖碑顶冠以一只鸽子，象征着和平和教皇灵性。教皇也想建一座新教堂来督阵整个广场，这就是圣阿格尼斯教堂，并于1652年将其设计委任给卡罗·雷纳迪（1611—1691年）和他的父亲吉罗拉莫。工程进行了一年，根据他们的设计，这是一个希腊十字平面的教堂，亦是圣彼得大教堂巴洛克盛期版本的中央式布局。1653年，波罗米尼继任雷纳迪，完全改建了所有的立

面，以便建造一个宽大的凹面来构成一个与其后穹顶鼓座截然相反的弧面。此构成的两侧有两个威武的尖塔，且由此来表达其对中世纪教堂西立面的敬意。1657年，波罗米尼又被替换了，接任的是一个建筑师组成的委员会，从此，檐口之上的所有工程便是出自卡罗·雷纳迪和贝尼尼。建筑室内装饰华丽，采用大理石浮雕、镀金粉饰、壁画，在17世纪之后的时间里，逐渐形成了一种风格，虽然有些巴洛克的特点，但是不再反映波罗米尼更为简朴和建筑学的品位。

彼德罗·达·科尔托纳

罗马巴洛克盛期的三大艺术家之中，第三位是彼德罗·巴贝里尼（1596—1669年），又名为彼德罗·达·科尔托纳[①]，科尔托纳是他在托斯卡纳的故乡。科尔托纳不同于同时代的贝尼尼和波罗米尼，他首先是一位画家。其室内壁画于17世纪三四十年代，在罗马的巴贝里尼宫和佛罗伦萨的皮蒂宫，结合了错觉建筑（trompe l'oeil architecutre）、寓言人物、粉饰工艺，是欧洲巴洛克错觉艺术的绝佳范例。作为一个年轻人，科尔托纳在罗马学习了古代雕塑和浮雕、米开朗琪罗的建筑、卡拉瓦乔和拉斐尔的绘画。他的建筑生动又不拘一格，有一种强烈的新古代式的灵气。这种风格展现于其第一个主要作品，即萨凯蒂·德尔·皮奈托别墅，位于罗马附近，建于17世纪30年代中期，但现已毁。别墅位于山坡之上，经由一系列的坡道和平台，达到入口的休息室，这一布局是受启发于罗马的命运神庙，后者位于普勒尼斯特（62页），对此建筑，科尔托纳曾于1636年做过复原图样。建筑布局的特征是两个房间包含有巨大的半圆后殿，又被列柱屏蔽，此设计则是源自罗马人的日光浴池。巨大的入口壁龛效仿了梵蒂冈的观景楼，两侧为曲面的侧翼，这又和波罗米尼

① 科尔托纳：
自托斯卡纳，其"错觉建筑"来自巴洛克二维错觉艺术。

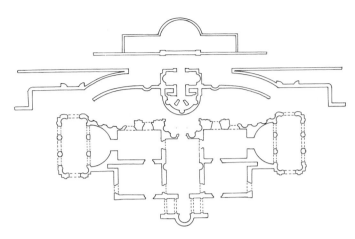

429（上）萨凯蒂·德尔·皮奈托（Sacchetti del Pigneto）别墅的平面，近罗马（17世纪30年代中期），科尔托纳

430、431（上和下）圣卢卡·马丁那教堂（SS. Of Luca e Martina）的室内和外观，罗马（1634—1669年），科尔托纳

在圣菲利普·内里的礼拜堂相抗衡，后者是罗马最早的曲面立面。

　　科尔托纳的主要建筑作品受委托于弗朗西斯科·巴贝里尼，即教皇的侄子，这就是圣卢卡·马丁那教堂（1634—1669年），教堂建在古罗马广场的一个显赫地段上，紧邻塞普蒂缪斯·塞维鲁斯拱门。两层的立面，其中心部分是沿着一个凸出的曲面，它看似是被两侧的长方形挤压而成。柱子嵌入凸起的墙内，此手法来自米开朗琪罗，如后者设计的劳伦琴图书馆门厅，位于佛罗伦萨。"佛罗伦萨式手法主义"一直对科尔托纳的建筑语言影响极深。教堂的室内设计，平面为希腊十字，四个支翼端呈圆形，用一种极尽灵活的方式来塑造，采用复杂的墙板上，并嵌入独立的爱奥尼巨柱。科尔托纳如波罗米尼一样，不以颜色和人物雕塑装点其建筑室内，后者是一种典型的贝尼尼做法，因此，自檐口以下全部的室内都是白色的钙华和粉饰，用以强调设计的建筑特征。地下室或者底部教堂色彩则要丰富些，可能其有意要传达的是某种早期基督教地下墓穴的神秘气息。在

1643年对教堂的挖掘过程中，令人激动的是，圣玛尔蒂纳的遗体被发现，之后，科尔托纳即将文物安放在地下室华丽的祭坛神龛之中。

　　17世纪四五十年代，科尔托纳设计了很多室内带有迷人的错觉壁画和粉饰，如其绘画长廊，连接着潘菲利宫和位于纳沃纳广场的圣阿格尼斯教堂。然而于1655年当亚历山大七世基吉成为教皇时，科尔托纳又回到了建筑界，创造了两个极为精彩的罗马巴洛克风格的教堂立面。圣玛丽亚·德拉·佩斯教堂，含有基吉家族的礼拜堂，是于15世纪由西斯都四世建造，意在标志和平，是建于美第奇和教皇的一场战争之后。科尔托纳于1656—1659年设计的立面受委任于亚历山大七世，作为一座和平神庙来颂扬教堂建筑，其向外凸出的半椭圆形的门廊带有托斯卡纳的柱式。看似是神庙的一部分，其设计应同样受启发于一个复建的戴克里先大浴场。

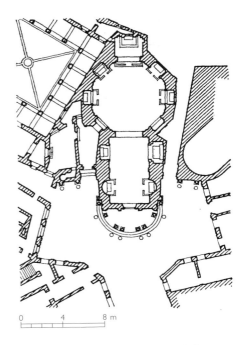

433、434（上和下）圣玛丽亚和平教堂（St Maria della Pace）的外观和室内，罗马（1656—1659年），科尔托纳

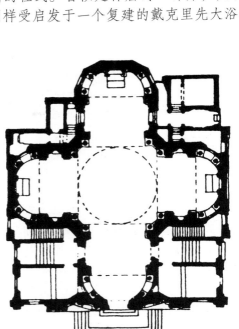

432 圣卢卡·马丁那教堂的平面，罗马，科尔托纳

退后的上一个楼层，虽然两侧有凹进的侧翼，却如门廊一样，有着凸出嵌入的柱子，则有米开朗琪罗式的可塑性特质。的确，立面的冠顶特征，即三角形的山墙，封住了一块断开的局部，这有可能是源自米开朗琪罗设计的劳伦琴图书馆。其中，科尔托纳创新的设计是把教堂的立面延伸到紧邻的建筑，如此，即可创造出一个微型的露天剧场，而教堂的立面即为剧场的布景，小广场即为观众厅，两侧的建筑即为包厢。这景象因侧翼上的实际通道开口又被强化了，如同舞台上的门一样，通向邻近的街道。科尔托纳不得不拆除一些住宅来建造这个小广场，因其要够宽，且刚好令一辆四轮马车掉头。他的成就可以

435 科尔托纳：圣玛丽亚拉塔大街教堂（St Maria in Via Lata）的外观，罗马（始于1658年）

被视为是贝尼尼剧院式的柯尔纳罗礼拜堂的进一步发展，是巴洛克理念中"伸展动作"（extended action）的所有设计中令人振奋的实例之一。

几乎同样令人过目不忘的，以一种完全不同的手法设计的，即科尔托纳的圣玛丽亚拉塔大街教堂的正立面，始建于1658年，于拉塔-陶索大街上，后者是罗马古代及巴洛克时期的一条狭窄干道。教堂建于一座早期的基督教礼拜堂之上，本应该包括一个住宅或是一个客栈，是圣彼得曾住过的，此教堂也曾翻新多次，但是，因科尔托纳对文物有着特别的敬重，便令其只修复地下室来作为圣彼得的神龛。在入口立面，他建造了一个单层的柱式门廊，如同佩鲁齐的新古代式的马西米宫，同时，因他见到此教堂为周围新建的建筑所压迫而濒临危机，他便说服亚历山大七世允许在1662年为门廊加建一个高大的二层。技术上无任何功能，这个醒目的观景楼也许可视为效仿皇家包厢，如古罗马时观看马戏之用的。当然，其主要风格特征——拱形过梁——即因柱顶弯曲而形成的一个拱形并嵌入山花之中，则是效仿了早期的巴洛克元素，来自罗马帝国晚期的建筑，建于巴勒贝克及斯普利特（85、86页）。

科尔托纳的建筑既具纪念性又具活力和个性，又因他对古代建筑的激情而又变得更为多姿多彩。我们会看到，在他年迈之时，还会爬上图拉真纪功柱、写生柱上的人物浮雕，且又会钻进挖掘的坑道，考察新发现的古代壁画。也许，这种对古典世界的兴趣在罗马亦是不可逃避的；但是，它可以肯定避免我们犯错，即如18世纪和19世纪的人们一样，认为巴洛克是反古典的。例如，位于罗马的波波洛广场，始建于1662年的两座姐妹教堂，即圣玛丽亚·迪蒙特·桑托和圣玛丽亚·米拉科利，都有着独立的山墙式门廊，

这便是要刻意追忆古代的神庙。它们的设计出自卡罗·雷纳迪和贝尼尼，作为一个辉煌城市规划主题的一部分，这里，卡罗·雷纳迪为经由波波洛城门至此的造访者，建造了一个令人难忘的罗马城入口。两座教堂的侧立面，融汇于街道上的建筑，采用了一种新颖的方式，以便将广场、街道、教堂打造为一个统一的城市体。

罗马晚期巴洛克的比较流派

17世纪后期的罗马，巴洛克的建筑和装饰上出现了两个流派，一个风格较为夸张，主要人物有安德利亚·波佐和安东尼奥·盖拉尔弟；另一个风格则较为保守，主要人物有卡罗·丰塔纳。安德利亚·波佐（1642—1709年）是一位天主教耶稣会的俗修者，主要是一名透视错觉画家。他最重要的作品是在罗马的两个主要耶稣会教堂，这里，他建造了奢华的圣伊格纳奇奥祭坛，而在圣伊格纳奇奥教堂中，他于1685—1694年，在中殿的拱顶、穹顶、后殿上绘制了壁画，描述着耶稣会在全世界的宣教活动。他于1693—1698年出版了两卷论著——《绘画及建筑透视》，其中有详细的插图，包括曲线的祭坛和当代的建筑结构，它们影响了整个欧洲。

卡罗·丰塔纳（1638—1714年）的杰

436 波佐的壁画，于圣伊格纳奇奥（St Ignazio）的中殿拱顶，罗马（1685—1694年）

437 德桑提斯：西班牙阶梯，罗马（1723—1728年），阶梯上为天主圣三一教堂及其16世纪晚期立面

438 丰塔纳：圣马尔切罗教堂（St Marcello），罗马（1682—1683年）

① "西班牙阶梯"：是法国的创意，集资造成，却因西班牙使馆而得此名。
德桑提斯设计于1723年，见于364页。

作，是位于柯尔索大道的圣马尔切罗教堂立面（1682—1683年），他将新古典主义的沉静、和谐带进教堂的曲线立面之中，而后者则与波罗米尼和彼德罗·达·科尔托纳有关。丰塔纳是一个成功但又保守的主流建筑师，但是也曾设计过一些单调乏味的建筑，如西班牙罗耀拉的耶稣会教堂和大学。更为活泼的设计则是来自丰塔纳的学生，亚历山德罗·斯贝奇（1668—1729年），他建造了现已毁掉的里佩塔码头（1703—1705年），一个位于台伯尔河岸上的码头，位于圣吉罗·夏沃尼教堂的对面。码头以其波罗米尼式的双层"S"形曲线阶梯到达台伯尔河，它先于著名的，更为庞大、更为松散布局的"西班牙阶梯"（Spanish Steps）①，后者是从斯巴纳广场达至天主圣三一教堂。初

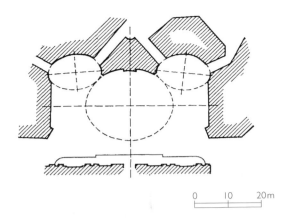

439 圣伊格纳奇奥广场，罗马

0 10 20m

440 圣玛丽亚·大教堂（St Maria Maggiore）的立面，巴黎（1741—1743年），富加

始之时，斯贝奇亦有参与西班牙阶梯的设计，但之后，弗朗西斯科·德桑提斯[①]（1693—1740年）取代了他，后者创造了欧洲透视法城市设计中，极为迷人的作品之一，它建于1723—1728年。这种设计的灵性亦见于较小规模的设计之中，于漂亮的罗马圣伊格纳奇奥广场（1727—1728年），于其起伏的涟漪形态之中，设计者为生于西西里的建筑师菲利浦·拉克西尼（约1680—1771年）。中间凸出的曲线立面住宅被斜角的街道分隔，如同舞台布景的两翼，且又对质着早期修建的圣伊格纳奇奥教堂。

这些曲线效果在罗马逐渐被摒弃，部分因为罗伦佐·科尔西尼古典主义品位的影响，他是佛罗伦萨的红衣主教，在1730年当选为教皇克莱门特十二世之后，他便邀请了两名佛罗伦萨建筑师来到罗马，他们是亚历山德罗·伽利雷（1699—1736年）和费迪南多·富加（1699—1781年）。1733—1735年，伽利雷设计了一个标志性的立面，为圣约翰·拉特兰教堂早期基督教的长方厅堂，它更像是隶属一个府邸，而不是一个教堂。的确，底层的巨柱式和小柱式可以视为对米开朗琪罗的卡比托利尼府邸的极度颂扬。伽利雷则在教堂内增建了家庭礼拜堂，名为卡佩拉·科尔西尼，为克莱门特十二世建造，采

用一种颇为古典的风格。礼拜堂包括克莱门特的坟墓，是一个重复使用的古罗马石棺，来自罗马万神庙的门廊，这亦符合其个人品位。费迪南多·富加一直接近巴洛克的理念，如其阶梯，在些许乏味的科尔西尼府邸之中，是1736—约1750年为克莱门特十二世修建，还有他的佳作，1741—1743年建的教堂立面，即于早期基督教长方厅堂式的圣玛丽亚大教堂。这里，他拓展了教皇的需求，建了一个祈祷凉廊（一个阳台，自此教皇可以赐予祝福），比起16世纪典型的两层教堂立面，如耶稣大教堂所创立的模式，是一个更有雕塑感的版本，但是它却为立面上两层阴影纵深的拱廊所掏空。

① 德桑提斯：
他的"欧洲透视法"城市设计是一种三维错觉艺术。

18世纪罗马巴洛克的最后一座伟大纪念建筑，从某种程度上也是最杰出的，就是特利维喷泉（1732—1762年），由尼古拉·萨尔维（1697—1751年）设计。萨尔维将一个现有府邸的立面隐蔽在一个凯旋门式圆拱之后，来创造出一个最为壮观的建筑学风格的喷泉，喷泉一直是罗马自古典时期以来的一种设计特征。这里，巴洛克风格存于其史诗般的雄壮规模，及其生机盎然的人物雕塑之中，而洛可可风格则存于其浪漫的天然石块雕出的叶子之中，新古典主义风格，则存于其凯旋门的沿用之中，由此，特利维喷泉即成为古典设计的名作，因其超越了所有风格的界限。

皮德蒙特：瓜里尼、尤瓦拉和维托内

罗马虽然曾是毫无疑问的艺术中心，之于我们现在所称的意大利，以及18世纪早期的欧洲，但是，此时意大利领土上的其他独立邦国也发展了各自版本的巴洛克风格。其中，最重要的部分就是皮德蒙特，它由萨伏伊（Savoy）王室统治，是于16世纪中叶到18世纪中叶崛起为欧洲的强国。都灵自1563年为其首都，并于17世纪按照巴洛克理念重建，然而，还是保留了罗马的原有井式布局。1663年，萨伏伊的卡罗·伊曼努尔公爵（1638—1675年）将瓜里诺·瓜里尼（1624—1683年）召到都灵，后者是整个巴洛克时期极为才华横溢、极具创作天赋的建筑师之一。

如无数的杰出建筑师，瓜里尼没有接受过正规的建筑教育。他是塞阿提奈教会的一个牧师，塞阿提奈教会是新兴的反改革教会之一，与耶稣会、奥拉托利会一样，不同的是，它后来消失了。1639—1647年，他在罗马的塞阿提奈学院学习神学、哲学、数学，并于1650年被任命为哲学教授。很显然，他也曾近距离观察过波罗米尼的作品，后者对他的影响亦显示于其早期的设计之中，于里斯本、墨西拿、巴黎的教堂设计中。瓜里尼在里斯本设计的教堂，圣玛丽亚·蒂维纳·普鲁维登斯（约1656年），于1755年的大地震中毁掉，据称有一个中殿，由连环相扣的椭圆形构成，其中，横向的圆拱呈三维立体状，也就是说，圆拱既是向前，也是向上跨越的。这种韵律又回应在所罗门式或是螺旋式壁柱之上，列于中殿的墙上，以及半圆壁龛特的肾形窗子之上。瓜里尼未建的项目——1660年为萨玛斯基安修道会设计的教堂位于西西里的墨西拿，以及现已毁掉的、未完成的塞阿提奈修道会的圣安娜·拉罗亚教堂（1662年），位于巴黎，都暗示着他热衷于用一种开敞的交错肋骨架结构，用以取代实面的穹顶。这种肋骨架的穹顶最初见于波罗米尼设计的天花，于奥拉托利会和传信会的小礼拜堂，但是，瓜里尼将其转化的方式只有哥特晚期的某些拱顶（见于第五章）可以与之媲美。

在都灵大教堂中，瓜里尼替代了阿玛德奥·德·卡斯特拉蒙特，承担了圣辛多内小教堂的建造，小教堂存有欧洲极负盛名的遗

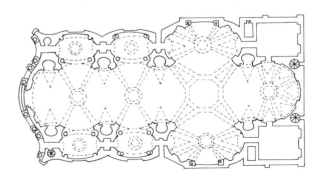

441（对页）萨尔维：特利维喷泉（The Trevi），罗马（1732—1762年）

442 圣玛丽亚·蒂维纳·普鲁维登斯（St Maria Divina Providencia）的平面，里斯本（约1656年），瓜里尼

443 圣辛多内礼拜堂（Cappella della SS. Sindone）的穹顶内部，都灵大教堂（1667—1690年），瓜里尼

物之一——圣尸布，这是萨伏伊王室引以自豪的珍藏。人们相信，这块布上奇迹般地印有基督耶稣遗体的样子，至今为止，它还未失去激发人们想象的能力。现代的科学家们始终对此现象困惑不解，有时，谈及此事时即有一种电辐射的感觉，的确，瓜里尼设计的礼拜堂穹顶亦有着强烈电场般的活力。这一大胆的敞开式穹顶的上部建于1667—1690年，是由渐小的一排排压平的肋骨般圆拱组成，层层垒叠，宛如一个纸牌屋，每一个圆拱又支撑着一片窗子。这个骨架式、呈锥形的六边形从一个圆形的灯笼屋顶升起，并含有圣鸽的图案，升自一个圆环，支撑圆环的则是肋骨架构成的星状图案，此图案的轮廓因灯笼屋顶的椭圆形窗户透进来的光线又被着实地勾勒出来。这一超然的建筑诗画之中，

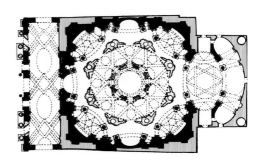

444 圣洛伦佐教堂的平面，都灵

建筑构成并无任何色彩，只是依赖大理石的神秘效果，黑色大理石用在建筑较低的部分，灰色大理石则用在较亮的穹顶部分，这里光线通明，透过蜂窝状的一节节的窗子。而礼拜堂主体的陵墓氛围和明亮的穹顶则有着鲜明的对比，却又非常适合此建筑的功能，即作为存放圣尸布的神龛。在同样奇特的外部，扇形窗上的肋骨结构有如古西亚金字塔或通天塔的"Z"字形台阶，而其上的灯笼屋顶亦逐渐消失，分为三层，有如一座宝塔或是佛教的舍利塔一般。

瓜里尼在都灵设计的圣洛伦佐教堂（1668—1680 年）有一个正方形的平面，但是中心空间则是一个八边形，这里，每一边都向内弯曲，形成一个宽大且开敞的圆拱，即"帕拉第奥式"，也叫"威尼斯式"或"塞里安纳圆拱"。四个对角的轴线上，这些柱子框架出的开口则通向各自的小礼拜堂，它们都有着奇异的近似椭圆形的平面，由两个圆弧界定。其上的区域里"塞里安式"窗子和帆拱相交替，支撑着塔一般的锥形穹顶，其中又有 8 个半圆形的肋骨架显露出来，因而，构成了一个八角放射的星状，其中心部分即为一个开阔的八角形空间。此空间之上升起一个很高的灯笼屋顶，屋顶上则覆以一个同是肋骨架的小穹顶。八角形的中殿通向一个椭圆形的唱诗厅，其上的拱顶则是用另一个圆形的肋骨架穹顶，穿过一个塞里安纳圆拱，

进入另一个有高祭坛的椭圆形空间。与骨架互接的网络结构唯一可相提并论的，即西班牙—摩尔式的建筑，也许瓜里尼有见过，如科尔多瓦的清真寺的穹顶，或是萨拉哥撒教堂的穹顶。然而，这些穹顶并不如瓜里尼的穹顶通透，因为他掏空了肋骨结构的空间，于交叉处抬高了灯笼屋顶。

建筑的最终效果更接近于晚期哥特式的建筑，而不是摩尔人的建筑。因此，毫不奇怪，在瓜里尼出版的建筑专著《民用建筑》（出版于 1737 年，其中部分插图曾发表于 1686 年）中，就有最早、最为激昂的对哥特建筑的辩护。他承认，自己震撼于哥特建筑师们，他们能建造出"看似悬空的圆拱；通体穿孔的塔顶之上，是尖尖的金字塔；极其高大的窗子和拱顶没有墙的支撑。一座高塔的一角，或置于一个圆拱之上，柱子之上，或是拱顶的最高之处"。瓜里尼精彩的论著着重于几何学在建筑方面的应用，在球面上以及在切石法上的平面投影，这即是切割和安装穹顶石块的艺术。法国人创建了哥特式建筑，他们是切石法的专家，他们认为这是一个建筑师理解其技艺的必备。瓜里尼曾在巴黎教授神学，学习的书籍中有菲利贝尔·德洛姆的《建筑第一卷》（1626 年）、得萨格的《透视几何学》（1639 年）、弗朗索瓦·杜让的《穹隆的建筑》（1643 年），其中都有切石法艺术的信息。

瓜里尼逝世之后，都灵的建造活动一度沉寂，直到萨伏伊·维托里奥·阿米得奥二世即位，他于 1713 年成为西西里的国王，但是在 1720 年又不得不用西西里来换取撒丁尼亚以保留其皇家头衔。他任命了生于西西里的菲利浦·尤瓦拉（1678—1736 年）为皇家建筑师，后者是于 1704 年之后的 10 年中赢得其国际声誉，这时，他在罗马从师于卡罗·丰塔纳。尤瓦拉，与之前的波罗米尼

445（上）尤瓦拉：马达玛（Madama）宫殿的阶梯，都灵（1718—1721年）

446（对页）面向圣洛伦佐教堂穹顶的景观，都灵（1668—1680年），瓜里尼

和瓜里尼一样，承接了一些小型的天主教堂工程。他是一个惊人的多产建筑师，不仅设计了皇宫，还设计了城市府邸、教堂、都灵的新街道。他完成了都灵的城市改建，将其从一个公爵属地变成一个皇家的首府，新建

447 尤瓦拉（Juvarra）：苏贝加教堂（The Superga），近都灵（1717—1731年）

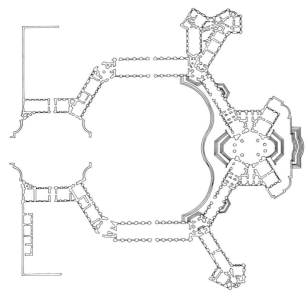

448 尤瓦拉：宫殿平面，斯图皮尼吉（Stupinigi），近都灵（1729—1733年）

或改建了 16 座皇宫和 8 座教堂，都只是采用一种流畅的国际巴洛克风格。他设计的圣克里斯蒂娜教堂（1715—1728 年），模仿了罗马卡罗·丰塔纳的圣米歇尔教堂，而在 1718—1721 年他重建王后宫殿之时，即为王太后玛丽亚·乔瓦纳·巴蒂斯塔，则创造出了意大利宏大的楼梯之一。楼梯设计令其能做"空间游戏"，这在巴洛克的建筑师中尤其盛行。同时，这一段宏伟的楼梯也深受皇家支持者的欢迎，因在当时一项非常重要的社交礼仪即要看主人由多远拾级而下迎接客人。

对光和舞台布景效果的把玩亦是尤瓦拉建筑设计中的必要成分，是他长期作为舞美设计师的成果，自 1708 年，他在罗马曾为奥托博尼红衣主教设计过舞台。位于都灵的尤瓦拉新颖的卡尔米内教堂就是一个惊人的范例，展现出他在设计大胆的骨架结构中对光的控制。这是一个墙—壁柱式样（wall-pillar）教堂，属于欧洲北方晚期哥特的风格，如库滕堡的圣巴巴拉教堂（192 页），这里，分隔侧礼拜堂的墙体一直建到教堂的高度，并允

449 皇宫主大厅的室内，斯图皮尼吉

许礼拜堂之上有通廊。礼拜堂的穹隆之上，其独特的椭圆形孔洞令光线透过通廊的窗子而下。

尤瓦拉的杰作——苏贝加教堂（1717—1731年）——是一座萨伏伊王室的墓葬教堂，亦是一座修道院，其绝妙的选址是在都灵城外的一个高坡之上，不远处即是"都灵战役"①（1706年）的原址，战役中，维托里奥·阿米得奥二世和萨伏伊尤金王子战胜了法国人并收复了他们的公国。教堂是壮美的巴洛克风格，效仿了万神庙的庞大正方形柱廊，和中殿高穹顶的圆鼓座有着大胆的对比。其两侧是一对钟塔，如波罗米尼的圣阿格尼斯教堂中，穹顶鼓座内弯曲的窗子也是波罗米尼式的设计。然而，塔上的机关设置很显然是来自奥地利的尤瓦拉的设计灵感，如结合有山花墙的门廊、塔楼、穹顶，很可能也是源自几乎同时代的建筑，如位于维也纳卡尔大教堂的一座还愿教堂，由维托里奥·阿米得奥的帝国同盟修建（324页）。

尤瓦拉伸展的格调、活泼的细节、极度的混搭，最佳展示于其皇宫设计之中，功用上讲，它是一个狩猎屋，位于斯图皮尼吉，是于1729—1733年为维托里奥·阿米得奥二世建造，距离都灵数千米。主体建筑设计呈"X"形对角的侧翼，自中心的圆形大厅向外扩散，模仿了塞里奥的一个设计，而此设计亦被丰塔纳于1689年用在一座别墅之中。

在此设计理念上，尤瓦拉又在皇宫的前面加了一笔，即用伸展的数个侧翼来形成一个庞大的六边形前院。简言之，位于斯图皮尼吉的建筑是一个法国狩猎屋的梦想，却被一位意大利风景画家实现。这一舞台布景般的幻境在建筑的主厅中达到极致，这是一个穹顶的舞厅，非常之高，它甚至包含了带包厢的廊道，为乐师和观赏者之用。饰以华丽的壁画和粉饰，其室内令人想起庆典建筑的一部

分，或是一个舞台布景。其中心穹顶下的空间环绕着4个独立的墙墩，其两侧为4间很高的半圆后殿，两大两小。

尤瓦拉是一个国际性的人物，有着国际性的设计风格。1720年，他曾作为葡萄牙大使的客人住在伦敦；在那里，他可能遇到了伯灵顿勋爵，并将其极富想象的一本建筑图册赠予后者。他卒于马德里之时，是西班牙菲利普五世的客人，当时他正在设计巨大的皇家宫殿，后者至今仍主导着马德里。作为一名设计师，尤瓦拉成熟、老练，是古典设计悠久传统的继承人，从15世纪至他的时代。他对此传统的态度非常综合、折中，其方式则近似于约翰·菲舍尔·冯·埃拉，后者的《历史建筑草图》（维也纳，1721年）是第一部世界建筑的比较研究（325页）。

瓜里尼和尤瓦拉之后，真正成功者是伯纳多·维托内（1702—1770年），他于1731—1733年在罗马圣卢卡学院接受建筑培训，后又于1737年编辑了由蒂阿提内出版的瓜里尼的论文《民用建筑》。和波罗米尼、瓜里尼、尤瓦拉一样，维托内受其影响很深，一直独身，较少关注感官的愉悦，而是更多关注于建筑的感性震撼。他最早记录的重要作品是维西塔西奥小礼拜堂（1738—1739年），位于卡里纳诺附近的瓦里诺托，一座乡村的路边小礼拜堂，为农场的雇农们建造，于安东尼奥·法吉奥，一位都灵银行家的庄园之中。维托内的狭小六角形空间，直径大约为50英尺（15米），汇集了很多异国风情的建筑形式，这也成为他后期建筑的特色。六角形中心空间有6个礅柱，其两侧有6间侧厅，升起6条拱肋，相互交叉连接，形成了一个"瓜里尼式风格"的穹顶。然而，在空间的复杂性上维托内又超越了瓜里尼，他在其上又添加了两个穹顶或者说外壳，且两个穹顶之内绘有不同等级的天使壁画。第一

① 都灵战役：
Battle of Turin，1706年法国联合西班牙袭击了伦巴第地区，都灵为最后一战。

450 维托内（Vittone）：圣基阿拉教堂（St Chiara），布拉（Brà）（1742年）

里，尽管第一个穹顶的肋拱不是独立的，但是穹顶坚固的表面上有 4 个曲线形的开口，由此便可以看到第二个穹顶，后者绘有居住于天空的天使和圣徒。在基埃里的圣贝那迪诺教堂（1740—1744年），其八角形的穹顶吊于一个方形的空间之上，后者游离于其周围，构成了诸多的光箱。周边后殿的拱顶以及穹顶的帆拱，都是向着光源开口，帆拱上的开口形似巨大的钥匙孔。维托内修建造了 25 座教堂之多，其中大多数比瓦里诺托或布拉的教堂更为传统，但是在其中一组作品之中，他引进了极为个性化的结构及采光效果，是用凿出的帆拱来削弱鼓形墙壁、帆拱、穹顶之间的区别：这些教堂为卡尔纳诺的卡里塔济贫院的礼拜堂（1744年）、都灵皮阿萨的圣玛丽亚教堂（1751—1754年）、蒙多维的圣皮埃多·埃·保罗教堂（1755年），还有给人印象最为深刻的蒙多维维拉诺瓦的圣克罗齐教堂（1755年）。

同瓜里尼一样，维托内深度思考建筑学，并出版了两部论著——《基本规则》（1760年）和《差异规则》（1766年）。它们是自阿尔伯蒂以来一个体系的最后一部分，即建筑灵魂的美妙是等同于数学、几何、音乐中的和谐性。令人奇怪的是，其著作中却极少展示他自己建筑中最令人难忘的特征，即神奇的开敞穹顶及拱顶，且通过它们，他令天堂照亮了下面的世界。

热那亚、米兰、博洛尼亚

在意大利北部，没有任何地方如皮德蒙特一样，令巴洛克发展到如此的程度。热那亚的主要建筑阶段是在 16 世纪晚期，而此传统的继承者是巴托洛米奥·比安科（1590年之前—1657年），他是热那亚的首席早期巴洛克建筑师。他的杰作是耶稣会学院，建于 1630 年，现为大学，它吸取了很多建筑师的

个穹顶无窗，其中心部位有一个宽些的六角形孔眼，并通向第二个穹顶，后者由隐蔽的圆窗照亮，穹顶上冠以一个灯笼屋顶，其拱上则绘有三位一体的象征图案。此双层穹顶的设计可能是来自 J.H.孟莎设计的巴黎荣军院，而侧礼拜堂的拱顶钻有很多椭圆形洞口，则是受启发于尤瓦拉设计的都灵卡尔米内教堂。复杂的景致、倾泻的光线、虚拟的幻景，都是遥不可及，而带包厢的通廊则建于间隔的礼拜堂之上，一种结构中的结构之感，所有这些都创造出一种歌剧院一般的效果，近似于舞台布景的设计草图，来自加利–比比埃纳（Galli–Bibiena）家族，他们是在波洛尼亚工作的舞台设计师。

维托内的砖砌教堂位于布拉的圣基阿拉教堂，是同一主题的一个成熟变体，可能受启发于尤瓦拉在斯图皮尼吉设计的大厅。这

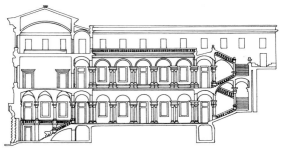

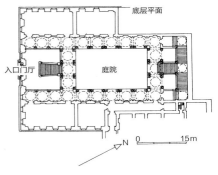

451（上）比安科（Bianco）：大学的剖面和平面，热那亚（1634—1636年）

452（下）多蒂（Dotti）：圣卢卡教堂圣母礼拜堂（Madonna di St Luca）的平面，博洛尼亚（1723—1757年）

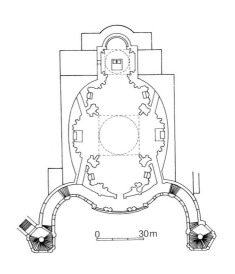

经验，如在坡地上建筑宫殿的格莱佐·阿利西（1512—1572年）。在比安科精彩的空间布局中，入口门厅处有一段壮观的楼梯，直通到上层带柱廊的中庭。通过开敞的圆拱，可见中庭的另一端有一部宏大的双楼梯，有

整个建筑之高。热那亚在18世纪得以发展，建造了大量华丽的巴洛克风格教堂、宫殿、别墅。在米兰，首席巴洛克建筑师是弗朗西斯科·玛丽亚·里基诺（1583—1658年）。他设计的很多教堂已毁，但是于1627年增建于瑞士学院的一个凹形立面则保留下来，也许是意大利最早的此类作品，而瑞士学院则建于1608年，由法比奥·芒格内（1587—1629年）设计。其设计主题并不是里基诺或其同时代北意大利人所发展的，但是，令人禁不住亦会如此，波罗米尼于1618年已离开米兰，可是，却很可能见过里基诺这惊人的立面图纸。

在博洛尼亚，我们要单独提一下卡罗·弗朗西斯科·多蒂（1670—1759年），他最负盛名的设计是圣卢卡教堂中的圣母礼拜堂（1723—1757年），是一座朝圣教堂，冠于城边的山顶之上。建筑本身就值得纪念，是带穹顶的椭圆形希腊十字形平面，以其独特的造景方式令人难忘：一个长长的拱廊通道，以一系列曲线及"Z"字形攀升至山坡之上，这就是"梅隆切罗拱门"（Arch of Meloncello），它标志着这座城市的入口。到达山顶时，这一戏剧性的通道便象征着耶稣殉难之路，和教堂的立面融合，立面前面则是一双"S"形的拱廊。梅隆切罗拱门于1722年由多蒂设计，有一个不对称的弯曲柱廊，从一边延伸出去，它本身即是一个极具戏剧特点的巴洛克城市作品。

多蒂的其他作品还有达维亚·巴尔里尼宫内辉煌的双回转楼梯，建于约1730年，发展自波伦亚设计的传统舞台布景式楼梯。此类风格的另一件作品建于1695年，是由乔瓦诺·巴蒂斯塔·皮亚切蒂尼设计的基斯蒂奇亚宫。或许，博洛尼亚式巴洛克风格的最显著贡献应是来自加利-比比埃纳家族，他们是舞台设计师，也是建筑师，并将错觉透视

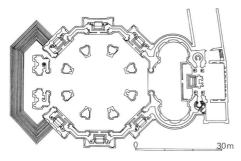

453、454（上和右）隆盖纳（Longhena）：圣玛丽亚·德拉·萨卢特教堂（St Maria della Salute）的室内、剖面和室内，威尼斯（始于1630年）

法绘画发展到了极致。自17世纪70年代到18世纪70年代，费迪南德（1657—1743年）的儿子亚历山德罗（1687—1769年）、朱斯蒂（1696—1757年）、安东尼奥（1700—1774年）、后者的哥哥弗朗西斯科（1659—1731年），都在欧洲很多德语和意大利语的宫廷中工作，他们采用了一种激进的建筑语言，之后，也影响了很多人的创作想象，其中包括尤瓦拉、维托内，甚还有更为明显的皮拉内西。在威尼斯，帕拉第奥和斯卡莫齐的持续影响阻碍了任何巴洛克风格的深度发展，但有一个例外的建筑师，他就是巴达萨里·隆盖纳（Baldassare Longhena，1598—1682年），斯卡莫齐的学生。隆盖纳的杰作是圣玛丽亚·德拉·萨卢特教堂，是一次竞赛的获奖项目，教堂是执政官和元老院，于1630年的瘟疫期间而修建的。这座壮观的中心式布局的八角形教堂以其巨大的波浪般穹顶重压在12个厚重的巴洛克卷轴之上，后者

被隆盖纳视为象征性的桂冠。1630年4月，当他为其模型做注解时写道，"将此教堂奉献给圣母玛丽亚，其神秘性令我想到用上帝赋予我的一点才华，我便会将教堂建成一个圆形，即如一个桂冠之形"。教堂由此颂扬了玛丽亚为天堂之女王。圣母玛丽亚戴有星冠的雕塑出现于教堂的穹顶之上，又重现于祭坛之上，祭坛位于一个巨大王冠之下，后者从拱顶上垂下。

隆盖纳选用一个规则的八角形的建筑形式来表达天堂王冠的形象，周边为一圈回廊，这种形式从未用于文艺复兴和巴洛克建筑之中，但是，却曾出现于意大利的古代后期及拜占庭的建筑之中，如在罗马的圣科斯坦萨教堂，以及在拉维纳的圣维塔莱教堂。精心设计的戏剧式——或者说舞台布景式——的视景，透过围绕中心八角空间的圆拱，其光彩四溢。这种布局毫无疑问是依赖于隆盖纳的舞台布景知识，如帕拉第奥设计的奥林匹斯剧

场，位于维琴察，那里，一个凯旋门式样的前舞台框出一幅透视的街景，其中，亦充满了节日欢庆的府邸。凯旋门的主题也主导着萨卢特教堂立面的中央部分，如此，当门被打开时，视景也随之打开，一直到高祭坛，这的确是接近于帕拉第奥设计的剧场了。从穹顶下的圣堂到高祭坛后矩形的修道士唱诗厅，于此迷人的景色之中，其采光的控制成熟微妙，亦如在舞台上一般。

帕拉第奥留下了许多教堂的设计特征，包括"戴克里先式"的窗子、高基座的柱子、一个涂白背景前的色彩主题，后者强烈对比于灰色石头的结构，而教堂三部分之间的协调比例关系，以及两个侧殿的立面，自入口的对角前向后退，都是受启发于帕拉第奥的小教堂——勒·奇台莱，位于威尼斯的朱戴卡岛上。另外，圣堂之上的小穹顶两侧有钟塔的高鼓座，有着一个夸张的轮廓，是追随着一个"拜占庭—威尼斯式"的模型，是帕拉第奥曾在雷登托雷用过的。圣玛丽亚·德拉·萨卢特教堂由此成为一个令人炫目的成功混合，混合着威尼斯式和帕拉第奥式风格，成就了一种新的视觉整体感，这就是隆盖纳的个人风格，设计则为舞台布景特质的巴洛克。其穹顶和威尼斯天际线之间的关系是不可否认的如画风格的景色，这也是以艺术家式的手法规划城市的证据，这一点则是超越了文艺复兴的理念。

隆盖纳的戏剧式才能再次显现则是在他的楼梯大厅（1643—1645年），于圣乔治奥·玛吉奥莱修道院中，位于威尼斯。这就是所谓的"帝国风格"[①]，即由一段单一的中心楼梯向上，再从两侧分开，并沿着外墙继续延伸。和比安科于1630年在热那亚大学设计的楼梯一起，它们便是意大利早期的巴洛克楼梯之一。隆盖纳的世俗建筑，特别是莱萨尼科宫（动工于1670年）和贝萨罗宫（动

455 小多米尼克·罗西：耶稣会教堂的室内，威尼斯（1715—1728年），展示雅格布·安东尼奥·波佐（Jacopo Antonio Pozzo）的高祭坛

① 帝国风格：此种风格的楼梯可见于法国凡尔赛宫，俄国冬宫，英国白金汉宫。

456 凡萨戈（Fanzago）：未完成的唐·安娜（Donn' Anna）宫殿，波西里波（Posilipo），近那不勒斯（1642—1644年）

工于 1676 年），风格上都是典型的 17 世纪、18 世纪的威尼斯府邸建筑，回应着圣索维诺的科纳府邸，且因增添的雕塑而变得华丽。这种华丽达到极致，则是在隆盖纳设计的奥斯佩达莱托小教堂（1670—1678 年），其中满是雕塑的狮子面具、盾牌、水果堆、男人柱（用来承重的柱子）。

威尼斯最令人沉迷的巴洛克教堂——耶稣会教堂——是为天主教耶稣会修建，于 1715—1728 年，设计来自小多米尼克·罗西（Domenico Rossi the Yonunger，1652—1737 年），然而，建于 1729 年设计肆意的立面则是出自乔瓦尼·巴蒂斯塔·法托莱托。几乎太过奢华的室内，看似被完全覆以绿色和白色的大马士革锦缎，这是一种摄人的大师级的大理石镶嵌效果。带有人物雕塑的高祭

457 耶稣广场，那不勒斯，及圣洁古列尖顶（Guglia dell' Immaculata），朱努伊诺（1747—1750年）

458 瓦卡罗（Vaccaro）：马略卡（majolica）釉瓷庭院，于圣基亚拉教堂，那不勒斯（1739—1742年）

坛和青金石的神龛之上，是有穹顶的弯弯曲曲的华盖，由螺旋柱子支撑，设计者为安德烈·波佐的兄弟，雅格布·安东尼奥·波佐（1645—1725年）。教堂里彩色大理石的丰富使用则把我们带到了南意大利，那里，这种技术备受钟爱，特别是被那不勒斯和西西里的建筑师。

那不勒斯和西西里

　　那不勒斯，于17世纪是西班牙的一个省份，由一名总督统辖，城市繁荣发展，建了很多巴洛克式的建筑，出资者致力于追求两个目标——享受和信仰。其首席建筑师是科西莫·凡萨戈（Cosimo Fanzago，1591—1678年）曾受过雕塑师及大理石匠的训练，著称于其装饰性大理石镶嵌的室内，如建于1637—1650年的赫苏·努奥沃礼拜堂，及建于1643—1645年的圣洛伦佐大教堂。他的技巧，更为严格地说是建筑学式的，则出现在教堂，如圣乔瓦尼·德里·斯卡尔奇教堂（1643—1660年），位于蓬泰科尔沃，这里，一个戏剧性的西门厅包含有一部双楼梯，向上直通至中殿，后者的层面高过街道。他的杰作则是未完工的唐·安娜府邸（1642—1644年），建在波西里波，位于那不勒斯附近，是为西班牙总督麦地那公爵和他富有的意大利妻子而修建的府邸。府邸升出海面，如位于斯巴拉托的戴克里先宫殿，其朝海的立面，主要是一个壮观的3层观景楼，或者说是层叠的凉廊。建筑有着惊人的斜面转角结构，用真实的岩石建造了不规则粗石地下室，此理念曾被贝尼尼用在未建成的罗浮宫项目之中。

　　最能丰富表达那不勒斯人的欢快和热情的即古列（古里埃）尖顶[①]，它是一个柱子或方尖碑，冠以纪念雕像，饰以华丽的雕刻。凡萨戈于1637年设计了圣热那罗教堂的古列尖顶，但最奢华的要数朱塞佩·朱努伊诺设计的圣

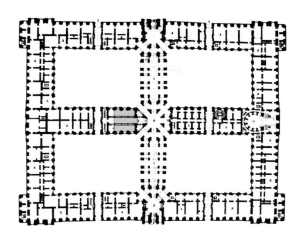

459 万维泰里利（Vanvitalli）的宫殿平面，卡塞塔（1725—1774年）

洁古列尖顶（1747—1750年），它以洛可可结构的浮夸形式立于新耶稣教堂广场中。凡萨戈的两位主要追随者用激昂的晚期巴洛克手法建造，且都是那不勒斯画家弗朗西斯科·索里米纳的学生，他们即多米尼克·安东尼奥·瓦卡罗（1681—1750年）和费尔南多·圣费利切（1675—1750年）。瓦卡罗极具趣味的教堂是将八角形和长方形的空间结合在一起，在平面上看似是中央布局的，却都有一个纵向的侧重。这些教堂包括位于蒙特卡瓦里奥的辛切奇奥内教堂（1718—1724年），特别是卡尔维萨诺的圣玛丽亚·德拉·格拉奇埃教堂（约1743年），位于那不勒斯附近。这里，鼓座和穹顶的结构部分被融入膨起的粉饰之中，当它及至灯笼屋顶的开口之时，粉饰已似天空中点缀的白云。瓦卡罗最欢快的作品是迷人的马略卡釉瓷[②]贴面回廊，位于那不勒斯的圣基亚拉教堂，建于1739—1742年，这里，他在一个哥特式回廊的中心填满了棚架。棚架由八角形的墩柱支撑，其上有彩色的釉瓷，画有葡萄藤，且与真正的葡萄藤相混。墩柱连有条凳，亦是釉瓷贴面的，并绘以山水和田园风光。

① 古列尖塔：
即那不勒斯建筑特色。

② 釉瓷：
majolica，装饰陶瓷，盛行于16世纪意大利。因仿中国瓷器，用锡铀，又称锡铀彩陶。

460（上左）甘吉宫（Palazzo Gangi）的舞厅，巴勒莫（18世纪50年代）

461（上）叙拉古城（Syracuse）大教堂：西立面（1728—1754年）和侧立面，带有希腊公元5世纪的多立克柱式

462（对页）瓦卡里尼（Vaccarini）：圣阿加塔（St Agata）教堂的外观，卡塔尼亚（1735—1767年）

费尔南多·圣费利切来自那不勒斯一个地位显赫且富有的家庭，以其设计的开敞式楼梯而著称。其中最精美的一个，位于塞拉·迪·卡萨诺广场（1720—1738年），是一部特大的双楼梯，有一个小庭院的大小。从一个八角形庭院通过一个巨大的拱道，楼梯有两个等分的椭圆形门厅，两者之间是半圆形的楼梯平台，构成了一对凸出的堡垒，刚好面对走近楼梯的参观者。两段楼梯会合在一个威风凛凛的桥上，由此便可以进入主要的房间。圣费利切的另一个重要贡献是他设计的一些奢华张扬的临时性结构，于整个巴洛克的欧洲，建于节日期间。其中最为独特的，是于1740年为了纪念两西西里国王一个女儿的诞生，即将维塞罗依官殿前的广场改建成一个巨大的带拱廊的半圆广场，经由凯旋门至此，广场的核心是中间的一座宝塔般的塔楼，极高，且有两部楼梯环绕。

查尔斯·波旁自1734年执政，作为第一位"两西西里"①的国王，直到1759年他继承了父亲的王位，成为西班牙查尔斯三世，于1750年，他令两名曾在罗马受训的建筑师到那

不勒斯，他们是费尔南多·富加（1699—1782年）和路易吉·万维泰里利（1700—1771年）。在卡塞塔，于1752年，于那不勒斯以北20英里（32千米）处，万维泰里利开始为国王修建一个官殿。官殿有4个庭院、1200个房间、意大利最大的楼梯，此建筑是世上令人叹为观止的官殿之一，也是意大利此类建筑的绝版之作。它有34开间之长，有些冰冷、单调，却是令人窒息的景观，透过整个建筑群的轴心线，又结合了3个巨大的八角门厅，则是最为壮观地实现了隆盖纳和加利–比比埃纳家族的设想。

西西里在18世纪孕育了一批建筑师，其活力及想象力的结果即一大批迷人的建筑，为装饰华丽的巴洛克最后阶段，即所谓的"洛可

可"，虽然，此术语应是描述室内装饰的最佳术语。这些西西里建筑师中，最为出色的是托马索·那不勒[1]（1655—1725 年），一名多明尼会的修士，他为西西里的贵族修建了两座华丽的别墅，在离巴勒莫以东 10 英里（16 千米）的巴盖里亚，即为帕拉戈尼亚别墅（始建于 1705 年）和瓦尔古内拉别墅（1709—1739 年），两座别墅都有着曲线形状、设计巧妙的外部楼梯。

17 世纪巴勒莫的教堂，因其奢华的装饰而著称，它采用了镶嵌的彩色大理石，但在 18 世纪之初，加科莫·塞尔波塔（Giacomo Serpotta，1656—1732 年）则采用一种当地的抹灰工艺传统，他负责设计了 3 个礼拜堂，用丰富的粉饰室内，亦是不可超越的一种不断发明：它们是圣奇塔教堂的玫瑰园礼拜堂（1687—1717 年），位于圣多米尼克教堂的礼拜堂（1720 年），和圣洛伦佐教堂的礼拜堂（1706—1708 年）。塞尔波塔也于 17 世纪 90 年代，装饰了圣斯波罗托·阿格里真托教堂，其高祭坛被粉饰的云团覆盖，而他的儿子普洛克皮奥则装饰了圣卡特里纳教堂的礼拜堂，位于巴勒莫，用一种类似的生机勃勃的方式。

在巴勒莫众多的巴洛克宫殿之中，我们应提到卡托里科宫（1719—1726 年），由加科莫·阿玛托设计，和波纳吉亚宫（约 1760 年），由安得烈·吉甘蒂（1731—1787 年）设计，以及甘吉宫，大约建于 18 世纪 50 年代。卡托里科宫中带有拱廊的庭院被一个开敞的拱桥戏剧般地隔开，此拱桥再次出现于波纳吉亚宫的庭院中，庭院的中心部分是一个庞大的开敞楼梯，位于一个巨拱之下。甘吉宫（Palace Gangi），可能是巴勒莫保存最好的宫殿，其舞厅是欧洲巴洛克风格的最美范例之一，置于一种飘逸的动感之中，这便是洛可可的设计特征。墙面上排列着巨大的三开镜，于精致弯曲的镜框之中；独特的双层天花含有两层，底

层的似拱架，但板片被撤，只剩拱肋，由此便构成了开敞部分，透过去便可见上层拱顶天花上的壁画。这一种富有魔力的室内设计浓缩了小说中西西里生活的极度奢华，小说即朱塞佩·迪·兰佩杜萨[2]的《豹》（米兰，1958 年）。当维斯孔蒂[3]把王子的小说翻拍成电影时，他很恰当地选用此舞厅作为影片中舞会的场景。

西西里因 1693 年的一次地震变得疮痍满目，而之后，西西里岛东部的重建则规模庞大。其中最为引人注目的是位于叙拉古城的天主教堂的立面。这一欢快的设计是由安德里亚·帕尔马（1664—1730 年）于 1728—1754 年添加的，作为教堂建筑的精彩结尾，不亚于将一座 5 世纪希腊多立克式神庙改建而成的早期基督教教堂。在叙拉古城天主教堂，西方建筑的历史展现于我们的眼前。位于山坡的城镇，诺托、拉古萨、莫迪卡都在地震后得以完全修复，都以罗萨里奥·加里阿尔蒂教堂为中心，建于 18 世纪三四十年代。这些教堂雄伟地耸立于威风的阶梯之上，其西立面主要有椭圆形的钟塔，一种布局还未知于意大利其他地方，虽然在北意大利也有类似，其建筑师有纽曼和霍克斯摩尔，但后者不可能知道前者。

最后，我们应转至卡塔尼亚[4]，其改建自 1730 年开始，设计者为 G.B.瓦卡里尼（1702—1768 年），是卡塔尼亚天主教堂的一名教士，生于巴勒莫，但于 18 世纪 20 年代在罗马受训，师从卡罗·丰塔纳。在多莫广场，他建造了市政大厅（1735 年），并建了天主教堂的立面（1733—1757 年）。他设计的城市喷泉，造型为一头大象驮着一座埃及方尖塔。这些作品都有着"波罗米尼式"的笔触，与其精彩的教堂一样。这其中包括其经典之作圣阿加塔女修道院（1735—1767 年），立面受启发于圣卡罗四喷泉教堂（287 页），称有巨大的壁柱柱头，刻满了棕榈、百合、花冠，这是圣

① 那不勒：
Nepoli，意大利语中与那不勒斯同名。
② 朱塞佩·迪·兰佩杜萨：
Giuseppe di Lampedus，是最后一位兰佩杜萨王子，也是一位小说家，1896—1957 年。书中即描写其生活经历，尤其是意大利的贵族生活。
③ 维斯孔蒂：
Visconti，路奇诺·维斯孔蒂，导演，出身于米兰贵族，1906—1976 年。
④ 卡塔尼亚：
Catania，西西里东部。

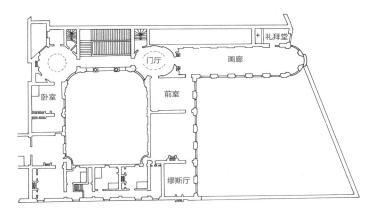

阿加塔殉难的象征。在瓦卡里尼设计的圣朱利亚修道院（1739—1751 年）中，也有一个弯曲的立面，穹顶止于一个八角形的观景楼，于此修女们可以放松，或者观看宗教游行，即西西里女修道院的通常活动。在其晚期作品中，如在雷布尔多内的官殿（约 1740—1750 年）和库泰利学院（约 1748 年），G.B.瓦卡里尼转而采用更为简洁的古典手法，这是富加和万维泰里利介绍到那不勒斯的。在巴勒莫，G.B.瓦卡里尼极富才华的追随者是斯特法诺·依塔尔（卒于 1790 年），然而，他却几乎没有任何古典主义的认知，这种认知在当时已占据北欧。依塔尔的基埃萨教堂（约 1768 年）和圣普拉西多教堂（完成于 1769 年）有着凹陷的立面和生动的洛可可装饰，这是很长的曲线形设计时期的最后一个，且又是有着妩媚花饰的结局。

意大利以外的巴洛克

法国

　　法国，虽然从来不像意大利或德国，全心投入巴洛克风格，但此风格的发展却受到了更多的法国影响，至少相比于除意大利之外的其他国家。这是因为凡尔赛官的太阳王官殿形象以其壮观的勒诺特花园证明了其遍及欧洲的诱人魅力，同时也是法国的设计师创造出了洛可可，即巴洛克的一个最后阶段。

　　为路易十四及其官廷创造迷人的背景的建筑师是路易·勒伏（Louis Le Vau，1612—1670 年）和 J.H.孟莎[1]（1646—1708 年）。勒伏，一位巴黎泥水匠师傅的儿子，其第一件重要作品即朗贝尔旅馆，始建于 1640 年，于巴黎圣路易岛的东端，是为张扬的金融家朗贝尔而设计。这座建筑精彩地表现了勒伏戏剧性展示的天才，建筑环绕着一个庭院，其曲

463、464（顶和上）朗贝尔旅馆主层和庭院的平面，巴黎，勒伏（始于 1640 年）

线型的立面正对着入口处，并全部集中于一段壮观的楼梯，利用了光与影的强烈对比，且是用一种极为巴洛克的手法。楼梯的上层平台上，一侧为一个八边形的门厅，另一侧则是一个椭圆形的门厅，自后者可向下，即可见到一

① J.H.孟莎：
　是弗朗索瓦·孟莎（1598—1666 年）的侄孙，见 260 页。

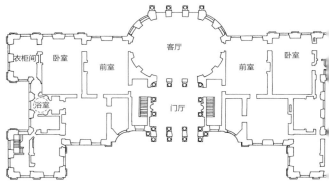

465、466（顶和上）勒伏：沃-勒-维孔特（Vaux-le-Vicomte）的前花园和平面，近巴黎（1657—1661年）

467（左）椭圆形会客厅（沙龙）穹顶的内部，沃-勒-维孔特

条长廊，从房屋中延伸出来，如一根手指，其终端为一个巨大的弯弓形，于此，便可一览塞纳河的景色。这个廊翼是一个少有的、不对称设计的早期例子，而其功用只为捕获自然景观。主要的室内部分被丰富地饰以青铜和镀金的粉饰浮雕，设计者为杰拉德·范·奥布斯杜（Gerard van Obstal），而其墙壁和天花板的绘

画则是神话和风景主题，绘制由厄斯塔什·勒苏尔（Eustache Le Sueur）、查尔斯·勒布伦（Charles Lebrun）及其他人共同完成。

附近的旅馆，洛赞旅馆（Hôtel Lauzun），同样装饰豪华，基本上归功于勒伏和负责朗贝尔旅馆的艺术家们。这座壮观的宅邸建于17世纪50年代中期，是为博尔德的查尔斯·格

468 佩罗（Perrault）：罗浮宫的东面，巴黎（1667—1674年）

温而建。如朗贝尔一样，他也是金融家集团的成员之一，聚集了巨额财富，并为意大利出生的红衣大主教马萨林（Mazarin）筹集到了同样大数目的资金，后者是1641—1660年法国的实际统治者，是在路易十四的少年和成年的初期。亦在此时，是法国、意大利、低地国家之间的文化交流最为多产的时候，勒伏和他的伙伴们创造的样式和格调后来也被太阳王自己采用了。洛赞旅馆的室内完全涂以纯金装饰，因此，也不奇怪其出资人查尔斯·格温于1662年被带到正义法庭，后者是让·巴普蒂斯特·科尔贝特建立的，用以调查他的金融活动，之后他的财产即被判充公。

同样的命运亦降临到了另一位重要的金融家头上，尼古拉·富凯（Nicolas Fouquet）——法国的财政总监，勒伏为他设计了当时法国最为壮观的别墅，即沃－勒－维孔特大别墅，位于巴黎附近。建于1657—1661年，是安德烈·勒诺特雷（1613—1700年）最早的正规花园设计的顶峰。别墅最显著的特点即带穹顶的椭圆形会客厅，从花园的前面延伸出来，这种会客厅曾被勒伏用于其现已被毁的雷纳西

大别墅（约1645年）之中。沃－勒－维孔特大别墅中有一些大房间，一间给富凯，一间给国王，分别位于中央门廊和会客厅的两侧。国王的卧室亦有别墅最奢侈的室内，其设计师是查尔斯·勒布伦（1619—1690年），采用了华丽的粉饰工艺、镀金、绘饰，即当时意大利最流行的风格。国王的床置于一个舞台拱门之后，即一个凹室里，用一个低栏杆和卧室的主体部分隔开，它类似教堂里的祭坛栏杆。这种设计遵从的习俗，确立于17世纪40年代，于法国皇家的寝室，或者是私人宅邸的皇室客房之中，专门为做客的皇族设计。当时，出身高贵的人习惯在其寝室里接见客人，而且也只让最亲近的人接触皇家成员。有权利在栏杆内接近皇室人员的侍臣，即被称为"栏杆爵士"（seigneurs à balustrade）。

这种传统被路易十四以一种特别精彩的方式发挥了，他视自己为欧洲最伟大的君主。的确，在马萨林过世的1661年，他决定要自己统治法国，不需要首相的帮助。紧接着的便是一次豪华的盛会，于1660年8月，由富凯在沃－勒－维孔特大别墅招待了整个宫廷，盛会包括有莫里哀[①]的舞剧，音乐来自让－巴普蒂斯特·吕利[②]，装饰来自勒布伦，随之则是烟火演示，而后，富凯即因盗用公款而被捕。科尔贝特，路易十四的首席顾问，把参与建造沃－勒－维孔特大别墅的艺术家团队转为皇家服务。他创建了一个集中的设计机器，只为一位独裁君主的荣耀，这是科尔贝特最显著的功绩。他的雄心包括巴黎罗浮宫，后者表现了国家的昌盛。

勒伏和勒布伦于1661—1663年设计了阿波罗画廊，于罗浮宫的宫殿之中，以他们在沃－勒－维孔特别墅用过的奢华手法。科尔贝特对富丽堂皇的渴望令其求设计于贝尼尼，后者被认为是当时世上最伟大的艺术家。贝尼尼于1665年6月来到巴黎，有着几分来访

① 莫里哀：Molière，法国喜剧作家，著作有《唐璜》《吝啬鬼》等。

② 让－巴普蒂斯特·吕利：Jean-Baptiste Lully，意大利出生的法国作曲家。

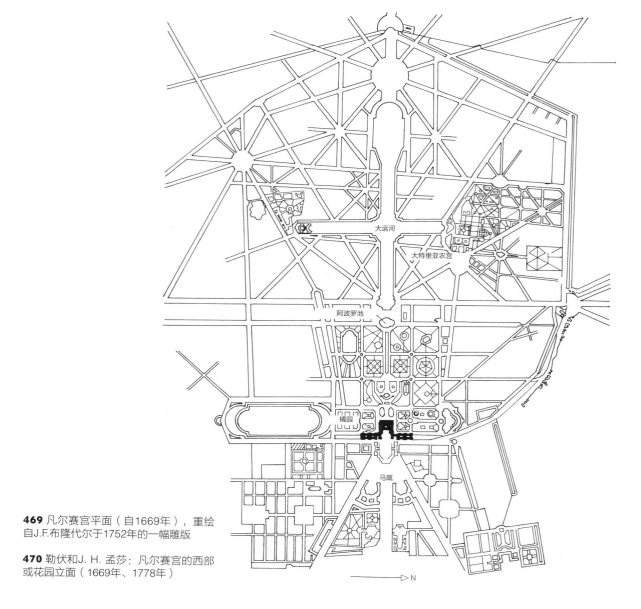

大运河

大特里亚农宫

阿波罗池

橘园

马厩

469 凡尔赛宫平面（自1669年），重绘
自J.F.布隆代尔于1752年的一幅雕版

470 勒伏和 J. H. 孟莎：凡尔赛宫的西部
或花园立面（1669年、1778年）

⊳N

君主的排场，但是，他为罗浮宫（286 页）大胆的巴洛克设计却遭到了拒绝，1667 年，路易十四指定了一个三人委员会来准备一个备用设计。这三个人就是他的第一建筑师勒伏、第一画家勒布伦，以及克劳德·佩罗（Claude Perrault）——一位解剖学家及业余建筑师，亦是当时极为聪明智慧的人物之一。佩罗编辑的维特鲁威论著首次出版于 1673 年，因其插图很有争议，它意在作为现代建筑的模板，却是用复原的古代建筑。这座巨大、庄重、通透的横梁结构建筑着重于其承重的希腊式柱子，而不是古罗马线条装饰的厚墙，罗浮宫的东立面给人以雄伟的印象，它建于 1667—1674 年，几乎可以肯定，是全部出自佩罗的设计。这座建筑的庄重及高贵，加之拒绝在中心部分建造过于明显的或炫耀的设计高潮，以及由列柱外廊散发的古代韵味，使其受到格外的仰慕，不只在建成的当时，而且在之后的百年时间之中，它被视为"伟大世纪"（Great Century）的最佳代表，一个恐怕无法再现的理想。在其具权威、超然的气息之中，它既是古典又是现代，既是法国式又是全球式，是 17 世纪法国的经典巴洛克风格的完美典范。

凡尔赛宫[1]

此时，路易十四已将其兴趣从罗浮宫转移到了凡尔赛宫，距巴黎几千米之外，那里，他可以在一块更大的场地上，有着更为自由的掌控，来表达其君主形象，而且，他也更为安全——远离巴黎暴民中的颠覆分子。1669 年，他雇用勒伏扩建并改建了相对简朴的凡尔赛狩猎屋，后者是他父亲路易十三于 1623 年和 1631 年建造的。勒伏将旧别墅的大部分暴露在马尔布雷庭院边上，但是为花园设计了一个新的、漂亮的 25 个开间的立面，而中间 11 个开间的一层和二层则退于一个平台之后。傲然

的立方体块立面有着水平的天际线以及严格排列的爱奥尼柱式，成对地立于侧亭之中，它反映了一些佩罗设计的罗浮宫的重量感。勒伏的凡尔赛宫则是一个极尽法国古典主义严谨、强化的练习，虽然它于 1678 年失去了紧凑的气势，此时，J.H.孟莎在勒伏的平台上加入了冰晶廊，即镜厅，同时，花园的立面因南北翼的增建而延伸为 3 倍的长度。

勒布伦为皇帝设计的 7 个房间的装饰符号基于阿波罗，即太阳神，因路易十四视自己为太阳神的化身。墙壁装饰的处理如于著名的大使楼梯中（现已毁），不仅包括了错觉绘画，而且还包括了彩色大理石的嵌板，其处理手法却比意大利的巴洛克更为僵硬、更为几何。类似这种几何规则亦主导着勒·诺特（Le Nôtre）的花园设计，完成于 1662—1690 年，其中有着类似的符号，并在阿波罗池达到高潮。这里，一组华丽的雕塑群出自让-巴蒂斯特·图比，展示了太阳神每天行程的开始，驾着他的四轮马车，从喷泉的浪花中升起，并伴随着希腊海神、海豚而宣告白昼的回归。

凡尔赛宫和一个庞大景观之间的有机关系—于一个主要的轴线景观，这曾是弗朗索瓦·孟莎壮丽的麦松城堡（262 页）布局设计的主调。勒·诺特充实、繁化了这一主题，用大量的附属对角轴线由此在花园里创出了众多隔间，隔离则用精心修剪、几何状的树丛、平台、运河、奢华的喷泉。这些隔间便成了各种宫廷场合、戏剧、音乐会、焰火表演的一个背景。

雅克·勒梅西埃（Jacques Lemercier）于 17 世纪 30 年代为黎塞留大主教将宫殿和黎塞留镇连接在一起，这为凡尔赛宫提供了一个模式，即用规整的城镇布局服务于别墅。凡尔赛小镇又延续了花园的轴线，最后的总长达到 8 英里（13 千米）。1701 年，国王将其卧室搬到了轴线上的一个中心位置，由此，即象征着君

[1] 凡尔赛宫：
建筑设计由勒伏及其学生孟莎所为；花园设计出自勒·诺特；绘画出自勒布伦；雕塑出自图比。

319

471 J. H. 孟莎和罗伯特·德科特（R. de Cotte）：礼拜堂的室内，凡尔赛宫（1698—1710年）

加建了巨大侧翼，只是为较小的中心体块重复了勒伏确立的凹式设计，且只是通过尺寸而不是细节出其效果。更为成功的是置于中心的冰晶廊，即镜厅，被展开如舞台布景一般，而通过拱廊即可进入北面的战争厅及南面的和平厅。这些房间的装饰和符号处理都是由勒伏和勒布伦设立的，却是以一种更加奢华的方式。一列拱形的镜子映出对面窗子的轮廓，且反射着阳光、外边的天空和花园、熠熠发光的银制家具（如今成功地复制以玻璃纤维），此镜厅如路易十四所愿，成为欧洲伟大的厅堂之一。

凡尔赛宫的小礼拜堂于1698年，由J.H.孟莎始建，并于1710年由罗伯特·德科特完成，有着一个同样的奇观。如巴黎的圣礼拜堂和其他中世纪皇家小礼拜堂一样，它是双层建筑，并带有一个廊道专为皇帝及其随从保留。这个很高的顶层完全被一个漂亮的柱廊包围，由独立式科林斯柱子构成，这一想法可能来自克拉德·佩罗，可能他在1688—1689年参与过小礼拜堂的第一轮设计。虽然它反映了佩罗及其圈子对理想古典主义建筑之中承重柱子的爱好，但是柱廊及其相关的采光效果却回应着一座哥特教堂的礅柱。这种和哥特式相匹敌的设计又被加以突出，是用小礼拜堂特别的高度，这是相对其宽度而言，还有建筑外部飞扶壁的使用。我们在下一章将会看到，哥特建筑崇尚的信念，即理性结构的原则，类似希腊时期的建筑，将会丰富一些激进的新古典主义理论，后者是由法国的作家们于18世纪上半叶提出的。

孟莎在凡尔赛宫中的其他作品，包括壮观的马厩（1679—1686年）；乡村橘园（1681—1686年），用了一个超大的规模；以及大特里亚农宫（1687年）。作为国王躲避正规宫廷生活的休闲之地，特里亚农宫是一个散开的一层建筑，有一个"U"形的中心区和一个非正式

主作为所有的权力、秩序的源头。17世纪60年代，花园的扩大亦反映着国王的权力，1668年，在标志着荷兰改革战争结束的亚琛条约[①]之后，以及在1669年，大中心运河向西拓展之时。在1678年，奈美根和平[②]之后，路易十四最终取得了西班牙所占有的荷兰领土，他决定以一种极度狂妄的规模扩建凡尔赛宫，并委托给J.H.孟莎（1646—1708年），后者于1685年被任命为皇家建筑师。

J.H.孟莎是弗朗索瓦·孟莎的侄孙和学生，虽然他也曾师从勒伏，学习了包括如何创造戏剧性的建筑外观，以及如何取得一个成功的职业生涯。他在凡尔赛宫前的花园中

① 亚琛条约：
Treaty of Aix-la-Chapelle，是亚琛的法文名字。

② 奈美根和平：
Peace of Nijmegen，亦称奈梅亨。

的露天环境，并用特别的入口区加以强调，这里有一个宽大的开敞柱廊。

又一次创新——尤其在建筑和花园的关系之上——即现已毁坏的马尔利大别墅，它是为路易十四建造的另一座更大的休闲之处，始建于孟莎的设计，于1679年。这一座微型宫殿——其两层高、9开间的正方形体——俯瞰着一个流水花园，两侧为一排12个小亭阁，于其中央运河的两边各占6个。这里的每一个小建筑只有两开间的方格，如一个加大的亭间，可接待短期拜访国王的两对夫妇。这些邀请亦是经过精心挑选，如此，当得知国王要去马尔利别墅时，侍臣们会敬上请求，"陛下，马尔利？"这是在国王去小礼拜堂祷告经过凡尔赛宫的镜厅之时。马尔利大别墅可谓前无古人后无来者。建筑独特的表现是壮美与阿谀的结合，也许无益于法国君主的长远未来，因整个的国家机构都集中在路易十四个人之上。

对另一个类似的表现我们则要转向巴黎的胜利广场，是孟莎自1685年的规划设计，围绕着一个国王的塑像，塑像前是4盏巨大的灯柱，是长明灯，正如天主教教堂内的祭坛许愿灯一样。现今已没有多少留存，除了孟莎始建于1698年的旺多姆广场被完整地保留下来，也是他作为一名城镇规划师能力的褒扬。它有着统一的宫殿式立面，加之壁柱、山墙、倾斜拐角、轴线上两个精心设计的出口，使其成为大规模巴洛克组合的胜举。首先，是要华丽展示一个统一的立面，其次，才是之后的各种房屋，通常由其他建筑师完成。部分原因是因王室无法负担原始设计的费用，而不得不逐件建造。

巴洛克的宏伟同样成就了孟莎设计的军人教堂（约1679—1691年），受路易十四的委托，建于军队的荣军院，可能是作为他及其波旁王朝的一个墓地。其穹顶的希腊十字平面设

472 博夫朗（Boffrand）：公主大厅，索比斯（Soubise）旅馆，巴黎（1735—1739年），及纳托尔（Natoire）的绘画

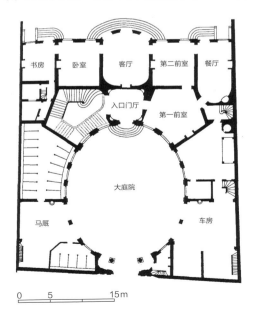

473 阿麦洛·德·古纳（d'Amelot de Gourna）府邸的平面，巴黎（1712年），博夫朗

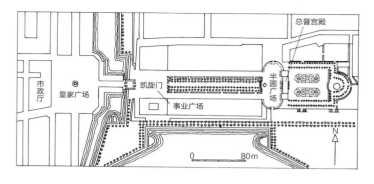

474 西勒·德·考尼（Héré de Corny）：三联广场的平面——皇家广场、事业广场、半圆广场——南锡（1752—1755年）

计源自孟莎未完成的小礼拜堂，位于圣丹尼斯的波旁礼拜堂，同时，也是最为巴洛克的室内设计，从其被切割开的穹顶透过去，展现眼前的，便是外层穹顶上绘制的天堂般的辉煌，其采光则来自一圈隐蔽的窗子。

法国洛可可

尽管有着巴洛克式的华美，于瓦尔德斯和旺多姆广场，孟莎或他的助手，如皮埃尔·卡耶托，后者亦称为"保险"，以及皮埃尔·勒波特雷，做了一些决定性的转变，这是在17世纪八九十年代，朝向一种更为亲密、更为精细的内部装饰风格，这就是"洛可可"，是巴洛克的最后阶段。具有特色的范例，包括凡尔赛宫、大特里阿农宫、马尔利大别墅内的许多私人房间，如1701年建的"牛眼厅"，于凡尔赛宫中，紧邻国王的房间。此风格的意图即要削减建筑特征的影响，如壁柱和檐口，进而用轻巧的镶板，又因有阿拉伯图案的半壁柱和高大的圆拱镜子，而令其富有生气。府邸的设计越来越重视方便和舒适，而不是仪式性地显示其主人的等级。J.H.孟莎在梅尔设计的纳夫别墅（1706—1709年）作为法国国王给继承者的客府，设有许多的小套间或房间，亲密又具有魔力。一个相类似却更富想象力的设计被博夫朗用于其圣·奥恩别墅之中，建于约1710年，是为王子罗恩（Rohan）而建。热尔曼·博夫朗（Germain Boffrand，1667—1754年）是这组设计师中最重要的一位，而其他设计师则是包括拉苏朗塞、让·奥博特、吉尔斯-玛尼亚·奥皮诺、杰斯特-奥雷勒·梅索尼耶，正是他们发展了和这种新生活方式相关的洛可可装饰风格。

第一阶段，从约1710—1730年，即所谓的"摄政风格"，是在菲利普·奥尔良公爵摄政之后，于路易十五（1715—1723年）的少年时期。"摄政风格"后又发展为完全的洛可可风格，即所谓的"如画风格"，并且一直兴盛到18世纪50年代。

博夫朗接受过雕刻家的训练，但之后，于1712年，他成了J.H.孟莎的学生和合作者，并在巴黎建造了阿麦洛·德·古纳府邸（或称蒙特莫伦西府），并不是为某个客户，而只是为一种探求。他在一个椭圆形的庭院周围组织了异样的五角形、梯形、半圆形的房间，而同样是洛可可梦幻、欢快的惊人之作，即其媚气的两层亭阁的室内，增建于1735—1739年，为王子索比斯而建，位于巴黎的索比斯旅馆（今天的国家档案馆）。公主大厅是雕刻和镀金的粉饰工艺，一次肆无忌惮、不对称式装饰的混乱无情地轧过查理-约瑟夫·纳托尔嵌入的油画以及圆顶镜子的边框。房间的建造手法类似椭圆形的主大厅，于短暂的玛尔格兰什别墅之中，后者位于南锡附近，始建于1712年，是为洛林的列奥波德一世公爵建造，由博夫朗设计，他在几年之前已成为前者的首席建筑师。博夫朗为玛尔格兰什的设计是未执行的备用方案，平面为"X"形，中央是一个圆形柱廊大厅，是一场轰轰烈烈的巴洛克大会演，亦预言了尤瓦拉的斯图皮尼吉宫。

与其形成对比的是博夫朗的小礼拜堂，于列奥波德公爵的鲁民维尔别墅中，位于法国东部，距离南锡20英里（32千米），是一个激进的新古代主义的尝试，着重强调结构的真实性，有承重的柱子和水平的梁楣。此礼拜堂设计于1709年，建造于1720—1723年，现今的则是一场火灾之后的重建，由建筑师区埃曼纽尔·西勒·德·考尼（1705—1763年）设计，建于1744年。博夫朗是一个很难分类的建筑师，因他的设计中有巴洛克、新古典主义、洛可可的风格。他的作品中也有一种强烈的新帕拉第奥的元素，如其庭院，为列奥波德公爵而建，于一个未完工的城镇府邸中，位于南锡（始建于1717年，拆除于1745年）。建筑的入口立面有着弯曲的侧翼，

灵感来自贝尼尼的罗浮宫设计。这座宫殿的风格，以及于1712—1713年建于事业广场附近的博夫朗波伏旅馆（或卡拉昂旅馆）的风格，则为南锡在1752—1755年的蓬勃发展确立了模式，城市建造则由埃曼纽尔·西勒·德·考尼主持，是为斯特尼斯拉斯国王，波兰的前国王，路易十五的岳父，同时也是洛林公国的住户，自1737年，直到他去世，此时公国才根据约定，失策地落入法国王室。西勒创造了一系列的三联广场，皇家广场（现在的斯特尼斯拉斯广场），主体是其市政厅，穿过一座凯旋门，后者以罗马的塞普蒂缪斯·塞维鲁斯门为模型，即可进入很长的事业广场，最终，达至椭圆形的半圆广场，这里，半圆的柱廊位于行政大楼一侧，标志着整个轴线的终结。其元素多样又奇特，于其空间的内封、敞开，于其建筑的高度对比，尤其是其弯曲的通透花格，采用镀金的焊铁，出自让·拉莫，遮盖了皇家广场的角落温泉，创造出一种洛可可式的活泼，实质上，这便是欧洲正规巴洛克式城镇设计中极为宏伟的作品之一。

奥地利和德国

德国的艺术因1618—1648年的"三十年战争"[①]受到了极大挫折。之后的恢复用了近半个世纪，包括尝试用当地的艺术家来代替游历来此的意大利艺术家，后者引进了文艺复兴的风格。这一理想实现于在罗马学习过的奥地利或德国建筑师之中，如奥地利的菲舍尔·冯·埃拉和希尔德布兰特，普鲁士的施吕特，巴伐利亚的阿萨姆兄弟。维也纳作为当时哈普斯堡王朝的首都，统治着奥地利、波希米亚、匈牙利，其地位又因1683年"维也纳战役"得以极大巩固，取得了入侵土耳其的胜利，并从土耳其人手中恢复了对匈牙利和巴干大部分地区的统治，其间的条约分别签订于

475 菲舍尔·冯·埃拉（Fischer von Erlach）：先祖大厅，于福拉因（Frain）城堡，摩拉维亚（Moravia）（1690—1694年）

① 三十年战争：是德法与意大利之间的战争。

1699 年和 1718 年。奥地利随着日趋增长的国家形象感，成为第一个创立了本土巴洛克风格的德语国家。

约翰·菲舍尔·冯·埃拉

在此全新的阶段，首选的建筑师是约翰·菲舍尔·冯·埃拉（1656—1723 年），他是当时欧洲极具原创性的建筑师之一。他是格拉茨一名雕刻家的儿子，被送去罗马学习，那里，他可能是画家—装饰设计师约翰·保尔·斯考尔的学生，并加入了贝尼尼和丰塔纳的圈子。在意大利居住 12 余年之后，他于 1687 年定居维也纳，于 1705 年被他以前的学生约瑟夫一世任命为宫廷建筑师，后者一直渴望胜过其对手——法国的统治者路易十四。

约翰·菲舍尔·冯·埃拉早期的作品之一——福拉因宫，位于摩拉维亚（现捷克），建于 1690—1694 年，是为约翰·麦克尔，即阿尔坦伯爵而建。这里，他建起了一座巨大的椭圆形结构，阿尔坦家族的宗祠戏剧般地耸立于萨亚河边的悬崖之上。建筑装饰采用壁画，是为颂扬阿尔坦家族的历史，出自在威尼斯学习过的画家约翰·罗特麦尔，这也是他和菲舍尔有效合作的第一案例。椭圆形的空间自然是源自罗马的巴洛克建筑，这里，巨大的椭圆形天窗深深地切入穹顶的体块之中，体块和掏空的空间又产生了一种明暗对比。菲舍尔于约 1690 年为国王设计的一座巨大宫殿，建于维也纳郊外的斯康布兰，同样结合了法国、意大利巴洛克的主题，以及古罗马建筑主题：即图拉真柱、位于普莱奈斯特的财富神殿、贝尼尼为罗浮宫的设计、J.H.孟莎的凡尔赛宫。他早期的几个杰作建于萨尔茨堡，是为当地的王子—红衣主教约翰·俄恩斯特·冯·坦–郝因斯泰因（1687—1709 年）而建，特别是三一教堂（1694—1702 年）和本笃会教堂（1696—

476、477（上和下） 菲舍尔·冯·埃拉：卡尔大教堂（Karlskirche）的平面和外观（1716—1733年）

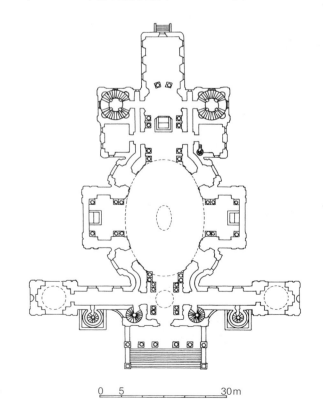

0　　5　　　　　　　　30m

478 约翰·菲舍尔·冯·埃拉：皇家图书馆的室内，霍夫堡（Hofburg），维也纳，（设计于约1716—1720年；建造于1723—1726年）

1707年），前者有一个凹进的立面，于两座塔之间，即如波罗米尼的圣阿格尼斯教堂，而后者则有一个凸出的立面，意在回应许多德国南部18世纪的伟大本笃会教堂。

菲舍尔最迷幻的作品是位于维也纳的卡尔大教堂（1716—1733年），是一个还愿教堂，也是一个王朝教堂，为查理六世（1711—1740年）建造，来还其愿，即他曾对供奉圣徒查理·波罗米奥发过的誓，祈求维也纳解脱于1713年的瘟疫。因为地段非常宽，此教堂特别的平面包括一个很长的西立面，其上加有一个凉廊，两侧有亭子，如一个屏风一般。中间的科林斯式门廊则令人想起万神庙（76页）或者

和平神殿的柱廊，令查理六世的神圣罗马帝国带有古罗马帝国的风采。两个雄伟的图拉真柱又进一步强调了门廊，因它们列于两侧，形似清真寺或者圣索菲亚大教堂的宣礼塔①，后者位于君士坦丁堡，即第二个罗马城。其设计的位置前无古人，后无来者，这些图拉真柱不仅为装饰之用，且有一个复杂的符号之作用。它们赋予维也纳以强大的图拉真罗马纪念品，同时，也令人想起了所罗门神庙门廊中的双柱，以及赫克利斯之柱，后者曾被查理六世用于徽章之中。直布罗陀海峡也被称为"赫克利斯之柱"（Pillars of Hercules），因而，这些柱子是指查理六世对西班牙王权的短暂占有。另外，这些柱子完全被基督化了，被刻以圣查理·波罗米奥的生活场景，虽然其上端还有国王的雄鹰，且柱子的圆顶上亦是西班牙的王冠。符号的设计得助于学者们，如古物研究者胡安和哲学家莱布尼茨（Leibniz），在教堂的内部对圣徒查理·波罗米奥的神化则达到了顶点，不仅被描绘在罗特麦尔（Rottmayr）穹顶的壁画之中，而且也在雕塑之中，雕塑则位于高祭坛之上，在粉饰云彩之下，并透过镀金的光线条。

菲舍尔极富动感的卡尔大教堂洋溢着艺术和智慧的活力，可被视为宗教建筑和皇家建筑的刻意综合，充满着古教、犹太教、基督教的共鸣，这里，查理六世被视为所罗门第二和奥古斯塔斯第二。事实上，这是菲舍尔《历史建筑草图》中版刻插图的石质现实版，此书于1721年在维也纳出版，包括德文和法文两种语言，并于1730年翻译成英文，名为《公共及历史建筑设计》。这本出色的世界建筑汇编是18世纪启蒙运动的渴求、广博、折中思维的一个先行者。书中90页令人炫目的版画，有巴比伦、史前巨石柱、金字塔、方尖碑、罗马废墟、清真寺、佛塔，意在"激发艺术家的创作灵感"，正如菲舍尔所述，它们对建筑师的激发几乎同皮拉内西的

① 宣礼塔：
Minarets，又称阿訇塔，清真寺拐角尖塔。

479 希尔德布兰特（Hildebrandt）：上观景楼的外观，维也纳（1721—1722年）

雕版图一样重要。

在其《历史建筑草图》中，菲舍尔也绘有他自己的一些建筑，他充分地认为它们可与之前的伟大建筑相媲美。这些建筑有位于维也纳的萨伏伊的尤金王子宫殿（1695—1698年）和位于布拉格的加拉斯宫（1713—1719年），二者都很特别，因其极富活力的雕塑处理，尤其是在楼梯间或入口门廊中使用了女像柱或男像柱。这种宏大的风格在维也纳霍夫堡的皇家图书馆亦达到了顶点，是菲舍尔为查理六世设计的，于大约1716—1720年，但施工则大部分是在其逝世后，由他的儿子约瑟夫·伊曼纽·菲舍尔·冯·埃拉（1693—1742年）主持，于1723—1726年完成。学术和文学的成果从未有过比这座图书馆更为奢华的存储室，以其椭圆形的中心空间，有一个似穹顶的拱顶，壁画成于1726—1730年，出自丹尼尔·格兰，两侧为巨大的列柱屏风。

希尔德布兰特

菲舍尔是一个富有知性、性格古怪的人物，其皇家建筑总监职位于1723年由他的对手接任，他就是通晓国际世事、平易近人的

约翰·卢卡斯·冯·希尔德布兰特（1668—1745年）。他生长在热那亚，母亲是意大利人，父亲是生于德国的一名热那亚军队上尉，希尔德布兰特在罗马师从卡罗·丰塔纳，学习公共建筑和军事建筑。他跟随萨伏伊的尤金王子参加了皮埃蒙特战役，作为一名军事工程师，此后，他定居在维也纳。这里，他为哈普斯堡皇室宫廷自身所做的工作并不多，而是多为奥匈的贵族家族，如斯康伯恩家族、哈拉克家族、斯塔海姆伯格家族、道恩家族，同时为尤金王子本人建造了他设计的杰作：维也纳的观景楼。这个奢华的建筑群由双花园宫殿构成，下观景楼和上观景楼建于一个斜坡之上，分别于1714—1716年和1721—1722年建成。当时，城墙外的宫殿在维也纳的贵族中很是流行，然而，任何一个也不能媲美于希尔德布兰特为尤金王子而设计的宫殿，而尤金王子作为皇家军队的总指挥官，西班牙属荷兰的统治者，萨伏伊的统治家庭的王子，亦近乎维也纳的第二君主。

相对比较朴素的下观景楼是单身的尤金王子的夏季行宫，而极为辉煌的上观景楼则是后加的，用于放置尤金王子的艺术收藏和

图书馆，以及作为王侯娱乐及正式宫廷仪式之用。整体的布局是巴洛克天赋对于舞台造景式空间组合上的一个完美表达，这里，在一个环绕起来的环境之中，建筑只是一个附属品，而环境则由正式的花园、露台、台阶、林荫道、喷泉、人工湖泊而界定。在创新的建筑细节中，手法主义元素，如带饰和上端尖细的壁柱，则被蜕变为一种灵活的巴洛克语言，表现出希尔德布兰特作为一名形式发明者，可与米开朗琪罗或波罗米尼相媲美。空间各层面的高超设计始于上观景楼，因参观者要从前面花园进来，自一段楼梯，惊叹地从入口走向下方，并被引至"底层大厅"，厅中主要为螺旋的男像柱，那里还有第二段楼梯，向上通至主客厅。希尔德布兰特极为精彩的雕刻楼梯位于维也纳的道恩·金斯基宅（1713—1716年）和位于萨尔茨堡的米拉贝尔城堡（1721—1727年），后者是为萨尔

480 普兰图尔：麦尔克（Melk）修道院的外观，奥地利低地（1701—1727年）

茨堡的王子兼大主教弗朗兹·安东·冯·哈拉克建造。

希尔德布兰特也参与了两件著名的法国式巴洛克作品，即波莫斯菲尔登的宫殿和沃茨堡的宅邸，其主要建筑师丁岑霍费尔和诺伊曼，我们将在后文涉及并分别介绍。

普兰图尔

雅可布·普兰图尔（Jakob Prandtauer, 1660—1726年），是奥地利巴洛克建筑师中伟大三重唱的三号人物，几乎只设计教会建筑。如瓜里尼、尤瓦拉一样，他是一个极为虔诚的人，且是一个宗教团体的成员。他也是一个传统的石匠师，不似菲舍尔和希尔德布兰特，他会坚持细致地监督整个建筑的每一个项目。他的代表作是位于下奥地利的麦克本笃会修道院，为活跃的修道院院长伯索德·代特麦尔重建，于1701—1727年。麦尔克修道院高耸于多瑙河畔的悬崖之上，可与达勒姆（Durham）的大教堂和要塞相媲美，并作为西方建筑的伟大建筑群之一，于维尔河上，为其卫城加冕。其双塔的设计是哥特教堂西立面的巴洛克解释，但是，普兰图尔以一种戏剧性的方式——经典的巴洛克式——组织了西立面前院的建筑。其两翼，包括图书馆和帝国厅或大理石厅，由一个较低的弯曲入口相连接，用一个像赛里安式或称为威尼斯式窗的圆拱来标志。它作为一个舞台前景式的圆拱，消除了室内和室外的区分：如此，对于居于中世纪修道院且内视过多的修道士们，它不仅可以把旅行者的注意力集中到多瑙河，同时可成为观看世界的窗口。本笃会的修道院生活因其重视学习和好客而著称，没有任何地方能够如此充分地表达这些品德，即如18世纪德国和奥地利的巴洛克修道院。这里提供有一个图书馆和一个接待皇帝的豪华房间，它们和修道院教堂本身同等重要。

之前，我们已提及巴洛克和哥特之间

481 丁岑霍费尔: 城堡的楼梯, 波莫斯菲尔顿 (始于1711年)

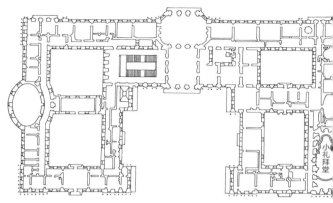

482 冯·厄萨尔 (Von Erthal) 和冯·威尔什 (von Welsch): 沃兹堡 (Würzburg) 府邸的平面 (约1720年)

的关系, 这便涉及一位杰出的建筑师, 约翰·桑·提尼·艾基尔 (1677—1723年), 他生于布拉格, 有意大利血统, 并在意大利学习过。虽然他的设计是一种源自波罗米尼和瓜里尼的风格, 同时他也发展了一种个人的哥特式巴洛克风格, 此风格最佳表现在许多波希米亚的教堂, 如其朝圣教堂, 位于萨尔附近的塞勒那·霍拉 (1720—1722年)。这种风格回应了诗意盎然的晚哥特风格的本尼迪克特·里德教堂, 位于库滕堡 (192页), 也关联到艾基尔的某种类似的美学观念, 介于哥特和巴洛克之间。逐渐壮大的波希米亚圣徒教会——如圣约翰·奈普姆克——在位于赛勒那·霍拉城堡

的教堂中找到了其原始表达, 这里, 奈普姆克不言秘密的舌头被保存为遗迹。桑提尼设计的教堂形状为五角星, 意味着此殉教者被投进伏尔塔瓦河 (Moldau) 时, 出现在其头上的五颗星星, 而更多的象征性细节还包括舌形的门、窗洞。

布拉格和波希米亚的首席巴洛克建筑师是丁岑霍费尔家族, 有着巴伐利亚的血统。他们是克里斯托弗·丁岑霍费尔 (1655—1722年)、他的兄弟约翰·丁岑霍费尔 (1633—1726年)、他的儿子克里安·依哥纳兹 (1689—1751年)。约翰·丁岑霍费尔之所以重要, 是因为他把波希米亚巴洛克风格的创新意识带到了法国中心省份, 那里, 他的代表作班茨本笃会修道院 (1710—1719年) 和位于波莫斯菲尔顿的威森斯泰因城堡, 始建于1711年, 主人是罗沙·法朗兹·冯-斯康保恩, 即美因兹的王子——选侯大主教, 及巴姆堡的王子——主教。班茨教堂的平面, 由相扣的横向椭圆形组成, 生动地表现在由三维立体肋骨组成

483 (对页) 诺伊曼 (Neumann): 沃兹堡府邸的阶梯 (1737—1742年), 展示蒂伯罗 (Tiepolo) 的壁画 (1752—1753年)

484 诺伊曼：朝圣教堂的室内，十四圣徒教堂（始于1743年）

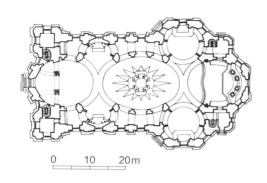

0　10　20m

485 十四圣徒朝拜教堂的平面

下即底层厅。这个低层高的拱顶房间从底层至花园都被处理成一个洞穴，覆盖有乔治·亨尼克的洛可可粉饰工艺。波莫斯菲尔顿的这一种低矮的底层厅设计又经由一段主楼梯进入一个主大厅，则是典型的德国巴洛克宫殿的设计。

诺伊曼和阿萨姆

壮观的典礼式楼梯是巴尔塔扎·诺伊曼（Balthasar Neumann，1687—1753年）的标志性设计，他是晚期巴洛克或洛可可时期德国的最伟大建筑师。楼梯为建筑设定了主旋律，如沃兹堡府邸、布拉什塞尔宫、渥奈克宫、布鲁尔宫。诺伊曼于1711年搬到了沃兹堡，在那里，他成了一名军事工程师，1720年又被任命为测量师，连同蒂恩真霍弗，为计划中的主教府邸，主人是王子—大主教，约翰·菲利浦·法朗士·冯·斯康堡恩，波摩尔斯费尔登地区建造者的侄子。沃兹堡府邸是欧洲宏伟的巴洛克宫殿之一，其原始设计草图来自两位梅因兹的业余建筑师——菲利浦·克里斯托弗·冯·厄萨尔和马克西米兰·冯·威尔什，但是建筑的进程缓慢（1737—1742年），是为了一位新的主教，诺伊曼的这种令人窒息的楼梯，才开始设计并建造。建筑的天花，高悬于楼梯之上，飘浮着，由很高的开敞拱廊支撑，异乎寻常的是，这里一个单一的拱顶即覆盖了整个楼梯厅。天花上绘有壁画，出自吉姆巴蒂斯塔·蒂伯罗（Giambattista Tiepolo），于

的拱顶之中。壮观的波莫斯菲尔顿的宫殿广为人知，主要是因其楼梯，楼梯自身占据着一个突出的亭阁之中，形成了整个"E"形建筑的正中一笔。以这样大的空间奢侈地服务于一个楼梯是选侯大主教本人的主意，同时，还有戏剧性的要求，如楼梯是独立支撑，而不是依靠外墙。在楼梯设计上，他求助于希尔德布兰特，后者采用了环绕的三层廊道，上有带柱子及"赫耳墨头像柱"①柱石的拱廊。这产生了一种魔幻的效果，等同于加利–比比埃纳的设计，使楼梯的上升成为建筑中令人兴奋的经历之一。丁岑霍弗尔家族的主要室内设计是大理石厅或帝国厅，要经由楼梯廊道至此，此厅之

① 赫耳墨头像柱：
Herms，多为方柱，上有头像，有时柱身刻有生殖器官。

330

1752—1753 年，描述着四大洲，它应该是洛可可艺术的制高点。沃兹堡府邸的楼梯通向一些绝美华丽的礼仪房间，如"皇家大厅"和"白色客厅"。然而，威尔什的设计——一个椭圆形小礼拜堂，于南花园立面的中央——却被诺伊曼放弃了，后者将它移到了宫殿的西南角，如此，它便可将其建成整个建筑的高度。这座礼拜堂是于 1732—1744 年建造和装饰，有着令人瞠目结舌的华丽室内，采用了丁岑霍费尔家族在班兹修道院（Banz）的三维拱形肋骨的交叉拱顶，并把它们置于一个相扣的椭圆形平面之上（图 509）。

诺伊曼在沃兹堡府邸的小礼拜堂和许多类似的令人注目又具诗意的教堂相关联，这里，他使用了复杂的拱形穹顶，按照一系列

486（上右和右） 阿萨姆教堂（Asamkirche），圣约翰·奈普莫克（St John Nepomuk）教堂的立面和室内，慕尼黑（1733—1746年），阿萨姆（Asam）兄弟

487（下） 阿萨姆兄弟：威滕堡（Weltenburg）大修道院的高祭坛（1716—1721年），及圣乔治和龙的雕塑

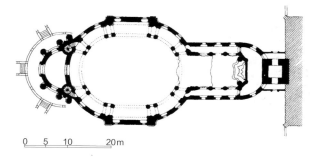

488 威滕堡教堂的平面，阿萨姆兄弟

数学变化的规则来设计，如巴赫的赋格曲[①]一般，如为沃兹堡的王子——大主教，弗莱德斯·卡尔·冯·斯康伯恩建造的韦尔内克（Werneck）城堡的礼拜堂（1734—1745年），以及奈莱斯海姆的本笃会的修道院，还有，最重要的，维尔泽海利根，一座漂亮的朝圣教堂，始建于1743年，位于美因河（River Main）边的一个山坡地段上，其强劲有垂直感的双塔立面装饰细节并不华丽，而进入波纹涟漪的室内，这里，显然被设计成神圣快乐的辐射形状。这种童话般的气氛又被具体化，于心形的、中央布局的十四圣徒祭坛之中，曲线装饰则四处蔓延，神奇之至如同灰姑娘的马车，又如所有极美的马车一样，它只是巴洛克一个留存实例！

设计构思上，教堂是一个拉丁十字的长方厅堂，包括三个纵向的椭圆形，中间的也是最大的椭圆形，其拱顶不是置于十字交叉口之上，而是在其西面的圣徒祭坛之上。在十字交叉口上，人们可能会期待一个穹顶，但这里，拱顶被分解，并代之以4个互相交叉的空间，空间则由三维的圆拱来界定。更进一步的空间复杂性来自复杂的拱顶支撑，它不是在外墙，而是在礅柱上，礅柱隔离了教堂的中殿和开放的廊道。如此，阳光即可倾泻而下，通过外墙上三层的窗子，并赋予以一种通透的效果。明亮是整个室内的主旋律，包括灰色、白色的精致石膏装饰，后者出自约翰·迈克尔·弗什特麦尔和约翰·乔治·乌贝霍尔，而壁画则出自尤塞·比阿皮尼。这种舞动的光亮是洛可可的

基本特征，而洛可可，正如我们在18世纪的法国风格研究中所见，是我们所知的巴洛克风格的最后一个阶段。沿着诺伊曼职业生涯的时间顺序，我们已来到了洛可可时期，但是，因为要转移至巴伐利亚，我们也转而介绍一下，来自他同时代的人，卡斯马斯·达米恩·阿萨姆（1686—1739年）和他的兄弟埃吉德·奎林（1692—1750年），他们有更为充分、丰富的巴洛克作品。

卡斯马斯·达米恩·阿萨姆（Cosmas Damian Asam），于约1711—1714年在罗马接受壁画家的训练，而他的兄弟，则在慕尼黑，成为奥地利裔雕刻家安德烈·法斯顿伯格的学生。兄弟俩被泰格恩西主教送到罗马，一个本笃会的修道院，他们的父亲曾在此作为画家受雇。因为此时期的巴伐利亚艺术和出资的特点，他们的建筑作品都是教会性质的。虽然他们作为建筑师在4个新教堂中合作，但受委托的任务，则大多是室内装饰，以及改建现存建筑。他们的独立建筑杰作，有凯尔海姆附近威滕堡的本笃会修道院（1716—1721年）；及其附近的奥古斯丁的罗尔修道院教堂（1717—1723年），以及慕尼黑的圣约翰·奈普莫克教堂，亦称为阿萨姆教堂，因其完全是由虔诚的埃吉德·奎林·阿萨姆出资建造。

在小且孤立的威滕堡修道院，于多瑙河边，其室内设计是巴洛克建筑迷人的经历之一。即如贝尼尼的圣安德烈·阿尔·奎里内尔教堂，它的平面是一个椭圆形，豪华地饰以大理石，这里的重点是高祭坛后戏剧般的"场景画面"。于此巴伐利亚教堂之中，一个骑马雕塑群呈激昂状，描述着圣乔治解救公主于巨龙的故事，其轮廓映现在半圆后殿之上，而后殿中亦绘有壁画，照明来自隐蔽的光源。另外，教堂中殿上的椭圆形拱顶中间被切开，以便展示上一层的拱顶，其上则绘有卡斯马斯·达米恩的壁画，同样，照明也是来自隐蔽的窗

① 赋格曲：
Fugue，一种多声部的乐曲。

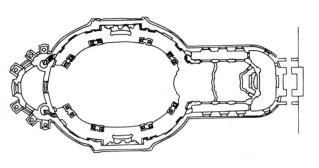

489 草地教堂（Wieskirche）的平面（1746—1754年），多米尼卡斯·齐默曼（Dominikus Zimmermann）

子。埃吉德·奎林在罗尔的高祭坛上，宣称设计有极具动态的雕刻群，描述着圣母升天，这里，惊讶的使徒们围绕着一个空石棺，而圣母伴有天使，则飘浮于其头上。他的代表作阿萨姆教堂有着一个令人惊叹的流动状的狭窄入口立面，构成了街道立面的一部分，又的确，于两侧设置了他自己和牧师的府邸。室内是双层的，即如宫殿的小礼拜堂，如此，阿萨姆便可以从他自己府邸的主层进入。其涟漪的墙体、曲线的柱楣、螺旋的柱子、带栏杆的廊道、奢华的装饰，如钟乳石般滴下，这个高且窄的室内宛如一个海底洞穴，且观之是透过一片清澈的海水。

　　威滕堡教堂和阿萨姆教堂的室内，有着闪耀明亮的大理石和镀金最终依赖于贝尼尼的罗马工艺，是非典型的德国晚期巴洛克和洛可可的室内设计。它们的特征是白色、金色或是柔和浅色的粉饰，结合壁画，宛如充满欢乐的糖果店一般。这种更为明亮的风格又被阿萨姆兄弟采用，如我们所见，于巴伐利亚教堂中的迷人室内中，而教堂则是其他建筑师的设计，如维因加滕（Weingarten）教堂（1719—1720年）、弗赖津（Freising）教堂（1732—1724年）、雷根斯堡（Regensburg）的圣艾莫兰姆教堂（1732—1733年）。其中，后两座基本上是罗马风式建筑，其洛可可的粉饰工艺，则看似一个巨型甜品的感觉，又被其下幸存的、厚重的中世纪结构加以强调了。

490 J.M. 菲舍尔：修道院的入口立面，奥托贝伦（1748—1754年）

德国洛可可

　　德国从阿萨姆兄弟丰富的罗马灵感的建筑语言，转向更轻松的洛可可风格，这与多米尼卡斯·齐默曼（Dominikus Zimmermann，1685—1766年）有着特别的关系，他曾在维索班学习，做一名粉饰家。1728—1733年，他为普雷荣特雷教会在斯坦豪森建造了教区教堂和朝圣神坛，其椭圆形教堂中殿和外部的回廊是用一圈独立的礅柱将其分开。因教堂中殿和回廊的拱顶都上升到同样高度，其室内即可被称为哥特式教堂大厅的洛可可版本。教堂上部的神奇粉饰工艺开始呈现出它自己的生命力，而不只是用来作为一种框架服务于拱顶上生动的壁画。这些粉饰来自多米尼卡斯·齐默曼的哥哥约翰·巴普特斯特·齐默曼，他们两人经常合作。

　　斯坦豪森的大厅式教堂体系被多米尼卡斯在草地教堂中得到了精彩的发挥，于1746—1754年建造、装饰，作为德国南部洛可可教堂中最可爱、最动人的一座（图513）。拱廊将椭

491 庞帕尔曼（Pöppelmann）：茨威格宫（the Zwinger），展示墙式亭阁，德累斯顿（1716—1718年）

492 克诺贝尔斯多夫（Knobelsdorff）：无忧宫（Sans Souci），波茨坦（1745—1747年）

圆形的中殿和回廊分开，它要比斯坦豪森的更开敞、更通透，洛可可的粉饰工艺亦更为感性，色彩更为灿烂，而木板和石膏的拱顶上都有洞口，透过它们可见后面平板上的一部分壁画，出自巴普特斯特·齐默曼。教堂中殿上面巨大的壁画表现的是末日审判的前一刻，一个庄重的拜占庭主题，它与抒情欢快的建筑形成了鲜明对比。整个建筑即一件艺术品，触及了所有的人类感情，在精神上和美学上。它的选址远离村庄，而是在茂盛的田野之中，位于巴伐利亚的阿尔卑斯山脚下，它是一座朝圣教堂，来

表达农民的虔诚，而且放置着一张很原始、很神奇的"耶稣受难"图像。如同本章中的其他德国教堂一样，现今，它仍受到宗教和艺术朝圣者的喜爱，一如其18世纪之时。这些建筑幸免于每一次的建筑时尚变化，包括第二梵蒂冈教廷的"礼拜重整"，后者毁坏了很多教堂。

虽然阿萨姆和齐默曼兄弟在巴伐利亚和施瓦本地区是最著名的后巴洛克风格的实践建筑师，我们亦不应忽视很多次要的同时代建筑师，如彼得·萨姆（1691—1766年）、约瑟夫·施姆兹（1683—1752年）、特别多产的约翰·麦克尔·菲舍尔（1692—1766年）。这些建筑师春笋般的作品，有萨姆的朝圣教堂（1746—1758年），位于康斯坦斯湖边伯纳奥，斯克穆泽的教区教堂（1736—1741年），位于奥伯拉莫高的，以及J.M.菲舍尔的帝国自由大教堂（1748—1754年），于奥托贝伦，于此，以其华丽的修道院建筑群，在一个壮观的皇帝大厅中达到了顶点，对中世纪克鲁尼的辉煌赋予了一个巴洛克的答案。

正是在世俗建筑中，洛可可的语言才开始得以发展。梦幻和夸张的元素，是洛可可建筑师们从巴洛克中抽象出来，并惊人地呈现在德累斯顿的茨威格官殿之中，它是新官殿设计中唯一的建成部分，宫殿的设计是为"强大的奥古斯都"，即萨克森的选帝侯，波兰的国王打造，建筑师为麦特豪斯·丹尼尔·庞帕尔曼（1662—1736年）。茨威格宫殿意在用作比赛和庆宴的大庭院，被庞帕尔曼描述为更似古代的罗马剧场。但它的布局却是一个惊人的变体，两侧有着一层又长又低的廊道或橘园，其中有4个角亭，且包括精致的墙式亭阁（1716—1718年）和带有塔楼的入口，克隆奈特宫（the Kronentor）则建于1713年。庞帕尔曼的建筑有着曲线形状和雕塑感，并和神话人物雕塑完美地混为一体，雕塑出自巴尔塔萨·佩尔莫萨（Balthasar Permoser，1651—

1732 年）。

茨威格宫的部分灵感源自希尔德布兰特在维也纳的花园宫殿，但是路易十四在凡尔赛宫的宫廷生活，对德国的国王和王子的影响也导致了其更多地选择使用法国的风格甚至其建筑师。最重要的建筑师是"小矮人"（diminutive）弗朗西斯·库维利埃，生于布鲁塞尔附近，他于 1708 年开始服务于马克斯·伊曼努尔，即巴伐利亚的选帝侯，后者当时流亡于西班牙/奥地利属地的荷兰。库维利埃于 1720—1724 年曾在巴黎学习建筑，师从弗朗索瓦·布隆代尔，他从 1728 年开始提供了最新的法国洛可可室内设计，为克莱门斯·奥古斯特，科隆的选帝侯用于其布鲁尔宫殿，并且为后者的兄弟卡尔·阿尔伯特——新的巴伐利亚选帝侯——设计了慕尼黑的尼姆菲恩堡宫殿。他最辉煌的独立作品是一层的阿玛列恩堡亭阁（1734—1739 年），在尼姆菲恩堡宫殿的地段上，它结合了法国纯熟的布局和具威尼斯灵感的立面。宫殿的主要室内是围满镜子的圆形大厅，这里，库维利埃超越了法国洛可可的渊源，把木壁板上传统的檐口融于飘逸的粉饰树叶之中，这是约翰·巴普特斯特·齐默曼的雕塑，而树叶又庇护着群鸟、动物、树木、小天使、丰富的角饰。环绕房间的镜子使动画般的场景更为立体了，而其如贵重珠宝盒般的品质又被蓝色、银色强化，此色彩是专属于维特尔巴赫（Wittelbach）家族，即巴伐利亚选帝侯徽章的色彩。此房间上穹顶的外部虽然和内部看似脆弱的优雅有些不协调，却是一个野鸡狩猎点。

和阿玛列恩堡同样知名的是库维利埃设计的剧院，位于慕尼黑府邸（1750—1753 年），它被生动地饰以镀金的垂花饰、幔帘、女像柱、音乐纪念品、奢华的旋涡。库维利埃对德国的洛可可产生了极大的影响，不仅以其诱人的精彩作品，位于慕尼黑和布鲁尔城堡，而

493 谢尔顿尼亚（Sheldonian）剧院的室内，牛津（1664—1669年），雷恩

且，以其 1738 年后发表的装饰及建筑的版画。在北部德国，于 18 世纪 40 年代，奢华程度未减的洛可可室内设计即由乔治·冯·克诺贝尔斯多夫（1699—1753 年）提供给普鲁士的弗雷德里克大帝。克诺贝尔斯多夫的最佳作品是为这位折中的资助人设计，为粉白两色的小宫殿，位于波茨坦，即所谓的"无忧宫"。它坐落在一片坡地的顶端，周边有一些平台，列有一排温室，创造出一种凝固瀑布的感觉。这些温室中，弗雷德里克可以种植他喜爱的地中海鲜花和水果，而无须顾及普鲁士的气候。

英国

我们已经看到了法国和德国的巴洛克是一种关系到建筑形式的风格，如天主教朝圣教堂、宫殿，隶属专制君王或未来的专制君王，以及王侯统治者。而 17 世纪的英国则多是极力反对天主教，而初始的内战到最终的 1688 年革命结束了君权神圣权力的概念，取而代之的是辉格党寡头（Whig Oligarchy）手中的既定权力。巴洛克风格在如此背景下能繁荣多久？虽然我们不会发现任何极端的设计，如在

335

南方意大利或巴伐利亚，但是，在新教的英国亦有着数量惊人的建筑和装饰，而只有一个最适合的名字，即巴洛克风格。

雷恩

查理二世，执政于 1660—1685 年，极为崇拜路易十四，并清晰地表达在他委托的建筑之中，建筑由克里斯托夫·雷恩爵士负责建造，其中有位于温切斯特的一座新宫殿，模仿了凡尔赛宫的平面设计，以及位于切尔西的皇家医院，灵感源自法国的荣军院。还有温莎城堡的国家公寓，是休·迈、安东尼奥·韦里昂、格林林·吉本斯（Grinling Gibbons），于 1675—1684 年为查尔斯建造的，这是英国建成的极奢华的巴洛克室内之一。雷恩设计的 3 个主要建筑则有助于确立一种大胆的建筑语言，最终由约翰·范布勒爵士和尼古拉斯·霍克斯摩尔所发展。它们是，汉普敦宫的重建，为威廉三世和玛丽王后，那里，雷恩的第一个未建成的设计则回应了贝尼尼、弗朗索瓦·孟莎、勒伏为罗浮宫做的设计；雷恩于 1698 年设计但未建成的白厅宫；以及他为格林尼治医院做的第一个设计。克里斯托夫·雷恩爵士（1632—1723 年）是一个天才巨匠，有着极大的影响，对其成就我们在后文会有更详细的阐述。

雷恩生于一个保皇党、传统的、英国国教徒、高保王党的家庭，其建筑委托几乎全部来自王室和教会。他的父亲成为温莎的教长，而他的叔叔则为伊利的主教（清教徒把他从其宫殿中带走，并于 1641 年将他监禁于伦敦塔达 18 年之久）。雷恩最初并不是一名建筑师，而是一名试验科学家，有着发明创造的聪慧想象力。即如克劳德·佩罗一样，后者作为一名解剖学家为人所知，而雷恩则是作为一名天文学家，他 1661—1673 年在牛津拥有天文学的萨文利座席（Savilian Chair of Astronomy）。大约

494 雷恩：圣布莱德（St Bride）的塔楼和尖塔，弗利特（Fleet）街，伦敦（1670—1684年）

是在 1660 年，他开始对建筑产生了兴趣，部分源于他在数学和制作模型方面的技能。在当时，建筑还不是一个独立的专业，因此，任何一个受过教育且有品位的人都可在此领域尝试一番。1663 年雷恩被皇家委员会咨询关于旧圣保罗大教堂的重建，同年，他的叔父邀请他在剑桥的彭布罗克学院设计一座新的小礼拜堂。其结果就是牛津或剑桥的第一座非哥特式小礼拜堂，这是一次受塞里奥启发的练习，严谨但缺乏创意。此后，即更为原创的牛津的谢尔顿尼亚剧场（1664—1669 年），建筑用来举行大学的典礼，回应了塞里奥重建的罗马"D"形玛赛勒斯剧场。雷恩没有采用为罗马观众遮阳的天幕或阳棚，而是设计制作了一套巧妙的三角形木

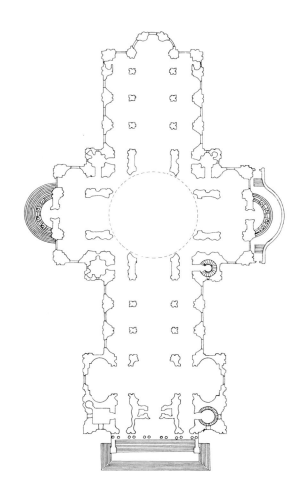

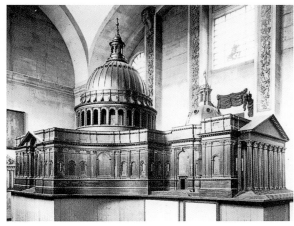

495（顶）圣斯蒂芬·沃尔布鲁克教堂（St Stephen Walbrook）的室内，伦敦（1672—1677年），雷恩

496（上）雷恩：圣保罗大教堂的大模型，伦敦（1673年）

497（上右）圣保罗大教堂的平面（1673年）

桁架结构，并用一幅绘制的天空来封闭，其上有寓言人物，来表现"真理及艺术的胜利"。

1665—1666年，雷恩花了很长时间游历巴黎，为了考察当代建筑师的作品，他们在伦敦和宫廷圈子里已久负盛名。他见到了贝尼尼，后者简要地示以罗浮宫的设计，他也看到了弗朗索瓦·孟莎做的罗浮宫设计。毋庸置疑，他也参观了巴黎主要的穹顶教堂，如勒梅西埃的索邦教堂、勒梅西埃和孟莎的瓦尔－德－格拉斯教堂、弗朗索瓦·孟莎设计的小一些的圣母玛利亚天罚教堂，虽然他较为欣赏的建筑是孟莎在麦松的别墅、勒伏在雷纳西的别墅和在沃－勒－维孔特的别墅。令人惊讶的是，之后他再也没有出国考察，而他的建筑一直是借鉴16世纪末和17世纪法国古典传统的第一

498 贝尼尼的拱廊，圣彼得广场，罗马（始于1656年）

499（对页）圣卡罗四喷泉的穹顶内部，罗马，波罗米尼（1637—1641年）

手经验。这对于他一定像是一部启示录，因为在当时的英国没有带穹顶的教堂，没有古典风格的宫殿，即如勒伏和孟莎设计的规模。1666年9月的伦敦大火对雷恩来说，是其重建城市的一个机会，他采用了在巴黎所仰慕的壮观的古典形式。他的著名设计即将中世纪城市弯曲的通道替代以笔直而宽阔的大街，从广场辐射出来，即如教皇西斯都五世的罗马，但最终被拒绝了，因其太过极端。然而，又部分因为这种范围广泛的方案，他在1669年被任命为国王工程的勘测总监。

1670年，重建城市的法令通过，在之后的16年之中，雷恩设计了52座新的城市教堂。自宗教改革以来，英国很少建教堂，而且，也没有人想过一个英国国教的新教教堂应是何种模样。雷恩回到基本的原理之上，并在一个著名的文件中辩论道，"在我们改革后的宗教里，看似徒然去建造一座教区教堂，一定要建造大于目前人们能看到的、听到的所有教堂。罗马天主教徒的确可以建造更大的教堂，只要他们能

听到弥撒之音，看到升起的圣像，但是，我们的教堂却是要服务于大众的”。另一个挑战是，城市教堂的地点都是非常中世纪、非常不规则的，所以，雷恩要极尽其创造力在这些地段上设置漂亮的古典建筑。事实上，他所实现的多样性是非常宏大的，从源自古时的教堂，如灵感源于马克森提乌斯长方厅堂的圣玛丽－勒－保教堂、圣布莱德教堂，位于弗利特街，受启发于佩罗的插图《位于法诺的维特鲁威长方厅堂》，一直到中央布局教堂，回应着 17 世纪雅各布·冯·康佩（Jacob van Campen）的荷兰

教堂，如位于希尔的圣玛丽教堂和圣马丁·路德盖特教堂。甚至有一座教堂，即东部的圣顿斯坦，有着一个华丽的新哥特式的尖塔。

这些尖塔可能是教堂最引人注目的特征了，虽然他们多是在 15~20 年后建造或设计的。这些诗意的幻想曲即如天空中的神庙，包括有多层尖顶，于海军街的圣布莱德，以及齐普塞街的圣玛丽－勒－保教堂之中，后者设计要归功于安东尼奥·达·桑迦洛为圣彼行大教堂做的模型，还有位于克鲁克德街的圣马可教堂，以及位于福斯特街的圣韦达斯特教堂，有着波罗米

500（对页）
雷恩：圣保罗大教堂的西立面（1675—1710年）

501（右）圣
保罗东向横切面，《圣保罗大教堂，测绘、制图、描述》，1927年，A.波莱

CROSS SECTION LOOKING EAST

尼式（Borrominisque）凹凸曲线的塑性游戏。圣斯蒂芬·沃尔布鲁克教堂的尖顶则是一个复杂、欢快的组合，但是，其室内才是它最为可爱、最为复杂的特征。这是一个设计精彩、空间暧昧的组合，又是中间有通道的中殿式布局、中央式布局的组合，巨大的穹顶优雅地飘浮着，于8根细长的柱子和8个圆拱之上，而不是置于厚重的礅柱之上。这种设计概念即将一个穹顶置于8个等间的圆拱之上，则在圣保罗大教堂中实现了一个更有气魄的规模。

雷恩为烧毁衰败的旧圣保罗大教堂制订了第一个全面重建的方案，即所谓的"大模型"设计，是根据幸存于大教堂的1673年木质模型。这是一座中央布局教堂，其穹顶之美受启发于圣彼得大教堂的设计，鼓座为"伯拉孟特式"（Bramantesque），其上的肋拱部分则为米开朗琪罗式。教堂主体前面是一个带穹顶的入口门廊，其灵感来自桑迦洛为圣彼得大教堂的设计，而用凹墙连接希腊十字臂的设计，则是回应了安东尼·勒·波特雷

（Antoine Le Pautre）《建筑作品》（1652 年）中的一个漂亮的宫殿。圣保罗教堂的设计是雷恩最喜欢的方案，却被教长和牧师会视为不切实际而最终拒绝了。他们想要一个传统的拉丁十字平面，含有一个大唱诗厅——服务于每天的颂歌，以及一个中殿——服务于特殊的集会场合。由此，雷恩于 1673 年创作出了所谓的"保险设计"，带有一个长中殿、唱

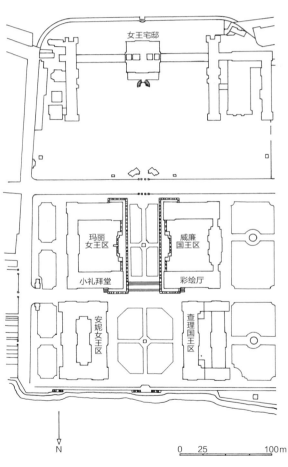

502（上）雷恩：皇家医院的平面，格林尼治（1696—1716年），结合琼斯早些的女王宅邸（见278页）

503（右）阿玛列恩堡（Amalienburg）的镜厅，慕尼黑，库维利埃（1734—1739年），及约翰·巴普特斯特·齐默曼的粉饰工艺

504 雷恩：图绘大厅的室内，皇家医院，格林尼治，及霍克斯摩尔（Hawksmoor）的雕刻细节和桑恩希尔（Thornhill）的绘画

诗厅、耳堂。此设计于 1675—1710 年建成，除了些许奇特的尖顶反映了其"大模型"设计，虽然，雷恩很早即用穹顶代替了它，同时，他也修改了教堂中殿外墙的设计和结构。最终它们被作为假墙而加高数米，并立于教堂中殿和唱诗厅高窗的前面。这些墙有助于抵消穹顶的推力，而且为了承担因加高而产生的额外重量，它们要比"保险设计"中的墙加厚 2 英尺（0.6 米）。在唱诗厅高窗和假外墙之间的缝隙之中，雷恩又隐藏了飞起的扶壁来协助承担唱诗厅拱顶的重量。

在此规模上使用错觉实际上表现了雷恩式的巴洛克自由。一个文艺复兴盛期的建筑师几乎不可能允许有如此变通。另外，它们在设计上是穹顶的延续，追随了米开朗琪罗在圣彼得大教堂的设计，一个内穹顶置于一定的高度是为内视，然而，一个外穹顶建得更高则是为远观。雷恩的内部穹顶中间有打开，即如两位孟莎的设计，即令光线戏剧般地倾泻下来，通过远在其上的灯笼窗。这个沉重的石灯笼窗不能支撑于外穹顶上，后者只是覆盖了铅的一个木质结构，因此，为了实施这一功能，雷恩引进了一个独特的第三层，即一个砖质的高锥体，从教堂的内外均可得见。这是一项大胆的发明，把我们带回到作为年轻科学家的雷恩，他曾经发明过一个双望远镜和一个透明的蜂箱。

虽然我们已涉及圣保罗大教堂的一些巴洛克元素，但应记住的是，此教堂的外穹顶没有巴洛克穹顶激昂或下推的垂直性，而是一种平静、近乎文艺复兴式的半球状，如伯拉孟特的圣彼得大教堂穹顶。立面的双层布局也缺乏巴洛克的活力，却是源自伊尼戈·琼斯的宴会宅邸（278 页），并因采用了尖利而小的雕花和叶子使其变得生动，设计出自格林林·吉本斯，效仿了 16—17 世纪早期的建筑装饰，是雷恩在巴黎见过的。另外，教堂的确也有些巴洛克的特征，如耳堂前面弯曲的门廊，源自彼得罗·达·科尔托纳在罗马的圣玛丽亚·德拉帕切教堂，其波罗米尼式的西塔楼有着冲突的凹凸形，以及环绕立面窗子上错觉透视的运用，同样，这也是源于波罗米尼。

雷恩纪念性公共建筑和宫殿的重要性我们已涉及，它们都是其类型在英国的第一次出现，位于切尔西、温切斯特、汉普顿宫、白厅宫、格林尼治。其中，建成的最宏大建筑即格林尼治的皇家医院，这里，雷恩于1664—1716 年完成了"查理二世大楼"，是约翰·韦伯始建于 1664—1669 年，它是一个巴洛克的先锋杰作。这里，雷恩建造了一个宏大的街景，两侧是长长的双柱柱廊，其灵

505（上） 柴茨沃斯宫（Chatsworth）的西立面（1700—1703年），德比郡（Derbyshire）及阿切尔（Archer）的北立面

506（左） 霍克斯摩尔：霍华德城堡的陵墓，约克郡（1729—1736年）

507（下） 范布勒（Vanbrugh）：霍华德城堡的平面，约克郡（1699—1726年）

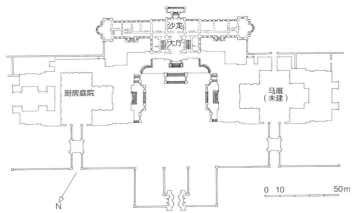

508（上）战争厅（Salon de la Guerre），凡尔赛宫（始于1678年），及夸瑟沃（Coysevox）的路易十四浮雕和右边的镜厅（Galerie des Glaces）

509（对页）沃兹堡府邸的礼拜堂（1732—1744年），诺伊曼

感来自佩罗在罗浮宫的设计，最后，则终止于平衡的小礼拜堂和油画厅的穹顶之上。油画厅包括一个门廊，带有形似教堂式穹顶，一个长条餐厅以及一个置放"高台桌"的上厅。这3个空间经过巨大的拱道全都彼此开通，且在不同的水平面上。其中，还有尼古

拉斯·霍克斯摩尔的雕刻细节、詹姆斯·桑恩希尔爵士飘动的人物绘画以及他们复杂的皇家肖像，这个壮观的空间排序是欧洲杰出的巴洛克合唱曲之一。

塔尔曼、范布勒和霍克斯摩尔

雷恩作为一名皇家建筑师，基本上其无暇或有兴趣去接受私人乡村宅邸的委托。位于德比郡的柴茨沃斯府邸则是第一个主要的辉格党宫殿，其规模和壮观程度象征了辉格党庄园主

510（上）范布勒（Vanbrugh）：霍华德城堡的西南面外观，约克郡（1699—1726年）

511（下）布伦海姆宫（Blenheim）的鸟瞰图，牛津郡（1705—1725年），范布勒和霍克斯摩尔

512 圣乔治，布鲁姆斯伯里（Bloomsbury），伦敦（1716—1730年），霍克斯摩尔

和其君主之间关系的变化，这是1688年革命和荷兰新教徒——即来自奥林奇的威廉——登上王位的结果。柴茨沃斯宫的南立面和东立面是由塔尔曼（1650—1719年），建于1687—1696年，其风格回应了贝尼尼为罗浮宫做的设计。虽然其资助人德文公爵一世在革命中起了重要作用，但他喜欢通过巴洛克建筑和装饰的风格来表达其势力和荣耀，而此风格与前斯图亚特王室有关。这种法国—意大利风格，花卉的壁画使其华丽，它第一次出现于英国，是在韦伯设计的双立方体房间，建于1648—1650年，位于威尔特郡的威尔顿府中。之后，又被休·迈（Hugh May）于1675—1684年在温莎城堡采用，并再次于柴茨沃斯宫中出现，在

其连续的奢华室内，雕刻和绘画则出自欧洲大陆的艺术家，如安东尼奥·韦里昂和路易·拉圭尔。

1702年，塔尔曼的国王工程总监一职由约翰·范布勒（1664—1726年）接任，后者是一个浪漫的冒险家，他初始是一名军人，在法国曾被当作间谍关进监狱，后来又成为一名剧作家，创作了很多流行放任的喜剧。不知是什么令其转向建筑，但是，于1699年他已能够为约克郡的霍华德城堡做设计，而且非常出色，卡莱索伯爵三世即刻采用，用以支持塔尔曼已准备好的设计。范布勒的霍华德城堡是一种悠久传统的一个极富想象力的顶峰，此传统由韦伯始于格林尼治，之后由雷恩继续，再由塔尔曼采用于其柴茨沃斯宫的乡村宅邸之中。为了准备霍华德城堡的细节图纸并同时监督施工，范布勒于1700—1726年求助于有才气的建筑师霍克斯摩尔（1661—1736年），后者曾在雷恩的设计室里工作了20年左右。

范布勒张扬的穹顶宫殿以其极度狂妄的奢华，几乎可以媲美德国执政的王子—主教建造的宫殿，在此，这只是一种象征，之于财富，以及一名约克郡乡绅对土地拥有权的自豪，在他短期担任了威廉三世的财政部长之后，他于1702年退休至其庄园。霍华德城堡没有举行仪式之功能，的确，其室内没有任何大房间或者特别重要的部分，除了华丽的穹顶入口大厅和通过其两侧的开敞圆拱可以见到的楼梯。壮观的公园有着同样奢华的纪念性，之于其建筑艺术和王朝骄傲：一个巨大的金字塔，建于1728年，由霍克斯摩尔设计，为纪念卡莱尔

513（下页左）草地教堂（1746—1754年），多米尼卡斯·齐默曼

514（下页右）"通透式"（The Trasparente，1721—1732年），托莱多（Toledo）大教堂，纳西索·托梅

515 霍克斯摩尔：东部圣乔治教堂的西立面，斯特普尼（Stepney），伦敦，（1715—1723年）

516 阿切尔：带穹顶的花园亭阁，莱斯特（Wrest）公园，拜德福德郡（1709—1711年）

家族领地的奠基人；一座陵墓，同样由霍克斯摩尔设计，是一个巨大且有严格多立克柱式的圆形建筑；以及观景楼神殿，是一个帕拉第奥圆形别墅极具雄心的纪念品。

范布勒创造了出众的纪念建筑，如霍华德城堡，因而，设计牛津郡的布伦海姆宫之时他成了理所当然的建筑师人选，建于1704年，它是万宝路公爵的国家纪念性建筑，首先感谢其战胜了路易十四，其次，它才是一座舒适的宅邸。建于1705—1725年，作为范布勒和霍克斯摩尔的合作项目，布伦海姆又进一步发展了霍华德城堡首次表达过的思路。通道被戏剧性地处理过，穿过一个渐窄的前院，显然受启发于凡尔赛宫，而特别的灯笼窗雕刻处理或有拱廊的观景楼置于4个角塔之上，则明显有着波罗米尼式的味道。

霍克斯摩尔最著名的设计是其6座伦敦教堂，设计于1712—1716年，作为1711年"50座新教堂法令"的结果。这个法令是1710—1714年由保皇党人政府通过的，作为呼吁宗教和社会秩序的一部分，一致于英国教会中的"高教会派"（High Church）的理想。这些令人瞠目的建筑中，尤其是极为特殊的尖塔之中，霍克斯摩尔抽象雕刻的天赋便得到了理想的表现。霍克斯摩尔在位于斯特普尼的东部圣乔治教堂中发明了一种独特的个人建筑语言，它达到了巴洛克的力度，是通过采用体块的或是几何的形状，而不是曲线的形状。不应认为巴洛克建筑师一定会过激地去创造一种奢华的语言，远离古典建筑的中心传统和从前的古代，虽通常发生于18世纪晚期和19世纪。相反，建筑师，如波罗米尼、彼得罗·达·科尔托纳，如我们所见，深度地思考了古代建筑、考古学。霍克斯摩尔也是如此，他曾做了一个大胆的尝试，即用古代世界的宗教建筑来服务于英国的新教教堂。因此，他的圣乔治大教堂——位于

517 吉布斯（Gibbs）：田园圣马丁的西立面，伦敦（1720—1726年）

518 吉布斯：拉德克利夫红岩图书馆的外观，牛津（1737—1748年）

布鲁姆斯伯里——即号称不仅有一个巨大的科林斯式门廊，灵感来自万神殿，而且还有一个奇特的金字塔形尖塔，有很陡的立面，设计是玛索勒斯陵墓的再创，后者位于哈利卡那苏斯。（46页）

阿切尔和吉布斯

托马斯·阿切尔（约 1668—1743 年），应该是唯一一位以极大的规模采用了贝尼尼和波罗米尼的建筑语言的英国建筑师，对于当时的英国建筑师来说这是极为少有的，因为他曾经游历过意大利、荷兰，也许还有德国、奥地利。在他所有的作品中都有凹形和凸形的韵律对比，如伯明翰的圣·菲利普（1710—1715年）、伦敦的圣约翰·史密斯广场（1713—1728 年）、位于柴茨沃斯的"层叠府邸"，最主要的即拜德福德郡莱斯特公园内的拱顶花园亭阁（1709—1711 年），这是一个坚实的建筑，形似一个微型教堂，其建筑特征的灵感则来自贝尼尼的圣安德烈教堂和波罗米尼的圣伊沃教堂。阿切尔找到了理想的资助人，即舒斯伯里公爵一世，后者曾于 1700—1705 年住在罗马，在那里，他曾委托保罗·法尔科尼里设计过一座房屋，又娶了一位意大利妻子。阿切尔曾为德文郡公爵一世设计过柴茨沃斯宫的弓形北立面，和德文郡公爵一世一样，舒斯伯里

519 八角亭阁的室内，奥尔良斯（Orleans）府邸，特维克纳姆（约1716—1721年），吉布斯

公爵一世也是 7 个签字人之一，即邀请奥林奇的威廉来到英国的声明。牛津郡的海特罗普府邸是阿切尔为舒斯伯里在 1707—1710 年建造的，这是个清晰的提示，既提示了国王辉格党寡头的强势地位，也是后者给了他王位。建筑大致的形式和强大的体量受启发于贝尼尼最后的罗浮宫设计，还有一些特征，如极为复杂的窗子，则是直接来自贝尼尼，但它最引人注目的室内特征于 1813 年的一场火灾后却不幸未得到修复：它就是一个后殿门廊，位于四瓣平面之处，后者即整座建筑的中心，这一种巴洛克空间是英国宅邸建筑中的特有。

从某种讽刺的角度来看，意大利巴洛克式海特罗普的委托者应是天主教和绝对君主制的公敌，而建筑师詹姆斯·吉布斯（1682—1754年）在职业生涯上一直不顺，作为一个天主教

徒、一个保皇党人，还有可能是二世党人，后者，即在 1714 年拒绝将君权授予来自汉诺威的乔治一世的人。1703 年，吉布斯到罗马的苏格兰学院，学做一名天主教教士，却放弃了，之后，成为罗马首席巴洛克建筑师卡罗·丰塔纳（1638—1714 年）的学生。直接在欧洲大陆学习，这令他在当时的英国海岛成为特别，他在其第一座建筑中尽展其才，这就是伦敦的圣玛丽-勒-斯特兰德（1714—1717 年）。当他和霍克斯摩尔联合监督、建造 50 座新教堂之时，他设计了一座极有力度且为原创的组合，是源自他在罗马敬仰的 17 世纪和 18 世纪早期建筑。因此，它前面是一座半圆形门廊，这令人想起科尔托纳的圣玛丽亚·德拉·佩斯教堂，而两边雕塑感模式的立面及其底层的壁龛则回应了波罗米尼设计的巴贝里尼宫的立面和窗子设计。吉布斯在天花上的华丽粉饰工艺又令人想起另外两个罗马教堂，即科尔托纳的圣卢卡和马丁娜教堂，以及丰塔纳的圣阿波斯托利教堂。

吉布斯的另一座主要的教堂——伦敦的田园圣马丁（1720—1726 年）——是 18 世纪极有影响力的教堂之一，因其结合了神殿门廊上升起的尖塔，进而被广为模仿，且遍及英属岛屿、美国殖民地、西印度群岛。吉布斯早期设计的教堂包括一个形似万神庙的门廊，通向华丽的圆形中殿，很明显，其灵感是来自波佐于 1693 年的一个设计，后者是巴洛克错觉绘画大师。

1716 年，吉布斯被辉格党免除了监督职位，因其政治和宗教上的同情心，他无法再任公职，他便转向乡村宅邸的设计，尤其是为保皇党的贵族和庄园主。极有影响力的《英国的维特鲁威》（三卷本，1715—1725 年）编辑中，他被辉格党的科林·坎普贝尔下禁令排除，他便从中选出了自己的 150 件设计作品，整理后作为《建筑之书》（1728 年）出

520 卡诺（Cano）：格拉纳达大教堂的西立面（设计于1664年；始建于1667年）

版，后来成为18世纪应用极广的建筑书籍之一。吉布斯的乡村宅邸——如牛津郡的蒂什里府（1720—1731年）——有着并不大胆的外部设计。巴洛克灿烂的节日烟花般的设计是留给室内的，这里，吉布斯喜爱的意大利粉饰工匠师——阿塔里——巴古提和创造出了洋溢着欧洲大陆的生动装饰。他们欢快的作品之一即吉布斯的八边形亭子，于约1716—1721年，建于特维克纳姆（Twinckenham）河边的奥尔良斯府里，有着近乎洛可可式的张扬，宅邸是主人用来接待威尔士公主的。

在吉布斯的最后一座主要公共建筑——牛津的拉德克利夫图书馆（1737—1748年）——

中他回归了一些在圣玛丽-勒-斯特兰德中表现的创新性。这座庞大的穹顶圆形建筑实际上是一个十六边体，环绕四周的则是成对的科林斯式柱廊，据吉布斯所述，其启发来自罗马的海德里安陵墓。高耸的穹顶则有一个米开朗琪罗式的立面，弯曲扶壁上的环圈支撑着鼓座，这又是模仿了17世纪30年代隆盖纳设计的圣玛丽亚·德拉萨卢特教堂。拉德克利夫图书馆设计折中却是原创，极为有力，却有着完美的平衡，它亦是吉布斯的杰作。他是一位变色龙般的建筑师：有洛可可风格，于沃里克郡的拉各雷府的客厅中（1750—1754年）；有帕拉第奥的风格，于米德尔塞克斯郡的怀顿宫（1725—1728年）的设计中；还有新哥特的风格，于斯托的自由神殿（1741—1747年），位于白金汉郡，它是欧洲第一座此类的纪念建筑。这种来自一个基本上是巴洛克建筑师的多样、善变不应令我们惊奇，因为我们已经在热尔曼·博夫朗的身上见识过了，他和吉布斯是同年去世，于1754年。

西班牙

西班牙几个世纪以来一直在很多方面都有着自己的规则，如文化、宗教的角度上。例如，我们如何在风格上定义1664年的庞大西立面，出自画家—建筑师阿伦索·卡诺（1601—1667年），这是为已经很特殊的格拉纳达大教堂设计的，教堂始建于16世纪20年代，由迪埃哥·德·西洛建造。此西立面从1667年开始施工，形似一个巨大的凯旋门，为双层且很高，令人想起的不是古代的罗马，而是罗马风的早期，试图再现罗马的宏大，如林肯大教堂的西立面（128页）。这种骨感线性的力度使人很难将其和同时代其他地方的作品联系起来，虽然它亦结合了装饰细节，借鉴16世纪北欧的手法主义源头，后者常重现于西班牙的晚期巴洛克建筑中，如在多产

的列奥纳多·德·菲古罗拉（约1650—1730年）的设计作品中，正是他，在塞维尔确立了巴洛克风格。

他的晚期作品，如圣特尔莫学院（1724—1734年）的小礼拜堂，位于塞维尔，基本上是一个3层的柱式正面，其传统的设计方式可追溯到菲利贝尔·德洛姆的阿内府邸，但是它却满是狂热沸腾的装饰，其中的一些装饰会令人想起16世纪后期德国的建筑师和雕刻师文德尔·迪特林。他出版的建筑性装饰的版画表现了手法主义极富装饰的北方概念，有着复杂化的交织带饰和粗凿古典人物的图案。

这种丰富的表面装饰——如我们所见——有着16世纪"银器工艺风格"（plateresque）建筑的特征，由此，又在18世纪初于西班牙重现了。这种西班牙巴洛克风格被称为"楚里格拉风格"（Churrigueresque），虽然，在实践中，楚里格拉兄弟对此兴趣较少。它可说成是"手法主义—洛可可"风格，来区别于巴洛克在意大利、奥地利或南德的风格。也许这一时期最著名的纪念建筑即圣地亚哥·德·孔波斯特拉大教堂的西立面。在17世纪，作为西班牙最受欢迎的朝圣教堂，面对着威胁其地位的竞争对手，当局决定翻新其形象，即通过将其他部分现代化，且同时保留了罗马风式的室内，甚至其完全为雕塑的门廊：这是一种典型西班牙表达虔诚的方式，尤其对国家历史。教堂的改建是一个缓慢的过程，其华丽西立面达到极致是因其所谓的"黄金工艺"（El Obradoiro）。于1738—1749年，立面用金色的花岗岩建造，设计出自费尔南多·德·卡萨斯·依·诺瓦，有一个双塔的轮廓，强调了教堂哥特和巴洛克风格之间的关系。它亦是一个雕塑组合，华丽的表面浮雕是最特别的一种，

包括尖顶的组合，尖顶来自叠加的涡卷，如隆盖纳的萨卢特教堂。立面上，持续的断开和退后亦产生了一种飘逸的断奏（Staccato）效果，这便是"楚里格拉风格"的典型特征。

西班牙巴洛克风格最为惊人的创新即"通透式"①，在托莱多大教堂中，于1721—1732年，由纳西索·托梅（Narciso Tomé）建造。它是巴洛克的顶峰，注重于将建筑、绘画、雕塑结合为一个完整的空间幻觉。为了令人从唱诗厅到其后的回廊都能欣赏高祭坛上神龛里的"圣体"，神龛装上了玻璃门。为了进一步将教徒的注意力从哥特暗廊引向"圣体"，托梅在其周围建造了一个高耸的糖葫芦般的结构，飘逸着圣女、天使、丘比特的雕像，并沐浴在金色的阳光之中。这便建成了一个"最后晚餐"的三维展示，而"圣体"亦在其中。其上则是一个圣朗吉努斯的雕像，手持长矛，而长矛则刺入了基督的侧身，由此流下来的血便成了圣酒。这个特别的装饰背景屏面被置放于一个凹形之中，两侧为柱子，有着向下弯曲的柱楣，这是为了强化错觉的透视效果。但是这只是故事的一半，因为参观者自己也是在舞台之上，这种手法却是追随了贝尼尼建立的一个传统。惊人的整个雕刻群被一束金色的光线夸张地照亮，光线来自参观者背后的一个隐蔽光源。当参观者回头看时，便会正对着一个天堂的景色，创造的空间是于回廊之上，因拆开整条的肋拱而得。在此之上，托梅建造了一个巨大的高天窗，包括一个下面看不到的窗子。雕刻的天使框住了这个奇异的开口，其内饰面则被绘以更多的天堂人物，有24位天启长老和7印羔羊（图516）。

"通透式"本是一个特别问题的特别解答，然而，它的声誉却导致了诸多的效仿。其梦幻的灵气也重现在建筑师弗朗西斯科·赫塔多·依兹奎尔多（1669—1725年）的作品之中，如位于塞维利亚圣荷西的小礼拜堂（1713

① 通透式：
Trasparente，特拉帕伦特式。

357

① 梅森尼尔：
Meissonier，法国画家，
1815—1891 年，曾服务
于拿破仑。

522 詹姆·波特·米拉（Jaime Bort Miliá）：大教堂的西立面，莫西亚（1736—1749年）

523 楚里格拉（Churriguera）：主广场，萨拉曼卡（1729—1733年）

年）和位于塞格维亚附近的艾尔·保拉教堂（始于 1718 年）。艾尔·保拉教堂是其最后也是最复杂的建筑，其形式的复杂程度一如其细节的奢华程度。它一般包括一条暗道，从高祭坛到一个小圣堂（一种西班牙之外无人知晓的房间类型），它和更大的圣器收藏室隔开，隔断是一个基本为摩尔人风格的红金两色的漆屏风。小圣堂和圣器收藏室都是建在一个希腊十字平面上；前者是一个有穹顶的八边形，被建成为"通透式"，其主体是中心置放的圆形礼拜亭（tabernacle），其上是一个华盖，带有鲜红大理石的螺旋柱子。

玫瑰小礼拜堂位于格拉纳达的圣克鲁斯教堂中，建于 1726—1773 年，是一座前多明尼会的教堂，即现今的圣依斯科拉斯提卡。这个带有 3 个后殿及穹顶的神殿，极为特别地镶嵌着各种玻璃、平板、凸面、凹面。此种典型巴洛克式的凸凹面形式第一次出现在西班牙建筑史上，是于巴伦西亚大教堂惊人的波罗米尼式立面，始建于 1703 年，设计师是康拉德·鲁道夫，一位德国建筑师，他可能在罗马学习过，师从贝尼尼。与其一脉相承即莫西亚的哥特教堂西立面，建于 1736—1749 年，由詹姆·波特·米拉设计。这个丰富的戏剧般的组合，中心为一个深凹的前部，带有一个飘逸的曲线山花墙，有着令人眩晕的洛可可式繁盛，即如梅森尼尔①的一个神奇雕刻版画的实现版。

异国情调的梦幻感是另一个洛可可杰作的基调，位于巴伦西亚的多斯·阿瓜斯的侯爵府翻建于 1740—1744 年，设计出自希波利托·罗维拉·依·布罗埃德。在其飘逸的雕刻门廊中，城市的两条河流被象征为河神、水仙，几乎完全被树叶、云朵、卷轴覆盖。这个特别的组合高为两层，背靠墙体，墙体则绘有类似波纹丝绸，这提醒着人们，巴伦西亚——位于西班牙的东海岸——曾是丝绸工业的中心，并因此与法国的纺织中心，如里昂，有着密切的联系。

西班牙晚期巴洛克风格的首席建筑师罗德里古兹·提真·文丘拉（Rodríguez Tizón Ventura，1717—1785年）具有某种变色龙的品质，如同法国的博夫朗或是英国的吉布斯。他最早的主要作品——马德里的圣马可教堂（1749—1753年）——有一个弯曲的立面，回应了贝尼尼的圣安德烈·阿尔·奎里内尔，同时，它还有一个惊人的瓜里尼式（Guariniesque）平面，包括有连续、不少于5个的交叉椭圆。文丘拉于1750年在萨拉高萨的柱子教堂中建造了椭圆形的小礼拜堂，容纳着神圣的柱子，正是在此柱子上，圣母出现在使徒圣詹姆斯的面前。这是一个极为丰富且复杂的室内，它结合参考了贝尼尼、波罗米尼，其上是开孔的穹顶，灵感是来自瓜里尼。在安大路西亚地区，建筑师弗朗西斯科·夏维尔·派德拉夏斯（生于1736年）于1771—1786年建造了一座教区教堂，位于普里哥的阿塞申，其主体是一个极具雄心的穹顶八边形。在这个双层且有长廊的室内中有一个波浪起伏的檐口，支撑着一个阳台，它包含着很多洛可可的装饰，其手法亦是用重复摆动的多样性，这种做法被西班牙的建筑师表达得最为充分的则是在墨西哥。

西班牙人对天主教的热衷便意味着我们的故事主要是关于一个教会建筑的故事。的确，要欣赏这些壮观的异国情调室内，最好的方式就是在圣周①期间去参观西班牙南部。那里，

① 圣周：
复活节的前一周，一般在4月初。

524 路德维希（Ludovice）：马福拉宫殿修道院（Mafra palace-convent）的外观，近里斯本（始于1717年）

奢华的教堂和金光闪烁的神殿如同德国南部，至今仍有和巴洛克时期一样的功能：即在多彩且夸张的蒙面悔罪者游行之中，带有银色柱子的巴洛克华盖，护着衣着华丽的圣母像，受难的场景则一直被演示，并穿过拥挤的街道，一直到教堂之内。

世俗建筑的研究相对于教会建筑的研究则较少，但是在城镇规划领域，我们应看一下萨拉曼卡的大广场。这个封闭的拱廊广场于1729—1733年建造，设计出自阿尔伯托·德·楚里格拉，虽说它也算是欢快型的，却缺乏巴洛克式的能量——的确，其周边的立面是"新银器式风格"。西班牙的文化——不似葡萄牙——基本上是一种城市文化，在每一个城镇，是其大广场，而不是公园或者花园，

525（右）皇家图书馆的室内，考依姆布拉大学（1716—1728年）

526（下）奥利维拉（Oliveira）：皇家宫殿的花园立面，夸鲁兹（1747—1752年），展示其中一个侧翼（1758—1760年），罗宾列昂

527 阿马兰特（Amarrante）：仁慈耶稣山顶教堂（Bom Jesus do Monte）的外观，近布拉加（始于18世纪80年代），展示联级阶梯（始于1727年）

为人们提供开敞的会客空间，这里，每当白天的炎热消散，人们便开始了散步和交谈。

　　因 17 世纪和法国的战争、之后的经济衰落、"西班牙继承权战争"，西班牙再也没有建造几座皇家建筑，这一种用来表现巴洛克风格成果的艺术领域。然而，一旦波旁皇帝菲利普五世——路易十四的孙子——取得了西班牙的王权，便于 1713 年通过了《乌德勒支和约》[①]，建造工程便开始了，两座皇家乡村宫殿——拉·格兰哈宫和阿伦胡兹宫——都有着漂亮的法式花园，还有，最重要的是，它们都是建在马德里庞大的皇家宫殿之中。第一个设计出自尤瓦拉，于 1735 年，是要建一个比凡尔赛宫还要大的宫殿，有 4 个庭院，但是这个设计于 1738 年被他的学生乔瓦尼·巴蒂斯塔·萨肯蒂的设计取代了，即如后来所建，它包括一个大庭院，类似贝尼尼为罗浮宫做的第三个设计。在全欧洲纪念贝尼尼的众多宫殿设计中，马德里中心庞大的城市大厦即最近于实

① 《乌德勒支和约》：位于荷兰的乌德勒支。欧洲各国为制约法兰西合并，拥立菲利普五世为西班牙国王。

现了这位最伟大巴洛克建筑师的志向。

葡萄牙

在葡萄牙，巴洛克的繁荣出现在约奥五世（1706—1750年）的统治时期，此时，财富从巴西的金矿和钻石矿涌进葡萄牙。这种新发掘的财富鼓动人们倾向于极度奢华的镀金室内，此风格确立于17世纪后期的教堂之中，如在重建的哥特教堂中，位于波尔图的圣克拉拉教堂和圣弗朗西斯科教堂。这种膨胀自信的华丽象征亦结合了特有的伊比利亚①式虔诚，这就是马福拉官殿修道院，位于里斯本附近，它是一个巨大无比的建筑，比埃斯科里亚尔宫还要大。它是为约奥五世建造，从1717年起，设计师是生于德国的约翰·弗雷德里希·路德维希（1670—1752年），以"葡萄牙的路德维希"著称。路德维希曾在罗马做金匠，跟从安德里亚·波佐，在他的设计中，有一座建筑是追忆伟大德国修道院的组织方式，如韦因加顿教堂，有着德国式的角亭，其上为球根状的塔楼。然而，建筑和装饰的处理则是综合了罗马巴洛克建筑师们的主题，尤其是卡罗·丰塔纳及其学派。如果此荣耀建筑是在意大利或法国，于正常"大旅行"路线之外，而不是一个在伊比利亚半岛上的国家，它将会广为人知，如其所值。

华饰的皇家图书馆是献给约奥五世创建的考依姆布拉大学，建于1716—1728年，它有时会归功于路德维希，尽管它可能是出自当地的建筑师盖斯帕·弗瑞拉。这里最重要的贡献则是来自克劳德·德·拉普拉德，一个法国出生的手工艺者，是他完成了华丽的雕刻和镀金的室内装饰。此工艺遍布3个房间，房间经过两个高圆拱而彼此相通，这种光彩照人、富饶丰腴的作品，其风格源自同时代的法国摄政时期，包括红色、金色的中国木漆书架。

约奥五世对意大利巴洛克的热情及其对葡萄牙建筑师缺乏的信心，令其于1742年将建造小礼拜堂的任务委托给了两位首要的罗马建筑师——鲁依吉·凡维泰利和尼古拉·萨尔维。令人惊奇的是，它建造于罗马，并接受了罗马教皇的祈福，然后船运至里斯本，在路德维希的监督下建成，作为洗礼者圣约翰的小礼拜堂，后者是国王供奉的圣人，礼拜堂位于圣哈克的耶稣会教堂。它是一座微型的巴洛克珠宝式建筑，只有17英尺×12英尺（6米×4米），并采用典型的葡萄牙方式，于外部缀满了天青石、紫水晶、玛瑙、缟玛瑙、镀金的铜、银子、马赛克。

在本章所述的时期中，仅有的另一座主要皇家建筑项目，即位于夸鲁兹的宫殿，委托来自约奥的儿子多姆·帕德罗。灵感源自马尔利大别墅，它建于1747—1752年，设计出自马特耶斯·维森特·德·奥利维拉（1706—1786年）——路德维希的学生，而于1758—1760年面向花园立面进行扩展，两边各加有一层的侧翼，则是出自法国雕刻师和装饰家让·巴普提斯特·罗宾列昂。夸鲁兹宫及其室内洛可可风格的丰富和多样亦反映在其精美的花园之中，如一场伟大的剧目，有着不同的场次。一个特别欢快的设计即运河沿线上贴有蓝白色的人物瓷砖，并且在其横跨的桥上也采用了同样的材料。

多水花园中乐趣亭的主题则是一种葡萄牙人的方式，将万物之主落实于尘世的居所，他们比西班牙人接受天主教的方式要更为愉快些。迷恋于此种时尚格调而表现出来的建筑物，包括两座葡萄牙北部的朝圣教堂，即位于布拉加附近的波姆·耶稣·多·荣特教堂和位于拉米高的诺萨森霍拉·多斯·拉美迪奥斯教堂，它们好似置于一种神圣花园式的建筑。这两座教堂都是建在陡坡上，经由夸张的神圣阶梯，两侧是小礼拜堂，容纳有"耶稣受难之路"，却被欢快地饰以喷泉、雕像、坛

---

① 伊比利亚：
Iberian，即指利比亚半岛的西班牙和葡萄牙。

罐、方尖碑、盆栽、修剪的灌木。波姆·耶稣教堂的层叠台阶始建于1727年，但是双塔教堂的设计——来自克鲁兹·阿马兰特——始建于1780年。位于拉美高的类似教堂（1750—1761年），建筑设计受启发于出生在托斯卡纳的建筑师尼科罗·纳索尼，他于1725—1773年居住并工作于波尔图①，是他引进了后巴洛克和南意大利洛可可的奢华形式，他的杰作即圣皮德罗·多斯·克莱里各斯教堂（1732—1750年），是一个撼动着电场般的能量、极富原创的设计。

1775年的地震毁坏了里斯本的中心部分，因此，现在很难考察当时的巴洛克风格对其所产生影响的程度。里斯本重建的井格式规划由国王身边的大臣——庞姆巴尔侯爵——主持，之后由欧金尼奥·多斯·桑托斯·德·卡瓦霍（1711—1760年）和卡洛斯·马德尔继任，直至1763年。这里使用的建筑语言是一种简化的18世纪中叶的罗马巴洛克风格，即后来所谓的"庞姆巴尔式"②，其也不是在里斯本或奥波托，而是在葡萄牙的殖民地——巴西——令这种葡萄牙巴洛克晚期和洛可可式的镀金奢华的风格，得到了最充分的表达。

城市规划

罗马的贡献

巴洛克城市规划之父是西斯都五世教皇（Sixtus V），即我们所见，于16世纪重新规划了罗马，设置了多条壮观的大道，既有戏剧性，又有功能性。17世纪巴洛克艺术的比喻——"世界是一个舞台"——是说世间的绚丽是在表达一个上帝赋予的指令。艺术和建筑——对于观者——是一种感官美，即要用多种错觉的手段将所有的艺术综合为一体。设计师们便开始采用各种用于游行和庆典的设计手法，无论是宗教的，还是国家的。

528 罗马，波波洛（Popolo）广场

529 斯佩基（Specchi）：里贝达大门（Porta de Ripetta），罗马（1703—1705年）

530 林登大道（Unter den Linden），柏林

的确，于1665年出版了为亚历山大七世教皇制作的罗马版画《现代罗马的新剧场》。也正是亚历山大七世教皇，于1665年，委任贝尼尼创造了庞大的柱廊的圣彼得大广场，位于圣彼得大教堂之前，作为教皇的一个典礼舞台。

① 波尔图：
Port，该城市以甜酒著称。

② 庞姆巴尔式：
Pombaline，是18世纪葡萄牙风格，因主持重建的庞姆巴尔侯爵得名，是一种简化的18世纪中叶的罗马巴洛克风格。

亚历山大七世教皇也重启了一个现有的项目，即拉直并加宽大道，同时也清理了街道和广场。他的另一项规划成就则是 1658 年对卡罗·拉纳尔迪（1611—1691 年）的委任，即要求波波洛广场（Popolo）的景观令人难忘，于科尔索大道入口的两侧建造了两座教堂。它们形成了一种剧场式的构图，震慑着从北边进入罗马的来访者。这种罗马式的规划一直是一种典范，直到 19 世纪末期。的确，教皇时期的罗马街道极为宏大雄伟，直至 19 世纪奥斯曼（Haussmann，1809—1891 年）设计的巴黎。

一个比波波洛广场更具私密性，但景观并不逊色的，便是伊格纳齐奥广场，由菲利普·拉古齐尼（Filippo Raguzzini，约 1680—1771 年）建于 1725—1735 年。5 个公寓楼的椭圆弧形立面构成了这个广场，看似是舞台布景的侧翼，因其没有面街的入口，更是带有一种神秘且恍惚的感觉。类似如此诗意的，是于罗马重修的里贝达大门，是亚历山大十一世教皇的委任，建于 1703—1705 年，由亚历山德罗·斯佩基（Alessandro Specchi，1667—1729 年）设计。这是一个港口或是装卸区，辅助装卸驳船货物，驳船都是来自托斯卡纳和翁布里亚，沿着台伯河下来的。斯佩基用极具创意的方式解决了一个看似平常的问题，他用精致的坡道和曲线构成了一个半圆，波浪形的阶梯升至一个椭圆形广场，其中有一个喷泉，位于圣吉罗拉莫教堂之前。这是城市规划的一个微型杰作，设计的功能在任何水位都不受影响，这也是罗马历史上极少的都市项目之一，即将河流视为景观的一部分。

1723 年，斯佩基参加了罗马所谓"西班牙阶梯"的设计竞赛，但未获选，阶梯是从科尔索大道和西班牙广场到三一教堂和西斯蒂纳大道。这是又一次委任，来自有远见的克莱门特十一世教皇，它是教皇和法国君主间长久以来较量的结果，因三一教堂曾是一个

531 卡斯鲁厄（Karlsruhe）鸟瞰图（铺设自 1715 年）

法国机构。斯佩基的作品影响了获奖建筑师弗朗西斯科·德·桑蒂斯（Francesco de Sanctis，1693—1740 年），他最终于 1723—1725 年建成了西班牙阶梯。这是一个超过 100 级台阶的楼梯，看似一个倾斜的广场，带有一个奇效的景观，形似一个巨大的冰冻瀑布。

伊格纳齐奥广场、里贝达大门、西班牙阶梯，都是因为太独特而无法产生太广泛的影响。正是 16 世纪和 17 世纪之时新建的大道横穿教皇的罗马城市，也因而创立了新街道的标准，即它们一定是要笔直，且两边为同一风格的建筑，而终止于一个吸引视线的纪念碑。建造笔直且开敞的大道在全欧洲的旧城中心开始，其中最壮观的一个是 1647 年在柏林修建的，委任来自弗雷德里希·威尔海姆，即伟大的选帝侯（1640—1688 年执政）。被称为林登大道，这条雄伟的游行大道将宫殿连接到城市的西面入口，即勃兰登堡的动物园——选帝侯的猎场。近 1 英里（1.5 公里）长，65 码（60 米）宽，街道沿线是数排树木，应是最早的林荫大道。它可能受启发于在克莱夫园林中新近建成的大道，现今，克莱夫是德国北部莱茵–威斯特伐利亚的市镇由克莱夫的城主拿骚–西根（Nassau–Siegen）公爵建成。

林登大道一直还是柏林的核心，即如车行

林荫大道（即现在的米哈博林荫大道）之于法国的南部城市艾克斯–普罗旺斯。这条宽大的林荫大道建于1650年，连接旧城和新的马萨林区。

凡尔赛宫及其影响

将三条街道呈斜角聚于一个广场之上是一种新颖的规划设计，第一次付诸实施是在波波洛广场，被勒诺特雷和勒伏精彩地使用在凡尔赛的城市规划中，回应着他们在沃–勒–维孔特和凡尔赛宫花园的设计。直至1668—1669年，三条宽大的林荫大道会集于阅兵广场，即路易十四在凡尔赛的庞大官殿之前，他于1682年将官廷和政府从巴黎迁移至后者。他又于1701年将其卧室——即每天起卧仪式的所在地——搬至官殿的正中间。因而，由"太阳王"[①]放射出来的生命光线被赋以一个完完全全的都市表现。

532 新布里萨赫（Neuf-Brisach）鸟瞰图，沃邦（1697年）

这种想象力又得到了进一步的发展，这就是在卡斯鲁厄[②]（意为"查尔斯之平静"）——巴登的首府，是卡尔·威尔海姆，也是巴登–迪拉克的侯爵于1715年开始规划，由其军事建筑师，约翰·弗雷德里希·冯·巴兹杜夫建造。城市核心是一个八角塔楼，后扩建为一座宫殿，从这里，城市展开有32条之多的放射性街道，形似一个轮子的辐条，或是太阳的光

① 太阳王：
Sun King，路易十四的自称。
② 卡斯鲁厄：
Karlsruhe，德法边境。

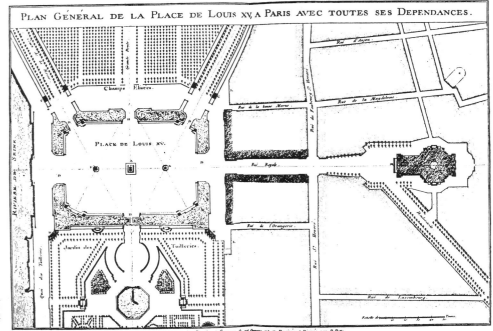

533 加布里埃(Gabriel)：路易十五广场的平面（现为协和广场），巴黎（1753年）

线。阿蓝赫斯位于马德里附近，是西班牙的菲利普五世于 1748—1778 年修建，由两名法国军事工程师根据凡尔赛的放射形街道建成。这种设计再现于圣彼得堡之时又是以一种更为壮观的规模，然而，初始是于 1737 年为彼得大帝设计的，因而这里的 3 条林荫大道是以海军大楼为中心，而不是皇家宫殿。

凡尔赛也成为德国王室宅邸的模型，在斯图加特附近的路德维希堡的城镇规划为井格式，为符滕堡的埃贝哈德·路德维格公爵于 1709 年建造，设计出自军事工程师约翰·内特（1672—1714 年），以及后来的北意大利建筑师和粉饰师多纳托·弗里索尼（1683—1735 年）。更为惊人的作品，则是巴登的曼海姆市，为路德维希四世王权伯爵于 1606 年修建，是一个十角形的城堡，街道为一种井式布局，作为一个加尔文教的堡垒来抵御天主教的权势。当它于 1721 年成为维特尔巴赫家族的王权领地时，紧邻城市的要塞被一座宫殿取而代之，设计出自路易·里米·德·拉·福西（1666—1726 年），成为当时德国最大的一座宫殿，而城市则被规划为一个庞大的方形井格式，应是极为肆无忌惮的设计之一，其中有几个不多的小广场。

这里没有政治理论或是词汇来区分一个首府城市和一个王权宝位。有时，它们是处于一地，有时，相隔甚远，如荷兰王国，阿姆斯特丹是首府，而海牙则是宫廷王权的所在。巴黎也有一个相似的双重性，于其巴黎和凡尔赛宫，而如今，像华盛顿和纽约，也可视为一个现代的范例。

沃邦和防御性城市

塞巴斯蒂安·勒·沃邦元帅（1633—1707 年）是一个法国军事工程师，设计了 120 个要塞，这时，法国的防御成了一个国家的基本。他在城市规划上也有一个重要位置，设计了一

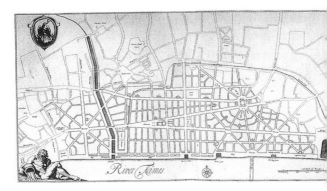

534 雷恩为伦敦设计的平面（1666年）

些法国边境的新城镇，如萨尔路易、隆吉、比利牛斯的蒙路易。特别典型的是新布里萨赫，建于 1697 年，位于科尔马的东南部，用来坚守莱茵河道。它展示了沃邦特有的几何形设计、星状的要塞、井式的城市街道，中心是一个壮观的广场，后者也可用作一个游行场地。沃邦同凡尔赛宫一样，都无疑影响了城镇的设计，如卡斯鲁厄。

皇宫

皇宫，以一座君主的雕塑为主体，即特别关系到 17 世纪的法国，全因其强大的中央君主制度。在巴黎，孚日广场①和胜利广场②是在路易大广场（旺多姆广场）③之后建成，后者是路易十四于 1685 年设计的，作为巴黎最大的广场。两侧为皇家学院、皇家图书馆、造币厂，它本身即要庆祝法国军事和文化的成就。虽然工程已经开始，却于 1691 年被放弃，因其太过庞大，而其广场也被建筑师 J.H. 孟莎于 1700 年重新设计成一个住宅环境，为当时法国社交最为活跃的精英人员——巴黎的金融家。

随之而来的便是 1753 年加布里埃的独特设计——路易十五广场④。初始的设计中主体是布沙东的国王骑马雕像，其南部为塞纳河，东西两侧是香榭丽舍大道和杜乐丽宫（Tuileries）

① 孚日广场 Place des Vosges：又称皇家广场，比郎于 1605 年设计，广场中雕像为路易十三。
② 胜利广场 Place des Victoires：孟莎于 1685 年设计，广场中雕像为路易十四。
③ 旺多姆广场 Place Vendome：孟莎于 1698 年设计，广场中为拿破仑的记功柱。
④ 路易十五广场 Place Louis XV：又称协和广场，加布里埃于 1753 年设计。路易十六在此被处死。广场中为方尖碑。

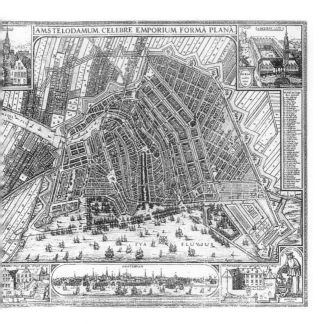

535 阿姆斯特丹的平面（1623年）

536 大宫殿，布鲁塞尔（1697年重建），及市政厅（1402—1463年）

的林荫树，同时，还有一个特别的护城河，之后被填。这里唯一的建筑部分是北面的两个宫殿，即西边的克伦旅店公寓（现今的克里伦酒店）和东边的家具仓库（现今的海军总部）。其巨大柱廊，从一层直通到二层，充分地表达了对佩罗罗浮宫东立面的赞赏之意，后者是为路易十四建于1667—1674年（317页）。

　　加布里埃也受益于其父雅克·加布里埃（1667—1742年），后者曾于18世纪30年代在雷恩和波尔多设计了皇家广场。类似的城市规划，亦发生于18世纪50年代，勒让德设计的兰斯和A.M.勒·卡彭蒂耶设计的鲁昂，以及如我们在上一章所见，其中最为壮观的即在南锡，设计出自伊曼纽尔·格勒·德·科尼。这些项目是至高皇室的一种公众和政治宣言，能得以实现，是因为18世纪法国新至的和平和安全，因它们大多用公园和休闲的道路，取代了城墙和堡垒。

　　皇家广场，亦被回应在其他国家，著名的便是18世纪50年代哥本哈根的阿马林堡，其转角处的宫殿即受启发于旺多姆广场。在布鲁塞尔，一个皇家广场始建于1766年，由荷兰王国的哈普斯堡总督，查尔斯·德·洛林执行，它模仿了法国的城市，如波尔多、汉斯、鲁昂。

克里斯多夫·雷恩的伦敦规划

　　英国巴洛克的主要城市规划就是克里斯

多夫·雷恩为伦敦的设计，之前已有些介绍。于1666年的大火之后，规划被呈送给查理二世，这项激进设计采用的一些元素，来自教皇所在的罗马，是雷恩从版画中获得，亦来自勒诺特雷的轴线花园设计，于维孔特别墅和凡尔赛，雷恩曾于其1665—1666年的法国旅行中参观过。再一次，如柏林和凡尔赛，我们在此阶段看到了花园设计和城市规划的融合。雷恩沿着泰晤士河，也结合了码头，是受到巴黎的启发。这是初期的尝试之一，综合一个长方形的街道网络和宽阔的对角大道，包括一些六角星形或是星形的广场，这是一个非常娴熟、非常复杂的设计，是之后城市规划的一个先驱，包括华盛顿市。虽被广为称颂，规划却不可能在伦敦实现，因为英格兰还不具有中央规划的控制权。

建筑规范：协调整合的作用

阿姆斯特丹是16世纪初新创建荷兰共和之中最富裕的城市，在之后的世纪里，它变成全世界最重要的贸易市场。因是为商务之用，城市缺少一个大城市通常的标志，如大教堂、城堡、大学、修道院。无论如何，要保护其住宅、仓库免受海水侵蚀，阿姆斯特丹——更像威尼斯——必须对建筑和规划采用严格的控制。城市扩建的项目即3条同心的运河，带有宽大的码头，它们是著名的绅士运河、皇帝运河、王子运河，项目批准是在1607年，建成是在17世纪20年代，项目二期扩建则是在17世纪60年代。精确的建筑法令控制了住宅的施工和区域管制，而整个项目的特别之处在于作为一个原始计划，它都是由城市本身自定，而没有更高权力参与。

凡尔赛，自17世纪70年代到18世纪第一个10年的城市发展，虽然是来自一个完全不同于阿姆斯特丹的政治体系，却是类似地全部受管制于建筑的法令，至少相比于第五章的中世纪城市规划。严格的法令控制建筑的高度、宽度、大楼的层数、建筑材料甚至住宅的颜色，而房主亦要保持门前地面的清洁以及路灯的照明。

因美观而设置法令的历史则是一个需要进一步研究的题目，但是很明显这里有一种"场所精神"（genius loci）的感觉，即新建筑有时被要求和现有历史建筑类型相一致。佛兰芒城镇——法国的阿拉斯——从1659年开始，因其制造服装和壁毯而富裕，有两个著名的广场，一个是小广场（现今的英雄广场），它在中世纪曾是一个集市广场，另一个是大广场，周边是高高的柱廊和有山墙的住宅，后者是17世纪晚期风格——一种佛兰芒式砖石风格。两个广场的一致风格并不是一个巧合，而是因为一个1692年的法令，它要求两处的新房主都要将其立面与其新近建成的一致，即与现已毁的勒库德宅邸。另一个法令颁布于1718年，继续坚持所有的立面都要相同。历史又再一次重演，这是两个广场在第一次世界大战中毁坏很多之后，由皮埃尔·帕凯在20世纪30年代完全重建。它们现今已经厚重很多，只有很少的参观者能看出这座历史城市实为新建。

类似的是，布鲁塞尔的大广场在1695年的法国轰炸中毁坏，于1697年得到了重建的许可，条件即新设计要和意大利—佛兰芒式的巴洛克风格相一致，后者是于17世纪期间发展出来的，为山墙式"协会房屋"。其结果即大广场，是一处在之前广场上建成的，却大多为18世纪的创造。马德里的大广场，建于17世纪早期，是基于16世纪中叶的设计，即便在17世纪经历了两次大火之后，亦忠实于同样风格而建造，最为惊人的是，而在1790年的最后一次火灾之后，其设计又是出自一名古典主义建筑师，胡安·德·维拉纽瓦（1739—1811年）。

第八章　18世纪的古典主义

罗马的影响

　　本章的主题——法国的启蒙风格古典主义建筑以及英国风景画风格的园林和花园建筑——有力地影响了欧洲以及之外的世界。国际新古典主义的建筑语言，是由法国的学者们1740年于罗马的法兰西科学院创立，他们都曾在巴黎学院学习期间获了学院大奖。最初的设计项目是节日装饰，如神庙和凯旋拱门，很快，他们便以更大的尺度转向公共建筑，采用连绵的柱廊、石质的穹顶、复杂的平面，这些都是受启于古罗马的浴池。他们拒绝巴洛克灵气的动感、华丽的装饰，因其不适于风格的简约、结构的诚实，后者被认为是古代建筑之精华。这一运动的发起人是乔瓦尼·巴蒂斯塔·皮拉内西（1720—1778年），因此，本章将始于对他及其背景的研究。

皮拉内西

　　意大利于此阶段仍聚集着一些各不相同且经常对立的城邦，很多都被外部势力控制——如德国，意大利没有一个文化上的中心，更无建筑上的关联。尽管如此，罗马还是在18世纪前半叶成为一个全欧洲建筑师瞩目的中心，部分原因就是皮拉内西和罗马法兰西学院的年轻获奖者的综合影响力。皮拉内西强烈影响了新古典主义运动中的所有建筑师，从佩尔到索恩，这也是因为他有效地展现了古代和近代罗马的纪念性建筑，以及他自己设计的家具和室内。然而他的艺术基础是巴洛克，受训于威尼斯，那里，巴洛克舞台设计艺术和地貌绘画传统被结合起来，并创造出一种奇幻的地貌景观，即所谓的"随想曲式"[1]，典型地表现于画家马可·里奇（1676—1730年）的作品之中。

　　皮拉内西于1740年移居罗马，深受乔瓦尼·帕罗尔·帕尼尼的影响，后者曾于18世纪20年代为尤瓦拉工作，做舞台设计，这时尤瓦拉是法兰西学院的透视学教授。正是在此，帕尼尼发展了"构想景观风格"（veduta ideate），这是一种绘画风格，用想象的布局组合精确地展现了古代罗马的标志性建筑。1743年，皮拉内西创作了第一本版刻著作——《建筑和透视基础》，其中有想象的废墟景观，其灵感来自马可·里奇和朱塞佩·比比艾纳，而最令人难忘的部分即"古代陵墓"。这部分反映了古代罗马帝国的陵墓（77页）、波罗米尼的圣伊沃教堂（289页）和菲舍尔·冯·埃拉（323页）的综合，并用一种经典语言的创新版本，是各时期元素的统一。同样有影响力的图像即一个学院的设计图——《各类作品》，1750年发表。它类似古罗马的浴池，有着庞大且复杂的设计，用一种智慧的方式改进公共建筑，它极大丰富了无数法国学生为之竞争的前景设计，即法兰西学院大奖的设计。

　　在威尼斯和罗马之后，主要影响皮拉内西的便是那不勒斯，很确定的是，他曾于约1743—1744年来此参观。画家鲁卡·乔达诺（约1632—1705年）的流畅、色彩丰富的画作影响了皮拉内西的技巧，而始于1738年的赫库兰尼姆的发掘对皮拉内西更是一个决

[1] 随想曲式：capriccio，绘画中建筑的场景成为主题。

定性的冲击。据说，皮拉内西曾于1744年在乔瓦尼·巴蒂斯塔·蒂波罗威尼斯的画室工作过，但是于年底，他已成为罗马的一名印画商，对立于法兰西学院。正是此时，于约1745年，他制作了惊人的"监狱"（carceri）铜版画，绘有监狱的骇人室内场景，展现了尤瓦拉、弗朗西斯科·瓜蒂、蒂波罗的影响。不同基调的即《罗马古迹》（1756年），它试图作为一个充实的古代罗马记录，包含平面、局部，还有最重要的对结构、特征的注重，这令其成为罗马考古史的一个转折点。《罗马古迹》的主要意图是将考古学用于当代设计，而在罗马同皮拉内西接触的建筑师，如钱伯斯、亚当、迈恩（377、382页），都被其志向感染。

从约1748年，到30年后他去世之时，皮拉内西出版了《罗马之景》——一套137张的铜版画，以一种逐渐的浪漫和戏剧性的形式展现了罗马建筑。他在精神上的投入亦达到了顶峰，因他开始意识到古代罗马的加剧被毁，亦因他的亲"罗马"主张受到亲希腊派系的威胁，后者出现于18世纪中叶之后，以学者、考古学家、建筑师为代表，如温克尔曼、马克·安东尼·劳吉尔、孔德·德·凯勒斯、朱利安·戴维·莱罗伊、詹姆斯·斯图尔特、尼古拉斯·莱维特。与此派系的争执令皮拉内西发表了《罗马的伟业和建筑》（1761年），其中，他错误地称伊特鲁斯坎人是罗马文明的唯一创立者，且他们早于希腊人种，并在希腊人之前即有完美的绘画、雕塑、工程艺术。其书中漂亮的铜版画着重强调了罗马建筑装饰的多样和丰富，而不是应有的且不多的伊特鲁斯坎建筑。

法国收藏家和出版家皮埃尔·吉恩·马里埃攻击其书，之后，皮拉内西又出版了《建

筑思考》（1765年），1767年后，又增加了一些铜版画，后者是一个奇怪的组合，包括了埃及、希腊、伊特鲁斯坎、罗马的格调。这一激进的折中主义是他用自己的方式来反击希腊—罗马的学术之争。辩解中，他引用了奥维德的话"自然，一直在不断地自我更新、自旧创新，而此，亦适用于人类"，且出版了《壁炉装饰的多种方法》（1769年）。这些非常有创意的折中式壁炉设计、相关的墙饰、他的论文同时发表于《辩护埃及和托斯卡纳建筑之道歉文》中，影响了整个欧洲，特别是亚当、丹斯、帝国风格。

作为实践建筑师，皮拉内西却不是如此成功、有影响力。在18世纪60年代早期，他为莱佐尼科（Rezzonico）红衣主教重建修道院教堂和马耳他教派的总部，位于罗马阿文蒂山上。它奇怪的入口长廊有带装饰浮雕的纪念性廊柱，两侧为方尖碑、圆球顶、翁罐，有一种缥缈的"新手法主义"特质。礼拜堂自身极似皮拉内西自己的铜版画，表面为清爽的细节，覆有华丽的装饰，用马耳他和莱佐尼科的符号主义：军武和古风、粉饰和少许木质，贴花（appliqué）则如一件兵服上的辫饰，这些装饰处理手法即帝国风格的前身。

皮拉内西深知其丰富的折中主义、创新式的幻想及其对不断实践的热衷。"我需要，"他写道，"创造伟大的构想，我也相信，如赋予我一个全新宇宙的设计，我也会足够疯狂地去承担"。这种启蒙思想即通过回归基本原理来创造一个全新、理想的世界，也为德国学者温克尔曼（1717—1768年）的浪漫前景增添了色彩。在18世纪拥入罗马的很多人中，比温克尔曼有影响力的寥寥无几，他于1755年定居于此。他的诸多著作，如《古代艺术史》（1764年）认为创造出一种有魅力的、理想化的希腊文化极为重要。令人好奇的是，他没见过多少一手希腊艺术或是建筑，因而，他所宣

537（对页） 皮拉内西："古代陵墓"的一个雕版画，《建筑和透视基础》（1743年）

538 废墟小神庙（The Tempietto Diruto），阿尔巴尼（Albani）别墅，罗马（1751—1767年），温克尔曼和马奇奥昂尼（Winckelmann and Marchionni）

539 圣玛丽亚的入口立面，阿文蒂山（Aventine Hill），罗马（1764年），皮拉内西

扬的实际上是个神话，这里，他重述的希腊艺术之平静、流畅，出自他崇尚的文艺复兴时期的艺术家，如拉斐尔。

　　温克尔曼自1758年起作为博物馆馆长、图书馆馆长，服务于伟大的收藏家、红衣主教阿莱萨恩多·阿尔巴尼，亦似乎是阿尔巴尼别墅的设计顾问，别墅建于1751—1767年，建筑师是卡罗·马奇奥昂尼。总体布局上，阿尔巴尼别墅是巴洛克晚期风格，但是，建筑的内外都覆以古代和新古典主义的浮雕、雕刻，创造的效果更似皮拉内西的马耳他教派修道院。这尤其表现在两座"古希腊神庙"之上，都含有廊柱，附着于别墅的侧翼，并

且结合了古代柱子、雕塑，于一个混搭的新古代设计之中。这里，可见温克尔曼的手笔，如在显著的废墟小神庙之中，一座由古代建筑残片组成的人工废墟，风景画一般地坐落于花园的一边。

"风景画风格"的来源

　　阿尔巴尼别墅的花园建筑形如三维立体的"随想曲风格"绘画，已为英格兰所接受。的确，于1770年，具影响力的鉴赏家霍勒斯·沃波尔曾说，新的景观花园艺术已将英国变成一个这样的国家，"每次游历，便是穿过一系列的风景画"。这种植入的风景画嫁

植于建筑和花园的设计之中，是 18 世纪艺术运动的基础，即我们今天所谓的"风景画风格"。这个发明来自一个富足、悠闲、有教养的阶层，曾一直注重追求视觉的经历，通过欣赏自然、艺术，尤其通过游历。这些游历始于欧洲大陆的"大旅行"①（Grand Tour），止于寻求风景画般的景致，即于英格兰、苏格兰、威尔士。

这种探索的实施多是来自 18 世纪有品位的人士，不仅在知识上，而且在体力上。这鼓励其以同情的态度去思考其他异己的文化，且以启蒙时代客观的发掘精神去考察。18 世纪见证了考古学的诞生，通过对希腊古迹的系统挖掘，动摇了自文艺复兴以来对古罗马建筑公认的优越性。试着用视觉方式表达这些反思，便得出了这种奇异的、如诗般的景观花园，于 18 世纪的英格兰，如舒格保罗、科尤、斯托海德。

我们已见过这种新型的混搭形式，之于曾经辉煌的菲舍尔·冯·埃拉的《历史建筑草图》（1721 年，325 页），英文版现为 1730 年版。书中的历史建筑以一种生动的透视形式展现出来，背景为大自然或是园林，且有穿着得体的人物。这种风景画技巧的运用使建筑具有了历史的关联。的确，风景画式建筑最大的影响在于其全新的着重点，即建筑只是环境的一部分。我们可以理解"环境"一词不仅仅是地理环境，无论是乡村还是城市，还应理解其为历史环境。这种形式引发的结果即将建筑评价要基于其所表述或激发之能。

这种新的建筑形式清晰地表达了对废墟的欣赏，以及新的或"即时"废墟的创造。崇尚废墟清晰地表达了一种信念，即建筑除了设计所要的建筑功能，或是建筑师所要的视觉效果，还要有更重要的方面。由此，建筑师们——如威廉·钱伯斯爵士、罗伯特·亚当、

约翰·索恩爵士——可能同时对他们角色的转换既兴奋又苦恼，开始用素描和水彩画来想象他们的建筑，尤其因变化和腐蚀使之成为废墟之后的样子。再一次，我们被带回到皮拉内西——一位最为关注废墟这种激发想象和知性能力的艺术家。

伯灵顿伯爵和威廉·肯特

我们应记得，期望挖掘古代设计和结构的秘密一直是意大利建筑师的志向，从阿尔伯蒂到波罗米尼。要想知道为什么此种志向未能影响英格兰，我们还得回顾一下英国的历史。文艺复兴文化抵达亨利八世宫廷是在 16 世纪早期，但因亨利八世和教皇的决裂而夭折了。随后的宗教改革导致英格兰孤立于欧洲大陆的大部分，尤其是罗马。事实上，和罗马在文化上、宗教上的决裂也意味着直到 18 世纪早期，英格兰仍有补偿的余地去接受文艺复兴意大利的古典主义理想。而发生于 18 世纪英格兰的所谓"新古典主义运动"，其中的一种解释便是试图追赶上这种理想。

此看法亦有助于解释一些建筑师的事业，如威廉·肯特（约 1685—1748 年），他的事业多变又看似不可置信，直至人们认识到英格兰雇主对他的钟爱是因其极为扎实的意大利文化知识。他自 1709 年起的 10 年里一直住在意大利，他在罗马学习绘画。在那里他遇到了伯灵顿伯爵（1694—1753 年），一位富有的出资人和鉴赏家，最终成就了他的事业，肯特一直住在伯灵顿府邸，位于皮卡蒂利大街，从 1719 年直至其去世。伯灵顿伯爵急于把文艺复兴的艺术引进英国，他将肯特从意大利带回，作为一名接受过意大利风景画传统训练的历史画师。他还带来了意大利雕塑家乔瓦尼·巴蒂斯塔·圭尔菲，请其住在伯灵顿府邸，并令其在英格兰起始意大利歌剧事件中扮演了一个重要的角色，这在音

① 大旅行：
又称壮游，始于 18 世纪英国贵族教育的一部分，即随学者出游，自巴黎到瑞士，以及威尼斯至罗马。后来延伸至各国富家子弟，路线也延至那不勒斯、西西里岛和希腊。

乐界是等同于绘画界的大手笔。

有可能同这种罗马化计划相抵触的，是当代的一种雄心，即设立一种现代古典主义的国家风格，且有别于巴洛克的夸张。以伯灵顿及其圈子的看法，此风格是建立一个宪制王权和以清教为国教的附属物。在这种新的政治环境下，国家被操纵于辉格党的大庄园家族，于1688年的革命从王室夺权，并邀请了奥林奇的威廉来接受王冠。沙夫茨伯里伯爵三世（1671—1713年）的伦理和美学哲学预知了一种国家建筑风格的出现，是最新出现的英式"开放"的必然结果，之于政治、宗教、社交的组织。在其《关于艺术或科学的书信》（1712年）中，他论及："一种风格的品位必然带出其他很多种类。当一个民族的自由精神以此种形式出现……公众的视觉和听觉便会改进：一种正确的品位即会出现了，且以不可阻挡的方式。"

沙夫茨伯里从未明确他期望出现的这种"风格"是什么，却留给伯灵顿伯爵去提倡，即看似不尽想象力的"新帕拉第奥式"，来表达国家的精神。并宣称，新帕拉第奥式作为国家风格是基于这样的事实，即它在一个世纪之前即已由伊尼戈·琼斯（278页）介绍到英格兰。新帕拉第奥者们，这时即假定琼斯式的古典主义已完全适应其环境，且没有被巴洛克设计师们腐蚀。新帕拉第奥主义的持久过程，记录于《英国之维特鲁威》（1715—1725年）的三卷书中，每卷有100张版画，由建筑师科林·坎贝（1676—1729年）编辑。初始的意图是记录英国的现代建筑，公共的、私家的，特别是统治家族的乡间府邸，这也强调了至高的"古风之简朴"，而不是"做作、放纵"的巴洛克形式。

威廉·肯特多样的作品即反映了此种以及其他矛盾的倾向。虽说他是一位天生激昂的艺术家，受训于罗马巴洛克晚期，他被期望去执

行伯灵顿纯粹风格的理想。各种可能性都很好地表现在肯特的作品，即为乔治二世在18世纪20年代设计的肯辛顿宫中，那里，他用完全对比的风格装饰了3个室内：有壁画的楼梯是一种错觉式的威尼斯巴洛克式风格；小穹顶房间是新古代风格，且有18世纪末的效果，有格式天花、巨大壁柱、雕塑于壁龛中，以及壁炉上的浅浮雕；还有会客厅，这里的彩绘天花是精彩的复兴阿拉伯风格，此风格形成于艺术家拉斐尔、乔瓦尼·达·乌代因、瓦萨里之手，意在模仿古罗马室内的装饰壁画。

伯灵顿伯爵一直能很幸运地买到数量极多的帕拉第奥绘画作品，包括其古罗马浴池的研究。伯灵顿于1730年用意大利语标题出版了《帕拉第奥的古代建筑图绘》，这些古浴池的图绘以其多样的室内空间，包含着半圆殿、柱屏蔽，着实地影响了18世纪的设计布局，如伯灵顿在约克的会议厅（1731—1732年）和肯特未建成的18世纪30年代为新议会的设计。肯特的最佳建筑是郝克海姆大厅，位于诺福克，设计于18世纪30年代初，是业主莱卡斯特伯爵和伯灵顿伯爵的合作设计。它是一件纯粹的艺术品，并发展成为一座圣坛，特别服务于雷斯特伯爵，即放置他在意大利购买的绘画和雕塑。其平面有着4个偏远的亭阁，受启发于帕拉第奥未完成的莫塞尼高别墅，然而其最为壮观是其室内，其入口和楼梯间的整合统一了一些建筑特征，源于古罗马的廊柱长方厅堂，即维特鲁威所说的"埃及殿堂"，还有帕拉第奥的卷曲柱屏饰，位于威尼斯的救世主教堂中（250页）。严谨的帕拉第奥式立面和戏剧性的室内类似的对比也出现在肯特最后的一座建筑——44号伯克利广场，位于伦敦，是于1742—1744年为伊莎贝拉·芬什夫人而建。它有着英国最为生动的巴洛克式楼梯，还有一间客厅，其格式天花的绘制华丽可媲美朱里奥·罗马

诺在德泰官殿的建筑（230页）。此别墅由此包括了意大利的设计历史，从手法主义，经过帕拉第奥式，及至巴洛克风格。

　　白金汉郡斯托镇的乐土世界和牛津郡罗沙姆镇的花园，都是建于18世纪30年代，与其大量保存完好的古典花园式建筑都是同样珍贵又能激发灵感的作品，表现了肯特的先驱性天赋，之于发展风景画式花园和景观建筑。肯特和他的资助者的目的，即要创造怀旧的梦想世界，以及古老建筑的回应，既多种又多样。因他们可以从很多视觉传统中

汲取导向。首先，是劳德·劳林（1600—1682年）和尼可拉斯·普桑（1594—1665年）壮观的风景画，其有田园背景的古典庙宇和遗址激发着灵感。之后，还有意大利文艺复兴的园林，肯特认为，其中一些应是古代原创的真实再版：如半圆环绕的罗马皇帝群像，于加达湖畔的布伦佐恩别墅，即是他在斯托的英国名人殿的原型之一。最后，是年轻的普林尼描述他在劳伦提纳姆、托斯卡纳的著名别墅（71页）的信件。在他出版于1728年的《古代别墅图解》中——献给伯灵顿伯爵，罗伯特·卡斯特尔复原了普林尼的托斯卡纳式别墅，用来建议一种模式，即结合正式的对称房屋和非正式的花园，面向其

540 小穹顶房间（The Cupola Room），肯辛顿官（Kensington），伦敦，威廉·肯特（William Kent）装饰（18世纪20年代）

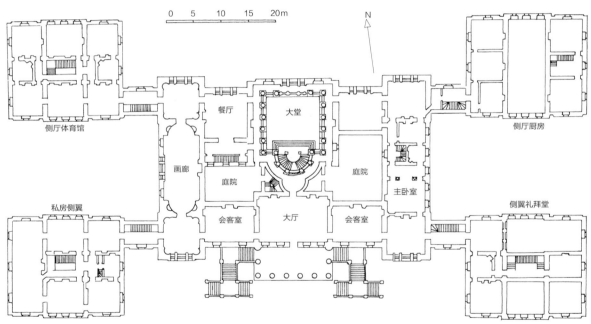

541、542（上和顶）肯特：郝克海姆（Holkham）大厅的花园立面和平面，诺福克（始于1734年）

后的开阔田野。普林尼描述了他在别墅里的生活，休闲放松、远离国事，他狩猎、收藏书籍和艺术作品、改进农耕方法和雇员福利。这里，也同时提供了一个模式，后广为18世纪英国的庄园主所效仿。

罗伯特·亚当

这种复杂的审美观——即创造非凡的府邸和景观，其成功实践之一就是位于德比郡的凯德斯顿府邸。这里，别墅由扇形的柱廊连接于4个亭阁，如帕拉第奥的莫塞尼高别墅，建于约1758年，设计出自马修·布莱丁海姆（1699—1769年），为纳萨尼尔·柯真，即后

543（上）肯特：古代美德神庙，乐土世界，斯托镇（Stowe），白金汉郡（约1732年）

来的斯卡斯代尔子爵一世而设计。布莱丁海姆曾自1734年开始监督建造郝克海姆，于1759年被詹姆斯·佩因（1717—1789年）替代，又于约1760年被亚当（1728—1792年）接管。这种建筑师的不断更换被认为是更为时尚的行为，表现了辉格派庄园主的贵族心态，及其与时尚并进的重要性。的确，于约1758年，柯真也咨询了第四个建筑师——詹姆斯·斯图尔特（1713—1788年），在当时看来，虽后来被认证是错误的，但他在建筑界是罗伯特·亚当的最大对手。

凯德斯顿建成于18世纪60年代，虽然4个亭阁中只建了2个。其中一个，如同郝克海姆一样，包含私密的家庭空间，当时，这样府邸中的大房间从不是为日常之用的。亚当主要的外部改造是南部的立面，其形式为一种浪漫激发的罗马康斯坦丁凯旋门。人们可以视此戏剧性表现为"风景画风格"，它是建筑的版本，即与"随想曲式"的绘画平行，如克劳德的"康斯坦丁拱门的景观"（1651年），而这里，城市纪念建筑已转化为田园背景。这种帝国主题之于一个德比郡庄园主的宅邸，无论理念是否合适，亦回应在这夸张的府邸室内，在其巨大的科林斯柱式门廊之内，从正门直入其大厅，后者大多时间极为寒冷。这里，墙两侧为科林斯柱式，如帕

544 阶梯，伯克利（Berkeley）广场11号，伦敦（1742—1744年），肯特

拉第奥重修之维特鲁威的"埃及厅堂"，并饰有壁龛，内有古代雕像，以及荷马主题的纯灰色画板，如帕拉第奥所绘制的罗马"火星神庙"。空间的对比令人愉悦，由此，进入圆厅或客厅，一个贵气的穹顶空间受启发于万神庙：高62英尺（19米），比大厅要高出22英尺（6.5米）。大厅和圆厅的基本形式源自佩因对布莱丁海姆原设计的修改，但这里佩因用主楼梯将它们分开，而亚当却将它们连起，以一种古罗马世俗中庭和门厅的关

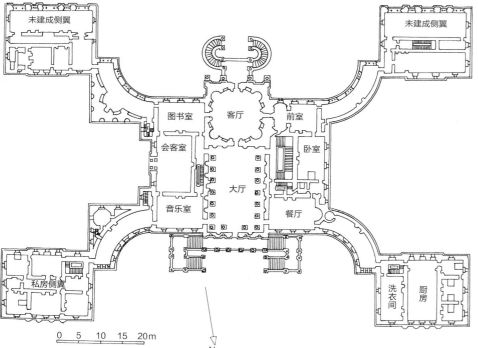

未建成侧翼

未建成侧翼

图书室

客厅

前室

会客室

卧室

大厅

音乐室

餐厅

私房侧翼

洗衣间

厨房

0 5 10 15 20m

N

系——一种他曾在《戴克里先皇宫废墟于斯帕拉特罗》描述过的布局。在此他声明，古罗马的室内设计提供了"多种形式、多种维度"的模式，而现代建筑师们常常只是制造了"一系列呆板类似的房间"。

亚当对古罗马辉煌的再创并将其用于现代世俗建筑是自拉斐尔时代之后独一无二的创举，且是在当时欧洲极为独特的。他是如何于刚过30岁的年纪就获得此能力？他在苏格兰经历了一种令人佩服的建筑学训练，训练来自其才华横溢的父亲威廉·亚当，之后，他便于1754年出发至意大利，在那里，他和两位欧洲建筑界极有影响力的绘图师交上了朋友，他们是皮拉内西和法国艺术家查尔斯-路易·克莱里索（1721—1820年）。克莱里索教过亚当、钱伯斯绘制很多古代废墟图，这对风景画风格传统的发展是一个重要的影响，因为图中示意着建筑最迷人的时候是其衰落之时，或当其隐现于水彩之中。

亚当在意大利的4年之中，考察了各时期的建筑和室内设计，事实证明，他特别研究了古罗马室内绘画和壁画的再现，出自文艺复兴画家之手，如拉斐尔、瓦萨里。从某种角度来说，他的"大旅行"的顶峰是其与克莱里索于1757年去达尔马提亚的斯普利特的旅行，是为了制作戴克里先宫殿的测量图纸，图纸后于1764年以奢华的形式出版了。他很明智地研究了古代的世俗建筑，而不是神圣或公共建筑，因后者是之前考古学家极少研究的，又是现代建筑师极为感兴趣的课题之一。如我们所提过的，之于他在凯德斯顿使用的设计方法，这使他能够拥有言论权威。他的斯普利特之旅无疑是他有意与詹姆斯·斯图尔特和尼古拉斯·莱维特展开的竞争，后者自1751年起花了4年时间在雅典，并首次测量了希腊的古典建筑。1762年出版的期待已久的首部集册《雅典古建》暂时把

斯图尔特变为亚当的一个劲敌，并置其于温克尔曼同一水平，成为欧洲的希腊古建权威。亚当强烈的野心使其竭尽全力抹黑斯图尔特的名声，如保证后者被解雇于柯真家族在凯德斯顿的设计之职。

亚当最好的早期室内是赛恩府邸，一座中世纪式，詹姆士一世时期的建筑，位于伦敦附近，重修于1762—1769年，是为休·史密斯森爵士（1715—1786年）设计，后者于1766年成为诺森伯兰公爵。史密斯森决定，据亚当所述，"整个建筑应全部按照古代风格来设计"。然而，虽然意识到此雄心，亚当与此同时还是借鉴了当时的法国设计来布局其室内。他辩解道："房间一种适宜的布置和装饰，是艺术的一个分支，于此，法国已先于其他国家"，又加上令人难忘的一句，"要彻底领略生活的艺术，也许有必要和法国人花一段时间。"同时，他表明其对英国风景画风格理念的认同，即着重强调，而不是去遮掩其一层门厅南部在高度上的蹩脚变化。这里，他又宣称于一柱屏之后使用曲线楼梯，"给整个景观增添了一道风景"，并强调，"不同的层高以此手法布局，来增添景色，且增强动感，并使这一明显的缺陷被转化为一份现实的美丽"。亚当的设计方式得以增彩是因其风景画风格，而不是因其建筑理论理想，即其比例正确性或是古代细节，如其写过的室内空间，确实，他更像一名景观建筑师，如"万能"布朗。

同样出于对风景画效果的考虑，也丰富了相邻的前厅设计（图554）。这里，12个独立的蓝色大理石柱子，用亚当的描述，"是用以构建房间，提升景致"。更为重要的是，这些柱子也符合屋主体现古代真实性之意愿，因为它们都是古罗马之物，挖掘自台伯河床。亚当为这些柱子设计了新的白金色柱顶，是古希腊的爱奥尼式，虽不是复制，却是受启发于雅典伊瑞克提翁神庙的柱式。他又在其顶冠以优雅

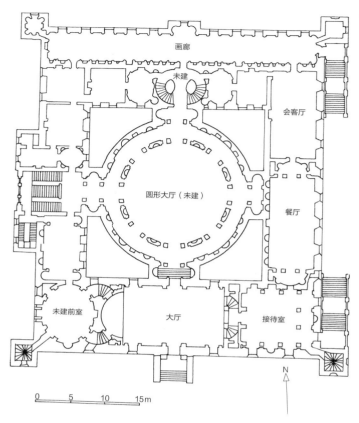

画廊

未建

会客厅

圆形大厅（未建）

餐厅

未建前室

大厅

接待室

N

0 5 10 15m

547 亚当：赛恩（Syon）宅邸的平面，米德萨斯（重修于1726—1729年）

的镀金男性塑像，这种组合得见于古罗马的公共建筑之中，如凯旋门，但未见于室内设计。通向前厅的入口两边为两幅华丽的浅浮雕，是镀金泥饰的战利品。雕刻出自约瑟夫·罗斯，模仿了奥古斯都皇帝的战利品，于罗马的坎皮多利奥，它也曾被乔瓦尼·达·乌代模仿过，于拉斐尔在罗马的马达玛别墅中，由皮拉内西雕刻于1753年。

这间前厅有着新古代的丰富性，令人想起皮罗·利高里奥的作品，即在梵蒂冈花园中为皮乌斯四世设计的奢华小别墅，是亚当特别喜爱的一件作品。非同寻常的是，亚当的混合内饰中使用的闪烁异彩作为当时欧洲

的佳作之一，应纯粹设置为"不穿制服的仆人……和商人"，对比于大厅，后者即是穿制服的仆人。铃扣的发展摒弃了在府邸中心，即公共等候厅中对仆人的需求，同时，也令穿制服的男性仆人逐渐消失，后者曾是贵族府邸的展示元素。前厅之后即为餐厅，这一次，亚当忽视了法国的先例，在后者的设计中，餐厅没有被特殊强调。亚当觉得在英国餐厅和其装饰处理上应该得到特别的强调，感谢不同的政治环境，令每个人都会感到他是政府的一分子，由此，他们习惯于在餐后长时间地谈论政治和公共事务，尤其在女士们已退至相邻的小会客厅之后。

亚当做出了一系列惊人华丽的室内设计，在英格兰和苏格兰，于18世纪60年代，是在伯德、奥斯特利、诺斯特尔、肯伍德、萨尔特拉姆，于18世纪70年代，是在麦勒斯泰因、奥恩威克、海德福特、纽拜，于后者，他的雕塑画廊，预演着18世纪末和19世纪初的博物馆风格。亚当在这段时间的很多作品都含有对现有乡村府邸的改建和扩建，受激励于当时追求视觉和社交时尚的考虑。然而，于18世纪70年代，他在伦敦有机会设计了几栋新联排别墅，包括圣詹姆斯广场20号和现已被毁的德比府邸。在这些天才的设计中，房间的形状有着鲜明的对比，通常是半圆形或是椭圆形，后有柱屏，于典型伦敦府邸的狭长平面之上。在格罗斯凡纳广场的德比府邸中，二楼的3个小客厅和一个前厅相对而开，以便于聚会中的来往，依据亚当之言，"房间布局中法国风格的一种尝试……最适合这种方便、优雅的生活方式"。然而，他后悔因缺少空间而不得不把德比爵士和夫人的套房分开——尽管得体地放于一楼和二楼，却未能放在同一楼层，如巴黎一样。

虽然，他精心绘制粉饰的新古代室内，为创造出风景画风格的动感效果，是其最伟大成

就，亚当也能创造出纪念性建筑的外观，如斯托府邸（1771 年）的南立面、爱丁堡大学的老庭院（1789—1793 年）、洛锡安的高斯福德府邸（约 1790—1800 年）。

钱伯斯和怀亚特

　　亚当的想象力和才智之后，其主要对手——钱伯斯和怀亚特——则被尊为稳重和彰显。威廉姆·钱伯斯爵士（1723—1796 年）的早期岁月和建筑学教育背景赋予了他国际的眼界，使其区别于英国的同时代人。他在

17~26 岁时服务于瑞典的东印度公司，这使其有机会游历印度和中国。之后，他于 1749—1750 年就学于巴黎 J.–F. 布隆代尔的艺术学校，在那里，他结识了佩尔和德·威利，他们同他一起去了罗马，并成为终生挚友。在意大利，于 1750—1755 年，同亚当一样，钱伯斯深受皮拉内西和克莱里索的影响。在罗马，他于 1751 年准备一座陵墓的设计，为弗雷德里克，即威尔士王子，陵墓位于科尤花园。这座庄严的穹顶圆形建筑受启发于古罗马陵墓的重建，后者是于 18 世纪 40 年代建于罗马，设计出自法兰西科学院的建筑师，如查利和勒·洛林。然而，在克莱里索的影响下，他在一幅画里以废墟形式表现出来，由此，

548 第二会客室，圣詹姆斯广场20号，伦敦（1771—1774 年），亚当

549 亚当：斯托府邸南面的入口门廊（现为学校），白金汉郡（1771年），由T.皮特执行建成（1772—1774年）

显现出风景画风格的感觉对于建筑设计的颠覆（图559）。

虽然陵墓没有建成，钱伯斯在科尤于1757—1763年为王子的遗孀设计了一个风景画风格的花园，其中有一系列古典和东方式的建筑，包括和平神庙、帕拉第奥式桥、阿尔罕布拉宫、清真寺、宝塔、废墟拱门，后两者留存至今。菲舍尔·冯·埃拉在《历史建筑草图》中对异国情调版图的实现被钱伯斯记录在他的《科尤的花园和建筑……的设计》（1763年）。与其著作《中国建筑、家具、服饰……寺院、房屋、花园等的设计》（1757年）和《东方花园论》（1772年）一起使他成为所谓"英国中式花园"的大师，这种花园在世界范围内广为模仿。然而，在英格兰，其风景花园的观点逐渐被视为过时的洛可可品位，鲜明对比于"万能"兰塞罗特·布朗（1716—1783年）的作品，后者用宽敞起伏的园林环绕着英国很多优秀的乡村府邸，虽缺少人性和建筑的趣味，却创造出一种平静祥和的气氛。

钱伯斯两个有趣的早期作品位于都柏林和爱丁堡的郊外：即马里诺府邸的小别墅（1758—1776年）和达丁斯顿府邸（1763—1768年）。小别墅是一座法国式的亭阁建筑，一种古典风格的微型府邸，近似于法国建筑师吉恩-劳伦特·勒·格雷的版画，他和钱伯斯有私交。达丁斯顿府邸在乡村府邸发展上，是一个重要的转折点，因这里钱伯斯放弃了一层为主层[①]的概念。钱伯斯把主要的室内放在底层，省去了基坛，如同古希腊的神庙，而不是如同很多台阶之上的古罗马神庙。主要的房间设于底层，这使它们可以通至花园，一种广为流行于摄政时期（约1790—约1820年）的布局，因其流连于房屋和花园之间的风景画风格。

1761年，英国国王乔治三世——此时已同钱伯斯学习建筑——创立了新的"皇家建筑师办公厅"，并任命钱伯斯和他强劲对手亚当来

① 一层为主层：
这是欧洲概念，一层为底层之上，因而现今电梯的一层实为二层，在美国一层即底层。

382

共享此职。同感于法国的建筑，钱伯斯欣然接受这类似"法国国王首席建筑师"一职。他想建立一种公共建筑形式，既有尊严又很体面，能媲美法国建筑师世家所推崇的，如加布里埃家族、孟莎家族。他也推举成立英国皇家艺术学院——成立于1768年，来与法兰西科学院相抗衡，并且于1759年出版了《民用建筑条例》的第一部分，意在细化和固定英国的设计品位。他没有几个皇家任务，他在英国的杰作是一座公共建筑——萨莫塞特议院（1776—1796年），建于伦敦，作为政府办公楼，是欧洲此类建筑规模的第一座。这座建筑从整体上向帕拉第奥和琼斯致敬，但又加以路易十六风格的优雅和精制的细节。戏剧性的夸张显现于其设计之中，于宽敞的椭圆形和半圆形的楼梯以及粗粝圆拱上的开敞柱屏，向河边散发着皮拉内西的气息。尽管萨莫塞特议院的体量很大，但它的细节处理方式却极为保守，其整体效果不是应有的纪念性，而是成为细节上的一种堆砌。

钱伯斯的学生詹姆斯·甘顿（1743—1823年）展示出他比老师更有能力设计纪念性公共建筑。其设计的诺丁汉郡议会厅（1770—1772年），以及他于18世纪80年代在都柏林设计的各种建筑，包括海关大厦、圆形会议厅、议会大厦（现为爱尔兰银行）、四法院，成功地综合了法式帕拉第奥传统，后者被钱伯斯采用，有着源自雷恩的一种英国本土的纪念特征。

和朴实的甘顿形成鲜明对比的，是更为多产、风格多样的建筑师怀亚特（1746—1813年）。他在18世纪60年代在威尼斯和罗马接受建筑学训练，之后他回到了英国，当时的英国多为亚当兄弟的作品，他很快就效仿了他们的风格，也常聘用约瑟夫·罗斯——亚当兄弟的首席粉饰匠。他成名于其第一个作品，即伦敦牛津街的万神庙

550 钱伯斯：科尤花园的宝塔，萨里（1761—1762年）

551 赌场，马里诺（Marino）府邸，都柏林（1758—1776年），钱伯斯

（1769—1772年），这是英国当时最为富丽堂皇的议会厅堂。虽然罗马的万神庙清晰地表明于室内空间，环绕以实墙，并被文艺复兴的建筑师们视为清晰与秩序的形象，而怀亚特为了追求一种新的画面感觉，求索了源于君士坦丁堡拜占庭风格的索菲亚大教堂。因此，尽管名为"万神庙"，怀亚特的大穹顶空间环绕的却是两层的柱廊和半圆殿，使其更像是源自索菲亚大教堂，而不是罗马万神庙。此建筑之后，他又设计了曼彻斯特附近的希顿大厅（约1772年），这是佩因在凯德斯顿设计的一个新古典的简化版，局部为帕拉第奥风格。位于希顿，彩色的"小穹顶屋"由彼亚吉奥·瑞贝卡所绘，是所谓"伊特鲁斯坎风格"的早期实例。怀亚特的第一件此风格小品早于亚当的作品，可见于他的神庙——在白金汉郡的福雷庭院（1771年）的花园之中，坐落于泰晤士河的一座小岛上。饰以黑色的人物奖章及圆片饰物，以及置于淡绿色地面上的赤陶，神庙的装饰灵感来自威廉·汉密尔顿爵士的彩色版画《古代花瓶刻饰图集》（第4卷，1766—1770年）。

18世纪80年代，他设计了类似的精美室内，在之后的10年里，他建造了两座精致的古典乡村别墅——库勒城堡和阿维昂的道丁顿园林，位于爱尔兰的弗马纳郡。库勒城堡是一个正式、对称的作品，源自帕拉第奥式，而道丁顿（1798—1813年）则标志着一种崭新的摆脱，更为轻松、非对称风格，即后来摄政时期建筑的一种风格特征。一座庞大的科林斯式

555 万神庙的雕版画，牛津街，伦敦，怀亚特（1769—1772年）

556 怀亚特：圆顶间，希顿大厅，曼彻斯特（约1772年）

车辆通道，罗马尺度，占据着正面的入口，用来与之平衡的则是一个扇形的温室，后者又有些惊人地通向一座中央式布局的穹顶小教堂。要知道，令人极为惊讶的是，怀亚特在建造道丁顿的同时亦在建造一座英国最为张扬的乡村府邸，即威尔特郡的哥特式的福特希尔修道院，于1796—1812年，是为怪异的审美家威廉·贝克福德而建。此建筑呈不对称形，尺度前所未有，布局为不规则十字形，汇集于中央的一座八角形塔楼，塔楼高耸，但结构单薄，并于1825年塌落。特希尔修道院（图560）执着的创新精神则彻底毁灭了18世纪建筑的平衡与和谐。

丹斯和索恩

另一位建筑师，曾尝试以一种不同但更为理性的方式来打破18世纪的传统，他就是建筑师乔治·丹斯（1741—1825年）。他自1759年在罗马进行了近6年的建筑训练，其

间他成为"新法国—意大利古典主义"的得力
实施者,该风格产生于罗马的法兰西学院。这
可见于其设计的一座公共美术馆,他于1763
年获得位于帕尔马的学院的金牌。此设计有
低调的水平天际线,以及裸露却非常结实的
粗琢墙,这又再一次出现于他设计的伦敦新
门监狱(1768—1780年;毁于1902年),这
里,入口门廊上的锁链花边令人不寒而栗,一
如皮拉内西版画中的监狱图像,他同后者于罗
马相遇。作为正义和惩罚的凛然象征,纽盖特
监狱可被视为表达了伯克的"崇高"概念,此
概念隶属美学领域,被伯克在其1757年出版
的畅销书中列于"美丽"一项,"吾辈之崇高
及美丽概念的哲学分析"。"伟大"是一个用
来形容人对自然反应的名词,如敬畏和恐惧,
但是在18世纪的英国和法国,它被转化为视
觉艺术,尤其是建筑和艺术品所表达的超人类
之宏伟。丹斯的新门监狱也是当代法国"言语
建筑"(speaking architecture)的一个实现,这
里,法国的古典传统被尼古拉斯·勒·卡莫
斯·德·麦吉尔斯打断,以其提倡的一种心境
和感性的建筑。

丹斯及其更为出色的门徒约翰·索恩爵
士(1752—1837年)极为关注创造,后来所
谓的"建筑之诗"———一种词汇,类似"神
秘之光"———亦被索恩使用过,是来自勒·卡
莫斯·德·麦吉尔斯。丹斯设计的大众议会厅
(1777—1778年;毁于1908年)位于伦敦的
圭尔德豪尔,把传统的穹顶空间,化解为如降
落伞或是帐篷一样,将其穹顶和穹隅放入同一
个球面。索恩发展了此主题,作为一种崭新、
诗意萦绕的室内设计的基础。自1768年他便
成为丹斯的学生,1772—1778年他工作于亨
利·荷兰德(1745—1806年)的设计室,之
后,他花了两年的时间在意大利汲取了国际新
古典主义的语言,欣赏了古希腊神庙的"惊人
之宏伟"。于1788年,他极为幸运地被指定

557 怀亚特设计的道丁顿(Dodington)花园的入口立面
(1798—1813年)及左边的温室

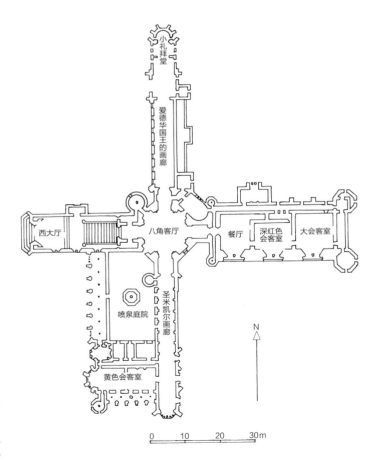

558 怀亚特:福特希尔大修道院的平面,威尔特郡(1796—
1812年)

为英格兰银行的建筑师，到了 18 世纪 90 年代，其设计之重要性仅次于詹姆斯·怀亚特，在 1813 年怀亚特去世之后，索恩被任命为工程委员会的三位"固定建筑师"之一，其他两人为罗伯特·斯默克爵士和约翰·纳什。

在 1792 年设计英格兰银行的公债办公室时，索恩在得到丹斯的帮助期间认识到了丹斯立意的"建筑解锁"（architecture unshackled），这里，古典语言被仅限于一系列的线条和凹槽，划分其穹顶照明的有奇特诗意效果的空间。他在银行中继续其主题，在室内设计中如"统一公债办公室"（1798—1799 年）和"殖民和红利办公室"（1818—1823 年）。他在1822—1825 年设计的法院建于中世纪的威斯敏斯特官殿之中，以及新建于贸易理事会和枢密院大楼之中（1824—1826 年）的枢密院办公室，代表着其设计的制高点，即古典主义和哥特风格独特的个性化、浪漫化的融合，其特色为神秘的采光效果、高吊的圆拱。

559（上）钱伯斯的设计，威尔士王子陵墓，作为一个废墟（1751—1752 年）

560（对页）圣米凯尔画廊南端的雕版画（1823 年），福特希尔，詹姆斯·怀亚特（1796—1812 年）

561（下）丹斯：新门监狱，伦敦，（1768—1780 年；现已毁），及中间的总督（Governor）宅邸

　　书中提到的所有索恩设计的建筑都已被损坏，因此，若要体验索恩艺术的第一手资料，我们必须转至其杰出的"别墅+博物馆"（house cum museum），是索恩于 1792—1824 年为自己建造的，位于伦敦的林肯旅店公园。与其一同保存下来的是一系列的室内设计，充满了索恩收藏的古代和现代艺术品，构成了室内空间处理的最高境界，类似亚当在 18 世纪 60 年代首次展现的各类自然风景一样。的确，索恩把玩的层高变化、顶部采光、镜子、复杂景观与不断的古风暗示一起，使这一建筑成为英国新古典主义中风景画风格运动之顶峰。索恩描写其早餐室（图 565），有着浅穹隅的穹顶，并脱离开两边的墙，呈现如一华盖：

　　"这个房间的景观可俯瞰纪念碑广场、博物馆，天花上的镜子、墙壁上的大镜子，连同各种的轮廓、通常的设置、空间限度的认知，展示了一种成功，其迷幻的效果则构成了建筑的诗意。"

法国新古典主义的兴起

在18世纪出现了两种反馈,一是对华丽的巴洛克和洛可可装饰,二是对同样华丽的礼仪制度,即关系到17世纪和18世纪早期宫殿中礼仪室的排列。凡尔赛宫殿里的小特里亚农宫于1761—1764年为路易十五建造,设计出自安格-雅克·加布里埃(1698—1782年),则是此孪生反馈的完美表现。别墅建筑主体的正立面中不见一条曲线。其比例优美的石棱柱及其低调的持续水平的天际线,不是依靠巴洛克的焰火,而是依靠纯熟、严谨。从功能上,它也是同样代表了一种转变,不同于凡尔赛宫和大特里亚农宫中巴洛克式的宫廷礼节,因为此别墅是国王出资,是为国王与其情妇蓬帕杜夫人(Madame de Pompadour),在此独处并观赏附近农庄的田园生活。

小特里亚农宫的设计有着对周边环境的敏感,且更多是补充,而不是主导。正门入口和花园的中轴线相垂直,因为花园位于西部且地势高于入口,是已建成的部分。由此,其4个立面有着微妙的区别,呈现不同的样子:南部入口立面和北部立面只是用壁柱简单地连接;东立面面向植物园,则没有建造柱式;而西立面——亦是主立面,面向国王的花园,则有比例较好的独立科林斯柱式。西部和北部正面的外部楼梯可以直通花园。其内部有着3个楼层,在相对朴素的建筑中有些异常,但这给了加布里埃更多的自由,能够在最方便之处提供服务,使整个别墅的运作极尽自如。的确,加布里埃的原设计中,

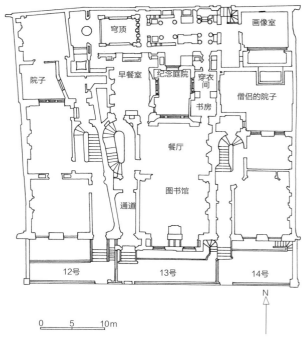

562(上左)索恩:公债办公室,英格兰银行,伦敦(1798—1799年;现已毁)

563(左)底层的平面,林肯旅店公园12号、13号、14号(约翰·索恩爵士的博物馆),伦敦(1792—1824年),索恩

餐厅和紧邻的自助或餐具间有两张机械桌或叫"飞桌"，在地下室由仆人们先摆好食品，可以升到上面的房间，如此可以减少仆人的出现。舍弃了传统的餐桌也使得西立面前面的景色毫无阻挡，由此也解答了餐厅非同寻常的布局，即在主花园的一侧。

事实上，"飞桌"最终未得建成。1764年，蓬帕杜夫人去世，而建成的只有小特里亚农宫的墙壁。室内工程持续至1769年，那一年，国王在此第一次用餐。在5年后他去世之时，小特里亚农宫的历史新时期开始了，玛丽-安托奈——路易十六的妻子——把公园改建成了一座英式花园，这得助于她的园艺师安东尼·理查德和她的建筑师理查德·米克。常规的形式被取而代之——以不规则的湖泊、假石洞穴、不平的草地，它在著名的哈米奥园林或诺曼底村达到顶峰，又以乡村的农场和畜牧为终结。可以说，英式花园和哈米奥园林虽然看起来不同于约20年之前加布里埃设计的小特里亚农宫，却是在知性上的一种延续，都有着类似的要求，即自然性和简洁性（图566）。

18世纪初，一组建筑理论学家就曾提此要求，即呼吁回到原始古典的明朗——米歇尔·德·弗莱明（1702年）、吉恩路易·德·考德莫伊（1706年）、马克-安东尼·劳吉尔（1753年和1765年），这里，所有不必要的装饰都应被摒弃，使柱式用于功能，而非装饰。自然和古风应是用于此类理想建筑的孪生模式。的确，根据维特鲁威的暗示，劳吉尔认定，原始茅舍的形式起于树木、枝杈，即古典神殿的起源，甚至应是现代建筑师永久保持的模式。这种理性和浪漫、成熟和质朴的结合留存于18世纪古典主义的核心。对于新发掘的无基座古希腊多立克柱式而产生的模棱两可的态度给予了其特征性的表达。人们的视觉习惯于古罗马及之后柱式装饰的成熟

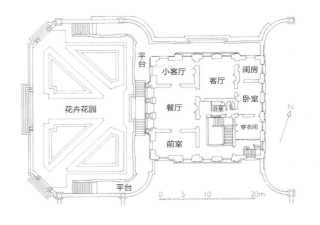

564 小特里亚农宫主层的平面，凡尔赛宫（1761—1764年），加布里埃

性，但更惊诧于古希腊较为直白的柱式，后者是在18世纪中期被考古学家们发掘并公布的。希腊多立克柱式的使用多有一种简洁原始的气氛，协调于大自然的本身，即一种极富诗意地表达于古希腊多立克柱式和人造山石的并列之中的主题，如克劳德-尼古拉斯·勒杜通向盐场的大门，位于阿克-埃特-塞南斯（1775年），以及弗朗科-约瑟夫·白兰格的别墅底层洞穴，位于巴黎的弗利-德·圣詹姆斯别墅（约1780年）。

除了小特里亚农宫以外，加布里埃建造了很多其他小型建筑，于18世纪五六十年代，亦为其同时代人设定了一种范例，即如何结合优雅与宁静，这些建筑包括蓬帕杜夫人在小特里亚农宫里的弗朗希斯亭阁、在枫丹白露的隐居别墅、在凡尔赛宫附近森林中的一些狩猎屋子或亭子。然而这些并不是加布里埃的经典设计，在1742年他接替其父"首席建筑师"一职之后，更多地被任用于庞大的皇家项目中，在凡尔赛宫、贡比涅府邸、枫丹白露；以及在巴黎的路易十五广场，即现在的协和广场（1753—1775年）和军事学院（1751—1788年）。他在此采用的庄严纪念性的风格有意地回应了17世纪的风格，即其出资者祖父的路易十六时期的风格，这种风格上的延续，亦代表着政治稳定的延续。

565（对页）约翰·索恩爵士博物馆的早餐室（1812年），伦敦，索恩

566（上）哈米奥园林，凡赛尔宫（约1774—1783年），建筑师理查德·米克、园艺师安东尼·理查德、画师休伯·罗伯特

567 加布里埃：小特里亚农宫的西立面，凡尔赛宫（1761—1764年）

苏夫洛和圣吉纳维夫

　　南锡建筑的多样性，结合了巴洛克式和洛可可式的元素，于一个正规和惊喜的背景之中，并不一致于 18 世纪中期最有想法、最有影响力的建筑师的理念。他们中间最为出色的一位，深思熟虑地要创建一种新型建筑，有着古典、理性、维新的风格，他就是雅克-热日曼·苏夫洛（Jacques–Germain Soufflot，1713—1780 年）。他是一名省级律师的第十四个孩子，因拒绝从其父业，1731 年他到罗马学习建筑学。他于 7 年之后返回，于 1740 年，被任命建造里昂的蒂尤旅馆（医院）。其简洁纪念性的设计，引起了蓬帕杜夫人的注意，后者于 18 世纪 40 年代后期，在路易十五的宫廷之中逐渐得势。蓬帕杜夫人急于确保将皇家"建筑总监"一职授予给他 18 岁的弟弟，即后来的马里格尼侯爵，她安排苏夫洛和她弟弟于 1749 年去游历意大利，以完成他的建筑教育。此次旅行之中，苏夫洛造访了罗马的法兰西学院，这里，于 18 世纪 40 年代，年轻的设计师们已影响了当时的英国建筑风格，又一直在创造一种强劲的、新古代的风格，其标志为一种神奇的组合，有大量的柱式、石穹顶、方尖碑、浅浮雕。

　　苏夫洛一行人于 1750 年从罗马向南出发，游历了帕埃斯图姆、那不勒斯，以及毫无疑问的，赫库兰尼姆的考古发掘地。第一张出

568 加布里埃：协和广场，巴黎（1753—1775年）：北面及背景的马德琳教堂（La Madeleine）

版的帕埃斯图姆（29页）希腊神庙测绘图，在当时被视为极其原始，是杜蒙在1764年的版画，其依据即14年前苏夫洛的素描。

1755年，在马里格尼侯爵的推荐下，国王指定苏夫洛为建筑师，设计一座宏大的新教堂，为纪念巴黎的保护圣人圣吉纳维夫。这座教堂意在媲美罗马的圣彼得大教堂和伦敦的圣保罗大教堂。苏夫洛竭尽全力建造了一座革命性的新教堂，不仅未受之前任何巴黎建筑的影响，而且给予多样的知性和视觉的理念以丰富清晰的表达，这些理念出自理论家，如佩罗、考德莫伊、劳吉尔，以及许多在罗马法兰西学院训练过的设计师，如勒·洛林、派提托特。其效果主要依靠庞大

的独立柱式和长水平梁的一种组合，水平梁没有被支柱或壁柱打断，如文艺复兴和巴洛克式的教堂。自1757年开始改建，这座教堂的初始设计有着庞大的神殿门廊，由24根柱式组成，高过罗马的万神庙柱子。教堂下面是巨大的石拱顶地下室，支撑在古希腊多立克柱式之上，柱式设计亦有些简化。教堂中殿的墙壁上凿开很多窗子，如哥特式教堂一般，使阳光可以透过柱廊倾泻至中殿，同时，穹顶由纤细的礅柱支撑，每个礅柱又由3个壁柱包裹（图569）。

建筑结构和外观的这种轻盈，是崇尚哥特建筑的一种反映，是苏夫洛和极具影响力的理论家劳吉尔所共享的观点，这在当时是

569（对页）万神庙的室内，巴黎（圣吉纳维夫），始于1757年，苏夫洛

570（上）索利图德宫（La Solitud），斯图加特（1763—1767年），菲利普·德·拉·格皮埃（P.-L.P. de la Guêpière）

极具革命性的。当时的人们很快颂扬了苏夫洛，因其大胆和美妙地结合了希腊和哥特、古代和现代、理性和风景画式。建筑师布莱比昂解释说，苏夫洛的目标是"整合一种最为亮丽的形式，用哥特建筑轻盈的结构和古希腊建筑的纯真与宏伟"。事实即如此，然

而，我们得到的教堂却没有完全实施苏夫洛的美好理念：砖石中的裂缝很快出现，因此，交叉点的墩柱于1806年被加大，两侧的窗户又被封闭了，建议来自极有影响力的学者和作家，A.-C.考特莱米尔·德·昆西，那是1791年。

同一年，革命政府将此建筑世俗化，变为万神殿——一座纪念堂用来埋葬民族英雄——直至今日。此过程，毫无疑问，得助于建筑的圣堂形式：的确，以其大胆的首创，

周全的规模，摒弃传统的综合形式，且崇尚古代神庙风格，它可以并行于当代的《百科全书》[①]，一部有关科学、艺术、工艺的字典（1751—1777 年），由德尼·狄德罗和 J. 达莱姆伯特编著。这本书即史上第一本百科全书，试图总结当时的知识，其启明之处在于它对宇宙的一种理性解释，以及对宗教的一种质疑态度。

在 18 世纪的英格兰，乡村别墅是新建筑理念的实施形式，而在法国，教堂设计仍旧保持对实验性的一种固有的注重。在圣吉纳维夫建造之后的 10 年中，3 座新教堂小规模地集中了理性主义者的理念，来自佩罗、劳吉尔、苏夫洛。建筑的设计师们都曾就学于罗马的法兰西学院，他们是在圣热日曼–恩–雷耶的圣路易教堂（于 1764 年设计，于 1766—1787 年和 1823—1824 年施工），设计师为 N.–M. 波坦（1713—1796 年）；在凡尔赛设计的圣西姆弗伦教堂（1767—1770 年），设计师为 L.–F. 特鲁阿德（1729—1794 年）；以及在巴黎设

571 万神庙的外观，巴黎（始于1757年），苏夫洛

① 《百科全书》：
第一本出版于 1751 年。

计的圣菲利普·杜·鲁尔教堂（于1768年设计，于1772—1784年施工），设计师为J.-F.-T.查尔格林（1739—1811年）。这些长方厅堂教堂其屋顶为井格式的筒形拱顶，架于坚实的柱顶檐之上，其下为成排的独立柱式，在圣西姆弗伦教堂，后者有着明显的古希腊多立克的气息。建筑呈现更多的是其知性，而不是其视觉，因它打动参观者的主要是其石质的庄重展示，表现了建筑的承重部分，而其表层的光彩则被无情地消除了。

佩尔和德·威利

在苏夫洛之后，玛丽-约瑟夫·佩尔（1730—1785年）是影响18世纪古典主义风格的主要建筑师之一。他于1753—1756年就学于罗马的法兰西学院，在那里，他测绘了重要的几处建筑遗址，如戴克里先和卡拉卡拉浴室以及哈德良位于蒂沃利的别墅。他的宗旨，即推崇一种新型的纪念性建筑，受启发于这些古代典范，得见于其书，即《建筑作品》（1765年）之中，其中包括他为学校、宫殿、大教堂的设计，运用了庞大的柱廊、穹顶、柱式门廊。这些建筑的特征，多有一个硕大的尺度以及一种石质感的非实用性，却不知如何负面地影响了部雷、勒杜、杜兰德的设计。虽然，这是此类工程的首次出现，但此风格已确立于本世纪之初，在罗马的卢卡科学院，于建筑师的竞赛作品之中，如菲利波·尤瓦拉、卡罗·马奇昂尼、卡罗·斯特法诺·丰塔纳、后者的侄子卡罗·丰塔纳。

除了有着冷峻立面的巴黎奥德翁剧院（1767—1782年），佩尔之后没有建成几座建筑。然而，其未实施的惊人设计，即于1763年为德·康德王子——路易十五的一个堂兄弟——设计的一座宫殿，却启发了萨姆旅馆的设计，建于18世纪80年代早期，由皮埃尔·卢梭（1751—1810年），为萨姆-齐尔伯

572 特鲁阿德（Trouard）：圣西姆弗伦教堂（St Symphorien）的室内，凡尔赛（1767—1770年）

格的弗雷德里克公爵设计。弗雷德里克是当时喜爱法国风格和文化的德国王子之一，不同的是，他选择住在巴黎，而不是把法国建筑师带入自己的国家。他为其热情付出了双倍的代价，不仅因为萨姆旅馆的奢华而带来经济损失，还因此最终走上断头台。

佩尔拥有为数不多的古罗马居家建筑资料，这使其在康德宫殿中采用的建筑特征只适用于古代公共和神殿建筑。同样的问题也困扰了詹姆斯·佩因和亚当近一年的时间，直到在凯德斯顿，他们设计了一座现代房屋的室内，其中有一个大厅受启发于火星战神神庙，一个客厅受启发于万神庙，一个花园立面则是受启发于康斯坦丁凯旋门。由此，

573 马萨诸塞州议院，波士顿（1795—1798年），布尔芬奇
（Bulfinch）

佩尔着力于传统的巴黎式旅馆或城市府邸，用古罗马公共建筑的庄严与辉煌，将其组合于一个庭院的周围。这个庭院和街道隔着一道开敞的柱廊，柱廊有一个凯旋门嵌入建筑的中央，而府邸的柱式门廊则直接进入一间庄严的圆形大厅，令人想起一座神庙，但这里却装饰有一圈独立柱式以屏蔽楼梯。

为了在萨姆旅馆中加入这些庄重特色，卢梭于另一座建筑中寻求灵感，亦归功于佩尔，这就是巴黎外科医学院（1769—1775年），设计出自雅克·冈道因（Jacques Gondoin，1737—1818年）。它被当时的很多人赞颂为古典主义杰作，这座惊人的建筑被佩尔描述为一座"纪念性建筑比我们任何一座教堂都更像一座神殿"。这座建筑确实有力地支持了，日渐增长的，明确外科医生作为一个独立职业的需求。临街立面威严的爱奥尼式柱廊，有着直截了当的外观，采用水平连续的柱顶檐口，以及檐壁上大胆省略的传统条饰。著名的解剖学馆坐落在主门廊之后，结合了古代剧院半圆形平面，以及井式天花且顶部采光的万神庙穹顶。这种引人注目的想象力创造了一种室内设计，后被广为模仿于 19 世纪的议会辩论厅之中。

另一座建筑同外科医学院一样为人崇尚，即剧院，建于 1772—1780 年，设计来自维克多·路易（1731—约 1807 年），位于富裕且广大的城镇——波尔多。这仅是法国第二座独立式剧场，因为这种规模的剧场是 18 世纪的创新，第一座为苏夫洛在里昂于 1754 年建造（后有重建）。路易设计的神殿般的外观，以其 12 个科林斯柱式组成的壮美柱廊延伸了入口的总长，为参观者准备好观看之后富丽堂皇的楼梯大厅。建造材料是石头，石头常被认为是最高贵的建筑材料，这座巨大的方厅有着开敞式柱廊的首层，以及石质伞状的拱顶，是一种从 16 世纪和 17 世纪法国文艺复兴和巴洛克式石质楼梯的传统的新古典主义的变体。剧场设计的创新在于，路易极力着重楼梯及其周边的空间，用以创造一种戏剧性的场面，即便人们还未到达演出的大厅。这里，波尔多的富有公民可以漫步于豪华的环境之中，即之前只为宫廷中的国王和王子所专属的那种环境。路易的成果影响了很多华丽的 19 世纪楼梯，如乔治·巴塞维、查尔斯·罗伯特·考克莱尔、爱德华·密德尔顿·巴里的设计，于剑桥的菲茨威廉博物馆（1834—1875 年），以及查尔斯·加尼耶于巴黎歌剧院（1861—1875 年）的设计。

玛丽-约瑟夫·佩尔和查尔斯·德·威利（1730—1798 年）表达了与路易类似的想法，于其弗朗希斯大剧院（后为德·罗德昂大剧院，现为法国大剧院）的楼梯和柱廊门厅，设计于 1767—1770 年，建于 1779—1782 年，之后又有部分重修。德·威利引入了一种更具诗意的调子，相比于其他建筑师所展示的严格

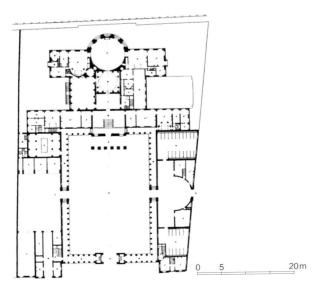

574（上） 萨姆（Salm）旅馆的入口圆拱和柱廊，巴黎（1783年），卢梭

575（左） 萨姆旅馆的平面，自卢梭

0　5　20m

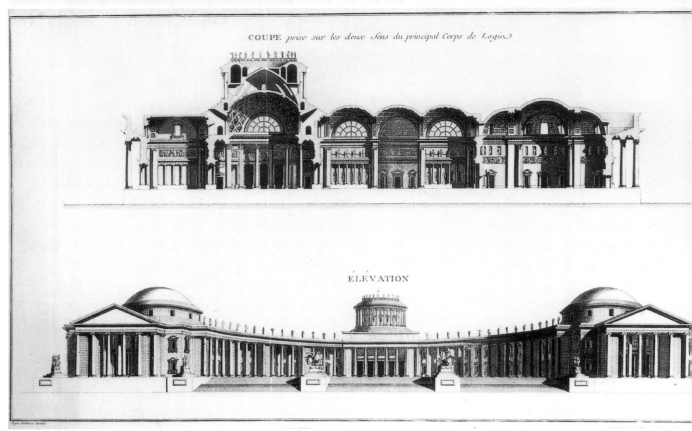

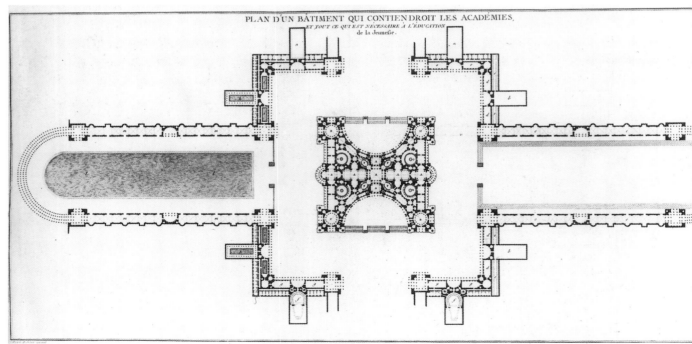

576、577（顶和上）学院的剖面、立面和平面，《建筑作品》（1765年）

作品，如他的合作伙伴佩尔或是冈道因。他对当时考古学研究的新成果极有兴趣，这表现在沃耶旅馆（约1760年）中希腊复兴式的柱子之上，他亦感同于巴洛克的戏剧性，这表现在其热那亚的斯皮诺拉宫殿（现为卡姆帕奈拉宫）里的大厅之中（1772—1773年），大厅有着皮拉内西式的柱子、拱顶、墙镜。两种因素合二为一，即于其第戎附近蒙特玛萨德的别墅中，建于1764—1772年，主人为德·拉·马齐侯爵，他是一位旅行家、多书信者、勃艮第议会的第一任主席。

蒙特玛萨德城堡是法国极具风景画风格的古典建筑之一，因自其正门入口处向前凸出了一个敞开式半圆形柱廊，很难想象到有任何直接的先例。其实，这个亮丽的柱廊只是城堡内的圆形敞开庭院的一部分。德·威利描述这个多立克式庭院为"阿波罗神庙"，而它所通往的圆形房间为"缪斯大厅"，正因如此，这座建筑一直被称为18世纪法国第一座被视为神庙的世俗建筑。甚至，苏夫洛设计的伟大巴黎大教堂亦被认为是"圣吉纳维夫神庙"，而冈道因的外科医学院也被奉为神庙。

蒙特玛萨德城堡的复杂、惊人的特征，后又回应在一组5幢房子中，由德·威利设计，在巴黎的佩皮尼埃路（现为伯伊西路），建于

578（上）外科医学院解剖讲堂的雕版画，巴黎（1769—1775年），冈道因。穹顶开口现被封闭

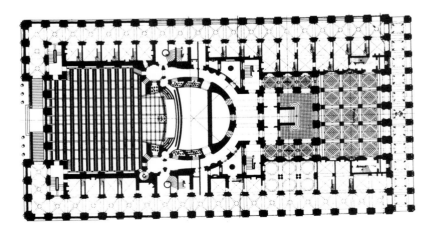

579 大剧院的平面，波尔多

403

1776—1779 年。其中只有两座建成，一座是为己之用，另一座是为雕塑家奥古斯丁·帕吉欧而建，现都已毁坏。这说明了 18 世纪出资者的扩大，以至于一位建筑师能积攒足够的财富，为自己建造一座城市府邸，其规模，在过去只属于贵族和金融家。到德·威利府邸的来访者乘四轮马车进入一个圆形门厅，门厅有着喷泉和一圈古希腊多立克柱式，这里，顶部采光的圆形楼梯通向主要房间，后者展开于首层之上，介于一个平台和一个冬季花园之间。另一个楼梯直接通向位于府邸顶部的观景楼，自此可俯瞰巴黎及周边乡村的景色。由此大约 1770 年，传统的巴黎府邸已然完全改革，而德·威利以其必然的风景画式的想象力，向源自古罗马浴池和别墅的主题剧目之中注入了新鲜的生命。最可与其府邸相比较的建筑即是赛鲁森旅馆，建于 1778—1783 年，由勒杜设计，这是一座夸张的建筑，经由一座看似半沉的古罗马拱门。

勒杜和风景画风格

　　独创、奇特、近乎非对称性，是德·威利府邸和赛鲁森旅馆中的特性，也是"风景画风格"运动的主要特质，尤其是在园林设计中。虽说这主要是一场英国运动，但是，法国哲学家让-雅克·卢梭[①]（1712—1778 年）已为其做了准备，以其极具影响的力作，如其两卷《演讲》（分别为《论科学与艺术》和《论人类不平等的起源和基础》），出版于 1750 年和 1754 年。卢梭的论点，即人本来是自由、善良、幸福的，却因社会和城市生活而腐败，由此，他提出了一个充满诗意和情感的倡议，希望人类能够回归简朴的生活，与大自然和谐共存。这种观念的视觉表达之一，即巴黎附近著名的厄曼昂维尔园林。有几座风景画式园林建筑是吉拉蒂侯爵从 18 世纪 60 年代开始建造的，他是卢梭的朋友，住在厄曼昂维尔，后来

580 路易：波尔多剧院的阶梯（1772—1780年）

葬于湖中的小岛上。吉拉蒂，得助于 J.-M.莫莱尔和画家胡伯特·罗伯特，后者善于描绘废墟建筑的浪漫一面。1777 年，吉拉蒂出版了《风景构成》，深受卢梭的影响，他强调了风景对人之感观和灵魂的影响力度。这种新的观点，即融合建筑与风景，最终升华于一本书中，出版于 1780 年，即尼古拉斯·勒·卡莫斯·德·麦吉尔斯的《建筑的精神，或者，建筑艺术对感观之模拟》。

　　勒·卡莫斯采用强劲表达的形式，意在激发对某种建筑特征的情感，又回应在 18 世纪八九十年代艾蒂奈-路易·部雷（1728—1799 年）的博大前景的构想之中。以夸大狂一般的规模，他设计的图书馆、博物馆、陵墓、金

① 让-雅克·卢梭：
Jean-Jacques Rousseau，法国哲学家、作家、作曲家，著有《社会契约论》《忏悔录》，推动了启蒙运动。

581（上）威利（Wailly）的城堡外观，蒙特玛萨德（Montmusard），近第戎（1764—1772年；现部分已毁），J.B.拉勒芒（Lallemand）的一幅绘画

582（下）威利自己的宅邸剖面，佩皮尼埃路（Pépinière，现为伯伊西路），巴黎（1776—1779年）

字塔、门楼都沐浴在异样的光与影之下，欢庆一种浪漫的信念，用基本的几何形状——四方体、圆柱体、角锥体，尤其是球体——来打动人们的灵魂深处。这时，建筑师已然变成了一名前景家——可以创造新的世界，一名神父——可以改变人的想法。对于一名建筑师，这是一个危险的角色；事实上，部雷从未试过将此付诸实践。18世纪唯一一次试过的建筑师，即更为实际、更有抱负的，克劳德-尼古拉斯·勒杜（1735—1806年）。

勒杜，作为法国1789大革命前的多年首席建筑师，比起本章之前提及的任何建筑师，其实施则是在一张更大的画布之上。除了设计很多极尽典雅的城市府邸以及些许城堡之外，他还建造了一座知名的拜萨恩康的剧场、阿克-艾特-赛南斯的制盐场、艾克斯的监狱、巴黎城门或是入城收费站、位于绍村（Chaux）的一座理想城镇的远景规划。勒杜，与其同时代建筑师的不同之处主要在3处：他并非出生于巴黎；他未曾就学于罗马法兰西学院，虽然他曾参加"罗马大奖"的评选，但最终未果；他未曾游历过罗马或意大利。将这些事实比较于他建筑设计的原创，其独自对皮拉内西版画中古罗马风格的发起，以及对大自然的敏感，亦是很有趣的事情。

勒杜相对保存不多的早期建筑之一，是位于巴黎的德豪威尔旅馆（1766—1767年），花园中的托斯卡纳式柱廊形成了一个类似于古罗马中庭的空间。按照风景画风格的技巧，这个柱廊应该延续到旅馆后临街墙上的壁画。勒杜的蒙特莫伦西旅馆（1769年）现已毁，是对一个转角地形的精彩处理，并于其素净的新古典主义立面之后设计出洛可可的复杂性、独创性。两个正门一模一样，都使用了爱奥尼式扶壁柱，这显然承认其蒙特莫伦西的后裔，即蒙特莫伦西王子和公主的平等，他们各自分开的套房也由此在建筑上表现出来。

583 勒杜（Ledoux）：赛鲁森（Thélusson）旅馆，巴黎，（1778—1783年）

在附近，勒杜建造了一座迷人的一层府邸，为著名的舞蹈演员玛丽-马德琳·吉马尔，于1773—1776年。费用出自她的两个情人。临街的部分有一座小型剧场，而庭院对面府邸的主体部分则是所谓的特耳西科瑞神庙，特耳西科瑞是舞蹈的缪斯。其特别的新古代式前入口彰显着一排的爱奥尼柱式，遮蔽了一个半圆殿和井式格板的壁龛：这是一种罗马浴池与维纳斯和罗马神庙中诸多元素的结合，这早在1731年曾被肯特于斯托的维纳斯神庙中尝试过。勒杜曾游历过英格兰，这已众所周知，那里，他可能去过斯托，或者见过类似的罗伯特·亚当在室内采用的柱式屏蔽。勒杜用一种庄严的气氛，建造了位于拜萨恩康的剧场（1775—1784年）。在这惊人的原创室内设计中，他摒弃了传统的多层的包厢，转而采用半环形的梯台式座位，令人想起古典的半圆形剧场。在此之上，演播厅环绕着一个柱廊，都是无凹槽的古希腊多立克柱式，这大概是法国所有建筑中最多使用这种柱式的。

在拜萨恩康附近，勒杜于1775—1779

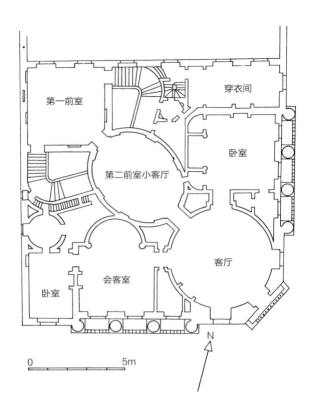

584 勒杜：蒙特莫伦西（Montmorency）旅馆的第一层平面，巴黎（1769年）

585 部雷（Boullée）：牛顿纪念馆的设计（约1784年）

年设计了一个制盐场，于一个"D"形平面之上，它有一个多立克式的门楼，覆盖着一个原始的洞穴，位于曲线边的中部，而主管的住宅有着精彩粗面，则坐落在直线边的中部。这些建筑的威力和坚固，使人想起乔里奥·罗马诺的手法主义风格，看似有过于其使用功能。然而，曾几何时，非法蒸馏盐是会被判以死刑，而逃避盐税亦导致了大量的走私和抢劫，勒杜建筑的明显防御特质，应该有些诗意般的理由。

　　同样强劲的气氛也出现在他设计的55栋关口建筑，1784—1787年，这些建筑属于一圈新的城墙，围绕整个巴黎，也包括18世纪发展起来的新区。出资者来自农税机构，为了压制日益严重的走私行为，因后者意在逃税。这些关口的建成自然在巴黎人中引起了警觉。的确，在大革命期间这些建筑备受攻击，因其

是旧政权的符号，虽然它们强劲的原创设计在20世纪也被称作"革命的"。可悲的是，至今只有4处雕塑性杰作留存：德-拉-维莱特、德奥尔良、杜-特罗列、德-蒙索关口，但是，只参观其中的任何一个，都会即刻感知到勒杜建筑想象力令人畏惧的宏大。建筑显然缺少多余的装饰，加之所有局部夸张的尺度使参观者认识到自己观点的短视。1784年，极富色彩的英国作家、收藏家威廉·贝克福德注意到这些"关口机构的宫殿……以其魁伟、坟墓似的特征，入口看起来更像是属于一座冥城，一座逝者之城，而不是一座（世人）城市"。虽然这些建筑在法国几乎没有几个模仿者，但它们严格的修辞手法却激发了一些德国建筑师，如吉利、文布莱恩纳，进而在德国建筑史上开启了一个新阶段。

　　勒杜留存的最后一个项目，令我们研究至今的，即他的理想城镇，绍村。从风格上看，这是从其关口机构建筑的抽象几何形中发展而来的，整个的设计是他在阿克-艾特-赛南斯制盐场实体上的一种前景扩展。他做了两个制盐场的半圆形，由此，形成了一个圆形的市中心，其周边环绕着一条林荫大道，大道之外则

586 吉马尔（Guimard）府邸入口立面的雕版画，巴黎（1773—1776年），自勒杜

是一系列特别的公共建筑群，一直延伸至乡间的树林之中。这些建筑中，没有一座医院、剧场、市场、博物馆，其功能是前所未有的，同其形式一样有独创性。建筑群包括和平法庭，一种理想的法庭，即其争执要用平和的方式解决；爱的神庙，一处性教育的场所，其平面形似男性生殖器；幸福避难所，一个公社由16个家庭组成；教育殿堂；美德神庙；纪念神庙；一座教堂，是一座庞大的、没有窗户的建筑；以及墓地，这是一座森然的地下墓穴，形

式为巨大的球形。更多的简洁建筑亦用一种类似的象征符号来处理：烧炭窑是立于许多树干上的一个穹顶；制造桶箍的建筑是刻有许多同心圆的立方体；而供水机构的建筑是一个两端开口的圆筒，像一条巨大的水管，鲁尔河从中间流过，又如一片倾泻而下的瀑布。

很简单，勒杜从未期望这种建筑的建成。这基本上就是一个寓言，以强烈的视觉形式来表现一些社会、哲学、道德上的反映，这是受启发于卢梭的写作，在法国从18世纪中期开始一直盛行。勒杜的设计和充满感情、夸张的文字，构成了一个诗意的画面，这里，建筑被视为"平等主义者社会改革"工具：一个新的角色但却很难保持。

勒杜，虽然他将卢梭的语言加以运用，但他自己并不是一名政治改革家。其实，他曾作为一名保皇派而入狱，于1793—1794年，只因其受雇于贵族阶层、拥有房产、设计了关口建筑，后者又为大众所痛恨。在入狱期间，他完成了绍村的乌托邦式设计，于1804年见诸

587 主管（director）的宅邸，阿克-艾特-赛南斯（Arc-et-Senans）制盐场，近拜萨恩康（1775—1779年），勒杜

588 勒杜：德-拉-维莱特关口（The Barrière de la Villette），巴黎（1784—1787年）

589 勒杜肖城一个透视图的雕版画（设计于约1780年；出版于1804年）

于世，是他去世的前两年，用一种豪华的版式，书名为《建筑设计于艺术、道德、法律之思考》。他将此书献予——不是某位预知前景的思想家，而是沙皇亚历山大一世——贵族阶层，亦是一名建筑出资人，而且当时仍与拿破仑联盟。

欧洲其他地区的古典传统

意大利

皮拉内西和温克尔曼出现在罗马，即如所见，有助于使罗马再次成为一个建筑和知性活动的焦点。此后，罗马的重要性有所下降，但是，我们应注意到温克尔曼的后继者，作为梵蒂冈的"古物守护者"，考古学家乔瓦尼·巴蒂斯塔·威斯考蒂，他提出了将梵蒂冈城的大部分转化成著名的机构——如皮乌斯－克里门提博物馆①；建筑师米开朗琪罗·西蒙奈蒂（1724—1781年）和皮埃特罗·坎普莱斯（1726—1781年），设计了似万神庙的圆形大厅、德拉·缪斯大厅、阿·克罗斯·格莱卡大厅，以及一个壮美的通道式拱形和井格式板顶的楼梯。他们的风格由帕法罗、斯泰姆（1774—1820年）继续发展，后者于1817—1822年增建了威严的画廊，其为顶部采光。不

① 皮乌斯－克里门提博物馆：

名字来自两个教皇，皮乌斯六世和之前的克里门提十四世，它是梵蒂冈博物馆的一部分，初始为存放文艺复兴和古代作品，现为希腊罗马雕像馆。梵蒂冈博物馆的拉奥孔群雕，于1506年在一个葡萄园里挖掘出来，教皇在米开朗琪罗的推荐下收藏了此雕像群，并成为博物馆的镇馆作品。

出所料，这些有声望的室内设计注定会有广泛的影响，遍及欧洲及其以外。

罗马以外的其他意大利中心地区对法国所有事物的热情，使得恩奈蒙德-亚历山大·派提托特（1727—1801 年）——苏夫洛的学生，罗马法兰西学院的前住校生——被帕尔玛大公宫廷于 1753 年聘为建筑师。此推荐来自孔德·德·凯勒斯，极有影响力的古董商、收藏家、作者，出版过《古埃及、伊特鲁斯坎、古罗马的古董》（7 卷，1752—1767 年）。派提托特建成的建筑远不及他对伦巴第建筑发展的影响，后者是通过其出版的著作，以及其 1757 年创办的学院。在西西里岛，类似的影响来自里昂·杜弗尔尼（1754—1818 年），是勒·罗伊（Le Roy）和佩尔的学生，于其自 1787 年起的 6 年居住期间，他最终结束了西西里式的巴洛克风格。

18 世纪的威尼斯见证了一个完全不同的建筑传统发展，大多集中于并非冒险的形式，即"帕拉第奥风格复兴"。这种传统的一个早期作品，是西蒙·朱达（1718—1738 年），设计出自乔瓦尼·斯卡尔法罗托（约 1690—1764 年），这是一座受启发于罗马万神庙的教堂，此后，又跟随一座更为"正确"的古代式样版本，其结果即圣玛丽亚·玛达莱纳教堂，设计于 1748 年，建成于 18 世纪 60 年代，出自斯卡尔法罗托的外甥及学生托玛索·泰曼扎（1705—1781 年）。泰曼扎的一个朋友是弗朗西斯科·米利齐亚（1725—1798 年），后者是一位重要的早期建筑史学家，于 1768 年出版了《各国各时期著名建筑师之生平》。米利齐亚的理性主义和对新古典主义的偏爱源自有革新意识的威尼斯理论家卡罗·罗多利[1]（1690—1761 年），他的观点为其两个跟随者阿尔加罗蒂伯爵（1712—1764 年）和安德烈·麦莫（1729—1793 年）所记录。受启发于佩罗和考德莫伊著作中的

暗示，罗多利发展了一套严格为功能之用的观点，即暗中抵制了古典建筑语言多为装饰之用。这一观点于 18 世纪 50 年代得到劳吉尔的沿用，又大约于 1800 年被杜兰德更具毁灭性地沿用了。

在奥地利统治之下，米兰的建筑界掌控于朱塞佩·皮尔玛里尼（1734—1808 年）的手中，后者曾为万维泰利工作，于 1750—1768 年，在罗马和卡赛塔[2]。他广泛地使用了有些乏味的新帕拉第奥风格，如其皇家宫殿（1769—1778 年）和斯卡拉剧院（Scala Theater，1776—1778 年）。皮尔玛里尼的作品受到了米利齐亚的批评，后者觉得符合其口味的是米兰的塞贝洛尼官殿，由西蒙尼·坎图尼（1739—1818 年）设计于 1775 年，建成于 1779—1794 年。这座宫殿非同寻常的中央 3 开间，拥有独立的爱奥尼柱式，在其后，有连续的人像檐壁，展现着一种古希腊符号，其布局的灵感来自白兰格设计的巴黎城市别墅。皮尔玛里尼的学生鲁伊吉·卡诺尼卡（1764—1844 年）和列奥伯多·波莱克（1751—1806 年），建造了一种更为生动的风格，混合了皮尔玛里尼的帕拉第奥风格和当时法国建筑中的各种元素。波莱克把他的主要建筑在米兰的瑞勒-贝尔吉奥罗索别墅（1790—1793 年），置于一个华丽的风景画式花园之中。在意大利，这应该说是此类设计较早的范例之一，而之前，只是出现在波尔吉斯别墅巴洛克花园的重修中，别墅位于罗马，属于玛坎托尼奥公爵。1782—1802 年，安东尼奥·艾斯普鲁西（1723—1808 年）和他的儿子马里奥（1764—1804 年）得助于一位苏格兰风景画师雅各布·莫尔，在花园中加建了神殿、水池、建筑废墟[3]。

德国

及至 1806 年，德国一直是由 300 多个领地或公国组成，它们称臣于神圣罗马皇帝[4]：

① 卡罗·罗多利：建筑理论家、佛朗西斯派牧师、数学家、教师，提倡建筑形式和比例应当源自所用的建筑材料，被称为建筑界的苏格拉底，因其著作已遗失，理论只见于其他人的论著中。

② 卡赛塔：Caserta，那不勒斯之北。

③ 建筑废墟：这种建筑一直很流行，亦是对古代建筑的怀旧欣赏。

④ 神圣罗马皇帝：Holy Roman Emperor，神圣罗马帝国（962—1806 年）有别于之前的东罗马帝国（330—1453 年）、西罗马帝国（285—476 年）和古罗马帝国（公元前 27—285 年）。

从 14 世纪开始，这是奥地利公国的哈普斯堡统治者、波希米亚国王、匈牙利国王的称呼。因没有像伦敦或巴黎这样的一个文化和政治中心，这就意味着，这一时期的德国建筑缺乏凝聚性。取而代之的是完全不相关的建筑，依靠各自的出资者，常常是外聘法国建筑师，且基本上没有任何影响力。

德国的中部和南部，直到 18 世纪中期及之后，主要的建筑师都是阿萨姆兄弟、诺伊曼、菲舍尔、齐默曼，他们创造了一个巴洛克风格晚期的全盛辉煌，而这时此风格在欧洲其他国家已绝迹很久了。古典主义理想到达德国的北部柏林、波茨坦是于 18 世纪中叶，是因

为普鲁士国王弗雷德里克大帝的"向外看"的政策，以及对英法的仰慕。1740 年，弗雷德里克让他的朋友——建筑师格奥乐格·冯·科诺贝尔斯多夫（1699—1753 年）——设计柏林歌剧院，意在将此建筑作为弗雷德里基努姆广场一个新的一侧，广场是一种文化性的皇家广场。科诺贝尔斯多夫的新帕拉第奥式歌剧院受启发于一些建筑，如科林·坎贝尔的万斯代德（约 1714—1720 年），见于《英国的维特鲁威》的插图中，弗雷德里克有此书。弗雷德里克对英国式设计感兴趣，其结果即他的朋友，意大利理论家弗朗西斯科·阿尔加罗特伯爵（1712—1762 年），于 1751 年写信给伯灵顿伯爵，把弗雷德里克描写成"本世纪真正建筑的复原者"，并请伯爵将其建筑的素描寄给弗雷德里克。

1747—1748 年，科诺贝尔斯多夫在柏林

590 西蒙奈蒂和坎普莱斯（Simonetti and Camporese）：缪斯大厅，克里门提（Clementino）博物馆，梵蒂冈（1773—1780年）

591 塞贝洛尼（Serbelloni）宫殿的入口，米兰（1775—1794年），坎图尼

它之前已进入德国，在科诺贝尔斯多夫设计的柱廊之中，建于 1745 年的波茨坦无忧宫的前面。

弗雷德里克大帝对法国和英国的热衷，还有弗朗兹·冯·安郝特–德绍王子（1740—1817 年）与其分享的，他喜好法国启蒙运动的理想，这使其设计了一座英式风景花园，在德绍附近的沃利茨，是在法国极受推崇的花园风格，被视为一种"自由"的表达。的确，于 1782 年，这座风景花园中又建起了一座小岛，复制了厄曼昂维尔的风景园中，种满了杨树且有着卢梭墓的小岛，后者位于巴黎附近。沃利茨的湖泊景观，其中心是新帕拉第奥式乡村别墅，建于 1769 年，由弗雷德里希·威尔海姆·冯·艾德曼斯多夫（1736—1800 年）设计，其风格是追忆钱伯斯的达丁斯顿建筑风格（382 页）。1765—1766 年，弗朗兹王子和他的建筑师一同游历了意大利，那里，他们遇到了克莱里索、温克尔曼、威廉·汉密尔顿爵士，从此，构成了王子极具影响力的古希腊彩绘瓶的收藏。

592 科诺贝尔斯多夫：德国国家歌剧院（1741—1743年）和圣海德维希（St Hedwig）的教堂（1747—1773年），歌剧院广场（原为弗雷德里基努姆广场），柏林

设计了天主教堂圣海德威格，一个微型版的古罗马万神庙。此时期，设计类似新古代风格教堂的还有天才的法国建筑师吉恩–劳伦特·勒·格雷（约 1710—约 1786 年），他曾于 1737—1742 年是罗马法兰西学院的前住校生。1756 年，弗雷德里克任命他为皇家建筑师，在其任职期间，于 1763 年，他设计了波茨坦宫殿的服务区。服务区是一个庞大的服务功能侧翼，位于新宫殿前，其形式为一个半圆形柱廊，两侧各有一个有穹顶和门廊的亭阁。这是 18 世纪 40 年代法国—意大利式古典主义理想得到的一个惊人实现，其实，

593 艾德曼斯多夫：汉密尔顿（Hamilton）别墅的室内，沃利茨（Wörlitz）城堡，近德绍（约1790年）

艾德曼斯多夫之后在沃利茨建了一个超凡的汉密尔顿别墅翻版，位于那不勒斯附近，其中有精美的彩绘和粉饰的室内，以及新希腊式的家具。附近是一座微型的维苏威火山，这是一个人造的圆锥体岩石，80英尺（24米）高，亦如真火山一样会冒烟。如此，沃利茨的园林即变成了其"大旅行"的一系列纪念品，即如哈德良在蒂沃利的别墅（74页），后者的建筑群回应了一个极广的设计范围，都是哈德良所欣赏的希腊、意大利、埃及各地区的风格。

沃利茨之后，德国迷人的花园之一即在斯克维辛根宫，位于曼海姆附近，这里有一个巴洛克式的布局，又因新古典主义式的花园建筑群而增色，建于1761—1795年，设计出自尼古拉斯·德·皮盖杰（1723—1796年），为卡尔·西奥多建造，后者自1742年则为帕拉丁选侯，于1778—1799年为巴伐利亚选侯。皮盖杰生于洛林的鲁奈维尔，于巴黎师从于J.-F.布隆代尔，建造了斯克维辛根的

浴池，一座令人炫目的优雅的路易十六式亭阁，自此，有一条轻网格结构的步行道通向一个圆形鸟舍，后者为喷泉所围绕。花园中，还有一座皮盖杰设计的大清真寺。即如钱伯斯在科尤的建筑，即其灵感的出处，它是一座装饰性、激发想象力的作品，而不是一座实际的清真寺。

在18世纪60年代，菲利普·德·拉·格皮埃（约1715—1773年），布隆代尔的另一名法国学生，为符滕堡（Württenberg）公爵建造了两座帅气的亭阁，于斯图加特附近山上的索利图德宫（图570）以及路德威格堡宫附近的蒙莱波斯。正是法国的建筑师皮埃尔-米歇尔·德·伊克斯纳德（1723—1795年），把法国新古典主义理论介绍给德国的西南部。他的杰作圣布拉森的本笃会修道院（1768—1783年）——位于黑森林，建筑主体为穹顶的修道院教堂，启发源自遥远的罗马万神庙。同样是伊克斯纳德，又建造了位于科布伦茨的选侯宫，于1777年，为特莱尔选侯设计的这座宫殿基本上是最后一座这种规模的德国王侯宫殿。1780—1792年，A.-F.佩尔，即著名的M.-J.佩尔的兄弟，以修改后的形式建造了简单的39开间立面，这是一个令人震撼的提示，即提示着它的空洞和自狂，此特征强调了法国新古典主义建筑师的前景规划。

艾德曼斯多夫的沃利茨宫和伊克斯纳德的圣布莱森教堂之后，18世纪德国新古典主义理想的大胆表现之一即弗雷德里恰努姆博物馆，位于卡塞尔，由西蒙·路易·杜·瑞（1726—1799年）建于1769—1779年。杜·瑞家族作为胡格诺派[①]教派的难民而离开法国，于1685—1799年成为黑塞-卡塞尔伯爵的宫廷建筑师。西蒙·路易于巴黎师从于布隆代尔，为公爵弗雷德里希二世设计了一座弗雷德里恰努姆博物馆，立于一个新广场的一侧，即弗雷德里希广场。它常被视为第一

① 胡格诺派：
Huguenot，16世纪和17世纪法国的加尔文派教徒，被称为法国新教，而后来的波旁国王信天主教，于法国的"宗教战争"之后，前者被禁。

座独立的博物馆，是另一座新帕拉第奥风格的实践，灵感源自坎贝尔的万斯代德。为了寻求更多的建筑激情，公爵宫廷于1775年邀请勒杜在卡塞尔设计了一座城市宫殿，于10年后，又在距卡塞尔6英里（9.7千米）的威尔海姆舒赫，邀请查尔斯·德·威利设计了一座新宫殿。这两个设计都未建成，于1786—1792年建造的大寒宫位于威尔海姆舒赫，出自杜·瑞和他的学生海因里希·尤索（1754—1825年），则延续了英国的帕拉第奥先例。威尔海姆舒赫最令人难忘的是其巴洛克式的花园，其中有很多建筑，并在大力神塔（1701—1718年）达到高潮，设计出自意大利建筑师乔瓦尼·圭尔尼罗，坐落于一个山之顶端，于一条大瀑布之上。同样激动人心的建筑，即规模宏大的仿哥特式城堡，被称为"狮子城堡"，这是尤索于1790年的设计，于1793—1802年建造，是一座罗伯特·亚当的城堡设计的实现，这些设计应在18世纪80年代尤索到英格兰游历时见过。狮子城堡是公爵威尔海姆九世借鉴了中世纪骑士风格的一个奢华结果。

至此，在本章所见的这一种拒绝法国时尚的行为，是起于弗雷德里克大帝的继任，即普鲁士国王弗雷德里希-威尔海姆二世，后者于1787—1797年执政。1788年，他指令3位出生于德国的建筑师在柏林为其工作，他们是德绍的艾德曼斯多夫、布雷斯劳（现在的沃罗克劳）的朗汉斯、斯特丁（现在的斯兹凯辛）的戴维·吉利。他试图将柏林变成德国文化中心，其第一个产物即伯兰登堡门，由卡尔·高特哈德·朗汉斯（1732—1808年）于1789—1794年建于城市西部的入口处。它是一座开拓性的希腊复兴纪念建筑，受启发于雅典卫城的入口，在当时，伯兰登堡门被广为崇尚，作为现代世界里的一个实物表达，使温克尔曼所颂扬的古希腊精神更为崇高。这种对多立克风

594 花园中的清真寺，斯克维辛根宫（Schwetzingen），近曼海姆（1778—1795年），皮盖杰（Pigage）

格的态度亦得到了勒·卡莫斯·德·麦吉尔斯的支持，其著作为《建筑天才》，于1789年译成德文，宣称"功能和情感，都可用适当的形式来表达"。

这种观念混合着一份刚刚出现的普鲁士[①]民族主义的强心剂，在1796年得以表达，于几个竞赛中最重要的一项，即献给弗雷德里克大帝的一座纪念碑。设计来自6位参加1796年竞赛的建筑师，他们是朗汉斯、艾德曼斯多夫、赫特、郝恩、格恩茨、弗雷德里希·吉利（1772—1800年），吉利的设计超群而成为最佳。其庄重的希腊多立克神庙坐落于一块圣地的一片高台之上，进入这里要通过一个门道，令人想起勒杜的关口建筑，这一形象激发了一代年轻建筑师的想象力，包括19世纪上半期德国建筑的首领卡尔·弗雷德里希·辛克尔和列奥·冯·克伦策。它迷人地展示于一种水彩透视图的形式之中，受到之前英国风景画风格的影响，此纪念建筑同时也是普鲁士秩序的一个严格的象征符号，其设计采用了一种严肃的"线条式"风

595（上）尤索（Jussow）：仿哥特式的狮子城堡（Löwenburg），威尔海姆舒赫（Wilhelmshöhe）城堡，近卡塞尔（设计于1790年；建于1793—1802年）

596（右）伯兰登堡门，柏林（1789—1794年），朗汉斯（Langhans）

格，类似丹斯和索恩的设计效果。

　　这种法国—普鲁士风格的主要建筑是柏林造币厂（1798—1800年；毁于1886年），设计出自吉利的姻兄海因里希·格恩茨（1766—1811年）。其毫不妥协的立方体形式因吉利设计的一个新希腊式檐壁而增色，是赫特信念的完美表现，即希腊多立克式执着的格调和结构的完整，它阐述于《古代设计原理之建筑》（柏林，1809年）。

　　海因里希·格恩茨是当时被带到大公国首府魏玛的一批建筑师之一，将他们带去的人即约翰·沃尔夫冈·冯·歌德（1749—1832年），当时后者正在协助将此城建为德国最辉煌的文化中心。在他的《论德国建筑》①（1773年）中，他开始推崇哥特式作为一种德国风格，因其类似自然的能量，之后，他亦颂扬了希腊的多立克风格，于其1787年西西里和帕埃斯图姆的游历之后，歌德即号召回归艺术的

初始源头，他对德国之魂有着一个极富诗意的景象，精神上则表现于希腊和哥特这两种之间。魏玛的宫殿重建于歌德的指导之下，始于1789年，是一个新古典主义理想的体现，源自格恩茨·尼古劳斯·弗雷德里希·冯·索莱特（1767—1845年）和乔翰·奥古斯特·阿伦斯（1757—1806年）。索莱特和阿伦斯都曾在巴黎受训，后者师从德·威利。宫殿中最吸引人的室内设计即格恩茨绝佳的希腊多立克式楼梯（1800—1803年），而在花园中，阿伦斯于1791—1797年建造了所谓的"罗马府

① 《论德国建筑》：歌德的观点有，"对天才有危害的不只是范例，更大的是规则"。

415

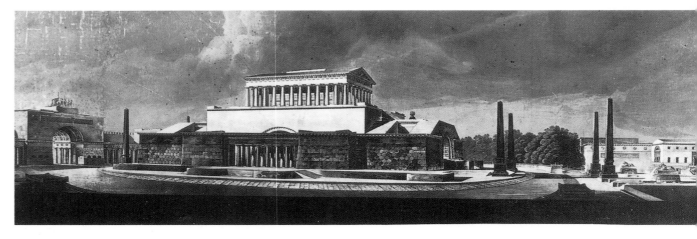

597（上）吉利：弗雷德里克大帝一个未建成的纪念碑设计（1796年）

598（左）格恩茨：造币厂，柏林（1798—1800年；毁于1886年）

邸"，作为萨克森-魏玛（Saxe-Weimar）的大公爵卡尔·奥古斯特（1757—1828年）的一处退休之所。无论名字如何，这是一个希腊多立克风格的原创实验，包括一个地下室入口，有着短粗的似帕埃斯图姆的多立克柱式，支撑着低矮、分段的拱顶。源于勒杜，这座强有力的原始主义建筑对弗雷德里希·吉利是一个非常重要的影响，后者于1798年到魏玛游历时画了此建筑的素描。

波兰

斯特内斯劳·奥古斯特·波尼亚托斯基（1764—1795年在位），是在1795年波兰分裂前的最后一位波兰国王，他召集了多名法国和意大利的画家和雕塑家到其宫廷，即他将法国启蒙运动的建筑风格引进到波兰。他出资令贝洛托设计出了著名的华沙市景，于1754年到巴黎见到著名的年轻建筑师维克多·路易，并于1765年将他带回到华沙做建筑师。路易为重建华沙的皇家城堡做出了一系列华丽的设计，其风格基于皮拉内西和佩尔，早于其建筑杰作波尔多剧院（404页）。虽未建成，但这些设计影响了波兰的一代建筑师，包括生于意大利的多米尼克·梅利尼（1731—1797年），后者自1773年起任宫廷建筑师，以及简·克里斯蒂安·凯姆塞茨尔（1753—1795年），他们于1776—1785年一起为华沙的皇家城堡设计了一系列绝美的"路易十六风格"[①]的室内。华沙郊外尤加兹多的皇家城堡有着宽阔的园林，其低地部分曾是一个动物园，但自1774年起被重建为风景式花园，有着数座园林建筑和亭阁。建筑中有梅利尼的密斯莱维奇宫（1775—1777年），及其更为出色的拉兹恩基宫（1775—1793年），即国王的湖畔夏宫。拉兹恩基宫原是一座17世纪的浴池，为斯特内斯劳·奥古斯特而扩建，从1775—1793年经历几个阶段。1788年由凯姆塞茨尔扩建，设计了华丽的二层高的舞厅，这是一座节日般的建筑，有着开敞式柱廊，这应归功于

① 路易十六风格：
Luis-Seize，于洛可可之后，新古典主义初期。

加布里埃和亚当的设计。于拉兹恩基花园的其他处，凯姆塞茨尔于1790—1791年建造了一座半圆形的新古代式剧场。一座比拉兹恩基宫殿更为帕拉第奥风格的建筑是梅利尼设计的克罗里卡尼亚宫（1782—1786年），位于华沙，这座府邸主要是一个爱奥尼式柱廊和一个穹顶的圆厅。建筑师斯特内斯劳·扎瓦茨基（1743—1806年）建造了一个类似的中央布局的设计，于其鲁伯斯特伦的新帕拉第奥式的房子之中（1795—1800年），而其于斯密劳的府邸（1797年）则有一个中央建筑，用亭阁和侧楼相连。

接纳新古典主义理想于教堂的设计起始于华沙的路德派教堂（1777—1781年），设计出自西蒙·伯古米·楚格（1735—1807年），他生于德累斯顿，于1762年到达华沙。一如柏林的圣海德维格天主教堂，华沙的路德派教堂亦些许受启发于罗马的万神庙，尽管其强调的四柱式门廊中是希腊多立克的一个版本。更为吸引人的是位于维尔诺的大教堂（现在苏联境内的维尔纽斯），于1777—1801年重新修建，设计出自沃尔金尼克·古塞维奇（1753—1798年），后者曾就学于罗马和巴黎。其西立面为六柱式多立克门廊，侧立面为柱廊，高祭坛后为雕饰屏风，形似古代神庙的立面，这座教堂是新古典主义风格的一个完美案例。在18世纪80年代，古塞维奇重修了维尔诺的市政厅，以及红衣主教玛萨尔斯基的宫殿，两者都是采用类似且坚定的新古代式手法。

波兰以极大的热情接受了"英式花园"，这是1770年左右，是受威廉·钱伯斯爵士影响和波兰出资人访问英国的一个结果。第一座花园应是波瓦兹基花园，位于华沙的北部，是为伊莎贝拉·沙托瑞斯卡[①]（1746—1835年）公主而建，她曾分别于1768年、1772—1774年、1789—1791年3次去过英国。波瓦兹基

599 梅利尼（Merlini）：拉兹恩基宫（Lazienkin）宫殿的南立面，尤加兹多（Ujazdów），近华沙（1775—1793年）

花园是S.B.楚格和法国画家吉恩·皮埃尔·诺伯林的作品，后者是公主的丈夫将其带到波兰的，他在波兰居住了30年。楚格写了一个章节，描述波兰的园林，于赫什菲尔德极有影响的书籍《园林艺术之理论》第五卷（1785年），同时，伊莎贝拉公主出版了一本流行手册，名为《园林种植思考》（1805年第一版）。波瓦兹基现在是现代城郊的一块墓地，其18世纪的风味已销声匿迹。然而在纳托林，华沙的南部，还留存着一个楚格设计的迷你亭阁。

纳托林是于1780—1782年为伊莎贝拉·鲁波莫斯卡，即伊莎贝拉·沙托瑞斯卡的联姻姐妹建造，形似一座漂亮的园林建筑，因其主要的椭圆形室内向花园开敞，经过一排蜿蜒的爱奥尼式圆柱屏蔽，后者回应着德·威利于1764年的蒙特玛萨德府邸。其室内有文森佐·布莱那的漂亮彩绘，有建筑和风景的主题，也有阿拉伯式的图案。于1799年，此建筑通过伊莎贝拉·鲁波莫斯卡的女儿亚历山德拉的婚姻成为波托茨基家族的财产。随后又进行了更多的"帝国风格"装饰，而入口的前立面则改建成一个希腊多立克的柱式。

① 伊莎贝拉·沙托瑞斯卡：Izabella Czartoryska，当时欧洲皇室的活跃人物，尤其于波兰的启蒙运动。

楚格当时也参与了波兰最美风景式花园的设计，其名字极为适宜，就是"阿卡狄亚"①。它建于1777—1798年，在尼波罗的拉德兹威尔家族领地上，为海伦娜·拉德兹威尔公主（1745—1821年）而建，她是伊莎贝拉·沙托瑞斯卡的一位密友、信友。距离尼波罗的主要宫殿约两英里（3.2千米），阿卡狄亚花园因而可用来开晚会，却无须一座府邸。这是一个湖畔园林，布满了童话般的建筑和废墟，包括一条水渠、石质拱门、大祭司宅邸、哥特式小教堂、卢梭岛，后者受启发于埃默农维尔府邸。其中的最佳建筑是爱奥尼式的戴安娜神庙（1783年），位于湖水的源头，有一个复杂的平面，都是曲线形和圆形的室内。阿卡狄亚的整体效果如同波兰的所有"英国式"园林一样，都有些拥挤，形似一系列的舞台布景。无疑，这是因为法国式花园常被视为传播英国式园林的渠道。

这座浪漫的花园建于18世纪70年代，于普拉维，沙托瑞斯卡家族的居住地，于18世纪90年代进行了大规模的扩建，是为伊莎贝拉·沙托瑞斯卡公主，得助于她的英国首席园艺师詹姆斯·萨维日，以及一位爱尔兰园艺师

① 阿卡狄亚：Arcadia，希腊的世外桃源。

迪尤斯·麦克利尔。于1790—1794年，克里斯蒂安·皮欧特尔·艾格纳（1756—1841年）在普拉维增建了玛林基宫，一座坚实的府邸，受启发于纽弗日的设计，在1798年，又开始建造一系列风景画式建筑，包括一座哥特式宅邸、中国式亭子、一座精美的女卜者神庙，灵感来自位于蒂沃利的著名女灶神维斯太神庙或女卜者神庙。

18世纪的花园，继续有精美、具有历史沉淀的建筑加以丰富，直至19世纪，如希腊多立克式的神庙，建于1834—1838年的纳托林，出自意大利的亨利科·马可尼（1792—1863年），以及爱奥尼式和埃及式的神庙，建于华沙的观景楼园林，设计出自贾库伯·库比茨基（1758—1833年）。

斯堪的纳维亚

瑞典和丹麦很快就接受了18世纪中叶法国的新风格。于1754年，在孔德·德·凯勒斯的推荐下，路易-约瑟夫·勒·洛林（1715—1759年）于1740—1748年曾是罗马法兰西学院一名有影响力的学生，为卡尔·古斯塔法·泰新公爵——一位驻法国前任大使设计了一间餐厅，餐厅位于阿凯罗的乡间别墅中，距斯德哥尔摩约60英里（96.6千米）。勒·洛林错觉幻境般的墙饰是于1754年以后，由一位当地的瑞典装潢师绘于画布之上，连接于一排爱奥尼柱式，用壁龛来间隔，壁龛中有雕像和喷泉。这是世界上较早的新古典主义装饰之一，虽然气氛类似于肯特在1722年肯辛顿宫的圆厅（375页）。于同一年，即1754年，丹麦国王弗雷德里克五世（1746—1766年在位）邀请尼古拉斯·亨利·雅尔丹（1720—1799年）来到哥本哈根，解决皇家教堂的设计问题，即弗雷德里克教堂。雅尔丹是勒·洛林的朋友，于1741年获得大奖，并于1744—1747年在罗马的法兰西学院居住，在那里，他

600 亭阁的外观，纳托林，近华沙（1780—1782年），楚格

601 阿玛林堡（Amalienborg）宫殿，哥本哈根（1750—1754年），艾格特维德

受到皮拉内西的影响极大。

尼尔斯·艾格特维德，一位眷恋巴洛克晚期风格的建筑师，在1752年已经为弗雷德里克做了设计，雅尔丹通过法国和罗马式的细节，力图使此设计更具时尚感。雅尔丹的设计并未实施，但是带有科林斯柱式门廊的穹顶教堂在哈斯多夫的帮助下终于建成，成为阿玛林堡宫殿广场的一个主导部分，这个八角形的皇家广场是巴洛克的风格，由艾格特维德于1750—1754年设计。组成这座广场的是4座同样建筑，其中之一即今天的阿玛林堡宫，曾是A.G.莫特克伯爵的市政厅。1755年，他任命雅尔丹设计其餐厅，于1757年建成，使用了白色、金色，有爱奥尼式壁柱、镀金的战利品、古瓷瓶。一如勒·洛林在阿凯罗的设计，它成为新古典主义室内设计的一个里程碑。

雅尔丹成为哥本哈根皇家美术学院的首任教授，学院成立于1754年，效仿了法兰西学院；他最具天赋的学生是卡斯帕·弗雷德里克·哈斯多夫（1735—1799年），之后又去巴黎师从J.–F.布隆代尔。哈斯多夫的主要作品是弗雷德里克五世的皇家殡仪礼拜堂，于罗斯基尔德大教堂中，设计于1763年，建于1774—1779年。八角形的井格天花来自罗马的马克森提乌斯长方厅堂，其朴素的室内由其学生C.F.汉森于1825年完工，按照新古典主义的说法，是当时欧洲最为"领先的"。然而，一种更吸引人的新希腊情调发起于卡尔·奥古斯特·埃伦斯瓦德（1745—1800年），他是一个非同寻常的人物，曾是一位瑞典海军上校、一名军事建筑学生、一位艺术家、一名业余建筑师。1780—1782年，他中止军职，到意大利旅行，在那里，极度震撼

603 中国宅邸，道罗顿宁豪姆（1763—1769年），取代1753年的设计

602 埃伦斯瓦德（Ehrensvard）：一个船坞大门的模型，卡尔斯克罗纳（1785年）

他的是帕埃斯图姆的希腊多立克神庙的气势、雄伟。回国后，于1782年，他在斯德哥尔摩的古斯塔夫·阿道夫广场设计了一座纪念碑，结合了一座埃及金字塔和一座多立克式神庙。的确，其北欧风景下的多立克建筑水彩速写中柱子有些粗矮，特征如埃及或原始的多立克式。同样的事实出现于卡尔斯克罗纳的一个船坞大门，其留存至今的只是一个1785年的模型。

另一名倾向法国"革命"的建筑师是路易-吉恩·德斯普莱兹（1743—1804年），他是布隆代尔的学生，是1776年"罗马大奖"的获得者，自1784年一直在瑞典居住，直至去世。德斯普莱兹作为瑞典国王古斯塔夫三世（1771—1792年在位）的宫廷舞台设计师，建造了很多精彩的舞台设计，为格里普亚德姆和道罗顿宁豪姆的剧院，采用一种源自皮拉内西的手法。古斯塔夫三世也雇用了弗雷德里克·马格纳斯·派普尔（1746—1824年），后者在把英式园林引进瑞典的过程中起到了重要作用。瑞典东印度公司成立于1731年，这打开了远东的大门，引发了一种对中

国园林的欣赏。在18世纪50年代，卡尔·艾克堡出版了《中国栽培之报告》，并于道罗顿宁豪姆为奥瑞卡王后建造了一座洛可可式的中国宅邸。派普尔曾就学于斯德哥尔摩的皇家艺术学院，后获得奖学金去英国、意大利、法国学习园林。他在英国游历时，应是带有一封写给钱伯斯爵士的推荐信，于1772—1776年和1778—1780年，他为当时仍然保留的科尤、斯托、斯托海德、潘恩希尔的园林画了很多素描。1780年，他被任命为古斯塔夫三世王室的测绘师，他为国王设计了一个风景画风格的湖畔园林，是自1781年起，位于海格，这是斯德哥尔摩北部的一块地产，是10年之前还未上任的国王买的，作为一处乡村度假地。国王稍显平凡的园林位于斯德哥尔摩西部道罗顿宁豪姆的王室居住地，是于1780年开建的。

俄罗斯

圣彼得堡，是彼得大帝于1703年创建的，作为一个将西方影响带入俄罗斯的港口。于此，来自意大利、法国、英国、德国、俄罗斯的建筑师，用了之后一个半世纪的时间创造了一座城市，是一座迷人地展示着国际古典主义理想的城市之一。在伊丽莎白女王统治时期（1741—1762年），其时尚

为华丽的洛可可风格，以此种风格的意大利建筑师，巴托罗米奥·拉斯特莱利伯爵建造了距圣彼得堡15英里（24千米）处的皇村[1]（1749—1756年），以及坐落在圣彼得堡的庞大的冬宫。伊丽莎白女王的侄女凯瑟琳大帝（1762—1796年在位）则抵触此风格，而之前已有人做出反应，即颇具影响力的伊凡·舒瓦罗夫伯爵——伏尔泰[2]的朋友，早在1759年，她就已任命吉恩–巴普蒂斯特–米歇尔·维林·德·拉·莫特（1729—1800年）到圣彼得堡监督美术学院[3]的建造，后者的设计出自J.-F.布隆代尔。维林·德·拉·莫特是布隆代尔的学生，也是后者的表弟，为美术学院（1765年）引进了一种新的风格，基于帕拉第奥风格、加布里埃、布隆代尔，他对布隆代尔的原设计做了很大的改动，于其"第一"或是"旧"冬宫的设计上，后者为凯瑟琳出资兴建，作为离开冬宫的休假地。维林·德·拉·莫特于1761—1782年还在圣彼得堡修建了大市场，于涅夫斯基大道上，以及一个亮丽的多立克式入口大门（1765年），位于新荷兰运河处，采用法兰西学院式的大手笔风格。

维林·德·拉·莫特的巨大影响，令两名俄罗斯建筑师，瓦西里·伊万诺维奇·巴泽诺夫（1737—1799年）和伊凡·尤格罗维奇·斯塔罗夫（1743—1808年）于18世纪60年代早期被派到巴黎，师从德·威利。他们以前曾就学于圣彼得堡学院，但是，他们法国培训的最终结果，如巴泽诺夫在圣彼得堡设计的新兵工厂（1769年），即于约1772年设计了更大规模的克里姆林宫的重建方案，但最终未建成，它是一座巨大三角形的古典主义风格宫殿。另一座重要的未建成项目是凯瑟琳委任的，由巴泽诺夫设计的沙里兹诺宫殿（约1787年），位于莫斯科附近。巴泽诺夫采用的是新哥特式风格，先行于19世纪的"民族风格复兴"时期，后者以政治和爱国主义为目的。更为幸运的是斯塔罗夫，他于1774—1776年在尼考斯科为加加林王子建造了一座乡村宅邸，以及一座主体为独立的圆形钟楼的教堂，和一个新古典主义几何风格的柱廊。在圣彼得堡，斯塔罗夫建造了庄严的三一大教堂，亚历山大·涅夫斯基修道院（1776年），以及其杰作塔夫利宫[4]（1783—1788年），这是凯瑟琳建给格里高利·波特姆金的，后被女皇授予图里斯王子，即在他征服克里米亚之后。塔夫利宫朴素的13开间立面有一个托斯卡纳式的门廊和一个浅的穹顶，通过一个正方形的门厅，

① 皇村：
Tsarskoe Seloe，沙皇别墅，音译为沙斯科·塞罗。

② 伏尔泰：
Valtaire，法国启蒙思想家、哲学家、文学家，他抨击天主教，提出宗教自由、言论自由，以及政教分离。

③ 美术学院：
现为列宾美术学院。

④ 塔夫利宫：
Tauride，其帕拉第奥风格成为俄罗斯后期贵族府邸的典范。

604 J.-F.布隆代尔和维林·德·拉·莫特：美术学校的临河立面，圣彼得堡（1765年），涅瓦（Neva）河对岸

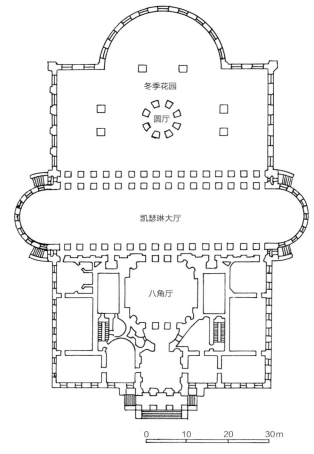

① 夏宫：
Peterhof，音译为彼得霍夫。

② 明暗对比法：
Chiaroscuro，即用明暗对比的方式表现立体的效果。

0   10   20   30m

605 塔夫利宫（Tauride）的平面，圣彼得堡（1783—1788年），斯塔罗夫

606 凯瑟琳大厅，塔夫利宫（Tauride），圣彼得堡

达到一个万神庙式的大厅，之后即是庞大的长方形"凯瑟琳大厅"，大厅的两侧有 18 对无凹槽的希腊爱奥尼柱式。之后，则通向一个封闭的冬季花园，其中央有一座小型圆柱廊。这里，古老的诗意超越了佩因和亚当在凯德斯顿的建筑效果（378 页），对后者来说，塔夫利宫是俄罗斯的一个并列版。

实际上，将英国的新帕拉第奥风格引入俄罗斯的，是一位意大利建筑师——加科莫·夸伦吉（1744—1817 年），他曾在贝加莫（Bergamo）和罗马学习绘画。1779 年，凯瑟琳将他召到了俄罗斯，他在这里建造了很多建筑，包括在 18 世纪 80 年代建的庄严的新帕拉第奥式英国宫殿，于夏宫①的英国公园中，而在圣彼得堡，则建有冬宫剧场、国家银行、科学院。在之后的 10 年中，他为沙莱迈特夫伯爵于莫斯科附近的奥斯坦基诺建造了一种类似风格的宫殿。这座沙莱迈特夫宫殿有一种风景画风格的新型活力，因采用了"明暗对比法"②设计的室内柱廊，宫殿包括有华丽装饰的剧场，而于花园中，又有意大利式和埃及式的亭阁。沙莱迈特夫宫殿的施工监督人是麦特维·菲奥多罗维奇·卡扎斯科（1733—1812 年），他曾在莫斯科建造了很多公共建筑、教堂、私人宫殿，都以一种庄重的古典主义风格。其中重要的建筑之一是其巨大的三角形的参议院大楼，建于 1771—1785 年，于克里姆林宫中，作为完成巴泽诺夫项目的一部分。

被带到俄罗斯的建筑师中，最富经验的是出生于苏格兰的查尔斯·卡梅伦（约 1743—1812 年），他于 18 世纪 60 年代在罗马时非常活跃，正准备其惊人之作《古罗马浴池的解析和插图，以及帕拉第奥复原的修正和改进》，于 1772 年以英文和法文出版。可能是因为此书而得到了凯瑟琳大帝的注意。他从 1779 年开始为她服务，一直是其宫廷建筑师，直到他

607 沙莱迈特夫（Sheremetev）宫殿的外观，奥斯坦基诺（OStankino），近莫斯科（18世纪90年代），自夸伦吉（Quarenghi）

去世。1773 年，凯瑟琳大帝曾经邀请克莱里索设计了一座宅邸，采用古代风格，在皇村的地产上，但是她不喜欢其庞大、堂皇的设计。更为现实的卡梅伦，与之对比，这令人想起亚当，但又在亚当之上，使用各色具有异国情调的材料从 1779 年始于拉斯特莱利设计的皇村增建了一系列迷人的套房。加之 1782—1785 年后建成的紧邻的冷浴池、玛瑙阁、卡梅伦美术馆，所有这些建筑都有着创新性新古典主

608 卡梅伦（Cameron）：卡梅伦长廊的外观，皇村（1782—1785年）

义，是全欧洲无法超越的精彩。这些精美粉饰和彩绘内饰有一种创新的生动感，如玛瑙、青铜、孔雀石、瓷制品、模铸玻璃制品，显现出俄罗斯人对闪烁物品热衷的一种反应，又在后来融入彼得·卡尔·法伯热[①]的珠宝之中。卡梅伦美术馆南面的敞开式长柱廊看似受启发于白金汉郡的西威康比园林，后者建于18世纪60年代，而其通向南端的湖边的曲线形的楼梯则是一个绝妙的手法，用以解决地处斜坡的问题。

英国的先例再次得到回应，这是在帕弗罗夫斯克的宫殿中，由卡梅伦为凯瑟琳的儿子保罗大公而建，于1781—1785年，它有一个柱廊大厅和圆厅，很明显受启发于在凯德斯顿的建筑。在帕弗罗夫斯克的风景式园林中，在大门处有一个模型城镇，园中点缀了至少60座园林建筑，其中最吸引人的是卡梅伦的"友谊神殿"（1779—1780年）。这座穹顶的圆形建筑周边有16个多立克柱式，这是俄国希腊复兴式的第一座标志性建筑。

① 彼得·卡尔·法伯热：
Peter Carl Fabergé，最著名要数复活蛋的装饰了。

古典主义在美国的兴起

美国的建筑开始引起国际瞩目是在1700年前后，即在1699年后建起的一些公共建筑，如于弗吉尼亚新建的首府威廉斯堡。美国国会大厦、总督府、威廉玛丽学院与瑞恩及其助手们设计的建筑比较相对朴素，但是后者是前者的源泉。一座红砖的宅邸——威斯特欧维尔——位于弗吉尼亚的查尔斯城市地区（1730—1735年），仍然采用威廉斯堡的风格，但是，第一次感受到"英式帕拉第奥风格"影响的还是在德雷顿府邸（1738—1742年），位于南卡罗来纳的查尔斯顿，设计者也许是房子的主人约翰·德雷顿，模仿了帕拉第奥在蒙塔亚那的比萨尼（Pisani）别墅。这种帕拉第奥主义风格与吉布斯的有力影响结合在一起，典型地体现于里士满地区的蒙特·艾尔瑞宅邸（1758—1762年），这是一座有四

609（对页）国王礼拜堂的室内，波士顿（1749—1754年），哈里森

610（左和下）德雷顿（Drayton）府邸大厅的外观和平面，查尔斯顿（Charleston），南卡罗来纳（1738—1742年），设计可能出自屋主约翰·德雷顿

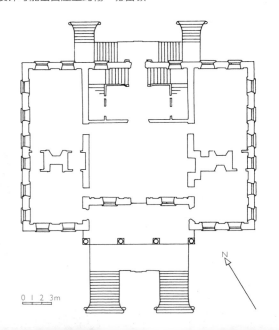

0 1 2 3m

分圆的侧楼，分别通向侧翼的别墅。这个设计是基于吉布斯《建筑之书》（1728 年）的两个设计。

至此，美国终于有了一个自己的建筑师，尽管出生于英国，他却能独立地以英国模式的吉布斯—帕拉第奥风格的手法进行设计。他就是彼得·哈里森（1716—1775 年），出生于约克，父母为清教徒①，于 1740 年移民到美国。在约 1748 年，他定居在罗德岛的新港附近，他和他的兄弟一起做奢侈品贸易，来往于英国、南卡罗来纳、西印度群岛。他的第一座建筑——红木图书馆——位于新港，是用木材巧妙地掩饰成类似粗石的效果。这座建筑因其多立克柱式的门廊有一种令人信服的神庙般的气氛，这在当时的美国是很特别的。这是一种伯灵顿式的古典主义，这令人猜到，年轻时的哈里森一定在约克见过伯灵顿会议厅的建造过程。位于马萨诸塞州的波士顿的哈里森的国王教堂（1749—1754 年）是哈里森的第二座建筑，这也是他仅有的一个收取专业设计费的建筑，它有一个室内，些许受启发于吉布斯的圣马丁—田园教堂，还有一个带塔楼的西立面，以及一个没有山花却有栏杆的柱式门廊，后两者都参考了吉布斯和琼斯的设计。虽然他缺少建筑专业的培训，但他很好地利用了其卓越的图书馆用以收藏建筑的书籍。他的其他公共建筑都是以一种类似的形式，即创新型的"帕拉第奥—吉布斯风格"建造，有图罗犹太会堂（1759—1763 年）、美洲殖民地的第一座公共犹太会堂、砖石市场（1760—1772 年），后两座都位于新港，还有基督教堂（1760—1761 年），位于剑桥（波士顿）。吉布斯设计的英格兰大教堂被极度推崇为所有殖民地教堂的典范，无论

何种宗教教派，以至于位于罗德岛的普罗维登斯的"第一洗礼会堂"②，由约瑟夫·布朗于 1774—1775 年设计，它宣称其木质高塔是受启发于圣马丁—田园教堂的变体之一，后者出版于吉布斯的《建筑之书》。

托马斯·杰斐逊

美国的建筑设计第一次赢得一个肯定的国际名声是因为托马斯·杰斐逊③（1743—1826 年），于其建筑形式的研究中受到法国新古典主义的影响，后者亦象征了美国新建立的共和价值观。再一次，法国被视为重要的核心，如同在 18 世纪其对意大利、德意志、波兰、斯堪的纳维亚的发展影响一样。杰斐逊作为一名政府人员、政治家、律师、作家、教育家、建筑师，可能是第一个客观地思考建筑的美国人，即要其回归基本的原则。这不仅适合一个起草《独立宣言》的人，亦完全协调于新古典主义理论家，以及当时欧洲建筑师的理想。1784 年，在英国的独立战争结束之际，杰斐逊被任命为驻巴黎的美国大使，大使馆租用了极为优雅的朗吉克旅馆（约 1780 年），由 J.-F.-T. 查尔格林设计。他在欧洲居住了 4 年，其间他游历了意大利、荷兰，并于 1786 年访问了英国，学习了风景画式园艺。

在巴黎，他见到了年长的新古典主义政治家克莱里索，并得到其书《法国南部的古迹》（1778 年）。其结果使他参观了尼姆的所谓"四方神殿"，一座保存极佳的早期罗马帝国神庙，对此，他产生了一种由衷的仰慕。的确，在 1785 年，他以此神庙作为一个模型，在克莱里索（Clérisseau）的帮助下，设计里士满的州议会大楼之时，即依照他的建议，这时里士满成为弗吉尼亚的首府，从威廉斯堡搬迁至此，其目的是要消除英国统治的最后残余。作为有史以来第一座神庙形式的公共建筑，美国国会大厦是对英国建筑先例的一个拒绝，以及一种高

① 清教徒：
因躲避英国当局，很多移民至美国，多在东海岸，当时还有很多美国印第安人，美国的感恩节即他们之间故事的结果。

② 第一洗礼会堂：
First Baptist，新教的一个派别。

③ 托马斯·杰斐逊：
Thomas Jefferson，美国第三任总统。

611（对页）第一洗礼会堂（First Baptist Meeting House）的外观，普罗维登斯（Providence），罗德岛（1774—1775 年）自布朗

612（上）杰斐逊：蒙提赛罗府（Monticello）的花园立面，近夏洛特斯维尔（始于1771年；重修于1793—1809年）

613（右）蒙提赛罗府的平面，杰斐逊

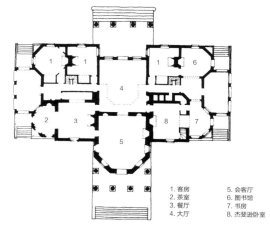

1. 客房　　5. 会客厅
2. 茶室　　6. 图书馆
3. 餐厅　　7. 书房
4. 大厅　　8. 杰斐逊卧室

度改革理想的计划性宣言。

　　杰斐逊自己的住宅——蒙提赛罗府——位于弗吉尼亚的夏洛特斯维尔，始建于1771年，其平面是罗伯特·莫里斯《建筑选集》（1755年）中的一个设计，并改造以适应帕拉第奥《建筑四书》中的一个立面；这被看作一个法式亭阁的简化版本。然而，于1793—1809年，他扩建且重修了建筑，使之成为一个复杂的府邸，有一个八角形带穹顶的中心，前面两侧各有低矮的侧翼。它与环境和谐，因其优雅的服务区建筑呈一个大"U"形，不是位于房子的前面——如之前的帕拉第奥式建筑，而是位于后面花园的两侧。别墅最边上的亭阁包括杰斐逊的法律办公室和地产办公室，又长又矮小的服务侧翼则建于山的一侧，这样便不会影响景观。它们是通过半地下的通道与别墅相连，这令人想起了罗马建筑中的暗门，如在蒂沃利哈德良别墅，以及在普林尼的劳伦丁别墅。

　　蒙提赛罗府邸的重建完工是在杰斐逊的总统任职期间（作为美国的第三任总统，于1801—1809年任职），这令此一层建筑的效果如同古罗马式别墅或是现代的新古代式府邸，如卢梭的巴黎萨姆旅馆（1783年），因此，用杰斐逊自己的描述，"被疯狂地迷住了"。这种错综的布局清楚地分为公用和私人房间，源自当时的巴黎，是非对称型，并给杰斐逊提供了"L"形的套房，包括卧室、内厅、书房，形成一片实为连续的空间。它前所未有的新颖特征，至少在美国，即是其室内设计的同时还伴有无数的新发明，并能吸引参观者：如特殊的双扇门如果打开一扇，另一扇亦自动打开；床周边的百叶帘；入口门廊的天花上有一个风向标；墙下的钟在大

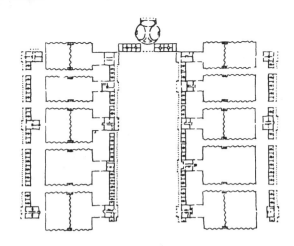

614（上）弗吉尼亚大学的平面，夏洛特斯维尔（1817—1826年），杰斐逊

615（右）弗吉尼亚大学的杰斐逊图书馆，夏洛特斯维尔（1817—1826年）

厅内有第二个钟面；食物电梯①能消失在餐厅一面墙的壁炉里，是为方便从地窖中提酒上来而设计。这些令人想起一位实验科学家的怪癖，如克里斯多夫·雷恩，执意要为自己的设计深思熟虑。

蒙提赛罗府令人意犹未尽的是其慑人的诗情画意，坐落于山中一个阳光灿烂的高地之上，一种使杰斐逊的同时代人感到惊讶的选择。蒙提赛罗府位于一个农场和地产的中心，令人想起古罗马农场或别墅中的生活，曾描绘于维吉尔、西塞罗、贺拉斯、瓦罗、小普林尼的作品之中。很明显，杰斐逊把蒙提赛罗府设计成一个秩序、和谐、工业的象征，这一建筑同时富有诗意又具功用，为古典又为现代的，为罗马式又为美国式的。无论如何，这只是一个私人的创新。他一直认为需要用全民教育来实现一个新型美国社会的前景。他在1779年提议的《进一步普及知识的提案》在通过之后得以见效，弗吉尼亚议会于1816年通过一个法案，设立一个"中央学院"（Central College）。这座弗吉尼亚大学位于夏洛特斯维尔，即依照杰斐逊于1817—1826年的设计而建造。

大学建筑的形式是根基于一种"学术村"（Academic Village）的理念，是杰斐逊1804—1810年提出的。如其所建，这里有两排建筑，每排有5个亭阁，由柱廊相连接，其中包括教室和10名教授的住所，两排建筑在一大片草坪的两边相对。按照建筑师本杰明·亨利·拉特罗布的一个建议，这些建筑布局的前部标志有一座巨大的圆形图书馆，其模板为罗马万神庙，建造则是按照杰斐逊于1823—1827年的设计。之前还没有一所大学是如此设计的，虽然亭阁的布局也许被人认为是来自路易十四的马尔利别墅的非凡特征，后者则是杰斐逊在巴黎曾见过的。法国大革命前典型的专制主义建筑被自由主义者的杰斐逊采用，则成为一种讽刺的模式！这些亭阁的自身设计各不相同，都是帕拉第奥式源泉之优雅睿智的版本，有着准确的古代建筑细节。其中，9号楼有圆柱屏障，于带穹顶的谈话客厅前的，看似是源自勒杜的吉马尔旅馆，1770年建于巴黎。连接的柱廊作为避风雨的通道，其后是学生的房间或宿舍。宿舍后边是多个花园，由蜿蜒曲折的墙壁隔开，这里教授们可以种植蔬菜。由此，杰斐逊创立了一个理想的学术社区，带有特别的混合，即深思熟虑和工业生产的混合，建筑形式为经验主义和古典主义，且与建筑和花园有着完美的空间关系，这些便构成了其蒙提赛罗私

① 食物电梯：
Dumb waiter，是食物传送机，一般是上下走的半米电梯。而不是直译的"呆默侍者"。

家天堂的特征。

布尔芬奇和拉特罗布

杰斐逊之期望，即以纪念性公共建筑作为幼年共和国的崇高道德标志，致使其于1792年宣布了一次设计竞赛，这就是美国国会大厦和总统府邸。

新建的国会大厦直至1827年才完工，是在杰斐逊于里士满的州议会大厦之后，第一批的议会建筑包括：康涅狄格州的哈特福德（1792—1796年）和马萨诸塞州波士顿（1795—1798年）的州议会大楼。它们的设计都是出自查尔斯·布尔芬奇（1763—1844年），一名自学成才的建筑师，不同于杰斐逊，他满足于提供给后殖民时期的美国人民，以革命前人们的要求，即18世纪70年代和80年代的英国怀旧风格。他游历了英国，于1785—1787年游历欧洲，其间他所有作品中很明显具有钱伯斯、亚当、怀亚特、迈恩的影响，包括其马萨诸塞州议会大楼。这座纪念性的建筑（图573）部分受启发于钱伯斯的萨莫塞特府邸，包括一个精美的众议院会厅，后者回应了怀亚特的万神庙。布尔芬奇在波士顿建造了剧场、几座教堂、很多极富魅力的联排式或平台式的房屋，包括优雅的似亚当风格的图丁新月（1793—1794年），它是美国此类建筑的第一座，可与其相提并论的是当时的巴斯市，因伦敦的还未建成。其波士顿的新南方教堂（1814年），是一种综合性的风格，有一个新古典主义的八角形中殿，之前的门廊有着少许希腊多立克的感觉，门廊上架着一个尖塔，是建筑委员会的要求，则是一个吉布斯的模式。更为欢快的建筑是他设计的兰卡斯特会议厅（1816—1817年），位于马萨诸塞州的兰卡斯特，一座洁净、无装饰的建筑，其优雅的几何组合有一个简洁的爱奥尼式小穹顶，符合逻辑地立于门厅的竖向矩形体块之上。门厅之前是

一个特别的多立克式门廊，有着粉饰的柱式，分隔了3个高拱顶，由无装饰薄砖构成。

布尔芬奇最终将位于华盛顿的美国国会大厦建成，这是1827年。在1792年杰斐逊为国会大厦和总统府的设计安排的竞赛中，总统府（后来的白宫）的获奖者是爱尔兰的建筑师詹姆斯·霍本（约1762—1831年），它是受启发于吉布斯的《建筑之书》中的一个设计。而国会大厦一些不连贯的设计是一个问题诸多的设计联盟之结果，联盟成员有威廉·桑顿（1758—1828年）、法国人斯蒂文·哈勒特（约1760—1825年）、乔治·哈德菲尔德（1763—1826年）、本杰明·拉特罗布（1764—1820年）、布尔芬奇。今天，其最令人难忘的外部特征是巨大的穹顶、宽阔的侧翼柱廊、向上衔接的庞大楼梯，都是由托马斯·U.沃尔特，于1851—1865年，在林肯总统任职期间加建的。建筑最精美的特征则是其室内设计，是拉特罗布于1814年的大火之后设计的，我们现在转而讨论他的职业生涯。

拉特罗布是一位极具天赋的设计师，且是第一位在美国工作的全职建筑师，他在同代人中最具影响力。出生于约克郡的利兹的父亲是英格兰摩拉维亚教派[①]公众的教长，是一位有教养之人，亦是塞缪尔·约翰逊和查尔斯·伯尼的朋友。他的母亲可能对他未来事业影响更多，是一位宾夕法尼亚人，在她1794年去世之时，给他留下了美国的地产。应该感谢摩拉维亚教派的学校系统，因拉特罗布在波兰和德国的西里西亚（Silesia）得到了一个极佳的综合教育，涉及古典文化、现代语言、历史、神学、生物学、地理学。他是一位很出色的水彩画家，同时也如他父亲一样，是一名音乐家。18世纪80年代，他开始学习工程学，自大约1789—1792年起，他成为建筑师S.P.考克莱尔的一名学生。在南萨克斯，他于18世纪90年代初建了两栋府邸，海莫伍德小屋和阿什顿府邸，其

① 摩拉维亚教派：Moravian，摩拉维亚教派是欧洲最古老的信教派，源自摩拉维亚，始于15世纪自波西米亚，现捷克地区，后逃至德国地区。以羊为标志。

616（上）桑顿、哈勒特、哈德菲尔德、拉特罗布、布尔芬奇：国会大厦的外观，华盛顿（初始建筑：1792—1827年；穹顶和侧翼：1851—1865年）

617（下）国会大厦的平面，华盛顿

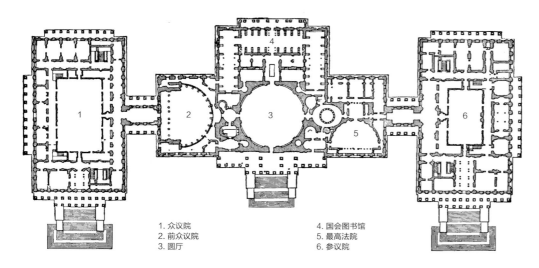

1. 众议院
2. 前众议院
3. 圆厅
4. 国会图书馆
5. 最高法院
6. 参议院

风格为强硬的几何图形式，是受索恩和勒杜的影响。他的第一任妻子于1793年因难产而死，在拿破仑战争期间，因无法在英国找到很好的工程，他于1795年11月开始了为期15周的北美航行。1797—1798年，他在此建造了其第一座美国建筑，即州监狱，位于弗吉尼亚的里士满，一座巨大的半圆形建筑，进入要通过一个精彩的未加装饰的拱门，令人想起吉利或索恩的设计。作为美国的第一座现代监狱，它的设计同步于杰斐逊长期强调的刑事改革的观点。

他对里士满的受限生活越发感到乏味，便于1798年搬离此地，在詹姆斯河瀑布买了一个80英亩（约323748平方米）的小岛，在给一位友人的信中言及"把我关闭在自己的岛上，我全部的时间致力于文学、农耕、友情、教育我的孩子们"。1798—1799 年，他准备了《用色彩画解析风景的论文》以指导一位年轻女士的水彩画艺术，她的名字为苏姗·斯波兹伍德。他的观点和技巧是对哈姆福利·莱普顿的回应，他完全接受了风景画风格的传统，由尤夫德尔·普林斯和佩恩·奈特定义，后者的诗《风景》（1794 年）被拉特罗布描述为"优雅，却不自然"。这些年里，他同时也在设计宾夕法尼亚银行（1798—1800 年），于费城，后者于 1790—1800 年成为美国的首都、最大的城市。这个银行，令人想起杰斐逊激进的"理性经验主义"观点：两端各有一个希腊爱奥尼式门廊，类似于一座神庙，然而侧墙却没有任何柱式。它用大理石建造，整体建筑为石质拱顶则是美国的第一次，并顺理成章地主宰有穹顶的正方形银行大厅。在银行之

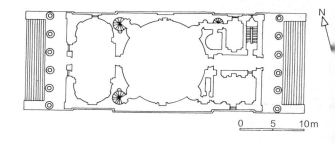

0 5 10m

618 宾夕法尼亚银行的平面，费城（1798—1800年），拉特罗布

后，于 1799—1801 年，他又建造了费城水厂泵站工程，在那里，拉特罗布担任工程师。这是一座长方形的希腊多立克式建筑，其上部是一个简单的圆顶大厅，可能是受启发于勒杜的德·拉·维莱特关口。拉特罗布保存最好的建筑——圣玛丽罗马天主教堂——位于马里

619 圣玛丽罗马天主教堂室内，巴尔的摩（设计于1804—1808年；建造于1809—1818年），拉特罗布

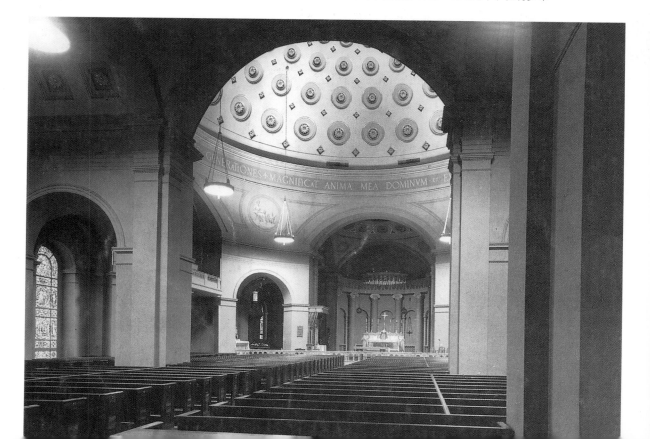

620 拉特罗布：最高法院内厅，国会大厦，华盛顿（1815—1817年）

兰州的巴尔的摩，设计于1804—1808年，建于1809—1818年。其十字形的布局、庞大的入口门廊、简洁的墙面，可能源于苏夫洛的圣吉纳维夫，但流动的室内空间，以及分段的穹顶，浮于分段的拱顶之上，其氛围却近似索恩的英格兰银行的大厅，后者应该为拉特罗布所知。洋葱头状的钟楼是于1832年加建，不是拉特罗布的设计，但1890年唱诗厅的加长则符合拉特罗布的原意。

索恩的设计再次体现在拉特罗布的华盛顿国会大厦之中，是在其担任公共建筑检查官之时，此职务是杰斐逊于1803年的任命。至此，桑顿设计的参议院厅的北翼已建成，相平衡的南翼为众议院的设计已动工；而它们之间巨大的圆厅，最终由布尔芬奇建造，还未开始。拉特罗布这时在建造众议院部分，完

成于1811年，这是一个椭圆形大厅，两侧立有24个科林斯柱式，柱头的模式则如在利西克拉特的合唱纪念亭（43页）。1809年，他于北翼参议院的楼下建造了最高法院的大厅，按照其1806—1807年的设计。1814年，它毁于大火，由拉特罗布重建，而完全恢复原貌则是于1975年。其3个拱门立于希腊多立克柱式之上，柱子为粗矮的沙岩石质，加之奇异分瓣的伞状半穹顶，这个神奇的室内设计只能相比于丹斯、勒杜、索恩、吉利的设计，以及阿伦斯的暗门，于其魏玛的罗马府邸之中。在相邻的下层楼梯门厅之中，拉特罗布设计了一种玉米叶柱头的美国柱式，被国会议员们称为"玉米头柱头"①。具有国家特色的这些柱头以及烟草叶的柱头后来被用于其他建筑，亦被劳吉尔于其《建筑观察》（1765

① 玉米头柱头：
Corn-cob Capitals，这里柱头的英文"Capital"也有国会之意，而头部"cob"也有领袖之意。1908年8月28日，拉特罗布给杰斐逊的一封信中提到，如此称谓不太合适。

621 拉特罗布：带有玉米叶柱式的楼梯门厅，国会大厦，华盛顿（1815—1817年）

年）中预言，寻求一种新型的古典建筑柱式。

拉特罗布的很多建筑毁于 1814 年 8 月英国舰队的炮轰，这是针对国会大厦和总统府的。拉特罗布的检查官工作于 1812 年已停止，又于 1815 年被召回重建国会大厦。这时，他重新设计了南翼的众议院部分，其形式为一个半圆形的剧场形式，这也是其早在 1803 年就偏爱的设计。在北翼，他设计了一个两层的穹顶门厅，一种类似索恩的室内，而如后者几乎同时代的"国债兑现办公厅"设计。1816 年，拉特罗布写信给杰斐逊来描述这个奇妙的空间：

"圆形大厅的柱子一共有 16 根，它们应比爱奥尼柱式的最细限度还要细，但不应是科林斯柱式，因大厅本身是爱奥尼式的。因此，我设计了一种烟草叶子和花瓣的柱头，它有一种接近科林斯柱式的中间效果，并能保持风神神庙的简洁。"

最后，我们援引杰斐逊 1812 年给拉特罗布的信，这里，杰斐逊总结了国会大厦的特别意义，以及他与其建筑师之间非凡的一致，因他称这座建筑为"第一座致力于人民独立主权的神庙，饰以雅典的品位，而其视野正在超越雅典的气韵范畴"。

城市规划

法国启蒙运动的贡献

综合性的城市规划作为进步时代启蒙思潮的成果，出现于 18 世纪中叶。这是对权力支配的一种反映，之前，这种权力隶属皇室和主教。18 世纪的都市发展中最重要的有巴斯、爱丁堡、里斯本、圣彼得堡，其中只有一个是作为首府之用。从巴洛克到完全启蒙式的转变则是南锡，即洛林的首府，在这里伊曼纽尔·格勒·德·科尼——即我们之前所述——于 1752—1755 年创造了一组 3 个相连且形状各异的广场，连接着新城和旧城。

与此同时，伏尔泰于 1749 年出版了一篇极具远见、影响广泛的文章《巴黎的启蒙运动》，文中他提议，要使城市具备更为健康、便利、高效功能。他的观念被建筑师皮埃尔·帕泰（Pierre Patte，1723—1814 年）采纳，后者的著作《法国颂扬路易十五的纪念碑》（巴黎，1765 年）即包括了几个建筑师的巴黎改进规划。将城市的规划置于一张地图之上，他们建议，要以一种惊人的规模重新规划。于此项目，他又增加了各种都市卫生问题的探讨，这是其著作《重要建筑记载》（巴黎，1769 年）中展开的一个题目。这里提议的建筑有法庭、监狱、市政厅、市场、一个改进的林荫街道网络、贸易场所、病人和逝者的分区，甚至还有免费大学教程。实际上，他提倡城市设计要有一个总体规划，这亦是现代意义上对这一术语的较早运用之一。

622 莱弗顿（Leverton）：贝德福德（Bedford）广场，伦敦（1782年）

伦敦的理论和实践

在 18 世纪的英格兰，教会和君主的权势要远小于欧洲大陆，因而伦敦没有几处，如巴洛克城市中，可炫耀的伟大纪念物，如皇宫、教堂、私人府邸、公共喷泉、正式的规划项目。取而代之的，则是自大约 1700 年开始，伦敦逐渐专注于居住广场的空间，这是伊尼戈·琼斯于 1631—1633 年在考文特花园广场起始的一种传统。

这种都市住宅多是一种投机性的开发，来自大土地家族或是主要机构。长租期的出租地产则很少依据一个强置性的统一规划，如法国的皇家广场。一个个案，即梅菲尔区的格罗夫纳广场，一个早期且又非常庞大的开发项目，是理查德·格罗夫纳爵士于 1725 年的委托。其北面和东面的住宅设计是科伦·坎贝尔设计的简化版，推出了一个单体宫殿式建筑，有一个居中的山花墙，但两侧的其余部分则为一种较不对称的设计。这些住宅都没能留存至今，但在布鲁姆斯布里的贝德福德广场，由托马斯·莱弗顿（1743—1824 年）于 1782 年完成，以一种统一的设计形式，则有留存。

与此同时，约翰·格温（1713—1786 年）曾经有过大量的提议，于 19 世纪之前基本不被重视，则是远超出家居建筑之上。以巴黎作为其膜拜形式，格温将伦敦现有的街道形式转变为新广场、宫殿、公共建筑。其中的很多项目出版于其著书《伦敦和威斯敏斯特改造规划图解》（伦敦，1766 年）中最终得以实现，并于约翰·纳什在 1811—1825 年的作品中达到高峰。

巴斯、都柏林、爱丁堡

如果乡村别墅是英国对 18 世纪建筑所做的最大贡献，乔治式联排别墅[①]和城市规划则几乎同样重要。创新的中心是巴斯市，整个 18 世纪中，它因作为一个温泉地而流行，伦敦社交界在夏天的数月中来此度假。约翰·伍德（1704—1754 年）于 1729—1736 年建造了女王广场，这里，北面统一的宫殿式立面有着一个中央山花墙，它立于壁柱和一个粗糙的底层之上。这种将私人住宅和一个纪念性建筑结合在一起即英格兰的一种新型设计，虽然与此同时也有人在伦敦的格罗夫纳广场上尝试，此设计应是源自孟莎在巴黎（始于 1698 年）设计的旺多姆广场。伍德决意要在一个非常重要的、曾经的古罗马英国城市重建一个罗马场景，他设计了一系列相连的视觉中心，并赋以浪漫的名字，"皇家广场""大竞技场""帝国体育场"。在女王广场的北部，他自 1754 年建造了所谓的"竞技场"，这是罗马竞技场一个夸大的创意版本，将里面朝外，这里有 33 个住宅，都有着纪念性建筑的立面，如女王广场上的建筑立面。再次提醒大家的是，孟莎于 1685 年在巴黎设计了圆形的胜利广场。进入伍德的竞技场要经由 3 条街道，但因它们不是对立而设，因而不会破坏广场的圆形效果，这像是勒诺特设计的花园中某种"环岛"（rond point）。伍德的确曾于 18 世纪 20 年代参与了约克郡布拉默姆公园的正式花园设计，此设计常被归功于勒诺特自己。

伍德的儿子约翰（1728—1781 年）完成了其父在巴斯的雄伟计划，又增建了议会厅

① 乔治式联排别墅：影响了后期住宅模式，尤其是在美国。

435

623 兰斯当新月楼（Lansdowne Crescent）的鸟瞰图，巴斯（1789—1793年），帕默

（1769—1771年）和皇家新月楼（1767—1775年），后者是一个弧形，由30栋住宅构成，有着开阔的乡村景色。其独特的半椭圆形状——一种半竞技场的形状——则是英国建筑中的第一个新月形，这是一种在19世纪被广泛模仿的形式，于巴斯、巴克斯顿、伦敦、海斯廷斯，还有最重要的爱丁堡，可以说，比起巴斯的"乔治风格后期"城市理念，爱丁堡是一个更大幅度的实现。在巴斯，建筑师约翰·帕默加建了兰斯当新月楼（1789—1793年），在比皇家新月楼更高的山丘之上，并发扬了后者风景画的特质。它依照着一个凸—凹—凸的平面，看似是对其山地微波形态的一种自然反映。混合古典和风景画理念于一身，它完美地总结了18世纪英国建筑的主旋律。

在爱丁堡，这座中世纪的古城被城墙封闭着，于城堡下的一个山脊上。当确定要在山谷对面紧邻的山脊上建造一个新城时，湿地被排干，并建了一座桥连接着两处的山脊。这项1766年设计竞赛的获奖者，是当地的一位建筑师，詹姆斯·克雷格（1744—1795年），他设计了一个井格式的规划，其中有一条中央大道将两个广场相连。虽然不是原创设计，但其周边为两侧敞开的街道，如此，便是一侧有旧城的美景，另一侧则有乡村的景色，这一种理念应是受启发于小伍德在巴斯的作品。

公共建筑的传统始于都柏林，于1660年君主恢复之时，被爱德华·拉维特·皮尔斯爵士（约1699—1733年）于其作品中极大地推进了一步，如其1729年的议会大厦。这种新的城市生机也表达在18世纪40年代的一些项目之中，如萨克维尔街（现在改名奥康内尔，O'Connell），它建于1757年宽街督查委员会成立之后，后者是一个非同寻常且具有影响力的启蒙理想主义产品。委员会对新建筑实施严格的管控，其中结合了底层的商铺和之上的住宅，并将街道拓宽至 98 英尺（30 米）或更宽，同时，也创建了新街道。詹姆斯·甘丹（1742—1823 年），又用一系列公共建筑将城市进一步转变，其中包括四法院（1786—1802年），这里，建筑设计的敏感性极为重要，因他将其与河流联系在一起。

圣彼得堡和里斯本

圣彼得堡始创于 1703 年，由彼得大帝建成，作为一个尝试，即将俄国在政治、经济、文化上更靠近西欧。其中 3 条放射形的街道，如我们讲过，是受启发于凡尔赛，同时也有林荫的运河横穿全城，回应着彼得大帝在阿姆斯特丹的所见。没有防御的圣彼得堡城占据着庞大的区域，花了数十年才初建成形，的确，在彼得大帝去世的 1725 年，它几近被弃，大多的增建则是在凯瑟琳大帝的统治时期（1762—1796 年）。无论如何，作为一个现代版本，它令人难忘，以至于启蒙运动的首要人物都视其为进步时代的一次胜利，伏尔泰在其《习俗散文》（1750 年）中颂其为"俄国向文明的推进"。

1755 年，里斯本中心因一次地震的损坏动摇了很多人对于神圣上帝传统信念，这一种情绪也被伏尔泰记载于其诗歌《里斯本之灾》（1756 年）及其《坦言》（1759 年）中。然而，这次灾难导致了一场大型的城市重建，与此，启蒙运动的城市规划理想亦得以实现。国王的首席部长——后被封爵的蓬巴尔侯爵——得助于军事工程师欧金尼奥·多斯·桑托斯·德·卡瓦略（1711—1760 年）和匈牙利的卡洛斯·马代尔，规划了城市的 20 公顷（200000 平方米）之地，作为一个理性的经济、城市规划、建筑的模式，同时它亦注重安全、节约、水、卫生、防震结构。

624 圣彼得堡景观

625 商业广场（Praça do Comércio），里斯本（1755年后）

其核心部分是庞大的柱廊，商业广场不是一个皇家广场，而是一个宏大的，或有某些功能的空间，广场从塔古斯河蔓延上来，于其南侧广场向河水开敞。其两侧为大楼，内设交通管理、政府服务、商业协会的机构。其北面则是一个凯旋拱门，其后是一种井式街道网，其中是几近统一的 3 层法式斜屋顶[1]公寓大楼，其底层则是商业场所。

北美

英国在美国创建的殖民城市为井格式规划，虽然，新英格兰[2]的很多城镇则多以简洁且有机的方式发展。一个例外的城市，便是1638 年的纽黑文，位于康涅狄格州，建于一个核心为 9 个完全相同的正方形街区之上，并有一个绿色的中心村。这也许要归功于之前的维特鲁威，此城是新英格兰第一座如此规划的城市。费城，即威廉姆·宾恩[3]在宾夕法

① 法式斜屋顶：Mansards，即孟莎屋顶。
② 新英格兰：New England，美国东北部几个州的统称。
③ 威廉姆·宾恩：William Penn，英国地产商，哲学家，宾夕法尼亚州的创始人。

437

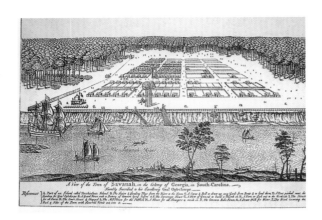

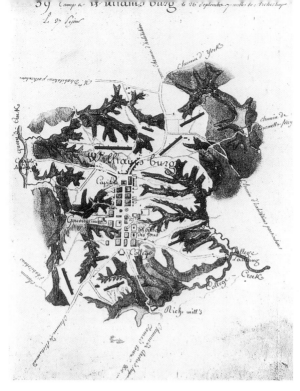

626（顶左）萨瓦纳（Savannah）全景，佐治亚州

627（顶右）威廉堡的平面（自1699年）

628（上左和左）华盛顿的景观和平面

大象棋盘一般的布局并没有确定的边界线，也没有中央广场。取而代之的是其连续性的、一种可扩展的井式小型街区，每个小街区都有自己的小广场。

最为新颖且迷人的城市是威廉斯堡，是1699年后弗吉尼亚州的首府，这里的一个新注重点是主要建筑和主体林荫大道的关系。主要的终端景观不再是欧洲城市中的宫殿、教堂，而是大学、立法机构的建筑。

18世纪美国城市规划的制高点，是乔治·华盛顿于1790年的选址，位于波托马克河边的一块地段，是为新独立的美国首都而建。华盛顿新城的设计任务委托给一位法国人，少校皮埃尔·朗方（1754—1825年），后者亦咨询了杰斐逊。朗方的放射形大道始于联邦大楼（后为国会大厦）和总统宅邸（后为白宫），它回应了完全的凡尔赛宫形式，然而具有讽刺意义的是，却是建在民主的家园之中。于此，利用选址的一个新颖之处，就是国会大厦和总统宅邸都可以俯瞰波托马克河的景色。

尼亚州的居住地，建于1681—1683年，则遵循一个庞大的井式布局。与其相反的是马里兰州的安纳波利斯，由州长弗朗西斯·尼科尔森于1694年建成，是全然巴洛克的效果，有着转盘交叉路和放射形大道，但是却用了一种不大协调的微型尺度。另外一种形式则出现于1733年的萨瓦纳，位于佐治亚州，这里，

第九章 19世纪

1789年的法国大革命令全欧洲及北美的旁观者们既震惊又鼓舞。政治生活不能再掉以轻心了，革命暴动之后的80年中，一种不稳定性即反映在法国政府体制的迅速变化之中。这些变化包括一个独裁政府、两个帝国、正统王朝、选举君主制、三个共和国。一些国家亦联合起来反对拿破仑，开始了一场长期战争，直到1815年才结束，他们的初始反应就是要回归一种保守的君主制，尽管很多国家在1830年也发生了革命，特别是1848年。

这些革命是中产阶级人士发起，希望在政府中有发言权，因为始于18世纪80年代的英国工业革命产生了一个新富且自信的中产阶级，同时还有一个新贫的城市工人阶级。虽然哲学家及政治活动家卡尔·马克思（1818—1883年）在《共产党宣言》（1848年）中言及无产阶级的即将胜利是历史逻辑进程的必然结果，但无论如何，19世纪还是标志以激烈的辩论，题目中即包括工人阶级的生活条件，以及基督教和传统社会秩序之间的关系。类似广泛的问题还有关于传统建筑风格在现代工业中的实践角色。

法国

自佩西耶和方丹至维奥莱-勒-杜克的理性主义传统

在法国，公共建筑教育提供了一个文化稳定的元素，这种稳定，在历经一段政治风云变化之后依然完好。19世纪法国建筑设计因一家学院机构而变得丰富多彩，这就是"美术学校"，在某种程度上，其他任何欧洲国家都无法媲美。美术学校成立于1819年，作为皇家建筑学院下属的著名建筑学校之后继者，而建筑学院是由柯尔培尔成立于1671年，但于1793年被革命大会解散。其教学计划的组成主要是为设计纪念性公共建筑，又因"罗马大奖"的竞赛而达到顶峰，从1720年到1968年，学校一直主持大奖，虽期间偶有间断。竞赛项目的确定和评选裁判都由艺术学院来定，后者是于1803年由拿破仑设立，是构成法兰西学会的5所学院之一。一个建筑教育体系的威望、承传、高度严谨在欧洲独树一帜，这自然又令法国在18世纪和19世纪，成为建筑学术研讨的中心。

拿破仑在建筑上的影响，总体来说不及他在政治和文化机构发展上的影响。事实上，是拿破仑的第一位妻子约瑟芬发现了两位建筑师——查尔斯·佩西耶（1764—1838年）和皮埃尔-弗朗索瓦斯-莱奥纳尔·方丹（1762—1853年）——的才华，他们于1801年成为其丈夫的官方建筑师。他们都是A.-F.佩尔的学生，一起于18世纪80年代后期，就学于罗马的法兰西学院，在那里，他们约定一生为友，发誓永不结婚。他们一直忠于彼此，并合葬于拉雪兹神父公墓同一墓穴之中。

1799年，拿破仑成为第一领事之时，他们受约瑟芬之邀，重建其在玛尔梅森的一座新府邸，并于1800—1802年精细地重饰此府

629 佩西耶和方丹（Percier and Fontaine）：里沃利大街（The Rue de Rivoli），巴黎（自1802年）

邸。他们采用的样式即被称为"帝国风格"，虽然事实上它只是"新古代装饰风格"一种更显著、色彩更明亮的版本。这种新古代装饰风格，由建筑师——如贝朗热和 P.–A.·巴黎斯——创建于大革命的前夕，佩西耶曾为后者工作过。帐篷式卧室是由弗朗西斯·约瑟夫·贝朗热于 1777 年为阿图瓦伯爵[①]在巴黎巴格泰的府邸设计，这时，它已成为无数室内装饰的模式，因其用真或仿的褶布装饰，如约瑟芬在玛尔梅森的奢华卧室（图 709）。它之所以在帝国时期成为新时尚，是因其关乎军队的行军营帐。佩西耶和方丹帝国风格的标记，如罗伯特·亚当的装饰风格一样，可即刻识别，被印在了罗浮宫和杜乐丽宫的室内中，还有在贡比、圣克卢、枫丹白露的皇家府邸中。拿破仑和他的亲属们也视其如战利品一般，带着此

风格横跨欧洲到了德国、意大利、西班牙、荷兰、斯堪的纳维亚，同时，佩西耶和方丹出版的《内部装修研究》（1801 年），亦使其作品引起了专业人士的关注。

在巴黎，虽然佩西耶和方丹的建造少于纳什在伦敦的建造，但是，从城市规划上来说，他们实现了很多拿破仑的计划，如新道路、市场、喷泉，并将屠宰场和公墓迁至市郊。于1811 年，他们设计了巨大的夏乐宫，比凡尔赛宫还要大，是为拿破仑的幼子罗马王而建造。在塞纳河对岸与其相望的是同样庞大的学院建筑群，包括一座美术学校、大学、档案馆。这项未建成的惊人规模的设计令人想起勒杜和杜兰德的前景规划，也令人想起佩西耶和方丹在1875 年和 1876 年的"罗马大奖"，因其方案，即"一个伟大帝国的君主陵墓"和一座"合三

[①] 阿图瓦伯爵：
Comte d'Artois，后来的查尔斯十世，法国皇帝 1824—1830 年。

630 佩西耶和方丹：卡鲁索凯旋门（The Arc du Carrousel），
巴黎（1806—1808年）

为一的学院建筑"。他们建议连接罗浮宫和杜乐丽宫，便导致了自1802年起带拱廊的里沃利大街和相关的金字塔大街。巴黎在19世纪首次宏伟的城市转化，其效果不是来自细节的丰富，而是来自其极端的长度和不多的装饰。由此，这些街道便同卡鲁索凯旋门构成了有效的对比，后者是佩西耶和方丹于1806—1808年建造，作为一座通向现已被毁的杜乐丽宫大门，这是拿破仑当时在巴黎的主要行宫。它以罗马的塞普蒂缪斯·塞维鲁凯旋门为模板，这是一个多色彩、多雕塑的作品，是其建筑师们

作为家具及室内设计师的技术结果。

卡鲁索凯旋门是很多罗马帝国的纪念性公共建筑之一，这些建筑是拿破仑皇帝为其在1806年统治上、军事上的成功修建的丰碑，于奥斯特利茨战役之后，此时，他正处于权力的巅峰。这些建筑包括A.-F.-T.沙尔格兰（1739—1811年）的凯旋门；贝尔纳·普瓦耶（1742—1824年）的巨大科林斯式柱廊，楼宽有20根圆柱的议员大厅；还有A.-P.维尼翁（1763—1828年）建成的一座马德琳教堂，作为世俗的荣耀神殿。维尼翁的威风建筑，其

看似有些死板的外观来自一个罗马科林斯式神庙，而其奢华的室内，则是J.–J.–M.于韦（1783—1852年）在1825—1845年设计和建造的，其原型则源自罗马的公共浴池。

这些大胆的，如果说风格上并无风险的古代模仿，则伴随着一个原则，它代表了18世纪期间理性法国建筑思想的顶峰。膜拜此原则的主要著作，有让–巴蒂斯特·龙德勒（1734—1829年）的《建筑艺术的理论和实践条例》（1802—1803年）和让·尼古拉斯·路易·杜兰德（1760—1834年）的《皇家理工学校的建筑课程概要》（1802—1805年）。龙德勒是苏夫洛的学生，曾是"特别建筑学校"中的实体切割学教授，后于1806—1829年在美术学校任教；杜兰德是部雷最喜欢的学生，1795—1830年在理工学校任教。在其极富影响力的教学过程中，龙德勒和杜兰德将建筑简化为两个元素，即结构和形式几何，龙德勒辩论道，这只是对某个实际问题的一种机械性解答。这种直接的材料主义者和机械的观点亦出现于奥古斯特·舒瓦西（1841—1909年）的著作中，如其三卷本《罗马、拜占庭和埃及的建筑艺术》（1904年）和其《建筑史》（两卷本，1899年）。作为道路工程学校杰出的工程师，舒瓦西特别被维奥莱·勒·杜克欣赏。

A.–C.卡特勒梅尔·德·昆西从1816到1939年任美术学校的终身秘书，在他的积极支持下，杜兰德和龙德勒的追随者——如E.–H.戈德、L.–P.巴尔塔、L.–H.勒巴、A.–H.德·吉索设立了一套设计程式，并以此建造了无数公共建筑，为拿破仑之后的法国所扩展的城镇。他们建造了教堂、市政厅、医院、法院、学校、兵营、监狱、收容所，以一种简洁的古典风格显示了公共诚信和社会秩序。

虽然他们的成就让人印象深刻，但是他们非冒险性的审美和知性内含的本质必然很快

631 马德琳教堂，巴黎：室内出自于韦（Huvé）（1825—1845年）（外观见图568）

被挑战。出人意料，一个新的焦点是以争论彩饰为中心，这是由雅克–伊尼亚斯·希托夫（1792—1867年）提出的，他出生于科隆，但就学于巴黎，自1811年起于巴黎美术学校师从佩西耶，之后，又同F.–J.贝朗热共事。他于1822年旅历了意大利，在那里，他遇到了英国建筑师托马斯·莱弗顿·唐纳森（1795—1885年），后者第一次解雇他，是因他认为希腊建筑都曾有彩饰。为寻求证据，希托夫游历了西西里，并于塞利纳斯的石灰石神庙中发现了彩绘的痕迹，这项发现引起的研究最终发表于《复原塞利诺托斯的恩多培勒克神庙》或《希腊建筑中的彩绘》（1851年）。1827年，他同卡尔·冯·赞斯一起出版了《西西里的古代建筑》，并于1829—1830年在巴黎发表演讲和展览绘画，这里，他声明希

腊的神庙原本被涂成黄色，并带有图案、线脚雕塑细节，采用鲜艳的红色、蓝色、绿色、金色。

希托夫推翻了温克尔曼之希腊艺术是单纯而无色彩的观点，这自然引起了激烈争执，即便已有几位德国和英国的学者、建筑师，包括科克雷尔、威廉·金纳德、克伦策、奥托·马格努斯·冯·施塔克尔贝格，都知道彩饰一事，且也有人曾出版过研究成果。希托夫最早尝试恢复彩绘的古典传统是在巴黎的香榭丽舍宫，那里，他在两座建筑的柱廊门厅上饰以鲜艳的颜料，建筑为中央布局，材料为钢和玻璃。它们是圆形全景大厅（1838—1839年；毁于1857年），内有一幅拿破仑战争时期莫斯科战役的画卷和一个国家马戏场（1840年），这是一个能容纳6000名观众的公共娱乐中心。

他的主要机遇来自巴黎的圣文森特·德·保罗教堂的装饰，建造是根据其1830—1846年的设计，它建于一个主要位置之上，迎面是一个大阶梯，带有迂回的台阶，且高于拉斐特广场（现在的弗朗兹·李兹特广场）。在其壮观的立面之后，主要是正方形的双塔，类似柯克雷尔在汉诺威小教堂的塔楼，有一个华丽的长方厅堂室内，两排走道的两侧则是双层的柱廊，支撑着一个开敞的木桁架屋顶。1849—1853年，教堂的中殿和半圆殿被饰以壁画，出自画家安格尔的追随者——弗朗德兰和皮科，用一种如同帕提侬神庙带状装饰的排列，而彩色的玻璃——主要为红色、黄色——则由希托夫设计，并由马雷沙尔和居格诺在1842—1844年建成。柱子是由黄色人造大理石建造，檐部和线脚有镀金，屋顶桁架和天花井格板则被涂成鲜明的蓝色、红色，而金色斑纹则是模仿12世纪于蒙雷阿莱和西西里其他地方的装饰，希托夫喜欢将后者想象为古希腊彩绘的晚期风格。这个璀璨的室内在华

632 希托夫（Hittorff）：国家马戏场（Nationale Cirque）的多彩立面，巴黎（1840年）

丽程度上于1844年为其立面设计的特别装饰所媲美。门廊的墙上覆有13块釉画板，出自安托万-让·格罗斯的学生皮埃尔·朱勒·若利韦。其中几幅被挂在墙上，但在教士的命令下又被取下来。他的最后一件主要作品，尤其之于19世纪中叶而言，是一座火车站，即巴黎的北火车站（1861—1865年）。这里，他实现了他所期望的古典建筑的动感和活力，但并非通过彩饰，而是通过强调建筑细节的雕塑性。

希托夫对于一些年轻的建筑师——吉尔伯特、杜班、拉布鲁斯特、杜克、沃杜瓦耶——

633 希托夫：圣文森特·德·保罗教堂（St Vincent de Paul）的西立面，巴黎（1830—1846年）

似乎很看重，因其古代彩饰的先见之明，挑战了早已为人接受的古典主义惯例，因而，开辟了一个新建筑之路。这些浪漫的激进者后来却被并不恰当地称为"新希腊派"，他们实为受到"乌托邦社会主义理想"（Utopian Scocialist ideals）的影响，这些理想表述于社会改革者的著作之中，他们是C.-H.德·圣西蒙（1760—1825年）和查尔斯·傅立叶（Charles Fourier，1772—1837年）。他们想要提高建筑中赋予生命的品质，通过制定道德和社会理想来构成建筑的形式和个性。埃米尔·雅克·吉尔伯特（1793—1874年）是杜兰德的一名学生，其职业生涯即致力于医院、监狱、收容院建筑，例如，巴黎附近的夏朗东精神病院（1838—1845年），其焦点是一座希腊多立克式的小教堂，炫耀着一个色彩艳丽

的室内。费力克斯·雅克·杜班（1797—1870年）是佩西耶的一名学生，他设计了整个巴黎美术学校。学校于1832—1858年，建在波拿巴大街边上，建筑的弓形立面包含有隐约的借鉴，来自古代以及文艺复兴时期的建筑，包括凯旋门、古罗马竞技场、大臣府邸。前面的庭院采用了更为混搭式的中世纪和文艺复兴时期的建筑局部，自1795年起，由亚历山大·列那为其法国的建筑博物馆，从法国各地挽救回来的。

这群"浪漫激进派"建筑师之中，最为杰出的是皮埃尔－弗朗索瓦－亨利·拉布鲁斯特（1801—1875年）。他是一名住宿生，但他震惊了整个学院，因其1828年从罗马寄来的一个复原研究，即关于皮斯托的三座多立克式神庙，他宣称，赫拉第一神庙并不是一座宗教神庙，而是一个市政集会厅。他展示了其建筑装饰，使用了大型的绘画、战利品、碑文、粗糙文刻，并解释道："门廊的墙上，我认为，也可能是覆以图绘的公告，用以为书。"他还指出，这座神庙有一个四坡屋顶，并有彩绘装饰。学院深感震惊的是，此建筑所表现的不是一座理想的纪念性建筑，其功能却是和拉布鲁斯特的观点一致，即"建筑是反映社会的意愿"。拉布鲁斯特修复工作得出的无法令人接受的结论，即他认为皮斯托的长方厅堂式大教堂是殖民地时期意大利的三座希腊式建筑中风格最为原始的一个，但都不是最早的，人们一直认为的，却是距现在最近的，其原始且不完美的多立克式语言，是因其在时间上离希腊后期的神庙相距甚远，这是一个殖民的后代。这震惊了学院里的学者们，因其冲击了古典建筑语言的基础，指出建筑的

634（对页顶）火车北站的外观（1861—1865年）

635（对页底）杜班（Duban）：美术学校的庭院立面，巴黎（1832—1858年）

形式是深深地植根于一个特定的时代、地点、生活方式，由此，不可能转运到其他时期和国家。

学者们认为，这是对他们理想的一种恶意攻击，其结果即学院确保拉布鲁斯特在 10 年之内不能获得重要的建筑委托。甚而，他的学生中也没有一个获得罗马大奖，即便如此，学生们还是在他 1830—1856 年主编的《建筑设计室》中对其表示敬意。他的大机遇于 1838 年到来，他被任命为建筑师，设计了万神庙附近的新圣吉纳维夫①图书馆。这座图书馆于 1838—1839 年设计，于 1843—1850 年建造，至今，一直被认为是 19 世纪伟大的作品之一，极度为人所推崇，如美国建筑师麦金、米德和怀特就以其为模板设计了波士顿的公共图书馆（1887—1895 年）。拉布鲁斯特的图书馆是一个执着且激进的创新。它是一种简单、无装饰的长方形建筑，近乎一种功用的味道，没有饰以柱子、门廊或者山花墙。他于 1848 年决定的，即以一种特别的雕饰，于建筑立面之上雕刻着 810 名作者的名字，按年代排列，从摩西到瑞典化学家伯泽列厄斯②（逝于 1848 年），由此，即囊括了世界的历史，从犹太教到现代科学。这个项目是受启发于奥古斯特·孔德③（1798—1857 年）的著作，他是"实证主义哲学"的创始人，这套哲学体系完全依赖于确认的事实和可观测的现象。可与其并行的是理工学校里杜兰德的建筑学说，孔德就曾在那里学习并任教。立面的 7000 个字排成严格的柱状或板状，因而有时它被比作一张报纸，而且这种简洁装饰性雕刻看似印在表面上一样：的确，垂花饰的铸铁圆盘支撑底层的柱檐壁上，即印有图书馆的标记和图书印章，有一个交错的"SG"，代表圣吉纳维夫，即巴黎的保护圣徒。

图书馆立面上这种特别的功能展示，很明显同拉布鲁斯特的信条有关，他认为一座建筑是人类活动的框架，而不是古典秩序理想美的展示，这种信条在他处理皮斯托长方厅堂神庙的墙壁时就已经得到了展示，即"图绘的公告，用以为书"。还有可能的是，将这座图书馆看成一个反映维克多·雨果的建筑理念，于《巴黎圣母院》第二版中所表达的，拉布鲁斯特和雨果关系密切。雨果在书中说到，建筑的演化原本是作为一种写作形式、一种交流的方式，如文学一样。这种方式只留存在其最伟大的时代，即希腊和哥特时期。

圣吉纳维夫图书馆的拱式立面虽然简洁，但还是令人想起一些文艺复兴早期之后的杰出建筑，如阿尔伯蒂在里米尼的马拉泰斯蒂亚诺神庙、圣索维诺在威尼斯的图书馆，以及剑桥的两座图书馆——一座由雷恩设计，另一座由科克雷尔设计。其室内——整个建筑的顶层部分——只是一个单独的巨大阅览室，由两条筒形拱顶的过道组成，中间的一排柱子将其分隔。这个特殊的中央脊柱令人想起中世纪的修道院餐厅，如之前的巴黎圣马丁修道院，后者不久即被沃杜瓦耶改建成美术工艺学院的一座图书馆。这个阅览室的独特之处就在于其细长的支柱和其所支撑的装饰极为优雅的拱顶，构成了一套独立的铸铁体系，这是将这种材料用于纪念性公共建筑较早的实例之一。如此，拉布鲁斯特就将其建筑联系到其工业化社会的时代，且以一种既理性又富诗意的方式。

拉布鲁斯特受到了平等主义社会哲学的影响，即"圣西门主义"，命名因其创始人 C.H.德·圣西门，此哲学认为，科学家和工业家应该取代政府中地主、军队、教会的利益。在他们的宣传册子中，《致艺术家：关于美术之过去和将来》（1830 年），圣西门主义者们如雨果一样，意识到之前有两个建筑理想，或者说"有机"④的阶段，即伯里克利前的希腊

① 新圣吉纳维夫：
Ste-Geneviève，不同于苏夫洛的圣吉纳维夫。

② 伯泽列厄斯：
Berzelius，瑞典化学家，化学符号的创制人。

③ 奥古斯特·孔德：
Auguste Comte，实证主义哲学，顾名思义要求实证，而非形而上。

④ 有机：
organic，此概念的第一次出现。

阶段和中世纪的哥特阶段。拉布鲁斯特希望其图书馆可以形成第三个理想阶段，这些阶段应是"有机的"，因其表现为一个社会理想和宗教信仰的和谐体。人们进一步认识到，正是缺乏这种整体性的结果，因而导致了19世纪建筑的不足。因此，人们尝试创造新的建筑，用乌托邦式的社会主义纲领、宗教教义，或是如拉布鲁斯特的例子，用孔德自1842年发展的"人性宗教"（religion of humanity）纲领。

拉布鲁斯特继续设计了第一大厅或主阅览厅（1859—1868年），即另一座雄伟的巴黎图书馆之内，这就是国家图书馆。在此迷幻般的空间里，最细长的铸铁柱子上冠以生动的叶饰，并支撑着一个天花，有9个穹顶，后者由玻璃和陶瓷构成。其周边环绕着一个拱廊，华

636 圣吉纳维夫（Ste-Geneviève）图书馆的入口立面，巴黎（设计于1838—1839年；建于1843—1850年），拉布鲁斯特（Labrouste）

637 主阅览室的室内，圣吉纳维夫（Ste-Geneviève）图书馆，巴黎

638（对页）拉布鲁斯特：主阅览室，国家图书馆，巴黎（1859—1868年）

639（上）杜克（Duc）：正义宫的阿尔莱（Harlay）大厅，巴黎（1857—1868年）

丽地装饰以"庞丹贝风格"，且有弦月窗，画面形似卢森堡花园，这是学生们喜爱的一个读书区域。此建筑缺乏一个富有魄力的外观，所以，能和圣吉纳维夫图书馆的最经典相角逐的，是于19世纪中叶的巴黎，即是路易·约瑟夫·杜克（1802—1879年）设计的正义宫，尤其是其抢眼的入口处，建于1857—1868年，包括其入口大厅，即阿尔莱大厅。我们知道，杜克是佩西耶的学生，也同拉布鲁斯特一样，是法兰西学院的住宿生，他设计的正义宫既是对圣吉纳维夫图书馆的颂扬，也是对它的一种修正。建筑沿阿尔莱大街，有着强劲雕塑感且

侧翼高耸的建筑立面，被分为数个开间，上面部分被抛光，而下面则刻有铭文，如圣吉纳维夫图书馆一样。杜克的间隔采用一种厚重的多立克柱式，很明显，它们只是雕塑之用，而不是功能之用。此结果则是杜克之希望，即将建筑的表现和功能分开，它们作为建筑表现的最高形式，是多立克柱式的一种诗意表述。通过对比，石拱下的大入口厅堂结构夸大，以一种特别戏剧化的方式突出了建筑中的功能部分。它受到法国19世纪的首席建筑师维奥莱－勒－杜克的欣赏，因其"所有部分的关联都很紧凑，所有部分的联系都有着一种清晰的思路"，它也于1869年为杜克获得了一项10万法郎的奖金，自拿破仑三世[1]，作为第二帝国期间的最佳艺术作品。

　　这里，要提到的最后一个浪漫折中主义作品，出自19世纪30年代拉布鲁斯特的圈子，

① 拿破仑三世：（1808—1873年）是拿破仑一世（1769—1821年）的侄子。

449

640 沃杜瓦耶（Vaudoyer）：马赛大教堂的西立面（1845—1893年）

① 《巴黎圣母院》：
Notre–Dame de Paris，雨
果于书中描述了1787年
大革命后建筑被遗忘的场
景。
② 弗朗索瓦·基佐：
François Guizot，以其《欧
洲文明史》著称。
③ 历史建筑委员会：
它是之后建筑保护机构的
开端。
④ 普罗斯珀·梅里美：
Prosper Merimee，现实主
义作家，作品有《卡门》。

关于古典建筑的目标及意义拉布鲁斯特做了激进的反思，同时，还有一个类似的研究，则是针对哥特式建筑。18世纪的新古典主义理论家们对哥特式结构的理性解读后，由浪漫民族主义者继续，这可见于A.L.米林的书《国家古遗址》，或者《公共纪念性建筑集，于法国帝国史上》（6卷，1790—1796年）。人们对法国中世纪历史的兴趣极大地体现在法国的建筑博物馆，它是学者、古物收藏家亚历山大·勒诺于1795年开始设立的，之前是小奥古斯丁女修道院，现在则是美术学校的一部分。这里，他用一种风景画般漂亮的拼图形式组合，采用收集来的中世纪建筑的残片、雕塑、玻璃，这些都是从法国大革命时期损毁的建筑物上拯救出来的。此建筑哀婉的气氛影响了弗朗索瓦·勒内·德·夏多布里安，其论文《基督教之精神》（1802年）认为天主教信仰为哥特式风格，此看法很快被英格兰的普金着重强调。

我们可以探测到勒努瓦对维克多·雨果的《巴黎圣母院》①（1831年，第一版）的影响；他也同雨果一样，震怒于大革命之后古代建筑的持续破坏。意识到修复中世纪建筑的必要性，便导致了1830年设立的"历史建筑总检查办公室"，是由历史学家和政治家弗朗索瓦·基佐②（1787—1874年）被国王路易菲利普任命为首相之后。后于1837年又成立了"历史建筑委员会"③，其职责就是将历史建筑分类，并监督、资助建筑修复。它后来成为全欧洲类似机构的典范。

1834年，浪漫主义的革新者、考古学家、历史学家普罗斯珀·梅里美④（1803—1870年），被任命为历史建筑总检查长。是他后来介绍了天才青年建筑师、理论家欧仁–埃曼纽尔·维奥莱–勒–杜克（1814—1879年）进入史迹修复的领域。1840年，在梅里美的要求下，维奥莱开始了对维兹拉的罗马式教堂的修

即马赛大教堂（1845—1893年），由莱昂·沃杜瓦耶（1803—1872年）设计。这座抢眼且有些笨拙的穹顶建筑是一个惊人的色彩丰富的混合体，设计形式有拜占庭式、佛罗伦萨式、开罗式，而且还有一个"法国的罗马风式"的东端。建筑用当地材料，这种地中海和北欧风格的混合风格象征了马赛作为一个海港联结这些文化的角色，因此，它当时并未被看成一个毫无意义的折中主义，而是对当时当地的一种深思熟虑的总结。

复，并和 J.–B.–A. 拉苏斯（1807—1857 年）一起修复巴黎的圣小教堂。1844 年，他又同拉苏斯一起开始修复巴黎圣母院，同时又修建了一座小礼堂。他们精美的彩饰工艺——如在修复的圣小教堂中，也是普金于 1844 年参观时极为欣赏的——可以媲美希托夫及其圈子的作品。然而，维奥莱对传统学院品位改变的影响要大于浪漫古典主义者们，如拉布鲁斯特。他拒绝在美术学校注册，而且一生都敌对于美术学校和学院，以及后者代表的一切。他看似越来越像是一名社会主义者、无神论者，并决意将其喜爱的哥特式风格作为材料问题的功能解答，而不是用以表现一种天主教的教义。他在其著作最出名的一本《11—16 世纪法国建筑理性字辞》（10 卷，1854—1868 年）中，也用类似的术语解释了希腊式和拜占庭式的建筑。这本书的外表并不吸引人，由此，它等同于其近乎刻意无趣的建设，如 19 世纪 60 年代在圣丹尼和托隆河畔阿杨设计的教堂，即是一种很激进的结果。

维奥莱相信，采用结构和组织上的理性主义体系，加之使用新材料，如钢铁，将会产生一种新的建筑语言，且只属于 19 世纪。其著作《建筑探讨》出版于 1858—1872 年，其中他甚至绘制了这种新建筑的草图。他向我们展示了一个多面体式的音乐厅，设计于约 1866 年，拱顶是由钢铁和砖构成，支撑是由并不优雅的一些钢支柱，形似倾斜的烟囱。同样笨拙的风格也出现在另一项未建成的设计之上，即一个市场大厅，有一个由"V"形柱子支撑的屋顶。实际上，路易·奥古斯特·布瓦洛（1812—1896 年）已于巴黎建造了一座完全哥特式的教堂——圣欧仁教堂，这里，柱子、花窗格、弯梁都是铸铁的，甚至连拱顶都覆以金属薄板。

还有一位建筑师，他主要倾向于古典风格，其理性主义者的观点使其同维奥莱–勒–杜克联合起来，他就是多产的约瑟夫–奥古斯

SALLE VOUTÉE
FER ET MAÇONNERIE.

641 维奥莱–勒–杜克（Viollet-le-Duc）：一个音乐厅的设计（约1866年），自《建筑探讨》（Entretiens sur l'Architecture）

特–埃米尔·沃德莫（1829—1914 年）。在巴黎的两座教堂圣皮埃尔·德·蒙特鲁热教堂（1864—1872 年）和圣女蒂尔修道院（1876—1880 年），他选择了一种严格的罗马风格，无疑，此风格影响了美国的建筑师 H.H. 理查森。也许其最有特色的成就即是他设计的学校，特别是利希·布丰学校，一座庞大的建筑，建在德沃吉拉大道，于 1887—1889 年。在这里他结合了对称性的美术学校式平面，围绕着 3 个庭院，和一种功能性的文艺复兴风格立面，后者用浅黄色的砖、石灰石，并有粉色的砖、绿色的瓷砖拼成的图案。这些庭院被设计得如修道院的回廊庭院，一

般有开敞的一层游廊，里面的石头柱子有着混凝土柱头，并支撑着铁质屋顶。这座峻冷的建筑材料上为"理性"的运用，而结构上则有彩饰，既不是古典式的，也不是哥特式的。试图将美术学校和维奥莱–勒–杜克的诸多建筑理想结合起来，它影响了无数学校建筑的设计，遍及法国各个城镇，其历史还有待书写。

从第二帝国到1900年的巴黎博览会

沃德莫已带我们越过了19世纪50年代和60年代，这里有维奥莱–勒–杜克。由此我们应回到这两个十年中，见证一项规划的诞生，不同于维奥莱的观点，它改变了巴黎的城市面貌。组织这项博大规划的天才，是乔治–欧仁·奥斯曼男爵（1809—1891年），出生于巴黎的一个新教家庭，绝对忠诚于波拿巴政权。在1848年的革命之后，奥斯曼支持了路易·波拿巴，后者作为拿破仑三世，于1835年6月，任命其为塞纳地区的长官。在同一个月，波拿巴又把奥斯曼召至圣克卢，并向他展示了一张巴黎地图，上面标有他所构想的建筑项目，用不同色彩的蜡笔画成，用以显示建筑的顺序。皇帝之雄心，即欲将这座历史城市现代化，虽然复杂，但包含了一个愿望，即用适宜的公共建筑，使之成为一个宏伟的帝国之都，与此同时，也可容纳不断增长的人口，并开拓贸易、工业、交通方面的发展。这激发于一种真诚的愿望，即希望通过消除贫民区，来提高其臣民的生活条件。当然，他也注意到，这些贫民区自18世纪80年代就成为革命组织的温床，这些组织又能很快地在狭窄的街道入口处，搭建临时路障。

奥斯曼一直任职到1870年，这期间，他重新规划了整座城市，沿着主要的大道，基于传统的法国城市规划，此规划源自巴洛克式的先例。大街和林荫大道两侧排列着古典主义的立面，并一直通向环形转盘，这里建有主要的公共建筑和教堂用以屏蔽景观。所有这些都配备有一个现代的地下排水系统，将水排入新的管道，而不是塞纳河，还有新建的自来水供应、煤气路灯、公共喷泉。新的桥梁建于塞纳河之上，新的公园亦已规划出来，如布洛涅园林、万森园林、蒙索公园、巴第–肖蒙公园；新的剧院也建造出来，同时还有新的市场，包括著名的中央大厅市场。

为完成这项庞大的建筑项目，很多建筑师被雇用，其中包括J.–C.–A.阿尔方（1817—1891年）、维克多·巴尔塔（1805—1874年）、H.–M.勒菲埃尔（1810—1880年）、G.–J.–A.达维乌（1823—1881年）和极具天分的让·路易·查尔斯·加尼耶（1825—1898年）。阿尔方和达维乌负责新的公园，其中最生动的是巴第–肖蒙公园（1864—1867年）。它是一个风景画式的布局，有一座神庙耸立于一处高岩石上，像是18世纪的园林一般，但又不似后者那样，建成一个逃避者的天堂。相反，它是工业化城市中社会生活的一部分，并由此可以俯瞰城市动人的景观。

巴尔塔于1854—1870年修建了中央大厅市场，他于1833年曾在美术学校获得了罗马建筑大奖，又是画家J.–A.–D.安格尔[①]（1780—1867年）的徒弟，并为后者的《安条克和斯特拉托》绘制了彩色背景。巴尔塔的喜好本是石质建筑市场，但是，奥斯曼受到了工程师埃克托尔·奥胡的影响，强迫巴尔塔把14个亭阁换成铸铁和玻璃结构，之间又由带屋顶的街道相连接，这便形成了他的中央大厅市场。巴尔塔的圣奥古斯丁教堂（1860—1871年）极佳地捕捉到了第二帝国的气息，即其喧嚣且有些难以接受的奢侈，极其自信地结合了铸铁柱子的折中风格。的确，圣奥古斯丁的膨胀形式覆以炫耀的装饰，好像是当代女性时装的石制形式。

① 安格尔：
新古典主义绘画的代表，尤其反对浪漫主义风格。

勒菲埃尔的奢华扩建始于1854年，最终将罗浮宫和杜乐丽宫连接起来，采用高高的亭阁屋顶，后者亦成了一种极具影响力的建筑模式，尤其对于法国和美国而言。4年之后，达维乌设计了其4座精美的建筑喷泉中的第一座——圣米歇尔喷泉，一座巴洛克式的标志性建筑，标志着奥斯曼的圣米歇尔大街的开始。

一座大城市几乎很少可能有这样的转变，以如此狂热的动作，在如此短暂的时间之内，使用如此可堆积如山的雕塑石材和装饰灰泥。它对整个欧洲及之外的主要城市的发展产生了极大的影响，如罗马、维也纳、布鲁塞尔、里昂、图卢兹。然而必须承认，在巴黎只有一座建筑是毫无疑问的一流作品，这就是巴黎大剧院，建于1862—1875年，由加尼耶设计，它有着非常的帝国式辉煌，以至于建筑师本人将

642 歌剧院的鸟瞰图，巴黎，加尼耶（Garnier），展示奥斯曼（Haussmann）设计的大道（1854—1870年）

643 阿尔方和达维乌（Alphand and Davioud）：巴第-肖蒙公园，巴黎（1864—1867年），创于一个采石场旧址

644 圣奥古斯丁教堂（St-Augustin）的外观，巴黎（1860—1871年），巴尔塔（Baltard）

其风格总结并解释给欧仁皇后，称之为"拿破仑三世风格"。在他于1871年、1878年和1881年出版的著作中，加尼耶明确地表明，他的目标，就是要建一座剧院，令其每一部分都要使参观者亲身体验，并代表着整个第二帝国的多样性。他将建筑的流通分门别类，使前来的人们既方便又惬意，他设置了四类：乘马车者、步行者、有票者、无票者。他们各有不同的入口以及不同华丽程度的门厅，而皇帝则有一个单独的马车坡道，环绕着侧立面的圆形大厅。实际上，拿破仑（三世）于1870年下台，而他的包厢也就不再需要了，直至今日一直未

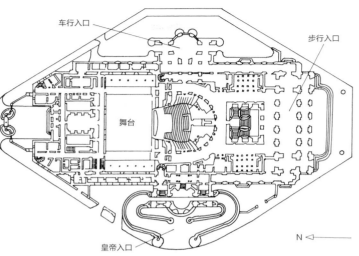

645（左）达维乌：圣米歇尔（St-Michel）喷泉，巴黎（1858年）

646（上）歌剧院底层的平面，巴黎（1862—1875年），自加尼耶（车行入口、步行入口、舞台、皇帝入口）

完工。

　　加尼耶视歌剧为人类最原始之本能的一种礼仪化身，是一种能令人们一同分享梦想和想象的仪式。观众到此，既被别人观赏，也要观赏别人。观众同样也是演员。因此，歌剧院每天晚上的戏剧并不始于演播厅，而是始于剧院的主门厅，这里，柱子上都装有镜子，可令女士们整理华丽的服饰，然后登上富丽堂皇的楼梯（图701）。于其史上最具原创性的建筑描绘之一，加尼耶告诉我们，有大理石、大吊灯、楼梯的拱顶柱廊是如何受启发于维克多·路易的波尔多剧院（1773—1780年），并意在创造一种金碧辉煌的氛围，对此，盛装观众的反应会溢于言表，即于其面部表情和与熟人的热情问候之上。门厅、走廊、休息室环绕着楼梯，其中有很多门也向其打开，里面有众多雕塑，有的贴金，有的着色，且比之前任何

剧院里的都要大。它们服务于一个更为多样的活动场所，例如，为男士所用的吸烟室和为女士所用的冰激凌室。

　　彩绘的装饰也是其外部特征之一，并用金色马赛克和贴金装饰细节加以丰富。其庄重且有些肃穆的入口立面有意避免了巴洛克式的过度设计，这也提醒我们，加尼耶曾作为勒巴的学生，于美术学院接受过经典的法国建筑教育，并于1848年获得了罗马大奖。在罗马，他研究了图拉真纪功柱和维斯太神庙，后游历了西西里，之后于1852年又去了希腊。如其后来的解释，正是在希腊，他"第一次明白了艺术的神奇力量，以及古代建筑的威严壮观"。他对古希腊的认知，当然，不再等同于温克尔曼的，是因为后者基本上是"后希托夫时代"的彩饰理想。他在1852年的复原研究是针对埃伊纳岛上的朱庇特神庙，并参考了C.R.科克

雷尔和F.C.彭罗斯的研究，色彩极为鲜艳，即如科克雷尔最终于1860年的出版物。1889年的巴黎博览会展示了法国在建筑和设计力度上截然不同的一面。两个与此相关的永久性结构引起了全欧洲参观者的赞赏：它们是300米高的铁塔，由工程师古斯塔夫·埃菲尔（1832—1923年）设计，以及由建筑师费迪南·迪泰尔（1845—1906年）设计，由工程师孔塔明、皮埃龙、沙尔为协助建造的机械馆（1886—1889年，毁于1910年）。这两座建筑都依赖于钢铁建造的技术，此技术的发展原本是用于连接铁路桥梁及火车站。迪泰尔是学院派的代表，于1869年曾获得罗马大奖。他设计的大长方形厅的机械馆只有一个横跨的屋顶，得助于20个横向的，且有3个铰链的钢铁拱架。现代建筑书籍中的建筑照片常常展现的是完工之前简洁的、功能性的钢玻璃结构，因而没有彩色的玻璃、绘画、马赛克、陶瓷砖，这是后来的覆盖，也是当时人们所期待的。古斯塔夫·埃菲尔——以其命名的著名埃菲尔铁塔的设计师——出生在第戎，就学于巴黎的艺术及制造中心学校，而其专业就是钢结构。他在法国、欧洲、北美修建了无数的钢架铁路桥梁，例如威武的加拉比高架桥（1885—1888年），离古罗马工程的杰作嘉德水道不远。埃菲尔铁塔是一个精彩的、极富想象力的结构，由许多结实、轻盈，又能防风的小部件组装在一起，构成一个外形令人难忘的标志性建筑整体。其设计完全取决于审美要求，而非技术考虑：例如，塔基上连接的宽大圆拱看似用来承重，事实与之相反，因它只是悬挂于主结构上的装饰部分。

我们亦不能认为，即便有这些革新的技术，加尼耶巴黎歌剧院中光彩华美的古典主义传统，在19世纪后期还是要开始灭迹。无论如何必须指明，歌剧院作为艺术作品还从未被任何一座之后建起的法国建筑超越。无数的建筑师，则有意地避免加尼耶追随者的巴洛克奢华，而是将美术学校的理想带进20世纪的初期，他们包括E.-G.科夸特（1831—1902年）、P.-G.-H.多麦特（1826—1911年）、H.-A.-A.德格雷恩（1855—1931年）、P.-R.-L.吉耐恩（1825—1908年）、C.-L.吉罗（1851—1932年）、V.-A.-F.拉卢（1850—1937年）、P.-H.内诺（1853—1934年）、J.-L.帕斯卡尔（1837—1920年）。但在20世纪的批评文学中，却似乎对于这些古典主义建筑师的技巧、学问、影响力存有一种预谋的沉默。

科夸特和多麦特都为杜克的正义宫设计了豪华的室内，后者又重建了尚蒂伊堡（1875—1882年），加建了一个视线丰富的主楼梯。吉耐恩是L.-H.勒巴的学生，于1852年获得了罗马大奖，并在意大利期间研究修复了托米那的希腊剧院。他最杰出的建筑作品即医药学校（1878—1900年），建于圣热尔曼林荫大道上，这是一座娴熟的希腊化风格建筑作品，这大部分要归功于杜克。帕斯卡尔是一名教育家，他对美术学校的学生产生了极大影响，包含至少48个美国学生。在波尔多的医疗医药系大楼（1880—1888年）中，帕斯卡尔建造了如吉耐恩一样完美的古典主义风格。他的学生内诺则在巴黎建造了当时最大的公共建筑新索邦大楼（1885—1901年）。这是一座雄伟的建筑，亦是美术学校设计理想的大胆之作，它在美国非常有影响力，如建筑师麦金、米德和怀特都在其办公室中挂有一幅镶框的大楼绘画。

当1900年临近之时，人们会注意到一种更大的热情，特别是在拉卢、德格雷恩、吉罗的作品中。拉卢为人所知是因为他的两座火车站，即图尔火车站（1895—1898年）和巴黎的奥赛火车站（约1896—1897年设计，1898—1900年建造）。奥尔良—巴黎铁路线的巴黎终点站，有着花饰一般的立面，有7个巨大的

647（左）埃菲尔：埃菲尔铁塔，巴黎（1889年）

648（上）拉卢（Laloux）：奥赛火车站的外观，巴黎（设计于约1896—1897年，建于1898—1900年）

柱廊。大宫殿由德格雷恩、A.卢韦、A.-E.-T.托马斯设计，宣称有一个带石质柱廊的外观，但却有一个惊人的钢架玻璃室内，其上又有一个隆起的穹顶。它被描述为是将一个机械馆置于一个传统的博物馆之内，由此，它将很多19世纪法国的建筑和理论的理想置于圣坛，这一时期便是西方建筑史在学术上极具挑战性的时期之一。

英国

摄政时期和维多利亚时代早期

英国在险胜拿破仑之后充满了民族的自豪，因其工业革命的快速发展，财富随之增长，同时又受制于一个国家君主——摄政王（自1820年起成为乔治三世），后者迷恋普遍意义上的形象塑造，特别之于室内设计，由此，1815年后英国便理想地持续了一段建筑扩展期。一个重要的起点——伦敦市中心的改建始于1811年，即马里波恩公园的长期租约期满之后，它重归皇室。这是一个500多

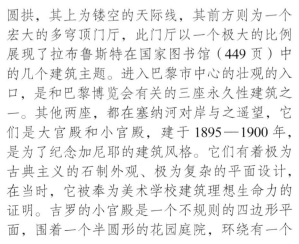

圆拱，其上为镂空的天际线，其前方则为一个宏大的多穹顶门厅，此门厅以一个极大的比例展现了拉布鲁斯特在国家图书馆（449页）中的几个建筑主题。进入巴黎市中心的壮观的入口，是和巴黎博览会有关的三座永久性建筑之一。其他两座，都在塞纳河对岸与之遥望，它们是大宫殿和小宫殿，建于1895—1900年，是为了纪念加尼耶的建筑风格。它们有着极为古典主义的石制外观、极为复杂的平面设计，在当时，它被奉为美术学校建筑理想生命力的证明。吉罗的小宫殿是一个不规则的四边形平面，围着一个半圆形的花园庭院，环绕有一个

649（上）新索邦大楼（Nouvelle Sornonne）的楼梯，巴黎
（1885—1901年），内诺（Nénot）

650（下）德格雷恩、卢韦、托马斯：大宫殿的外观，巴黎
（1895—1900年）

英亩（约 20 万平方米）的地段，位于伦敦中心的正北，重新开发的时机成熟。建筑师约翰·纳什（1752—1835 年）设计了一个精彩的方案，于一个风景如画的公园周围建造单独或是联排的宅邸，此公园将保持现存的乡村特色。他进一步建议，将它和伦敦西端，以及摄政王在蓓尔美尔上的卡尔顿府邸用一条新建的街道连接起来，这就是所谓的摄政大街，它贯穿南北。摄政王非常喜欢此项计划，当设计大纲于 1811 年上呈给他时，他宣称，这"将盖过拿破仑"。其大部分是建于 1815 年之后的 10 年中，它代表了风景画式的设计理想第一次以如此大的规模，且又是在一个城市的环境之中所取得的胜利。纳什描述了他如何细心布置这些宅邸、各宅邸之间、其与树林之间的关系，致使"不让任何宅邸会看到彼此，但每一座建筑，又好似拥有了整个公园"。他

也解释了在新街上特意设计的不规则形状的建筑群，其"设计的个性和多样性……会产生相同的视觉效果，如广受赞赏的牛津商业大街"。

纳什在建筑设计之中发展的景观手法，和他之前的合作者汉弗莱·雷普顿（1752—1818 年）有些关联，后者接替了"万能布朗"而成为英国的首席园林设计师。他们一起设计了许多乡村别墅和府邸，将自然和建筑综合为一个极为自由随意、不对称的整体。纳什是罗伯特·泰勒爵士（1714—1788 年）的学生，后者是府邸设计的先驱之一，在其设计室中，纳什应非常熟悉这种房屋设计要求，即别墅不是大片庄园的中心，而是富有商人、银行家逃避至乡间的休闲之处，他们真正的财富并不是在土地之上，而是在城市之中。

也许纳什和雷普顿的这种类型中，最

651 坎伯兰联排房（Cumberland Terrace），摄政公园（1825年），纳什

652 公园村西部（1824—1828年），自纳什

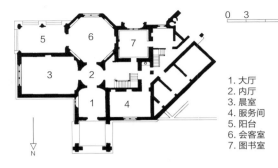

```
0        3
```

1. 大厅
2. 内厅
3. 晨室
4. 服务间
5. 阳台
6. 会客室
7. 图书室

653 勒斯科姆（Luscombe）城堡的平面，德文郡（Devon），纳什

可爱的小房子要数德文郡的勒斯科姆城堡（1800—1804年），是为银行家查尔斯·霍尔而建。它位于一个偏僻、林木繁茂的山谷之中，其平面是一个类似十字架的形状，好像是从中心的圆形门厅，向外爆发出去一般。别墅的一个突出特色即一个大游廊，从八角形的画室中伸展出来，夏天时，向花园开敞，冬天时，则用玻璃门关闭。它用一种空间的自由性模糊了室内外的界限，此方法早于弗兰克·劳埃德·赖特。作为一座微型的城堡，勒斯科姆城堡缩小的尺度也很重要，缩小到适合中产阶级住户的规模，而其模式则确立于18世纪的第一座不对称城堡式的乡村别墅，即唐顿城堡，位于希拉福德郡（1772—1778年）。它是一个里程碑，即发展了一种将不规则建筑和不规则地形相融合的组合。纳什了解这座先驱建筑及其主人、设计者，即颇有影响力的风景画风格理论家理查德·佩恩·耐特（1750—1824年）。两条小街——即所谓的"公园村落"——是他于1824—1828年在摄政公园的东北角上所建造的，纳什重复了勒斯科姆的建筑主题，却是以较小的尺度于一系列中档的住宅之中。这里，他设计了一种对郊区发展很有吸引力的模式，一直到20世纪仍为众人所追随。

很自然，对于一个精通错觉艺术的建筑师来说，纳什的两个主要工程——都来自摄政王，都是将现有建筑完全转化。他用一种壮观的魔术手法，将布莱顿设计的皇家亭阁——亨利·霍兰德在18世纪80年代为王子设计的简朴的古典主义风格——转变成为一种"新东方风格"的奢华，这在欧洲无可媲美（图705）。他重修了，原建于1702—1705年的白金汉宫，欲使之成为一个都市宫殿，却没有前者成功，也许是因为他缺乏在如此大的规模上协调组织古典主义语言的训练，同时，他已年过七旬，精力上也难以达到。建筑师杰弗里·怀特维尔爵士（1766—1840年）于1824—1840年为乔治四世设计了一个更令人激动的英国皇家的象征符号，于其扩大及改建的温莎城堡之中，以一种庞大的中世纪化的风格。他发现，12世纪圆塔的高大天际线显得很不协调，这时，他已将城堡的其他部分升高，怀特维尔提升了30英尺（9米），用来加建的一个领子般的假顶层，这是一种极为大胆，但在景观上又是精彩的一笔，完全与风景画风格的准则一致。

在伦敦，约翰·索恩爵士（1753—1837年）于19世纪20年代一直忙于创造适宜的布置环境（现都已被毁），都是为在威斯敏斯特和白厅进行的公共活动仪式。他的作品以其

654（上）纳什：勒斯科姆城堡，德文郡（1800—1804年）[及前面吉尔伯特·斯科特（Gilbert Scott）1862年的礼拜堂]

655（右）温莎城堡，自南向，由怀特维尔（Wyatville）重修（1824—1840年）

在18世纪90年代所创立的个人风格，被一直沿用于其任职期间，作为"工程办公厅"的3名"固定建筑师"之一，此职位是一项皇家任命，是他于1813年同纳什和斯默克一起获得的。

罗伯特·斯默克爵士（1780—1867年），比索恩和纳什年轻了一代，于英国建筑的故事之中引进了一个新的元素，尽管我们在19世纪的法国已经提到过。从古代世界到18世纪末，神庙或教堂、宫殿、主要公共建筑一直占据了主要篇章。新的建筑类型此时开始涌现，这一结果源于工业革命的需求，以及民主机构的增加，后者伴随着权力转移至新兴的资产阶级。斯默克长久的职业生涯即反映了此种机会的广度；除了建造大量的希腊式、哥特式的教堂、乡间别墅，他还于1808—1836年在伦敦主持设计了大英博物馆、邮政总局，完成了皇家铸币厂和米尔班克感化院，重建了海关大楼、科文特加登剧院、皇家物理学会、国王学院、惠特莫尔银行、公平保险公司的办公大楼、联合服务俱乐部、联合俱乐部和牛津、剑桥俱乐部，以及为律师们建造了内殿法学协会[①]

的建筑。这便形成了一个城市较为现代的秘诀。这种方式在1815年之后在全欧洲广为效仿，因各城镇都在更新换代，于市中心建造行政大楼，于郊区则建造屠宰场和公墓。

斯默克作为一名公共建筑师，其活动并不局限于伦敦。他于全英各个城镇设计了地区法院或郡政大厅，同时还有监狱、医院、市场、桥梁。这些建筑类型的范围比它们的实际建筑表现看似更为重要。的确，必须承认，除了大英博物馆（1823—1846年）为人所知，是因其立面看似是无尽的希腊爱奥尼柱式，斯默克的建筑语言却几乎没有什么想象力，尤其又是索恩和丹斯两人的学生。他的服务性的风格以其极简装饰细节和希腊式拘谨气息得到了广泛的模仿，因为重要的是其建筑既不昂贵，也不会老化、渗漏或倒塌。他亦是一名先驱者，即

① 内殿法学协会：Inner Temple，伦敦的4个法学协会之一，用于会员培训、住宿等。一般位于法院附近。律师必须隶属其中之一。

使用石灰混凝土的承重地基和在公共和住宅建筑中引进铸铁横梁。铸铁一直是工业建筑的一个特征，如马歇尔、贝尼昂、贝奇在什罗普郡的迪瑟瑞顿的面粉厂（1796—1797年）、在德比郡贝尔珀的北方工厂（1804年）、在格洛斯特郡金斯坦利的纺织厂（1812—1813年）。这些颠覆性的防火建筑避免使用木材，而是采用砖和钢铁，使其顺利地发展为全钢架结构。

在苏格兰，希腊复兴式①风格被极为夸张地用于公共建筑，于爱丁堡，因得助于其自然环境的烘托而被称为"北方的雅典"。托马斯·汉密尔顿（1784—1858年）的建筑作品为大胆的希腊复兴风格，包括皇家中学（1825—1829年）和更为折中的皇家物理学家学会（1844—1846年），而威廉·亨利·普莱费尔（1790—1857年）则设计了几乎同样显

著的皇家学院（1822—1826年）和与之紧邻的苏格兰国家展览馆（1850—1857年）。也许最为精美的英国纪念性建筑——用以纪念19世纪前半叶希腊和罗马的影响——应该是利物浦的圣乔治厅。作为一座不断扩展的工业城市，其城市骄傲的壮观建筑包括两个法院、一个巨大筒形圆拱的集会大厅、一个音乐厅。圣乔治厅的设计出自年轻的哈维·朗斯代尔·埃尔姆斯（1814—1847年），于1839—1840年，他当时还未出国游历，然而，他于1842年参观了德国，并见到了辛克尔和克伦策壮观的古典主义建筑，也许仅是其绘图已经打动了他。圣乔治厅的工程直至1847年埃尔姆斯去世后才完成，由工程师罗伯特·罗林森主持，而最后则由C.R.科克雷尔于1851—1854年设计了这座漂亮的椭圆形音乐厅的室内，在周边环绕以一个波澜起伏的包厢台座，由女像柱

① 希腊复兴式：
1842年第一次由科克雷尔在其皇家艺术学院的讲话中提出。

462

656（对页）斯默克（Smirke）：大英博物馆的入口立面，伦敦（1823—1846年）

657（上）皇家医师学院的外观，爱丁堡（1844—1846年），自汉密尔顿

支撑。

查尔斯·罗伯特·科克雷尔（1788—1863年），是同时代英国最具天赋和学识的建筑师。他的才华在法国无疑会得到更加充分的发挥，我们不难想象，他会任教于美术学校，同时又为巴黎设计一座又一座宏伟的公共建筑。1810—1817年的一次漫长的大旅行中，是第一个观察、测量了帕提侬神庙柱子的凸肚，而他对巴塞和埃伊纳岛上希腊建筑的惊人发现，也使其特别敏感于希腊建筑，他认为后者是以雕塑为基本的。作为一名十分挑剔、善于自我批评的建筑师，他为我们留下了1821—1832年的日记，从中，我们可以窥见其犹豫不决的过程，即将其独特的学识用于现代设计之上，用以创造出一种建筑，借用其1822年日记中的一句话，就是综合"洛可可的丰富和希腊的恢宏、品质"。

科克雷尔并不同意他的老师罗伯特·斯默克，以及他的竞争对手威廉·威尔金斯（1778—1839年），因为他们生硬地将其建筑仅限于希腊的模式，科克雷尔则接受各时代经典建筑的影响。他将自己视为继承者，之于全部的经典建筑语言，而不是一小部分或是特殊的部分。其建筑，如在牛津的阿什莫林博物馆和泰洛林学院（1839—1845年）和剑桥大学图书馆（今天的乡绅法律图书馆，1837—1840年），都有着拱顶，大胆结合了希腊式和罗马式的柱子。它们都有一个强劲的大尺度、一种精细的线条、一些风格的折中，此折中绝不是援引难以理解的风格，这里，科克雷尔结合了希腊式的起拱线、意大利手法主义的华丽表层质感、英国巴洛克建筑师的强大戏剧性，如范布勒、霍克斯莫尔。其结果，即是英国一种特别的建筑，同类于希托夫、杜克、拉布鲁斯特的作品。他的成就在法国得到了认可，在法国，他成为美术学校中8名外国教授中的一员。

科克雷尔的明显意愿即要从意大利16世纪的建筑中获得灵感，查尔斯·巴里爵士（1795—1860年）与之并行，且以一种更为明显的方式，又是后者，将意大利文艺复兴的宫殿带到伦敦的街道上，其形式即为"旅行者俱乐部"（1829—1832年），以及更为彻底的"改革俱乐部"（1837—1841年），于蓓尔美尔街上与前者紧邻。这种意大利主题非常适合"旅行者俱乐部"，它是一个协会场所，在某种程度上是18世纪"大旅行"的终结点，因其功能之一就是为英国的绅士们回报在国外接待过他们的外国客人。但是，他选择法尔尼斯官作为"改革俱乐部"的模型，在象征意义上就有些欠妥。"改革俱乐部"是由一些激进派和辉格党人设立，在1832年的《改革法案》通过之后，此法案将选举权扩大到英国的工业新富。在建筑设计上，巴里的建筑是成功的，有一个高雅的室内，环绕着一个巨大的中庭，因英国的气候，又加了一个玻璃屋顶。结合了连贯、通透的空间组合，和当时先进的供热、照明、通风领域的机械设施，此俱乐部是为法国建筑界的主导者——如戴利和希托夫——所欣赏的仅有几座当代英国建筑。

巴里建造了一系列壮观乡村府邸，其顾主们都是因工业革命而成了百万富翁。其中包括萨瑟兰公爵二世，巴里为其改建了斯塔福郡的特伦特姆府邸（1833—1849年）和白金汉郡的克莱维登府邸（1850—1851年），后者以其自豪的立面，令人想起16世纪意大利的模式，例如维尼奥拉在卡普罗拉的法尔尼斯宫。为萨瑟兰公爵的兄弟——艾斯米尔一世伯爵，巴里则于伦敦修建了宫殿式的布里奇沃特府邸（1846—1851年），但是他在伦敦最主要的作品当然是威斯敏斯特宫和议会大厦。他是在1836年的一次竞标中获得了这项特殊声誉的工程，按照他的设计于1840—1870年进行建造，施工的最后10年中，是由他的儿子E.M.巴里监管的。竞标的条件规定，这座新建筑应是"哥特式或者伊丽莎白式"的，这一种浪漫的姿态意在强调英国议会体系的历史连续性。巴里本应更倾向于一种文艺复兴时期的意大利模式，因而，其面河部分的立面即是完

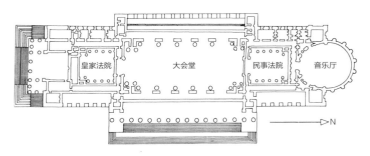

皇家法院　　大会堂　　民事法院　音乐厅

→N

658、659（左和下） 圣乔治大厅的平面和外观，利物浦（设计于1839—1840年），埃尔姆斯（Elmes）。山花墙的雕塑已被移

660 科克雷尔（Cockerell）：泰洛林（Taylorian）学院的立面，阿什莫林（Ashmolean）博物馆，牛津（1839—1845年）

全对称的。建筑的体量和样式，令人想起伊尼戈·琼斯为白厅设计的未实施项目，尽管由普金设计的细节是完全基于纯正的哥特模式。

哥特复兴式

奥古斯塔斯·威尔比·诺斯莫尔·普金（1812—1852年）——巴里的不情愿合作者——是一名哥特风格的狂热极端分子。其激进信念——即中世纪建筑高于任何时期——影响了英国及其外地区的19世纪建筑。在一套论辩性的图册之中，他一开始便采用了一个观点强硬的书名——《14世纪及15世纪的高贵建筑与当代建筑之对比：展现当代趣味之腐朽》（索尔兹伯里，1836年），他描写的哥特式建筑和设计，如同具有不可挑战的权威性以及罗马天主教教义的永恒性，他于1834年皈依后者。他将整体道德秩序膜拜于一个特定

文化时期的形象，异常奇特地近似于温克尔曼所宣传的希腊神话，且可能受影响于19世纪早期著作中的哥特式浪漫主义倾向，如弗雷德里克·施莱格尔和法国的弗朗索瓦·勒内·德·夏多布里安。这种倾向，很快导致了之后的观念，即只有道德高尚的人才能设计出完美的作品，这一观点很快被约翰·拉斯金信奉，并得出格言"愚蠢之人，会愚蠢地建造，智慧之人，会明智地建造；道德之人，会择美好地建造；邪恶之人，会卑鄙地建造"。（《空气女神》，1869年）。

普金为其选择的风格辩护，因为它"不只是一种风格，而是一种原则"，这涉及哥特风格"真实"的观点，即其坦诚使用材料，将建筑结构显露出来，建筑功能也由此得到展示。这种建筑思维在英国是完全崭新的，而在法国，正如我们所见，从18世纪起，这一

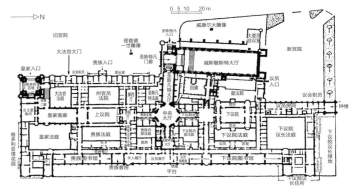

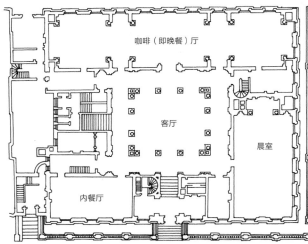

661（上）威斯敏斯特宫殿的平面，伦敦（1840—1870年），巴里

663、664（上和对页）改革俱乐部的底层平面和主厅，伦敦（1837—1841年），巴里

662 威斯敏斯特宫殿和议会大厦的鸟瞰图，及前景的威斯敏斯特修道院和中间的圣斯蒂芬大厅（见第五章）

直就是解析古典主义建筑和哥特建筑的标准模式。将其发展到极端，如洛吉耶的描写一样，摒弃建筑的古典主义语言，即通过拆除一切，而只保留承重部分。正如洛吉耶的狂热主义受到了威廉·钱伯斯爵士的谴责一样，普金也受到了科克雷尔的谴责，科克雷尔自然是震惊于普金学说中的观点，即主张缩小建筑可能性的范围，这是可以理解的。他肯定认识到普金的分析是错误的，即使是用于解析中世纪的建筑：14世纪的八角形建筑在伊利天主教堂取得的诗意效果，如我们在第五章所见，则是依赖非真实的拱顶，以及被遮掩的支撑部分。

普金是一位多产的天主教堂建筑师，但在一个清教徒的国家中，天主教直到1829年才完全解禁，因缺少富有的出资者，其实践必然受阻。典型的特例应是什鲁斯伯里十六世勋爵，后者资助了普金的"新14世纪风格"的圣吉尔天主教堂（1840—1846年），位于斯塔福郡的西德尔，有着华丽彩绘的室内（见图706），同时，还委托其设计了圣约翰医院，位于斯塔福郡阿尔顿。圣约翰医院建于约1840—1844年，作为一栋综合的济贫院，包括小教堂、学校、乡村大厅，这很好地展示了其支持的社会信念，即维多利亚时期英国基督教复兴和相伴的哥特式复兴。然而作为一组建筑，它却因紧邻的阿尔顿城堡而黯然失色，后者是普金于1847—1851年为什鲁斯伯里勋爵而建。这座高耸的新中世纪风格的建筑只表现了一个领主的姿态，而没有任何实际意义，因为虔诚的勋爵居住在附近的阿尔顿塔楼之中。

英国的教会，在19世纪早期经历了一次精神上的复兴，这期间哥特风格的恢复被普金认为是恢复正统基督教的证据。英国国教的信徒比天主教徒的人数更多、更富有，因而，他们也会更有能力实施普金的理论。普金的同代人乔治·吉尔伯特·斯科特爵士

（1811—1878年）建造了数之不尽的哥特式教堂，始于位于伦敦坎布沃尔的圣吉尔斯教堂（1824—1844年），他同时也是一名世俗建筑的专家，出版了《评论世俗及家居建筑，过去和现在》（1857年），以证明哥特式是完全适用于此功用。一种完全基督教的气氛主宰了他设计的位于伦敦的肯辛顿花园的阿尔伯特纪念碑（1863—1872年），这是一座国家纪念碑，为了纪念维多利亚女王的丈夫，在其坐像的上方，耸立起一个华丽的神龛或华盖，其高度惊人。阿尔伯特作为一名世俗圣徒，被适宜地供奉于这座明显宗教式的纪念碑之中，它受启发于哥特风格的圣龛，如14世纪中期的奥尔卡尼亚像，于佛罗伦萨的奥·圣米歇尔教

665 斯科特：阿尔伯特纪念碑，肯辛顿（Kensington）花园，伦敦（1863—1872年）

堂。斯科特使用螺旋塔及尖塔设计的中陆大旅馆（1868—1874 年）位于伦敦的圣潘古拉斯，是一种设计连建筑师本人都认为可能"超越其功能"，即对于一家旅店来说，但是却在某种意义上，是对其外交部设计失望的一种补偿。他为外交部所做的哥特式设计——之于保守的辉格党首相帕默斯顿，其基调太过"极致教会""极致托利党"了，后者还迫使他改用意大利文艺复兴的风格重新设计。然而，其不对称设置的角落塔楼俯瞰着风景如画的圣詹姆斯公园，使其如同巴里设计的一栋乡间别墅，斯科特设计的外交部大楼（1862—1873 年）则因此——幸亏帕默斯顿——成为他非常满意的建筑之一。

斯科特是一名白手起家的建筑师，有一个极为成功的职业生涯——设计了 1000 多座建筑并积累了一份很大的财富。一种奉献于艺术的严肃情感丰富了巴特菲尔德和斯特里特的事业，其作品与爱德华·巴克顿·拉姆、萨谬尔·桑德斯·托伦、威廉·伯吉斯、詹姆斯·布鲁克斯的一起，主导了所谓的"极致维多利亚运动"，从 1850 年一直持续到 1870 年。这种激进哥特式复兴的早期标志，是其外形及细节上耀眼的彩饰和断然的力度，这就是万圣堂（1849—1859 年），位于伦敦的玛格丽特街上。它是威廉·巴特菲尔德（1814—1900 年）建造，作为极有影响的教堂建筑协会——剑桥的坎通社①——的标准教堂，协会成立于 1839 年，目的是促进正确的复兴，如中世纪的教堂建筑和礼拜仪式。巴特菲尔德于其一系列的教堂杰作之中发展了他的彩饰砖砌的哥特建筑，如赫尔本的圣阿尔本教堂（1859—1862 年）和德文郡的白比考姆的万圣堂（1865—1874 年），并一直致力于转向教育性建筑领域，如牛津的基布尔学院（1867—1883 年）和沃里克郡的拉格比公学（1858—1874 年，小教堂 1870—1872 年）。

同是大约在 1850 年，约翰·拉斯金（1819—1900 年）于其著作之中开始支持哥特式复兴，如《建筑的七盏明灯》（1849 年）和《威尼斯之石》（3 卷，1851—1853 年）。他的建筑的七盏明灯中包括：牺牲，即必须是因涉及艺术上的努力，而不只是因一个建筑材料问题的机械解决；真实，即提倡避免"假象"材料、隐蔽支撑、机械生产；力量，即象征着对建筑体量和色调的控制；记忆，或者说为未来建筑的需求，因建筑只有经过时间，获得历史，才能变得伟大；还有服从，即对过去形式的忠诚，而不是对新形式的狂热追求。拉斯金之所以产生了极大的影响，首先，因其著作中对道德之着重响应了维多利亚时期观念中的某一旋律；其次，因其极具说服力地将建筑描写成是情感之事；而最后，因其文章之壮观且富有诗意，例如，我们在描述威尼斯圣马可教堂时曾引用过。我们可以毫不为过地说他是有史以来在建筑描写上，最具魅力的作家。由此，他在《威尼斯之石》中对这座城市的文化、艺术辉煌的诗歌般的描写，虽然并非完全尽其意，却激励发展了英国建筑的"威尼斯式哥特复兴"。书中还有一章名为"论哥特之本质"，他认为中世纪艺术之美，是工匠们于其创造过程中所得快乐之结果，后亦被威廉·莫里斯（1834—1896 年）引用，来辩护其理想，即工艺美术运动以及刚刚浮现出来的社会主义理论。

支持拉斯金的人中，有乔治·爱德蒙·斯特里特（1824—1881 年），一名信奉宗教之士，他相信只有建筑师和雇主同享基督教之信仰，才可以建造出好的建筑。在其名为《中世纪的砖石和大理石：北意大利游记》（1855 年）的书中，他认为，意大利哥特式真实性和纯洁性的现代搜索提供了宝贵的灵感，因其是一种建筑方式，即主要的建筑材料——砖、大理石——既用于装饰也用于结构。斯特里特用

① 剑桥的坎通社：
建筑协会，1845 年后为教堂建筑协会，着重哥特建筑、教堂建筑。名字源自 16 世纪史学家，威廉·坎通。

这种结实且并非完全哥特式的建筑材料，修建了诸多教堂，而其最大的建筑——伦敦的大法院——建于1874—1882年，是最后一座哥特复兴式的国家标志性建筑。面向斯特兰德大街的长入口立面有着不可否认的力度和感染力，其生动的尖塔轮廓及强劲的不对称形式构成了一个现实范例，即展示如何在一条狭窄的街道上成功地设置一个标志性建筑。然而其室内布局却很笨拙，因其巨大的拱顶形大厅牺牲了室内空间的便利性，大厅有着明显教堂式建筑的形象，但几乎没有象征意义或是实际功能。

1866年的大法院设计竞赛中，也许最吸引人的参赛作品，来自威廉·伯吉斯（1827—1881年），他创造出了一个梦幻般的中世纪城市景观，以其18座耸入云霄的塔楼、飞架的通道和架桥、一个带雉堞的托斯卡纳式钟楼，后者有335英尺（102米）之高。其生机

666 礼拜堂的外观，基布尔（Keble）学院，牛津（1867—1883年），巴特菲尔德（Butterfield）

盎然的梦幻激励了很多年轻的建筑师，脱离了中世纪较为肃穆的气氛和较为简单的体量。伯吉斯找到了自己的出资者——比特郡的三世伯爵（1847—1900年），他是后皈依的天主教徒，一份工业财产的继承者，亦号称是世上的首富，和巴伐利亚的"疯狂"国王——路德维希二世一样，同样有着很多怪异之处，也是瓦格纳[①]的崇拜者。伯吉斯为伯爵完全重建了两座城堡卡迪夫堡（1868—1881年）和离其不远的科茨堡，都有着华丽的室内，富于象征主义符号及叙述性的艺术品令人想起前拉斐尔派画家们的作品（图712）。这些瓦格纳式梦幻般的城堡外观结合了庞大且无装饰的城墙，和上部有堞口塔楼的细尖塔，这些城堡都受益于维奥莱-勒-杜克，于其《11—16世纪法国建筑辞典》（1854—1868年）对法国中世纪城堡的复兴。他公开承认"我们都是抄袭维奥莱-勒-杜克的成果，虽说可能十名买主中都不会有一位读过此书"。然而当1873年，伯吉斯参观维奥莱为拿破仑三世大规模重建的波旁宫（1858—1870年）时，他极为失望；虽然从远处眺望维奥莱的建筑天际线非常动人，但其庭院的各立面却非常困惑，而其室内亦无生气。伯吉斯自己则对19世纪后期的美国建筑产生了影响，因他将宏大的形式引入了其设计的多塔建筑之中，虽然只有部分建成——为美国的圣公派[②]信奉者们设计的，位于康涅狄格州哈特福德市的三一学院。

伯吉斯与其同代人如其雇主一样，极力反对拜金主义和挥霍，后者伴随着工业革命而来，且达到了令人震惊的状态。当时拉斯金应是最具影响力的一员，他们谴责新技术所带来的不人道后果。如普金一样，他参与了为承办1851年的大博览会而建于海德公园中的水晶宫，设计出自约翰·帕克斯顿爵士（1801—1865年）。这座惊人的铸铁、锻铁、玻璃结构耸立于一个三层台阶之上，被一个更高的筒形

667 斯特里特（Street）：大法院，斯特兰德大街（the Strand），伦敦（1874—1882年）

拱顶耳堂对分为两部分，它曾被奉为是向现代建筑迈出的革命性一步。事实上，更为合适的是将其看作19世纪30年代和40年代所确立的太阳温室和铁路车站设计传统的顶峰。铁和玻璃，不是，而且从未有过，作为各种建筑类型的适宜材料，而是只限于一个很小范围。帕克斯顿自己也知晓此事，因此，在其建于1850年和1860年造价昂贵的庄园别墅中，为罗斯柴尔德家族[③]的一些成员，如白金汉郡的门特莫尔、巴黎附近的费里耶尔、日内瓦城外的普雷尼，他选用了"新伊丽莎白式"或是"新文艺复兴式"的风格。他觉得这些建筑风格结合了供热和通风系统，才非常适合其功能，即如水晶宫的风格适合其功能一样。

如果只是将水晶宫看成对一个实际问题的一种技术解决，便也是错误的：它在建筑美学上以其极富诗意曲线屋顶的耳堂，室内外装饰性木工艺的采用，以及精心构思的室

① 瓦格纳：
音乐家瓦格纳，开启了后浪漫主义歌剧作曲潮流。
② 圣公派：
Episcopalians，又称主教制。
③ 罗斯柴尔德家族：
Rothchild，金融家族，现今依然活跃。

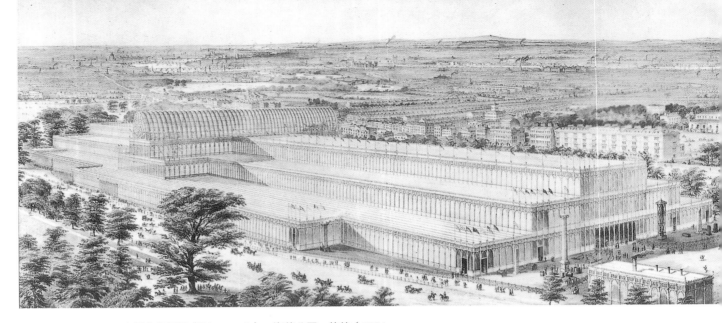

668 水晶宫的版画（lithograph），海德公园，伦敦（1851年），帕克斯顿（Paxton）

内彩饰令人印象深刻。欧文·琼斯（1809—1874年）负责建成，这里有大胆的条饰，用红色、黄色、蓝色，又被白色间隔。因受到新近建筑发掘的冲击，即古希腊神庙的彩绘，且相信只有原色被用于最伟大艺术时代，琼斯的目标即要通过创造一种建筑景观来强调建筑的庞大和光感。如拉布鲁斯特一样，他深受孔德的实证效益主义[①]的影响，他相信色彩的科学原理和可预测效果。他于其著作《装饰语法》（1856年）中亦详细地阐述了这些观点。

肖以及维多利亚风格晚期人物

与此同时，对"维多利亚盛期"的格调，即其庄严肃穆、道德化、沉重基督教式的反映亦开始到来。其间的首要人物是理查德·诺曼·肖（1831—1912年），非常特别的是，他常为人所知是作为一名住宅建筑师，而不是教堂建筑师。他创造了一种建筑语言，即所谓的"旧式英国"风格，采用了乡村的地方技术，如悬瓦或者半木料墙、高烟囱、陡屋顶、铅格棂窗。它意在轻松、随意、舒适，强烈对比

于炫耀或是太过基督式的效果，如19世纪早期的哥特式、贵族式或者意大利式的府邸。从19世纪中期起，积累了商业财富的人们便可以开始坐火车躲避至乡下，从其城里的办公室到其乡间修养之地，这里，他们还可以保持工业社会之前的生活景象。

"旧式英国"风格的较早例子之一就是莱斯伍德府，位于苏塞克斯，是诺曼·肖为他的侄子——威廉·坦普，一位富有的肖·萨维尔航运公司的主管——于1866—1869年设计和建造。其设计要适应一块坡度很大的地基，采用其熟练的风景画式手法，肖设计了一幢不规则的别墅，松散地伸展于一个庭院的三面，令人想起一个庄园式庭院，而进入则要通过一座高塔，如同德国中世纪城镇的入口一般。1870—1872年，他建造了一座类似的别墅，格里姆斯代克府邸，位于伦敦附近的哈罗威尔德，是为类型画家弗雷德里克·古多尔[②]设计。这是一幢错层的别墅，由一段蜿蜒的楼梯连接起来，在中段的梯台上可以通向侧翼，那里是画家的画室，且和别墅的其他部分成斜角。维奥莱-勒-杜克曾于其《现代住宅》

[①] 效益主义：
又称功利主义，但后者含些贬义。

[②] 弗雷德里克·古多尔：
以水彩画著称，多以埃及为主题。

（1875年）中赞扬过此别墅，因它附加的设计意味着此世纪中建筑的持续发展。对建筑生长及变化效果的赞赏是两种理论——"风景画理论"和拉斯金的"建筑为活历史"的根基。肖将此主题发挥到极致，在他的别墅中作为一个"崇高尝试"，位于诺森伯兰郡的克拉格赛德，为威廉·阿姆斯特朗爵士（后来成为威廉一世勋爵），一位资产百万的军火制造商、科学家、发明家而建。克拉格赛德府邸于1869—1884年扩展至整个山坡，其建筑方式并不是顾主所预想的，衍生出连绵不断的山墙、哥特式拱道、高耸的烟囱、惊人的半木质结构区。

在城市环境下，爆发激情的建筑就有些欠妥了，这里，肖则创造了一种建筑风格，后被称为"安妮女王式"①。虽然，女王的摄政期是1702—1714年，而这种新式的被称为"安妮女王"的建筑风格源自17世纪和18世纪早期。雕刻红砖和特形山花得以呈现，是因闪亮的白色木工艺、装饰性的走廊、栏杆、阳台，这种"安妮女王"风格即刻盛行，并为诸多建筑师所采用，如威廉·艾登·内斯菲尔德（他于1866—1868年与肖合作，并参与了此风格的创立）、博德利、斯蒂文森、厄内斯特·乔治、小G.G.斯科特、戈德温、钱普尼斯。肖将此风格用于新西兰会所（1871—1873年），这是肖·萨维尔航运公司在伦敦市的办公大楼；他自己的宅邸，位于伦敦汉普斯特德的埃勒尔街6号；肯辛顿的劳瑟旅店（现在的皇家地理学会，1875—1877年）；以及切尔西大堤上的天鹅剧院（1875—1877年）。在伦敦的拜德福花园，于1877—1880年，他用此风格设计了一整个村落，完备有旅店、商店，以及一座特别的、无教堂式外观的教堂。有着艺术品位的受过高等教育的中产阶级聚集此处，被称为有史以来第一个花园式的市郊。拜德福公园里的年轻女士们，会有幸就学于剑桥的新汉姆

669 莱斯伍德府（Leyswood）外观的雕版画，苏塞克斯（1866—1869年），肖（Shaw）

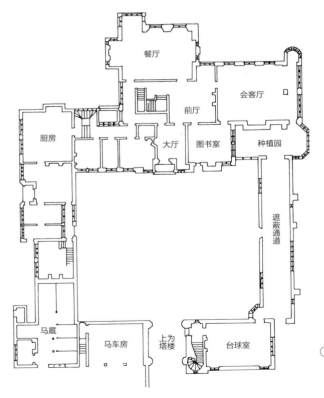

670 莱斯伍德府底层的平面

① 安妮女王式：Queen Anne，流行于19世纪八九十年代，多有角塔。多采用红砖，白色木工艺。

473

671（上）钱普尼斯（Champneys）：新汉姆（Newnham）学院的外观，剑桥（1874—1910年）

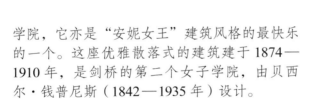

672（右）宅邸和花园，克拉格赛德（Cragside），诺森伯兰（1869—1884年），肖

学院，它亦是"安妮女王"建筑风格的最快乐的一个。这座优雅散落式的建筑建于1874—1910年，是剑桥的第二个女子学院，由贝西尔·钱普尼斯（1842—1935年）设计。

肖易变的艺术家气质令他不满于自己的地方风格和"安妮女王式"的虚拟世界。如，在1882年一封写给工艺建筑师J.D.赛丁的信中，他提出疑问："第一，过去的建筑是真实的；第二，我们的作品却是不真实的，仅是看似真实。"由此，他转向古典主义传统去寻求真实世界，他相信自己的"新地方主义"风格建筑是一个假象，尤其是他在克拉格赛德的半木质工艺，也并不是诺森伯兰郡当地所固有的。他对古典主义的采用得到了进一步的鼓励，一是他在伦敦逐渐成为一名都市宅邸建筑师，二是他在19世纪80年代得到了一些修复乡间宅邸的委托，如哈福德郡的莫普力斯庄园。采用古典主义风格的顶峰应是在庞大的布赖斯顿宫（1889—1894年），位于多塞特郡，一座豪华、折中的"新雷恩风格"的宫殿，用天竺葵色红

砖和奢华的波特兰石作为表层，遮蔽了一个复杂交织的钢铁桁梁和中央供热管道。建筑的主人并不知道这一栋建筑所见证的生活方式，刚好是于完工20年之后结束，他就是波特曼子爵二世。

肖的古典主义府邸建筑中，一个比较欢快的例子，即他于1890—1894年重建的宅邸，切斯特斯位于诺森伯兰，建筑西立面的中间有一个大胆的扇形柱廊，展示出一副贵族般新古代风格的姿态。这种风格也出现在商业建筑中，如位于伦敦的圣詹姆斯大街上的同盟保险大楼（1901年），其一层由3个巨大的粗凿石圆拱构成。最后，在其年迈之时，他重新设计了纳什的摄政大街，于1904—1911年采用了帝国巴洛克风格。这里，个性展示家之轻松一笔，即创造出了"爱德华式"[①]的宏大姿态。

如欲总结理查德·诺曼·肖天才的影响力，我们应记住，他曾宣称其目标就是统一"两位矛盾对立的天才，科克雷尔和普金"。看似遥不可及的志向，也许就在新伦敦警察

① 爱德华式：
Edwardian，和维多利亚式相比，细节装饰要少些。

474

厅[①]实现了，新伦敦警察厅又称"大都市警察厅"，建筑是依据其 1886—1890 年的设计，位于伦敦的河堤区。这座体量庞大的四方形建筑采用了尼德兰式文艺复兴的模板，带有圆角塔和高山墙，结合了巴洛克风格的细节。其风格难以归类，因它并非如某个时期风格的复兴，而其效果则依赖于建筑整体的规模和材料的着重：花岗岩用于低层，红砖和波特兰石相间呈条状，则用于高层。这座建筑非常奇特，给人的印象是其建筑师是按照最基本原理进行设计的。

　　新伦敦警察厅是肖设计的建筑中最接近于菲利普·韦伯（1831—1915 年）的，后者是莫里斯伙伴公司的创建人之一，公司是由艺术家和社会改革家威廉·莫里斯建立，意在改进维多利亚风格的设计。韦伯在 19 世纪的风格之争中找到了一条出路，在其实用且有些严谨的住宅之中他结合了中世纪的建筑特征，如

673 肖：新伦敦警察厅（ScotlandYard）的外观，河堤区（Embankment），伦敦（1886—1890 年）

674 斯坦登（Standen）的花园立面，苏塞克斯（1892—1894 年），韦伯

① 新伦敦警察厅：
又名苏格兰场，因后门的街道为大苏格兰场。

675 威斯敏斯特大教堂的钟楼和立面（1894—1903年），本特利（Bentley）

美，但最终，却有些笨拙、不连贯。

在此期间，则有一座主要公共建筑被寻求"真实"建筑的人们以极大的热情接受了。这便是威斯敏斯特大教堂（1894—1903年），约翰·弗朗西丝·本特利（1839—1902年）的杰作。威斯敏斯特大教堂"意大利拜占庭式"为建筑风格，部分原因是避免和威斯敏斯特修道院竞争，它和谐地融合了拜占庭建筑、工匠技巧、象征主义的品位，而这早已是工艺设计师们的一个特征，都是在威廉·莫里斯的影响下发展。显然，这是拉斯金对威尼斯迷恋的一个自然结果，而主宰这座城市的，就是拜占庭风格的大教堂——圣马可大教堂。W.R.利瑟贝（1857—1931年），肖的一名特别学生，此时出版了《君士坦丁堡的圣索菲亚大教堂——拜占庭建筑的研究》（伦敦和纽约，1894年），在书中，他得出结论，"一个信念，就是在具有常识的建筑和悦目的工匠手艺之中，再次寻找建筑的源泉，始终是我们研究圣索菲亚大教堂的最终结果"。威斯敏斯特大教堂于其诗意和高度严肃之中，于其宗教意义和着重于近乎道德评判的工艺之中，展现了很多英国维多利亚时代的深层忧虑。它遵循了19世纪的建筑理论家，如普金、维奥莱-勒-杜克、舒瓦西的规则，是一幢"真实的"建筑，它的承重部分并不依赖隐蔽的钢铁支架。本特利的大教堂外表繁杂，有红砖和石条组成的条纹，这要归功于肖和韦伯——特别是前者色彩类似的新伦敦警察厅，但是，大教堂最感人的是它幽暗的室内，莹莹闪烁着马赛克和大理石，这里，裸砖砌成的墩柱直线升起，支撑着3个混凝土的浅穹顶，后者飘浮于中殿之上。正如利瑟贝所言，"在其中，即刻的印象就是现实的，理性与力量，宁静与和平；几乎是一种自然界的感觉——结构的自然法则"。

尖拱顶、山墙，和18世纪的便利特征，如木质吊窗。到了19世纪90年代，他已大部分摒弃了以往的装饰细节，并在住宅建筑中，如在苏塞克斯的斯坦登（1892—1894年），意在证明真正的建筑发展，是自然地源于功能和材料。乡村建筑的本土传统源于16—18世纪，当像斯坦登的住宅，作为整合体的模式，受到了韦伯的同时代人及其追随者的极大推崇。然而，他常被识别的个人手法，却是于其建筑组合技巧，是因他决意避免简单的风景画风格之

德国、奥地利和意大利

辛克尔和克伦策

19世纪法国和英国的建筑圈中，掀起的高水平辩论，于学术上，甚至于道德上，在德国也有所反映，其中人物各异，如卡尔·弗雷德里希·辛克尔、海因里希·胡布施、戈特弗里德·森珀。其动力来自普鲁士，这里有一种强烈的民族形象意识，是因为拿破仑在1806—1808年对柏林的占领。威廉·冯·洪堡——一名政治作家和政治家——于1809年建立了柏林大学，并改革了普鲁士的整个教育体制，依照18世纪启蒙运动的新人文主义理想的诸多著作，即来自哲学家如让-雅克·卢梭、学者如约翰·约阿齐姆·温克尔曼、教育改革家如·约翰·弗雷德里希·派斯特洛奇。国家成为教育的全权管理者，教育即会提供给各个阶层。为比较希腊文化和德国历史，课程则注重于希腊文、拉丁文、德文、数学，不大注重宗教。普鲁士王储弗雷德里希·威廉（1795—1861年，1840—1858年执政）在其执政期间一直是一位意愿建筑师，同时也是一位很有影响力的建筑出资人。他的志向是融合希腊、哥特、日耳曼的基本元素于一个统一的德国梦想，并将它拼写为"Teutschland"（特意志）[①]，它们跟随着爱国主义的思潮，后者在1813—1815年反对拿破仑的"解放战争"中更为流行。一名建筑师表达了这种普鲁士国家的哲学理想主义，就是王储的建筑学老师和朋友卡尔·弗雷德里希·辛克尔（1781—1841年）。1810年他被威廉·洪堡任命为"公共建筑部"的一名建筑师，从此，他开始了一名公务员的职业生涯，这期间他主要负责普鲁士及其之外地区的建筑发展长达30年之久。

他曾任教于柏林建筑学院，在那里，他深受弗雷德里希·吉利的影响，特别是吉利1796年弗雷德里克大帝纪念碑竞赛的参赛作品。辛克尔的第一座著名建筑是一座陵墓，于1810年为路易斯王后设计，王后被视为是普鲁士抵抗拿破仑的代表。陵墓位于柏林附近的夏洛滕霍夫堡的花园中，是一座严谨的希腊多立克式神庙。此建筑风格是国王所选，并且在同一年，辛克尔在柏林学院展示了一个更为浪漫的礼物以纪念这位逝去的王后，即以一种绘图的形式呈现的一座哥特风格的陵墓，又加之以一份注解说明。正如吉利曾把他为弗雷德里克大帝设计的希腊多立克式的纪念碑想象成一个普鲁士秩序的象征，辛克尔则认为哥特风格是国家精神的一个承载。源自A.W.冯·史莱格尔的观点，即希腊式和哥特式是两个端点，辛克尔相信其志向，即将两者综合为一种新的建筑风格，并于此两者相得益彰。于其设计中他展示了此观点，这就是1815年的一座国家大教堂，位于柏林，即吉利提议建造其弗雷德里克大帝纪念碑的地方。为了纪念"解放战争"，这是王储最注重的一项工程。虽然辛克尔的大教堂在风格上是哥特式的，其唱诗厅上却有一个穹顶，这种综合形式早已出现于13世纪的哥特穹顶，来自比萨的罗马风式洗礼堂（147页），这是他在1804年参观比萨时曾画过的。1811年，辛克尔设计了一座类似的建筑，且成为他一幅画的焦点，即《夜晚》。

辛克尔对哥特风格的热衷在其职业生涯之初并不只是崇高理想的一种表现形式，部分也是因为他赞同法国新古典主义的理论，崇尚的是希腊和哥特风格，而不是罗马风式的建筑，因其结构的真实性。他重要的早期建筑之一——柏林剧院（1818—1821年）——被设计成一种用檐部装饰的古典主义网格，有着连续不断的排窗，中间的间隔只用无条饰的墩柱。这种轻型的构架有一种近乎哥特式的通

[①] 特意志：Teutschland，后拼为Deutschland，即德意志国，是德文的拼写，沿用至今。

透感。同警卫楼（1816—1818 年）、阿尔蒂斯博物馆（1823—1833 年）、改建的大教堂（1820—1821 年）一起，大剧院亦同属于一组柏林公共建筑群，这里，辛克尔表现了普鲁士的新文化和政治抱负。所有这些建筑都有一种显然的希腊特征。

这种革命性的观念，如阿尔蒂斯博物馆这样规模的一座公共博物馆，其展览按年代顺序，并按教育程序，第一次是出现在 1800 年左右的柏林，建议则是出自哲学家阿洛伊斯·希尔特，后者在建筑学院中曾教过辛克尔。此观点，与辛克尔的信念非常一致，即建筑应通过唤醒他们的一种自我意识，来教育和改进公众。他为阿尔蒂斯博物馆[①]选择的一个平面受启发于杜兰德的《纲要》，有一个中央帕提侬神庙式圆形大厅和一个很长的入口柱廊。这座建筑并不期望用雄心勃勃的建筑表示或华丽的山花墙去打动世人，而是作为一个沉静的社会秩序宣言，类似一个希腊的柱廊。其摄人的一排 18 根希腊爱奥尼柱式构成了整个建筑的立面，给人的第一印象即要使建筑和外面的世界相隔离；然而，当参观者走近时便会发现，欢迎的入口是一个精彩的开敞楼梯，深藏于柱廊之后。这种对室内和室外空间屏蔽的化解被辛克尔美妙地强调于他的一幅楼梯绘画之中，其中显示有众多参观者的楼梯平台，被用作一个半开敞式观望台来观看柏林市景。人们欣赏着一幅远景，景色奇妙地被框于柱廊的爱奥尼柱式之间，于皇家城堡的方向，即"情趣花园"的尽端，一个公共广场，当辛克尔将博物馆设在填平的沼泽地北边，他又赋予了广场以新的尊严。

辛克尔对博物馆的认真选址考虑到的景色有自内向外，还有自外向内，这反映了其个人特征，即关注其建筑和周边环境的关系，无论是在城市还是在乡村。由此，在他出版的个人版画作品《建筑设计选，于 1819—1840

年》，如阿尔蒂斯博物馆楼梯的插图，就强调了这一点，图中包括了远处的景色，用以强调其建筑对整个环境的作用。他对环境的重视更接近于约翰·纳什的理念，而不同于同时代的法国建筑师。正如纳什为伦敦的城市规划带来了一种风景画技巧，融合建筑和自然为一体，辛克尔也在 1806 年后形成了一种对建筑构成中风景元素的理解，因为在被占领的柏林几乎没有什么建筑任务，他便成了一名设计师，设计全景画展和透视画展，后来又设计舞台背景。他亦画过许多油画，特别是一些浪漫景观中的建筑，其技巧的精湛、氛围的效果，可与C.D.弗雷德里希的作品相媲美。

辛克尔作为一名风景画风格的设计师，得到的最佳好评即在保留下来的三座乡间别墅中，是为国王的三个儿子设计的：格利尼克堡（1824—1826 年），位于柏林的小格利尼克，为卡尔王子设计；夏洛滕霍夫堡（1826—1827 年），位于波茨坦的无忧宫，为皇太子设计；还有巴贝尔斯城堡（1833—1835 年），位于波茨坦附近，为威廉王子而设计，其风格直接受影响于纳什和怀特维尔的新哥特式乡村别墅。将一幢普通的、现有的住宅，转变成一座风格时尚，且是非对称型的新古典主义建筑——格利尼克堡，采用了一种纳什所熟练的魔术般技巧。马厩一边的侧翼顶部是一个意大利塔楼，它成了松散布局建筑群的一个中心枢纽。夏洛滕霍夫堡位于一个斜坡之上，有一个阶梯式的花园，两边各有一条水道，而一条很长的藤架连接着主楼的希腊多立克柱廊门厅，和一个在花园尽头、轴线终点上的半圆形凉亭。总的设计布局是由皇太子建议的，但是，其利落而富有创意的实现则完全是辛克尔的功劳，他准备了好几幅全景图，显示了宅邸、花园、公园之间的密切联系。这种主题于 1829—1840 年得到了更为纯熟的表现，建于夏洛滕霍夫堡庭院

① 阿尔蒂斯博物馆：
　Altes Museum，意为旧博物馆。

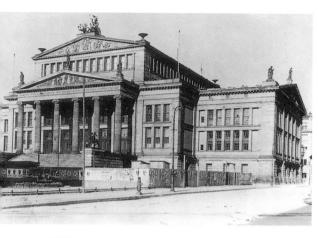

676（上）辛克尔：柏林剧院（Schauspielhaus）的东立面，柏林（1818—1821年）

677（顶右）辛克尔：阿尔蒂斯（Altes）博物馆柱廊后的阶梯，柏林（1823—1833年）

678（底右）阿尔蒂斯博物馆的平面

679（下）阿尔蒂斯博物馆前入口的廊柱

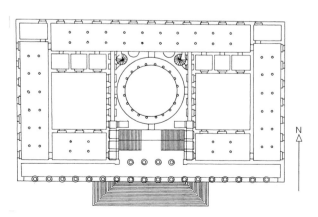

680 辛克尔：夏洛滕霍夫堡（Charlottenhof），无忧宫，（1826—1827年），波茨坦

里的花园建筑群之中。这组不对称建筑群有宫廷园艺师住宅、茶亭、罗马式浴室，采用了一系列的风格，从古典主义到意大利地方风格，中间穿插了凉亭、通道、台阶、葡萄藤架、水道、一片不对称的水域，很清楚地表现了辛克尔的信念，即"建筑，于其构造过程，而成为自然的延续"。

这座宫廷园艺师住宅有一个意大利式的塔楼，可能受启发于一幅描绘着"别墅，为艺术家设计的住宅"的插图，于J.B.帕普沃思的《乡间府邸》（1818年）一书中。然而，辛克尔在1826年的一次长期英国游历，显然是为了收集现博物馆的设计和展览技术，却也同时欣赏建筑家的古典主义和风景画风格的作品，如纳什、索恩或斯默克。令他最为震撼的则是工业革命对建筑的影响：工厂、仓库、码头、桥梁的设计。这令他产生了一种爱恨交加的情感，之于庞大的红砖磨坊、工厂，其中有钢铁的梁、柱、楼梯组成的一个防火内部构架。他决意将这种结构形式带回柏林，并使其更为文明化，即通过添加一些美学或是诗意的内容，而此内容对他来说则是建筑中必要的一部分。他的弗尔纳府邸（1828—1829年，毁于约1945年），是为一位生产陶饰、砖、炉子的制造商所建，它是希托夫及其圈中人在19世纪三四十年代所沉迷的建筑彩饰原型。它的立面结合了未上色的米色陶片、红色、紫罗兰色的砖，直接展现于一座城市，后者还只习惯于勾勒仿石接缝的粉饰立面。一个更为大胆的做法，即将工业材料暴露在住宅建筑之外，这种做法出现在他改建的一座府邸之中，位于柏林的威廉大街上（1830—1832年，毁于1946年），这是一座为阿尔布雷希特王子——太子的弟弟修建的府邸。它的主楼梯，是一个宽敞、精致的铸铁结构，回应了辛克尔对他在英国面粉厂中的所见，却极为优雅地装饰着新庞贝风格的边饰。

辛克尔在弗尔纳府邸中引入的主题后又得到了更充分的发挥，于其最喜爱的新建筑学院（1831—1836年，毁于1961年）。这是著名的柏林建筑学校和公共建筑工程部的总部，辛克尔自1815年起于后者担任总建筑师。他的职责包括检查普鲁士的所有国家建筑项目，由此，亦为19世纪初德国北方的公共建筑确立了一种统一的风格。他对建筑及新普鲁士的奉献展现于他在1836年的决定，即住在建筑学院里，他一直居住至其去世，即5年之后。这座建筑是一个独立的立方体，像某些意大利文艺复兴时期的府邸，有4层楼高，4个立面，各有8个开间之宽。这些开间间隔的礅柱大体对应着室内的垂直隔断，如英国的面粉厂一样，此隔断是分段的砖砌圆拱，其上为砖拱顶，且由水平的钢铁横梁相连接。建筑的立面是红色、紫罗兰色的砖，装饰有条状的米色陶片、紫罗兰色瓷砖，并结合了一些雕刻的陶制镶板，表述了从古代至文艺复兴时期的建筑历史。由此，辛克尔尝试了令一座建筑文明化，在某种程度上代表了希腊式和哥特式的合成版，这是他自职业生涯之初便一直关注的事。

我们还应看一下辛克尔在建筑学院期间的

大量笔记，是为编写一本综合性的《建筑学教材》，直到 1979 年才得以出版。于此，他强调了其理念，即杜兰德和龙德勒的功能主义是远远不够的："希腊建筑的原则，就是要使结构优美，而这一原则必须一直保持。"建筑，是崇高理想的表达，而且始终要有历史、诗、美的要求。

这些观点渲染了辛克尔于其生命的最后时刻两座未实施的梦幻宫殿设计，一座是于1834 年在雅典卫城设计的，为新选出的希腊国王——前奥托·冯·维特尔斯巴赫王子，另一座是 4 年之后在克里米亚的奥兰达，是为俄罗斯皇后，前普鲁士的夏洛特公主。皇后的兄弟——普鲁士的皇太子——说服辛克尔做了这两个设计，建筑丰富的装饰处理可能一部分要归功于他的影响。卫城的宫殿中，帕提侬神庙本身几乎被缩减为一处花园装饰，似乎成为这一传统的顶峰，而此传统始于雅典人斯图尔特所设计的希腊多立克神庙，建于哈格利，于 1758 年。宫殿的中央大厅是一种特别的风格，混合了希腊、罗马、中世纪、现代工业的主题，面向一个异国情调的花园庭院，充满了华丽的彩绘装饰。而在奥兰达的宫殿，则是类似理念的一个更为奢华的展示。其悠长的水平线紧拥着黑海上的一片悬崖之巅，只是被一座白色的神庙断开，此神庙则是一个吉利设计的弗雷德里克大帝纪念碑的后辈，它好似奇迹般地悬浮于宫殿之上。建筑的局部绘画展示了这座神庙是如何耸立于一个高台之上，并有一座雕像博物馆，后者置于内花园庭院的中央。

辛克尔设计的广泛和多样，配合其使命感，有助于他影响力的提升，尤其对其逝后的一代人，特别是在柏林。他的追随者包括弗雷德里希·奥古斯特·施蒂勒（1800—1865 年）和约翰·海因里希·斯特拉克（1805—1880年）。施蒂勒设计了新博物馆（1834—1850

681 辛克尔：新建筑学院的外观，柏林（1831—1836年）

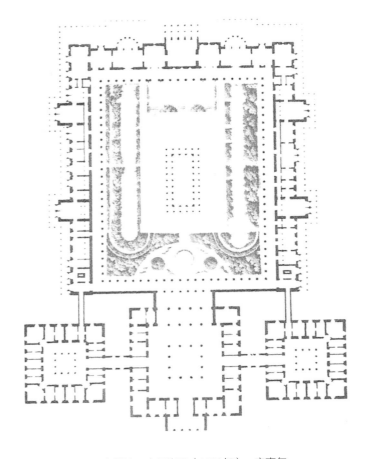

682 宫殿的平面，奥兰达，克里米亚（1838年），辛克尔

683 宫殿花园庭院的设计，于奥兰达（Orianda），自辛克尔

年），其风格和紧邻的辛克尔设计的阿尔蒂斯博物馆产生共鸣，同时，他还同斯特拉克合作，增建了附近的国家画廊（1865—1869年），按照国王弗雷德里希·威廉四世的一幅草图，后者在作为一名太子之时，即同辛克尔联系密切。国家画馆耸立在一段雄伟的台阶之上，是一座科林斯式神庙风格，这也是对吉利设计的弗雷德里克大帝纪念碑的又一次致敬。

辛克尔的影响也被强烈地感知于普鲁士统治下的城市之中，如波恩、亚琛、埃尔伯费尔德、科隆、杜塞尔多夫；还有一些建筑师也深受其影响，如汉诺威的格奥尔格·拉韦斯，魏玛的克莱门斯·文策尔·库德雷，汉堡的卡尔·路德维希·维梅尔、弗朗茨·福斯曼、亚历克西斯·德·沙托纳夫。在德国的南方，新古典主义风格由魏因布伦纳带至卡尔斯鲁厄，格奥尔格·穆勒带至达姆施塔特，尼古劳斯·弗雷德里希·冯·图雷和意大利流亡者乔瓦尼·萨卢西带至斯图加特，菲舍尔和克伦策带至慕尼黑。弗雷德里希·魏因布伦

纳（1766—1826年）是个重要人物，1800—1826年，他将卡尔斯鲁厄由巴洛克式的宫廷城市改建为一座19世纪的资产阶级城市，全部都是"后拿破仑时代"的公共建筑。在18世纪90年代初期，他在柏林遇到戴维·吉利[①]，后去罗马学习，在那里，他做了很多设计，用一种想象的"法国—普鲁士"风格，受启发于勒杜且接近于弗雷德里希·吉利革命性的抽象风格。回到卡尔斯鲁厄后，他却被迫采用一种更为传统的杜兰德式风格，虽然他的集市广场和城堡大街（今天的卡尔·弗雷德里希大街）上的建筑组成了一种偶尔不对称方式的建筑群，这更接近纳什，而不是法国的前辈们。在集市广场，新教教堂（1806—1820年）门廊的两侧是文法学校，面向，但不完全复制对面的市政厅（1807—1814年）的风格。城堡大街是从集市广场直接向南，通向八角形的隆代尔广场，广场有一座"V"形平面的侯爵府（1803—1813年）。其景观止于现已毁的埃特灵门（1803年），一座希腊多立克式的神

① 戴维·吉利：
David Gilly，弗雷德里希·吉利的父亲。

482

684 施蒂勒和斯特拉克（Stühler and Strack）：国家画廊的
外观，柏林（1865—1869年）

庙大门，受启发于朗汉斯在柏林的建筑。与之
紧邻的是魏因布伦纳自己的住宅（1801年，毁
于1873年），一座雄心勃勃的建筑，其中，他
开设了著名的建筑学校，培养了下一代主要的
建筑师，如胡布施、穆勒、沙托纳夫等。纳什
也按照他的范例，工作和生活在自己设计的一
条新街道上的一个重要位置，而辛克尔则直接
选择住在一所建筑学校之内。在卡尔斯鲁厄的
其他地方，魏因布伦纳设计了宫廷剧院、博物
馆、大臣官邸、犹太教堂、议会厅、商店、圣
斯蒂芬天主教大教堂（1808—1814年）——
一座受帕提侬神庙影响的教堂建筑，是拿破仑
时代巴登公爵宗教宽容政策的一个产物。他还

为各个阶层设计了居住模式，其中，有的建成
为简朴的联排住宅。如辛克尔和克伦策一样，
他亦通过出版自己的一系列设计绘图丛书扩大
了个人的影响。

慕尼黑由一个巴洛克式的宫廷城市，变
成一个现代化的城市，是由莱奥·冯·克伦
策（1784—1864年）实现的，他是辛克尔之
后，19世纪德国最伟大的建筑家，其职业生
涯也和后者并驾齐驱。因吉利为弗雷德里克大
帝设计的纪念碑激起了克伦策的热情，如辛克
尔一样，他决意要成为一名建筑家，并创造出
一种反映且激发崇高理想主义情绪的雄伟建
筑。克伦策找到了一位出资者——路德维希太

子（1786—1868 年，1825—1848 年任巴伐利亚国王），他同辛克尔的普鲁士太子一样，在建筑上抱负不凡，且有更雄厚的资金、更大的权力。巴伐利亚和拿破仑联盟之后，在 1806 年成为独立的王国。这时的计划即将慕尼黑扩建成为一座皇家都市，这其中的一部分是由建筑师卡尔·冯·菲舍尔（1782—1821 年）执行的，他的卡尔王子府邸（1803—1806 年）和大剧院（1811—1818 年），模仿了巴黎的奥德翁剧院，是慕尼黑的第一座新古典主义建筑。1814 年，慕尼黑学院宣布了一项建筑竞赛，即一座军事医院、一座德国国家纪念碑、一座古代雕塑博物馆，用以体现路德维希太子在文化上的雄心，他早在 1811 年起就曾征求雕塑展览馆的设计，是向意大利的建筑师加科莫·夸伦吉和德国考古学家卡尔·哈勒·冯·哈勒施泰因（1774—1817 年）。1815 年，路德维希鼓励克伦策提交另一设计主题，不同于菲舍尔，后者从 1809 年起即成为宫廷建筑师。克伦策的设计于 1816 年中选，同时路德维希任命他为宫廷建筑师，并委托他到巴黎为古代雕塑博物馆收集更多雕塑。

克伦策在柏林接受吉利建筑学校的初级训练之后，在巴黎又成为杜兰德和佩西耶的学生，并且是从杜兰德的《建筑教程》中，令其借鉴到古代雕塑博物馆的整体形式，即为一层建筑，带拱顶画廊的采光，则来自顶部和高侧窗。作为世界上最早的公共雕塑博物馆，它建于 1816—1830 年，有一个冷漠的大理石外观，与其室内的丰富彩饰有着强烈的对比，内部有彩色仿大理石的工艺、白色和金色的粉饰、路德维希·迈克尔·施万塔勒的雕塑、彼得·科内利乌斯及其学生绘制的壁画，反映了希腊神话和历史。建筑因战争时期的轰炸而受损，在 20 世纪 60 年代进行修复时，其内部装饰并未复原，因此，这座建筑不会再与其藏品产生精彩的互动，这种互动是新古典主义概念中建筑

和装饰功能中的重要部分。在古代雕塑博物馆中收藏最为著名的艺术品，是来自埃伊纳岛神庙①的山花墙雕塑，发现于 1811 年，一支由国际考古学家和学者组成的队伍，包括科克雷尔和哈勒斯坦②。在雕像后面的墙上，克伦策画了一幅彩色的神庙画面，这里，他已抢先于希托夫和赞斯，有着对古希腊彩饰建筑的革命性研究。

在克伦策的慕尼黑美术馆（1822 年设计，1826—1830 年施工建筑）中，一个绘画馆中大多数的收藏是意大利绘画，其立面的处理则受启发于梵蒂冈的大臣府邸和观景楼的庭院，以其新颖且极有影响力的设计，还创造了 7 座大型的、顶部采光的展馆，展馆的一个侧翼是一些私密的小画室，收藏了小型绘画，它们彼此相通并都通向主展馆。他向文艺复兴风格的转变是在一座"新 15 世纪风格"的宅邸建筑中，它建在路德维希大街上并不适宜，这是一条又长又宽的街道，自旧城墙外的宫邸向北延伸，是克伦策自 1817 年开始铺设的。一条完全崭新的街道加建在一座历史城市中心，它比辛克尔在柏林或是佩西耶和方丹在巴黎的所建都要更为大胆，可与之相媲美的只有纳什

685 元帅厅（Feldherrnhalle），慕尼黑（1840 年），盖特纳（Gärtner）

在伦敦的摄政大街。经过多年之后，它成了一个很特别的历史古迹系列，或者说是一个凝固的"大旅行"景观，如实施的插图作品，来自杜兰德的《古代及现代建筑选集》（巴黎，1800年）。因此，它最终各用了一座建筑将其两端封闭，它们都是于1840年由弗雷德里希·冯·盖特纳设计：南端的是陆军元帅大厅，是一座模仿14世纪佛罗伦萨的兰齐敞廊的建筑；北端的则是凯旋门，模仿的是君士坦丁堡的凯旋拱门，并且足以媲美巴黎、伦敦、米兰的凯旋门。

一个类似的建筑计划启发了克伦策的马克斯·约瑟夫广场，那里，于1826—1835年，在广场北边，他为路德维希修建了皇家城堡，这是受启发于佛罗伦萨的小展览馆和吕西莱展览馆；在南边，他修建了邮政总局大楼（1836年），它效仿了布鲁内莱斯基的育婴堂，并且采用了彩绘装饰。国王是于1825年登基成为巴伐利亚的路德维希国王一世，他于1826—1837年在宫邸修建了同样折中风格的万圣宫廷礼拜堂。建筑，是按照国王的要求，模仿了12世纪巴勒莫的帕拉丁礼拜堂，他曾于1823年和克伦策一起参观过。克伦策没有用初始的西西里建筑样式，即穆斯林的蜂窝状屋顶，而是用一系列的浅穹顶，受启发于威尼斯的圣马可教堂——他和路德维希于1817参观过。建筑的外观是北意大利罗马风的样式，而其金色背景的壁画和马赛克则为室内奢华的神坛提供了一种更为浓厚的拜占庭气氛。作为一座"圆拱风格"的折中主义作品，这座礼拜堂展示了克伦策的奇特信念：希腊建筑的原理是基于圆拱。除此信念之外，克伦策在其出版的著作中比辛克尔更为坚定地相信希腊建筑语言的永恒价值及其当今应用的必要。

克伦策，很幸运地于其4座雄伟的标志性公共建筑中有机会表达其对古代建筑的信念，都是受命于路德维希，它们即雷根斯堡附近的英烈堂，科尔海姆附近的解放堂，还有慕尼黑的名人堂和神庙门。这4座标志性建筑没有一种实用的功能，只是一种理念的表达。它们代表了一种正在盛行的理念，即建筑应该塑造一个国家的道德意识。这在温克尔曼设计中已有暗示，这种理念自18世纪90年代起在普鲁士表现得更为有力。事实上，是在巴伐利亚的皇太子路德维希于1807年参观被占领的柏林时第一次产生了这种想法，即将一座伟大的德国国家纪念建筑作为一个全德意志的统一象征，英烈堂就是日耳曼神话英雄的纪念堂。于1809—1810年，卡尔·冯·菲舍尔为这座德国人的万神庙提交了两套设计方案，结合了希腊帕提侬神庙和罗马万神庙的特征。一场公开的建筑设计竞赛于1814年开始，参与的有50多名建筑师，包括克伦策、辛克尔、盖特纳、欧姆勒，递交了一份详细的哥特式建筑，全然不顾竞赛的规定是一座希腊式神殿。1819年，路德维希向克伦策征求新的设计，最终于1821年完成，并于1830—1842年建造，在高于多瑙河300英尺（90米）的一处绝美的山坡之上。其外部，是未打磨灰色大理石构成的一个端然的体量；其内部，则是奢华的彩饰，装饰以华美的大理石，点缀着许多德国伟人的半身画像，以及一处有雕像的檐饰，是马丁·冯·瓦格纳在1837年的雕刻，描绘的历史是从早期及神话时期，直至基督教化的时期。这座国家神殿，在道德上的目的由路德维希国王明确地阐明为"英烈堂之建成，是要使德国人，在离开时比其进入时，要更为德国、更为美好"。

同英烈堂一样，神庙门和名人堂都是大尺度的希腊多立克风格，但解放堂则是一种更具原创性的理念。它建造于1842—1863年，作为最具雄心的德国纪念建筑，纪念反拿破仑的解放战争的胜利。它最初是由盖特纳设计的，

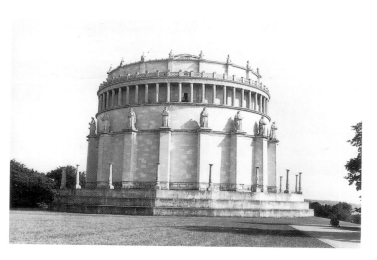

686（顶左）克伦策（Klenze）：英烈堂（Walhalla），近雷根斯堡，自多瑙河对岸（设计于1821年，建于1830—1842年）

687（中左）克伦策：解放堂（Befreiungshalle），近科尔海姆（1842—1863年）

688（底左）克伦策：希腊式通廊（Propylaea），标志着皇家广场的入口，慕尼黑（1846—1860年）

以一种烦琐的"圆拱风格"，后来由克伦策完全改造过，后者在盖特纳1847年去世后接手此建筑。其圆柱形的体块就像一个令人不安的拉维纳的狄奥多里克陵墓的放大版，是一个极其抽象的几何体，无窗，却因一圈18座女雕像而显得富有生气，女雕像都是20英尺（6.5米）高，由约翰·哈尔贝格雕刻，用来代表德国各省。丰富的彩饰室内环绕着34名天使或者是长着翅膀的胜利女神像，由施茨勒用克拉拉大理石雕刻而成，它们立于圆形的青铜屏障之间，有着令人悚然的栩栩如生状。

慕尼黑和维也纳的盖特纳和森珀

克伦策的竞争对手——弗雷德里希·冯·盖特纳（1782—1847年）曾师从菲舍尔、魏因布伦纳、杜兰德、佩西耶，作品多在慕尼黑，以圆拱风格的设计手法，如其路德维希大教堂（1829—1844年）和国家图书馆（1832—1843年），两座建筑相邻于路德维希大街之上。另一位极有影响的圆拱风格的热衷者是海因里希·胡布施（1795—1863年），他承接其师——魏因布伦纳——而成为卡尔斯鲁厄的建筑师。他于1828年的著名论文《我们应以何种风格建造》中提出的问题，是整个欧洲的建筑师在本世纪之余一直思索的。他拒绝魏因布伦纳、希尔特、克伦策的多立克理想主义的建筑，如同法国的拉布鲁斯特，他辩论道，希腊建筑太深地植根于其本时代的社会和经济状况之中，因而不适于作为19世纪的一种建筑模式。他想要发展一种新式的圆拱和拱顶建筑，是用砖或小块石头，采用一种理性和经验结合的方式，见于拜占庭、罗马、伦巴第、早期意大利文艺复兴时期的建筑。他展示了他的建筑理论，于巴登巴登的温泉水泵房（1837—1840年），是一座很有气势、有原创性的建筑，虽然圆拱风格只用于少数人之手，但很快即成为一种近乎历史复兴的风格。

这可见于克伦策的学生戈特弗里德·森珀（1803—1879年），其作品为"新16世纪"（意大利）风格和新巴洛克风格，他是19世纪德国最重要的建筑理论家。他近似于维奥莱-勒-杜克；不只是作为一名杰出且极有影响力的作者，切盼回归到基本的建筑原理，而且作为一名建筑师，他们自己的建筑也多少缺乏激情。在德累斯顿，其主要建筑都是意大利文艺复兴风格，有大歌剧院（1837—1841

年）、为一名银行家建的奥本海姆府邸（1845年）、绘画展览馆（1847—1854年），并完成了巴洛克式茨温格宫的第四个对外立面。于1871—1878年一场火灾之后，他重建了大歌剧院，采用了一种巴洛克风格，同样的风格也用于他在维也纳的最后几座建筑：于1872—1881年修建的，两座一模一样的博物馆，艺术史和自然史博物馆，以及霍夫堡剧院（1874—1888年）。

森珀的主要出版著作是《建筑的四种元素》（布朗斯维克，1851年）和《工业和实用艺术或实用美学之风格》（2卷，1860—1863年）。这里，他将建筑、艺术、技艺的所有意义简化为4项基本的制造过程和与之相关的材料：编织、线脚、木材建材、石头建材。这些构成了一栋房屋建筑的4种成分："第一，也是最重要的，精神建筑因素"，是以"壁炉"为

689 森珀（Semper）：歌剧院，德累斯顿（1871—1878年）

中心，之后，就是"夯土台基，周边为土台，和支柱支撑着的屋顶，最后，用来分割空间的墙，即用竹子编成的篱笆墙或是墙"。他脑中的具体模式就是特立尼达的加勒比海竹屋，西班牙港附近的一个村子，它曾展示于水晶宫的大博览会上，而森珀曾协助布展博览会。其复杂且并非很清晰的辩论暗示着，图案设计先于结构技术，因此，可以合理地认为，装饰在某种意义上比结构更为根本。装饰本身即崇高理想的象征，这是他在自己的书籍《风格》序中强调的一个观点，并用了一个葬礼花圈的插图，他认为这是人类最早的装饰和建造的创作。他继续展示了后期的宗教和政治理想也会塑造建筑，同普金一样，他宣称"纪念性建筑，事实上，只是社会、政治、宗教组织的审美表现"。

这种观念——即建筑是经过很长时期的一个持续发展的过程，并建于几种基本的形式之上——是因为男爵居维叶①对巴黎植物园史前动物的分类，这启发了森珀，而此分类的基础即依据其身体各部分的功能，不是依据其视觉上的形似。森珀由此看似提出了一种解析建筑的方法，并类似于达尔文在《物种起源》（1859 年）中的方法。这是森珀建筑思想的一个方面，这令其作品迷倒了诸多建筑师，如荷兰的亨德里克·佩特鲁斯·贝尔拉赫、维也纳的奥托·瓦格纳、芝加哥的路易·萨利文和弗兰克·劳埃德·赖特。然而，不要错误地认为他在提议一种达尔文式的进化论，因为他认识到重现翼龙是不可能的，但是复兴一种早期的建筑风格则总是可行的。因此，虽然他个人并不赞同哥特和巴洛克风格，却用此两种风格进行了设计，并相信巴洛克风格在象征性上始于公共博物馆，即"人民的宫殿"，于帝国首都维也纳的中心。

森珀对维也纳的惊人贡献是受弗朗茨·约瑟夫皇帝（1848—1916 年在位）的委托，作为其计划的核心，此计划便是将庞大帝国的旧式国都改造成类似拿破仑三世的巴黎。旧城周围堡垒工事于 1857 年被拆，第二年，路德维希·弗尔斯特（1797—1863 年）赢得了环城大道设计的竞赛，这是一条标志性的林荫大道，有着随意组合的公共建筑。相比于奥斯曼的巴黎，其布局有更多绿化、更为宽敞，纪念性建筑的风格也更为多样。的确，是慕尼黑成为第一座被布置成一个博物馆建筑风格的城市，为混搭风格的庞大的公共建筑群提供了一个范例。

维也纳的首席建筑师是丹尼士·西奥菲勒斯·汉森（1813—1891 年），他设计了军事博物馆（1849—1856 年），是与其岳父弗尔斯特合作——以一种多彩的拜占庭风格——设计了庞大的议会大厦（1873—1883 年），后者是国际希腊复兴风格后期的一座标志性建筑。在议会大厦和维也纳大学之间，是市政大厅（1872—1883 年），由弗雷德里希·冯·施密德（1825—1891 年）设计，采用一种"第三风格"——一种笨拙的对称哥特式，近似同时代英国的斯科特和伍特豪斯的作品风格。这种极端折中主义之后，即 19 世纪风格解析的一个长久传统——拜占庭风格，它作为圆顶风格的一种变体，被视为一种实用性的现代风格，适用于军事类；国际希腊复兴风格则是健全政府之均等智慧的一种最适宜表达；而哥特式的市政厅则是欧洲历史名城的市民们引以为傲的、熟悉的象征符号。

在柏林，辛克尔的制约性影响意味着此风格的表达要拖延至本世纪末。采用建筑特性充斥着"新 16 世纪意大利风格"和新巴洛克风格的例子，有保尔·瓦洛特（1841—1912 年）设计的国会大厦（1884—1894 年）、尤利乌斯·拉施多夫（1823—1914 年）设计的大教堂（1888—1905 年）、埃内斯特·冯·伊诺（1848—1917 年）设计的弗雷德里希大帝

① 男爵居维叶：古生物学之父。

488

690 维也纳的鸟瞰图，展示环街（自1858年）

（后来的博德）博物馆（1896—1904 年）。更为生动的建筑，则是在巴伐利亚，受委托于性格怪僻的国王路德维希二世（1845—1886 年），他完全继承了他的祖父路德维希一世对维特尔斯巴赫式建筑的狂热。足够的财富令其梦想变为现实，他委任格奥尔格·冯·多勒曼（1830—1895 年）设计了林德霍夫堡（1870—1886 年）——一个受加尼耶启发的新洛可可式天堂，以及赫伦切米西堡——一个凡尔赛宫的模仿，后者自 1878 年动工，但终未完工。气氛不同的建筑，则是"瓦格纳式"的天鹅堡[①]；自 1869 年开始兴建，按照爱德华·里德尔（1813—1885 年）的设计。这塔状的中世纪梦幻式城堡（图 713）有混搭的室内设计，

① 天鹅堡：Neuschwanstein，如瓦格纳的神话故事般。迪斯尼乐园的城堡设计即是受它的启发。

691 议会大厦的外观，维也纳（1873—1883年），汉森（Hansen）

虽然比维奥莱-勒-杜克的皮埃尔丰城堡室内更为成功，但是缺少伯吉斯的卡迪夫和科什堡的精彩与协调。

意大利

统一文化和艺术的情感存在于意大利中世纪和文艺复兴时期，而到了19世纪初期，则伴有一种政治独立和统一的热情，部分是受启发于法国大革命和拿破仑时代的理想。此时的意大利仍然是一个许多独立国度的组合，如威尼斯、伊斯特利亚、达尔马提亚，依然处于奥匈帝国的统治之下。自由运动，又被称为"烧炭党运动"，发起于撒丁尼亚王国，其君主维克多·伊曼纽尔于1861年成为意大利的国王，之前奥地利同撒丁尼亚王国之间经历了一场长期的军事战争。维克多·伊曼纽尔于1866年得到了威尼斯，并于1870年占领了罗马，完成了其统一进程，这时罗马便成为新意大利国家的首都。

19世纪的意大利，建筑师和建筑思想家没有极高的地位，即如我们在法国、英国、德国中所见过的。然而，这里却有着许多高品质的后期新古典主义建筑，常常带有一种严谨的希腊复兴的味道。一座雄伟的神庙式陵墓建于1819—1833年，是为雕塑家安东尼

奥·卡诺瓦根据其本人的设计，建于波萨格诺之上的一个山地。它综合了帕提侬神庙和万神庙的建筑风格，并回应了雷根斯堡附近未建成的英烈堂。卡诺瓦为此项设计而咨询的建筑师中，有安东尼奥·塞尔瓦（1751—1819年），他的学生朱塞佩·亚皮利（1783—1852年），后者是一名折中风格和浪漫风格的建筑师，是在英国更为熟悉的一种。的确，他是一名亲英派，这表现于使其成名的奇特作品之中，即帕多瓦的佩德罗西咖啡馆，在这里，他于1826—1831年建造了一个醒目的希腊多立克式侧翼，与其并列的是一个威尼斯

692 卡诺瓦和塞尔瓦（Canova and Selva）：卡诺瓦陵墓，近波萨格诺（1819—1833年）

693 佩德罗西咖啡厅的外观，帕多瓦（希腊多立克侧翼建于1826—1831年；威尼斯哥特侧翼建于1837—1842年），亚皮利（Jappelli）

式哥特风格的侧翼，即佩德罗西诺宫，加建于 1837—1842 年，在其 1836 年的英国访问之后。其色彩缤纷的室内设计，采用了鲜明对比的埃及、摩尔、哥特、法兰西帝国的风格，可能部分影响是来自他对托马斯·霍普设计作品的研究。

1817 年，彼德罗·比安基（1787—1849年）在那不勒斯受托重新设计圣弗朗西斯科·迪·保拉教堂，它坐落于皇宫的对面。这座教堂始建于 1808 年，于法国占领期间为若阿基姆·缪拉而建，设计来自莱奥波尔多·拉佩鲁塔和安东尼奥·德·西蒙尼，建筑两侧为四分圆拱廊，受启发于贝尼尼在圣彼得罗广场中的设计。比安基的设计模仿了万神庙，有高高的无窗鼓座，令人想起 18 世纪法国建筑大奖参赛者们无法实现的设计。而对勒杜的模仿

则可见于那不勒斯的圣卡罗戏院（1810—1811年）立面，以及令人震撼的粗凿石面和看似无边的爱奥尼式柱廊中，设计来自安东尼奥·尼科利尼（1772—1850 年）。

一座梦幻建筑——带有夸大彰显的柱廊和穹顶——位于因韦里戈的德埃达·卡尼奥拉别墅，始建于 1813 年，由路易吉·卡尼奥拉侯爵（1762—1833 年）设计，作为自用住宅，同时他亦负责了拿破仑统治期间米兰的城市改造。他也是诸多建筑师之一，即为当时米兰设计了一系列雄伟的古典主义大门，已在欧仁·德·博阿尔奈的管理之下，回应着勒杜巴黎关口建筑在效果上的大胆性，而不是风格上的创新性。在米兰，最宏大的一座即卡尼奥拉设计的森旁凯旋门（或称德拉台，1806—1838年），基于罗马的塞普蒂缪斯·塞维鲁斯拱门。他建造的教堂还包括圣洛伦佐教堂，它被称作圆形教堂（1822—1823 年），位于吉萨巴，是万神庙的一座惊人回应，他还于 1824—1829年为乌尔格纳诺的教堂加建了一座特殊的钟楼。这座 5 层的圆塔上有一圈女像柱支撑着穹顶，正如约瑟夫·米歇尔·甘迪的极具梦幻的想象力一般。米兰宏伟的圣卡罗·阿·卡索教堂（1836—1847 年）是卡罗·阿马蒂（1776—1852 年）的主要作品。在众多模仿万神庙的作品之中，它是最欢快、最新的一座，特别是在侧翼部分用柱廊形式继续着科林斯式的门廊，由此，亦创造出一个景色宜人的前院，即如古罗马神庙的城市柱廊景象。

亚历山德罗·安东内利（1799—1888 年），于 1836—1857 年在都灵任建筑学教授，他是一名多产的晚期古典主义建筑师，为皮埃蒙特的城市——都灵、诺瓦拉——做出了巨大的贡献。其宏伟、执迷柱式的建筑——很好地展现于其改建的大教堂（1854—1869 年）和圣高登齐奥教堂（1858—1878 年）之中，两座教堂都位于诺瓦拉，而其最佳建筑则被称

为"安东内利建筑"，位于都灵，高达536英尺（163.35米）。它作为一座犹太教堂，始建于1863年，被公认极为壮观，都灵市政府在施工期间就将它买下，用为一座城市博物馆，直至1900年才最终由安东内利的儿子科斯坦佐完工。以其高耸的穹顶和尖塔，圣高登齐奥教堂和安东内利建筑，成为都灵的主要象征。

罗马在19世纪时并没有拥有很多新古典主义建筑。当时最佳的建筑作品，应是梵蒂冈的新布雷索博物馆（1817—1822年），这是一座雕塑博物馆，由教皇皮乌斯七世委托建造，由拉法埃洛·斯特恩（1774—1820年）设计。事实上，它是18世纪70年代建筑主题的一个延续，即皮奥·克莱门特的博物馆中设立的。亦是同一位教皇，最终在拿破仑倒台后，于1816年确立其权势，并继续着瓦拉迪耶设计的圣保罗广场以及邻近平索山的改造计划，此计划于1811年通过，即在拿破仑统治时期，作为解决失业的一个计划。圣保罗广场是从北边通向罗马的主要入口，这是在铁路建造之前。1816—1824年，朱塞佩·瓦拉迪耶（1762—1839年）建造了两座庞大的半圆形建筑，并建了一个平台式花园，带有坡道、车道，通向山上。在山顶上他建造了醒目的瓦拉迪耶小别墅（1816—1817年），是一个咖啡厅，有着非常原创的设计，在入口立面、平台、两侧立面都有不同的地高。它既是功能性的，又是风景画式的，带有一个希腊多立克式敞廊，其上为完全装饰性的独立爱奥尼柱式，和一个曲线的入口门廊，这里的爱奥尼柱式，不规则地与一个多立克式的三陇板檐壁结合。其华丽装饰的室内，也类似综合了拱顶和穹顶以及"新古代式"的壁画。

瓦拉迪耶还负责修复了泰特斯凯旋门和罗马圆形大剧场，并于1819—1820年设计了很多别墅，其中最具野心的是托洛尼亚别墅，是从之前的托洛尼亚小别墅改建而成。它有着高高的门廊和环绕的希腊多立克式柱廊，在大约1840—1842年，托洛尼亚别墅又被由罗马非首席建筑师和画家乔瓦尼·巴蒂斯塔·卡雷蒂（1803—1878年）改建，并可能由亚佩利建造了异国情调的花园建筑和遗迹，点缀着其风景画风格的公园。

民族主义因1861年意大利的政治统一而不断高涨，以及9年后将罗马定为首都，一方面，激励了受豪斯曼启发的新文艺复兴风格的复兴，另一方面，也激发了一种对意大利之前本有的哥特风格的热情。最为原创、最为成功的一种组合，即结合新文艺复兴品位新材料，如钢铁和玻璃，于大游廊或是购物街廊中，其中最早的，是米兰的维托里奥·埃曼纽尔二世街廊，，由朱塞佩·门戈尼（1829—1877年）设计于1861年，于1865—1867年建造。这座十字架形的游廊带有筒形拱的玻璃屋顶和华丽的粉饰装饰，采用了米兰式文艺复兴风格，又因英国企业家而采用了从英国进口的钢铁和玻璃。它在意大利被广为效仿，如那不勒斯、热那亚、都灵。

1870年之后的罗马建筑再次发展，几乎同巴黎和维也纳一样，令人震撼。在很多小说中如《堂奥尔西诺》，自出生在意大利的美国作家，弗朗西丝·马里恩·克劳福德（1854—1909年），即很好地表现了这些年的动荡之事，关系和矛盾，之于古老家族和新富之间、王公贵族和地产商之间、传统教皇制和新晋专制的支持者之间。这一时期，地产繁荣的一名主要获益人，是正在退休且多产的家居、商业建筑师加埃塔诺·科赫（1849—1910年）。其了然、敏感的典型作品，以其"新16世纪意大利"的风格完美地融入罗马的景观之中，其如下建筑，都是建于19世纪80年代：帕西利

694（对页）门戈尼（Mengoni）：维托里奥·埃曼纽尔二世街廊，米兰（设计于1861年；建于1865—1867年）

官，与附近由佩鲁兹设计的玛西米官一样，沿着精美的弧形街道而建；德尔·艾塞德拉广场，有一个四分圆的立面，高贵地面对米开朗琪罗的圣玛丽亚大教堂，形式追随着戴克里先夫浴场；还有庞大的邦肯帕尼官（后为玛格丽塔官，现为美国大使馆），模仿了法尔尼斯官。另一位敏感的建筑师在西方建筑史上常被遗忘，只因在风格上没有创新，他就是皮奥·皮亚琴蒂尼（1846—1928年）。他在罗马各处的建造，都是采用当地的材料——石灰华、粉色砖、粉饰——早期建筑是博览会馆（1878—1882年），这座展览建筑有一个亮点，即用凯旋拱门作为立面。

古列尔莫·卡尔德雷尼（1837—1916年）

695（左）卡尔德雷尼（Calderini）：迪朱斯蒂齐亚官，罗马（1888—1910年），台伯河对岸

696（下）维克多·埃曼纽尔二世纪念碑，罗马（由萨科内于1884年设计）

697（对页）埃米洛·德·法布里斯（Emilio de Fabris）：佛罗伦萨大教堂的西立面（1867—1887年）

为此种新文艺复兴语言带来了一种更为华丽的装饰手法，后被称为"翁贝托风格"[1]，因由意大利的第二位国王，翁贝托一世（1878—1900年在位）创立。他以此风格设计的第一件主要作品是一个新的立面，为萨沃纳的一座17世纪初的大教堂。建于1880—1886年，它是维尼奥拉的耶稣会教堂的一项重要发展。他的主要标志性建筑是罗马台伯河岸上庞大的迪朱斯蒂齐亚宫。它结合了美术学校的设计风格和一种奢华的表面机理，这是源自"新16世纪意大利风格"，而不是巴洛克风格。

翁贝托风格最为臭名昭著的作品，即1885—1911年巨大无比的纪念碑，是为维克多·埃曼纽尔二世而建，这是一座高大的科林斯式柱廊，冠于无数台阶之上，自卡皮托诺利山脚下，它俯瞰着罗马城，坐落于人工坡顶上扩大的威尼斯广场。第一届纪念碑的设计竞赛是为了纪念统一意大利的国王，其规定是要设计"既能恢复国家的历史，同时又要成为新时代的一个象征"。竞赛获胜者于1880年宣布，是法国人保罗·亨利·内诺，但是考虑到意大利的建筑师应更适合此种民族主义的设计，第二届竞赛即于1882年举行，最终于1884年的第三次竞赛选中获奖者朱塞佩·萨科内伯爵（1854—1905年）。他的设计，是将一座骑马雕塑纪念碑置于一个宏大建筑背景之前，它受启发于帕加马的希腊化时期卫城，那里有一座雄伟的宙斯祭坛，同时，还受启发于路易吉·卡尼纳所复原的罗马共和国的幸运女神庙，位于普雷耐斯特，带有通向山上的平台、坡道、柱廊。亨利-卢梭·希区柯克曾经抱怨萨科内太过大胆的纪念碑"显示了在近世纪末之时，欧洲古典主义风格传承标准的完全败落"。然而，这座建筑在富于表现性的列柱处理方面的确是一个高超之举，而其被质疑的品位则是它在如此

历史背景之中的武断设置。它选择了白色的布雷西亚大理石，而不是更为柔和的罗马石灰华，这并不是萨科内的决定，其原设计在他逝世后被执行建筑师科赫·曼弗雷德和皮亚森蒂尼改动很多。

我们在英国、法国、德国所见到的知性理念，即对19世纪建筑师们的一系列历史建筑模式所提出的疑问，则要晚一步才到达意大利的建筑圈。其中的重要人物，有彼得洛维奇·埃斯滕泽·塞尔瓦蒂科（1803—1880年），杰皮利的学生，以及他的弟子卡米洛·博依托（1836—1914年）。塞尔瓦蒂科，吸取了孔德·德·蒙塔朗贝尔、普金、维奥莱-勒-杜克的观念，出版了《威尼斯建筑和雕塑，从中世纪至当代》（威尼斯，1847年），这使他在某种程度上成了意大利版的拉斯金。意大利哥特复兴者的多数精力都投入完成中世纪教堂的未能完工的立面之上。塞尔瓦蒂科是委员会的一名主要委员，委员会最终选定了埃米洛·德·法布里斯（1808—1883年）设计的佛罗伦萨大教堂西立面。建于1867—1887年，其色彩缤纷的大理石设计同紧邻焦托的钟楼非常协调。

这个委员会还包括维奥莱-勒-杜克和其门徒博依托，后者在米兰的布雷拉学院教学近半个世纪，并出版了一本深受维奥莱-勒-杜克影响的著作：《意大利中世纪建筑，序为〈意大利未来建筑样式〉》（1880年）。博依托的医院1871年建于米兰北方的加拉拉泰，是一件激进的作品，用了维奥莱-勒-杜克最为理性的手法，但是在帕多瓦，在其德比特宫（1872年）和市政博物馆（1879年）中，他则采用了一种浓重的意大利北方式或者威尼斯罗马风式，后来被人们称为"博依托风格"[2]，因其可媲美英国的维多利亚哥特的鼎盛风格。他最有名气的"博依托风格"建筑出现于其职业生涯的末期，这就是在米兰的威尔第故

[1] 翁贝托风格：
Stile Umberto，以华丽的装饰著称，多应用到室内的装饰艺术。代表作为埃曼纽尔二世纪念碑。

[2] 博依托风格：
Stile Boito，意在寻求民族风格，有罗马风元素，且近花式风格，代表作为米兰作曲家威尔弟故居。

居（1899—1913年），它还包括彩饰的墓室，建筑属于作曲家朱塞佩·威尔第的歌剧脚本作者阿里戈·博依托，他也是这位建筑家的兄弟。这座建筑具有一些"花式风格"的味道，即意大利版本的新艺术风格，我们会在下一章里研究。

斯堪的纳维亚、俄罗斯和希腊

斯堪的纳维亚和芬兰

斯堪的纳维亚各国在新古典主义后期的历史中因其精彩的城市建筑和规划也极为重要，虽然如其他欧洲国家一样，他们亦采用了一系列圆顶风格和哥特语言，有时亦受启发于所谓的"民族浪漫主义风格"。其主要的建筑师以国际希腊复兴式的风格改建了斯堪的纳维亚诸国的首都，他们是丹麦的克里斯蒂安·弗雷德里克·汉森（1756—1845年）和迈克尔·戈特利布·宾德斯博尔（1800—1956年）；挪威的克里斯蒂安·海因里希·格罗施（1801—1856年）；还有出生在德国的芬兰建筑师卡

698 汉森：哥本哈根市政厅、法院、监狱，由拱道连接（1803—1816年）

699 宾德斯博尔（Bindsbøll）：托瓦尔森（Thorvaldsen）博物馆的庭院，哥本哈根（1840—1844年）

尔·路德维希·恩格尔（1778—1840年）。汉森将哥本哈根由一个中世纪和巴洛克风格的城市，转变为新古典主义的城市。他的市政厅、法院、监狱为主的建筑群，用两条刚劲拱道连接，跨过一条侧街，是一个令人难忘的法国–普鲁士风格的作品，是吉利从勒杜发展而来的。汉森还于1811—1829年重建了哥本哈根的圣母玛丽亚大教堂。教堂设计于1808—1810年，它有一个华贵的筒形室内，使人联想起部雷设计的国家图书馆。

汉森的学生——宾德斯博尔——建造了当时欧洲杰出的建筑之一，即哥本哈根的托瓦尔森博物馆。它这是对当时已有建筑的改建，建于1840—1844年，虽然宾德斯博尔早在1834年就已做出了设计。这座建筑是为了安置雕塑和收藏品，是新古典主义雕刻家巴特尔·托瓦尔森（1768—1844年）收藏，并将其赠给了自己的祖国，虽然他自1798年起即在罗马工作、生活了41年。其静穆的新古典式雕塑作为温克尔曼艺术理想的表现，可与卡诺瓦的雕塑并驾齐驱，但是，这座博物馆也是其对希腊彩饰发现的一座惊人的纪念

碑，而此发现也结束了温克尔曼对古希腊的想象。建筑环绕庭院而建，古典的立面有着辛克尔式的庄严，虽然还有倾斜的埃及风格门框，令博物馆引以自豪的则是其外墙上生动的石膏镶嵌壁画。它们形似落在地上的檐部，描绘了将雕像从罗马至哥本哈根的搬迁过程。因此也令这座建筑成为人类活动的象征性画框，这也是此时拉布鲁斯特所共享的抱负。宾德斯博尔于1822年游历了巴黎，在那里他师从弗朗兹·克里斯蒂昂戈，后者是彩饰热衷者之一。托瓦尔森的博物馆装饰有众

多彩饰，而其庭院中则安放有他的陵墓，院墙显然被壁画遮掩，绘制着橡树、棕榈树、月桂树。同样绘制的自然景色也进入了拉布鲁斯特的国家图书馆以及圣吉纳维夫图书馆的门厅里。

宾德斯博尔晚年时设计了哥本哈根的大学图书馆，这是一系列的玻璃顶亭阁，环绕着一

个穹顶的建筑。但是，这项工程委托却给了其追随者约翰·戴维·海霍尔特（1818—1902年），其砖砌的圆拱风格图书馆建于1855—1861年，成为丹麦建筑，于19世纪末，一种民族浪漫主义传统发展中的一个重要标志。

挪威于1814年从丹麦独立出去，在克里斯蒂安（奥斯陆）建立的新首都，汉森的学生海因里希·格罗施得以建造了3座俊朗的希腊复兴风格建筑：交易所（1826—1852年）、挪威银行（1828年）、大学建筑（1841—1852

年）。芬兰于1809年作为一个大公国并入俄国，3年之后，芬兰的首都设在了赫尔辛基，约翰·阿尔布雷希特·埃伦斯特伦（1762—1847年）制订其城市规划，卡尔·恩格尔设计了主要的公共建筑和诸多私人宅邸。参议院广场是欧洲新古典主义杰出的建筑群之一，主体为高大穹顶的，路德大教堂耸立在一段雄伟的台阶之上。设计于1818年，建造于1830—1851年，大教堂的两侧是参议院大厦（1818—1822年）和大学（1828—1832年），二者都包括壮观的希腊多立克式楼梯。邻近恩格尔设计的大学图书馆（1833—1845年），有着八角形格板的穹顶和精美的柱廊式阅览室。

702 议会广场，赫尔辛基（设计于1818年）：大学和图书馆（中）、议会（前）、大教堂（右），都出自恩格尔

波兰和俄罗斯

在 1815 年的维也纳会议①之后，俄国皇帝成为波兰的国王，而这个国家早在 1795 年就已失去了独立。华沙于 1815 年后发展为一个新古典主义式的首都，效仿圣彼得堡则是始于 1818—1822 年，由梅利尼的学生，雅各布·库比茨基，负责对观景楼的改建，但是，这里的首席建筑师，却是出生于佛罗伦萨的安东尼奥·科拉齐（1792—1877 年）。他设计了统计大厦（1820—1823 年，现今的科学之友协会）；辛克尔风格的维尔齐剧院（1826—1833 年）；以及令人瞠目的带有柱廊和门廊的宫殿群，于杰日齐恩斯凯广场之上，也就是现今的财政部和波兰银行，后者使街角呈一大弧线，有着两层高的圆拱通道。

俄罗斯的皇帝亚历山大一世（1801—1825 年在位）和他的兄弟尼古拉一世（1825—1855 年在位）决意要追随叶卡捷琳娜大帝，将圣彼得堡建成一个首都，有着不可媲美的公共建筑。在 19 世纪之初，一系列古典主义风格在圣彼得堡被采用，这是一种赶上欧洲建筑发展的尝试。这些也包括 18 世纪中叶的国际古典主义风格的建筑，一种受勒杜启发的新希腊式风格，以及一种气势宏大的帕拉第奥风格。安德烈·尼基福罗维奇·沃罗尼欣（1760—1814 年）在巴黎成为德·威利的一名学生。他在圣彼得堡设计的喀山圣玛丽亚大教堂，带穹顶的中央，两侧各为四分圆的柱廊，像是实施了德·威利的合作者佩尔于 1765 年公布的，为一座大教堂作的前景设计。然而，沃罗尼欣很快转向了更为时尚的希腊复兴风格，于其矿业学院（1806—1811 年），建筑的主体上是一座雄壮的十柱式门廊，有着帕埃斯图姆的多立克柱式。

法国建筑师托马斯·德·托蒙（1754—

703 沃罗尼欣（Voronikhin）：喀山圣玛丽亚大教堂（1801—1811年），圣彼得堡

1813 年），可能是勒杜的学生，设计了大剧院（1802—1805；毁于 1813 年），模仿了佩尔和德·威利设计的巴黎法兰西剧院。如同沃罗尼欣，他转向希腊风格设计了其下一座主要建筑——交易所（1805—1816 年，今天的海军博物馆）。这座建筑——亦是其杰作——是一座围柱式的希腊多立克神庙，围绕着一个筒形拱顶大厅，采光则来自柱廊上的半圆窗。其粗壮的多立克柱式受启发于帕埃斯图姆的神庙，这些神庙都是他曾接触过的，他将一座神庙改为商业之用的精彩转换手法，要高出拉特罗布在费城的宾夕法尼亚银行（1798—1800 年）和沙尔格兰的巴黎证券交易所（1808—1815 年）。俄国出生的阿德里安·德米特里耶维奇·扎哈罗夫（1761—1811 年）也曾于 1782—1786 年受训于巴黎，作为沙尔格兰的

① 维也纳会议：
是于 1814—1815 年在维也纳召开的外交会议，会议主席是梅特涅（Metternich），主要针对法国拿破仑战败后领土的重新划分。奥地利、普鲁士、俄国为主要受益国，之前数月才成立的荷兰王国，也获得部分奥地利领土，后又于 1830 年成为现今的比利时。

704 交易厅的外观，圣彼得堡（现为海军博物馆，1805—1816年），托蒙（Thomon）

705（对页）皇家亭阁，布莱顿（Brighton），由纳什重修（1815—1821年）：客厅的外观

706（上）一个礼拜堂的多彩装饰，圣吉尔（St Giles）天主教堂，西德尔（Cheadle），斯塔福郡（1840—1846年），普金

707 扎哈罗夫（Zakharov）：新海军部大楼（The New Admiralty），圣彼得堡（1806—1823年），展示之前建筑留下的尖塔

地的传统，使这座冰封雪冻的北国都城取得最大的辉煌度。

多产的卡尔·伊万诺维奇·罗西（1775—1849年）得以从希腊复兴风格转向更加适合却又不失傲气的帕拉第奥主义风格，于其设计的建筑之中，如新米凯尔宫（1819—1825年，今天的俄罗斯博物馆）——是亚历山大一世委托为他最小的弟弟修建的府邸。同样宏大的建筑为陆军总参谋部大楼及其紧邻的圆拱（1819—1829年），它们在冬宫前的宫殿广场上形成了一个巨大的半圆，冬宫的设计出自拉斯特雷利，于18世纪50年代，采用了巴洛克的风格。在广场的中心——法国建筑师奥古斯特·里卡尔·德·蒙特费朗（1786—1858年），且受训于佩西耶——于1829年建造了亚历山大石柱，这是一个多立克柱式，据称是世界上最大的花岗石碑。他还建造了巨大的圣以撒大教堂，平面为希腊十字形，有一个穹顶和四个科林斯式门廊，其中两个的两侧又各有一小穹顶，它们和雄伟的中央穹顶有些不协调地搭在一起。其室内显示了从新古典主义理想的转移，因其奢华地丰富以绘画、马赛克、雕像，包括多色大理石、斑石、孔雀石、青金石。巨大的镀金穹顶受启发于苏夫洛的圣吉纳维夫大教堂，由一个铸铁构架支撑，这是俄罗斯最早在如此规模上使用了这种材料。

瓦西里·彼得洛维奇·斯塔索夫（1769—1848年）从1808年起便在莫斯科开始广为建造，又于1817—1822年在圣彼得堡附近的皇村完成了风景画风格的中国式村落，并且在圣彼得堡的郊区建造了"莫斯科大门"（1834—1838年），为了纪念尼古拉一世于1826—1831年的军事战役。令人意外的是，其建造采用铸铁，这座庞大的希腊多立克式城门着实地统一了古代世界和当今世界。意大利和法国在圣彼得堡的影响最终让位于德国，鼓励这一转变的，可能是19世纪许多

学生，建造了新海军部大楼（1806—1823年），有0.25英里（0.4公里）长，且可能是世界上最大的新古典主义建筑。对已有结构做的改建中，它最吸引人的建筑特征即面对涅瓦河的中央亭楼，那里有一座巨大的凯旋门，可能受启发于卢梭在巴黎萨姆旅店的入口，其上冠有一个正方形的爱奥尼柱廊，还有原址建筑保留下来的高耸的镀金尖塔。粉饰立面被涂成了明亮的黄色，并覆以白色的粉饰装饰，这是遵循当

沙皇的妻子是德国人。①1837 年 12 月冬宫的一场大火之后，莱奥·冯·克伦策被尼古拉一世从慕尼黑召回，在皇宫和爱尔米塔什剧院之间的涅瓦河岸上设计了冬宫博物馆。建筑由灰色的大理石建造，环绕着 3 个庭院，于 1842—1851 年建起，其立面是受辛克尔式启发的横梁结构，这座宏伟的博物馆非常独特，因其不对称、多样的侧翼和楼层，每个都是根据其特定的内容而设计：绘画、雕塑、书籍、版画和素描、钱币和奖章、盔甲、花瓶、实用艺术品。

同时，莫斯科的建筑品位则比圣彼得堡更为严谨且少些都市化，19 世纪早期的主要建筑师，有出生在意大利的多米尼克·吉拉尔迪（1788—1845 年）、阿法纳西·格里戈里耶夫（1782—1868 年）、奥西普·博韦（1784—1834 年）。他们用一种显著的希腊复兴式建筑风格建造了莫斯科以及周边乡村的公共建筑和私人宅邸，其中，孀妇府邸（1809—1818 年）

和国防会议大楼（1823 年），由吉拉尔迪和他的父亲加科莫设计，是最富有特点的实例。博韦指导了 1812 年莫斯科大火后的重建工作，建造了两个广场，围绕着他新设计的大剧院（1821—1824 年），其壮丽足可媲美于圣彼得堡、赫尔辛基、慕尼黑、柏林的剧院。

德裔俄罗斯建筑师，康斯坦丁·安德烈耶维奇·托恩（1794—1811 年）建造了伟大的克里姆林宫（1838—1849 年），以一种含混的后期古典主义风格，而他的耶稣基督教堂（1839—1893 年）同样在莫斯科，却具有一种俄罗斯—拜占庭的风味，这使其成为 19 世纪后期俄罗斯建筑中民族主义者斯拉夫复兴的第一座里程碑。从 19 世纪 40 年代起，有数名学者就已开始考察早期俄罗斯建筑，并且同其他的欧洲国家一样，他们的出版，也伴随着用以往风格设计的新建筑。这场运动是 19 世纪全欧洲日渐高涨的民族主义的一部分。相伴而来的风格——由国际新古典主义转向所谓的"民族浪漫主义"，后者尤其于 1900 年左右在芬兰和斯堪的纳维亚国家留下了印记。而斯拉夫—俄罗斯—拜占庭复兴式中，最为重要的早期标志性建筑之一，即莫斯科的历史博物馆（1874—1883 年）。这是一座充满幻想，且更为超负荷地集结了俄罗斯 16 世纪艺术主题的建筑，设计出自一名英国后裔的建筑师弗拉基米尔·奥西波维奇·舍伍德（1832—1897 年）。在基辅，圣弗拉基米尔大教堂始建于 1862 年，来纪念俄罗斯民族的一千周年②。建于 1876—1882 年，设计出自亚历山大·维肯季耶维奇·贝雷蒂，从建筑史上讲，它是更为标准的俄罗斯—拜占庭风格，而且有一整套适宜的室内装饰规则。滴血教堂（1883—1907 年）由 A.A.帕兰设计，是为了纪念亚历山大二

708 历史博物馆的外观，莫斯科（1874—1883 年），舍伍德（Sherwood）

709（下页）约瑟芬皇后的卧室（1812 年），玛尔梅森的（Malmaison）城堡，佩西耶和方丹

710 汉森兄弟：（l. to r.）国家图书馆（1885—1921年）、雅典大学（1839—1850年）、科学院（1859—1887年），雅典

世的遇刺地点，将这种生气盎然的"斯拉夫风格"带进了圣彼得堡。这里，一个全然新古典主义建筑风格的城市未得到同样的欣赏，至少相比于极富中世纪历史的莫斯科。

希腊

对于德国人来说，他们曾滋养于温克尔曼的时代，并相信古希腊的理想正在德国的国土上得到重生，而于1833年，一位德国王子，奥托·冯·维特尔斯巴赫——被授予希腊的国王，此时希腊刚从土耳其的统治下获得解放。其结果，即雅典从一座当时人口不足10万的中等城市，被改造成一座标准的新古典主义城市，有着历史性适宜的建筑，正如奥托国王的父亲巴伐利亚的路德维希一世对慕尼黑进行的改造。克伦策和辛克尔所设

计的宏伟宫殿和公共建筑设计被否决了，取而代之的是一个新城市规划和皇宫设计，出自克伦策的竞争对手弗雷德里希·冯·盖特纳。但他的设计质量不如两位丹麦建筑师，汉斯·克里斯蒂安·汉森（又称H.C.汉森，1803—1883年），于1834年被任命为希腊皇家建筑师，以及他的兄弟西奥菲勒斯·爱德华·汉森（又称T.E.汉森，1813—1891年），后者于1838年到达雅典。他们严谨的希腊复兴风格，特点为似水晶般清晰的细节，在盖特纳的中心大街上的三座壮观的公共建筑之中得到了最佳展现：雅典大学（H.C.汉森设计，1839—1850年）、科学院（T.E.汉森设计，1859—1887年）、国家图书馆（T.E.汉森设计，1885—1921年）。同时，H.C.汉森还是一名考古学家，并参加了雅典卫城的挖掘

工作，在那里，他复原了胜利女神庙。T.E.汉森还同法国建筑师F.-L.-F.布朗热一起建造了扎皮翁宫（1874—1888年），是一座展览大厅带有一个很时尚的圆形庭院，周边环绕着一圈爱奥尼式的柱廊。另一名多产的建筑师是汉森的学生恩斯特·齐勒尔（1837—1923年），他于1890年为著名的考古学家海因里希·施利曼设计了一座宅邸（今天的最高法院）。这时，19世纪初期的希腊复兴式似乎已经过时，且无足轻重了。施利曼并不试图重建任何迈锡尼甚至希腊式的效果，因此，齐勒尔为他设计了一栋舒适的现代宅邸，采用意大利文艺复兴的手法，带有开敞的连拱凉廊。

这时，汉森两兄弟都已离开了雅典，T.E.汉森在1846年又去了维也纳，H.C.汉森则在大约4年之后去了哥本哈根。他们在希腊的经历——研究希腊拜占庭式建筑——使他们得以发展了一种彩饰丰富的拜占庭风格，有着明显的圆头窗口，比起他们的列柱式希腊复兴风格好像更适合现代的要求。T.E.汉森如我们所述，将它用于维也纳的军事博物馆（1849—1856年），而H.C.汉森也同样用在他的哥本哈根医院（1856—1863年）。

比利时和荷兰

尼德兰王国在19世纪经过了为人熟知的转变，由后期新古典主义和希腊复兴风格转向复兴罗马风、哥特、文艺复兴的风格。比利时在建筑设计质量上并没有什么突出之处，然而，有一座建筑却是鹤立鸡群，这便是布鲁塞尔的正义宫（1862—1883年）。设计出自约瑟夫·珀莱尔特（1817—1879年），是一座巨大无比的新巴洛克式建筑，可媲美加尼耶的巴黎歌剧院，作为19世纪欧洲令人难忘的古典主义建筑之一。珀莱尔特曾在巴黎受

711 珀莱尔特（Poelaert）：正义宫，布鲁塞尔（1862—1883年）

训于J.-N.于尤和L.维斯孔蒂，并于1856年被任命为布鲁塞尔的城市建筑师，6年之后，他又被委任设计了正义宫，后者的设计经过了一次国际竞赛，却未被接受。珀莱尔特的正义宫类似于杜克在巴黎的设计，他无疑曾认真研究过后者，只是透着一点儿古代印度的建筑感，于其庞大且有雕琢的列柱处理手法上。这令人想起皮拉内西，于其空间的复杂性中，特别是其对法律至上的感性表达。的确，它是崇高美学的一种出色表达，在欧洲的建筑中无与伦比。

在荷兰，19世纪后半叶的主要建筑师是彼得鲁斯·约瑟夫斯·胡伯特斯·盖博斯（1827—1921年）。他极其仰慕维奥莱–勒–杜克，他也被称为"荷兰的维奥莱"，这令他早在1849年就去参观了巴黎。他的很多建筑将砖结构坦诚地外露，有着和维奥莱的建筑同样不讨人喜欢的特征，而其中世纪教堂的修复中所考虑的也同维奥莱一样，是要恢复一种所谓的纯粹原始的状态，即通过除去所有后来

712（下页左）乔叟室（Chaucer room）的烟囱（约1877—1890年），卡迪夫城堡，伯吉斯（Burges）

713（下页右）合唱厅（The Singes' Hall），新天鹅堡（Neuschwanstein），巴伐利亚，里德尔（始于1869年）

的附加部分。在阿姆斯特丹，他于其皇家博物馆（1876—1885年）和中央车站（1881—1889年）的设计中展示了一种高山墙的荷兰式文艺复兴风格，但他的设计一直多为庄严的天主教堂，如在埃因霍恩、阿姆斯特丹、吕伐登、希尔维瑟姆的教堂。他为这些建筑选择了哥特复兴风格，与其为世俗建筑所选用的新文艺复兴风格形成对比。在一个加尔文教国家里爆发出的天主教建筑，这是1853年恢复天主教制度的后果。在此前一年，盖博斯，作为一名虔诚的罗马天主教教徒，已成立了盖博斯和施托滕贝格工作室，即为制作教会用装饰和雕塑；莫里斯很快成立了他自己的公司，也同小乔治·吉尔伯特·斯科特成立了沃茨合作伙伴公司。盖博斯强调工艺和"坦诚"使用材料，令其成为英国普金和莫里斯的同类，又使他成为H.P.贝尔拉赫的先驱，我们将探讨后者的作品于另一章，新艺术（第十章）。

美国

19世纪中期的希腊式和哥特式建筑

美国追随的模式是我们在不同城市里所见过的，如米兰和赫尔辛基、卡尔斯鲁厄和爱丁堡，是于19世纪初通过一种国际新古典主义风格的公共建筑项目，赋予其一种全新的尊严和权力的城市形象。5世纪雅典的民主代表了一种城市秩序和严谨的理想，它很快得到了美国的共识，其结果便是希腊复兴风格的主导地位在美国比在任何欧洲国家都实现得更为彻底。本杰明·拉特罗布——前文提到过——起到了主要的作用，并给予建筑行业以一个为人所接受的专业地位，同时，也为这个新民主国家的公共建筑创造了一种理性、古典的建筑语言。他的学生罗伯特·米尔斯（1781—1855年）和威廉·斯特里克兰（1788—1854年）

714 财政大厦的外观，华盛顿（1836—1842年）

直到19世纪中叶一直主控着建筑界，虽然他们缺乏拉特罗布精彩的想象力。

米尔斯意识到，作为第一个在美国出生、在美国受训的建筑师，实践上又似英国的斯默克，他已准备解答一系列新建筑类型所产生的问题，如商业、工业、政府。如他在费城设计的华盛顿大厅（1809—1816年），外观设计受启发于勒杜的吉马尔旅馆，之后的室内有一个未分割的空间，能够容纳近6000人。他设计的其他大礼堂，功能上主要是基督教建筑，包括弗吉尼亚里士满的纪念教堂（1812年），这是一座八角形的建筑，采用一种刻板的希腊复兴风格，令人想起根茨在柏林的建筑。1822—1827年，他又以同样的风格建造了县档案局（今天的南卡罗来纳历史学会大楼），于其家乡，南卡罗来纳的查尔斯顿。以其无凹槽的希腊多立克柱式、简单的柱头被称为"防火建筑"，因它是第一座美国建筑，从建造之初便开始启用防火材料：用砖来建造墙壁、隔断、交叉拱；用铁来做窗框架、窗百叶，用石头建造楼梯。1830年，米尔斯搬至华盛顿，6年后，他赢得了华盛顿纪念碑的设计竞赛，而设计是于1833年完成的。纪念碑直到 1888 年才完工，这是一座巨大的方尖碑，高 555 英尺（170 米）。1836 年，他开始负责联邦首府的公共建筑，其结果即财政大楼（1836—1842 年）、专利局（1836—1840 年，现在的国家肖像画馆）、老邮政局（1839—1842 年，现在的国际贸易委员会）。建筑都有门廊和柱廊，规模宏伟，立即赋予了华盛顿以毋庸置疑的一座伟大首府的标志。在米尔斯的室内设计中，同样也显示了他是一名令人尊敬的拉特罗布继承人，其国会大厦里的最高法院会议厅，即令人想起拉特罗布的专利局入口门厅。这里，"提洛斯式"① 多立克柱式的矮柱，支撑着一个交叉拱架，拱架边向上则是悬壁式楼梯的一对曲臂。

威廉·斯特里克兰的第一件主要作品即美国第二银行（1818—1824 年），位于费城，是一个长方形建筑，有一个希腊多立克式的门廊，效仿帕提侬神庙，门廊为两个短边的全长。而两个长边与之相反，则是无柱式的。银行大厅，有着带柱廊的筒形拱顶，有着极少的外部展现，意在不影响整座建筑的似神庙般的建筑效果。在华盛顿，其联邦海军收容所（1826—1833 年）和联邦造币厂（1829—1833 年），亦预示了米尔斯对柱式的大幅度使用，而他在费城的商品交易所（1832—1834 年）则是一个更具想象力的布局。这里，三角形地段的顶尖部位上满满地建造了一个漂亮的半圆形科林斯柱式，其上则冠以一座很高的圆形灯笼塔，这是模仿雅典的利西克拉特纪念碑。斯特里克兰的建筑亦常常如此，即其细节部分直接选自斯图尔特和拉维特的《雅典古迹》。1838 年，他到欧洲旅行，在那里，他参观了伦敦、利物浦、巴黎、罗马。返回美国之后，他就设计了极具雄心的建筑——州议会大厦（1845—1859 年），于其家乡田纳西州的纳什维尔市，大楼

715 商品交易所的入口立面，费城（1832—1834 年），斯特里克兰（Strickland）

两边各有一个巨大的爱奥尼式门廊，中央则有一座利西克拉特式的灯笼塔。纳什维尔市引以为傲的，还有斯特里克兰的第一长老会教堂（1848—1851 年），一座主要的纪念性建筑，具有一种醇厚的"新埃及风格"，此风格在 1830—1850 年的美国，比在欧洲更是广为沿用。对于美国的出资者来说，它有着即刻的高贵和永久形象，且比现代欧洲的风格更具一种深层智慧。由此，虽然一般认为它不适于教堂和住宅建筑，但此风格还是常被用于公墓入口、监狱、法院建筑，暗示着其永久的保护和埃及文化的永恒。其神秘的内涵导致了共济会和摩门教的教堂对此风格的采用，

提洛斯式：

Delian，原文意为来自希腊提洛斯式（Delos）的风格。提洛斯位于南爱琴海上的岛屿，神话中阿波罗和阿尔忒弥斯的出生地。

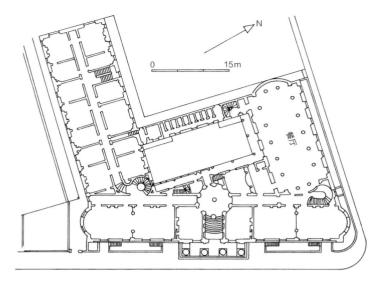

716（上）罗杰斯（Rogers）：特蒙特旅馆，波士顿（1828—1829年）

717（下）俄亥俄州议会大厦的外观，哥伦布市（1838—1861年），沃尔特（Walter）、科尔（Cole）和罗杰斯

① 商品交易所：
在纽约的现为国家城市银行，华尔街55号。

718（下）吉拉德孤儿学院的立面，费城（1833—1848年），沃尔特

又因以尼罗河为本的埃及文明对水力重视有加，促使这种风格更适于水库和桥梁的建筑。

和美国相关的一种新的建筑类型就是大旅馆。在美国，同欧洲一样，它们受宠于新富、经常旅行的中产阶层，因为在旅行途中缺少豪华的私人宅邸。此外，在美国这样一个新兴民主国家中，某种程度上，这是一种建筑类型，即欧洲皇宫奢华的替代品。第一个重要的例子即波士顿的特蒙特旅馆（1828—1829年，毁于1894年），设计出自多产的建筑师艾赛亚·罗杰斯（1800—1869年）。其高冷的多立克外观掩盖了其新颖的平面，具机能性、非常优雅，这里，一条侧走廊的中心是穹顶的入口门厅，后者正对着接待室。大旅馆配有浴室、厕所和用煤气灯照明的公共大厅，它为机械设施的服务设定了新标准，大旅馆在整个19世纪都是一个领先领域。罗杰斯在纽约（1836—1842年）和波士顿（1841—1842年）建造了商品交易所①，前者也许是受启发于辛克尔的柏林剧院。另一座新颖的辛克尔式建筑是哥伦布市的俄亥俄州议会大厦（1838—1861年），这里，一个圆形的鼓座——被壁柱环绕——在无凹槽的希腊多立克石柱所组成的长柱廊之上，却缺少了一座穹顶的塔楼。价值等同于勒杜的作品，这座纪念性建筑是一次建筑设计竞赛的结果，辛辛那提的亨利·沃尔特是获胜者，虽然最终的设计大体要归功于托马斯·科尔（1801—1848年）和艾赛亚·罗杰斯。

斯特里克兰的两名学生——亚历山大·杰克逊·戴维斯（1803—1892年）和伊锡尔·汤（1784—1844年）——从1829年到1835年起一直合作，于诸多的公共建筑中延续其风格，如哈特福德的康涅狄格州议会大厦（1827—1831年）和纽约市的联邦海关大厦（1833—1842年），两者都受启发于帕提侬神庙。斯特里克兰的另一名学生托马斯·尤斯蒂

719 厄普约翰（Upjohn）：三一教堂的塔楼和尖顶，纽约市（1841—1846年）

石贴面。1850年，沃尔特泰然自若地面对一项任务，这便是为华盛顿远非希腊风格的联邦国会大厦加建侧翼和一个穹顶。这座纪念性建筑，建于1855—1856年，在巨大的铸铁网架之上，它回应了雷恩的圣保罗教堂穹顶和蒙特费朗在圣彼得堡的圣以撒天主教堂（1857年建成），是新世界对旧世界致敬的所有建筑中最令人难忘的一座。

与其同时代的很多美国建筑师一样，沃尔特是一位极具实践技能的人，可以转而着手大型的工程项目，如1843—1845年他在委内瑞拉所建的港口工程。他还是一名家居建筑设计师，1835—1836年于名为"安达卢西亚"的乡间别墅加建了一个巨大的希腊多立克式门廊，位于费城北部15英里（24千米）。此别墅属于尼古拉·比德尔，他是一名政治家、作家、银行家，不同于其同时代的美国人，他曾亲自去希腊研究了建筑。他是美国希腊复兴风格中一位极具影响力的人物，对沃尔特设计的吉拉德孤儿学院外形起到了主要作用。作为一名贵格派①的后裔，比德尔的座右铭就是"世界上只有两条真理——《圣经》和希腊建筑"。尽管他相信真实，且安达卢西亚别墅的门廊亦效仿了雅典的赫菲斯特神庙，却是完全采用木材建造，而别墅周围设计的风景画式公园，沃尔特则为其建造了一处哥特式废墟，这也是美国此类较早案例之一。

美国的希腊复兴风格受启发于英国的建筑和考古出版物，作为从欧洲到新世界的一项成功移接而一直为人称颂。此建筑风格作为民族意识的丰富多彩、令人折服的表现，在公共、家居建筑类型中都完全适应了。19世纪40—50年代，美国还见证了哥特复兴风格的兴起，多受英国的影响，但其效果却远不及希腊复兴成功。风景画风格的各流派——希腊哥特式、都铎式、意大利式、埃及式——在19世纪初期的美国和英国都一样流行，其中一座建筑，

克·沃尔特（1804—1887年）设计了美国晚期新古典主义中美丽的纪念性建筑之一，即费城的吉拉德孤儿学院（1833—1848年）。其主建筑——创建者大厅——是一个围柱式科林斯风格的神殿，非常巧妙地遮掩了一个功能性的三层室内空间，这里有12间砖砌防火拱顶的教室。整个建筑外部则用钢铁加固，用大理

① 贵格派：
Quaker，是清教里分支出来的。

720（上）伦威克（Renwick）：史密森学会，华盛顿（1847—1855年）

721（下）吉尔曼和布赖恩特：市政厅，波士顿（1862—1865年）

比任何建筑都更能设定一个准确的哥特复兴新标准，这便是纽约市的三一教堂（1841—1846年）。设计出自理查德·厄普约翰（1802—1878年），他于1829年从英格兰移民至美国，并且是一名美国圣公会的虔诚信徒，圣公会是英国英格兰教会在美国的近亲，且近期一直推崇哥特复兴风格。三一教堂是一个精致的作品，是英国垂直哥特式建筑，它明显受启发于普金的理想教堂的观念，发表于其《基督教建筑的真实原理》（1841年）。这是厄普约翰职业生涯的起点，他设计了近40座教堂，但并非都是哥特式，因为和德国许多同时代的建筑师一样，不同于普金，他采用了"圆拱风格"。他学习此风格，首先，是于著作之中，如穆勒的《德国哥特式建筑编年史》和霍普的《建筑史论集》（1835年）；其次，是于旅行之中，他于1850年去了欧洲；之后，便建造了马里兰州巴尔的摩的保罗教堂（1854—1856年），作为一座"伦巴第罗马风"的建筑作品。厄普约翰这种建筑风格的选择并非随意，因其在1859年就已经承认，而普金却从未如此，这就是，虽然他崇尚哥特风格，但他"不得不认可，许多气势磅礴的基督教建筑并非都是哥特式的"。他着重强调，"伦巴第和其他的罗马风建筑风格"，甚至罗马的万神庙，都会作为宗教建筑的范例，并给他留下了极深的印象。

厄普约翰是一位极受尊重的公众人物，这关系到建筑职业地位的上升，以及美国圣公会渐增的财富和影响力。他成为美国建筑师协会的第一任主席，协会成立于1857年，TU.沃尔特曾尝试创立，但未果，它是在英国的建筑师协会成立两年之后成立的。

新理论和新方向，从亨特至理查森

厄普约翰作为哥特教堂建筑师，是詹姆斯·伦威克（1818—1895年）的主要竞争对手，后者在纽约负责建造了圣公会的天恩教堂

722 亨特：碎浪宫的沙龙，新港，罗得岛（1892—1895年）

（1843—1846年）和罗马天主教的圣帕特里克天主教堂（1858—1879年）。同厄普约翰一样，他也转向"圆拱风格"，例如，在华盛顿的史密森学会（1847—1855年），建筑材料为赤褐沙石，建筑形式则是一种如画般布局的罗马风式修道院，并有无数细节精致的塔楼。于其职业生涯后期，他同银行家和艺术品收藏家威廉·科科伦一起参观了1855年的巴黎博览会，之后，他进入了美国建筑的一个全新阶段，用"法兰西第二帝国风格"建造了两座建筑，它们是华盛顿的科科伦（现在的伦威克）艺术展览馆（1859—1871年）和纽约波基朴西的瓦萨学院（1861—1865年）。瓦萨学院是为慈善家马修·瓦萨而建，后者规定建筑模型要遵循16世纪的巴黎杜乐丽宫。

一座更为成熟、影响更大的"第二帝国风格"建筑是波士顿市政大厅，建于1862—1865年，由阿瑟·吉尔曼（1821—1882年）

723 波特：诺特图书馆（现为校友厅），联合学院，斯克内克塔迪市，纽约州（1858—1859年和1872—1878年）

① 伦诺克斯图书馆：
坐落于第5大道和70街，
被拆毁，因要建亨利·弗
里克（Henry Frick）府邸，
后为弗里克收藏馆。
② 范德比尔特：
Vanderbilt，为纽约富商家
族，财富仅次于洛克菲勒
家族。

和格里德利·布赖恩特设计。吉尔曼是阿尔弗雷德·B.米莱（1834—1890年）的设计顾问，其设计是受巴黎影响的大型建筑之一，即华盛顿的国务、战争和海军大楼（1871—1885年，现在的行政大楼）。巴黎第二帝国风格的新文艺复兴语言早已影响了理查德·莫里斯·亨特（1827—1895年），他是第一位在巴黎的美术学校学习的美国人。他于1846年进入了美术学校，并加入了埃克托尔·勒菲埃尔（1810—1880年）的工作室，并跟随后者于1854—1855年参与了罗浮宫的扩建。亨特惊人的建筑之一是纽约市的伦诺克斯图书馆①（1870—1875年，毁于1912年），这是一种弧形风格，

源自杜兰德和拉布鲁斯特。后来他又采用了布尔日的雅克·克尔府邸的法国中世纪后期庄园风格，将其用于美国的商业贵族城堡和城市宅邸之中，如在纽约市的W.K.范德比尔特②府邸（1878—1882年，毁于约1920年），并为乔治·W.范德比尔特，在北卡罗来纳州阿什维尔，设计了一座庞大的比尔特摩府邸（1888—1895年）。在罗得岛新港，夏季曾是大众的度假区，亨特设计了4座宫殿般的度假屋，其中最著名的是碎浪宫（1892—1895年），为利尼利厄斯·范德比尔特二世而建，这是一座装饰豪华的宫殿，为热那亚式16世纪意大利的风格，其中心为一个两层的大厅。在19世纪

724（上）宾夕法尼亚艺术学院的入口，费城（1871—1876年），弗内斯（Furness）

725（左）弗内斯：公积金生命和信托保险公司，费城（1876—1879年，现已毁）

90 年代，他又重新回归他曾学过的美术学校式的古典主义风格，用于带穹顶的芝加哥世界博览会的行政大楼（1891—1893 年）和之后的纽约大都会博物馆（1894—1895 年）的入口。亨特极为多产，作为美国建筑师协会的创始人之一和主席一生受人尊敬，而作为一名建筑师，他则给自己工作室中的学生以系统的职业培训。但不同于很多欧洲和美国的同代人，他并未给建筑赋予任何道德标签，或者视其为一种社会改革的媒体。这一点连同他风格上的多样性，令其在 20 世纪的大多时间里暂时未被崇为时尚。

再回到哥特复兴风格的发展，我们可见，到 19 世纪 60 年代，它已经进入了一个阶段，可媲美于，也是受启发于，英国的全盛维多利亚时代哥特风格。拉斯金的著作在美国极为盛行，它成就了很多建筑，如纽约市的国家设计学会（1863—1865 年），由彼得·B.怀特（1838—1925 年）设计，效仿了威尼斯的多杰宫，还有同样吸引人的纽约州斯克内克塔迪市的联合学院的诺特图书馆（现在的校友

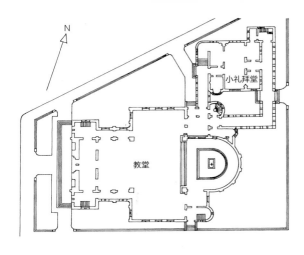

726 理查森：三一教堂，波士顿（1872—1877年）

厅；1858—1859 年和 1872—1878 年），由爱德华·波特（1831—1904 年）设计。诺特图书馆虽受启发于比萨的洗礼堂，但在其多彩拱廊的表层之后有一个裸露的钢铁框架。正如一种被人崇尚的信念所表达的，真实、坦诚的建筑理想曾在中世纪建筑和现代材料中被奉为神明，这座建筑也令人将之比较于一件同时代英国作品，即牛津的大学博物馆。大学博物馆是托玛斯·迪恩爵士父子及伍德沃德设计公司于1853 年设计的，并建于 1855—1860 年，是在约翰·拉斯金的支持下，它有着一个钢铁和玻璃的室内和一个石材的外部，受启发于意大利哥特风格。从英格兰进口的赤陶砖被用于壮观的马萨诸塞州波士顿美术博物馆（1870—1876 年，已毁），设计出自约翰·斯特吉斯（1834—1888 年）和查尔斯·布里格姆（1841—1925 年）。它是美国的第一座公共艺术博物馆，综合借鉴了英国牛津的大学博物馆和伦敦的南肯辛顿（现今的维多利亚和阿尔伯特）博物馆，后者始建于 1859 年，由弗朗西丝·福克上尉设计，作为一座日耳曼式的"圆拱风格"建筑，其特点是大量使用了浅黄色的陶饰，并用一种意大利北方文艺复兴的传承方式。

一座教堂，带有耀眼的彩饰和一个钟楼，如斯特里特设计的圣小雅詹姆斯教堂一样，位于威斯敏斯特，这就是圣三一教堂，位于纽约市麦迪逊大道和 42 号街上（分别建于 1870 和 1875 年，已毁）。虽然它的外观是拉斯金式，其内部则是椭圆形，布置得如一座大礼堂。这是为了符合牧师极端的福音派口味，即便这是一座圣公会的教堂，但被要求，注意力要集中于布道者，而不是布道坛之上。建筑师是利奥波德·艾德利兹（1823—1908 年），出生在布拉格，1843 年移居纽约，并设计了很多教堂，采用一系列的中世纪风格，大多源自欧洲大陆，而非英国。还有一座建筑同艾德利兹设计

的建筑一样激进，且使用了一种着重的"维多利亚时期盛期"的哥特风格，这就是哈佛大学的纪念厅（1865—1878 年），位于马萨诸塞州的剑桥市，由威廉·韦尔（1832—1915 年）和亨利·范·布伦特（1832—1903 年）设计。它看似是一座天主教堂，但实际上却有一个剧场形成的半圆后殿、一个餐厅构成的壁龛、公共循环区构成的交叉通道。范·布伦特是一位多产的建筑作家，他在 1875 年翻译了维奥莱的《建筑讨论》的第一卷，但他较为赞同的则是美国建筑自 19 世纪 80 年代对美术学校式古典主义的转向。

对于拉斯金的呼吁，即关于一种富于表达又要真实的哥特式建筑，一个更具原创的回应，是来自弗兰克·弗内斯（1839—1912 年），他同时也深受利奥波德·艾德利兹的理论著作的影响。弗内斯成熟风格的一件早期作品，即其费城的宾夕法尼亚美术学院（1871—1876年），它有着带有天窗的长廊，置于一个对称的立面之后，立面富有许多雕刻和对比强烈的质地，但是，处理手法粗犷、有力。艾德利兹建筑语言的概念作为一种物质形态的表现，展现于他的《艺术性质和功能》（1881 年）一书中，并且爆发性地表现在弗内斯最著名的建筑，即现已被拆的，公积金生命和信托保险公司（1876—1879 年）。庞大的建筑立面是由

727（上）理查森：克兰（Crane）纪念图书馆，昆西
（1880—1882年）

728（右）理查森：埃姆斯门房，北伊斯顿，马萨诸塞州
（1880—1881年）

大花岗石块砌成的，而其主导却是过多的结构支撑，好像其组合是特意表现其观点，即"承重之于建筑，如同动物生命力之于自然"。这座建筑由此完成了艾德利兹的愿望，即要建筑能够"履行其职能……其肌肉和神经的功能"。其激进的语调和维奥莱在《建筑讨论》中提出的一种新理性主义建筑有共同之处，同时，其建筑的室内新建筑材料外露的方式也会吸引维奥莱。主要大厅的墙上为绿色和白色瓷砖组成的条饰图案，屋顶有天窗，由彩色的钢铁大梁来支撑。

拉斯金和维奥莱-勒-杜克各自的影响，可见于一对理想概念之中——"有机体"和"现实体"，它们是建筑撰稿人蒙哥马利·斯凯勒（1843—1914年）在其颇具影响的著作中提出的。他在亨利·霍布森·理查森（1838—1886年）的建筑中发现了这些特质理想的表现，理查森开启了美国建筑史上的一个新阶段。不再是英国，而是法国，尤其是美术学校，成了美国建筑师寻求灵感之地。理查森是第一位创造出了一种个人风格的建筑师，之后，又上升为国家风格，同时也是第一位影响了欧洲建筑师的美国人。他富于创新的折中主义，制造出了一种综合的，但也是可

变的风格，基于欧洲罗马风、适应性强的"圆拱风格"。

理查森于1859—1862年在巴黎的美术学校学习，他后来在1865年——回美国之前——工作于拉布鲁斯特和希托夫的工作室。其早期作品回应了当时英国的哥特复兴风格；而在之后的10年中，他却采用了一种石材表层的罗马风式样，虽然其源自法国，但是要感谢的并不是拉布鲁斯特，而是维奥莱-勒-杜克的理性主义的门徒沃德莫。他在波士顿的三一教堂（1872—1877年，图700）的表层，就是采用这种风格。其庞大的如雕塑般的模型样式令人想起西班牙和法国的罗马风建筑，以及君士坦丁堡和威尼斯的拜占庭式建筑，但是，这种强劲的处理方式，特别是坚硬的土质材料——带有褐沙石边饰的、表面粗糙的粉花岗石——使整座建筑浑然一体，而不只是一种混搭式的局部组合。在室内，希腊十字形的平面向上则是一个双曲线的木质屋顶，受启发于英国的伯吉斯作品。墙和屋顶上则绘有装饰，这正是伯吉斯自己所期望的彩饰。这是约翰·拉·法奇的作品，他还负责了前拉斐尔风格的彩色玻璃，除了1880年和1883年出自莫里斯和伯恩·琼斯的于北面的十字耳廊和南面

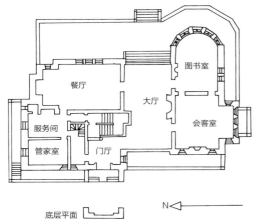

图书室
餐厅
大厅
服务间
会客室
管家室
门厅

底层平面

N

联于他的埃姆斯门房，位于马萨诸塞州的北伊斯顿（1880—1881年），也许这是最醒目的案例，即用大石块筑墙来创造一种有机的效果。这种非同寻常的委托是为埃姆斯家族庄园建造一个结实的入口门房，作为守门人的一个居所，亦是一个"单身汉客厅"，于此，家族中的年轻男性可以招待他们的朋友。理查森设计了一座粗犷的建筑，看似是从土中长出来的一般，如弗兰克·劳埃德·赖特后来的"草原风格"。

理查森最满意的两座建筑——阿勒格尼县法院和监狱——位于宾夕法尼亚州的匹兹堡（1883—1888年），和马歇尔·菲尔德批发商店，位于伊利诺伊州的芝加哥（1885—1887年，毁于1930年），都是用切割面的花岗石做表层的拱式组合建筑。然而，它们避开了早期作品中风景画式风格的效果，即一种对称式的喜好，这亦反映在其美术学校中的训练。阿勒根尼法院的平面设计是一种特定的美术学校式布局，带有一个壮观的楼梯，这里，拱顶都是建在圆拱之上。虽然铸铁柱子在建筑的结构中被采用，但是石墙依然是承重部分。至其完工

的礼拜堂之中。

在哈佛大学的塞弗大楼（1878—1880年），理查森将他惯用的花岗石和褐沙石，换成了红砖，和哈佛校园中紧邻的一座18世纪建筑更为协调。其结果等同于沃德雷默的公立中学风格，虽不是一种模仿。然而，于其位于哈佛的奥斯丁学部大楼（后来成为法学院），建于1880—1884年，他又回到其三一教堂雄浑有力的风格。他亦于其克兰图书馆（1880—1882年）采用了这种风格的一个版本，位于马萨诸塞州的昆西。这座坚实的建筑是5座小公共图书馆中最具原创性的，都是他在19世纪70—80年代设计的。这些建筑在风格上关

之时，新技术已在芝加哥发展，并使建筑外墙的重量都由内部的金属构架来支承。

转向住宅建筑，我们会看到同样抵制工业革命的反应，以及同样重归到工业前的地方传统，这些发生在19世纪70年代的英国，于诺曼·肖及其圈中人的作品中。第一座纪念性建筑，肖和内斯菲尔德的"旧英国"式的美国版本，即罗得岛新港的瓦茨·舍曼府邸（1874—1875年），它名义上是由H.H.理查森设计，但是，无疑大多要归功于他的助手斯塔福德·怀特。影响府邸设计的是出版于英国的《建筑新闻》和《建筑者》，肖的庄园府邸及其伦敦的新西兰会所的透视图和设计图，瓦茨·舍曼府邸的布局是一种不规则处理的布局，显露出半木材结构、大跨度山墙、高烟囱、长条平开窗、凸肚空间、向日葵雕刻。它取代了房顶和墙上的英国式挂瓦，并引进了美国式的木瓦：因此其现代名称为"木瓦式风格"①，便服务于新型的家居建筑。瓦茨·舍曼府邸有一间起居大厅，正对着楼梯，并延至整个平面，这一种建筑特征，后发展于木瓦式风格之中，作为向一种"开敞式—平面"住宅的一个发展趋势之一部分。设计，是为夏天极热和冬天极冷的气候，而木瓦式住宅比其英国的同类住宅需较少的内房间门，因为冬天会有中央供热系统，夏天又会有利于微风流通。1876年费城的百年纪念博览会上一个日本凉亭的展示激发了人们对空间流动式住宅的品位，它带有强调的水平线、宽大的屋檐、格窗工艺，着重于建造和手工工艺，以及房屋同环境的密切关系。这种热情的成果之一即爱德华·莫斯插图图书《日本住宅及其环境》（波士顿，1886年）的出版，而室内的开敞式平面后来成为弗兰克·劳埃德·赖特住宅设计的标志。

同时，麦金、米德和怀特的公司已经设计出了19世纪80年代最佳木瓦式住宅中的一部分，例如，他们设计于1880—1881年的H.维克多·纽科姆府邸，位于新泽西州的埃尔伯朗，有着极美的开敞式室内，由格栅、格窗或是推拉门所隔开；他们设计的艾萨克·贝尔府邸（1883年）位于罗得岛的新港；还有他们设计的威廉·G.洛府邸，位于罗得岛的布里斯托尔（1886—1887年，拆毁于约1955年），整个建筑，都包容在一个单独宽大的山墙之下，墙有近140英尺（43米）长，概括了拉斯金的理念，即其对全遮屋顶的道义表现。

沙利文和摩天大厦的起源

麦金、米德和怀特的职业生涯发展是沿着一条不同于木瓦式风格的道路，但在我们继续研究之前，我们应回到芝加哥，那里，在1871年毁灭性大火之后的快速重建中，对防火材料的要求使得建筑师兼工程师威廉·勒·巴伦·詹尼（1832—1907年）在建筑发展上——即后人所知的摩天大楼——迈出了第一步。1871年，也见证了纽约的第一座有内装乘客电梯的办公大楼建成。当然，这是因为19世纪50—60年代纽约电梯技术的发展，最终，也成就了芝加哥后来的摩天大楼的发展。詹尼，于其第一座建筑，拉埃特大厦（1879年），在此方向领先之后，他又设计了其最佳作品，即10层的家庭保险大厦（1884—1885年，毁于1931年），它包括一个由铸铁、钢横梁、熟铁梁组成的骨架，并且固定于铸铁的搁板之上。这些承担了外层石面的大部分重量，此石面在美学上却设计得有些笨拙。詹尼的这种常规手法应该是受影响于他于1853—1856年在巴黎工艺美术中心学校的培训，那里，杜兰德的功利主义理念仍占主导地位。威廉·霍拉伯德（1854—1923年）和马丁·罗奇（1853—1927年）都曾工作于詹尼的工作室中，负责设计了塔科马大厦（1887—1889年，毁于1939年），也位于芝加哥。这里，他们更是持续地使用

① 木瓦式风格：是现今美国住宅的主要风格。

731 沙利文和阿德勒：温赖特大厦，圣路易，密苏里州
（1890—1891年）

732（上）沙利文和阿德勒：担保大厦，布法罗，纽约州
（1894—1896年）

了家庭保险大厦中所领先使用的技术，并引进了一种新型的地基，即包括有钢筋混凝土的浮筏，在芝加哥的沙地和泥地之上，作为一种稳定的元素，其价值尤为重大。塔科马大厦的表层相比于家庭保险大厦也有一种更为和谐的立面。其外部，保持了大多为各种平开窗的设计，这也影响了芝加哥信用大厦（1890—1895年），设计出自丹尼尔·伯纳姆（1846—1912年）和约翰·鲁特（1850—1891年）。

路易·亨利·沙利文（1856—1924年）则是另一名建筑巨匠，他于19世纪70年代移居芝加哥，当时，此城是中西部发展迅速的大都市。他曾为詹尼的学生，之后为巴黎瓦德雷默的学生，他和其合作伙伴丹克马·阿德勒（1844—1900年）设计了庞大的芝加哥大剧院和旅馆大楼（1887—1889年），是整个美国最大、最复杂的建筑群，除了剧院、酒店之外，它还包含了一个街区式的办公大楼。沙利文的初始想法，是计划在建筑的立面上支出很多奇异的凸肚窗、角塔、尖顶、屋顶窗，但他最终选择了一种坚实的石面设计，这是受启发于理查森在马歇尔·菲尔德批发商店中的拱顶式手法。这里，沙利文的建筑立面是砖结构承重，表层为花岗岩和大理石，其剧院的楼板面、拱顶、屋顶的重量都由一个特别的铸铁和锻铁构架来承担。尽管剧院可容纳4000多名观众，但它的视觉和音响效果却是完美无缺的。剧场及酒店的室内设计，特别是在大厅、酒吧、餐厅，沙利文采用了一种华丽而流畅的装饰，是受启发于植物形态的贴金石膏浮雕。

在这些著名的办公大楼中，如密苏里州圣路易的温赖特大厦（1890—1891年）和纽约布法罗的担保大厦（1894—1896年），沙利文和阿德勒拒绝采用芝加哥礼堂剧院的双承重建筑系统，即同时带有承重石墙和内部钢结构。取而代之的是他们采纳了全钢架的结构形式，这也是第一次，其外层则是一种视觉上具有说服力的处理方法。他认识到，要从摩天大楼建筑的词汇之中，创造出一种表现力强的语言，沙利文在《高层办公楼的艺术思考》（1896年）中写道："它的每一寸，都是一种自豪而高耸之物，全然欣喜地直拔而起，从下至上，它是一个整体，没有一个异样的线条。"在温赖特大厦，他赋予了这种垂直形象诗意般的表达，即采用假的、非承重的砖质墩柱，建于立面承重墩柱之间，后者则被覆以砖面的钢铁结构。大厦的立面，由此，则看似一个同样砖质墩柱或者直棍构成的格栅，但是只有其中一半是真实结构。如此的运用是为了创造出强化竖向的特征，即"高耸之物"，如沙利文在1896年所述。在担保大厦，另一座强调竖向的设计，其墩柱于顶部则由圆拱相连接，且有一个未强化的檐口，如此，人们的仰望视线几乎不会被打断。然而，这座建筑的装饰要比温赖特大厦更为华丽，其表层覆盖的是陶片，上面刻有浅浮雕，带有精致的几何形装饰。建筑立面所产生的这种效果，出乎意料地近乎于辛克尔的"诗意工业性"风格，这是辛克尔为其建筑学校大楼提出的，特别是为其未能实施的1835年的

733 荣誉展览馆（Court of Honor），世界博览会，芝加哥（1893年），规划出自伯纳姆（Burnham），建筑出自麦金、米德和怀特、亨特、阿特伍德

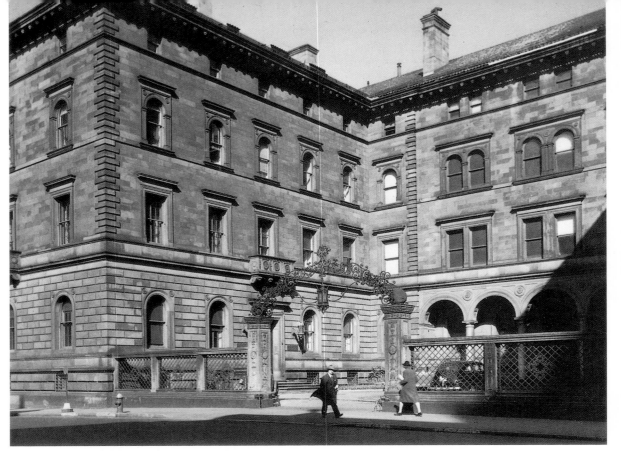

734、735（上和下）麦金、米德和怀特：维拉德府邸的外观和平面，纽约市（1882—1885年）

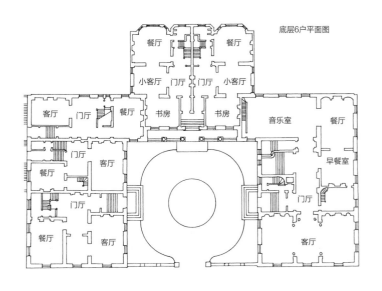

底层6户平面图

柏林图书馆。

沙利文，赋予其芝加哥的卡森·皮里和斯科特百货商店（1898—1901 年和 1903—1904 年）以一种特别的水平韵律，用来强调其水平的售货楼层，这是与竖向叠加办公室——如温赖特大厦和担保大厦——呈反差性对比。较高楼层的条形窗，安置于白色陶片之中，它和下面两层的华丽的装饰处理形成了鲜明对比。这里，商店的橱窗成了画框，由韧性的铸铁装饰采用动态曲线的图案组合，这些图案可媲美于当时欧洲新艺术风格的设计师。尽管他很钟爱这种生动且具异国情调的装饰，沙利文却号召暂时禁止建筑装饰，于其《幼儿园闲谈》（1901 年）一书中，他认为 19 世纪的建筑已经苦于重复历史元素的过度装饰。他的观点是基于对一种新风格的极力追求，用来和美国的民主过程相谐调。他认为，一种文化的发展和进步是不可避免的信念，正好对应着查理斯·达

736 麦金、米德和怀特：波士顿公共图书馆（1887—1895年）

尔文的生物进化论。

麦金、米德和怀特以及向古典主义的回归

　　1893年，沙利文为芝加哥的哥伦布世界博览会设计了交通大楼，这次博览会是一个国际性的展览会，为纪念哥伦布发现新大陆的400周年。这是第十五届世界博览会（第二次在美国举办），第一届则是1851年在伦敦"大博览会"。芝加哥博览会是当时规模最大的一次，沙利文的大楼涂有大胆的色彩，居主导的则是一个巨大的入口拱门，饰有华丽的抽象装饰。它明显有别于周边的其他建筑，即令沙利文讨厌的，使用一种庞大美术学校古典主义风格的建筑。历史学家有时认为，当芝加哥和西部正在尝试新型的建筑风格之时，纽约和东部地区却已重归于一种古典主义风格，并如此招摇地展现在世界博览会之上，这也令芝加哥学派走向终点，进而改变了美国建筑的发展方向。其实，其中的故事更为复杂，因为博览会的总工程师丹尼尔·伯纳姆便是芝加哥学派的一名领袖。我们已提到过，他在19世纪90年代初设计了钢架结构的信托大厦，但是他为博

览会设计了一座庞大的荣誉展览馆，围绕着一个湖面，两侧则是纪念性的建筑。这些建筑，都采用了19世纪70—80年代法国豪华的古典美术学校风格。实际上，它们只是临时的展厅，是钢架玻璃结构，带有壁柱的立面则被涂上白色。夜晚有电力照明，穹顶、凯旋拱门、柱廊的组合产生了一种强烈的效果。这些建筑师当中，包括麦金、米德和怀特，以及亨特、查尔斯·阿特伍德（1849—1895年），后者设计了唯一和博览会有关的永久性建筑——美术宫。博览会的布局设计也是依照美术学校式的轴线，这对于20世纪初的美国城市规划也产生了极大影响。

　　为世界博览会做出贡献的最重要建筑师，即麦金、米德和怀特，他们在1870—1920年接到了近1000项建筑任务，并享受其世界上最大的建筑业务。查尔斯·福林·麦金（1847—1909年）年轻时受到了拉斯金崇高建筑理想的影响，然而，他也在1867—1870年就学于巴黎的美术学校，并进入了P.-G.-H.多姆特的工作室。他工作于H.H.理查森的工作室，直至约1873年，他同威廉·拉瑟福

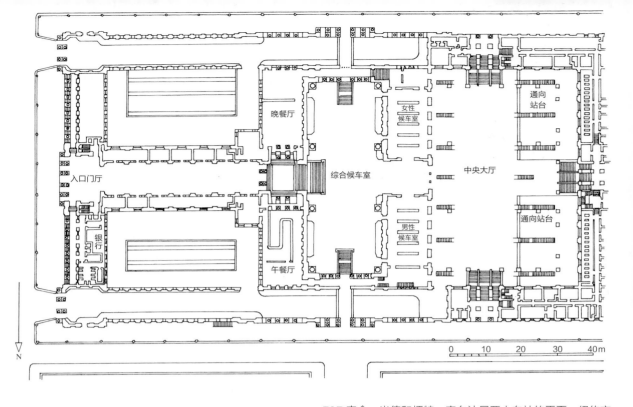

晚餐厅

入口门厅

银行

午餐厅

综合候车室

女性
候车室

男性
候车室

中央大厅

通向
站台

通向站台

N

0 10 20 30 40m

737 麦金、米德和怀特：宾夕法尼亚火车站的平面，纽约市（1902—1911年）

德·米德（1846—1928年）合作之后，又于1879年同斯坦福·怀特（1853—1906年）成为合作伙伴，而怀特也曾和理查森共事过。在他们早期开敞式平面的木瓦住宅设计之后，他们转向公共建筑，在此领域，他们为城市秩序提供了一种形象，是自古罗马以来，比世界上任何地方所取得的任何成就都要更为广泛。

　　这是一个惊人的进展，尤其在一个国度，因一直保持"杰斐逊式唯农主义"①之浪漫传统而著称。而这种唯农主义，则表达在"邪恶城市"这一概念之中，并为弗兰克·劳埃德·赖特所坚持，后者是麦金、米德和怀特更为年轻的同代建筑师。麦金、米德和怀特对新的公共及商业建筑的需求，并在总体上拒绝摩天大楼所提供的机会，做出了回应，且把摩天大楼恰当地视为城市空间的不和谐之物。这里，沙利文建造了有惊人原创的单体宏伟建筑，而麦金、米德和怀特则要试图运用古典主义的普通语言来创造出一种城市环境，而古典主义是在希腊之后的多数文明中，都一直被用

来表现宏伟、稳定、欢乐的理想。由此，他们虽然对理论不感兴趣，不似沙利文和赖特，但无疑，他们的建筑理想主义要部分归功于拉斯金《建筑七灯》中所推崇的价值观。他们尊重当地的传统和建筑材料，并着意采用不同的古典建筑源泉，服务于不同类型的建筑：为公共建筑，他们寻求于古罗马或是意大利文艺复兴盛期的纪念性建筑；为建筑少些庄严功能的，如他们在纽约市的麦迪逊广场花园（1887—1891年，毁于1925年），他们寻求于西班牙或是意大利北部的华丽文艺复兴风格；为教育和住宅建筑，他们寻求于美国殖民时代的乔治传统风格，例如，他们在康涅狄格州法明顿设计的A.A.波普府邸，则是受启发于弗农山（弗吉尼亚）乔治·华盛顿的住宅。

　　他们首批主要建筑出现于1882年。同他们的很多建筑一样，这些建筑都建在纽约市，

① 杰斐逊式唯农主义：
　　他认为农民为上帝所选。

528

738（上）麦金、米德和怀特：宾夕法尼亚火车站的廊柱外观

739（下）麦金、米德和怀特：宾夕法尼亚火车站里的中央大厅

它们是维拉德府邸、美国安全储备公司和哥伦比亚银行的建筑。后者是一座"沙利文式风格"的建筑，底部两层，用粗面砂石；陶片墙板则是在上层砖墙的窗户之间，而其屋顶层则有着柱廊式凉廊。维拉德府邸（1882—1885年）是受托于铁路和船运巨头亨利·维拉德，有6个住宅，于一个5层的"U"形大楼之中，围绕着一个开敞庭院，庭院正对着麦迪逊大街上圣帕特里克大教堂的后部。它们像是一座单体的雄伟宫殿，构成了一个庄严的街区组合，其模式，是伯拉孟特式建筑语言，如罗马的教廷官殿。

波士顿公共图书馆（1887—1895年）被视为新美国式古典主义的一个象征。用简洁的白色花岗岩建成的，醒目宏伟，以其70万册的藏书，令波士顿成为一个西方文化的中心，并以其沉静的气势，面对着科利普广场另一侧极尽华丽的三一教堂，后者是由理查森设计的。在选用拉布鲁斯特的圣吉纳维夫图书馆作为其原型之前，麦金已考虑过法尔尼斯宫、罗浮宫的亭阁、迪邦在巴黎的美术学校。但不同于巴黎的建筑，波士顿公共图书馆的布局是四面环绕一个庭院，庭院被处理成迷人的回廊庭院，如教廷官殿或是威尼斯官殿一样。建筑的房间都有着图书馆的各种功能，按照合理性、功能性被置于周边，而不是按照美术学校理论中的轴线布局。这座建筑是用承重墙这种传统的结构方式，然而为了承受书的重量，其楼板则由拱顶支撑，拱顶上有平瓦，看似是现代的薄混凝土壳。图书馆的室内被点缀以华丽的壁画，壁画来自约翰·辛格·萨金特、艾德温·奥斯丁·阿比、皮埃尔·皮维·德·沙瓦纳，而雕塑则来自奥古斯塔斯·圣戈当。这种建筑师、画家、雕塑家的合作是美国建筑史上的一种新形式，却被广为效仿，其中最著名的是位于华盛顿的国会图书馆，建于1873年，由约翰·史密斯迈耶（1832—1908年）和保

罗·佩尔茨（1841—1918年）设计，但直到1886—1897年其建筑和装饰才完成。

罗得岛州议会大厦（1891—1903年）是一座纪念碑式建筑，麦金、米德和怀特在此将秩序且人道的政府象征化。建筑冠以一个穹顶，这要归功于雷恩和苏夫洛的设计，而其极为古典主义风格的室内则受启发于拉特罗布的设计，这座"联邦乔治风格"[①]的纪念品设定了一种模式，后在美国新的州议会大厦中得到了极大模仿，首先是明尼苏达的卡斯·吉尔伯特（1858—1934年），之后还有弗吉尼亚、佛罗里达、亚拉巴马、南达科他、宾夕法尼亚、爱达荷、犹他州。麦金、米德和怀特在学院建筑领域也产生了一种类似的戏剧性影响。他们的纽约大学（1892—1903年）和哥伦比亚大学（1894—1898年）创造出了一种宽广的文化环境，每个例子都是集中在一座有巨大穹顶的图书馆之中，令人想起杰斐逊的弗吉尼亚大学和世界博览会的荣誉展馆的布局。中央布局、碟形穹顶的纽约大学图书馆坐落于一个陡坡的地基之上，被一个环形的廊柱环绕，柱廊建在一个高基座上。这个敞开的廊柱以其令人难忘、充满活力的组合，作为名人厅，其一侧通向图书馆边的语言厅，而另一侧通向一直未能建成的哲学厅。

怀特在纽约州的美国西点军校中设计了卡勒姆教学楼，这是其合作伙伴们所设计的简朴的建筑之一。这种对军事力量的极度表现，将开窗减至最少，其装饰只是一排附在墙上的爱奥尼式柱子，后者亦是承重的。在气氛相对轻松的哈佛大学，与之相反，麦金则为哈佛联合会（1899—1901年），选择了一种运用红砖的"联邦乔治风格"，而在纽约第五大道的城市环境之中，他的哈佛大学俱乐部（1896—1900年）则是一座巨大的佛罗伦萨式官殿。官殿符合麦金、米德和怀特的人文主义理想，俱乐部室内的最主要部分是长长的、有交叉

① 联邦乔治风格：Georgian-federalist，是文艺复兴的概念，出现于美国革命之后，代表人物是苏格兰的罗伯特·亚当。

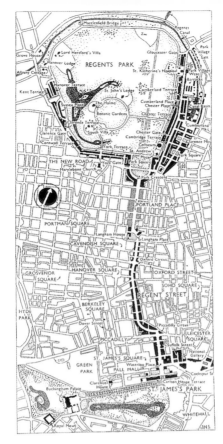

740（上）伦敦市规划图（1812—1833年），纳什

741（上右）伦道夫新月，艾因斯列广场和莫瑞广场，爱丁堡（约1822—1830年）

拱顶的图书馆，其装饰雍容华贵，好像是从梵蒂冈宫殿游离出来一般。的确，它的装饰手法是仿自波奇亚的房间，即梵蒂冈宫中平托里基奥的设计，并结合了H.西登斯·莫布雷在罗马绘制的帆布拼板。

同样在第五大道上，怀特1903年设计有两座建筑，即戈勒姆公司大楼，这是一座沙利文式的宫殿建筑，以及蒂凡尼珠宝店，现都已毁，这里为了表现美国最负盛名珠宝商之晶莹璀璨，他选择了威尼斯的格里马尼宫作为他的原型——圣米凯利设计。同一年，麦金雄伟的摩根图书馆也建造起来，位于纽约36街，近麦迪逊大道，它是为新美迪奇银行家和收藏家J.P.摩根而建的。它受启发于阿玛纳提设计的女神花园，于罗马朱丽娅别墅中，建造用的

大理石被切割得异常精细，甚至不用灰泥接缝，即如5世纪的雅典一样。意在"永远服务于美国大众的指导和快乐"，这座建筑及其内容都是一个现代民主社会中贵族之经典学术的缩影。

随着纽约的宾夕法尼亚火车站（1902—1911年）的建成，设计公司也到达了事业的顶峰，因它结合了古代世界的辉煌、现代交通和建筑技术的便利。由此，其总候车室即效仿了卡拉卡拉公共浴场的温水浴室，并将各个方向的尺寸增加了百分之二十。其表面覆以罗马的拟灰石——来自蒂沃利附近的采石场，并用悬挂的石膏拱顶掩盖了其上的一个钢铁框架。同样令人震惊的是紧邻的中央大厅，与之相反，则是完全用钢架和玻璃，而其隔断也像候车室一样，被分为3个高肋拱。这座庞大的建筑是一块占地近8英亩（32375平方米）的地段，其交通流线则被处理为一种视觉上极具吸引力的方式，虽然比起更为紧凑的纽约大中央车站（1903—1913年）要走更多的路，后者也以一个新颖的美术学校式的中央大厅著称，设计出自里德和斯坦姆，以及沃伦和韦特莫尔。宾夕法尼亚火车站作为一种工程和组织的胜利，从来未被超越，这里，古典建筑语言被采用，来使一个世俗的活动高尚化。而其1963—1965年可耻的拆除，则标志着美国建筑生命的最低谷。

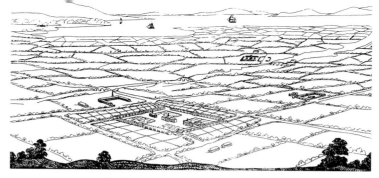

742（上）欧文：一个"合作村落"（village of co-operation）的设计（1800年后）

743（上）戈丹："家庭社区"（Familistere），吉斯（Guise），法国（1859—1870年）

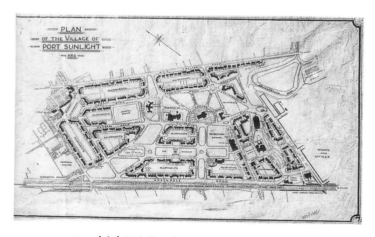

744（上）阳光港口（Port Sunlight）的平面图（自1889年）

城市设计

18世纪的传承

　　17世纪和18世纪的城市规划，为19世纪的城市提供了强有力的形象。拿破仑，自视既是城市也是帝国的创造者，他在改建巴黎时，采用了巴洛克惯有的方式，即用突出的门廊来创造封闭式景观。路易十五加布里埃广场现为协和广场，其景观，向南面止于一个巨大的门廊，是波旁宫的增建部分，向北面则止于1807年新建的马德琳教堂，由皮埃尔·维尼翁设计，其设计都是拿破仑亲自选定的。

　　爱丁堡的扩建是受巴斯和纳什设计的伦敦所影响，也是当克雷格于1768年设计"新城"之时，扩展其严谨的井式布局，采用了诸多新月形建筑和平台。它就是在莫瑞伯爵的庄园达到顶峰，建造时间大约是1822—1830年，设计来自詹姆斯·吉莱斯皮·格雷厄姆（1776—1855年）。在这个精彩的、风景画风格的规划案例之中，伦道夫新月导致了椭圆的艾因斯列广场，而此广场则向十二边形的莫瑞广场开敞。

　　启蒙运动理想注重用公共建筑来表达城市道德，它在德国的成果即在卡尔斯鲁厄的规划，是由魏因布伦纳于大约1800—1826年建成，还有在柏林和慕尼黑的规划，它们是由卡尔·弗雷德里希·辛克尔和莱奥·冯·克伦策于1816年到19世纪40年代建成的。这种"皇家理想主义风格"[①]在德国可以追溯到弗雷德里希大帝（1712—1786年），它创造了一个人文的都市结构，结合了博物馆、学校、剧场、教堂、宫殿。约翰·纳什于1812—1833年设计的伦敦摄政区是对此传统的一个重要的英国贡献，亦是受18世纪风景画风格理论的影响。

　　在欧洲大陆，城市规划的进行虽远隔千里，如雅典和巴黎，却都延续了巴洛克的风格。莱奥·冯·克伦策于1834年参与了雅典新城中放射状规划的一部分，虽然没有和新皇家宫殿对整，且令选址作为一个考古区开放，但这些都明显源于凡尔赛的设计。奥斯曼男爵于1853—1870年对巴黎有大量贡献，包括一个星辰大道，从拿破仑的凯旋门呈放射状延伸出来，都不是规划上的增加，而是规模上的扩大，用以维持教皇罗马的传统。

① 皇家理想主义风格：一种都市人文结构形式，包含博物馆、学校等。

工业城市模式

以上所述的发展形式在 19 世纪饱受威胁，因人口的一次剧增，特别又是聚集在未规划的城市之中，这便引发了贫民区的蔓延。这种庞大的都市增长产生的新问题亦是同等的规模，在工业制造渐渐成为主导的世界里，其商业、管理和以工艺为主的工业令现存的设施供不应求。这种威胁，之于欧洲城市传统的生活和形式，是一种延续至今的威胁，而 19 世纪和 20 世纪的城市规划历史大部分也就是对此反映的一个历史。

早在 1800 年，罗伯特·欧文①（1771—1856 年），一名社会改革家，于苏格兰，创建了新拉纳克，作为以其棉花坊为中心的一个社区，有学校、医院、社区中心、联合商店、居住区域。它引起了极大的关注，因其作为一个社会，主要不是为利润而建，却是为工人提供优良环境而创，由此，于 1825 年，欧文能够为印第安纳州新和谐市的 1200 个居民提出第二个工业城模式。它应是建于一个大长方形的地基之上，环绕四边的是有平台的住宅，且向外俯瞰周边乡村和农田景色，后者亦构成了之后所谓的一条绿化带。

C.-N.勒杜在 1804 年提出了更为雄心勃勃的"理想城市"肖城的计划，而他也是第一个提出一个庞大的、规划的工业城的建筑师，虽然，肖城同时也是一个极为特别的花园城市。勒杜影响了查尔斯·傅立叶（1782—1827 年），后者是一名哲学家和社会评论家，而不是一名建筑师，但于 1822 年，傅立叶提议建立一个理想社区，即其所谓的"法伦斯泰尔"②。这是一种大规模的自给自足的组织，一种需要有一个庞大建筑的社会群体，建筑则像是一种宫殿和医院的混合体。

受其启发，J.-B.戈丹于 1859—1870 年在法国的吉斯建造了"家庭社区"，以他的铁铸

745（上）曼哈顿的规划图（1811 年），胡尔克（Goerck）

746（上）中央公园的透视图（perspective），纽约（1858 年），奥姆斯特德和沃克斯

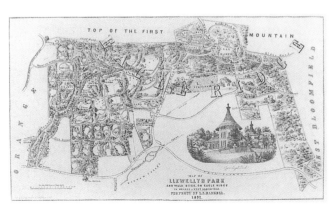

747（上）列韦林（Lewellyn）公园的平面图，新泽西（1853—1857 年），戴维斯

① 罗伯特·欧文：Robert Owen，空想社会主义者，企业家。
② 法伦斯泰尔：Phalanstere，即理想群居形式。

533

厂为中心。这是为 400 个家庭而建，工厂生产炉灶，并持续了一个世纪。工业社区的传统之后又有了一个更为完整的表达，这就是于约克郡，西普里附近的萨尔泰尔，发展时期是 1854—1872 年，由泰特斯·萨特爵士建造，他是一个布莱德福的羊毛厂主，决定将其作坊搬出布莱德福到一个开阔的乡间新址。萨尔泰尔建于一个格式平面上，出自建筑师洛克伍德和莫森，包括一个巨大的新作坊，以及相关的工人用房，有很好的住宅，并和工厂建筑分离开来。除此之外，还有一个学校、公理会、卫理公会教堂、医院、洗衣房、研究机构，但是，没有公共建筑、典当铺。萨尔泰尔意在从道德及社会的角度加以改进，它展示了工业发展区域没有必要过于随意、任由发展，而是可以事先规划。更多是因为它完全可以实现，而不用推翻现有的社会、政治、经济结构，即如法国理论家所设想的。

工业城市模式也被欧洲其他地区采纳，用以避免工人住贫民区，而且也更便于管控。阿尔弗雷德·克鲁伯于 1873 年，创建了克罗嫩

贝格，位于德国埃森附近。更具抱负的是工业模式城，阳光港口位于柴郡，创建者是威廉姆·利弗——利弗赫姆第一子爵（1851—1925 年），建造者为建筑师威廉姆、赛冈·欧文及其他人等，时间是从 1889 年到 1922 年。它起初是按照一个非正式村落的平面，后又覆盖以一个轴线形的美术学校布局，这里，利弗的肥皂厂坐落于一端，而美术画廊则平衡于另一端，暗示着肥皂和艺术都是"有益与人"。阳光港口的社会改进目的又进一步地被强调，是因一些新都铎式的房屋设施，如图书馆、学校、社区中心、无派别教堂、临时旅店。

美利坚联邦（美国）

曼哈顿 1811 年的新规划，基本上是以卡西米尔·胡尔克 1796 年的设计为基础，他是城市测绘师，此规划是 19 世纪令人难忘的设计之一。整个半岛长 11 英里（18 千米），被覆以一个井式规划，结合了 12 条主要大道，交叉以 150 条窄些的小街。个体的小地段可以容纳很多居民，且可直通河岸，因为船运在一开始是城市景象的一个重要部分。街道的完成历时 60 年，而由摩天大楼赋予的纽约城市形

748 临河市的规划图，芝加哥（1869年），自奥姆斯特德和沃克斯

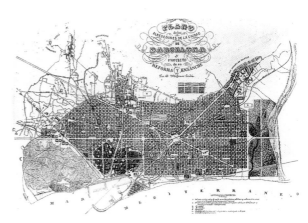

749（上）巴塞罗那的规划图（1859年），塞尔达（Cerdà）

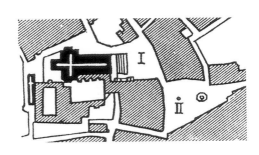

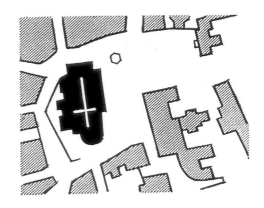

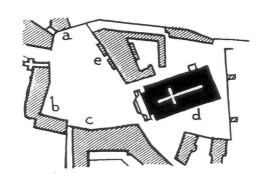

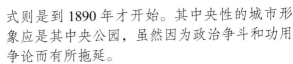

750 一组四个的城镇广场，卡米洛·西特（Camillo Sitte），城市规划依据艺术原理

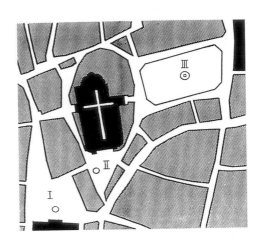

式则是到 1890 年才开始。其中央性的城市形象应是其中央公园，虽然因为政治争斗和功用争论而有所拖延。

公众公园的首次提议是于 18 世纪的启蒙运动时期，由法国和德国的园林理论家提出，如克劳德-亨利·瓦特莱和克里斯蒂安·赫希菲尔德，他们希望将园艺公园延伸至普通大众，而之前，这些都是国王和王室所有。它们在 19 世纪的城市里很快流行，作为一种平衡，之于过于拥挤、烟熏的贫民区，如在柴郡的伯肯赫德公园，是约瑟夫·帕克斯顿爵士于 1843—1847 年建成。纽约中央公园是在一个整体上更为壮观的规模，其设计竞赛，

于 1858 年，授予弗雷德里克·劳·奥姆斯特德（1822—1903 年），以及英国出生的建筑师及园林建筑师卡尔弗特·沃克斯（1824—1895 年），两人都是帕克斯顿作品的崇拜者。中央公园，占地 840 公顷（350 英亩），建于 1863—约 1880 年，有人工的山丘、湖水、树林和一个新颖的道路设计，分商业和休息的车行道，同时还有人行道和骑马道，其中亦有小桥、隧道、栈道。其中心的大片水域是巴豆水道水库，用以提供城市用水。中央公园虽有摩天大楼建其周边，却一直是曼哈顿最令人难忘的地方。它是很多美国城市诸多公园的第一个，之后即是旧金山的金门公园（1871—1876

年），由威廉姆·哈蒙德·霍尔（1846—1934年）设计，亦是极受欢迎的公园之一。

1853—1857 年，亚历山大·杰克逊·戴维斯（1803—1892 年）设计了先驱性的规划，即列韦林公园，位于新泽西州的西橘市，作为一个风景如画的郊区景象。它位于一个山坡地段，350 公顷（140 英亩）之大，变成了一个居住社区，有 60 座占地很大的别墅，且由弯曲的小路相连接。虽然对美国来说这很新颖，但它之前已出现于伯肯赫德公园，作为一个郊区居住和公共敞开空间的结合体。之后于 1868 年又有奥姆斯特德和沃克斯设计了临河市的郊区，于芝加哥西南方 7 英里（11265 米）之处。芝加哥于 1880 年已发展成一个百万居民的城市，呈现一个看似无边的井格式布局。这里于 19 世纪 80—90 年代耸立起第一批钢架结构的摩天大楼，这些现代的高层象征符号将转变城市的肌理，即如纽约及其他美国大城市。它们于 19 世纪美国规划的核心都强调了二元法的设计，即一边是井格式城市，一边是公园或风景画式的郊区，后者便是刻意与井格式相反。的确，奥姆斯特德自己曾宣称，公园是"一个直接的补救形式，使人们能更好地抵御平凡城市生活的有害影响，并重获他们在其中丢失的东西"。

更进一步的城镇条件的改善行动，导致了新英格兰地区早在 19 世纪 50 年代的市政改进协会的成立。这些最终于 20 世纪初期的美国城市中开花结果，受影响于芝加哥 1893 年的世界哥伦比亚博览会，以及 1903 年的出版物《现代市政艺术》或《建造美丽城市》，出自查尔斯·马尔福德·罗宾逊（1869—1917 年）。

欧洲的发展

在 19 世纪的巴黎，我们已经见过奥斯曼的作品，作为一个令人鼓舞的巴洛克规划的遗产，也提及他对城市的影响，如维也纳和罗马。新的思潮亦出现在西班牙，这来自西班牙加泰罗尼亚建筑师和工程师伊尔德方索·塞尔达（1815—1876 年），他是第一个试图采用这种被认为是用于城市和乡村规划的科学原理。在其颇具影响力的书《都市化概论》中，他令词汇"都市化"得以流行，而早在 1859 年，他就已规划了巴塞罗那于一个井格式平面之上的一个庞大扩建，并有两条对角线的大道相交叉。其终极的象棋盘式的布局为平均主义和实用主义，但是，它却忽视了城市的历史肌理。规划原定有一个中央绿地空间，但后来还是被用于商业建造。

塞尔达的理念被其他西班牙城市遵循，如马德里和毕尔巴鄂，并被阿图罗·索里亚·马塔（1844—1920 年）发展，采用以一种"线性城市"（linear city）的形式，即将城市乡村化、将乡村都市化。他将此理念于 1894 年付诸实施于马德里的线性城[1]，而他的《线性城市》（1897—1932 年）则是第一个只为城市规划而创的杂志，它也影响了后来的弗兰克·劳埃德·赖特。

在德国，和塞尔达并行的都市设计理论出自理查德·鲍迈斯特（1833—1897 年）和约瑟夫·施图本（1845—1936 年），他们是《城市建造》的作者，也是很多德国城市发展的设计师，著名的是位于科隆和杜塞尔多夫的作品。而这种所谓的科学依据和几何形统一规划却被奥匈建筑师卡米洛·西特（1843—1903 年）否定，于其 1889 年影响极大的、被译为《遵循艺术原理的城市规划》的著书中得以展现，并于 20 世纪被多次再版。在一系列的历史城市图解之中，他着重强调其开敞空间和不规则性，鼓励取代井格式，以更为灵活且适应性强的形式，这亦启发了后来所谓的"城镇景观"。

① 线性城：
Ciudad Lineal，马德里的一个区。

第十章　新艺术运动

很多主导的视觉和知性的思想，于 19 世纪整个欧洲的建筑界，都在 1900 年左右被予以一种多彩的建筑语言，它在法国、比利时、英国、美国被称为"新艺术运动"；在德国、奥地利、斯堪的纳维亚国家中被称为"青年风格"；而在意大利则被叫作"花式风格"。新艺术运动建筑师意识到了 19 世纪的一些主要建筑理想，而这些理想中最主要的，即要寻找一种新的风格，为当时的僵化风格找到一条出路，这种忧虑我们早已于 1828 年在德国胡布施的著作中见过。新艺术运动风格的建筑形式也常常受影响于 19 世纪对使用"新"材料的强调，如铁、玻璃，这些新材料建成了伦敦的水晶宫和巴黎的机械馆。同时，维奥莱-勒-杜克对构造诚实性和沙利文对有机设计的呼吁，也被新艺术运动的建筑师表现出来，此外，他们也共享了拉斯金和塞伊珀斯等人的观念，即复兴工匠手艺之必需。

独自对新艺术运动产生最重要影响的，在欧洲大陆，虽不是在英国，就是维奥莱-勒-杜克所提出的建议，于其《建筑探讨》（1872 年）的第二卷中，即一座"挺拔"的建筑，应采用钢铁材料，用以取得一个轻型结构。这曾预示于一座新颖的建筑，这就是维奥莱所赞赏的梅尼耶巧克力工厂，位于巴黎附近的马恩河畔努瓦泽尔，由朱尔斯·索尼耶（1828—1900 年）于 1871—1872 年建造，它有一个金属材料的框架，建筑外部则被镶嵌于多彩的砖、瓷砖之中。更为重要的建筑，大量采用了钢铁和玻璃，就是巴黎的两家很有影响的百货商店，即 L.-C. 布瓦洛和埃菲尔设计的阿宝百货公司（1869—1879 年），以及保罗·塞迪耶（1836—1900 年）设计的春天百货商店（1881—1883 年）。它们的外墙仍然是石质构造，虽然窗户都很大，但是其室内则是铁笼式框架，传统的隔断大部分被纤细的铁棍代替，以便最少妨碍销售的区域。

比利时和法国

对新鲜事物的敏感，是新艺术运动设计者及其出资者的主要特点，这也是城市迅速改造气氛中的一部分，城市如布鲁塞尔、巴塞罗那、都灵、米兰，都于 19 世纪八九十年代被现代工业技术改变。工业及职业人士的新领袖，包括对美学敏感的一群，他们试图表达其极富活力的创造性，以及他们与旧贵族的分离，即通过住宅和艺术品，而其风格亦有着新事物的全部冲击力。这种新的风格出现在塔塞尔府邸之中，建于 1892—1893 年，位于布鲁塞尔的保罗-埃米尔·詹森大街上，建筑师是维克托·霍塔（1861—1947 年）。这座府邸是为布鲁塞尔大学数学教授塔塞尔修建，教授在专业上与化学工业家索尔韦家族有关联，后者也成了霍塔的出资人。霍塔自 1878 年起在巴黎学习了 18 个月，震撼到他的是城市纪念性建筑的古典式优雅，以及新型的钢铁玻璃建筑，如阿宝百货公司。他决意要将巴黎建筑传统的精华带回布鲁塞尔。塔塞尔府邸其微微弯曲的立面轮廓是一种独特的由石头、玻璃、钢

751 埃特维尔德府邸的楼梯，布鲁塞尔（1895—1898年），霍塔

铁的并用，其中央是一组很宽的弓形窗，这些窗子向上逐层变宽，并被纤细的铁梃分隔开，窗子上则架着外露的铸铁横梁。在室内，主要的接待区是一个流动性的"T"形空间；起居部分与餐厅部分可用屏障隔开，而餐厅则一直延伸至一个凸窗，它面向花园。人们的兴趣点会集中在线条流畅的楼梯之上（图769）。其外露的铁工艺所构成的抒情景致如同水下植物一般，有很多花卉装饰，且以绘制的形式，伸展到四周的墙壁上。

霍塔最具气势的楼梯，是在埃德蒙·范·

埃特维尔德的府邸（1895—1898年）中，位于布鲁塞尔的帕默斯通林荫大道上，它是在一个八角形的空间里，环绕一圈的是单薄的铁柱子。它们看似是从顶部发芽长出来，进而形成植物卷须之状，实际上其图案和彩色玻璃上的相同，后者成为楼梯上方玻璃穹顶的一部分。在此自然主义风格的室内，甚至其玻璃灯罩也都是时尚的花瓣式样。他在布鲁塞尔设计的最精致私人住宅便是索尔韦旅馆，建于1894—1900年，坐落在露易丝大街上，是为索尔韦家族中的一员而建的。在其由石头、钢铁、玻璃组成的曲线立面之后，是一系列的会客室彼此相融并由玻璃屏障间隔，有些屏障是可移动的。这些仪式性的空间是要通过一段"帝国式"的楼梯，即如18世纪巴黎的"私人旅馆"一样。索尔韦旅馆的确是一座豪华宅邸，采用了奢华材料——缟玛瑙、大理石、金色黄铜、镶嵌木地板、锦缎，这里的每个细节，从弯曲的门把手、铰叶，一直到灯饰设计，都是审美想象力精心调控的结果。

霍塔的出资者——资本家、工程师、企业家——都够富有，能试验一些进步的政治观点。特别是他们支持的比利时工人党，成立于1885年，霍塔为它设计了布鲁塞尔的"人民之家"府邸（1895—1900年，毁于1964年），他获得这项委托也是因为索尔韦家族的关系。这座建筑的平面设计依照其特别的楔形地段，于一处圆形的埃米尔·凡德费尔德广场上建造。建筑非常巨大的曲线形立面结合了砖、石、金属、玻璃，以一种近乎有意为之的笨拙方式，这令人想起维奥莱-勒-杜克在《建筑探讨》中所提出的关于结构诚实性的尝试。包厢式礼堂的设计，两侧有着倾斜的金属支撑，因其对称性而显得更为和谐，但是音响效果很差，同时，顶层的座位也非常不方便。霍塔的创新时期持续时间很短，之后，即很快返回到美术学校式的古典主义风格，这是他在巴黎和布鲁塞尔学院

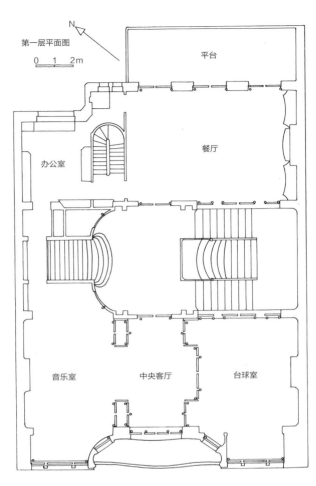

752、753 霍塔：索尔韦旅馆的平面和入口立面，布鲁塞尔
（1894—1900年）

接受的训练。他认为此风格更适于20世纪的建筑宗旨，这是相比于昂贵的梦幻设计，即索尔韦、埃特维尔德、塔塞尔家族所沉溺的。

虽然霍塔是比利时最主要的新艺术运动建筑师，但是他并非是唯一的。我们还应提到保罗·汉卡（1850—1901年），他自己的住宅建于1893年，位于布鲁塞尔的德法克兹大街上，即一种新艺术运动风格，其特点即凸出的木质花格窗子，这是受启发于日本的风格。在荷兰我们会发现，霍塔或是汉卡充满活力的曲线被直线取代。无论如何，我们仍可于首席荷兰建筑师亨里克·彼得鲁斯·贝尔拉格（1856—

1934年）的作品中感觉到新艺术理想的存在，尤其是其对基本原理和着重工艺的浪漫探索。

我们在上一章中，已见到建筑师彼得勒斯·克伊珀斯——维奥莱-勒-杜克的朋友和崇拜者——是如何使荷兰的建筑得到更新。克伊珀斯的追随者贝尔拉格于1875—1878年曾在苏黎世工艺学校学习建筑，那里，森珀仍然很有影响力，后者曾于1855—1871年在学校任教。为回应荷兰在19世纪八九十年代的学术思潮，及其社会改革运动和激烈宗教辩论，贝尔拉格创造发展了一种新的建筑语言，具有强

754、755（上和下）霍塔："人民之家"府邸的外观和平面，布鲁塞尔（1895—1900年，现已毁）

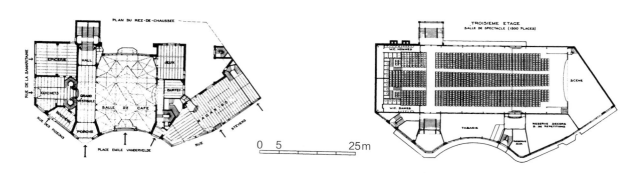

大的力度和庄重感，这大多要归功于他对森珀和维奥莱-勒-杜克的研究。他主要的建筑作品有阿姆斯特丹的钻石工人联合会（1898—1900年），它有着敦实古朴的楼梯，周边是白色、黄色相间的彩釉砖，以及阿姆斯特丹股票交易所（1898—1903年），他于1884—1885年和1896年为此做的初始设计则有着更为传统的历史格调。根据1897—1898年的最新设计，这座巨大的公共建筑有着粗凿的、大多未经装饰的砖砌工艺，其设计十分大胆的钟楼和格棂的窗户，似乎是找到了摒弃历史复兴主义语言的出口，进而转向适于新世纪的一种有力、长久的地方风格。贝尔拉格也认同此风格适宜一个社会主义的时代，在此时代中，任何时期风格的使用

都会被斥为表现资产阶级的个人主义：或许富人们收集各种风格的建筑如其收集绘画作品一样，但是，在一个普通平民的时代中，一种普通的风格应为主导。贝尔拉格的交易所，将对欧洲大陆的建筑产生广泛的影响，一直到19世纪20年代。在建筑室内，其3个交易厅可以称得上一堂课程展示，即用砖、钢铁、玻璃进行理性建造，它会令维奥莱-勒-杜克欣喜，尤其是建筑的整体组合，比后者所建的还要和谐。

在法国，最主要的新艺术运动建筑师是埃克托·吉马尔（1867—1942年），他曾就学于装饰艺术学校，之后从1885年起又就学于美术学校，并于1889年离开了学校，没有获得文凭，是为了去一家建筑公司工作。他在巴黎设计的圣科尔学校（1895年），就是直接受启发于沃德莫和德·博多的建筑作品，此二人在美术学校时曾教过他。这座建筑的顶部几层是支撑在高翘的"V"形铁架上，此结构源于维奥莱-勒-杜克的《建筑探讨》中的插图。然而，他于1895年在布鲁塞尔见到霍塔的建筑之后，受到了极大的影响，并立即改变了一座豪华公寓大楼的设计，即位于巴黎的拉·方

丹大街上的，即所谓的白兰格城堡（1894—1899年）。设计的成果便是一个惊人的楼梯大厅，是由铁、玻璃砖、彩釉陶构成的一个金属笼子，进入大厅，要通过一个令人记忆犹新的入口大门，由锻铁、铜构成，它们形成了一个生动的建筑布局，且不知所以地统一了哥特、洛可可、日本式的建筑效果。建筑立面有着多彩砖、磨石、沙石、上釉的瓷砖，它们以一种相当狂热的方式宣传"手工制作"的建材。这种地方浪漫主义风格在那段时间的法国极其流行，白兰格城堡的建筑立面，即于1898年获得了巴黎城市的一个奖项。同年，吉马尔出版了一本图集，内有65幅这种建筑的插图，他甚至将自己的工作室也搬了过去。

1900年的巴黎博览会恰逢最新完工的巴

756（右）白兰格（Béranger）城堡的外观，巴黎（1894—1899年），吉马尔（Guimard）

757（下）贝尔拉格（Berlage）：交易所，阿姆斯特丹（1898—1903年），外观细节

758 吉马尔：一个地铁站的入口，巴黎（约1900年）

黎地铁各入口，虽然吉马尔并没有参加1898年的竞赛，但在他朋友——巴黎市议会主席的支持下，他还是获得了入口设计的委托。其奇特的、铁质的地铁车站，及其如龙翼般的保护性玻璃棚，和其如触须般的、涂成绿色的叶梗，于1900—1913年遍布全市，像是一片片的蝗虫云。多年的时光已令其看似为传统巴黎风景的一个主要部分，但当时它们是被设计成一次故意的冒犯之举，即针对美术学校式古典主义风格。从3种基本的设计类型之中，它们的构成是用可以互换的、预制构件式的金属和玻璃。1907年，吉马尔出版了一本铸件的目录册，是关于建筑细节且服务于极其广泛的功能，包括阳台的涡卷饰、电铃按钮、街道号码。他对艺术和工艺美术学说的"材料真实性"并非真的感兴趣，而其流体式的设计亦可以用任何材料来完成。

吉马尔设计的、短寿的巴黎亨伯特·德·罗马大厅（1897—1901年，毁于1907年），是于一个有些笨拙的石质立面之后一个壮观的音乐厅，其8根金属支柱被包在红木之中，向内倾斜如丛林一般，支撑着黄色玻璃的小穹顶。其奇怪的、如洞穴般的房间，一部分是哥特风格，一部分是新艺术运动风格，加上圣萨恩监督的管风琴，它被设计成一所"神圣艺术学校"的核心。这是一名多明尼教士的设想，他没有经过教会上级的许可便开办了这所学校，之后他很快被驱逐出境。一个更为成功的建筑立面则是吉马尔的科约大厦（1898—1900年），是为一位陶器商人在利里建造的一个住宅兼商店。建筑的表层是涂有绿瓷漆的熔岩石块，立面向上开始缩小，隐蔽于木材和陶瓷的曲线表面之下，产生出一种近乎震撼的效果，如开放式心脏手术的照片一般。吉马尔是所有新艺术运动

759 科约（孝伊利奥特Coilliot）大楼的立面，利里（Lille）（1898—1900年），自吉马尔

风格的建筑师中最为成功、最受欢迎者之一，他还设计了很多的公寓大楼和别墅。它们有着曲线形的窗子、火焰式的斗托架、随意的毛石工艺、悬垂的屋檐，它们证实了所有这些都看似简单，但却无法模仿。

吉马尔在巴黎有很多竞争对手，包括夏尔·普吕梅（1861—1928年）、朱尔斯·拉维罗特（1864—1924年）、弗朗斯·茹尔丹（1847—1935年）、乔治·谢达内（1861—1940年）、萨维尔·舍尔科普夫。在他们的最佳时期，采用了一种比吉马尔更为成熟的风格，巧妙地将强劲的石砌立面、有机的细节融合进其总平面设计，以及19世纪巴黎林荫大道上的临街线之中。一个欢快的例子即舍尔科普夫设计的库塞尔大街29号的公寓大楼（1902年），它有一个为看门人设计的圆形独立门房，环绕周围的是一个半圆形的通道，楼梯即面向这条通道。普吕梅

在第十六区建了很多类似的公寓大楼和私人旅馆，而拉维罗特则采用了一种更为华丽的风格，他将雕刻的釉砖用于其拉普大街29号的公寓大楼（1900—1901年），以及瓦格朗街34号的陶瓷旅馆（1904年）。茹尔丹设计的著名萨玛利坦百货商店（1904—1907年），其钢铁框架的室内很显然是源自塞迪耶的春天百货（1882—1883年）。

法国新艺术运动的主要中心，除巴黎以外，便是南锡，这恰如其分，因它曾是18世纪洛可可风格的一个原产地，洛可可又是一种不对称风格，即飘逸又流畅，同新艺术运动有很多相似之处。南锡在商业上因1871年德国合并梅斯而获益，进而成为德国洛林地区的首府，并开始了可观的城市扩展。然而，在兴盛于1894—1914年的所谓"南锡学派"的主要人物中并无建筑师，而是一些玻璃制造者和家具制造者，如埃米尔·加莱（1846—1904年）和路易斯·马若雷勒（1859—1926年）。建筑师们，则不尽成功，包括有埃米尔·安德烈。

苏格兰和英格兰

在英格兰，几乎没有什么新艺术运动建筑，但是，建筑的诸多装饰形式和主导理念却是从19世纪80年代由英国的设计师和作家发展起来，特别是在书籍设计和纺织领域。在苏格兰则与之相反，建筑师查尔斯·伦尼·麦金托什（1868—1928年）则赢得了一个国际性的声誉，特别是在室内设计和家具方面。格拉斯哥是他的家乡，也是一个繁荣的工业中心，并且具有一个繁荣的古典主义建筑传统，以及一个同样有趣的苏格兰新地方建筑风格，前者是由约翰·詹姆斯·伯内特爵士所主导，他曾在巴黎的美术学校接受训练，而后者则是同建筑师詹姆斯·麦克拉伦（1843—1890年）有关联。麦金托什拒绝了古典主义风格，但却深

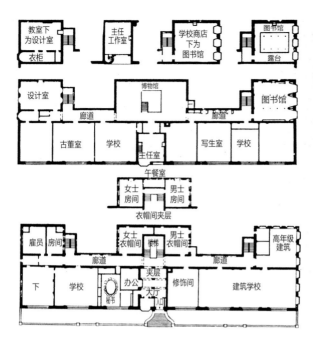

760（上）新格拉斯哥艺术学校的平面（1906—1910年），麦金托什

761（右）麦金托什：图书馆的室内，新格拉斯哥艺术学校

762（对页）麦金托什：新格拉斯哥艺术学校的西边和图书馆立面

受苏格兰城堡和庄园主府邸风格的影响，此风格又被称为"爵士传统"，如普金和拉斯金的著作中描述的，以及W.R.莱瑟比在他的《建筑、神秘主义和神话》（1891年）中提倡的手工艺和象征主义。麦金托什同他的朋友赫伯特·麦克奈尔和两个姐妹——弗朗西斯和玛格丽特·麦克唐纳德——从1893年开始，设计建筑平面、海报、装饰画版、金属浮雕，作品都是用新艺术运动的风格，与其相似的欧洲大陆象征主义艺术家们有比利时的丹·托罗普，挪威的爱德华·芒克、英格兰的奥布里·比尔兹利和詹姆斯·麦克尼尔·惠斯勒。

1896年，霍尼曼和凯佩设计公司，麦金托什自1889年在此任助理，赢得了新格拉斯哥艺术学校的设计竞赛，这个特别的设计完全出

自麦金托什一人之手。主要入口的花岗岩侧翼建于1897—1899年。其巨大北向的画室窗子显示了一种坚定的功能主义，而实际上它又被稍加削减，因为诗意的不对称性、入口间的雕塑线脚，以及锻铁的托架、看似抽象又似植物叶尖的栏杆。入口区的可塑性似乎受启发于伦敦的两座出色的建筑，它们是麦克拉伦在贝斯沃特的皇宫庭院的10号和12号（1889—1890年），和查尔斯·哈里森·汤森（1850—1928年）的怀特查珀尔展览馆，后者设计于1895年，同年在《画室》上发表，并于1897—1899年建成。麦金托什的建筑位于一个坡度显著的地段上，他亦利用地段在东边很短的立面上高高建起，好似苏格兰中世纪的城堡一般，这种效果又被进一步加强，即用稀疏而不对称的

开窗方式，以及使用小块且随意的方石。1906年，政府准备完成学校的工程，即完成图书馆在内的西侧。这时，麦金托什则重新修改了他1896年的设计，提供了一个高耸的西立面，远比东立面要更加风格化、抽象化。这个令人震撼的原创设计于1906—1910年建成，其主要部分是3个为图书馆采光的25英尺（7.5米）高的凸肚窗。在这些窗户的两侧有着奇特的半圆石柱，其上本要有人物雕刻的，然而，却以其未装饰的状态，附加在这种矫饰的几何组合上。里面的图书馆是一种富于诗意的展示，表现了木材的实际结构是如何被极富想象地完成了普金的建筑理想，虽然它结合了一些暗示为日本式的格子工艺。木质的天花板由木质的柱子支撑，从这里水平的托梁向后伸展，来支撑围绕房间四周的游廊。这种支撑的设计主题被用于整个建筑空间，又被无多功能的倒角或是齿形栏杆而强化了，这些栏杆柱都立于托架之上。这种空间复合性又出现于柳树茶室（1903—1904年）之中，是为格拉斯哥的凯瑟琳·克兰斯顿女士设计的众多茶室之最佳一例。

在格拉斯哥城外，他还建造了两座府邸——基尔马科姆的温迪希尔府邸（1899—1901年），和更具有抱负的位于赫林斯巴勒的希尔府邸（1902—1903年），其风格都是采用了一种简化的苏格兰地方传统风格，将其沙石的墙上涂以传统的粗灰泥，以便防水。反之建筑的室内则设计成极为新颖的洁白、明亮的房间，内设有淡紫色、绿色的精美模板图案，以及涂白釉漆的木工工艺、矫饰的加长家具。这些室内设计对德国和奥地利影响极大，温迪希尔府邸的设计于1902年3月被刊登于达姆施塔特的杂志《装饰艺术》之上，而且，希尔府邸和柳树茶室也被刊登于1905年3月和4月的《德国艺术和装饰》之上。与此同时，麦金托什和他的伙伴们被称为"四人组"，于1901年被邀请去装置"分离派建筑①展览会"的一个房间。1901年，他获得了一个设计竞赛的二等奖，竞赛题目是"艺术爱好者之屋"，是达姆施塔特的《室内装饰杂志》举办的。其惊人的设计近似于其格拉斯哥府邸，而且同获得一等奖的英国建筑师休·麦凯·贝利·斯科特（1865—1945年）的设计相比，它要更具有原创性。

德国、奥地利和意大利

贝利·斯科特是一名多产而且很有影响力的设计师，其大胆、宽檐的新地方主义风格住宅，类似于C.F.A.沃伊奇（1857—1941年）的设计，但是，又常用实验性的开敞式平面设计，这又类似弗兰克·劳伊德·赖特的设计。贝利·斯科特和沃伊奇设计的府邸都成为国际著名作品，这部分归功于其杂志《画室》。德国，这时已决意要同英国竞争，作为一个海军和工业强国，同时它也特别关注英国的建筑师，如肖和韦伯及其众多的追随者们已发展出来的一种令人羡慕的、惬意的家居建筑风格。这导致了建筑师赫尔曼·穆特修斯（1861—1927年）的好奇使命，他于1896—1903年被派至伦敦的德国大使馆，目的即是研究英国建筑和住宅的最新发展。其结果便是他出版的几本关于英国建筑的著作，其中最重要的是一个3卷本研究——《英国住宅》（柏林，1904—1905年）。

在这本书出版之前，贝利·斯科特和C.R.艾什比就曾于1897年被黑森的大公恩斯特·路德维希，召至达姆施塔特，于其新巴洛克风格的大公宫殿中，设计了一个新的画室和餐厅。更重要的是，路德维希于1899年，在马蒂尔登赫尔山——达姆施塔特城外的一座小山上——建立了一个"艺术家聚居区"②，并于同年邀请了威尼斯的建筑师约瑟夫·马里

① 分离派建筑：
是维也纳的新艺术运动风格。
② 艺术家聚居区：
艺术家聚集的模式，此种模式亦影响了之后的其他艺术运动。

763（上）路德维希府邸的主入口，达姆施塔特艺术家聚居区（1899—1901年），奥别列合

764（右）瓦格纳：帝国皇家邮政储蓄银行，维也纳（1904—1906年和1910—1912年）

亚·奥别列合（1867—1908年）。奥别列合是卡尔·冯·哈泽瑙尔在维也纳美术学院的一名学生，后者是环城大道的主建筑师，作为一名建筑设计师，他性格活泼而富有活力。在马蒂尔登赫尔山上，他修建了恩斯特·路德维希大楼（1899—1901年），这是一座公共的工作室大楼，作为1901年艺术家聚居区的展览大厅。这次展览被命名为"德国艺术的记录"，20世纪初期的欧洲举办了众多有自觉改革使命的艺术展览，但该展览却是第一次。进入恩斯特·路德维希的大楼，要通过一个奇特的圆拱，建筑凹处带有华丽的象征性装饰，两侧立有两座巨大的男人和女人塑像，代表了这座大楼的角色，即一座"艺术的神庙"。奥别列合在聚居区建造了很多艺术家的住宅，包括其自己的住宅，建于1899年，是一件欢快的新艺术运动的佳作。1907年，他又增建了奇特的婚礼塔楼，于其上又冠以5个像风琴管一样的圆形凸起。虽然这令人想起德国北部的阶梯式山墙，即中世纪后期的砖房，但是这座大楼无疑实现了一些抽象的建筑特征，即如麦金托什设计的格拉斯哥艺术学校的西翼。

奥别列合并不准备将此新颖的设计用到城市中更常用的建筑上，他在杜塞尔多夫的蒂茨百货商店（1906—1909年）是功能主义的新哥特式，而位于科隆的约瑟夫·法因哈尔斯别墅（1908—1909年）是优雅的新古典主义风格，采用了希腊的多立克式柱廊。他当时最著名的建筑——亦是被请去达姆施塔特的原因——则是位于维也纳的分离派大楼（1897—1898年），其展览大厅和俱乐部会所隶属一个新组织起来的群体——一群反对学院的官方口味的建筑师、雕塑家、画家。这栋大楼是一个立方体的造型，并雕刻着许多如花卉般的装饰，看似模仿了哈里森·汤森的白礼堂艺术展览馆，但其顶部则冠以一个非常有原创性、极其浪漫的透雕细工穹顶，由镀金的锻铁月桂树叶组成（图773）。它象征着这座大楼的功用，即作为一个艺术神庙，而《神圣的春天》，一份"分离派"的建筑刊物。进入大楼要通过一些青铜门，设计出自奥地利后印象派艺术家古斯塔夫·克利姆特，其下刻有奇特的铭文："对于时代是其艺术；对于艺术是其自由。"

奥别列合是维也纳的首席建筑师奥托·瓦

格纳（1841—1918年）的学生，而瓦格纳从1870年起一直以自由式文艺复兴风格在环城大道上建造了很多建筑。然而，于1894年，当他被聘为维也纳美术学院的教授时，他却发表了一篇文章，呼吁放弃过往历史的风格，这一立场又在其《现代建筑》（1895年）一书中加以详解。他将此观点付诸实践，于其为维也纳所设计的钢铁、玻璃结构的地铁车站（1894—1901年）及其富有诗意的马略尔卡府邸，后者是一座1898年建成的公寓大楼，其表层是瓷砖，饰以各种彩色植物形式，且生动流畅地贯穿了整个立面（图774）。较为庄重些的，是其宏大的帝国皇家邮政储蓄银行，于1903年的设计竞赛中获胜，并分为1904—1906年和1910—1912年两个阶段建设。建筑的4层隐蔽于白色大理石饰板之下，饰板则固定在立面之上，其铝质螺栓却暴露在外。入口立面上有两个风格特定化的天使塑像，也是铝制，设计出自雕塑家奥特玛·希梅科维茨。这种崭新、朴素的立面是要保持瓦格纳对现代城市所发表的观点，他认为，随着快速车辆的交通，城市不应被环城大道上强调个性、塑性的立面主导。中央的银行大厅有着玻璃屋顶，架于一个很轻且是铆接成的钢铁框架之上，而其地面用的玻璃砖作为一种合理、和谐的新型材料则一直为人鉴赏。

瓦格纳设计的圣利奥波德教堂（1905—1907年）是施泰因霍夫救济院中的小礼拜堂，位于维也纳附近，这里，他又回到更具梦幻风格的式样，如其学生奥别列合的分离派大楼。瓦格纳带穹顶的十字形教堂，有着一座展览大楼的一种欢庆气氛，点缀着希姆柯维茨的天使、花环、雕像座，以及理查德·拉斯金的圣徒像，这些都是使用镀金铜，如其小穹顶和穹顶肋条。和邮政储蓄银行一样，其外部因使用金属铆钉固定的大理石来包裹而变得轻盈。其穹顶完全是为了外部效果，对内部毫无作用，

765（上） 圣利奥波德教堂的高祭坛，施泰因霍夫救济院，近维也纳（1905—1907年），瓦格纳

766（对页） 霍夫曼：斯托克利特府邸的南面，布鲁塞尔（1905—1911年），及喷泉

它主要被涂以白色颜料，却装饰以鲁道夫·耶特马尔的马赛克和科洛·莫泽（1868—1918年）的彩色玻璃。手工艺技术之利落、生辉的整体效果，是"威纳工作室"理想的一种最佳表达方式，工作室是一个手工艺工作室，是1903年由约瑟夫·霍夫曼（1870—1956年）和科洛·莫泽所成立的，而后者也是1897年成立的分离派的创始人之一。工作室的财务主管和后台是威尼斯的工业实业家弗里茨·瓦

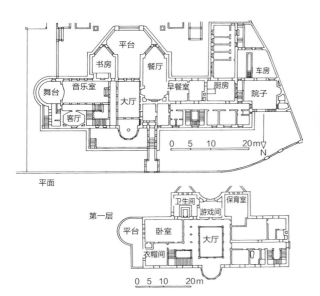

767（左）斯托克利特府邸的平面和第一层（1905—1911年），霍夫曼

768（上）斯托克利特府邸的餐厅

恩多佛尔，麦金托什曾于1902年就为他在维也纳建造了一间华丽的新艺术运动风格音乐室。

约瑟夫·霍夫曼在维也纳美术学院接受了哈森瑙尔和瓦格纳的培训，他对英国式理想建筑和手工工艺的结合日渐欣赏，这些曾表现于拉斯金的著作、莫里斯的设计以及1888年由C.R.阿什比所创立的手工业行会中。在创建"威纳工作室"过程中，约瑟夫·霍夫曼于1902年造访了英格兰，在那里他见到了赫尔曼·马修斯。霍夫曼的代表建筑布鲁塞尔的斯托克利特府邸（1905—1911年）是20世纪精致、奢华的私人府邸之一。府邸是为一名富有的银行家和艺术收藏家阿道夫·斯托克利特建造的，明显受启发于麦金托什1901年的"艺术爱好者之家"设计竞赛作品，然而，其闪烁的墙体则回应了瓦格纳所引进的成熟技巧。由此，墙的外部都覆以挪威大理石薄片，并用镀金金属装饰来确定其边线，这赋予了这座建筑一种平展、直线的超脱特征，而不是一种更为传统的、大体量、有雕塑性的形式。奇异、非对称性布置的塔楼之上，被冠以4座不明神圣意义的赫拉克勒斯雕像，以及一个金属感、花

朵构成的穹顶，它是奥别列合的分离派大楼的微型版。

斯托克利特府邸其室内金碧辉煌，采用晶莹闪烁的大理石、马赛克、缟玛瑙、黄金、玻璃、柚木、皮革，令斯托克利特的神秘收藏更趋完美，收藏都是古代的、东方的、现代的艺术品；它们也为许多精彩的府邸晚会提供了一个极具特色的背景，其中包括俄罗斯芭蕾舞界的一些著名人士，如斯特拉文斯基和佳吉列夫，还有科克托、帕代雷夫斯基、阿纳托尔·法朗士、萨沙·吉特里，霍夫曼将他们的名字记录在一本银质封面的贵宾册之中，他们就餐于古斯塔夫·克利姆特[①]熠熠生辉的涡旋式树形的马赛克之下，并就座于一个两层的游廊大厅之中，大厅闪烁的大理石可以媲美麦金托什在格拉斯哥艺术学校更为质朴的图书馆。所有的家具、玻璃、瓷器、刀具都是由霍夫曼设计，由"威纳工作室"制造的。的确，正如一位参观者所观察到的，"花卉，在桌子上，永远是同一个调子，同时，斯托克利特先生的领带和他妻子

① 古斯塔夫·克利姆特：Gustav Klimt，象征主义画家，维也纳分离派运动主要人物。

769（对页）塔塞尔府邸的楼梯，布鲁塞尔（1892—1893年），霍塔

770 恩代尔：埃尔维拉摄影工作室的立面，慕尼黑（重修于1896—1897年，现已毁）

的裙子总是保持完美的匹配。"此府邸与其说是现代运动的先锋，不如说是19世纪80—90年代的唯美主义运动的顶峰，唯美主义被虚构小说中的英雄典型化，如尤里–卡尔·于斯曼的达斯·艾散特和奥斯卡·王尔德[①]的道林·格雷。霍夫曼并不是一个教条主义的现代主义者，同时，他对新技术的发展并不感兴趣。他对唯美主义运动并未失去兴致，即便他的设计是一种直线形的，而非通常与新艺术运动相关的曲线形。与其同时代的许多人一样，他也在约1905年之后，回归到一种更为安静、古典的建筑语言中，并于1938年奥地利并入第三帝国之后作为奥地利工艺和美术的组织者，乐于为德国政府工作。

德国作为一个纺织、珠宝、家具的新艺术运动设计中心极为重要，但是，在建筑方面却不尽然。赫尔曼·奥布里斯特（1863—1927年）出生于瑞士，于1894年移居慕尼黑，在那里他于1897年协助成立了"慕尼黑手工艺联合工作室"。这种手工艺作坊中最激励人心的，便是成立于1861年英国的艺术家和社会改革家威廉·莫里斯（1834—1896年）的工作室。奥布里斯特的刺绣设计经常采用所谓的"鞭尾式"曲线，影响了奥古斯特·恩代尔（1871—1924年），后者在1896—1897年改建了现已毁的位于慕尼黑的"埃尔维拉摄影工作室"的立面，设计了一个极具活力的、半抽象的灰泥浮雕，形似一只呈红色、天蓝色的巨大海马。这项扣人心弦的设计表现了恩代尔的理念，即换位思考的艺术意义，也就是观众以自身不同的"生命"特质，对一件独立艺术品传递信息的共鸣。他与奥布里

[①] 奥斯卡·王尔德：Oscar Wilde，英国诗人，唯美主义者。其著名的小说人物有道林·格雷（Dorian Gray），故事因其面貌会直接反映灵魂而演绎。

771 达龙科：中央圆形展馆，于世界装饰艺术展览会，都灵
（1902年）

772 卡斯蒂廖尼宫的立面，米兰（1901—1903年），索玛鲁
加（Sommaruga）

DER·ZEIT·IHRE·KVNST.
DER·KVNST·IHRE·FREI HEIT.

773（上）分离派（直线派）大楼，维也纳（1897—1898年），奥别列合：入口细节，及其金属透雕穹顶

774（对页）马略尔卡府邸，维也纳，瓦格纳：临街立面（1898年）

斯特所共有的这种思想观念，源于很有影响力的西奥多·立普斯（1851—1914年）的审美心理学学说，恩代尔自1892年在慕尼黑师从立普斯学习心理学和美学。于1901年，他重返故乡柏林，并于7年后出版了《大城市之美》。

新艺术运动于1897年来到德累斯顿，是随

着亨利·凡·德·费尔德（1863—1957年）为德累斯顿博览会所设计的一个展厅。凡·德·费尔德实际上是一名国际性人士，如同18世纪欧

洲各宫廷的洛可可设计师彼得·安东·范·费斯哈费尔特（1710—1793 年）。他生于安特卫普，并作为一名画家受训，在巴黎，他又师从卡罗吕斯·迪朗，并进入了象征主义和后印象主义派的圈子。然而，在莫里斯和沃伊奇的影响下，他转向建筑和装饰艺术，特别是印刷体设计和书籍装帧设计，这是在 1893 年之后。1895—1896 年，他在布鲁塞尔附近的于克勒为他和新组建家庭建造了花场别墅，于一个大体是六边形的地段上，建筑的立面一半是英国手工艺风格，一半是佛兰芒地方风格。他设计了所有的家具、装置、地毯、银器、刀具，甚至包括他妻子的服饰：飘逸的和服饰有蛇形主题。他甚至选择了她所做菜品的色彩组合。图卢兹-洛特雷克和汉堡的一位艺术商谢菲尔德·宾曾参观并称赞了此别墅。谢菲尔德·宾于 1896 年邀请凡·德·费尔德设计其在巴黎商店的室内，这就是新艺术运动大厦，而整个艺术运动也由此得名。1898 年，凡·德·费尔德移居柏林，并设计了 5 个奢华的室内，其中包括哈瓦纳雪茄公司的商店（1899—1900 年），和 1901 年皇家理发师哈比的发廊。之后，他又搬到了魏玛，并于 1906 年设计了大公的萨克森工艺美术学校，其大型的开窗方式令人想起麦金托什的格拉斯哥艺术学校。两年后，他成为"魏玛学校"[①]的校长，将大部分精力致力于在手工艺联盟和商务企业之间建立富有成果的联系。"德国制造联盟"是于 1907 年成立于慕尼黑，意在提高工业设计的质量，并依照马修斯的理想，于 1914 年的一次会议上，凡·德·费尔德和恩代尔发表言论，支持设计之个性化风格，反对马修斯所主张的"提高设计之标准化"。

在时尚—敏感的国际展览世界中，新艺术运动像野火一般蔓延开来。的确，麦金托什的一些内饰和家具用廉价的木材钉在一起，它们有一些质量很差、不坚固，好像设计只为装

箱，从一个国家运到另一个国家。国际展览会中最具影响的一个，是 1902 年在都灵举办的国际装饰艺术博览会，这里，霍塔和麦金托什的室内设计也有展示。这次博览会将新的工业技术浪漫化，且被乐观地予以很大希望，即会改善穷人的生活。博览会的建筑师拉伊蒙迪·达龙科（1857—1932 年）当时在君士坦丁堡为奥托曼的统治者工作，并参与了一场"土耳其地方风格复兴运动"。他在都灵的中央圆形展馆——据他本人称是受启发于圣索菲亚大教堂——是一个流畅、激盎的设计，且散落着人物塑像、象征性装饰，这无疑要归功于奥别列合在达姆施塔特的作品。在意大利，几

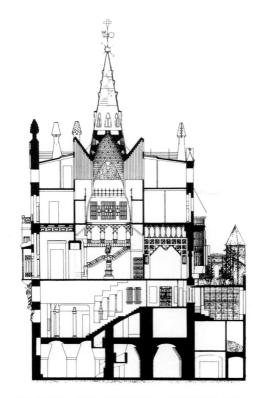

775（上）高迪：桂尔府邸的剖面，巴塞罗那（1885—1889 年）

776（对页）高迪：维森斯府邸的外观，巴塞罗那（1883—1885 年）

① 魏玛学校：
　　即后来的包豪斯大学。

777（对页）圣家族教堂，巴塞罗那，高迪：圣诞耳堂的细节（1903—1930年）

778（上）昌迪加尔的政府建筑，印度（1951—1965年），勒·柯布西耶

779（上）高迪：桂尔府邸的中央穹顶，巴塞罗那（1885—1889年）

780（左）高迪：巴特洛公寓的外观，巴塞罗那（1904—1906年）

781（对页）高迪：桂尔公园的希腊剧场，巴塞罗那（1900—1914年）

平没有几座新艺术运动风格建筑将可塑性发挥到如此极致。达龙科设计其位于乌迪内的科姆纳尔宫（1908—1932年）时，他却将此风格完全放弃，这里，于一个历史名城的背景下，他睿智地采用了一种新文艺复兴的风格。

朱塞佩·索玛鲁加（1867—1917年）受奥托·瓦格纳的影响极大，其建筑风格宏伟壮

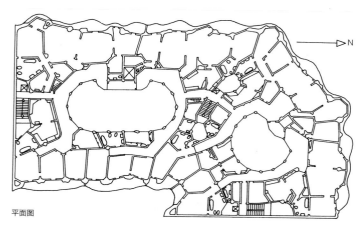

平面图

782 高迪：米拉公寓的平面，巴塞罗那（1906—1910年）

观，这在其米兰卡斯蒂廖尼宫（1901—1903年）中得到了极佳展示。这座宏大的纪念碑式建筑是为一名成功的工程师而建，受启发于奥地利的巴洛克风格，但是其表面却覆以众多的雕像装饰，都是新艺术运动风格处理手法。时间证明了这座建筑影响极其深远。他的最后一件重要作品是位于瓦雷泽附近的坎波代菲奥里的特·克罗齐旅馆（1907—1912年），建筑有一个特别的"V"形平面，和一个凸出很深、带拱顶的皮拉内西式的门廊。

西班牙

西班牙的新艺术运动不免会卷入19世纪80年代起加泰罗尼亚的文化、政治复兴运动，加泰罗尼亚是在4个世纪前因卡斯蒂利亚人而失去独立的。加泰罗尼亚这种多方面的复兴运动以及加泰罗尼亚的独立主义都集中在巴塞罗那，并被称为"重生运动"。它涉及加泰罗尼亚语言的复兴、对当地历史的研究、当地土著的工艺和美术。在预测这场运动将会如何推动建筑之前，我们应记住，加泰罗尼亚民族主义者的组成极其复杂，包括天主教

徒、马克思主义者、政治右派、政治左派。如其他国家一样，拉斯金和维奥莱−勒−杜克的著作，与此成为一种强有力的创造新建筑的激发元素。我们知道，如安东尼·高迪·科乐内特（1852—1926年），这位主要的西班牙新艺术运动建筑师在学生时期就曾经给维奥莱−勒−杜克的《建筑探讨》第二卷做过注释，同时，他也曾读过拉斯金著作的译本。

安东尼·高迪初始为一名哥特复兴主义者，但是，其个性突出的在巴塞罗那为唐·曼努埃尔·维森斯设计的维森斯府邸（1883—1885年），这是一座部分为新哥特式、部分为新摩尔式的别墅，而其栏杆和大门则具有早期新艺术运动的格调。巴塞罗那的桂尔府邸（1885—1889年）是一座他为纺织巨头唐·欧塞维奥·桂尔设计的府邸，出入要经过一对抛物线状的拱门通道，大门的格栅则是奇异的新艺术运动风格的金属工艺。高迪的父亲曾是一名铜匠，且教过他金属工艺。他采用了抛物线形状，而不是尖顶或是半圆的拱形，这也是高迪的设计特点，其选择是因为支撑的坚固特性，而不只是新颖的形式。桂尔府邸的屋顶风景构成了一个抽象的雕塑组合，将其烟囱和通风管道都覆以彩色玻璃、瓷砖、马赛克，同时，这也为高迪开启了一个设计先例，为其后期所遵循。其室内的空间多样且复杂，其风景画风格的效果可以媲美约翰·索恩爵士的博物馆，建筑在中央的穹顶大厅则达到了高潮，大厅高耸于大楼之上，其采光来自一个小圆顶，上面铺满了的六边形的瓦，并钻开无数的小孔，如天上的星星一般。室内魔幻般的效果令人想起巴洛克建筑师的创作，如瓜里尼，并且还有一些阿尔罕布拉宫的影子。

1900—1914年，高迪在巴塞罗那的城市边规划了一座庄园，桂尔公园其目的是令人联想到一种英国郊外的花园。住宅最终没有

783 米拉公寓的临街立面，巴塞罗那

建成，而幸存下来的是一组奇特的洞穴、门廊，回应了某些 18 世纪风景园林中的花园建筑。这里，主要建筑是希腊剧场，有着倾斜的希腊多立克圆柱，柱上冠有一个起伏不平的柱盘，柱盘上则饰以一些模制的陶瓷，后者也可以用作一条长凳，界定了屋顶阳台的终端。这些柱子是中空的，用以排水，并支撑着平拱顶，拱顶表面为玻璃马赛克和上釉的瓷砖碎片。这种使用色彩鲜艳的陶瓷砖是伊比利亚半岛的一个悠久传统，原是阿拉伯人引进的。

在巴塞罗那的城里，高迪设计了两座公寓楼，都有曲线的立面、有机流畅的平面，足以扭转人们的观念。这些公寓楼，宣称室内墙壁都是弯曲的，它能找到买主也是一种标志，即标志着巴塞罗那富裕的中产阶级对新加泰罗尼亚建筑的惊人信心。第一座公寓楼是对已有建筑的改造，即巴特洛公寓（1904—1906 年）。它的立面覆以彩虹般的碎瓷片，颜色以淡蓝色为主，其上冠以一个隆起的屋顶，屋顶的瓦是菱形，加之其冠状的轮廓，看似为一条龙。这个奇异的特征可能令人想起圣乔治和龙的传说，它是加泰罗尼亚民族主义神话中的一个重要部分。在建筑的一侧，耸立着一个小塔，其上顶有一个十字架，上刻有金字，圣家族的缩写。楼房主层部分的框架是一个塑形的网状，形似骨架，由混凝土制成。

高迪的米拉公寓（1906—1910年）有更大规模、更为和谐，亦有着更多的自由，他围绕着两个近圆形的庭院，将其建在巴特洛公寓所在的同一条街道上，即时尚的格拉西亚大道。这里，整座波动起伏的大楼看似是熔化的岩浆或者是一块岩层，被风力或水力侵蚀。的确，大楼的流行称谓就是"采石场"，而且，其悬崖般的特征可能意指蒙特萨拉特，后者是加泰罗尼亚的山区，那里有一座游者必到的蒙特萨拉特修道院。米拉公寓的石立面，因造的阳台而显得异常生动，锻铁被扭曲弯转，形似闪烁成捆的摇曳海藻，也许它是世上最动人的新艺术运动金属工艺艺术。而这座大楼梦幻般的天际线则发挥了他在维森斯公寓就已开启的主题。

高迪在巴塞罗那最著名的建筑即圣家族的赎罪堂，它有一个极其复杂的建造历史。高迪年轻时曾是一名花花公子，但后来他成为一名虔诚的天主教徒，而这座圣家族教堂就是一部独特的个人记录，记录着其宗教信仰、对自己故土加泰罗尼亚精神再生的信念以及对建筑的象征主义、诗意、神秘的热爱。而他对歌德和拉斯金著作的阅读，激发了其精准再造自然形式的渴望。他的周围常伴有自然、动物、骨架、人物照片，然而，他强大的想象力却令其设计出奇异的，有时是噩梦般的装饰设计。其圣家族教堂自1882年开始动工，设计出自弗朗西斯科·德·保拉·比利亚尔·卡蒙那，是一个传统的"十"字形哥特式教堂。第二年，高迪接管此项工程，于1887年，他已完成教堂地下室，大多依照比利亚尔的设计。1891—1893年，他修建了教堂圆室的外墙，采用比利亚尔的设计更为自由的哥特式，但是，他在设计上的巨大变化则是在东侧（南侧礼堂）的耳堂立面（图777），为了纪念"耶稣诞生"，建于1893—1903年。这座圣诞耳堂，连同钟乳石般的山墙，建于1903—1930年，其上又冠以彩色碎瓦片拼成的触角般的叶尖饰。为平衡而建的西侧耳廊则是为了纪念"耶稣受难"，始建于1954年，依据高迪在1917年的设计。中殿的施工一直缓慢地进行着，在结构上它也是教堂最具原创性的部分，依据高迪于1898—1926年的试验性设计，1926年，高迪因一次发生在教堂外的有轨电车事故逝世。

虽然高迪远超其同代人，但于世纪之初的加泰罗尼亚，作为一名建筑革新者，他并非孤立。我们记得他的终生好友和合作者弗朗西斯科·贝伦格尔·Y.梅斯特雷斯（1866—1914年），更特别的还有路易斯·多梅内奇·Y.蒙塔内尔（1850—1923年），他在1892年成为"脱离主义政治运动"，即加泰罗尼亚联盟的第一任主席。多梅内奇的杰作都有着宏大的规模和异国情调的细节，主要有巴塞罗那的圣波医院（1902—1910年）和加泰罗尼亚音乐厅（1905—1908年），而前者有一个延伸的布局，似一座英国的花园城市。

新艺术运动建筑，其实是一个欧洲现象，但是，在我们所述之时，它已极至美国的沙利文和弗兰克·劳埃德·赖特的建筑作品。同样值得一提的是，在室内装修和玻璃器皿设计中，美国可宣称有着杰出的设计师，如路易斯·康福特·蒂凡尼（1848—1933年）。沙利文的立面装饰，我们在上一章中已提及，很显然类似于新艺术运动，而赖特的建筑也是与欧洲同时代建筑的一种独立的较量。对于他的个人成就，我们之后会再关注。

第十一章　20世纪

1939年前的美国

在20世纪，美国超过了英国，进而成为世界上的主要政治和工业强国。然而，这时期只有一名美国建筑师——弗兰克·劳埃德·赖特——获得公认且成为一流的建筑师。否则，直到第二次世界大战为止，美国的建筑故事还只是欧洲的一种影响，因为，其一是来自巴黎的美术学校，很多美国的建筑师都曾在那里培训；其二是来自奥地利和德国的移民建筑师，如辛德勒、格罗皮乌斯、诺特拉、密斯·凡德罗。的确，现代主义的印象大多都是建于1913年纽约的摩天大楼，于其高耸的哥特诗句，如沃尔沃思大楼。然而，20世纪20年代在欧洲的建筑师，特别是格罗皮乌斯和勒·柯布西耶，却摒弃了这种建筑版本，而采用一系列苍白模式的高层建筑，最终，在欧洲和美国的城市里产生了不快的影响。

弗兰克·劳埃德·赖特

1893年的芝加哥世界博览会，确认了美术学校的古典主义风格为美国的建筑主流。这种传统一直持续到20世纪40年代，虽然已经没有任何建筑师能像麦金、米德和怀特那样始终才气超人，他们的最佳作品都是成于1910年之前。就在建筑师霍勒斯·特朗鲍尔、保罗·菲利普·克雷、约翰·拉塞尔·波普建了许多古典风格的标志性公共建筑，在克拉姆、古德休、罗杰斯建造了许多哥特式教堂和大学时，住宅建筑却被弗兰克·劳埃德·赖特（1867—1959年）带到了一个新型的、以精致为特点

的高度。作为一个极具个性的建筑师，同时又是现代美国中性格张扬的人物之一，赖特享受了一个很长的职业生涯，以及一个多类型、多数量的产出，以至于他看似不只形成个人的风格，而是一系列的建筑风格运动。以他自己的表述，其多样化成就是统一于一个信念之下，这也是他在1908之后的50年间经常重复的，即他创造的一种"有机建筑"。

赖特的父亲是个游走的浸信教（Baptist）牧师，母亲是来自威尔士的移民，他的童年大多是在他叔叔的农场里度过的，于威斯康星州的麦迪逊市。相对来讲，他没受过多少正式教育，但阅读广泛，如拉金斯，特别是爱默生的书，后者着重于人的自立、个人主义、乐观主义，这对赖特的影响极大。1887年，他离家去了芝加哥，进入了建筑师约瑟夫·莱曼·西尔斯比（1848—1913年）的工作室，后者将美国"木瓦式建筑"从东部带到了中西部。赖特不久即离开，并成了沙利文和阿德勒的助手，之后，便参与了他们芝加哥大剧院的建筑工作。赖特深受沙利文的影响，因后者一直寻求一种"有机"本质的新建筑，由此，其早期建筑都要归功于西尔斯比和沙利文。他在芝加哥的奥克帕克，为其1889年的婚姻建造的住宅，就是一个简单的实践，是木瓦式风格，且有着日本格调。对比之下，他在芝加哥的查恩利住宅（1891—1892年），以及在伊利诺伊州森林河镇的温斯洛住宅（1893年），则是俊朗的对称式盒子建筑，用带有陶质边饰的罗马砖墙，是一种沙利文的手法。其正式的几何形使之看

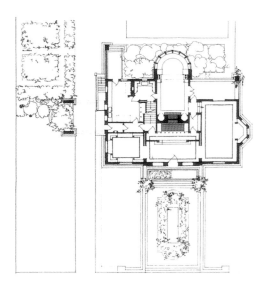

784、785（上和右）温斯洛住宅的平面和景观，伊利诺伊州，森林河镇，奥里安达（Orianda），赖特

786（下）沃伦·希科克斯住宅，坎卡基镇，伊利诺伊州（1900年），赖特

起来很古典，虽然他们没有什么古典主义风格的细节。

1893 年，赖特被沙利文解雇了，因其私下做了些"抄袭设计"。到了 19 世纪 90 年代末，赖特已发展了一种极为成熟的个人建筑语言。在效果上，它是木瓦式建筑，有风景画式的堆砌，被赖特取而代之以强烈的几何性、清晰性、连续性，结果即一种直线型排列的交错墙体和建筑体。他对这种组合方式的喜爱，可以追溯到其儿童时代玩过的枫木积木，那是"福禄贝尔式教育"①方法的一部分。虽然他沿用了木瓦式建筑的敞开式平面，内墙被视为独立的屏幕，但却摒弃了屋顶窗、高烟囱、地下室、阁楼，且其效果依赖长长的不被门和小窗打断的水平线。这种个人语言亦再现于其在伊利诺伊州森林河镇的森林河高尔夫俱乐部（1898 年），和在坎卡基镇的沃伦·希科克斯住宅（1900 年）。它被称为"草原风格"，1901 年，赖特在《女性之家杂志》上发表了他的设计，名为"一个草原镇上的一个家"。赖特这种风格的住宅，可以是一个"X""T""L"形的平面，有时会带有错层或双层高的起居室，但是，通常其餐厅、起居室、书房都是连为一线而且是互通的，同时，在内墙会有一个壁炉，其后则是服务区域。

赖特曾写过无休止的自我赞美，并将其住宅的成就总结为"冲出框架"。其实，这种手法早已出现在英国纳什的风景画式住宅，以及美国的木瓦式住宅之中。在赖特设计的草原式住宅中，较为精美的是沃德·威利茨住宅（1901 年），位于伊利诺伊州的海兰德帕克市；达尔文·D. 马丁住宅（1904 年），位于纽约州的水牛城；埃弗里·孔利住宅（1908 年），位于伊利诺伊州的伊利弗赛德市；以及弗雷德里克·C. 罗比住宅（1909 年），位于芝加哥市的奥克帕克。"草原风格"一词的使用，当然也

是一种浪漫怀旧，因为郊区的别墅建造是为新工业财富的受益者或积累者。这些突出的壁炉也更多是象征性的，而不是实用性的，因为赖特更着重于中央供暖。罗比住宅坐落于建筑密集的市郊，是为弗雷德里克·罗比而建，后者是一名自行车和汽车制造商。福特的第一辆汽车产于 1896 年，福特汽车公司成立于 1903 年，而罗比住宅中可停三辆车的车库则使其成为某种程度上的先驱。同时，这也是拉斯金观念的有力重述，其关于全遮蔽式屋顶的道德价值观念，虽然为了完成其看似悬空的悬臂屋顶，支持一个 20 英尺（6 米）的挑出，赖特还采用了最新型的钢梁技术。整个罗比住宅所用的材料都很贵，不只是钢材，还有特制的、很薄的罗马砖，有近 1 尺（0.3 米）长，竖向的接缝被巧妙地隐蔽起来，这也着重突出了整体组合的水平线条。

和赖特的草原风格同步的，是极富色彩的一种风格，发展于阳光明媚的加利福尼亚州气候之下，这种风格来自两兄弟——查尔斯·萨姆纳·格林（1868—1957 年）和亨利·马瑟·格林（1870—1954 年），在 20 世纪的第一个十年里，他们建造了一系列木结构的奢华"小平房"。也许西海岸住宅中最精致的，应是帕萨迪纳的戴维·B. 甘布尔住宅，建于 1908—1909 年，甘布尔家族是因制造业而致富，此宅是为其中一位家族成员而建。住宅有着戏剧性突出的椽子和檐子，它好像是一件巨大的木匠作品，有着蒂凡尼玻璃，以及格林兄弟（Greene and Greene）特别设计的家具。同样着重于结构的即伯纳德·梅贝克的作品（1862—1957 年），他曾受训于巴黎的艺术学院。这里，他深受维奥莱-勒-杜克的理论影响，很明显，不仅是其对中世纪的同情，还有其对外露构架、新材料、技术的兴趣。然而，他在风格上要比维奥莱更具冒险精神，这一点可见于其代表作中，即位于加利福尼亚州伯克

① 福禄贝尔式教育：Froebel Education Method，始于德国教育家福禄贝尔，他相信教育应通过游戏和手工作业，而不是知识灌输。

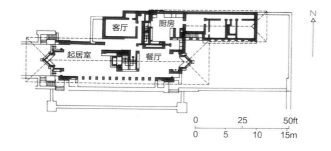

787、788（上和下）赖特：罗比住宅的平面和外观，奥克帕克，芝加哥（1909年）

利市的基督教科学派第一教会教堂（1910年）。其外部设计的特征——如日本式的屋顶和古典式支柱——同室内的哥特式格窗并不冲突，因为其主要的视觉元素无所不在，来自其突出的外露结构元素，后者都是由钢筋混凝土和巨大木梁构成。

此时，赖特的两座新颖的非住宅建筑，即纽约州布法罗市的拉金行政大楼（1904年，毁于1949—1950年）是一家邮购公司，和芝加哥市奥克帕克一个神普救派的联合教堂（1906年）。办公大楼和教堂建筑都有一个坚实的雕

789（上）戴维·B.甘布尔住宅，帕萨迪纳（1908—1909年），格林兄弟

790（下）赖特：联合教堂，奥克帕克，芝加哥（1906年）

塑型外墙，不大受窗子的影响，这使其室内更显庄严，采光来自顶部的玻璃天花，四周被廊道环绕，进入则要经过楼梯，楼梯是隐藏在角落里的梯形塔门之后。这两座建筑的室内——特别是拉金行政大楼有空调系统，更像是与世隔绝的神坛。拉金行政大楼是钢筋混凝土结构、墙面贴砖，而联合教堂的墙面——则是大面积的浇筑混凝土，有着厚板式屋顶和钢筋混凝土廊道。教堂的外观设计令人想起美洲前哥伦布时期的玛雅建筑，然而，其室内是长方形的线条和装饰，风格更似当代的维纳·韦克斯塔特的设计。其大礼堂的设计，还有更多的类似，特别是其后退的墙角、双层的走廊、几何形状的灯具，这些组成了相互交叉、线形网式的空间和线条。

奥地利出现的类似建筑提醒了我们，1909年，德国的出版商恩斯特·瓦斯穆特曾找过赖特，其结果便是两本赖特的设计作品集《弗兰克·劳埃德·赖特和设计作品》（1910年）和《弗兰克·劳埃德·赖特建筑作品》（1911年）的出版。第二本书的前言是英国工艺美术设计师C.R.阿什比所写，其装帧虽没有第一本奢华，却有着更为广泛的影响力，特别是对荷兰和德国的建筑师们，包括贝尔拉格和格罗皮乌斯。

1909年是赖特一生中的危机之年，他放弃了在芝加哥的成功事业，与一位前客户的夫人玛玛·博斯维克·切尼私奔到了欧洲。再次回美国后，他便隐居在"塔里埃森"，位于威斯康星州斯普林格林的一个农场，于1911年，他开始为母亲建一座房子，之后，也为他和切尼夫人加建房屋。塔里埃森是威尔士语"亮额"之意，它是一个随意且不对称的布局，紧拥坡地的风景，且是"有机"地使用当地的散石建造。它有着舒展的屋檐，幽静的庭院，以及封闭的花园、泳池、树木，这些低散的建筑群是赖特第一个采用乡村式技术的住宅区，这

种设立也算是对工业城市的逐渐不屑。但在1914年，建筑的一半都毁于大火，是赖特的厨师纵火，并用斧子砍死了正要逃出的切尼夫人和另外5个人。在建筑的重建过程中，第一次是在1914—1915年，第二次是在又一次的火灾之后的1925年，而最后一次即是在20世纪30年代，是为了塔里埃森事务所——成立于1932年，之后，塔里埃森又扩建了许多，但却一直遵循着1911年确立的设计原理。它不仅是一处住宅，还结合了绘图室、农场建筑和为事务所学徒提供的住宿区。这就是东塔里埃森，因为在1938年，赖特开始建造西塔里埃森——位于亚利桑那州凤凰市附近的沙漠地带——作为他和工作人员的避寒之所。建筑的整体布局呈分散的三角形，是依据原来"东塔里埃森"的设计，其低矮微斜的墙是用紫色、褐色的火山石砌成，而其原木屋顶则用百叶和帆布遮掩，创造出一种原始印第安建筑的强烈神秘色彩。在赖特去世之后，房子里又安装了空调，帆布也改为玻璃纤维。到了1932年，及之后的余生，生活于东塔里埃森的赖特已变成一个非常自我、唠叨的精神领袖，他这样一位受过一半教育、哲学家式的建筑师，相信无尽的"新爱默生主义"万能药能够使美国在文化上、政治上、道德上、经济上走向正轨。学生们几乎没有得到多少正规的建筑学教育，却被期望能够感受到天才和有机合而为一所产生的氛围，这种氛围来自其身着的彩色服饰，每晚坐在他们面前，更准确地说，是坐在一个讲坛之上的赖特。赖特于1928年结婚，他的第三任妻子——奥尔基维纳·米拉诺莱——是一位来自黑山地区的离异女子。

赖特晚年在塔里埃森的自我吹嘘状态不应分散我们的注意力，尤其是对其"有机"建筑的认识，特别是在其后草原风格时期。这表现在两件出色的作品中，它们就是设计于第一次世界大战之初的芝加哥的梅德薇花园

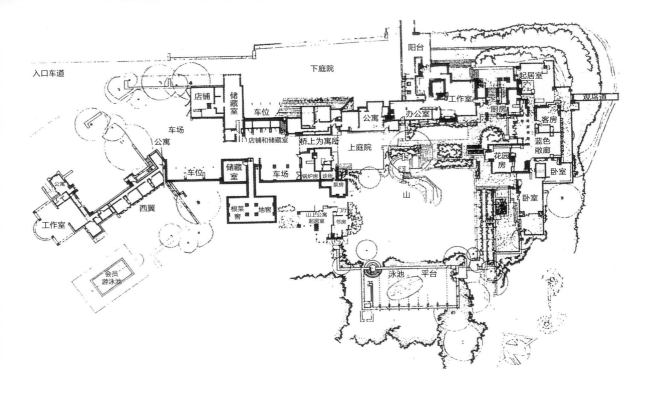

各区域标注（自左上至右下）：
入口车道　下庭院　阳台　起居室　店铺　储藏室　车位　公寓　工作室　厨房　观鸟道　办公室　客房　车场　公寓　店铺和储藏室　桥上为寓所　上庭院　花园　蓝色敞廊　卧室　公寓　车位　车场　储藏室　锅炉房　诊所　山房　山　卧室　工作室　西翼　根菜窖　地窖　山上公寓起居室　书房　厅　泵房　会员游泳池　泳池　平台

791 赖特：东塔里埃森的平面，近斯普林格林（spring green，春绿镇），威斯康星州（始于1911年，重建于20世纪30年代）

（1913—1914年，毁于1929年），和东京的帝国饭店（1915—1922年，毁于1967年）。梅德薇花园里有一家餐厅和一个巨大的庭院，其中包括一座室外咖啡厅、一个乐队舞台、一个舞池。它的平面是一个对称式，建筑由砖和图案式混凝土块砌成，然而，奇异的角楼则冠有抽象的直线结构，意在回应当时欧洲绘画的抽象风格。赖特把梅德薇花园的闪耀艳丽和庞大宏伟更为自由地发挥在帝国饭店之中，这是日本皇室委托的设计，专门用来接待西方来访者和政府要员。如梅德薇花园一样，饭店设计也是一个中轴式的巴黎美术学校平面，呈一个大致的"H"形，围合着一个泳池和两个花园庭院，其后是一个容纳1000人的剧场。建造用的砖有着沉重、抽象、装饰性的细节，是一种坚实的绿黄色火山石，这让人想起16世纪日本军事建筑中的大体量效果。其地基似漂浮的筏

子从混凝土的柱子中延伸出来，此设计是在工程师保罗·穆勒的协助下完成的。这使得建筑经受住了1923年东京大地震，地震毁掉了大部分的东京，当然要说清楚，饭店是坐落在地震带的外围。饭店最令人惊奇的特征是其室内爵士乐般奔放且有活力的装饰，是美洲前哥伦布的风格，都是用当地沉重的火山岩随意地雕琢而成。

抽象雕刻装饰，用于混凝土，而不是火山石，这又同样重现在一组精彩创新的5座住宅中，位于南加利福尼亚州，是赖特于1920年左右的设计。都是用预制的混凝土板，印有凿孔而成的几何图案，用钢筋绑在一起，其体量和装饰有着特别的哥伦布前的玛雅建筑味道。其中最为奢华的是霍利霍克住宅，建于1919—1920年，于洛杉矶市的奥利弗山，是为艺术资助者和社会改革家艾林·巴恩斯代尔设计的。其低矮的夯土墙、奇怪的东方尖顶、花园庭院、屋顶花园、泳池、喷泉、阳台、凉廊、露台，勾勒出一副梦幻般的特质，它像是介于希腊的米诺恩宫殿和玛雅的城防之间。住宅以

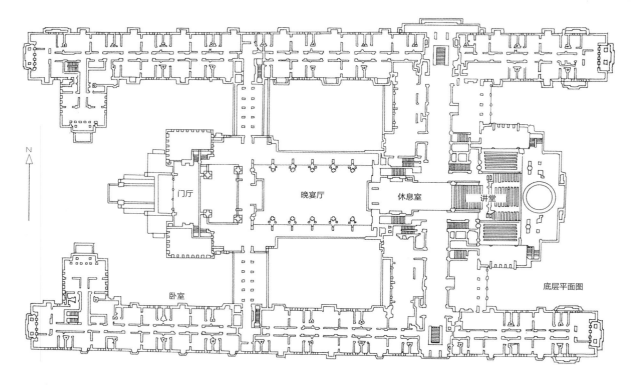

门厅　晚宴厅　休息室　讲堂

卧室

底层平面图

792 帝国饭店的平面，东京（1915—1922年，毁于1967年），赖特

其复杂的空间巧妙地融入了地段的景色，加之逃避型或是幻想型的特性，令其可媲美一所当代的宅邸——德罗哥城堡，设计出自赖特的对手——英国的埃德温·勒琴斯。然而，像霍利霍克住宅和位于帕萨迪纳的袖珍住宅（1923年），后者是为另一位中年女人艾丽丝·米勒德而设计的一个艺术性度假屋，它们几乎都不能够解决现代住宅的诸多问题，虽然这也是赖特至少在表面上常关注的问题。的确，从20世纪20年代中期到20世纪30年代中期，赖特渐渐孤立于当代舞台之外，并且极力攻击欧洲的主要现代建筑师，特别是对于他认为有着无菌工厂式美学观的勒·柯布西耶。

这时，赖特的职业生涯被看成大致已经结束，但是于1936年，在70岁的高龄，赖特设计的两座建筑又再次把他推向现代建筑的前沿，它们就是威斯康星州拉辛的S.C. 约翰逊制蜡公司总部大楼和宾夕法尼亚州熊跑镇的流水别墅，即埃德加·考夫曼的豪华周末别墅，后

者是匹兹堡市考夫曼百货大厦的老板。

流水别墅可被视为一种对国际现代风格公然的蔑视，其特有的白色水泥板——以他自己"有机"的方式来处理——被浪漫地挑在瀑布之上，并被粗石墙锚定在原始的岩石上。为了进一步抵触国际现代主义风格的医院式白色，赖特本想用金箔贴满室外的混凝土，但未成功，最后只能接受水泥防水漆的颜色——浅赭石。到此为止，赖特已把悬臂结构中钢筋混凝土的表达潜力作为有机建筑的要点，这也是他一直提倡的。他从来没有像流水别墅那样如此大胆地使用过混凝土，这也是他的第一座混凝土住宅，显然，技术上不够完善，需要后期修缮，修缮分为两次：1953—1955年，以及1976年。

在第二次世界大战之前，赖特在美国的影响并不大，不过这里要提到两个特例，维也纳的建筑师鲁道夫·辛德勒（1887—1953年）和理查德·纽特拉（1892—1970年）。他们

793、794（上和左）流水别墅的景观和平面，熊跑镇，宾夕法尼亚州（1936年），赖特

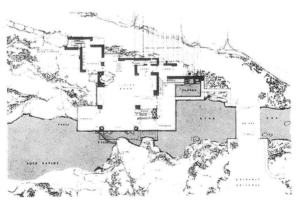

分别于 1913 年和 1923 年移居到美国，在赖特的东塔里埃森住了几年，然后定居在洛杉矶。他们专注于国际现代运动的白色混凝土风格住宅，如辛德勒设计的鲁威尔滨海别墅（1922—1926 年）为混凝土框架，位于加利福尼亚州的纽普特市，以及纽特拉的鲁威尔"健康住宅"（1927—1929 年）为钢架结构，位于洛杉矶的好莱坞山。深受赖特的现代主义和"风格派"的影响，他们为人们能够接受格罗皮乌斯和密

斯·凡德罗清除了障碍，后来两位建筑师的影响直到第二次世界大战后才被广为感知。

钢筋混凝土被使用的方式，引用赖特的话，即"有机"的，这也是他另一个建筑杰作的标志，即 1936 年的约翰逊总部大楼。这表现在中央大厅富有诗意的室内，由 60 根 30 尺（9 米）高的锥形、如蘑菇般的柱子构成，在顶部展开形成混凝土的圆盘，如莲叶一样。在莲叶之间则填满了耐热的玻璃管，透着柔和的光，如此，来访者在莲叶下仰望之时，便会像身在莲池之中，这些纤细的混凝土柱子是中空的，用于疏导屋顶的雨水，在结构上没有功用，只需支撑上面的莲叶。同地板供热、中央空调、讲堂或剧院、壁球场一样，这些都给现代工厂的工人们提供了一个舒适的环境。同赖特的联合教堂之后的很多建筑一样，总部大楼

也是背向它所在的城市，且创造了一个内敛的封闭空间，进而构成一种社区的气氛。

建筑委托的公司使用一种老式传统及极度家长制的管理方式，这栋大楼便实现了赖特于1935年在其"辽阔城市"（Broadacre City）中提出的一些理想。这是他"城市分散化"规划的一部分，它首次宣布是在其1932年出版的书《消失的城市》中。这也是他花了25年时间一直倡导的，他命名这种新型改革或者另类的美国社会形式为"乌索尼亚"（Usonia）。辽阔城市，可以扩大至100平方英里（260平方千米），这里，每个家庭有一英亩（4047平方米）的宅地，其中又有公共建筑和小块工业区相交错。辽阔城市缺少容易识别的城市中心，被认为是为建筑师提供施展才艺机会的最高水准，而辽阔城市也只不过是将现有的状况制度化，使其向无个性发展。赖特将"乌索尼亚"这一术语应用到一系列大多面积小、价格适中的住宅之中，这些住宅始于第一座赫伯特·雅各布斯住宅（1936年），位于威斯康星州的麦迪逊，并一直延续到之后的职业生涯中。这些非正式的

795 总部大楼的室内，S.C.约翰逊制蜡公司总部大楼，拉辛（Racine），威斯康星州（1936年），赖特

住宅多为一层，是为无仆人家庭设计的。它依赖木料和砖结构，避开抹灰墙和壁纸，且用一种厨房餐厅的合并区取代餐厅。赖特依赖一种简单的模式或是网格，规格为 2 英尺×4 英尺（0.6 米×1.2 米），用以设计空间组合。

传统风格建筑

从 20 世纪 40—50 年代后，赖特的很多建筑变得更具可塑性和表现主义特征，本章还会再涉及。我们暂时回到第二次世界大战前的美国主流建筑，总体上，都还保留着传统的风格。"美丽城市"的运动至此已经四处展开，进而被称为"美国式文艺复兴"：其实，这是一个惯例的最终结果，即把美国的建筑师送到巴黎艺术学校培训的惯例。这种古典主义的建筑语言是由麦金、米德和怀特及卡雷尔、哈斯廷斯在纽约公共图书馆（1897—1911 年）共同创立的，且由后来的建筑师延续下去，如霍勒斯·特朗鲍尔（1868—1938 年），在其哈佛大学怀特纳图书馆（1914 年）和费城美术博物馆（1931—1938 年），还有旧金山 1906 年大地震后重建的建筑师们。一个壮观的市政中心，有 5 幢大楼在交叉的轴线上。其中包括约翰·盖伦·霍华德（1864—1931 年）设计的城市剧场（1913—1915 年），乔治·W.凯尔哈莫（1871—1936 年）设计的公共图书馆（1915—1917 年）和由约翰·贝克韦尔（1872—1963 年）、阿瑟·布朗（1874—1957 年）设计的市政厅（1912—1913 年）为主角，冠以穹顶，是受罗马圣彼得大教堂的启发。

霍华德、贝克韦尔、布朗都曾在美术学校学习过。同样，还有保罗·菲利普·克雷（1876—1945 年）。他是生在里昂的一个法国人，1903 年移居美国，成为宾夕法尼亚大学建筑系的一名教授，直到 1937 年。他在华盛顿的泛美联盟（1907 年）、印第安纳波利斯市的公共图书馆（1914 年）、底特律艺术学院

（1922 年）的建筑，都是典型的"明晰式"设计，有着简洁的巴黎艺术学院式立面，以及新希腊式、意大利文艺复兴的细节。他设计的康涅狄格州哈特福德郡大楼（1926 年）立面有方形的礅柱，是"无饰古典主义风格"，这曾盛行于 20 世纪 20—30 年代，在斯堪的纳维亚、法国、意大利，特别是在德国。克雷把这种固有形式于其在法国蒂耶里堡的美国战争纪念碑（1928 年）和华盛顿福尔哲莎士比亚图书馆（1929 年）中表达得令人难忘，虽然其中也有奢华的"新詹姆士风格"的室内设计，令人想起莎士比亚的时代。

亨利·培根（1866—1924 年）曾是麦金、米德和怀特的助理，主持设计了华盛顿的林肯纪念堂（1911—1922 年），一座建于水池之上、白色大理石的多立克柱式神殿。这一亮丽的景色建于一个轴线之上，是草地广场的一个西向延伸，这是遵循原始的规划方案，设计出自法国工程师皮埃尔·查尔斯·朗方（1754—1825 年），于 18 世纪 90 年代。朗方的方案在 1901 年后又被麦金、米德和怀特加以发展，其延伸的草地广场最终止于杰斐逊纪念堂，这就是约翰·拉塞尔·波普（1874—1937 年）的杰作。这里，波普以罗马万神庙为其样板，但是，没用后者强壮的科林新柱式，而是采用了简洁的爱奥尼柱式，围绕圆形建筑的外部，进而形成一个柱廊。其结果是完美的，虽是晚些实现的 18 世纪法国建筑师的大奖作品。波普曾于 1897—1899 年就读于罗马的美利坚学院和法国美术学校，并在纽约市和华盛顿市建造了大批学院派古典主义建筑。作为麦金的得力门生，他在华盛顿的代表作品是立宪大厅（1929 年）、国家成就大厦（1933—1935 年）、国家美术馆（1937—1941 年）。

诚然，这些年并不是所有的建筑都是带有柱廊的公共建筑，且建于绿树成行、轴线布局的林荫道上。但我们可以说，如今的美国建筑

师，为富裕的中产阶级客户设计的家庭式住宅，在舒适、方便、优雅上达到了一个前所未有的水准。从1918—1933年，艾迪生·伊兹纳于佛罗里达的棕榈海滩市打造了一个模板城镇以及周边的别墅，但这个精彩的城市概念却不被建筑史学家们完全欣赏。其中最为华丽壮观的，是佛罗里达迈阿密的威兹卡雅别墅（1914—1916年），它是工业家詹姆斯·迪林的冬季宅邸，设计出自F.伯劳尔·霍夫曼（1884—1980年）和保罗·查尔芬（1874—1959年）。这是一座豪华的意大利式宫殿，采用粉饰的钢筋混凝土结构，置于阶梯式水上花园之中，花园完工于1923年，是根据迭戈·舒莱兹（1888—1974年）和保罗·查尔芬的设计。当然有无数的建筑师、工艺师、花园设计师都能提供更具现实主义的住宅，且以各种各样的风格，从英国的都铎式、乔治式风格，到美国的殖民式风格。其中最具代表性的是，约翰·F.斯托布（约1892— ）和菲利普·特拉梅尔·舒茨（1890— ），他们的实践区域多是在得克萨

斯的休斯敦市和佐治亚的亚特兰大市。舒茨的最佳建筑应该是亚特兰大的斯万住宅（1926—1928年），这是一个混搭的交响乐，基调是英国的新帕拉第奥式府邸，坐落在一个意大利巴洛克式的花园之中。在亚特兰大市，舒茨设计建造了很多时尚的新古典主义公共建筑，如希伯来仁爱礼拜堂（1931—1932年）和医学院（1940年）。

哥特式风格流行于教堂建筑和大学建筑之中，令人惊奇的是，甚至于摩天大楼之中。最主要的教堂建筑学家和中世纪学者是波士顿的建筑师拉尔夫·亚当斯·克拉姆（1863—1942年），他是一名虔诚的普金式英国天主教教徒，他从189到1914年与古德休合作，又从1999年开始与弗格森合作。克拉姆于19世纪80年代游历了英国，他非常欣赏博德利和塞丁精致的垂直式哥特风格。他于其有力的早期教堂回应了此风格中力度和自由的特质，如位于波士顿的阿什莫特诸圣教堂（1891年）和纽约第五大道的圣托马斯教堂（1905—1913年），后

796（对页）杰斐逊纪念堂的鸟瞰图，华盛顿（1934—1943年），波普（Pope）

797（上）威兹卡雅别墅的鸟瞰图，迈阿密（1914—1916年），霍夫曼、查尔芬和舒莱兹

798（下）舒茨（Shutze）：希伯来仁爱礼拜堂，亚特兰大（1931—1932年）

者的华丽细部是由古德休设计的。克拉姆的主要建筑——纽约的圣约翰大教堂（1911—1942年）——是一座高耸入云的法国式哥特建筑。克拉姆和弗格森设计了新泽西普林斯顿大学的大学礼拜堂和研究生院（1911—1937年），用一种沉重式的垂直哥特风格。这种样式也再次出现在康涅狄格纽黑文的耶鲁大学建筑之中，这里，詹姆斯·甘布尔·罗杰斯（1867—1947年）设计了很多建筑，其中最早的项目是四方纪念广场和哈克尼斯塔（1916—1919年）。

比罗杰斯更为有趣的建筑师，是克拉姆的合作伙伴伯特·格罗夫纳·古德休（1869—1924年），他设计了尖角样式的学员礼拜堂（1903—1910年），位于纽约的西点军校。古德休在纽约的圣文森特·费勒天主教堂（1914—1918年）即反映出他受影响于贾尔斯·吉尔伯特·斯科特的利物浦天主教大教堂，这是在他1913年参观英国时见到的，那时教堂正在施工。圣文森特教堂的高拱顶是用很轻的"瓜斯塔维诺陶片"构成的，这使得古德休可以不用飞扶壁，且减小了支撑磉柱的体积。大胆和高度也是他在芝加哥大学的洛克菲勒礼拜堂（1918—1928年）的特点，而他在纽约的圣巴多罗马教堂（1914—1919年）则受启发于本特利的伦敦威斯敏斯特大教堂，即其拜占庭式和意大利罗马风格式的结合。古德休的代表作，则在某种程度上，比他的教堂更富有原创性。这就是林肯市的内布拉斯加州议会大厦，设计于1916年，并始建于1920—1932年。它建于一个"十"字形的美术学校式平面，周围有4个庭院，而其中心建起的并不是一个穹顶，而是一座高塔，这在布尔芬奇，于

799 克拉姆（Cram）：圣约翰大教堂的中殿，纽约市（1911—1942年）

800 古德休：内布拉斯加州议会大厦，林肯市（设计于1916年，建于1920—1932年）

波士顿的设计之后，已是州议会大厦的设计惯例。这座标志性建筑有着无比的力度和精致，不可能将其划入哥特式或古典式，它有着埃利尔·沙里宁的赫尔辛基火车站（1904—1914年）高塔的某些基本特质，这也是古德休所仰慕的。

摩天大厦

建筑师因赋予办公大楼以一种大教堂的特质而令摩天大厦有了诗意，其中著名的有卡斯·吉尔伯特（1859—1934年），他的纽约沃尔沃斯大厦（1910—1913年）高760英尺（232米），在之后20年里，它一直是世界上最高的办公大楼。沃尔沃斯大厦的主要部分是中央的一个塔楼，也许要部分归功于巴里设计的维多利亚塔楼轮廓，位于伦敦议会大厦中，建筑外表覆以很轻且防火的赤陶片，并富有很多装饰性的哥特细节。哥特式风格的这种垂直高耸，令吉尔伯特此种细节的精细应用显得非常适宜，即便是如此规模和功能的大楼。

芝加哥总是急于与纽约竞争，1922年，在《芝加哥论坛》报上宣布了一次"全世界"最美办公楼设计竞赛。这次声望极高的竞赛共收到260多个设计方案，其中100个是来自欧洲的建筑师。在欧洲，摩天大楼代表着一种极其浪漫的挑战，因那里还未曾建过一座。埃利尔·沙里宁设计的"有机的"哥特式设计——芝加哥论坛的塔楼——获得了二等奖，被广为称颂，特别是来自已是暮年的沙利文。德国的马克斯·陶特以及格罗皮乌斯和梅耶的参赛设计，采用了一种冰冷的正方形样式，并在此后的70年里被全世界过度仿造，进而导致了很多现代办公大楼被自然地谴责为"集装箱"。获奖作品受启发于纽约沃尔沃斯大厦的哥特式风格，设计出自雷蒙德·胡德（1881—1934年）和约翰·米德·豪威尔斯（1868—1959年）。胡德在1905年进入巴黎的美术学校，之前一直

801 吉尔伯特：沃尔沃斯大厦，纽约市（1910—1913年），一张早期照片

是克拉姆、古德休和弗格森设计室里的一名制图员。芝加哥论坛塔楼的成功使他又得以设计了纽约的美国散热器大厦（1924年），建筑的钢铁框架被包装在黑砖之下，简化的哥特式装饰特征一直延伸至顶部，并用涂成金色的石头刻成。大厦被戏剧性地用泛光灯照亮，在夜晚它便成了一块广告牌，作为业主销售的供热装置的一个象征，且非常适宜地散发着光辉。

建筑师和出资者都在寻找一种建筑语言，以能够适应美国第一次世界大战后的经济繁荣，这种繁荣一直持续到1929年的股票大崩

克（1889—1973年），他后期同安德鲁·C.麦肯齐（1861—1926年）、斯蒂芬·F.沃里斯（1878—1965年）、保罗·格梅杯（1859—1937年）合作时，设计了纽约市的纽约电话大楼（巴克利·维西大楼，1923—1926年）。它的特点是金字塔形的轮廓，这也是纽约市1916年规划法则的结果，法则规定，地段线上的建筑如超过一定高度就要后退，这样可以让阳光照到街上。伊利·雅克·康（1884—1972年）在20世纪20—30年代设计了大量的艺术装饰风格的摩天大楼。建筑中最著名的即帝国大厦（1930—1932年），由雷蒙·什里夫（1877—1946年）以及兰姆&哈蒙设计，但是最生动的，要数纽约市克莱斯勒大厦（1928—1930年），由威廉·范阿伦（1883—1954年）设计。它的上部冠以一个望远镜式叠缩的铝顶，像渐缩的一串瓜片一样，其形式上的原创程度就如其自身的广告标志一样令人难忘。

流线型或艺术装饰的风格其实都是一种城市风格，用于快速交流节奏的商业办公楼、银行、商店、酒店、公寓大楼、媒体总部大楼。各种不同风格的建筑并排而立，它们有时还是出自同一名建筑师。由此，在一种典型的美国式工业物力论和社会保守主义的结合时期，一名商业巨头可能会住在一个新都铎式的郊区宅邸中，工作在一座艺术装饰风格的摩天大厦中，周末会去一个新乔治式的乡村俱乐部，又让他的儿子在一个新哥特式的大学建筑中受教育，而所有这些都建于20世纪20年代。这一时期的建筑师中，风格纷繁的要数阿尔伯特·康（1869—1942年），他是一名白手起家的企业家，最后他公司里的雇员竟超过600人，这也是此扩展时期的特点。他的住宅建筑代表作，是密歇根州格罗斯波音特的埃泽尔·B.福特住宅（1926—1927年），采用的是一种科茨沃尔德地区的新都铎式风格，是为一位最重要的汽车制造商设计的。在一个学院

802 胡德（Hood）：美国散热器大厦，纽约市（1924年）

盘。这些年，没有一个欧洲国家可以与美国的财富相抗衡，而资本主义和民主的成就又不关联于西欧先进国家中的先锋派现代主义，以及传统的历史风格。最后的解决办法，就是将摩天大楼的设计，恰当地说是一种美国的发明，结合了流线型风格，这一种变体，即出现在德国表现主义建筑师的作品中，如珀尔齐希和霍尔格，而另一种变体即"艺术装饰风格"[①]（Art Deco），在1925年的巴黎博览会上广为流行。在"艺术装饰风格"的摩天大楼发展中，一个重要的部分是来自拉尔夫·托马斯·沃

① 艺术装饰风格：
多以几何形为主。不同于之前的新艺术运动，后者多为自然曲线。

类建筑。

能够使当代欧洲的国际现代风格，为美国的摩天办公大楼所接受的建筑，就是费城储蓄基金会（1929—1932年），位于宾夕法尼亚的费城，由乔治·豪（1886—1955年）和威廉·莱斯凯斯（1896—1969年）设计。豪为此设计带来的是一种逻辑性区分功能的理念，这是他在巴黎的美术学校学到的，而莱斯凯斯作为一名瑞士设计师，则非常熟悉欧洲最新的国际风格建筑。第三个影响则是来自出资人，他要将这座造价昂贵且负盛名的32层塔楼立面，设计成一种醒目的垂直性强化视觉效果。他的设想并未完全实现，因豪和莱斯凯斯讨厌这种视觉效果，因它会令人想起前10年中的哥特式摩天大楼。这种垂直性同大厦的结构并不协调，这里，水平的办公楼层都是悬臂支撑在一个钢铁核心区之上。虽然有些人可能会觉得建筑在视觉上并不可爱，但它却是一个复杂，且在学术上令人激动的作品，因其不同的部分——地下商场、一楼的银行、办公楼层，包括服务设施和电梯的楼塔——都很清晰地被表现出来，同时，外表覆以不同的材料，且有着不同的开窗形式。它是美国，也是全世界第二座全部配备空调的办公大楼，而且也是第一座建在由商店和公共银行大厅组成的一个墩座墙之上的大楼。

雷蒙德·胡德这时已放弃了其早期更为装饰性的风格，并在纽约市的摩天大厦中，如《每日新闻》（*Daily News*）报社大楼（1929—1930年）和洛克菲勒中心（1930—1940年），采用了无特征的板式形式，受启发于德国建筑师，如格罗皮乌斯和梅耶。洛克菲勒中心本来已于1928年开始动工，作为纽约大都会歌剧公司一个新剧院。但是，因1929年经济危机的撤资，它的地段为一家不同的客户所有，即美国无线电公司。建筑师是赖因哈德和霍夫迈斯特，同时，哈维·科比特和雷蒙德·胡德为设计顾

803 豪和莱斯凯斯：费城储蓄基金会，费城（1929—1932年）

的背景之中，他选择了一种制约的古典主义风格，如威廉·L.克莱门茨图书馆（1920—1921年），位于安·阿伯的密歇根大学，它有着布鲁内莱斯基式的凉廊。然而，在其无数的工厂建筑中，如密歇根迪尔伯恩的福特玻璃厂，他发展了一种完全功能性的语言。他放弃了传统的多层式工厂，而将此语言用于跨度很宽的一层建筑，采光则通过屋顶，有着一个锯齿状的轮廓。虽然他设计了无数的此类工厂，其中还包括1929—1932年在苏联建的500多家，他坚持认为这种工业风格不适用于住宅和研究

804 无线城音乐大厅，纽约市（1932年）

问，这时设计了一个复杂的塔楼群，主要建筑是又细又高的美国无线电公司建筑，其脚下则是一块相当吝啬的小广场。为了协助设计6200个座位的无线城音乐大厅——这里，既供演出歌舞剧又要上映电影，他们聘请了节目经纪人和无线广播主持人罗克西（撒缪尔·L.罗特哈费）。音乐大厅于1932年开张，它是许多浪漫或"有气氛"的电影院中最迷人的一个，这些设施也成了20世纪30年代美国生活的一个文化特征。影院有着很长的大门厅，长140英尺（43米），装饰采用了黑色玻璃、镜子、抛光的金属、金色天花板下的灯饰，通过大厅，人们便可进入观众席，这里，舞台隐蔽在巨大的望远镜式叠缩圆拱之中，图案如太阳一样，在巧妙照明的辅助之下，倒也很似太阳，有着一系列的自然效果。

1939 年前的欧洲

20世纪初期的柏林：梅塞尔和贝伦斯

及至第二次世界大战，德国建筑有着极端的多样性，因其经历了三种完全相继不同的政治体制：首先，是霍亨伦佐王朝的德意志帝国，于1918年垮台了，这令其组成的王国、侯国、大公国也随之瓦解；之后，是魏玛共和国；最后，便是1933年的纳粹时期。19世纪90年代，很多欧洲建筑师都在独立寻求一种"新艺术风格"，而德国此时则注重寻找适合年轻的德意志帝国的建筑风格。重要的是，这种风格应具有明显的北欧特征，而不是地中海特征。如此，在20世纪的头10年中，建筑师们——如路德维希·霍夫曼（1851—1932年）、特奥多尔·菲舍尔（1862—1938年）、阿尔弗雷德·梅塞尔（1853—1909年）、弗里茨·舒马赫（1869—1947年）——发展了一种敏感、具原创性的古典语言，它避免了19世纪末期的"威廉时期风格"的巴洛克式奢华，而复兴了德国文艺复兴和新古典主义的模式，又多回应了德国南部的地方传统风格。

梅塞尔是这些建筑师中的创新者之一，其影响极大的柏林维特姆百货商店分为三个阶段建成，开始是于1896—1897年建成的莱比锡大街上的立面，之后是1901年靠沃斯大街的立面，最后是1904年莱比锡广场上极为独立的立面。所有这些，特别是最后部分，都有着共同的特征，即用巨大的直棂构成的格栅，大多未用任何模式，虽有时也结合一些新艺术运动或哥特式的细部。主要大厅有一个钢铁框架、铁质的楼梯、展览室、室内的玻璃隔墙。这种显然的外部构造，则回应着奥别列合在杜塞尔多夫的蒂茨百货商店（1907—1909年）。梅塞尔设计的德国国家银行（1906—1907年）于柏林的贝伦斯大街，入口处有一个希腊多立克式的门廊，室内也是鲜明的希腊多立克柱式，是根茨的风格，而其立面却标志以一种粗矮、强劲的古典主义风格元素，之后，它也成为德国古典主义风格的一个特点，直至1940年。在这些建筑师当中，采用了此现代化"日耳曼式新古典主义风格"的，是德国的杰曼·贝斯特迈

805（上）维特姆百货商店面临莱比锡（Leipziger）广场的立面，柏林（1904年），梅塞尔

806（左）梅塞尔：德国国家银行的外观，贝伦斯大街（Behrensstrasse），柏林（1906—1907年）

807（下）伯纳兹（Bonatz）：斯图加特火车站（设计于1911—1913年；建于1913—1928年）

尔（1874—1942年），如，他设计的路德维希-马克斯大学的增建部分（1906—1910年）、保险公司总部（1916年）、技术学校（1922年）都位于慕尼黑。同样有力、直接的语言也被保罗·伯纳兹（1877—1951年）采用，他的杰作就是斯图加特火车站，设计于1911—1913年，并建于1913—1928年。

受梅塞尔影响的建筑师中，最重要的一位是彼得·贝伦斯（1868—1949年），他于1909年为梅塞尔写了一篇极尽感激的讣告。贝伦斯享受了一个风格多变的职业生涯，比弗兰克·劳埃德·赖特还要更加风格多变，他与后者在某个阶段极为相似。他在德意志帝国、魏玛共和国、纳粹统治之下都工作得很顺利，他以一个极为多样的形式建造了很多建筑：新艺术运动风格、托斯卡纳式早期文艺复兴、雄伟的工业性建筑、无饰古典主义风格、表现主义、国际现代主义、第三帝国古典主义。他一直深受里格尔和沃林格美学理论的影响，他们的中心概念，如"艺术意志"，强调了艺术意志力为首，材料条件为次，以及"时代精神"。贝伦斯将建筑理解为多时代变化精神的文化精髓，这有助于他可以为不同文化和政治目的的客户和政府工作。

他曾作为一名画师受训，其职业生涯始于达姆施塔特艺术家聚集区的浪漫世界中，此聚集区对其艺术和工艺的再生作用上有着近乎神秘的信念。1899年，他成为此聚集区最早的7名艺术家之一，第二年，他便在那里为自己建造了一座极具美学效果的小房子，有着一种强烈的新艺术气息，且有一个部分开敞式的平面，它被人比较于弗兰克·劳埃德·赖特自己在奥克帕克的房子，建于1889年。1902年，为了在都灵举办的装饰艺术国际博览会，他设计了汉堡市门厅，一个富于诗意、如洞穴般的室内设计，令人想起吉马尔的作品。

第二年，他离开了达姆施塔特的艺术家聚集区，并成为杜塞尔多夫工艺美术学校的校长，在那里，他开始接触工业家，并于1907年获得了他的第一项建筑委托，来自德国通用电气公司。他移居杜塞尔多夫之后，在1905—1906年设计了一组建筑，完全不同于其早期建筑。它们呼吸着一种新鲜的新古典精神，极像11世纪和12世纪的托斯卡纳式早期文艺复兴，其中包括建于1906—1907年，位于哈根附近的戴尔斯特恩焚化场，是其中最为杰出的一个，受启发于佛罗伦萨的圣米尼亚托山。其几何图形结构散发出一种神秘的气氛，贝伦斯开始认为这适合其功能，也因此而受争议，即作为普鲁士的焚化场。

1907年，贝伦斯被任命为德国通用电气公司的艺术顾问，此时公司力量雄厚且正在扩展，之前，梅塞尔曾于1902—1906年为此公司工作。贝伦斯为德国通用电气公司所作的最著名的设计，即透平机车间，建于1909年于柏林的莫阿比特。他要将一个基本上为钢筋玻璃结构的飞机库，改造成为一个动人的宣言，之于德意志帝国现代力量的诗意。由此，他为这座长方形大楼的两个短边设计了在功能上无用的混凝土立面，它呈一个斜角拔地

808 贝伦斯（Behrens）：德国通用电气公司透平机车间，柏林-莫阿比特区（1909年）

而起，如古埃及或希腊迈锡尼建筑中倾斜的塔式门楼这种门楼，也被吉利在约 1800 年重新设计于其一座城市大门之中。进一步回应新古典主义风格的柏林，即在透平机车间的侧翼中，它效仿了辛克尔的大剧院的横梁式结构。贝伦斯未受过正规建筑师训练，也没有受过工程师训练，只能依赖工程师卡尔·伯恩哈德来设计透平机车间的结构。然而，伯恩哈德也必须在室内采用三层铰页的金属圆拱设计，一直延伸至沉重的山墙端，因为这是贝伦斯早已确定的基于纯粹的视觉和表现性立场。透平机车间之后，即柏林的另一座力量之神殿——德国电气公司的小型发动机厂（1909—1913 年），这里，在福尔塔大街上的辛克尔式立面，有 642 英尺（196 米）长，如一个古代的柱廊，带有一排惊人的砖砌扶壁柱，高 65 英尺（20 米）。当时的人们视其为基本元素力度的展示，是在回应意大利的帕埃斯图姆或是英国的巨石阵。

小型发动机厂是三座大型工厂之一，是贝伦斯为德国通用电气公司而建，位于柏林韦丁区的庞大的洪堡海恩厂区。其中，有建于 1908 年的高压材料厂，有着带瓦的斜屋顶、转角角塔楼、覆在钢铁框架之上的砖立面。这有益于创造出如此印象，即整个地区是一个现代的工业，对应着一个中世纪的农作庄园，后者又有巨大的钢铁玻璃谷仓。贝伦斯的资助者——德国通用电气公司——又间接支持德国制造联盟，它是赫尔曼·穆特修斯于 1907 年成立的，作为制造商、建筑师、设计师、作家的协会。其目标是于工业产品设计中创建国家标准，且推动德国高质量产品在国际市场上的销售。贝伦斯创立了一种统一的图表风格，用于德国通用电气公司的出版印刷和展览，其特点就是强调使用了"新加洛林字体"。他可能是第一位用工业产品的营销来创造一个公司形象的人。他的抱负得到了沃尔特·拉特瑙的支持，后者之后

809 贝伦斯：小型发动机厂面街的立面（1909—1913 年）

成为德国的外交部长，德国通用电气公司的董事之一，他也是创建者的儿子。沃尔特·拉特瑙有意识地与弗雷德里希·吉利相比，他毕竟保持了对精神价值的一种信念，并决意不为技术所支配。

贝伦斯旨在找到一种解决方法，既适合所有建筑项目且富于表现力，这令其成为特奥多尔·维甘德博士心目中的一名理想的建筑师，后者是一名考古学家，曾在普里安尼、米利都、萨摩斯做过考古挖掘。1910 年，维甘德被任命为普鲁士皇家博物馆的文物主管，维甘德委托贝伦斯设计了一座精美绝伦的新古风私人宅邸，并于 1911—1912 年建于柏林的达勒姆区。住宅是由精心铺设的方石料构成，并带有一个无凹槽的多立克柱式围列柱廊，它是一个显然的辛克尔式变体，源自普里安尼、提洛斯、庞

810 贝伦斯：维甘德住宅的立面，柏林-达勒姆区（1911—1912年）

贝的希腊化风格住宅，而这些地方贝伦斯曾于1904年参观过。因此贝伦斯视自己为20世纪的辛克尔，也是不无道理的。的确，正如辛克尔成为对古典文化的一种认识制高点，一直上溯至温克尔曼，贝伦斯则是对古典文化的一种新解析，其可能也是因为从19世纪后期开始对建筑、工艺的发现，自德国考古学家们，如施利曼、维甘德、富特文勒，和研究者，如里戈尔、斯奇戈维斯基。

维甘德宅邸的强烈考古气息，整体来说，并不是贝伦斯的典型作品，这可能是因为维甘德博士曾对普里安尼的住宅建筑做过复原工作。贝伦斯更具特点的作品是其著名的德国大使馆（1911—1912年），位于圣彼得堡。正如德国通用电气公司的工厂建筑，神圣化了劳动，他的大使馆建筑则神圣化了国家。他宣称"德国的艺术和技术将会由此朝一个方向努力，即德意志国家的力量"。他采用了无饰古典主义，即如德国通用电气公司小型发动机厂，并将其进一步发展，采用的方式极为适宜德国大使馆的优美环境——大使馆紧邻圣以撒大教堂，其宏伟的规模，也是致敬圣彼得堡的新古典主义建筑，而其带柱廊的正面还加上了一组骑士塑像，令人想起辛克尔的阿尔蒂斯博物馆和朗汉斯的勃兰登堡城门。其粗糙、有些权威性的建筑词

汇，回应着梅塞尔的德国通用电气公司办公大楼（1905—1906年），位于柏林的弗雷德里希-卡尔-乌弗，之后，产生了广泛的影响，特别是对于第三帝国的建筑。建筑内部的入口大厅处有着花格镶板的天花板，和黑色斑岩、有凹槽的希腊多立克式柱廊，通过多重玻璃门，便进入了一个内部花园庭院，它明显受启发于类似的辛克尔曾设想的奥兰达堡。

表现主义的兴起和珀尔齐希的建筑

寻找一种极富表现性的风格，这在贝伦斯的建筑作品中已见证据；当时与之并行的时尚，即沉醉于建造国家纪念碑，来纪念德国1813—1871年的统一之路。这种国家主义神话，是由最后一位德国皇帝（1888—1918年在位），从之前的国王，如巴伐利亚的路德维希一世继承而来的，其结果便是建筑师威廉·克赖斯（1873—1953年）直至1914年设计的40多座纪念碑，其中大多是纪念俾斯麦的。其元素性、战争性的建筑风格，有着极强的表现力，此风格也很好地展示在他建于哈雷的地方史前博物馆（1911—1916年）中，建筑以其巨石式的石工艺和墙角塔楼，令人想起最近建在特里尔的罗马尼格罗城门。几乎同样多产的建筑师应是布鲁诺·施米茨（1858—1916年），也是从他那里，克赖斯发展了其大部分逐渐抽象的语言。施米茨为纪念威廉一世皇帝（1871—1888年在位）设计的帝国纪念碑之中，包括在1896—1897年，建于韦斯特法利卡城门附近的屈夫霍伊泽山上，和克布伦茨附近的德意志埃克，而他赞美德国历史的顶峰之作，是位于莱比锡的弗尔克施拉赫特纪念碑，是为纪念1813年10月的德意志解放战争。他赢得了1896年为此而举办的设计竞赛，但是，建造缓慢，从1900年一直到1913年，结构是钢筋混凝土，立面是斑岩花岗岩。纪念碑，虎视眈眈地卧于一座人造小山之上，小山位于一个延伸轴线景观的尽头，

这座巨碑，有着厚实原始的细节、兽性暴力的激发，着实令人恐惧。它含有高穹顶的房间，并结合了塔和洞穴的特质，这对表现主义的设计师们有着特别的吸引力。

最先使用"表现主义"这一术语的人中，有艺术史学家威廉·沃林格，于1911年，在他评论马蒂斯和凡·高的绘画文章中。沃林格发展了里戈尔的"艺术意志"，作为表现北方日耳曼人心理的永恒之力。此时，对德国艺术思想的另外一个巨大影响，是来自哲学家弗雷德里希·尼采（1844—1910年）。在其著作中，尼采提出了一种阴暗、非理性的论点，最终颠覆了希腊文化中太阳神阿波罗式的形象或

811（左）施米茨（Schmitz）：弗尔克施拉赫特纪念碑，莱比锡（1900—1913年）

812（下）贝伦斯：入口大厅的天窗，I.G.法本染料厂的总部大楼，赫希斯特，莱茵河畔的法兰克福（1920—1921年）

813 贝格：百年大厅的室内，布雷斯劳（1911—1913年）

① 超人：
Superman，德文为
Zarathustra, ubermensch，
即超越常人之力（beyond
human strength）。

者说平衡的形象，这曾被温克尔曼和歌德极力颂扬，进而转向一个酒神狄奥尼修斯式的醉意盎然的形象。表现主义运动也因尼采的"超人"①概念，而变得多姿多彩，这就是，当超人处于一种情绪持久振奋的状态之下，他将会极力确定自己的意志，即要超越现代艺术和戏剧的自然主义和新浪漫主义。德国最重要的表现派艺术家，是俄罗斯画家瓦西里·康定斯基（1866—1944年）和弗朗茨·马克（1880—1916年）。他们对象征性的抽象所做的爆发式的表现，即早期的非表象性艺术和非客观性艺术。

这种风格对应在建筑之上，则出现在汉斯·珀尔齐希、埃里克·门德尔松、弗里茨·赫格尔、多米尼库斯·伯姆、布鲁诺·陶

特的作品中，甚至出现在贝伦斯本人在第一次世界大战后的一些作品中，如I.G. 法本染料厂的总部大楼（1920—1921年），位于莱茵河畔法兰克福的赫希斯特，以及1922年慕尼黑应用于艺术博览会上的芒松大教堂门房。赫希斯特大厦的外部也许是受到了克莱默和德克拉克的阿姆斯特丹学派的影响，代表着一种回归，即朝向一种北方日耳曼中世纪的砖砌传统，有着巨大的圆拱、一座桥梁、一个大钟楼，钟楼的一面还有哥特数字。然而，这座四层的入口大厅有着多面托臂式的砖砌工艺，有一些赖特在东京帝国饭店室内的力度。自下而上锯齿状的砖砌工艺，随之亦反映着光谱的各种颜色，到了顶部，即到了透明的天窗，它即变成了明亮的黄色，这是欢快的色彩，即按歌德在《色彩

814（上）珀尔齐希：大剧院的观众厅，柏林（1918—1919年）

理论》中的观点。这种震撼人心且卓越超群的室内，就像一块巨大无比的水晶，可以被视为对第一次世界大战灾难性恐慌的一个反映，因为视角的前方就是600名雇员的名字，他们都在战争中失去了生命。

主要的表现派建筑师是汉斯·珀尔齐希（1869—1936年），受过著名的柏林夏洛滕堡技术学校的培训，之后，他于1903—1916年任皇家工艺美术学院的院长，学院位于布雷斯劳（弗罗茨瓦夫）。对他的任命，连同贝伦斯在杜塞尔多夫、布鲁诺·保罗和赫尔曼·穆特修斯在柏林、凡·德·费尔德在魏玛的任命，都是源于穆特修斯的政策，这就是要让主要的艺术家去主持最有影响力的应用艺术学校。珀尔齐希最重要的早期建筑是位于西里西亚波森（现为波兰的波兹南）的

水塔和展览大厅，是为1911年的波森博览会而建。它可被视为里戈尔"艺术意志"的一种富于创新和活力的表现，这里，一种强调日耳曼民族的纪念性被赋予在一种工业建筑类型上。其七边形的钢铁骨架中间填充了鲱骨和花纹图案的砖砌工艺，并饰以三层的单坡屋顶，这使建筑构成了一个令人难忘的轮廓。它应和了建于1911—1913年的布雷斯劳的百年大厅，设计出自马克斯·贝格（1870—1947年），它是纪念1813年在莱比锡击败拿破仑的建筑之一。百年大厅巨大的钢筋水泥穹顶有着一个225英尺（67米）的跨度，这令其成为当时世界上的最大穹顶。在其内部，32根悬吊的拱肋，向下降至一个圆形环梁上，后者支在四个巨大的圆拱上，而四个半圆拱侧厅则协助支撑侧推力。这种富于活力的暴露

结构，在建筑的外部，则被阶梯式的排列高侧窗所遮蔽。这些都是用一种古典主义的手法来处理，它正是珀尔齐希所期望创造的一种"建筑表述"，能够表现在百年博览会上所纪念的时代。

珀尔齐希于其柏林的大剧院（1918—1919年），采用了一种完全不同的表现主义语言，为天才戏剧导演马克斯·赖因哈特而建。这座"五千剧场"是从一个曾用作马戏场的市场大厅改建而成，是19世纪后期"人民剧场"运动的成果之一。这种民粹主义言辞的目标，就是为大众提供"完全剧场"，作为流行文化的一部分，这里，舞台和观众没有距离，没有包厢，甚至没有不同价格的座位。珀尔齐希将剧院的室内设计成一种宛如梦幻的洞穴或是宇宙的形象，因它的一个穹顶惊人地悬挂着一圈圈的钟乳石或冰柱状建筑结构，这些拱式建筑，原被认为可能是受启发于伊斯兰钟乳石状，同时用间接的人工照明很浪漫地呈现出其轮廓。在这种令人痴迷的室内之中，珀尔齐希似乎是受启发于布鲁诺·陶特（1880—1938年）。

德国和荷兰的其他表现派

陶特是一名极有影响力的理念传播者，一名神奇的表现主义设计创造者，他创立了一个玻璃的"神话"：他认为这有助于现代人拥有一个崭新的自我意识和视角的新鲜感，而这最终，将有助于减少世间的邪恶。玻璃亭是陶特于1914年在科隆举办的德意志制造联盟展览会上，为玻璃工业设计的，其简化的饰带或蛇腹层上刻着诸多警句，如"彩色玻璃摧毁仇恨"。这些词句都是无政府社会主义者和小说家保罗·谢尔巴特（1863—1915年）撰写的，作为回应，他将自己1914年的书籍《玻璃建筑》献给了陶特。玻璃亭展馆是一个菠萝形状、多面玻璃的穹顶，上有菱形棱镜，建在一个十四

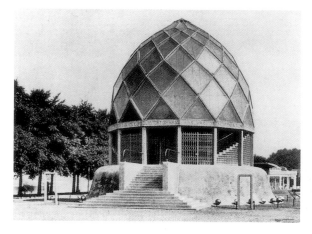

815 陶特：玻璃亭展馆，德意志制造联盟展览会，科隆（1914年）

边的玻璃砖墙基座之上。其棱柱的内部饰面是彩色玻璃，这里有一个绚丽的联级瀑布，还有一个耀眼的万花筒，发出一个彩光表演秀。陶特著作中的插图还有更多极为夸张的幻景，如《高山建筑》（哈根，1919年）、《城市之冠》（耶拿，1919年）、《城市消融》（哈根，1920年）。由此他设想了一个网状构造，由水晶般的穹顶和洞穴组成，来象征一个社会的理想抱负，并用其空洞、自相矛盾的乌托邦社会主义语言予以详细的阐述。

至少一次类似陶特的幻想成了现实，这就是爱因斯坦天文台（1919—1924年），位于柏林–纽巴伯尔斯贝格，设计出自埃里克·门德尔松（1887—1953年），作为一个最具梦幻、雕塑性抽象的表现主义运动纪念碑。门德尔松在柏林接受了初期的培训，然后于1910年在慕尼黑的技术高中成为特奥多尔·菲舍尔的学生。此其城市中表现主义者的尼采式活力，即刻表现在门德尔松的众多小草图中，很多都是在第一次世界大战的德国前线上打仗时画的，即要建造可塑性的建筑，有着"未来主义"或者是强调无历史性的格调。

爱因斯坦天文台实现了这些理想，它是由德国政府出资，为爱因斯坦而建的一个天文台和天体物理实验室。它有一个令人难忘的

形状，一半为抽象，而另一半则示意着一只蹲伏、高颈、前爪伸展的野兽。门德尔松希望能用钢筋混凝土建造此曲线形状，它表现了未开发宇宙之诗意和神秘。然而，由于材料供应上的困难，其大部分是砖砌结构，外表涂有水泥。他设计的帽子工厂，位于卢肯瓦尔德（1921—1923年），用钢筋混凝土和砖结构，有着表现主义的锯齿状且多角的轮廓，并令人想起莱昂内尔·费宁格当时的速描和木版画。虽然他协助创造了国际现代运动中更为平和的水平线，运动自20世纪20年代中期兴起，之后，他还是于此新风格的重要建筑中注入了一种流线型的可塑能量，如建在斯图加特（1926年）和开姆尼茨（1928—1929年）的舍肯百货商店。

816 门德尔松：舍肯百货商店的外观，斯图加特（1926年）

817 克莱默和德克拉克：船运大楼的外观，阿姆斯特丹（1912—1916年）

在荷兰，有一种本土的表现主义，后被称为"阿姆斯特丹学派"，盛行于约1915—1930年。这源于贝尔拉格及其追随者对砖结构的重视，接着便是一种尝试，即复兴中世纪北欧风格的砖砌建筑。阿姆斯特丹学派的一座重要的早期里程碑建筑即船运大楼（1912—1916年），是为一些船运公司办公用的大楼。它的钢筋混凝土骨架有一个壮观的砖砌立面，有着强硬锯齿状的垂直性，设计出自约翰·范德迈（1878—1949年），得助于皮特·克莱默（1881—1961年）和米歇尔·德克拉克（1884—1923年）。克莱默和德克拉克之后成为荷兰重要的表现主义建筑师，将砖材的使用和一种塑性的梦幻相结合，有时可媲美门德尔松的爱因斯坦天文台注模造型。这时的阿姆斯特丹正为政治和社会改革所烦扰，主要表现在有众多的社会主义和共产主义团体成立，都是为了提高工人的居住水平，后者在19世纪下半叶迅速的工业化过程中急剧下降。德克拉克和克莱默的最佳作品是工人的住宅区，建于1913—1922年，是为两个社会主义住房协会而建的——"黎明"和"我们的家园"。这些庞大的楼群，图案为多彩的砖砌工艺，有着奇异的山墙、角楼、凸肚窗，将工人的住宅提升至一个生动、多样、工艺方面的新水平。

阿姆斯特丹学派的特色，部分可见于一座德国最吸引人的表现主义建筑中——汉堡的智利大楼（1923—1924年），设计出自弗里茨·赫格尔（1877—1949年），是一座砖结构的办公大楼，采用传统的汉堡地方建材，其平面和轮廓的尖刺角度在拐角处到达顶峰，它像一艘轮船的船头一样直刺云霄，这也代表了它

818（上右）门德尔松：爱因斯坦天文台，柏林-纽巴伯尔斯贝格（1919—1924年）

819（右）赫格尔（Höger）：智利大楼，汉堡（1923—1924年）

作为船运公司的办公楼功能。教堂建筑方面，也为表现主义令人激动的外形和夸张的前景理想，呈现出了显著的规模。这里的首要人物是新教徒奥托·巴特宁（1883—1959年）和天主教徒多米尼克斯·博姆（1880—1955年），他们利用现代结构技术，重新阐释了哥特结构的诗意。巴特宁于1921年设计的一座星星教堂是水晶式的结构，这是陶特的风格，并有抛物线状的拱顶，如高迪的科洛尼亚府邸的礼拜堂（1898—约1915年）一样。这未被建成的设计被博姆在其夸张的混凝土教堂中实现了，如位于科隆里尔的圣恩格尔贝特教堂（1930—1932年），它是一座圆形的建筑，屋顶是壮观的抛物线状瓦片构成的，这令其外表给人一种异样的感觉。博姆的激情被礼拜仪式运动的理想燃起，而此运动的目的就是提高弥撒仪式中视觉和听觉上的参与。

20世纪20年代，德国两处有趣的公共建筑群中有很多共同点，它们即阿道夫·阿贝尔在科隆设计的出版展览大楼和体育馆，和威廉·克赖斯设计的展览馆和艺术博物馆，是于1925—1926年为格佐莱博览会建在莱茵河

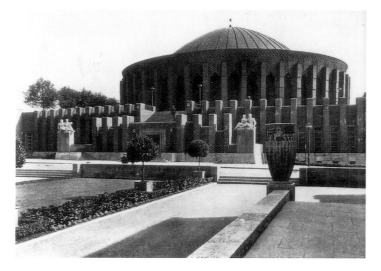

821 克赖斯（Kreis）：展览馆，杜塞尔多夫市（1925—1926年）

畔的杜塞尔多夫市。在整个景观的前面，克赖斯设计了圆形的莱茵哈雷馆，是一座天文馆，现已改为一座音乐厅。这是一栋表现主义的豪华版，其外部的拱廊有着齿状的"V"形拱架和菱形图案的砖工艺，还有一个巨大穹顶的室内，用钟乳石状的拱架相连接，这令人想起珀尔齐希的柏林大剧院。与此对比，花园庭院中的敞开式角亭，则采用了无饰古典主义风格，它后来影响了建筑师P.I.特罗斯特和阿尔伯特·斯皮尔[①]。

格罗皮乌斯和包豪斯

建筑师中——如克赖斯——经历过一个表现主义阶段的，无人能超越沃尔特·格罗皮乌斯（1883—1969年）。格罗皮乌斯曾于1907—1910年与贝伦斯工作过，同贝伦斯一样，格罗皮乌斯初始并不是一名表现主义者。他曾在柏林夏洛滕堡的技术高中接受教育，他是建筑师瓦尔特·格罗皮乌斯的儿子，也是一位更为著名的建筑师马丁·格罗皮乌斯的侄孙，并自后者继承了对辛克尔普鲁士古典主义的一种仰慕。格罗皮乌斯早期设计的工业建筑，法古斯鞋楦厂（1911—1912年），位于希

820 格罗皮乌斯：法古斯鞋楦厂，莱纳河畔阿尔费尔德，近希尔德斯海姆（1911—1912年）

尔德斯海姆附近的莱纳河畔阿尔费尔德，以及模型工厂和办公楼，在位于科隆的1914年德意志制造联盟展览会上，这些都是与其搭档共同完成，即建筑师阿道夫·梅耶（1881—1929年）。建筑都是精心监制出来的作品，而其主题则是受启发于贝伦斯和弗兰克·劳埃德·赖特。建筑的平屋顶、玻璃幕墙、全玻璃的转角楼梯有长方形和半圆形两种，作为这种风格运动的通透形象，都将广泛地影响着第一次世界大战后的国际现代风格。

第一次世界大战惨败的结局，和1918年德意志帝国的瓦解之后，导致德国处于动荡的政治和学术生活之中，格罗皮乌斯受启发于陶特的激进乌托邦主义梦想。他参加了一些左翼艺术家组织，如艺术劳动协会、玻璃链协会，后者是陶特的一个为交换信件而建的组织。艺术劳动协会的兴趣在于重创中世纪的住宿建筑，同时，格罗皮乌斯很快就开始忙于设计陶特式的住宅大楼。其巅峰是于1919年被任命为魏玛的美术学院和工艺美术学校的校长，格罗皮乌斯发表了声明，建议将学校改建为一个包豪斯建筑学校。包豪斯的宣言被莱昂内尔·费宁格以一幅表现主义的版画《未来大教堂》予以说明，它被描绘为社会主义的大教堂。格罗皮乌斯写道，"未来的这种崭新结构……在某一天将从百万工人的手中直冲云天，如一种新信仰的水晶象征"。这一类结构，即中世纪大教堂的现代版，也被陶特在他的《城市之冠》中设想为水晶神殿，奉献给社会主义者的兄弟之情。陶特，也是包豪斯宣言中有行会社会主义倾向的部分原因，这令新住宅建筑也被视为一个工艺作坊，如旧时的大教堂一样。由此，虽然宣言中有着包豪斯的目标之一，"集体策划全面的乌托邦式设计——公社和宗派建筑——并具有长期的目标"，但学校初始几年的重点并不是在建筑教育上，而是在手工艺和绘画之上。第一批聘任的教员都是

822（上）费宁格（Feininger）："未来大教堂"的立面木刻，自包豪斯宣言（1919年）

823（下）格罗皮乌斯和梅耶：佐默菲尔德住宅的入口，柏林-达勒姆区（1920—1921年）

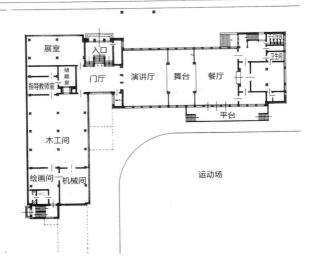

824 格罗皮乌斯和梅耶：包豪斯的底层平面，德绍（1925—1926年）

画家和雕塑家，包括1919年聘请的格哈德·马克斯、莱昂内尔·费宁格，1922年聘请的约翰尼斯·伊登、康定斯基、克莱。直至1927年才聘请了一名建筑师——汉内斯·梅耶，他被任命为刚成立的建筑系主任。

最具影响力的人物就是伊登，直到1922年的包豪斯教学计划中，他负责必修的预备课程。他与包豪斯的质朴信念一致，认为现代人在建立起完美的世间社会之前，必须摧毁过去的一切，他的预修课即拒绝所有西欧文化中的传统目标和技术。取而代之，他提供了一系列的训练，通过摒弃学生已有的智力、情感上的障碍，来推动学生的自我发掘。

第一次实现包豪斯在建筑中统一艺术和工艺的理想的机会，是来自阿道夫·佐默菲尔德委托的住宅设计，他是一名锯木厂厂主及建筑承包商。佐默菲尔德住宅（1920—1921年）位于柏林–达勒姆区，是由格罗皮乌斯和梅耶设计，作为一种表现主义的变体，主题为农民的圆木房，带有表现主义者圈中很流行的尖角和水晶体的形状。其中一些有着爵士乐般奔放的装饰细部，特别是有槽口的横梁末端，类似赖特在东京帝国饭店中的格调。

抽象派画家特奥·范杜斯堡（1883—1931年）于1921年来到魏玛，这令格罗皮乌斯接触到了荷兰"风格派"运动的加尔文式简洁和长方形。"风格派"于1917年创立于阿姆斯特丹，由画家皮特·蒙德利安、建筑师雅各布斯·约翰内斯·彼得·奥德、范杜斯堡所创立，据说后者曾宣称"正方形之于我们，如同十字架之于早期的基督徒"。表现主义者对手工艺的重视无疑是源于对技术丧失了信心，在很大程度上，这是因为第一次世界大战中机械化的大规模屠杀。然而，随着对技术的信心恢复，加上风格派的几何形式美学，使得格罗皮乌斯于1923年转而放弃了伊登"巫女厨房"的一种立场，并任命一位反表现主义的匈牙利艺术家拉斯络·莫霍伊·纳吉（1895—1946年）来主持预修课。与伊登相反，莫霍伊·纳吉选择穿一件连衣裤工作服，使其看上去就像一名工厂工人。为了支持这种新的形象，格罗皮乌斯于1923年做了一个重要演讲，题目为"艺术和技术——一种新的统一体"。在建筑上，这意味着一个工厂美学的回归，此美学正是他于1911年在法古斯鞋楦工厂所提倡的。

风格重点的转移也反映在包豪斯校址的搬迁上，从魏玛到德绍。在德绍，1925—1926年，格罗皮乌斯和梅耶建起了包豪斯的一个新居，采用钢筋混凝土结构和玻璃幕墙，其平面和各个立面都是一种精心设计的不对称组合，

825 包豪斯，德绍：桥和工作间侧翼

这无疑受启发于"荷兰抽象派"或是"新塑形派"画家，如蒙德利安、范杜斯堡。建筑像是一座工厂，虽本没有此意，它在接下来的半个世纪中于一系列的建筑类型中却产生了惊人的影响，如学校、住宅、公寓，全都被设计成工厂一样。这种激进的极简主义建筑是试图摒弃任何"资产阶级"和"不纯"因素的一个结果，这些因素包括斜屋顶、圆石柱、装饰、模边、对称、宽大、温和。

从阿道夫·路斯到国际现代风格

通向格罗皮乌斯的伪工业极简主义（Pseudo-industrial Minimalism）风格的道路，已经为奥地利的路斯，荷兰的奥德、里特维尔德，法国的勒·柯布西耶所扫清。阿道夫·路斯（1870—1933 年）的美学观，阐述在其争论论文《装饰和罪恶》（1908 年）中，是对装饰的一次攻击，全因他不赞同维也纳的分离主义，

这无疑大多归功于沙利文的论文《建筑的装饰》（1892 年），这篇文章应是路斯于 1893 年访问美国时读过。路斯将他的理论表现在白色和平顶的住宅中，如维也纳的斯坦纳住宅（1910 年），一个简单、盒子形状的花园前立面。尽管他设计的很多住宅外部都非常简洁，但内部却优雅地饰有很多贵重材质，因他永远无法克制两种对立的信念，即他钟爱造价昂贵的传统手工艺制品，同时他又认为民间和古典建筑模式已不再适合现代资产阶层。在斯坦纳住宅之后，他又设计了一系列的住宅，并发展了他自己的概念"空间体设计"。当路斯于 1920—1922 年任维也纳住宅建设局的建筑师时，这种特征也出现在其大住宅楼中，而且，在复杂的错层式住宅中到达了顶峰，如维也纳的默勒住宅（1928 年），而此住宅在设计理念上又接近于勒·柯布西耶的别墅。

路斯的大住宅楼设计未能实施，但在荷

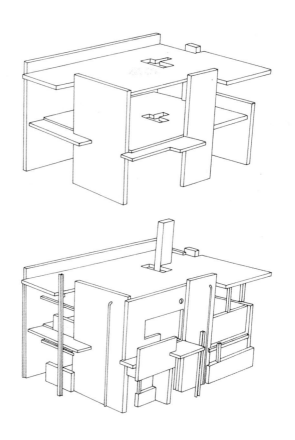

826（上）杜多克（Dudok）：市政厅，希尔弗瑟姆（1924—1931年）

827（右）里特维尔德：施罗德住宅（Schröder），乌得勒支（Utrecht）：结构元素（1924年）

兰，J.J.P.奥德（1890—1963年）于1918年被任命为鹿特丹市的住宅建筑师，他反对阿姆斯特丹学派中的手法主义元素，并建造了白色、立体主义风格、简朴的工人住宅，于鹿特丹的荷兰角港（1924—1927年）和基弗角（1925年）。20世纪20年代，荷兰盛行的简洁几何形潮流，部分原因是人们对弗兰克·劳埃德·赖特早期作品的热衷，而这种热衷在荷兰的建筑界要远胜过欧洲任何地方。由此，威廉·玛里纳斯·杜多克（1884—1974年）在希尔弗瑟姆所建的建筑，如他的市政厅（1924—1931年），就是一座抽象的砖结构，由无装饰、相互叠交的平面和立方组合，不只是赖特式的，也是接近于主要"风格派"和"新造型派"画家的组合方式。为了宣传其新风格，这些画家们已经决意要对比二维平面的元素制造出交叉的关系，进而被视为一个"新造型"。"我们要求"，范杜斯堡写道，"建造环境要依据有创意的法规，源自一整套的原理。这些法规，关系到经济、数学、工程、卫生，将导致一个新造型的统一体"。尽管此语言有些空洞且造作，如同

20世纪初期的许多宣言一样，但是，它也伴随着一种富有活力的三维表现方式，后者同赫里特·里特维尔德（1888—1964年）有着特别的关联。

里特维尔德曾是一名受过培训的橱柜工匠，于1918年设计了著名的红蓝椅，并于1924年在乌得勒支设计了施罗德住宅，两者都看似是由可移动或滑动的部件组成，部件都有平板，并在交叉处相互叠加。施罗德住宅其灵活平面的主要楼层既可用作一个几乎完整的单独空间，也可以用作有滑动隔板分成的4个房间，它实现了范杜斯堡在《一个造型派建筑的16要点》（1924年）中的第11条建议：

"这种新的建筑是反立方体的，也就是说，它并不试图将不同功能的空间单元锁定在一个封闭的立方体之内。相反，它的功能空间单元

828 施罗德住宅的外观，乌得勒支

（以及悬挑的平板、阳台部分等）似乎都是从立方体中心被离心出去的。通过这种方式、高度、宽度、时间（即一种想象的四维实体），在开放的空间之中，便构成了一种全新的造型表现。如此，建筑便多少有一种飘浮的景象，即抵制了自然地心引力。"

虽然实现了这些本质为20世纪的理想，施罗德住宅可声称是国际现代风格运动的第一座丰碑，但其建造完全是用传统材料——木材、砖、灰泥——实现的。由此，这种现代风格不是作为钢筋混凝土构造的一种表现，而是作为现代的一种形象，而无须顾及实践思考。住宅同样引人注目的，是其意在震撼世人，因它只是一座小且半独立的别墅，怪异地加建在一排普通的19世纪住宅的末端。其外部特征醒目的颜色——黄色、蓝色、红色，是由数学家舍恩梅克斯博士为风格派选定的三种原色，他是蒙德利安的一个极大影响。舍恩梅克斯发明了术语"新塑形主义"作为其宇宙哲学的一部分，他论及黄色、红色、蓝色"是仅有的存在颜色"，因黄色象征着太阳光线竖向的运动；蓝色，横向的能量，即地球环绕太阳运行的轨迹；而红色，即二者的融合。

国际现代风格，于斯图加特的"白色住

宅区"得到了适宜的国际展示，是由德意志制造联盟建造，作为1927年的一个工人住宅展览的一部分。它由联排、独立的住宅和公寓楼组成，以其新平屋顶的极简风格，有些笨拙地连接在地段上，虽然之前1925年的原始规划是要建造一个表现主义风格的山村，有一种统一、有机的布局。1927年的建筑师，有格罗皮乌斯、珀尔齐希、贝伦斯、布鲁诺和马克斯·陶特、柯布西耶、奥德、路德维希·密斯·凡德罗（1886—1969年）等人作为艺术指导。1908—1911年，密斯在贝伦斯位于新巴伯尔斯贝格的建筑事务所中工作，并且汲取了当时盛行的辛克尔复兴风格，这可见于其新古典主义风格的佩尔施住宅（1911年），位于柏林采伦多夫，位于柏林新巴伯尔斯贝格的乌尔比格住宅（1914年），以及1912年位于宾根的俾斯麦纪念碑所做的项目。

战争之后，密斯被卷入表现主义者对玻璃的狂热之中，即陶特和其圈子。1920—1921年，他做了一个通透的设计，一座极具梦想的玻璃摩天大楼，其平面同胡戈·黑林或是高迪的设计一样呈曲线状。1928年，在改建柏林亚历山大广场的竞赛设计中，他建议，用无魂的板式大楼将广场围起来，这是现代规划者们对历史城市中心一个野蛮处理的不祥预告。1926年，他在柏林设计的纪念碑——纪念共产主义者卡尔·李卜克内西和罗莎·卢森堡，这是一座抽象的直线组合，采用扭曲的硬炼砖，令其生动的是上面的锤子和镰刀，于一个巨大五角星中。虽然，当时表现派已是强势之际，但其构图却受启发于风格派运动的绘画，并有一种很强的影响是来自弗兰克·劳埃德·赖特。荷兰和赖特影响的同样组合亦形成了很多低水平线和自由平面的建筑，如巴塞罗那世界博览会上的德国馆（1929年），它有着开敞式室内空间，是用不对称布置的隔断，屏风为玻璃或抛光大理石。其悬臂支撑的钢管扶手椅，是依据

829 密斯·凡德罗：一座玻璃摩天大楼的设计（1920—1921年）

830 密斯·凡德罗：德国展馆的室内，世界博览会，巴塞罗那（1929年）

马塞尔·布鲁伊尔和马特·斯塔姆的建议，为"白色住宅区"设计，但在更奢华的巴塞罗那馆内，却被"巴塞罗那椅子"取替。椅子采用皮革和不锈钢，并有一个"X"形椅架，略有新希腊或辛克尔式的特征，它成为欧洲和北美前卫住宅室内的标志之一。密斯于1930年成

为包豪斯的校长，但3年之后他关闭了学校，因面临"国家社会主义政权"的反对。于1934年，他对英国进行了一次短暂但却受影响的访问，之后便定居美国，在那里，他开始了一个新的职业生涯，我们将在适当的章节中再加论述。

古典主义传统于两次世界大战之间的德国、捷克和斯洛文尼亚

应强调的是，国际现代风格只代表两次世界大战之间德国建筑的一个方面。主要的建筑师，如威廉·克赖斯、埃米尔·法伦坎普、赫尔曼·吉斯勒、格曼·贝斯特梅耶，在20世纪20—30年代，采用了有力、适应性强的设计语言，这是在第一次世界大战时就已确立。如杜塞尔多夫的办公大楼，克赖斯的威廉·马克斯住宅（1922—1924年），严谨地效仿梅塞尔和赫格尔的砖砌风格和竖向强调，同样的还有1924—1927年于杜塞尔多夫和纽伦堡为莱茵钢铁厂所设计的建筑，设计出自克赖斯的学生，也是继任的杜塞尔多夫建筑学校的教授，埃米尔·法伦坎普（1885—1966年）。

该时期所推举的建筑设计理念在本质上是多元的，这里，钢铁和玻璃的现代风格，用于工厂建筑；古典主义风格，用于大型公共建筑；以及一系列的本土风格，用于乡村建筑。这时全新的注重点是要寻找一种经典的民族风格，即第一次世界大战之前的建筑师所专注的，如海因里希·特森诺（1876—1950年）。无饰的多立克式风格，如特森诺的庆祝中心（1910—1912年），位于德累斯顿附近的黑勒劳，以及约翠夫·霍夫曼奥地利馆（1914年），位于科隆的德意志制造联盟博览会，是很多建筑师于20世纪20—30年代的一个灵感源泉，如克赖斯于其杜塞尔多夫艺术博物馆（1925—1926年），保罗·路德维希·特鲁斯特（1878—1934年）于其慕尼黑荣誉宫（1934—1935年，

831 特森诺（Tessenow）：庆祝中心，黑勒劳，近德累斯顿（1910—1912年）

毁于1947年）。这一时期，另一座非常成功、样式时尚的古典主义建筑是萨尔布吕肯的剧院，有着舒展的半圆形柱列，用了简单的托斯卡纳多立克式。它建于1938年，为了纪念萨尔地区重归德国，设计出自保罗·鲍姆加登。

贝斯特梅耶和特鲁斯特在慕尼黑建了很多巴伐利亚政府办公和公共建筑，其中

包括后者设计的辛克尔风格的德国艺术馆（1933—1937年）。这些建筑大多同城市新建的新古典主义氛围相协调，但在柏林，阿尔伯特·斯皮尔（1905—1981年）——特森诺的一名学生——则从1937年起负责主持了一项极度狂妄的总规划，即沿着宽大的街道，建造夸大、不现实的公共建筑，并有一个凯旋门，以及一个巨大的"人民大厅"，于一个世界上最大的穹顶之下。建筑规模的不可能，以及伴随的民粹主义言辞，有关道德进步的"社区体验"角色，都是完全重复18世纪后期法国部雷和勒杜的建筑激情。斯皮尔得以实施的大型工程，即位于柏林、现已毁掉的新元首府（1938—1939年），是一个更为现实的作品，采用无饰古典主义风格，有一个复杂的平面，巧妙地适应了很长、很奇怪的建筑地段。柏林奥林匹克体育馆（1934—1936年），及其大门、广场、田径场，是由维尔纳·马奇和阿尔伯

832 斯皮尔：新元首府的入口庭院，柏林（1938—1939年）

833 克吕格尔（Kruger）：坦嫩堡纪念碑（1924—1927年）

特·斯皮尔设计的，则常常为人仰慕，作为一个受古典主义启发，新颖、精彩的现代版语言。

德国对纪念碑根深蒂固的热衷，于20世纪30—40年代到达了顶峰。再一次，于20年代就已建议过的适宜建筑语言，又见于位于东普鲁士的坦嫩堡纪念碑（1924—1927年；毁于1945年）的形式之中，是瓦尔特兄弟和约翰内斯·克吕格尔设计的。于这圈8个阴郁的长方形花岗岩塔楼中，兴登堡葬于1935年，是为了纪念1914年8月的坦嫩堡战役而建，战役中俄国军队被德国击败。在建筑的形式和功能上，都是威廉·克赖斯受启发的一个源泉，后者自1941年后采用了一种似部雷风格的建筑语言，设计一些巨大、抽象的纪念碑，这些纪念碑是他奉命在全欧洲以纪念"德国的牺牲和胜利"而建。一种风格上与其相关的建筑类型叫作"骑士团堡垒"，其中有一些是建于1935年，于偏远的山顶地段上，作为训练和团体活动中心而建的。贝斯特梅耶的岩石面和半罗马

风的样式被赫尔曼·吉斯勒于巴伐利亚的松特霍芬骑士团堡垒中采用。堡垒同周边的浪漫环境相交融，同样的还有另一座保存下来的骑士团堡垒，位于科隆南部的福格尔桑。在弗里茨·托特的总领下，一些公路和桥梁形成了新的汽车高速路，其中一些是由保罗·伯纳兹设计的，而且它们和一望无际的大片风景也非常协调。

斯洛文尼亚建筑师尤执·布莱赤尼克（1872—1957年）在布拉格建造了很多建筑，包括圣心教堂（1928年）和城堡的增建部分（1920—1930年），同时他也在卢布尔雅那市做了设计。他逐渐被赞为20世纪最为创新的古典主义建筑师。

20世纪初期的法国和路易十六风格复兴

第二次世界大战前的20世纪法国建筑，总的来说不如德国建筑有趣，虽说这里有两位风格相反的建筑天才——奥古斯特·佩雷和勒·柯布西耶。我们已涉及过强劲的新艺术风格的张力，现在要讨论的是法国建筑之中新艺术风格的反对者。反对形式之一，即一种"路易十六时代复兴"的风格，虽然它一直为建筑史学家们所忽视，其领袖人物是一些设计极为精致的建筑师，如查尔斯-弗雷德里克·梅韦、雷内·塞尔让、瓦尔特·德塔耶尔、格朗皮埃尔兄弟。这些博学、优雅的建筑师，承接了我们在第九章中称颂过的建筑师拉卢克斯、吉拉德、内诺，于第二次世界大战前的数年之中，继续为奢华的都市世界提供了一个理想的环境，这个世界被极具想象力地记录于普鲁斯特的小说中。

查尔斯-弗雷德里克·梅韦（1858—1914年），在1900年与英国建筑师阿瑟·戴维斯（1878—1951年）结成合作伙伴，后者同他一样，也曾就学于美术学校，曾工作于同一个设计室。梅韦和戴维斯的建筑实践，在前

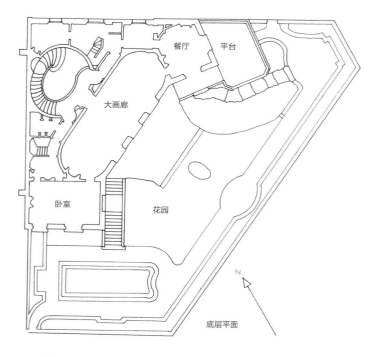

餐厅　平台

大画廊

卧室　花园

N

底层平面

834 爱丽舍·莱克勒斯大街18号的底层平面，巴黎（1908—1909年），梅韦（Mewès）

835（对页顶）瓦赞别墅的西立面，伊夫林—罗什福尔（1903—1906年），塞尔让

836（对页底）塞尔让：卡蒙多博物馆的大厅廊，蒙索大街63号，巴黎（1910—1913年）

者去世之后仍持续很久，它是一种多国合作，尤其和现今比较，这在当时极为少见。除了在英国的戴维斯，梅韦在德国、法国、西班牙、南美都有代理人。他优秀的独立创作包括他自己的住宅（约1888年），一种手法主义类似朱利奥·罗马诺的风格，位于巴黎安瓦莱德大街36号，以及设计精彩至极的亭阁（1908—1909年，毁于约1960年），为演员卢西恩·吉特里修建，位于巴黎的爱丽舍·莱克勒斯大街18号。为钻石商人和银行家朱尔斯·波格斯，他建造了一座庞大的花园别墅，于1899—1904年，在朗布依埃地区伊夫林—罗什福尔，些许受启发于皮埃尔·卢梭的巴黎萨姆旅馆。在同戴维斯合作期间，梅韦在伦敦市中心设计了很多大型建筑，包括里兹酒店（1904—1906年）和早晨邮局（1906—1907年）。这些建筑不仅将一种优雅的路易十六建筑风格自芝加哥引进到英国伦敦，同时，也引进了最新式的钢铁框架构造，

这些都可视为一种平行的比较，即相较于麦金、米德和怀特对美国建筑的贡献。

雷纳·塞尔让（1865—1927年）的职业生涯和梅韦的近似。他于1901—1915年在巴黎建造了很多奢华的私人宅邸，在周边的乡间建造了很多庄园别墅，还有在凡尔赛宫中建造的特里阿农宫。他的瓦赞别墅距离梅韦在伊夫林—罗什福尔的别墅不远，是为费尔斯伯爵建造，建于1903—1906年，作为一个无可挑剔的A.-J.加布里埃尔（1698—1782年）风格解析，费尔斯对后者于1912年发表了一篇学术专题。这种复古重创18世纪建筑的完美，最终到达顶峰的则是其为莫伊兹·卡蒙多伯爵府，于1910—1913年而建造的巴黎的蒙索大街63号，伯爵是极为富有的银行家族成员。它现在是尼西姆·卡蒙多博物馆，建筑主要是为展示莫伊兹伯爵的收集藏品，有18世纪法国的家具、装饰艺术品、细木护壁板、绘画。虽然其入口立面模仿了加布里埃尔的小特里阿农，但它绝对不是一个死板的复制品。例如，其复杂的"L"形平面其实是一个18世纪后的概念。

佩雷、加尼耶和绍瓦热

同时，古典主义传统的无限适应性展现在奥古斯特·佩雷（1874—1954年）全然不同的建筑中，其建筑成就即将钢筋混凝土建筑结构引进到法国理性主义传统的轨道之中。他是一名建造师的儿子，从1891年起开始受训于巴黎美术学校，在拉布鲁斯特的学生加代的指导下，两年后他的兄弟古斯塔夫也加入此列。他们没有拿到文凭就离开了学校，这样，他们便

837、838 富兰克林街25号的立面细节和平面，巴黎（1903—1904年），埃内比克

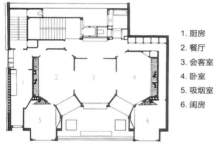

1. 厨房
2. 餐厅
3. 会客室
4. 卧室
5. 吸烟室
6. 闺房

可以自由地于其父亲的家族公司中去做建筑承包商。奥古斯特·佩雷相信，对结构完整的要求，正如理论家维奥莱-勒-杜克、舒瓦西、加代所提倡的，可以通过采用最新发明的钢筋混凝土技术来实现。虽然他接受了维奥莱的观念，即希腊式和哥特式建筑作为理性结构的表现，且在表面上并不认同文艺复兴，但是，他却无法避免地受到了弗朗索瓦·孟莎以来法国古典主义传统的影响。此风格的特点，就是框架和镶板的立面形成了一个清晰利落的横梁式建筑，看似是一个仿木结构。这些实心石材的立面用不承重的柱础和壁柱所连接，后者是功能性支撑的审美学表现。然而，在钢筋混凝土构造中，墙壁是一个有功能作用的框架结构，用一种不承重的材料填充，并同整体的实际结构相适应。

强化或钢筋混凝土结构，即将混凝土浇于钢筋和钢筋网中，以加强其张力，由弗朗索瓦·夸涅首用于19世纪50年代。他和后来的弗朗索瓦·埃内比克（1842—1921年）缓慢发展此技术，后者于1892年获得了两项重要专利。埃内比克将此技术主要应用于工业建筑中，但是，第一座钢筋混凝土的多层公寓大楼是巴黎富兰克林街25号（1903—1904年）。钢筋混凝土的框架清楚地展示于建筑外部，虽然建筑覆以条饰状瓷砖，且用相同材料，于不承重镶板之间组成了漂亮的花瓣状图案。为了在建筑前面设计出最多房间，且每间都配有一个窗户，他未用惯例的庭院，而是令建筑的立面向内折，于大楼前部创造出一种入口庭院的感觉。由于他在建筑的后部楼梯和浴室塔楼中新颖地使用了玻璃砖，这令其在极端地段上完成了设计，因为如果他采用传统开窗方式，后墙必须前移才会不影响邻居的通行。事实上，此建筑深深地植根于法国理性主义的传统，因其平面设计包括将每套公寓分为男女两侧，这都是受到维奥莱的影响。佩雷避免了所有承重内墙，取而代之的是很薄、偶尔可移动的屏风，置于细细的支撑点或墩柱之间，此技巧后来被柯布西耶采用。

在巴黎香榭丽舍大街的大剧院（1911—1912年）中，佩雷基于亨利·凡·德·费尔德的原设计，创造出一种更为和谐、古典的建筑立面。其钢筋混凝土框架在前立面和紧邻的圆角上都覆以一层灰色大理石的表皮。它还结合有巨大的人物雕刻版面，雕刻来自安东尼·布尔代勒，将其置于突出的框架上，如此，这些浮雕便会形似一个多立克式横楣上的垄间板雕刻。一种无饰的多立克式简洁主导了不加修饰的室内，采用同样的灰色大理石，如其门厅、楼梯，当然，在观众大厅的凹形穹顶之下，他允许用的颜色则是来自莫里斯·丹尼斯和K.-X.卢塞尔的"象征主义"[①]绘画作品。

其他建筑师选择用丰富混凝土的材料，有上釉的陶土、陶瓷、马赛克，其中包括建筑师保罗·加代，即用于自己位于缪拉大街95号的住宅（1912年），以及安德烈·阿弗威德森（1870—1935年），用于他在康帕涅第一大街上的艺术工作室（1915—1920年）。佩雷纪念战争的兰西圣母教堂（1922—1923年）位于巴黎东北部的兰西，是第一座主要在美学上令人满意的，暴露钢筋混凝土的使用，没有覆以任何饰面。这个玻璃和混凝土的架子如一个剑桥国王学院礼拜堂的现代版，其不承重的外墙只是一个网状的隔墙板，由预制的混凝土板构成，并填有彩色玻璃，其排列是按照光谱中的颜色序列，由入口处的黄色直至高祭坛上的紫色。在其室内，中殿上方的一个连续分块的壳体拱顶和狭窄走道上的横向筒形拱顶，支撑都是来自四排高达37英尺（11米）的独立柱子。佩雷不仅为这些圆柱设计了一种希腊式的凸肚

839 佩雷：香榭丽舍大街的大剧院（1911—1912年）

形和直径渐减，令柱子直径由柱基的17英寸（43厘米）变为柱顶的14英寸（35.5厘米），而且，还有一种哥特式复合柱槽，因其浇铸时就带有哥特式复合壁柱的褶条和凸线。奇特的西部塔楼也类似地结合了哥特式高耸垂直的一种效果，如同古典主义柱子一样的叠加柱体。的确，此座教堂的全部都可以被视为一个后期产品，即自佩罗时代法国建筑理论家所提倡的，一种理性的希腊—哥特综合体，即如苏夫洛于圣吉纳维夫教堂（先贤祠）中所展示的。

虽然兰西圣母教堂在审美上令人满意，但从一个建筑结构的角度它却是一次失败的尝试。至1985年，生锈的金属加固结构，即暴露于剥裂的混凝土表层之下，于教堂的内外都有。这

① 象征主义：
Symbolist，绘画派别，始于19世纪中叶，包括克利姆特、罗丹、俄国的瓦斯涅佐夫，象征主义亦影响了建筑的新艺术运动。

座建筑的悲惨命运令修复者面临一个几乎无解的难题，这似乎违背人们所持的观点，因佩雷既是承包商又是建筑师，看似是一个特别强项，本应能保证施工的最高水准。这座建筑的教训在于混凝土，正如古罗马人和佩雷的同时代批评家所知的，它理想地覆以一种美观、耐用的表层材料。

佩雷设计的公寓位于巴黎雷奴阿尔大街51–55号（1929年），类似于其在弗兰克林大街双25号的公寓，含有一套自己用的公寓和一个制图办公室，这里，他采用了弗兰克林大街

840（对页）佩雷：兰西圣母教堂的室内，兰西，近巴黎（1922—1923年），向西景观

841（下）托尼·加尼耶：居住区的设计，《工业城市》，1917年

公寓的设计主题，并且，展示以在兰西教堂中的暴露钢筋混凝土形式加以表现。其横梁式结构的建筑立面为对称设计，而三角形的地段则令佩雷在设计自家公寓时，可以陶醉于一种优雅的几何图形游戏之中，如勒杜在蒙莫朗西旅馆（1770年）中享受的那种。佩雷还设计了两座巴黎的政府建筑，却具有特殊功能，国家家具大楼（1934—1935年）是属于法国国家的，即收藏古董家具的一个仓库，还有工程博物馆（1936年），是为工程模型的收藏，但现已是经济和社会理事会的总部，不同于大多当时以及后来的钢筋混凝土建筑，佩雷的建筑著称于其精致的细部、比例精心设计的结构横梁和礅柱，及其模式精美的檐壁和线角、带有凸肚形、精致的柱头、如希腊柱子的凹槽装饰面。国家家

具大楼和工程博物馆围绕着轴线式分布的庭院和厚重的多排柱大厅，以其和谐、大多对称的布局，在建筑上构成了一个法式逻辑、秩序的实例。不幸的是，它们也受制于其弱点，即着重于理性，而非视觉。由此，也许更吸引人的，是在建筑历史书中读其逻辑，而不是亲眼观其效果，后者因其灰色和讨嫌的混凝土表层而失去了生气。

还有两位应该提及的实验性建筑师分享了佩雷的部分理念，他们是亨利·绍瓦热和托尼·加尼耶（1869—1948 年）。托尼·加尼耶为一座现代的乌托邦城市做的设计，于 1901—1904 年展示于 1904 于巴黎美术学校，并出版于 1917 年，即分两卷的《工业城市》。这座新阿卡狄亚式城市的规划，以其公园、树木、立方体的古典白色混凝土建筑，是一个混合体，由正式的轴线井式布局，即奥斯曼和美术学校的传统，以及更多不规则街道的布局，其分析结果由卡米洛·西特出版于他极具影响力的著作《用艺术原理来建造城市》（维也纳，1889 年）中，后于 1902 年被译成法语。加尼耶极力反对 19 世纪工业城市的无计划性扩展，如其故乡里昂，他对其理想城市的不同功能有过深思熟虑，如此，建筑用于政府、文化、住宅、工业、农业会占据不同的区域，并清晰地用不同大小的街道所连接。这种规划设定了一个不愉快的先例，因为这样，会出现死寂沉沉的行政和购物中心，这与欧洲历史城市中生机勃勃的生活形成鲜明对比，后者即由住宅和公共建筑交错的精确设计而产生的。加尼耶朴实的"乌托邦主义"令其设计城市时省略了教堂、法院、警察局、兵营或是监狱，因为他相信在理想的社会主义城市中，这已不需要，此理念可能是源于勒杜于 1804 年出版的《绍村盐场理想城市》。加尼耶于 1905 年被任命为里昂的城市总建筑师，但是未再设计出任何特别的建筑。

一名比加尼耶更为优秀的建筑师，虽然其含混性令人困惑，即是亨利·绍瓦热（1873—1932 年）。他最初是一名极富活力的新艺术派设计师，但最后他则提议建造混凝土阶梯式金字塔，这是与未来主义者圣伊利亚①的项目相竞争。绍瓦热在美术学校接受训练，并在那里结识了路易斯·马若雷尔的兄弟——南锡的一名新艺术运动风格的家具制造商。其结果是绍瓦热获得了在南锡修建马若雷尔别墅的委托，并于 1898—1901 年建了一座醒目突出的半中世纪、半新艺术运动风格的建筑，作为马若雷尔家族和公司的一个中心。一种与之对立、对低成本资产阶级住宅的兴趣，令绍瓦热设计了位于巴黎瓦万大街 26 号的公寓住宅，是他与搭档查尔斯·萨拉赞一起设计的。其钢筋混凝土框架的表面欢快地覆以白蓝相间的彩陶砖，采用了梯级式递减形式，这是一种在已有的建筑规范之下到达建筑高度的办法。绍瓦热赋予了这个建筑主题以更为大胆的表现，即于巴黎阿米罗大街上巨大的公寓大楼（1923—1924 年），是为一个社会主义者合作公寓而建的，其中心还有一个天窗采光的室内游泳池。他对梯形建筑的专注到达顶峰是在 1927—1931 年，为巴黎设计的一系列未能施工的酒店和公寓，都是高耸的新巴比伦式金字塔。

勒·柯布西耶

20 世纪 20 年代特别的文化活动之一，就是现代工业装饰艺术国际博览会，是于 1925 年在巴黎举办的，作为第一次世界大战之后的首届装饰艺术国际博览会。在展览的一边，是一颗"建筑界的定时炸弹"，受到许多人的忽略和蔑视：这就是新精神展览馆，是由勒·柯布西耶和他的合作伙伴——堂弟皮埃尔·让内雷设计的。这座刻板的白色盒子建筑，有一棵植于正中、一个附属建筑，其中有一个勒·柯布西耶为巴黎所做的瓦赞规划模型，此规划建议去掉城市大多的历史中心，取而代之以由 18 座摩

① 圣伊利亚：
Sant' Elia，意大利建筑师，未来主义运动主要人物。

天大厦构成的一组建筑群。这座展馆和瓦赞规划都是勒·柯布西耶数年思考的结果。勒·柯布西耶于1887年，出生在瑞士的拉绍-德-封，原名为查尔斯·爱德华·让内雷，勒·柯布西耶（是他自1920年的自称）于1900—1905年学习艺术和建筑，在画家查尔斯·勒普拉特涅尔的手下及拉绍-德-封美术学校（即当地的应用艺术学校）学习。受影响于拉新金、尼采、西特、工艺美术运动的社会理想，是由勒普拉特涅尔向其介绍的，勒·柯布西耶于1910年——开始准备写一本最终未能完成和出版的书籍——《城市的建筑》。这是对城市规划

842（左）瓦万大街26号的外观，巴黎（1912年），绍瓦热（Sauvage）

843（下）勒·柯布西耶的巴黎前景规划模型（1925年），罗浮宫于左下方

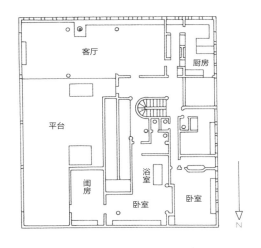

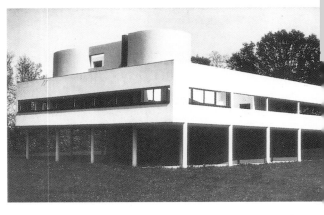

844、845（上） 萨伏伊别墅的平面和外观，普瓦西（1929—1931年），勒·柯布西耶

846（左） 萨伏伊别墅的剖面

847（下） 勒·柯布西耶：现代住宅（1922年）

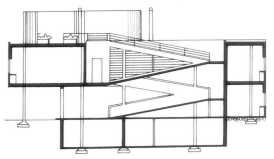

进行的一次敏感细致的研究，以西特对历史城镇的分析为基础，这是一种在勒·柯布西耶之后的职业生涯以及著作中——如《城市规划》（1925年）——将予以完全否定的观点。

另一段时期也同样影响着年轻的勒·柯布

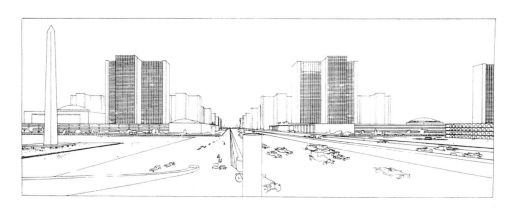

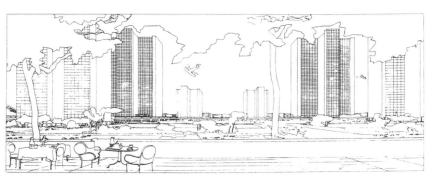

西耶，是其 1908—1909 年于佩雷在巴黎的工作室，以及于 1910—1911，于贝伦斯在柏林新巴伯尔斯贝格的工作室工作中。他们古典主义化风格的影响，也许还有一些是来自弗兰克·劳埃德·赖特，都可见于勒·柯布西耶在拉绍-德-封的早期建筑作品中，如 1911—1912 年为其父母建的别墅和 1916—1917 年为阿纳托尔·施沃布建的别墅。他在 1914—1915 年的项目，即钢筋混凝土简单且低廉的住宅建筑，他称其为"多米诺"，是受启发于加尼耶的著作《工业城市》和阿道夫·路斯的"极简派风格"。其名字多米诺（Domino），就是由"Domus"（房屋）加上"innovation"（革新）而创造出来的。

他将此主题进一步发展于其一个成功的项目，即 1919—1922 年的"雪铁翰"住宅设计，并将设计发表于其杂志《新精神》和著作《走向新建筑》（1923 年）中。"雪铁翰"这个名字是汽车制造公司名字"雪铁龙"的一个变体，以此，他提议这些住宅同汽车一样高效、革新。为了坚持其摒弃传统墙壁、房间的理想，这些住宅建筑都是离地拔起，似乎悬浮于高翘或桩柱之上，并且采用了屋顶平台和错层设计。这种"雪铁翰"式建筑，最终实施于 1922—1923 年在塞纳-瓦兹省为沃克雷松建造的住宅中，以及为"纯粹派"画家阿梅代·奥藏方在巴黎雷耶大街 53 号的住宅，还有 1925 年巴黎博览会的新精神展馆中。这座展馆实际上是"雪铁翰"式建筑的一个居住单元，是以一种公寓形式，来自勒·柯布西耶在 1922 年"当代城市"中提倡的公寓大楼中的一套。这些并不舒适的展览性住宅中极具野心的，就是位于加奇斯的别墅（1927 年）和位于普瓦西的萨伏伊别墅（1929—1931 年），但是，这种建筑模式的微型版早已被位于佩萨克的工人住宅区中展示过，于波尔多附近，是勒·柯布西耶于 1925 年为工业家亨利·弗吕热设计的。然而，这些白色的混凝土住宅建筑却让其居住者们无法接受，他

们试图令其更具可居住性，且看似为住宅建筑，便填充底层的架空、无用的空间，且用斜屋顶取代了屋顶平台，缩短了长条式窗子，令其变为传统的样式。

支撑佩萨卡住宅的思路，是 20 世纪 20—30 年代前卫建筑思潮的一部分，他认为建筑应有益于人，并用作道德和社会改革的一种工具。这种言辞可见于勒·柯布西耶的《走向新建筑》书中，这是一本很有影响力的著作，收集了很多口号，宣传一种机器美学，其中一些是回应法国建筑思想中理性主义传统的重复信念，其他的则是以道德和卫生为由，来辩护其选用的建筑语言。勒·柯布西耶设计方法的突出表现之一是他的瓦赞规划，即傲慢地拆毁了蒙马特尔和塞纳河之间的巴黎大部分中心区域。此规划以加布里埃尔·瓦赞的名字命名，他是一家汽车公司的老板，包括标致和雪铁龙等品牌在内，他还曾资助过新艺术展览馆。由于该规划全然无视建筑地段和当地风俗，在某种程度上，可被视为美术学校式规划的反证法，虽然类似的失败又重现于 20 世纪 50 年代勒·柯布西耶设计的昌迪加尔市之中。"当代城市"和瓦赞规划沿轴线排列有摩天大厦，连接是用为高速交通而建的庞大高速公路，它们提供了一个颇为诱人的景象，并在第二次世界大战后被全世界广为采用，效果则不尽如人意，虽然至今为止，巴黎的中心区域大多得以脱离了这种处理方法。勒·柯布西耶从卡米洛·西特那里学得的历史敏感性，已被他对速度和机器之诗意的一种膜拜取代，"城市拥有速度，"他宣称，"即拥有成功。"

20 世纪 30 年代初，勒·柯布西耶能够以一种相对适宜的规模，在巴黎实现了为一座乌托邦式城市提出的一些建议，这源自他在 1933 年的著作《放射性城市》。这些影响非凡的大楼，即后来全世界无数板式大楼的祖先，包括巴黎南部大学城中的瑞士学生宿舍（1929—1932 年）和救世军旅舍（1929—1933 年），亦被称为"避

848 勒·柯布西耶：瑞士学生宿舍的外观，大学城，近巴黎
（1929—1932年）

难城"。瑞士学生宿舍，是一座四层高的长方形板式大楼，钢铁框架结构架于巨大的钢筋混凝土桩柱之上，里面是学生宿舍。它连接着一个高楼梯塔和一个单层的餐厅或休息厅，其立面都是凸出的，其平面却是凹进的。这些曲线意在缓和刻板的长方形，而此长方形占据了建筑的各个角落。此外，餐厅的曲线外墙被饰以毛石工艺，以此来对比主寝室楼侧墙上未经装饰的重组石墙的板面。为使住户免受阳光的直射，南向主立面上的整条窗子都被装上了铝质百叶窗，由此，正如一位建筑史家所抱怨的，"这样就破坏了原始形状的纯洁性"。

类似的问题也困扰着"救世军"旅舍，它亦有一个巨大的玻璃幕墙，亦是南向，且是密封严实的窗子。这些本应是两层的玻璃，令热空气、冷空气在两层玻璃之间循环，但是，这套设计系统未被采纳；温室效应最终是通过改进的空调系统得以调节的，并在整个建筑立面之前建造了一个混凝土的遮阳板。虽然它是出自另外一位建筑师之手，但是却遵循了勒·柯布西耶曾采用过的设计，是1933年为阿尔及尔高层建筑的处理方法。现代建筑常为人所描述和辩护，好像它是新建筑材料和技术的必然后果。实际上，它只是一个现代标志性形象的最终结果，这里，技术的成分不是很多，有时甚至根本没有。如，对玻璃的专注，其最初源于陶特的梦幻景象，但后来却创造出一系列有功能性问题的建筑，从20世纪30年代直到贝聿铭的汉考克大厦（1972年），后者位于马萨诸塞州的波士顿。

勒·柯布西耶在1937年为巴黎举办的世界博览会设计的新时代展馆是垂直支撑，采用钢铁栅栏、张力钢索、一个帐篷式帆布屋顶呈一个悬链状曲线。这种奇特的形象，来自荒野中希伯来圣堂的重建，勒·柯布西耶曾在他的《走向新建筑》一书中提倡此模式，这里，还结合参考了当代的航空结构。这座展馆的政治形象清晰地铭刻在布道坛似的讲坛上，"一个新的时代已开始，一个团结的时代"。它是"人民阵线"的一个口号，它成立于1935年，由共产主义者、社会主义者、激进党派组成的联盟，并于1936—1937年以莱昂·布卢姆作为总理在法国执政。这座建筑的确像是一个新现代主义信仰的圣坛，正如勒·柯布西耶在其《放射性城市》中勾勒出的，如放在圣坛上的《十诫》一样，这里有布道坛，而置放在轴心上的是《雅典宪章》，它是CIAM（现代建筑国际协会，Congress International of Architecture Modern）于1933年发布的。CIAM早在1928年就已成立，勒·柯布西耶和工程师兼艺术史学家西格弗里德·基顿是其主要成员。《雅典宪章》坚持主张城市规划的重要性在于按功能划分区域，并建有高层、间距加宽的公寓大楼。

虽然勒·柯布西耶是这种新风格的首要建筑师，但他的观点也为其他建筑师所持有，如罗伯特·马莱-史蒂文斯（1886—1945年）、安德烈·吕尔萨（1894—1970年）、皮埃尔·夏洛。马莱-史蒂文斯在巴黎的马莱-史蒂文斯大街上的宅邸（1926—1927年）是立体主义的混凝土盒子建筑，而吕尔萨位于塞纳的维勒瑞夫的中学（1931年）则是一件突出的国际风格建筑作品。夏洛为达尔萨斯博士设计的住宅位于巴黎的圣纪尧姆大街上，是与B.比耶沃特合作设计的，有一个裸露的钢铁玻璃立面，这令其获得了受勒·柯布西耶启发的称呼——"居住机器"。勒·柯布西耶的城市规划理想有一些出现在维勒班，是里昂的一个工业区，这里，M.-L.勒富于1932—1935年建造了一组摩天大楼，它们环绕着M.-R.吉罗建造的城市酒店，现代又是无饰古典主义。

两次世界大战之间的法国传统风格建筑

如果描述20世纪30年代法国建筑的主导，其中最有特点的建筑是夏乐宫，于1935—1937年建于巴黎，设计出自雅克·卡吕、路易-伊波利特·布瓦洛、莱昂·阿泽玛。其设计意图是作为一组永久性构建的纪念性建筑，是为1937年国际展览会或者是巴黎世界博览会而建，用于举办展览和音乐会。这组建筑成为一道壮丽的轴线景观，从加布里埃尔的军事学校至埃菲尔铁塔的最终端。另一座雄心勃勃的展览会建筑是主教馆，由保罗·图尔农（1881—1964年）设计，有着棱角分明、爵士乐般奔放的室内，有一种所谓的"装饰艺术风格"，此风格形成于1925年的国际博览会上。图尔农从

849 1937年世界博览会，夏乐宫，巴黎，卡吕、布瓦洛、阿泽玛

850 巴尔热：圣奥迪勒教堂，巴黎（1936年）

1925 年起即成为国家高级美术学院的一名教授，并于 1942 年成为该校校长，是两次世界大战之间法国最重要的教会建筑设计师。

从 20 世纪 20 年代起，涌现出很多教堂建筑，部分是建筑在法国的北部，因第一次世界大战的摧残，同时也活跃于巴黎地区，因为"枢机主教之地"的团体。如之前一样，新拜占庭式风格很是盛行：它们似乎缺少古典主义或者哥特式建筑中的具体历史关联，由此，便可用以表现一种中立的现代性。一个特别的例子就是 J.巴尔热设计的圣奥迪勒教堂（1936 年），位于巴黎的斯特凡娜·马拉梅大街上。

1937 年世界博览会上最优秀的建筑师是罗歇-亨利·埃克斯佩（1882—1955 年），他负责位于夏乐宫和塞纳河之间喷泉的布局设计，以及戏剧性的灯光照明。这是为展览会，本是要获取公众注意力，为此，这里首次应用了建筑用照明。它成为 1893 年芝加哥世界博览会的一大特点，但是，是在 20 世纪 30 年代由阿尔伯特·斯皮尔予以了最富想象力的表现。于其"光之大教堂"中，作为团体聚会的一个背景，斯皮尔实现了"阴影之建筑"，即由部雷于 18

世纪后期所提示的。

1925 年格勒诺布尔的博览会上的埃克斯佩的旅游馆，是一座极富活力的装饰艺术风格的建筑。然而，建于 1924—1927 年的一组别墅，位于法国西南部的阿卡雄，特别是泰蒂别墅和凯普里斯别墅，它结合了隐约的装饰艺术风格和一种无饰古典主义风格。这些优雅的住宅建筑是一种奇特的前兆，预示着 20 世纪 80 年代美国后现代主义的风格，虽然埃克斯佩作为一名设计师，要比格雷夫斯或摩尔还要挑剔。他的贝尔格莱德法国公使馆（1928—1933 年）延续了阿卡雄别墅的建筑主题，却是一种更为厚重、古典的方式，而其为轮船"诺曼底号"设计的室内则是装饰艺术风格，且是此风格最为时尚、最具流线型的。还有很多建筑师都有着传统风格的作品，却带有埃克斯佩的现代气息，如阿尔伯特·拉普拉德（1883—1978 年），位于文森斯的殖民博物馆的设计师。

1937 年的博览会中，展馆风格各异，如同当时欧洲的政治分歧，后者的积聚发展，悲剧性地导致了第二次世界大战。德国馆由阿尔伯特·斯皮尔设计，包括一项主要展览作品——是为纽伦堡的党徒集会地设计的——采用了无饰古典主义风格，类似俄国馆，后者出自鲍里斯·约凡（647 页）。这两座建筑的一种戏剧性对峙，却过快地实现于战场之上。

斯堪的纳维亚和芬兰

斯堪的纳维亚国家和芬兰的建筑在 20 世纪初期以其民族浪漫主义到达顶峰，后者是在 20 世纪 80—90 年代的文化、政治气候下产出的。这就意味着一种反应，即从一系列欧洲历史风格的随意复制，同时对 19 世纪中期和后期建筑的特点，转向一种更为成熟的对本地风格的再理解。其中，最早也是最精美的一个建筑例子，即马丁·尼罗普（1849—1923 年）设计的哥本哈根市政厅（1892—1902 年），虽然市

议会开始还曾担心，因它不是依照一种或是任何传统的风格。建筑齿状的哥特式轮廓线，结合与荷兰或是北方的文艺复兴式列窗，采用了当地的建筑材料，如深红色砖、斯塔文斯石灰石、博恩霍尔姆花岗岩，以加之精致的手工工艺，它开创了一个先例，并在斯德哥尔摩的市政厅达到一个顶峰，后者浪漫地坐落于水边。建筑由拉格纳·厄斯特贝格（1866—1945年）于1908年设计，并于1911—1923年施工和改建，它是一个神秘民族历史的优雅唤出，融入了对威尼斯总督府的参考，并带有瑞典浪漫主义和文艺复兴的色彩。其精致的细部处理，结合了简洁的线条，使它看似明显的"现代"，令其能对两次世界大战之间的欧洲建筑师产生一种广泛的影响，因后者对国际现代主义风格迟迟不能接受。

恩格尔布雷克特教区教堂位于斯德哥尔摩，由拉尔斯·伊斯拉埃·瓦尔曼（1870—1952年）设计，它有一个细节繁多的外观，却

851 厄斯特贝格（Ostberg）：斯德哥尔摩市政厅（设计于1908年，建于1911—1923年）

852 克林特（Klint）：格伦特教堂的立面，哥本哈根（1913年，1921—1926年），及紧邻的住宅

有一个雄伟壮观的室内，且有抛物线状的砖质圆拱，它是民族浪漫主义的另一座早期纪念性建筑，而在哥本哈根，彼泽·威廉·延森－克林特（1853—1930年）设计的格伦特教堂（1913年，1921—1926年），则是波罗的海哥特式的一种更为惊人的重创，且用了表现主义的建筑词汇。建筑阶梯状的立面有着异常高度，一种管风琴式的组合，令情绪紧张到了一个极点。同时，它与周边的住宅关系恰当，后者是他的儿子科勒·克林特（1888—1954年）于1940年建造的。一种更为早期、更为有机的建筑风格，并夹杂着一些新艺术运动的色彩，被西格弗里德·埃里克松（1879—1958年）采用，于其哥德堡的马萨格斯教堂（1910—1914年）中。教堂紧拥港口边的光秃岩壁，有着一个温暖的室内，是一个高高的木屋，像林间小屋一样。和其同时代人一样，埃里克松后来也采用了一种精致的古典主义风格。

将民族浪漫主义赋予更为有机、更有力量的表现，没有任何地方能比过芬兰。这里要特别提到的是拉尔斯文·松克（1870—1956年）和埃列尔·沙里宁（1873—1950年），他们的设计结合参考了斯堪的那维亚的中世纪建筑、欧洲大陆的新艺术运动、理查森式的罗马风。松克最具特点的采用芬兰大理石的建筑是新中世纪风格教堂，现今是天主教堂，即圣约翰教堂，位于坦佩雷，它有着强烈的原始主义味道；赫尔辛基的电话公司大楼（1905年），是一座石材表面的新理查森式罗马风的样式；还有赫尔辛基的卡利奥区教堂，有一个工艺美术风格的高塔楼，内置一些钟，而且西贝柳斯曾为之写过一首钟乐曲。西贝柳斯的爱国浪漫主义表现在音乐创作中，即如松克和沙里宁之于建筑设计中，松克曾于1904年为西贝柳斯设计过一间乡村别墅，在贾尔文佩，采用的风格是一种当地小木屋传统风格，被称为"爱诺拉"。也是这种风格，被沙里宁用于1900年的巴黎

853 松克（Sonck）：电话公司大楼的入口细节，赫尔辛基（1905年）

854 沙里宁、盖塞利乌斯和林格伦：维特拉斯克别墅，基尔科努米，近赫尔辛基（始于1902年）

855 赫尔辛基火车站鸟瞰图，赫尔辛基（1906—1914年），
沙里宁、盖塞利乌斯和林格伦

博览会的芬兰馆中，设计是与其合作伙伴赫尔曼·盖塞利乌斯（1874—1916年）和阿尔玛斯·林格伦（1874—1929年）共同完成，他们的合作始于1896年。于1902年，3位建筑师开始设计一个特别的建筑群，由3座房子组成，作为其紧邻的住宅和工作室，坐落在一个陡峭的山坡上，在基尔科努米附近的维特拉斯克之上。这些建筑有着很陡的屋顶和大壁炉角①，是一种工艺美术风格，应大多归功于诺曼·肖，这些形式也许是民族浪漫主义风格最感人的住宅实例了。

　　三人合作的第一座大型公共建筑，是于1901年的设计竞赛中获胜，并于1905—1912年建造的，赫尔辛基的国家博物馆，它回应着松克的粗犷或许有些怪异的风格，有着不规则表面的芬兰花岗石，于着意大小反差很大的石料之上。沙里宁、盖塞利乌斯、林格伦，又继续赢得了1904年的赫尔辛基火车站的设计竞赛，并于1906—1914年，按照一个简化的设计建造。其圆形的入口拱顶，两边各有巨大的

人物塑像，以及简约的垂直线和雕塑性模式的塔楼，都要归因于奥别列合和维也纳分离派风格（Vienna Secessionist），以霍夫曼的施托克利特宫为典范。赫尔辛基火车站是富有欧洲特征的一个不朽之作，足以媲美当时稍具古典主义风格的火车站，如伯纳兹设计的斯图加特火车站、奥吉斯特·施蒂岑纳克尔设计的卡尔斯鲁厄火车站、罗伯特·库耶和卡尔·莫泽设计的巴塞尔火车站。沙里宁在拉赫蒂的典雅的市政厅（1911—1912年）也有一丝分离派风格的色彩，而后来，又结合了哥特式浪漫，再现于他于1922年的力作，即芝加哥的论坛塔，之前有提。他后来移居美国，那里，他精心设计、衍生的建筑，包括受启发于杜多克的伊利诺伊州温内特卡的克罗岛中学（1939—1940年）。

　　在第一次世界大战之前不久，在斯堪的那维亚和芬兰的建筑界发生了一次决定性的转折，即脱离民族浪漫主义风格，而转向1800年前后的浪漫古典主义风格。这同当时德国和奥地利的建筑师向新古典主义风格回归相一致，同时

① 大壁炉角：
Inglenooks，较深壁炉，内壁两边多有座位，中间有时有小火炉煮食之用，或仅以取暖。

856 新警察总局大楼的庭院，哥本哈根（1919—1924年），坎普曼

的一个展览会上。其热情，之于宾德斯博尔的多立克敏感，之于希腊建筑中色彩的生动运用，以及之于远东的工艺美术，都呈现于他为"芬斯克绘画艺术所"设计的福堡博物馆（1912—1915年）之中。福堡博物馆采用了新古典主义风格，曾经出现于1901—1906年新卡尔斯堡的增建项目，设计出自折中主义的建筑师哈克·坎普曼（1856—1920年），他于1882年曾就学于巴黎美术学校。坎普曼代表作是哥本哈根新警察总局大楼（1919—1924年），这是一座简洁的新古典主义建筑，布局是环绕一个圆形的、带柱廊的庭院，其直径近于罗马的万神庙。这个庭院的建议来自一个才华出众的年轻建筑师奥·哈芬（1890—1953年），而哈芬是坎普曼为此项目而雇用的。

可以媲美警察总局的建筑，是有着庄严肃穆的古典主义风格的奥里高德文法学校（1922—1924年），位于哥本哈根北部，由爱德华·汤姆森（1884—1980年）和G. B.哈根（1873—1941年）所设计。建筑有一个清晰的连接结构，显示了汤姆森众所周知的对佩雷和贝伦斯的热衷，其中，还有汤姆森设计的家具，模仿了宾德斯博尔在托瓦尔森博物馆中的设计。汤姆森和弗里茨·施莱格尔一起设计了在哥本哈根的森纳马克火葬场（1927—1930年），它是一个无装饰的古典主义盒子，入口前面因有一座伍重·弗兰克雕刻的表现主义风格的天使雕塑而显得生机盎然。一种相似的古典主义风格——多没有装饰细节——也被用于低造价城市住宅中，以及哥本哈根博鲁普斯大街上的巨大公寓楼中，由梅塞尔的一名学生波瓦尔·鲍曼（1878—1963年），于1916年，还有凯·菲斯克尔（1893—1965年），于1922—1923年建造。

此时在瑞典，奥斯特贝尔开始同两名才华横溢的建筑师合作——伊瓦尔·滕布姆（1878—1968年）和贡纳尔·阿斯普隆德

也是受其影响，如贝伦斯、特森诺、霍夫曼。寻找一种具有纯粹简单线条的民族风格，与之前的新艺术风格的曲线形精致，和民族浪漫主义风格的厚重质地，作为一种全新的对比，这导致了在德国对普鲁士建筑师辛克尔兴趣的复兴，在北欧国家的一种对新古典主义建筑师的新热情，如哈斯多尔夫，特别是汉森和宾德斯博尔。卡尔·彼得森（1874—1924年）则深受影响，因其见到宾德斯博尔为托瓦尔森博物馆所作的制图，是于1901年在哥本哈根新市政厅

857（上）斯德哥尔摩音乐厅的入口大厅，斯德哥尔摩（1920—1926年），滕布姆

858（下）伍德兰火葬场，斯德哥尔摩（1935—1940年），阿斯普隆德

859（上）阿斯普隆德：斯德哥尔摩市图书馆的入口立面
（1920—1928年）

860（下）阿斯普隆德的斯德哥尔摩市图书馆的平面和剖面

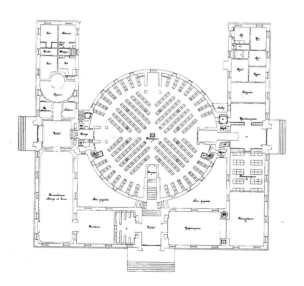

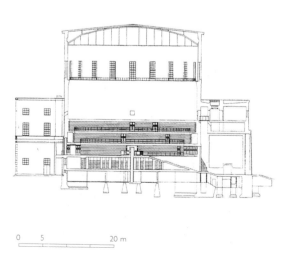

0　　5　　　　　　20 m

（1885—1940年）。滕布姆设计的雄伟的斯德哥尔摩音乐厅（1920—1926年），也许是20世纪北欧古典主义最为精美的纪念性建筑。立方体建筑的简单性未被一排10根的科林斯圆柱影响，虽说柱子和入口立面一般高，但它们极其纤细，且紧贴着其后的墙。主音乐大厅像是一个开敞的古典庭院，因其没有可见的屋顶，是一个看似为天空的氛围式天花。在其尽头，一个高高的柱式门廊以错觉的视角结合了风琴的格栅。这种柱子纤细的优雅明显地同样出现于其所有的作品，如其精致的新古典主义风格的经济学院（1926年）和瑞典火柴公司大楼（1928年），二者都位于斯德哥尔摩。埃里克·拉勒施蒂特（1864—1955年）用类似的建筑风格为斯德哥尔摩大学设计了法律和人文科学系大楼（设计于1918年，1925—1927年实施）；而乌普萨拉的建筑师贡纳尔·莱西设计的乌普萨拉的瓦卡萨拉学校（1925—1927年），则是采用勒杜和路易-让·德普德（1734—1804年）的建筑风格，后者于18世纪80年代

861、862（右和下）市图书馆的平面和讲堂，维普里（1933—1935年），阿尔托

曾为瑞典国王古斯塔夫三世工作。

这些建筑的优势就在于，虽然隶属古典主义传统的建筑，但是，也可被视为早期现代主义在20世纪的一个成功实践，其特点即欧洲18世纪后期许多新古典主义建筑师所寻求的简洁性。一个绝好的例子就是伍德兰礼拜堂，由贡纳尔·阿斯普隆德于1915年设计，建于斯德哥尔摩南部的伍德兰公墓中。这座建筑浪漫的原始主义风格是一种神庙和森林小木屋的组合，受启发于"草屋顶宫殿"，是一个乡间小屋，饰有一个柱廊，由简单的木柱子组

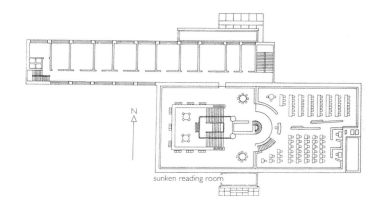

sunken reading room

863（上）马尔雷别墅的外观，努玛库（1937—1938年），阿尔托

864（对页）阿尔托：芬兰馆的室内，世界博览会，纽约市（1939年）

成，于1793年建于木恩岛的里斯路，丹麦的东南部。阿斯普隆德的主要设计作品，是斯德哥尔摩市图书馆（1920—1928年），同样追溯至18世纪90年代，令人想起勒杜和部雷的设计。这种抽象的几何图形，即其巨大、未装饰的圆柱矗立于一个完整的立方体之上，反映出了简约主义的诗意感，这也令阿斯普隆德在审视勒·柯布西耶的设计时有了一丝赞同。的确，阿斯普隆德从1928年到1930年担任斯德哥尔摩博览会的总设计师，是他促使国际现代主义风格在瑞典的降临。然而，他个人对此还是保持双重性，这可见于其最著名作品——1935—1940年建在伍德兰公墓中的火葬场。其开敞的游廊由正方形、未经雕琢的礅柱围成，是在西方建筑中最接近吉利所梦想的一种永恒的横梁式结构建筑，于后者约1800年设计的一个陵墓。阿斯普隆德庄严的建筑与道路尽端的风景极富诗意地相结合，两侧各有一个巨大的十字

架，它将简约抽象的艺术发挥到了极致，是古教、基督教、现代世界之合成的雄辩、深刻典范之一。

两次世界大战之间，最有趣的斯堪的纳维亚建筑师，都应是虽然曾与国际现代主义风格有过轻度调情，但却继续采用一种时而被称为"北欧古典主义"的建筑风格，这发生于1910—1930年。然而，芬兰的一位建筑师阿尔瓦·阿尔托（1898—1976年），对现代主义运动做出了一个原创性的贡献，虽说其主要作品都是建在1945年之后。他始于低调的古典主义风格，即韦斯屈莱的工人俱乐部（1923—1924年）和穆拉梅的教堂（1926—1929年），之后，他采用了门德尔松和密斯·凡德罗的建筑语言，于其1928—1929年为图尔库一家报纸图尔库信息报建造的大楼中。他于1929—1933年在帕米欧建造的肺结核病疗养院，采用一个钢筋混凝土结构，其规模可媲美包豪斯学校，是受启发于约翰内·伊克尔在希尔弗瑟姆设计的宗纳斯特拉尔的肺结核疗养院（1928年），它是一个大胆的建构主义美学的作品，无疑，阿尔托曾在1928年参观这座城市时见过它。

阿尔托早期最重要的设计，是维普里的市图书馆，建于1933—1935年，根据一个从1927年到1933年不断改进的设计。图书馆结合了一些受格罗皮乌斯启发的建筑特征，如楼梯的一个玻璃墙，它在阿尔托的职业生涯中具有重要地位，因为它开始使用了一种典型的芬兰建筑材料——木材。木材出现在报告厅的天花板上，且有一种波浪般的形态，由一连串曲线的板条组成。虽然引用这种材料部分上是美学原因，它同时也有助于解决声学①问题，但也必须承认，这是阿尔托的论点，因为这个房间很明显太长、太窄，功能上不适于一个报告和讨论的空间。图书馆中层高变化的复杂玩法虽然增加了建筑整体上的美学趣味，但是对图书馆而言，则是一种实用上之不便。就是在此时，阿尔托的兴趣——即要使以机器为本的现代主义运动美学人性化——使其设计了他自己所说的"世界上第一把柔木椅"，由弯曲的胶合板制成，胶合板是由山

毛榉木片黏合而成的。他用这种方式设计的无数椅子，令其成为国际知名的家具设计师。

虽然他参加了CIMA的大会，分别于1929年和1930年，以及最著名的一次，于1933年在雅典，但是，他却继续发展了一种更为柔和、更具地方特色的现代主义风格，尤其相较于大会副主席格罗皮乌斯和勒·柯布西耶所喜爱的建筑风格。这一过程可见于他自己的位于赫尔辛基蒙克金内米的住宅和工作室（1936年），位于努玛库的马尔雷别墅（1937—1938年），和考图阿的梯形工人住宅（1938年），以及1937年的巴黎世界博览会和两年后纽约博览会上的芬兰馆。其中，反复出现的建筑特征就是非正式庭院的设计，这部分归功于斯堪的那维亚的当地传统，即不规则的建筑群体、采用天然木材，特别是外

① 声学问题：
木材吸音程度强于石材。

865 中央火车站的入口立面，米兰（1913—1930年），斯塔奇尼

部木条包层的形式。木材的使用在纽约博览会上的芬兰馆中达到了顶峰，其巨大而蜿蜒的墙体颇有一种波罗米尼式的幻想精神，实际上，它是随着高度的向上而向内倾斜，这样人们便可以从下面清楚地看到展于墙上的照片。

意大利未来主义、古典主义和理性主义

意大利的建筑在两次世界大战之间则是一堂有异议之课，但是，必须谨慎认定其建

866 圣伊利亚（Sant'Elia）：一座"公寓大楼"的设计，《新城市》（1914年）

867（下页） 西格拉姆大厦，纽约市，密斯·凡德罗（1954—1958年）

868（627页上） 教务长花园的花园立面，桑宁，巴克夏，勒琴斯（1899—1902年）

869（627页下） 波特兰公共事务大楼，俄勒冈州，迈克尔·格雷夫斯（1979—1982年）

筑风格是一种政治表达。虽然建筑上我们并不谴责希腊神庙，即便建筑的意图为血腥的动物牺牲，而这又是其设计的意图，但我们却一直趋于相信，不认同政权所建的建筑，最终也要在建筑方面不认同。这种观点似乎又被 20 世纪 30 年代德国的建筑情况得以确认，因为，古典主义常为德国纳粹所青睐，同时，大多现代建筑评论家，认为它是一种不可接受、过时的建筑风格。而在意大利，不但有许多重要的现代主义运动建筑师，是激进的法西斯主义者，同时，意大利国际现代主义风格的最佳单体建筑，就是特拉尼设计的"法西斯之家"，于 1932—1936 年，在科莫建造。

20 世纪意大利的建筑，如其他欧洲国家一样，一方面始于新艺术运动，我们在第十章中已论述，另一方面又采用一种标志性古典主义风格，在意大利的典范，即切撒雷·巴扎尼（1873—1939 年）的设计。他设计的具有浓厚新文艺复兴风格的建筑，如国家中央图书馆（1906—1935 年）、国家现代艺术展览馆（1911 年）、国家教育部（1913—1928 年），都坐落于罗马，继续了都城宏大的扩建计划，此计划始于意大利的统一之日。更为有趣的，是乌利塞·斯塔奇尼设计的米兰中央火车站（1913—1930 年），其硕大的建筑结构，几乎可以抗衡珀莱尔特在布鲁塞尔设计的正义宫。在风格上，则多受益于浓厚的古典主义，并结合了"新艺术风格"的细节，后者来自卡德里尼于 1888—1910 年在罗马建的正义宫。米兰火车站，大部分建于 20 世纪 20 年代，因而一直被视为墨索里尼狂妄野心的一个典型展示，但实际上，车站的设计是在他上台之前，即 1922 年。

令人惊奇的是，20 世纪的现代形象中一些最有力度的建筑，都是和米兰火车站的设计同期。建筑师东尼奥·圣伊利亚（1888—1916 年）于第一次世界大战中阵亡，未能实施其未来城市的理想蓝图。但其极富生气的设计图，类似于奥别列合和门德尔松，魔变出一种强烈的城市景象，阶梯式退后的公寓大楼，以其照亮的天际线广而告之，摩天大楼的四周则环绕以不同高度的飞行线和高速公路。设计创作于 1912—1914 年，并于 1914 年 5 月在米兰以"新城市"或"米兰 2000"为主题展出，同时附有一篇关于现代建筑的《启示》，之后，它作为未来主义建筑的宣言于同年 7 月再版。"未来主义"运动在绘画界比在建筑界更为流行，是始于诗人兼戏剧家菲利波·托马索·马里内蒂（1876—1944 年），于其 1909 年的《成立宣言》中。这种与过去的宣战，亦有些丰富多彩，因为马里内蒂其对 1900—1912 年北意大利工业城市因科技而发生的转变，却有着浪漫的反应。"我们认为"，他宣称，"世界之辉煌得以丰富，全因一种新的美——速度之美。一辆赛车，其罩下的排气管就如一条喷火的巨蛇——一辆怒吼的赛车，就如机关枪一样轰响，要美过萨莫色雷斯岛上有羽翼的希腊胜利女神。"马里内蒂的想象，以及圣伊利亚的表达，很快即反映在勒·柯布西耶的设计之中。

在意大利，未来主义者对暴力和危机的渴求，在第一次世界大战期间得到了充分的满足，之后它又回归于——如斯堪的那维亚的国家一样——一种清新的新古典主义风格。这种风格吸引了一些有才华的建筑师，如皮亚森蒂尼、彼得鲁齐、莫普果、弗雷佐蒂，而大多优秀作品都是有关都城发展和城市规划。这些建筑师未采用奢华的罗马帝国风格，而是一种简朴、不加装饰的风格，由基本的几何图形构成，这受影响于当时的考古发掘，特别是在奥斯的亚、波图斯、罗马。

870、871 全景，及背景的圣告教堂，和萨堡蒂亚新城的平面
（1933年）

　　马尔切洛·皮亚森蒂尼（1881—1961年），是第二次世界大战前意大利建筑界的主要人物之一，其父皮奥·皮亚森蒂尼是一名建筑师，后者对19世纪后期罗马的杰出贡献我们已有所了解。马尔切洛·皮亚森蒂尼的设计始于宏伟的新古典主义风格的墨西拿高等法院（1912—1928年），后来，还设计了贝加莫市（1917年）和布雷西亚市的（1927—1932年）中心规划，之前作为一个主要角色，他创造了罗马的一个主体规划（1931年）——罗马大学的设计（1932—1933年），并且，从1937年起，设计了于1941—1942年在罗马举办的世界展览会。除了推崇这些大多为新古典主义风格的规划，自1920年起，他还在罗马担任建筑学教授，并于1921年同古斯塔沃·焦万诺尼一起创办了重要的

建筑杂志《建筑和装饰艺术》。虽然，他并不排斥国际现代主义运动，但是，他在质疑此风格对意大利的适应性中，起到了一个重要作用，主要是因为气候和当地丰富的建筑传统。

　　德国斯政府于1932—1939年于罗马南部的拉齐奥省建造了5个新城镇，其可能性要归功于庞提沼泽的排干，这项排水工程原是恺撒大帝的计划。这些城镇的规划，即如之前数以千计的意大利城镇一样，环绕着一个中心广场，广场的主建筑为一座教堂和市政厅，为此，皮亚森蒂尼俊朗的布雷西广场提供了一个显而易见的范例。其中，规模最大的利托里亚镇（现在的拉蒂纳），是由弗雷佐蒂设计的，北面有公寓大楼的主广场，设计上明显是基于奥斯的亚的考古发现，而进入

广场则要戏剧性地通过门廊，门廊由不加雕饰的方礅柱构成，吸引着当时的德国建筑师。萨堡蒂亚镇（1933年）主要由路易吉·皮奇尼诺设计，蓬蒂尼亚采用了一种更为现代的平屋顶风格，而阿普里亚镇和波梅齐亚镇（1938—1940年），则是更为优雅的传统风格。阿普里亚镇，建于1936—1938年，由彼得鲁齐和图法罗利设计，其中心是一个迷人的柱廊广场，这里的主要建筑是圣米歇尔教堂，其钟塔及其西立面构成了一个高大的拱形壁龛。壁龛明显受启发于维纳斯和罗马古代神庙，后者于20世纪30年代早期即不再修建。

在罗马，维特里奥·巴里奥·莫波各设计了并不欢快的奥古斯塔帝国广场。因涉及了很大一片住宅的拆除，这便为古罗马的奥古斯塔陵墓，造就了一处地标性的开阔地，现在，因没有后期的建筑，而成为一座大胆且

872 法西斯之家的外观，科莫（1932—1936年），特拉尼

乏味的建筑。同样乏味的是莫波各建于广场周边的无饰古典主义建筑。20世纪30年代，罗马的博尔古中心区域进行了拆除。这里，皮亚森蒂尼建造了一个乏味但却是雄伟的孔齐利亚奥内大道，它是一条直线，从台伯河到圣彼得罗广场。

当时的主要的建筑师，如特拉尼、马佐尼、帕加诺、米凯卢奇都可以自由地采用国际现代主义风格，或用意大利的说法，理性主义风格。也许，现代主义运动建筑中的最突出范例，便是法西斯之家（1932—1936年），由朱塞佩·特拉尼（1904—1943年）设计，位于科莫。当时，他已在科莫修建了意大利较早采用钢筋混凝土的雄伟建筑，手法为格罗皮乌斯和门德尔松的风格，即诺瓦库姆公寓大楼（1927—1928年），但是，法西斯之家却在整体上是这种风格更富于原创性、复杂性的表现。它有丰富的大理石铺面，平面布局是完美的正方形，其轴线的东端是天主教大教堂，而另一端则是帝国广场。它敞开、呈井格状的立面，向前便是一个横梁结构的玻璃顶中庭，其周边则是四层的展览室和办公室。一排16道玻璃门都是电动控制，以便同时开启。这座建筑是特拉尼的代表作，他又继续用类似的方法设计了很多其他建筑，最著名的两座都是位于科莫，即圣伊利亚护士学校（1936—1937年）和朱利亚尼–弗里赫里奥公寓大楼（1939—1940年）。

整个20世纪30年代，都对现代主义运动的优点有着认真的争执，如关于佛罗伦萨火车站的设计，其选址是在一个历史角度上很敏感的位置，即正对着阿尔伯蒂的圣母玛丽亚教堂。马佐尼内心深处是一名现代主义者，于1931年做的设计则是一种简洁的古典风格，但最终，这项任务转给了一组建筑师，以乔瓦尼·米凯卢奇为首，他们设计的

873 马佐尼：卡拉姆布龙海边营地，里沃那（1925—1926年）

玻璃混凝土结构的火车站建于1934—1936年，与其周围环境形成了刻板的对比。在罗马则与此相反，马佐尼设计了在风格上更适宜的火车站，车站的侧翼展示着重叠的拱廊，模仿着附近的克劳迪娅输水道。第二次世界大战期间工程暂停，火车站最终完工时，则是按照欧金尼奥蒙托里1951年完全不同的设计。朱塞佩·帕加诺（1896—1945年）拒

绝按照意大利的传统古典主义风格设计。他极力坚持建筑即是一种社会改革的工具，他于1931年的一个设计，用国际现代主义风格的大楼，来取代都灵罗马大街两侧的一片历史区域。德国政府通过了这项有争议的计划，这也标志着现代主义运动的顶峰得到了认同。帕加诺实施的多个大型项目，如罗马大学的物理学院（1932—1935年），都是毫无魅力的。

安焦洛·马佐尼（1894—1970年）则与之相反，是于两次世界大战间意大利最具清新力、最具个性的建筑师。他在适宜的地方设计古典主义的风格，同时，于1934—1935年，还是未来主义报纸《圣伊利亚》的一名主编。他早期的设计是一种颇具想象力的风格，受启发于奥别列合，但是其罗莎·马尔

874 历史系大楼，剑桥，斯特林（1964年）（见652页）

托尼-墨索里尼别墅（1925—1926年），即知名的卡拉姆布龙海边营地，是里沃那附近的一所海滨学校，为邮局和铁路职工的孩子们开办，凭此，他建立了其个人风格：它可描述为有着一副人面状的未来主义。其特征，如无装饰的圆柱形水塔，缠绕着螺旋形阶梯，大门两侧是奇特的圆塔，被簇在一起未经雕饰的大理石柱所环绕，它有着一种超现实主义的特质，类似于乔治·德基里科（1888—1978年）的梦幻世界绘画，其中，包括败落的文艺复兴时期建筑、奇异的塔楼和庭院。同样的半机械、半诗意的风格，出现于其佛罗伦萨的中央火车站（1932—1934年），大胆的钢铁螺旋楼梯通向一个高处的人行通道，这是圣伊利亚设计草图的一个再现。马佐尼设计了很多邮政局、电话局、火车站，他从1921年开始为国家邮政和铁路系统设计。这些建筑的特点都是用对比的水平和垂直体量，构成一种富有活力的游戏，虽然它们的风格多样，从格罗塞托邮局的粗面高塔（1932年），到格罗真托邮局（1931—1934年）的一个纯圆柱形。

乔瓦尼·莫齐奥（1893—1982年）也是一名多产的建筑师，其建筑可关联于乔治·德·基里科的抽象世界。他这种风格的主要作品是其米兰的公寓住宅（1919—1920年），米兰人赋予绰号"丑楼"，因其刻板地运用了古典主义特征。莫齐奥从1935到1963年任教于米兰综合技术学院，之后发展了一种永久的伦巴第式古典主义风格，这见于其米兰天主教大学（1921—1949年）和位于克雷莫纳的圣安东尼奥教堂（1936—1939年）。

勒琴斯，保守的天才

在英国，爱德文·勒琴斯爵士（1869—1944年）一直到1939年都是远胜于其同代的建筑师，如同时期在美国的弗兰克·劳埃

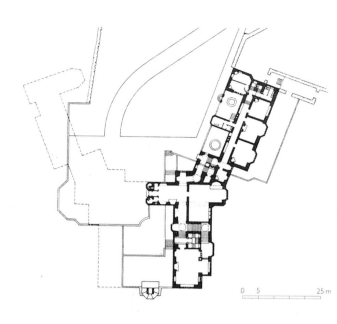

875、876（上和右）德罗戈堡的平面和入口立面，近德鲁斯泰恩顿，德比郡（1910—1932年），勒琴斯

德·赖特。其漫长、多产的职业生涯中，他接受了各种类型建筑的委托，从乡间小屋到城镇规划，他是一位空间游戏大师，无论是于其设计自由、卧于泥土中的有机房屋之中，还是在其公共、商业、基督教的建筑之中。作为一名绝妙的空间处理家，他和赖特很相似，后者总是激情盎然地同其西塔里埃森的学生谈论他的设计。亦如赖特，勒琴斯也敌视国际主义风格。他甚至延伸至整个现代主义运动，而赖特相比之下则蔑视所有的古典主义语言。勒琴斯又如勒杜，对建筑的规模和几何图形极具天赋，这在英国建筑师中极为少有。这甚至明显地展示于其最小的建筑中，这一点也类似勒杜。

勒琴斯几乎没有受过正规的培训，但在1887—1889年，他曾工作于厄内斯特·乔治的工作室，后者是诺曼·肖的一名极具天赋的学生，这令他始于一种源自肖的风景画式的地方风格，设计了一些随意的住宅。它们是萨里郡的蒙斯代德·伍德府邸，为格特鲁德·杰克尔设计，后者是一位才华出众的

园艺师，为提升勒琴斯的职业生涯做了很多。它们反映了一种对逝去乡村世界日趋强烈的思念，同时，也导致了 1895 年成立的历史圣地或自然景观国家基金，以及两年后成立的极有影响的杂志《乡村生活》（*Country Life*）。当然，这些早期住宅也逐渐展示了其建筑形态和体量的熟练，这也最终导致其杰作，如伯克郡（Berkshire）的教务长花园（1899—1902 年），是为爱德华·哈德森而建的，后者是《乡村生活》的创办者和拥有者。这里，勒琴斯特别保留了原来路边上的花园围墙，在围墙上打通了一个并不突兀的入口拱门，之后进入一个通道，建造时沿着带回廊的入口庭院的边缘。通道一直进到住宅，连接至楼梯，之后，便成了双层起居室的一部分。最终，它又出现于花园南立面，

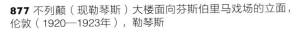

877 不列颠（现勒琴斯）大楼面向芬斯伯里马戏场的立面，伦敦（1920—1923 年），勒琴斯

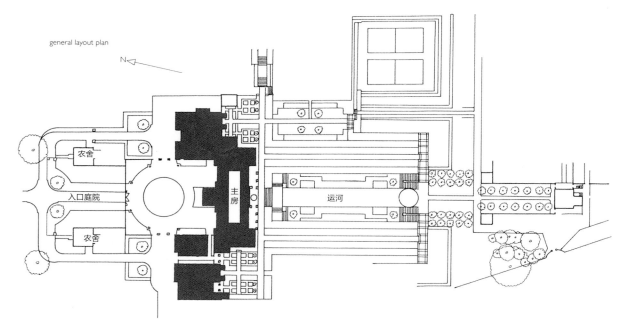

general layout plan

农舍

入口庭院

主房

运河

农舍

878、879（上和下）格莱德斯通庄园的平面和入口庭院，约克郡（1922—1926年），勒琴斯

880（上）休科和格尔弗雷赫：列宁国家图书馆，莫斯科
（1928—1941年）（见648页）

进而成为一条偏离轴线的花园小道。

教务长花园微妙的空间流动及其无数的十字轴线，是勒琴斯成熟作品的特征，它也是赖特草原式住宅的特征，虽然赖特常用更严谨的十字形平面，如沃德·威利茨宅邸。这种主题又出现在苏塞克斯的小撒凯海姆府邸（1902 年），这里，双层起居大厅融汇于楼梯和阳台式的楼梯平台。空间也自二楼的走廊流溢至二楼的房间，走廊自壁炉上的阳台直通向大厅。这种空间的精彩设计在德比郡的德罗戈堡（1910—1932 年）中达到一个顶点，它有着由皮罗拉西式拱状楼梯组成的复杂网络，以及变化的楼层高度和内部窗子。德罗戈堡采用了当地的花岗岩，这便令其形似一个自然突出的岩层，于遥远而又浪漫的山坡之上，它同周围的背景有机地结合在一起，如赖特的流水别墅。这座一直未能完工的新封建主义的奇幻建筑，是为英国最大杂货连锁店之一的老板而设计，是 20 世纪令人震撼的住宅之一，虽然其结构已产生了严重的渗水问题。

同时，勒琴斯对秩序的敏感令他如之前的肖一样，去探索古典主义建筑的语言，及其创造和谐、力量、宁静的机能。此时，其设计已变成一种古典主义和风景画风格的有力结合。他对地中海式古典主义传统再发现的第一颗硕果，就是其惊人的别墅，被称为希斯科特府邸，建于 1906 年，位于约克郡伊尔克利的一个市郊地段，为当地的一名商人而建。其大胆的设计效果又再现于一个更大规模的建筑——伦敦的不列颠大楼（现在的勒琴斯大楼）（1920—1923 年），为盎格鲁-伊朗石油公司而设计。建筑的一个凹形立面直对着芬斯伯里马戏场公园，沿着摩尔大门大街的一个直线形立面，则包括一家银行和一个地铁车站，这座标志性的钢铁框架办公大楼外部覆以波特兰石片[①]，充满热那亚式巴洛克风格的活泼感。这种充满生气的粗石

① 波特兰石片：
Portland stone，白色石灰石。

881、882（对页和下）总督府的平面和入口立面，新德里（1912—1931年），勒琴斯

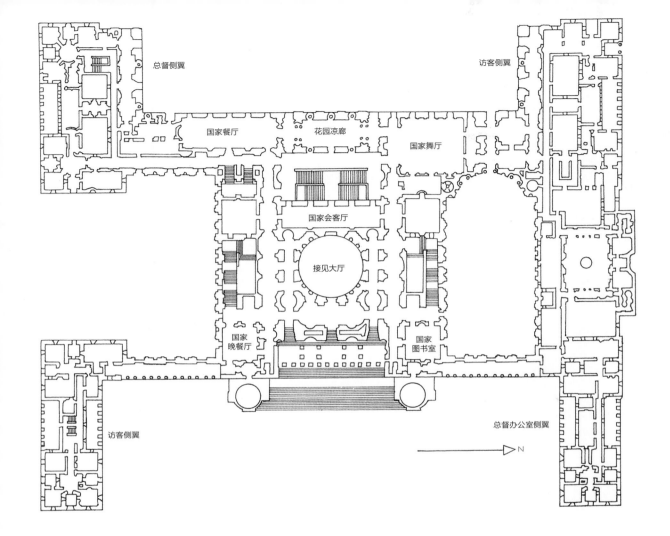

总督侧翼　　　　　　　　　　　　　　　访客侧翼

国家餐厅　　花园凉廊　　　　　国家舞厅

国家会客厅

接见大厅

国家　　　　　　　国家
晚餐厅　　　　　　图书室

访客侧翼　　　　　　　　　　总督办公室侧翼

N

工艺在勒琴斯设计的伦敦波尔特里的中部银行（1924—1937 年）中产生了特别的效果，这是一座向上逐渐紧缩的建筑，归功于一个巧妙的比例体系。这里，每排石头的高度都要比下面的缩减八分之一英寸（3.2 毫米），而粗石工艺亦在不同的层上消减，而每层在垂直面上向内缩进一英寸（25.4 毫米）。它甚至也出现在一座乡间宅邸，如约克郡的格莱德斯通庄园，这种精细的调整给予建筑一种富有生命的敏感性：如每一排淡白色当地的石灰石的高度便随着建筑的高度而消减。此外，正如勒琴斯的许多建筑一样，其墙体都会轻微地向内倾斜[1]，创造出一种成长、生命的感觉，近似于古希腊人创造的"视觉

矫正"。住宅建筑及其前庭的规整组合——带有成对的门房和农舍——设计非常成熟，如住宅和平台花园相结合的方式一样，这里，中轴线沿着一条长渠一直向前延伸，眺望远处的乡村景色。这种完全精心设计在层高和轴线上的对比，如弗朗索瓦·萨尔在马勒鲁瓦的设计一样精彩。这是一个经典的实例，证明了勒琴斯能够将住宅和其周边有机结合的能力。

　　这种技巧，同享于历来的英国建筑师，从风景画风格，到后来的工艺美术传统，对其有着不可估量的价值，用以完成其建筑生涯中最伟大的项目，即新德里的总督府（1912—1931 年）以及相关的城市规划。具有讽刺意味的是，

[1] 墙体轻微地向内倾斜：是勒琴斯的设计特点。

在此，另一名未受过正式培训的英国建筑师设计了现代建筑史上极具标志性的古典主义建筑群之———而正是此主题令多代的法国和美国建筑师在巴黎的美术学校学习。更具讽刺意味的是，总督府完工后仅15年，英国便宣告结束了在印度的统治。而最终，这座建筑——现已为总统府——被视为一个有力的象征，即象征着国家的秩序和稳定。

总督府冠有一个硕大的穹顶，其悬崖般的墙体明显地向内倾斜，采用了粉红和奶白色相间的托尔布尔砂岩。此设计有一种抽象的特质，效果来自建筑的形体和几何形状，而不是丰富的古典主义细部或装饰。它有时被称为勒琴斯的"基本"语言，这是罗马和文艺复兴时期的古典主义词汇，经过提炼，看似被缩减成一种纯粹的元素。这是其文字论述的展示："它们应被完好地吸收，只剩本质……规则的完美，比冲动和急智所创造的，会更加接近自然。每一条直线和曲线都是自然力量的结果，而不是多世纪的冲动。"虽然勒琴斯抵御了要求采用传统印度建筑风格的压力，但是，他还很精彩地结合了某些莫卧儿建筑的特点，如屋顶上的凉亭和整体向前凸出的檐口，创造出令人亲近的阴影。穹顶的下部是一个条纹的长方形图案，源于佛教的标志性的建筑物，如在印度桑奇"大佛塔"中的圆形围栏。此选择不是随意折中的结果，而是因其井格式的形状同勒琴斯设计的整体几何基调有着完美的和谐。

另一处融合不同建筑传统的设计是总督府中的大莫卧儿花园，这里，勒琴斯发挥了其英式花园设计师的技巧和对抽象几何的天赋敏感，重创了一座生气盎然的印度流水花园。勒琴斯的新德里城市规划，受启发于华盛顿特区的规划，以一个等边三角形为基础，是一项最为大胆的巴黎美术学校式的轴线布局设计。市中心为宽阔的大道，大道经过赫

883 勒琴斯：汉普斯特德花园郊区，及圣裘德教堂（1908年）

884 勒琴斯：索姆河战役失踪者纪念碑，蒂耶普瓦尔，近阿拉斯（1927—1932年）

885 罗杰斯和皮亚诺：蓬皮杜中心，巴黎（1971—1977年）
（见657页）

伯特·贝克设计的秘书处大楼，并通向总督府，这种规划的壮观因低密度建筑和高密度绿化得以缓解，这源自英国的花园式城市设计。勒琴斯于伦敦已尝试过城市规划设计，是为帕克和昂温的汉普斯特德花园城市中的中心广场。这里，于 1908—1910 年，他设计了一组建筑群，由两座风格迥异的教堂和牧师住宅组成，还有社会和教育机构大楼、

一些住宅建筑。其正式、不严格对称的布局与市郊非正式、当地风格的自由布局，形成了鲜明对比。

新德里的这种永久、抽象的宏大，又重现于其 20 世纪 20 年代的两个代表作之中，即索姆河战役失踪者纪念碑（1927—1932 年），位于法国阿拉斯附近的蒂耶普瓦尔，和利物浦的罗马天主教的基督王教堂（1929—1941 年），这

886 圣公会大教堂的唱诗厅，利物浦（1904—1980年），斯科特

里，只有宏伟的地下室最终建成。而为第一次世界大战中无谓牺牲的人们而建的诸多纪念碑中，蒂耶普瓦尔凯旋门最为肃穆宏伟，它可被视为一系列高度不断增加、彼此交错的凯旋门。它们提供了一系列的空白建筑表面，其上刻有约 70000 名失踪者的名字。其最终结果，即 20 世纪最感

人建筑的诞生：一个庄严的几何体，有着纤细的圆拱，以不断变化的层高拔地而起，框住了一片田园诗般，现今又极为宁静的风景。他将此凯旋门主题再次运用于利物浦大教堂之中，那里，它构成了建筑南立面的基础，我们可从 1934 年壮观的模型中欣赏其设计。教堂狭窄的中殿（52 英尺，16 米），尤其与其惊人的高度（138 英尺，42 米）相比，使它有一种哥特式的建筑比例，虽然其风格上是古典主义的。当人们从教堂中殿步入穹顶下庞大的圆形空间，即基督教建筑内的最大空间，即会有一种戏剧性的空间豁然之感。这座惊人的宏伟建筑由稍带粉红的浅黄砖块和银灰色花岗岩条交织而成，不仅统一了古典主义的形式和哥特式的比例，而且融合了自古罗马以来一直占据建筑师想象力的两种建筑类型，即穹顶和凯旋门。

英国的传统主义和现代主义

如今的利物浦大教堂坐落于勒琴斯的巨大拱顶地下室之上，是一座俗气的混凝土八角形建筑，建于 1962—1967 年，设计出自弗雷德里克·吉伯德（1908—1980 年），作为一种表现当时的太空时代美学之典范。另一座建成的利物浦大教堂是按照其原始建筑师的设计：即英国圣公会大教堂，是 1903 年设计竞赛的获奖作品，设计出自吉尔斯·吉尔伯特·斯科特（1880—1960 年）。这座红色砂岩的建筑始建于 1904 年，根据斯科特相对传统的哥特式设计，但于 1909—1910 年和 1924 年设计者的转换，即要建造出一座有力、具有戏剧性的建筑，有着"崇高"的美学水准。雄伟的建筑形体与该地区建筑形成对比，后者用聚集的装饰来激发西班牙后期哥特风格的华丽和精致。斯科特虽到 20 世纪 20 年代末还主要作为一名教堂建筑师，他之后却参与了大量的工程项目，基本上是 20 世纪的，从电话亭到发电厂。然而和勒琴斯一样，他受过极少的、不视为专业的训练，

不似同时代人在法国或美国所受的教育。他未受过建筑学院的教育，也未受过技术性的训练，只是曾就职于敏感的教堂建筑师坦普尔·穆尔（1856—1920 年）的工作室中。

斯科特极具特点的教堂之一，即用特制、很薄的粉色砖块砌成的，这就是贝德福德郡卢顿的圣安德鲁教堂（1931—1932 年）。教堂悬吊很低的流线型中殿显示着力量，适合于作为汽车制造中心的卢顿，而突出的斜扶壁和庞大的西塔楼则有一种近乎表现主义风格的力度，它令人想起使用砖材的德国建筑师，如威廉·克赖斯。斯科特对当时的美国建筑也有认同感，他是伯特伦·古德休的朋友。斯科特于 1923 年接受剑桥大学图书馆的设计委托时，曾受邀参观美国的主要学院图书馆，因为新建筑是洛克菲勒基金会付出的一笔巨资，斯科特的图书馆。它并不是一个完全成功的折中，一方面，要提供美学上能令人满意、具有传统风格的建筑，另一方面，要有纯粹功能性的书库，带有垂直井格式列窗。斯科特的原始设计中，长水平线要比实际建成的更为欢快，因后者被一种大体量的中央塔楼所主宰，这是洛克菲勒基金会的要求。此塔楼是钢铁框架结构，外表覆以两英寸（5 厘米）细长的砖片，有一种竖向细节，类似古德休的内布拉斯卡州议会大厦。

当斯科特设计剑桥的知识发电厂时，他还设计了巴特西发电站（1930—1934 年），这是一座有争议的建筑，地处伦敦中心，之后，它又成为英国公众眼中的现代化典范。在斯科特受邀之前，建筑总体形式已定，施工也已开始，他设计了一个令人满意的立面处理。他的杰出成就在于将工业的残酷性文明化，通过漂亮的砖工艺和稻草色灰泥精心砌成，又通过有凹槽装饰的烟囱和线条与细节的高耸垂直性，令其具有一种超越时间的古典主义风格。斯科特对于成为一名"现代"建筑师感兴趣，而勒琴斯却不是。斯科特喜好现代的建筑技术、材料，

887（上）兰切斯特和理查兹：韦斯利安中央大楼的外观，威斯敏斯特，伦敦（1905—1911年）

888（对页）斯科特：圣安德鲁教堂的侧立面，卢顿（1931—1932年）

889 斯科特：巴特西发电站，伦敦（1930—1934年），泰晤士河对面

如钢筋混凝土，却不愿意暴露混凝土，因他视其为一种视觉上太过粗糙的材料，且明显会毁于不雅的风化。因尊重材料，同时亦因尊重传统，勒琴斯和斯科特二人都拒绝国际主义风格，因其纯粹的哗众取宠。如他们认识到风格中的白色灰泥墙和平屋顶很不实用，需不断地维修保养。在审视适用于国际主义风格的建筑之前，我们应介绍一些建筑师，虽未达到勒琴斯和斯科特的高度，却也为古典主义传统的发展做出了原创性的贡献。

充满活力的古典主义风格外观和美术学校式平面布局的结合在英国的公共建筑中极为少见，却展现于20世纪初的卡迪夫市政厅和法院（1897—1906年）之中，由 H. V. 兰切斯特（1863—1953年）和爱德温·理查兹（1872—1920年）设计。它成为一个直至第一次世界大战被公共建筑广为效仿的典范，虽然巴洛克式活泼的设计有时被一种有节制的法国美术学校式风格所取代，即如大英博物馆中的爱德华七世展览馆。这些建筑建于1904—1914年，设计出自苏格兰建筑师约翰·伯内特爵士（1857—1938年），他曾就学于美术学校。兰切斯特和理查兹的韦斯利安的设计——带穹顶的中央大楼（1905—1911年）——将卡迪夫自信狂妄的建筑语言带到了伦敦的一个主要地段，即面对威斯敏斯特修道院的西立面。另一种不同的法国风格赋予了梅韦和戴维斯的作品以不同的色彩，他们在伦敦设计的巴黎式里

891（上）科茨：草坪路公寓，汉普斯特德，伦敦（1932—1934年）

890（上）：津巴布韦大楼的外观（原为英国医学协会大楼），斯特兰德区（Strand），伦敦（1907—1908年），霍顿

892（下）门德尔松和切尔马耶夫：德拉沃尔亭阁，贝克斯希尔（1933—1936年）

兹酒店（1904—1906年）已在20世纪初法国建筑中有所提及。里兹酒店的立面和室内是由英法建筑师合作设计，其钢铁框架则是德国制造的，设计出自一名在芝加哥工作过的瑞典工程师，它在很大程度上既是1904年英法友好协议的一部分，也是爱德华二世在位期间（1901—1910年）兴盛的、都市化上流社会的一部分。

一个更具个性的声音来自查尔斯·霍顿（1875—1960年），他似乎一直很关注与结构无关的外表石面，将其覆于新型的钢铁框架结构之外已成为当时的惯例。他对此问题的反应则是要设计一种石质的立面，这里，古典主义的元素是用一种反理性主义的，或是手法主义的方式来设置的。这种方式始于法律协会的图书馆侧翼（1903—1904年），位于伦敦的大法院小巷，表现更为明显的，则是英国医学协会大楼（现在的津巴布韦大楼；1907—1908年），位于伦敦的斯特兰德区。它坐落于C.R.克雷尔设计的威斯敏斯特生命保险和大英火灾保险公司（1831年）的原址之上，也许是后者启发了在建筑中将人物雕塑和圆拱开口相结合的方法。其立面直线式处理和不同平板之间的微妙交织，则具有一种米开朗琪罗式的感觉。这种骨感的处理方式看似要明显地表现建筑中结实的钢铁骨架，在伦敦又有些类似的建筑，出自约翰·贝尔彻（1841—1913年）和约翰·詹姆斯·约阿新（1868—1952年）合作的设计，较著名的是牛津大街上的马平府邸（1906—1908年）和皮卡迪利的皇家保险公司大厦（1907—1908年）。20世纪20年代，主要的古典主义风格建筑师有柯蒂斯·格林（1875—1960年）和文森特·哈里斯（1879—1971年），他们都设计出了一种大胆的英国和法国传统的古典综合。格林设计了两座醒目的建筑，几乎是面对面，位于皮卡迪利，即沃尔斯利发动机展览馆（1922年，现为巴利斯银行）和威斯敏斯特银行（1926年）；而

哈里斯于20世纪20年代设计了很多大型的公共建筑，工程施工则是在20世纪30年代完成。这些建筑包括谢菲尔德市政厅、利兹城市礼堂，和他的杰作——曼彻斯特的圆形中央图书馆和邻近市政厅的扩建部分，建筑末端的高山墙则呈现出一种抽象的诗意。

1930年左右，国际主义风格的到来引发了诸多的争论。呆板的平屋顶建筑，似乎无法适应英国的天气和乡村，而其空间自由和开放式的布局虽在德国和法国很是新鲜，但已在英国的家庭建筑的传统之中出现过，可追溯至勒琴斯，经过肖，一直到纳什。很大程度上，国际主义风格是由建筑师引入英国的，它们于20世纪30年代从其他国家来此，包括格罗皮乌斯、门德尔松、马塞尔·布鲁伊尔。他们常常为职业阶层人士设计私人宅邸。这种风格的一个早期建筑即汉普斯特德的草坪路公寓（1932—1934年），一座刻板的四层公寓楼，外露的混凝土被涂成淡黄色，设计出自曾就学于多伦多的威尔斯·温特穆特·科茨（1895—1958年）。格罗皮乌斯于1934—1936年与M.弗赖依（出生于1899年）为合作伙伴，在切尔西的旧教堂街上设计了一座宅邸（1935—1936年），这是为剧作家本·利维设计的。建筑是钢铁架结构，外部覆有抹灰砖片，之后使用悬瓦遮挡风雨。隔壁则是当代风格的科恩府邸，设计出自门德尔松和其合作者，出生在俄国的瑟奇·切尔马耶夫（1900—1996年）。他们还设计了德拉沃尔亭阁（1933—1936年），位于苏塞克斯郡贝克斯希尔，这是一座临海的休闲中心，有着壮观的金属窗子，经不起风雨的侵蚀，和如雕塑般设置的一系列简洁的白色粉墙形成了极大的对比。

斯大林时期的现代主义和传统主义

19世纪末的俄罗斯民族浪漫主义和1900年左右的新古典复兴风格，一直令其建筑丰

缠绕而成，结构的里面悬挂有 3 个，也可能是 4 个玻璃房间或体积，每一个都绕着自身轴线旋转：最下层的是一年绕一圈，中间的是一月绕一圈，而最上面的则是一日绕一圈。最底层的空间形似一个立方体，可以容纳立法会议；中央的空间形似金字塔，可以容纳国际执行委员会；而最上层的空间是一个圆柱体，则可以作为一个国际无产阶级的信息处，因它是用以发表宣言和宣传，所以其上还应有一个无线电塔。由于此方案受到很多俄国建构主义评论家的重视，它已成为现代主义神话的一个主要部分。可以确定的是，如果这种动力学建筑[①]能在 20 世纪 20 年代得以实施，这便是一个永远前进的革命社会的有力表现。

塔特林纪念碑的某些味道则可见于莫斯科的《真理报》大楼（1924 年），由维斯宁兄弟——亚历山大（1883—1959 年）和维克托（1882—1950 年）设计，它有着探照灯、扬声器、数字钟。而这座建筑却也有先例，一个形似起重机的不锈钢讲坛。设计出自埃利埃泽·马尔克维奇·利西茨基（1890—1941 年），一名建筑师、画家、绘图设计师，他曾于 1909—1911 年在达姆施塔特做过奥别列合的学生。他于 1919 年在维捷布斯克被任命为建筑学教授，他提出了一种建筑理念，称为 "PROUN"，源于 Pro-Unovis，即 "倾向新型艺术学派"。这是一种新的艺术状态，"介于绘画和建筑之间"，并可视为类似于里特维尔德的作品。的确，利西茨基对范杜斯堡和风格派都产生了极大的影响，他于 1922 年在荷兰期间参加了那场建筑运动。

成功的建筑师康斯坦丁·梅利尼科夫（1890—1974 年）在 1916—1917 年的早期建筑及项目，都是勒杜的浪漫古典主义复兴风格。他很快就转向一种 "动力学建构主义" 风格，近似塔特林，如他在 1924 年

893 塔特林：第三国际共产主义者大会纪念碑的模型，莫斯科（1921年）

富多彩，直到 1917 年的十月革命。这两种风格，之后都被共产主义者和先锋派建筑师视为沙皇政权的象征。弗拉基米尔·塔特林（1885—1953 年），一名画家、舞台设计师创造了极具说服力的革命后世界新形象，于其 1919—1920 年设计的一座钢铁玻璃纪念碑。这座不切实际的盘旋上升的纪念碑，高 1310 英尺（400 米），应高过巴黎的埃菲尔铁塔。我们现今的了解来自一个支撑框架的模型，高 16 英尺（5 米），是塔特林用木条、网丝制成。它包括两个倾斜的螺旋体，彼此

① 动力学建筑：
Kinetic Architecture，利用物理动力学原理设计。

894 约凡：苏维埃宫的模型，莫斯科

为《真理报》报社大楼所作的、未实施的设计，大楼的每一层都实现了电动化，以便能够围绕中央核心而独立旋转。较为实际的则是梅利尼科夫设计的苏联馆，为1925年在巴黎举办的装饰艺术博览会。它充满活力的结构，是几何级数（Geomatric Progression）的一个作品，这里一个长方形的平面被一段对角的楼梯所分隔，楼梯穿过开敞的木框架，在首层上创造出两个三角形区域。

梅利尼科夫还设计了另一座十分漂亮的几何建筑，是他在1927年为自己建的住宅，位于莫斯科克里沃阿巴茨基路10号，它由两个交织的圆柱体构成。他于1927—1929年在莫斯科建造了6座工人俱乐部，采用了一种刻板的几何风格，建筑是用作

"社会凝聚器"。其中最令人震撼的是鲁萨科夫俱乐部，是为交通运输工人工会设计的，是一个由3个扇形部分的平面和3个高悬吊的报告厅组成的。这些都戏剧性地表现在其阴冷、大多无窗的钢筋混凝土外墙之上。伊利亚·戈洛索夫（1883—1945年）设计了苏耶夫工人俱乐部（1926—1928年），有一个极富生机的圆形玻璃角，内有楼梯，这令人想起格罗皮乌斯和特拉尼的设计。

1931—1933年，梅利尼科夫为莫斯科的纪念建筑苏维埃宫举办已经拖延很久的设计竞赛。自1932年起，整个国家确立了以"社会现实主义"为造型艺术的基本准则。经过层层选拔，苏维埃宫设计竞赛的评委们选择了一种古典主义风格的建筑方案。方案的设计者是一名叫作鲍里斯·米哈伊洛维奇·约凡（1891—1976年）的建筑师。1933年，约凡将方案深入优化，并与弗拉基米尔·阿列克谢维奇·休科（1878—1939年）和弗拉基米尔·格尔弗雷赫（1885—1967年）通力合作，设计出一座庞大的纪念碑式建筑方案。建筑的每一层都有圆柱形的柱廊，最顶端则矗立着列宁的雕像。同时早在1927年，国际联盟决定在瑞士日内瓦建造国际联盟总部，征集的方案中不乏勒·柯布西耶这样的建筑名家，评审团经过层层选拔，最终获胜的是由提案中票数领先的亨利·保罗·尼诺（1853—1934年）等五位建筑师的联合设计方案，风格与约凡的设计方案一样，均采用古典主义风格。

约凡曾于1917—1924年在意大利做过建筑设计；于1921年，他加入了意大利共产党，两年后，在罗马建造了苏联大使馆，以一种无饰古典主义风格。1937年，他为巴黎博览会设计的苏联馆在风格上近似阿尔伯特·斯皮尔的德国馆，二者在轴线两侧相对

而立。他的同事休科设计了新古典主义风格的通廊，位于夸伦吉优雅的圣彼得堡斯莫尔学院（1806—1808年），而其莫斯科的列宁国家图书馆则是一种近于当时的德国无饰古典主义风格。现代主义运动被等同于西方的没落，因而新古典主义直到20世纪50年代末都一直是俄国官方所欣赏的设计样式。在美国，一种相近的传统风格继续保留在华盛顿特区，那里，直到20世纪50年代的联邦建筑都是采用了新古典主义风格，象征着共和国的稳定和持续。

1945年以后的现代主义

在第二次世界大战后的30年里，20世纪20—30年代所建立的各种现代形象都一直占据着主导地位，虽然很多情况下它们是被同一批建筑师所发展、延伸，他们包括赖特、柯布西耶、密斯·凡德罗、阿尔托。然而，从20世纪70年代起，却于部分公众和建筑师中，出现了渐增的不安，这伴随着一个快速发展的对新世界的创造。这种警报也是因之前获奖现代建筑的构造失败，特别是在英国，这里的气候极大地破坏了玻璃幕墙和平屋顶，而这种破坏，因其有意识，但盲目地重建欧洲的历史城镇，却令建筑保护运动得以前所未有地流行。

第二次世界大战后的几年中，最具有影响力的"建筑形式创造者"是柯布西耶和密斯·凡德罗，而现代主义运动多样性的一个标准，就在于其建筑外观会是截然相反。密斯，继续其冷峻的"极简主义"，使用钢铁、玻璃，而柯布西耶则发展了一种更为感性的雕塑式风格，虽然总是采用混凝土这种视觉上并不吸引人的材料来表现。弗兰克·劳埃德·赖特则是持续地高产，而其设计却愈加丰富多彩，这只能解释为是一种低俗小说式的美学，如其螺旋形的纽约古根海姆博物馆（1942—1943年设计，1957—1960年修建），或1957年他在芝

895 赖特：古根海姆博物馆的外观，纽约市（设计于1942—1943年，建于1957—1960年）

896（上） 校友纪念大厅，伊利诺伊理工学院（1945—1946年），密斯·凡德罗

897（右） 范斯沃斯住宅，普莱诺，伊利诺伊州（1945—1950年），密斯·凡德罗

加哥提出的一英里高的摩天大厦。

密斯·凡德罗20世纪40年代在芝加哥的军工学院（后来的伊利诺伊理工学院）新校区设计了6幢大楼，他于1938年被聘为学院建筑学的教授。他在这里的作品颂扬着一种工业词汇，即钢铁框架结构，其结构间填充以玻璃和米色砖块，这里，美国标准化的工字梁，同20世纪30年代使用的十字形柱子反其道而行之，在视觉和结构上起到了一个极为重要的作用。伊利诺伊理工学院的校友纪念大厅（1945—1946年）亦设定了一个基调，成为他之后所追寻的——于诸多建于20世纪50—60年代的多层办公楼和公寓楼中——建筑，工字梁窗棂的幕墙构成了窗户的框架，在同一平面上又结合了结构钢柱，创造出一种编织状的表面图案。其中，最为著名的是两座式样相同、紧邻的公寓大楼，有26层高，位于芝加哥的湖滨大道（1948—1951年），以及纽约市的西格拉姆大厦（1954—1958年），后者是同菲利普·约翰逊合作设计，外表覆以青铜、棕色玻璃。湖滨大道上的公寓并未显示里面是公寓而不是办

公室：事实上，它们之前就有一座大楼，即有玻璃幕墙的办公楼，这便是纽约市的联合国大楼（1947—1953年），由一组建筑师设计的，以华莱士·K.哈里森为首，以勒·柯布西耶为顾问。这种摩天大楼产生了巨大的影响，如由纽约市的SOM[①]设计的，位于公园大道的利弗宅邸和大通曼哈顿银行（1961年），都位于纽约，以及很多地点稍差的欧洲城市中的办公大楼。密斯的范斯沃斯住宅（1945—1950年）位于伊利诺伊州的普莱诺，这里他将其工业美学应用于一座优雅的，但造价高昂的周末度假别墅中，外墙为全玻璃，因此需要窗帘。进一步为住宅建筑的功能做出让步，还将外露的钢铁结构喷上白漆，并将墩座墙、阶梯、地面都铺以石灰华。此建筑的委托人伊迪丝·范斯沃斯医生发现其造价过高而无法居住，曾试图起诉建筑师，但未成功。建筑师查尔斯·伊姆斯（1907—1978年）建造了位于圣莫妮卡的伊姆斯宅邸，作为一个受密斯·凡德罗影响的范例，后者在其职业生涯后期设计了柏林的国家艺术馆（1963—1968年），还采用了他在麻省理工

① SOM：
Skidmore，Owings and Merrill，斯基德莫尔、奥因斯和梅里尔。

649

学院提出的建筑语言。

　　另一位对于第二次世界大战后的影响，可以和密斯·凡德罗相比的建筑师，便是勒·柯布西耶，他在马赛的联合住宅（1946—1952年）被视为一个现代住宅设计的转折点。它是一座庞大的 18 层大楼，里面有 300 多套公寓，部分受启发于傅立叶等理论家的社会主义理想，公寓还有一些公共设施，如一个幼儿园、健身房、室内购物街、一个屋顶儿童游泳池等。建筑的原始设计是采用钢铁结构，后因材料供应困难，又重新考虑钢筋混凝土结构。此过程中，勒·柯布西耶最终放弃了在两次世界大战期间备受推崇的平滑的机器锻造的表面，取而代之以一个特意粗制的外表，显示了浇筑混凝土所用木质模板的印迹。这种细节的厚实，又

898（上）勒·柯布西耶：联合住宅，马赛（1946—1952年）

899（下）联合住宅的平面和剖面，马赛，自勒·柯布西耶

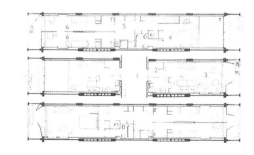
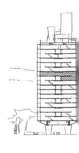

再现于联合住宅中的庞大遮阳屋檐，是模仿奥斯卡·尼迈耶（1907—2012年）的建筑类型，用于巴西里约热内卢的教育和公共卫生总部（1936—1945年），当时，勒·柯布西耶曾是此项目的顾问。与卢西奥·科斯达（1902—1998年）合作，尼迈耶设计了巴西利亚（1957—1970年），巴西标志性的新首都，这里，曲线形建筑和方形大厦形成鲜明对比。效仿勒·柯布西耶的粗面混凝土，成为一种建筑风格的基调，很适宜地被称为"新粗野主义"，此风格在20世纪60年代的英国颇为盛行，并闻名于欧洲和美国。

粗面混凝土也为勒·柯布西耶后期最吸引人的设计赋予一种粗犷的性格：贝尔福德附近的朗香教堂（1950—1955年）；印度昌迪加尔的政府建筑（1951—1965年）；里昂附近艾芙-阿尔布莱的图雷特多明尼会修道院；以及他在美国的唯一作品，哈佛大学的卡彭特视觉艺术中心（1960—1963年）。昌迪加尔于1951年成为旁遮普邦的行政首府，在此，勒·柯布西耶设计了一组公共建筑群，它们构成了首府的办公区：秘书处、高级法院、议会大楼。它们是一个令人难忘的极富创意的尝试，不依赖传统的古典主义语言，却能创造出建筑的不朽性。这些庞大、近乎疯狂的建筑规模，以其独特的外形轮廓，特别是议会大楼的薄壳或伞式屋顶，有效地使其成为城市秩序的雕塑性象征。然而，必须承认，它们在功能上是灾难性的，与城市的其他部分隔离，这意味着居住区会变得更为乏味，而且规格一致的低层建筑已令其单调。由此，勒·柯布西耶昌迪加尔工程的一个主要政府机构被迫断言，"几乎任何一座古老的印度城镇，有着狭窄的街道、内向的庭院住宅，在处理一个主要靠步行的环境、一个热带的气候、一个高密度人口的区域，都展示了一种比昌迪加尔更令人满意的方式"。但是，此座新城的这一面并不只是勒·柯布西耶热望新颖的结果；

它也反映了尼赫鲁总理的抱负，因印度于1947年结束的英国统治，他踌躇满志，而对于昌迪加尔，他如是说，"它将成为一座新城，印度自由的象征，不受约于过去的传统……一种对国家未来信心的表现"。

建筑"不制约于过以外传统"，以一种更为戏剧性、更为成功的式样而实现，这是于朝圣者的礼拜堂，于朗香，它有一个钢筋混凝土的结构形式，隐藏于其波浪般"新表现主义"风格的形式之后。这座独特、雕塑般建筑的古怪诗意，几乎没有产生任何直接的影响，但是，雅乌别墅（1952—1956年）即为雅乌家族在巴黎的纳伊修建的两座宅邸，却有着极大的反响，特别是在英国。建筑墙体，粗砌的砖工艺，被宽大水平的横梁分割，横梁由片板状混凝土构成，而室内采用外露砖墙，则同样显示其有意避免完美。这种有意识的，或者说是地方风格的建筑技术，震慑了英国的建筑师，詹姆斯·斯特林（1926—1992年），他在1955年对雅乌别墅描述道，"令人不安的是，它几乎没有任何理性原则，而后者正是现代主义运动的基础"。然而，他同詹姆斯·戈文（1923年生）合作设计的公寓（1957年）位于伦敦哈姆公地上，却极似雅乌别墅，还有巴兹尔·斯彭斯爵士（1907—1976年）的主要建筑的某些特点，如结合分段的混凝土拱顶和红砖，与其颇有争议的豪斯霍尔德骑兵营盘（1970年），后者位于伦敦。

将粗糙建材外露的激情、避免打磨和优雅的意愿、清教徒般对舒适的反感，在彼得·史密森（1923—2003年）的设计中得到了最佳展示，自他1950年起与妻子艾丽森开始合作。其第二现代学校（1949—1951年）位于诺福克郡亨斯坦顿，是英国"新粗野主义风格"的第一座标志性建筑。它受启发于密斯·凡德罗在伊利诺伊理工学院的焊接钢铁框架和砖墙板，以及一种英国工艺美术建筑风格中着重材料的

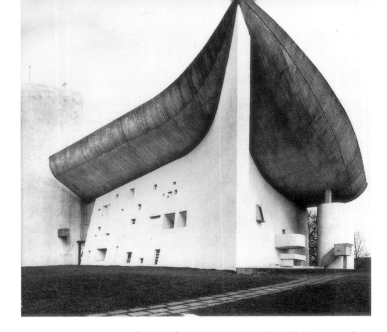

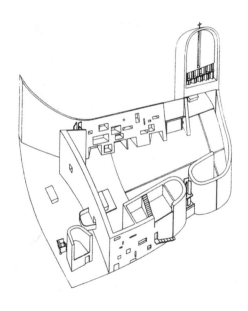

900、901（上和下）朗香教堂的外观和等角图（isometric），朗香，近贝尔福德（1950—1955年），勒·柯布西耶

"诚实性"。由此，它的结构材料、钢铁、预制水泥板、砖，都展示于外，不涂抹灰泥，也经常不油漆，水管和电路管线也都直接可见。其最终效果——令人欣赏或是令人反感——则取决于个人的美学品位，但毋庸置疑的是，这座建筑实际上从一开始就无法使用。斯特林的剑桥历史系大楼，也同样有问题，如果不是更严

重的话。这种"新建构主义"和"伪功能主义"的建筑采用坚固的红砖和工业玻璃，都饱受诸多问题之苦，如严重渗水、音响效果、外墙瓷片危险的脱落。虽然它有着诸多缺陷，还是有很多欣赏者喜欢其非常规的活力。

丹尼斯·拉斯顿爵士（1914—2001年）的厚重混凝土建筑也是意在采用"粗野主义风格"，但它们却具有一种特别的一致性，这源于其观念，即建筑设计应是一种城市景观。他的建筑楼层像是地层结构，并常结合外露的人行通道，经受风雨，这其中有位于伦敦东端的贝纳尔格林的14层公寓楼群（1955年）、东英吉利大学（1962—1968年）、伦敦的国家大剧院（1967年）。莱斯利·马丁爵士（1908—2000年），更多地采用砖而不是混凝土，表明了和阿尔瓦·阿尔托的一种类似，这可见于其牛津和剑桥的一些大学和学院建筑。

一种完全的粗野主义风格，也是这些年美国建筑的一个特点，如耶鲁大学的两座著名且对此强烈的建筑，即保罗·鲁道夫（1918—1997年）设计的艺术和建筑大楼（1958—1963年），和路易斯·康（1901—1974年）设计的美术展览馆（1953年）。美术展览馆，一座密斯式的建筑，接近史密森的亨斯坦顿学校，建筑的明显之处，即将其毫无特点的黄砖立面和根据埃杰顿·斯沃特1928年的设计而建的陈列馆相并列，后者有着可塑性极强的意大利式立面。鲁道夫的艺术和建筑大楼是一种生动的格局，以混凝土为材料，用彼此抵触的形式而构成，这又类似于拉斯顿在英国的设计。其单体塔楼式的构成部分是中空的内有服务设施的礅柱，这创造出了一种直冲云霄的效果，而此效果又再现于康设计的宾夕法尼亚大学理查兹医学研究大楼（1958—1961年）。这座大楼特别着重于其砖塔，大多数是用作楼梯、空调、其他服务设施。保罗·鲁道夫的布奇斯伯斯纪念图书馆（1970—1975年）位于纽约州的尼亚加

902（上）雅乌别墅的室内，纳伊，巴黎（1952—1956年），勒·柯布西耶

903（右）第二现代学校的外观，亨斯坦顿，诺福克郡（1949—1951年），彼得·史密森

904（下）拉斯顿：国家大剧院，伦敦（1967年），南岸艺术区

905 环球航线的航站楼室内，肯尼迪机场，纽约市（1956—1962年），沙里宁

拉大瀑布地区，同样具有斯特林在历史系大楼中的一些缺点。鲁道夫醒目的悬臂形式创造了复杂且互相交错的屋顶、窗户、墙体，同时也证明了这很难做好防水。康极受推崇的建筑之一是金贝尔艺术博物馆，位于得克萨斯州的沃斯堡。

类似康的设计，也出现在耶鲁大学的塞缪尔·莫尔斯和埃兹拉·斯泰尔斯学院（1958—1962年）的建筑形式之中，设计出自埃罗·沙里宁（1910—1961年），他在此前曾表示他会用一种较为轻度的手法来设计。沙里宁密斯式的总发动机技术中心（1945—1956年）位于密歇根的沃伦，之后，他则转

向了一种更活泼、更富曲线的风格，这特别表现在其新表现派风格的杜勒斯机场（1958—1962年），位于弗吉尼亚的尚蒂伊，以及纽约肯尼迪机场的环球航线的航站楼（1956—1962年）。在这两座机场建筑中，与任何现代的建筑师相比，他将飞行的诗意更为物化地表现出来。唯一可与之媲美的就是澳大利亚悉尼歌剧院（1956—1973年），也许因为他曾是此建筑设计竞赛的评委，可能对其产生了影响，获选建筑师是丹麦的约恩·伍重（1918—2008年）。伍重一直为多位建筑师工作，1942—1945年为阿斯普隆德，1946年为阿尔托，1949年为赖特，他逐渐迷恋于寻求

一种有机的建筑，也就是一种仿自然形式的建筑。他将之实现在悉尼歌剧院中，音乐厅建在一系列的平台阶梯之上，类似玛雅或阿兹特克①建筑中的阶梯，其屋顶则是两个钢筋混凝土的薄壳屋顶，形状为椭圆抛物面。它们自水中升起，对一些人来说，好似一只帆船扬起的风帆，而对其他人来说，则好似一只鸟儿展开的双翼。

德国建筑师汉斯·夏隆（1893—1972年）为柏林交响乐团设计了柏林交响音乐厅，它是表现主义或是"有机"建筑的一个后期范例。日本建筑师丹下健三（1913—2005年）为东京的奥林匹克运动会设计了国际体育馆（1961—1964年），可容纳15000人，建于其张力悬吊的双屋顶之下。钢筋混凝土建筑的可能性中，更有生气、富有诗意的表现，则是来自意大利的建筑师路易吉·奈尔维（1891—1979年），他的早期设计是佛罗伦萨的城市体育场（1929—1932年），可容纳35000人，于一个悬臂支撑的屋顶之下。第二次世界大战之后，他研究了一种建筑技术，称为"钢丝网混凝土"，这里，一系列的钢丝网卧于混凝土之中，使其比普通的钢筋混凝土更具张力，他采用这种手法的代表作是在罗马的两座建筑，即运动场（1956—1957年）和体育馆（1958—1959年），后者有一个穹顶，直径为328英尺（100米）。

丹麦建筑师阿恩·雅各布森（1902—1971年）更喜好国际现代主义运动中的工业化形象，即玻璃幕墙建筑，如他在哥本哈根设计的若勒市政厅。意大利建筑师卡罗·斯卡帕（1906—1978年）则专攻于设计展览馆和博物馆，其中极为引人注目的建筑之一，即重建的古堡博物馆（1956—1964年），位于维罗纳。马里奥·博塔（生于1943年），曾是提契诺，或是提契诺学院的主要成员，后来，又返回到"理性主义"建筑形式，最终，受启发于1900年左右的无饰古

906 贝克宿舍楼的外观，麻省理工学院，剑桥（1946—1947年），自阿尔托

典主义风格。博塔典型的鼓状住宅——圆形宅邸——即砖面的混凝土结构，位于提契诺的斯塔比奥（1980—1982年）。

在芬兰，阿尔瓦·阿尔托因试图赋予现代建筑以一张人性的面孔而被一些人称颂，他在20世纪40年代进入其职业生涯中的最多产阶段。这一切始于1946年，自他被聘为麻省理工学院的一名客座教授之后，学院位于马萨诸塞州的剑桥市，他在学院为四年级学生设计了一座寝室楼，即贝克宿舍楼（1946—1947年）。建筑的红砖建材，即如波士顿、剑桥市、耶鲁、普林斯顿的老建筑一样，建筑呈一个奇特的蛇形，面对查尔斯河，多数学生寝室都可见河景。这是阿尔托第一次在主要城市建筑中采用红砖。它后来成为其在20世纪50—60年代很多设计作品的一个特点，可能是受影响于波罗的海或新英格兰地区的砖结构传统。他的赫尔辛基国家养老院（1948年设计，1952—1956年实施）是一组不对称的巨大行政楼群，围绕一个内部庭院和平台而建，它创造出的城市风景即吸引拉斯顿的那种。阿尔托以一种较小的尺度发展了此做法，运用在珊纳特赛罗镇中心（1949—

① 玛雅或阿兹特克：Maya or Aztec，玛雅文化在阿兹特克之前，后者被西班牙人发现新大陆之后清除。

907 沃克森尼斯卡教堂的中殿，伊玛特拉，芬兰（1956—1959年），阿尔托

1952年），又以一种较大的尺度运用在奥特涅米的工程技术大学（1955—1964年）中。阿尔托设计了珊纳特赛罗镇中心，镇子是一个很小但经济上却十分重要的林区村镇，其中心有一座朴素的U形行政大楼，内设有会议室、图书室、办公室，建筑的两侧各有一个木质凉亭，第四立面则是一座独立的图书馆，它围住了内庭院。整座建筑都高出周边的地高，并通过两段敞开的楼梯拾级而上，其中的一段是用厚木板围成的夯土阶梯。隐蔽的小庭院或广场，具有一种当地的或是农家般的特质，连同其建筑部分，并不能够抵抗气候的侵蚀，整体布局看似是一种很随意的方式。

珊纳特赛罗的平面布局和稀疏带尖角的砖墙建筑反映了对新颖的极力追求，而这正是现代主义建筑运动的基调。一些建筑师，包括阿尔托和埃罗·沙里宁，似乎视其为必要，即在设计每座建筑时，都好像是此功能建筑从未被设计过的一样。阿尔托设计的恩索-古兹特公司总部（1959—1962年），就是如此，在风景

908（对页顶）阿尔托：珊纳特赛罗镇中心，芬兰（1949—1952年）

909（对页下）阿尔托：恩索-古兹特公司总部，赫尔辛基（1959—1962年）

如画、传统的赫尔辛基港口的背景之下，显得有些突兀尴尬。在历史背景不太敏感的地方寻求新意，它也许更为合适。其更具塑性感的，或者说是"新表现主义"风格的，便是沃克森尼斯卡的教堂（1956—1959年），位于芬兰东部的伊玛特拉，坐落于一片森林之中央，后来被一次飓风毁掉。教堂的中殿有3个不对称的薄壳屋顶，是为了便于3种不同规模的聚会，它们可用滑动的曲线隔墙分开。天花板也采用了壳体形式，而墙体则是双重壳体结构，并恐怖地向内倾斜。

20世纪60—70年代，现代主义运动进入了一个手法主义阶段，其特点即嬉戏般地使用以前被过于严肃对待的元素。晚期现代主义著名的建筑之一就是巴黎蓬皮杜中心（1971—1977年），由伦佐·皮亚诺（1937年生）和理查德·罗杰斯（1933年生）设计。现代主义的设计理念着重于结构的真实性，这可追溯到维奥莱-勒-杜克及之前，但是，由此却成了一个公共玩笑：建筑的服务设施和操作部分，都饰以鲜艳的色彩，并裸露在外，作为外部的装饰。

一种不同方式的后期现代主义风格，则是诺曼·福斯特（1935年生）在英国的建筑，如威费伯和杜马总部（1972—1975年），位于萨福克郡的伊普斯维奇。它有一个庞大呈波浪状的立面，全部由青铜色玻璃建成，白天它会反射着周围的建筑，而晚上，当其内部灯火通明之时，则变成透明。因此它似为早期现代主义者所迷恋的玻璃及其光滑技术效果的一个生动变体。贝聿铭1917年生于中国，1935年移居美国，他设计了很多宏大、夸张的公共建筑，如华盛顿国家艺术馆的东馆（1974—1978年），以及波士顿的约翰·F.肯尼迪图书馆建筑群（1979年），将现代主义者所致力的完全几何形体建筑推向一个极端。埃蒙·罗什（1922年生）和约翰·丁克洛（1918—1981年）曾于20

910 贝聿铭：约翰·F.肯尼迪图书馆建筑群，波士顿（1979年）

911 罗杰斯：劳埃德大厦，伦敦（1978—1986年）

世纪 50 年代和埃罗·沙里宁一起工作过，于纽约设计了福特基金会总部，内有一个影响极大的中庭。

理查德·罗杰斯的合作者——意大利建筑师伦佐·皮亚诺——继续其"高科技"建筑的传统，于其博物馆（1995—1997 年）和柏林的大楼（1998 年）中。英国建筑师尼可拉斯·格里姆肖（1939 年生）设计了柏林的证券交易及交流中心，作为一个他所谓的"民主开放和透明"的范例。因其避免建成一座塔式大楼，格里姆肖的建筑，更像是一个金属脊椎，脊背上则是 9 个铁质的圆拱。

诺曼·福斯特、理查德·罗杰斯、格里姆肖，被称为高技术建筑风格的主要人物。罗杰斯宣称，他的建筑是指向一种未来："建筑将不

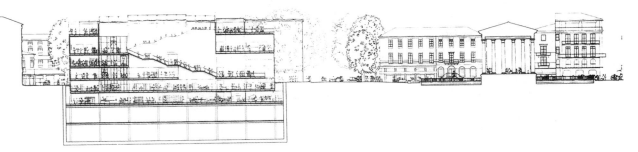

912（上）福斯特：卡尔（四方）艺术中心的横剖面，尼姆
（1984—1993年）

再是一个形体和容量的问题，而是轻体结构的
问题，因其叠置的、透明的楼层将会创造出建
筑的形式，如此，建筑也将被非物质化。"他的
设计作品有香港汇丰银行（1979—1986年），
和造价高昂的伦敦劳埃德大厦（1978—1986
年），大厦的外观是机械式的立面，不锈钢的
管道包裹着设施管道。

　　在法国的（1984—1993年）尼姆，福斯
特建造了卡尔（四方）艺术中心（1984—1993
年），一座公共图书馆和一座艺术博物馆，被称
为"媒体中心"，地点是欧洲敏感历史地段之
一。在这座古罗马城市的中心广场，中央矗立
着四方神殿，它是继万神庙之后保存最好的神
庙。在广场的一边，坐落着1803年建造的一座
歌剧院，有一个优雅、适宜的新古典主义柱廊，
虽然尼姆的罗马建筑特征一直都被18世纪以
来的所有建筑师所尊重，但是它还是被拆除了，
以便建造媒体中心。媒体中心采用很薄的混凝
土支撑和玻璃幕墙，如丝绸屏风般的白色，且
有意避免线脚，而这种线脚正是传统建筑的基
本手法，以显示其品位，而媒体中心，则看似
违背这座古城的承袭。有趣的是，建筑师并不
认为这是其本意，如他的很多仰慕者一样，相
信建筑格栅式的立面，暗示着一种横梁式结构，
由此，它与其对面的古代神庙进行了一次文明

913福斯特：卡尔（四方）艺术中心，尼姆

的对话。

后现代主义

　　现代主义运动的尝试，即通过建筑的革命

和对记忆的解除来改变人类，同时会威胁到人类的尊严和个性。一篇质疑现代主义的早期文章《建筑的复杂性与矛盾性》（1966年）——出自建筑师罗伯特·文丘里（1925—2018年），他建议一种设计上的建筑复兴，即"再现过去"，其目的是要展示建筑在现代主义运动之前，是如何同时容纳多层次的意义。他试图将其包含在自己的建筑之中，他有些晦涩地描述为即"不排斥、不连贯、折中、接纳、适应、因地制宜、紧邻、平等、多重焦点、好坏空间"。更为重要的是，通过消除对装饰清教徒式的敌视，他开启了一种新的、多元的、自由的建筑形式，一种外观上的"文脉主义"（Contextualism）和一种对环境的顾及。他的首批作品之一，即瓦娜·文丘里宅邸（1961—1965年），是栗子山，宾州，一个木瓦式住宅的抽象版本。

这种改变基调的另一个受欢迎的展示是在一次展览会上，明确被称为"再现过去"，即于1980年在威尼斯举办，威尼斯双年展组织的第一次国际展览会，之后，建筑又展于巴黎和旧金山。其中，最主要的展览是"新街"，这是一条街道，有着20个立面，由多位建筑师设计，包括罗伯特·文丘里、查尔斯·摩尔（1925—1993年）、里卡多·波菲尔（1939年生）、汉斯·霍莱因（1934—2014年）、莱昂·克里尔（1946年生），他们大多的柱式使用都是以一种戏剧性的、手法式的或是嬉戏般的方式。后现代古典主义风格中夸张的元素提醒了人们，此风格是由现代主义发展而来，正如我们提及的，且令其进入了一个手法主义者的阶段。

一直具有争论的是，后现代主义包括艾伦·格林贝格（1938年生）和昆兰·特瑞（1937年生）在内的朴实传统主义，理查德·迈耶（1934年生）和阿尔多·罗西（1931—1997年）在内的新现代主义，以及SOM事务所和特里·法雷尔（1938年生）新建商业建筑中的极

914 约翰逊：美国电报电话公司，纽约（1978—1984年）

度华丽、近巴洛克的风格。后现代主义建筑中常见的嬉戏成分，被菲利普·约翰逊（1906—2005年）带进了曼哈顿的中心，于其美国电报电话公司，于1978—1984年建造的摩天办公大楼中。这座大楼花岗岩的表层覆于一个强化的钢铁骨架之外，于此，回归到第一次世界大战前的纽约传统，即采用了一个基座并冠以上楣，以令摩天大楼为人接受；其基座被设计成塞尔式的圆拱，其断开的山花墙看似是在切宾代尔和勒杜之间。AT&T大楼无论多么令人震撼，都不应看成约翰逊职业生涯中建筑风格的

915 约翰逊：建筑学院，休斯敦大学（1983—1985年）

一次特立独行。因他已拒绝密斯式语言很久了，于其玻璃住宅（1940年），位于康涅狄格州的新迦南，虽然，他曾经同H.–R.希区柯克合著了一本很有影响的书——《国际主义风格：1922年之后的建筑》（纽约，1932年），并在1947年发表了一篇关于密斯·凡德罗的专题论文。他于1962年在玻璃住宅的院子中建有拱廊式水上凉亭，有一种辛克尔式的味道，这种风格又大尺度地再现于优雅的阿蒙·卡特西部艺术博物馆（1961年），位于得克萨斯的沃斯堡，位于林肯市的内布拉斯加大学谢尔登艺术展览纪念馆（1963年），以及纽约林肯中心的纽约州剧院（1964年）。

然而，约翰逊设计的纽约现代艺术博物馆（1964年）以其简洁的东面和花园部分，标志着他向一种无个性现代主义风格的令人迷惑的回归。更具活力的建筑则是投资者多功能大厦，一座巨大的、菱形的办公大楼，是他和搭档约翰·伯奇于1968—1973年在明尼苏达州的明尼阿波利斯建造。这里，紧紧依偎于底层的，是一个中央大厅，天窗采光，宛如一个水

晶体，其多面的特点令人想起布鲁诺·陶特在1919年所提出的表现主义"城市之冠"。一种更适宜的联想主义风格，则实现在得克萨斯州休斯敦大学的建筑学院中，在此，约翰逊和伯奇做出了一个少有的模仿，即模仿了勒杜的教育之家，自其1780年设计的绍村理想城镇。

民粹主义，即后现代古典主义的戏剧性特质，被赋予了各式各样的描述，如"做作"和"媚俗"，但它却极大地丰富了"意大利广场"（1975—1980年）的设计，位于路易斯安那的新奥尔良市，设计者是查尔斯·摩尔（1925—1993年），它是城市中意大利社区的一个社交点。他所发展的高度色彩化的古典主义建筑特征，采用了一种露天游乐园的设计手法，其建筑技巧类似迈克尔·格雷夫斯（1934—2015年），后者颇有争议的波特兰公共事务大楼（1979—1982年），位于俄勒冈州的波特兰市。同多种建筑风格都有关联，这座高大的建筑塔，从埃及式的设计到装饰艺术风格，采用了涂漆混凝土，原本是要采用巨大玻璃纤维的华饰作为多元主义的最突出表现，而多元主义正是美

916（上）摩尔：意大利广场，新奥尔良市（1975—1980年）　　**917（下）**波菲尔：阿布拉萨斯宫，玛内拉维利的一个公寓街区（1978—1983年）

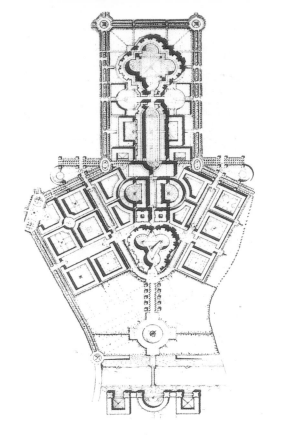

国后现代主义的核心。规模较小、较为欢快的，是帕拉第奥式别墅主题的两种灵气变体，都是出自查尔斯·摩尔，于1978—1981年设计：它们是马萨诸塞的鲁道夫宅邸和萨米斯厅，后者是班伯里联合会建筑群的一部分，位于纽约州的冷泉港口。

对"再现过去"的新认识，不仅是一种英美两国的建筑思潮，对于一个欧洲人来说，它也是极为震撼之事。因此，其中一些突出的成就，便是来自一位在法国工作的西班牙建筑师，里卡多·波菲尔（1939年生）：其建筑包括两座巴黎附近规模庞大的住宅项目，即圣康坦昂伊夫林的湖边拱廊（1975—1981年）和玛内拉维利的阿布拉萨斯宫（1978—1983年）。一座类似规模的住宅项目（1985—1988年），位于蒙彼利埃，同古城的主广场有一种更为理性、适宜的体量关系。这里，波菲尔的建筑展现了一个成功的尝试，即一个规划，是作为现有城市中心的一部分，而不是无名和偏远的郊外。

另一座建筑的设计有着更紧密的历史协

918（上） 波菲尔在蒙彼利埃的住宅项目（1985—1988年）

919（下） 兰登、威尔逊和金特尔：J.保罗·盖蒂博物馆的主列柱廊和花园立面，马利布海滩（1970—1975年）

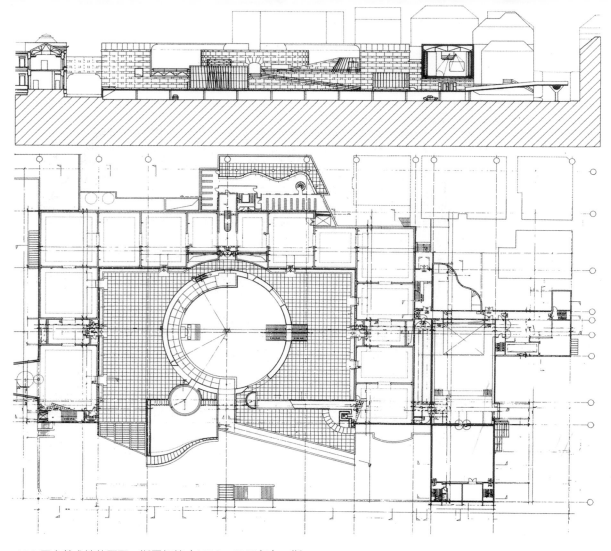

920 国立美术馆的平面，斯图加特（1980—1983年），斯特林

调，这就是J.保罗·盖蒂博物馆（1970—1975年），位于加利福尼亚的马利布海滩。其最主要的影响来自赫库兰尼姆的古罗马莎草别墅，由洛杉矶的兰登和威尔逊合作公司设计，爱德华·金特尔为项目建筑师，诺曼·诺伊尔伯格（1926—1997年）博士为考古顾问。建筑有着奢华的室内、围列的柱廊、正式的花园，这种古罗马奢华无可挑剔的再现，实现了新古典主义时期诸多建筑师和出资人的理想抱负，其中，辛克尔和普鲁士皇太子弗雷德里希·威廉最为杰出。同样成功的设计还有迈克尔·格雷

夫斯的克洛·皮格斯葡萄园（1987年），位于加利福尼亚的纳帕谷①，虽然也有些批评家质疑，这样一座建筑为何要令人回想起某些古代圣堂的布局。

20世纪70—80年代的美国比欧洲更为富裕，也更为自由，因而，美国可以醉心于后现代主义的试验。的确，英国的建筑师詹姆斯·斯特林（1926—1992年）在美国比在英国更受欢迎。他设计的美国得克萨斯州休斯敦市赖斯大学的建筑学院（1980年）——一座L形的建筑，一种圆拱的半罗马风的样式——是一个很好的典范，

① 纳帕谷：
　Napa Valley，是北加州主要葡萄园区。

664

921（上）斯特林：国立美术馆的新楼，斯图加特

922（下）文丘里：塞恩斯伯里侧翼，国家展览馆，伦敦
（1987—1991年）

即如何将新建筑融入已有的建筑群之中，这里，现有的一个校园是1909—1941年逐渐建成的，按照克拉姆、古德休、弗格森的原始设计。斯特林位于斯图加特的国立美术馆的新馆和室内剧院（1980—1983年）是一个强劲的组合，有着技术或者建构主义的想象力，又加上精致的工艺技术、抛光的石灰石面、少有的多色彩。对各时期建筑风格的回应，在此，从古代被唤起，经克伦策和盖特纳之手，来到现世。

在河堤广场，特里·法雷尔（1938年生）设计的一座粗壮的建筑俯视着泰晤士河，位于伦敦的查令十字火车站（1987—1990年），火车驶过其底层部分，他将上面的办公部分设计为一个很高的镶有玻璃的曲线状，如此，便令其定位在19世纪火车站的传统样式之内。

文丘里的设计——伦敦国家展览馆的塞恩斯伯里侧翼（1987—1991年）——也作为一个嘲讽宣言，之于现代建筑中的古典主义传统的碎片。1982—1983年，国家展览馆扩建工程的首轮设计竞赛中，参赛者有理查德·罗杰斯、阿勒普、SOM，获奖设计来自阿伦兹、伯顿和克拉利克，被威尔士王子令人难忘地描述为"一颗硕大的痈疮，于一位优雅、受人爱戴的朋友脸上"。这种批评触动了大众的内心，导致了一个私立委员会的任命，并于1986年选中了三位美国建筑师合作——文丘里、劳奇、斯科特·布朗——一同来设计一座大楼，

用塞恩斯伯里家族的捐助来支付。文丘里对这项任务的处理近乎是一名舞台设计师，他说"我喜欢威尔金①的斜视景观，即面对吉布斯设计的圣马丁教堂，而且我能感觉到建造圆柱时的一个切分作用。古典主义风格的力量就在于它可被修改，但仍能保持其力度"，建筑破碎的古典主义形式、特意对比于其侧立面、采用功能主义的砖材，都是意在表述现代主义对古

① 威尔金：
William Wilkins，国家展览馆的原建筑师。

925（左）罗西：广场酒店，福冈（1987—1989年）

926（下）盖蒂艺术和人文历史中心的平面，洛杉矶（1985—1997年），迈耶

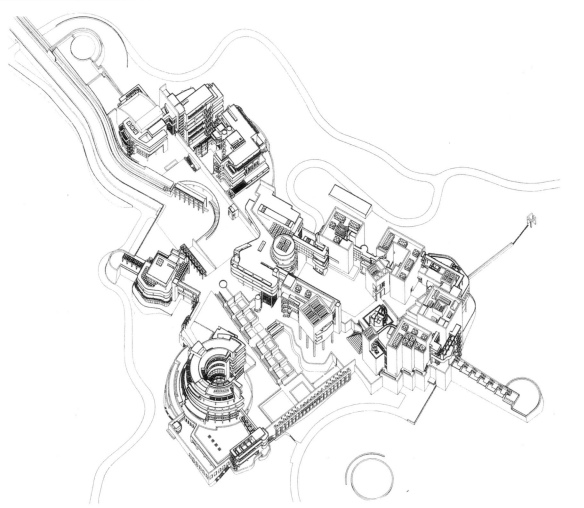

典主义语言的不确定。

与此类似，巴黎的罗浮宫也进行了一个主要增建项目，也似乎是同周围的历史背景玩了一个嘲讽游戏。它是一座 71 英尺（21 米）高的金字塔（1983—1989 年），建筑师贝聿铭为新改建的罗浮宫来标志其新地下入口。虽然建筑在白天的透明度比贝聿铭所设想得差些，但是，这座玻璃和钢铁的标志性建筑却特意否定了金字塔的基本特点——坚实性和永恒性。它需要持续的、昂贵的清洁工作，且很难保持室内凉爽，其保养便成了一个问题。宏伟的中轴街景始于此金字塔，终于凯旋门，离凯旋门的不远处即防御大门（1981—1989 年）。设计来自丹麦的建筑师约翰·奥托·冯·思普里克森（1929—1987 年），它不是一个拱门，而是一个庞大、中空的立方体。同样是在巴黎，还有阿拉伯世界研究所（1981—1987 年），由让·努维尔设计（1945 年生），其南立面挂有令人难忘的细丝镀金板面[①]，令人想起伊斯兰的传统风格，而其巨大透明的楼梯也毫不逊色。

贝聿铭和努维尔应是晚期现代主义而非后现代主义的建筑师。同样地，还有荷兰的"结构主义"（Structralism）者，赫尔曼·赫兹伯格（1932 年生）、阿尔多·罗西（1931—1997 年）、理查德·迈耶（1934 年生）。以其蜂巢般的公共及私密空间出名，赫兹伯格的中央保险公司（1970—1972 年）位于荷兰的阿伯多恩，意在提供一个更为友善的空间，而不是惯用的敞开式办公区域。罗西采用了无饰古典主义形式，受启发于 20 世纪 30 年代的意大利建筑，如其在意大利摩德纳的圣卡塔多墓地（1971—1985 年），和在日本福冈的广场酒店（1987—1989 年）。迈耶也类似地再造国际现代主义风格的白色纯洁性。对他而言："白色是永恒运动的短暂标志"，因此，他设计了白色镶板、涂白瓷漆的金属构造建筑，即盖蒂艺术和人文历史中心

927 卡拉特拉瓦：TGV火车站的外观，里昂-萨托拉（1990—1994 年）

（1985—1997 年），位于美国加利福尼亚州的洛杉矶，和在荷兰海牙的市政厅及中央图书馆（1986—1995 年）。

千禧年的建筑

临近 20 世纪末，主要建筑原理的选择，似乎是一种弱化的后现代主义建筑；高科技派建筑因其常展示建筑技术，而有一种科幻小说的感觉；"解构主义"（Deconstructivism）建筑，一种典型的世纪之末现象，多有惊人之举，其中移位和破碎的评价最高；最后，即一种回归传统的建筑，它植根于一种超越时代的语言，本土的和经典的。这 4 种风格类型有时会重合，亦都有着众多的支持者。

西班牙的工程师兼建筑师，圣地亚哥·卡拉特拉瓦（1951 年生），在法国的里昂-萨托拉，创造了一个令人叹为观止的TGV火车站（1990—1994 年），被称为"大鸟"。这座庞大的、毫无功用的侧翼，自中央大厅向高空伸展开来，这种高科技主义的奇幻设计受益于一系列抽象雕塑式的建筑，如沙里宁的肯尼迪机场（图 905），虽然卡拉特拉瓦曾声

① 细丝镀金板面：
Gilt filigree Panels，金属板面有镜头般的机动装置，自动控制进光面积。

928（上左）黑川纪章：当代艺术博物馆的鸟瞰图，广岛市（1988年）

929（上右）矶崎新：筑波中心大厦，茨木（1973—1983年）

称，它是受启发于萨尔瓦多·达利①的绘画，融化的钟表。

在日本，很多有力的建筑尝试，意在综合西方现代主义和日本传统的美学和宗教。黑川纪章（1934—2007年）设计了广岛市当代艺术博物馆（1988年），一座他称之为共栖哲学的建筑。百分之六十的底层空间位于地下，其上则高耸着一系列彼此相连的山墙式屋顶，类似17世纪的江户土质货仓，虽然这里的建材从天然石料到铝材都有。矶崎新（1931年生）设计了茨木的筑波中心大厦（1973—1983年），这是一个庞大的建筑群，包括一个音乐厅、社区中心、酒店、购物商场、露天剧院。它是一种广泛和未来式的合成，其中有古典主义，以及中世纪、新古典主义、埃及、日本、印度的建筑元素，对此，矶崎新相信，可以通过多样性而得到一致性。安藤忠雄（1941年生）一直试

图将其建筑连接于景观和基本元素，包括土和水，并将部分建筑植入地下。他在东京设计的城户崎邸（1982—1986年）有一个隐蔽的庭院，有着一种单一的神秘感，而他在大阪设计的光之教堂（1987—1989年）则依赖裸露混凝土上的光影效果。

民粹主义且有些激进解构主义的主要建筑师有艾森曼、盖里、雷柏斯金、库哈斯，以及后者的学生，生于伊拉克的扎哈·哈迪德（1950—2016年），其作品包括维特拉消防站，位于德国的莱茵河边韦尔市，有着极具表现力的锯齿状外形。弗兰克·盖里（1929年生），一位多产的、生于加拿大的美国建筑师，他的

① 萨尔瓦多·达利：Salvador Dali，超现实主义画家。

930 安藤忠雄：光之教堂，大阪（1987—1989年）

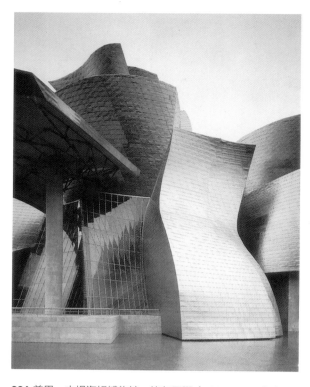

931 盖里：古根海姆博物馆，毕尔巴鄂（1991—1997年）

初始设计是位于（加利福尼亚州）圣莫妮卡的盖里宅邸（1978—1988年），一个倾斜立方体的组合，采用了廉价的金属皱板。他设计的能源创新论坛（1995年）位于德国的巴特恩豪森，是一个电力供应中心和展览大厅，采用了锌板、灰泥、玻璃，是交错建筑群的一种令人困惑的版本，其中包括先进的生态技术，如太阳能、风能、水回收循环。盖里在毕尔巴鄂精彩的分段式古根海姆博物馆（1991—1997年）则采用了西班牙的石灰石，但是，其主要效果来自灰色的钛板块，用CATIA[①]软件设计，材料原是为航天工业开发的。

蓝天组［Coop Himmelb（l）au］，一个奥地利设计团队，成立于1968年，其最著名的

932 蓝天组：系统研究中心，赛博斯多夫（1995年）

① CATIA：
电脑辅助三维互动应用。

933 雷柏斯金：犹太博物馆，柏林（1989—1999年）

作品是维也纳法尔肯街6号的屋顶改建，是为一个法律事务所设计。这个看似不稳的加建像是一只玻璃和钢铁的鸟，栖息在屋顶之上，并意喻着下面街道的名字——"猎鹰"（Falken Straβe，德文即猎鹰）。他们设计的系统研究中心（1995年）位于维也纳附近的赛博斯多夫，是一座令人不安的断片组合、移动平面，暗示着变化和探索的过程，这也正是此中心的建筑目的。奥地利建筑师汉斯·霍莱因（1934—2014年）因其优雅的维也纳商店而成名，其立面采用了断开的设计元素，但之后他又转向更为雄伟的建筑，如其为德国慕尼黑格莱德巴赫市设计的城市博物馆（1972—1982年）。

雷姆·库哈斯（1944年生），荷兰建筑师，于1975年在伦敦成立了事务所OMA（Office for Metropolitan Architecture），曾设计了荷兰鹿特丹的艺术博物馆（1987—1992年），并专攻一种极具创意的无政府主义风格。同样的还有丹尼尔·雷柏斯金（1946年生），一名生于波兰的美国建筑师，他在柏林设计的灰色的、锌板立面的犹太博物馆（1989—1999年），有

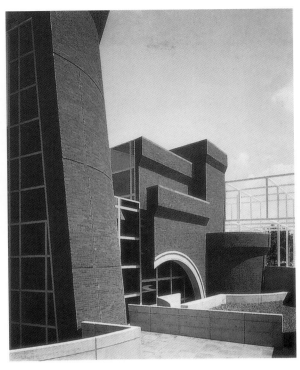

934 艾森曼：维克斯纳视觉艺术中心，哥伦比亚市，俄亥俄州（1985—1989年）

一个平面呈残缺状的"戴维之星"①，其室内空间也有意被打乱。某种乐观的虚无主义风格——其形成的目的是在于认知、确定现代世界中有特色的片段和异形，它也大胆地表现于维克斯纳视觉艺术中心（1985—1989年），位于俄亥俄州的哥伦比亚市，由彼得·艾森曼（1932年生）设计，它有一个捣毁的塔楼和截断的圆拱。

环境

20世纪末，对环境的关注日渐增加，而人类造成的"全球变暖"便成为多种多样的文化、社会、政治运动的一部分，这包括寻找一种生态"可持续性"的建筑。发明家和环境保护主义者斯图尔图·布兰德——《土

① 戴维之星：
Star of David，六角星，被视为犹太标志，亦见于埃及壁画中。

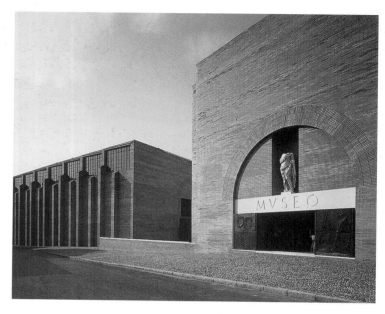

935 莫内奥: 国家罗马艺术博物馆, 梅里达 (1980—1986年)

上具有缺陷的建筑。布兰德指出, 更多的钱花在改造现有的建筑上, 而不是建造新型的建筑上。对一种更为人道的建筑之探索已在发展, 这源于回应 20 世纪生活和艺术, 因其结果是于迷失和疏远之中, 于对街道和乡村的破坏之中, 于缺乏一种社区的氛围之中, 于建筑的过快淘汰之中, 以及于对技术小发明的迷恋之中。在建筑上, 对此的反映已产生了一批多样的设计, 从公共图书馆一直到新城镇, 其特点就是具有一种永恒性和一种地方敏感性, 这完全摒弃了现代主义运动和高科技派建筑中对传统的攻击。

对建筑基址的一个极为强烈的认同, 是西班牙梅里达的国家罗马艺术博物馆 (1980—1986年), 设计来自拉斐尔·莫内奥 (1937年生)。它建于一个古罗马城内, 而建筑中强效的、带有砖砌圆拱的室内, 正是来自古罗马。另一座西班牙博物馆, 加利西亚地区当代艺术中心 (1988—1995年) 位于孔波斯特拉的圣地亚哥, 建筑师是葡萄牙的阿尔瓦·西扎 (1933年生), 建筑花岗岩的表面之下是一个现代的结构。

壤目录大全》的作者——在 1994 年出版了令人焦虑的研究, 名为《建筑如何学习: 建成后会发生什么》, 这里, 他指出了功能性建筑, 如斯特林、皮亚诺、罗杰斯设计的, 在结构

936 波菲尔: 加泰罗尼亚国际剧院, 巴塞罗那 (1992—1995年)

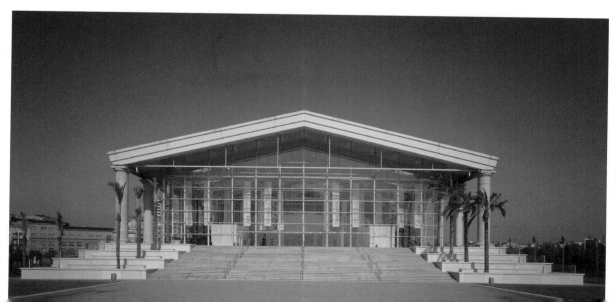

937 辛普森：新建女王画廊，伦敦（2000—2002年）

建筑和意义

　　建筑意义的寻求，一部分源于很多后现代主义装饰的明显荒谬，同时亦伴随着艺术历史学术的发展，如罗宾·罗德斯的《雅典卫城的建筑和意义》（1995年）、约翰·奥尼恩斯的《意义的载体：古代、中世纪、文艺复兴的经典柱式》（1988年）、乔治·赫西的《古典建筑意义的丢失：装饰的推测思考，从维特鲁威到文丘里》（1988年）。奥尼恩斯说，柱式不是一个结构问题的解决方式，而是建筑意义的载体，这里，有着人们制定的彼此之间、与诸神之间的关系。赫西谈论到维特鲁威和其他古

代文字中的某些词汇、段落，用来提取隐藏其中的，一个更完整体系的意义、关联、图像。他相信，古代主义装饰曾经激发过语义上的共鸣，他称其为比喻，比如说双关语，他描述道，装饰的初始源自希腊狩猎和祭祀的仪式，言及特别是将战败敌人的胳膊竖立起来。他认为，重组祭祀牺牲品的残留，同等于神庙的建造，并标注说，很多建筑的词汇也是在指人体的部位。

　　涉及范围广泛的新建女王画廊（2000—2002年），位于白金汉宫，由约翰·辛普森（1954年生）设计，是由约翰·纳什的设计主题发展而来的，后者是1820年宫殿的建筑师，

但是，希腊多立克式的入口门廊和其后，包括入口大厅的高翼部分，却回应着雅典伊瑞克提翁神庙的不对称形式。一座圣殿建筑，其精致的设计综合了高科技和传统建筑，它便是加泰罗尼亚国际剧院（1992—1995年），位于巴塞罗那，由里卡多·波菲尔设计。作为20世纪90年代极庄严威风的建筑之一，建筑的设计者，波菲尔精彩地将神庙的形式用于新的材料和新的功能，结合了对称、和谐、柱式，并用美学效果作为一个主导思路。除此之外，其规模——315英尺×184英尺（96米×56米）——使其大于古代世界的所有神庙。粗壮的多立克柱廊，沿着侧墙，理想地映衬着有极少支撑、框架的玻璃墙面。柱廊没有延续至入口的前端，

938 埃里克·范·格拉特：ING银行，布达佩斯（1995年）

939 格科安、马格及其伙伴事务所和里奇：新贸易大厅，莱比锡（1996年）

它敞开着，好似一个 19 世纪火车站的一张大口，如希托夫在巴黎设计的北站。

波菲尔的一个极聪颖的视觉元素，便是对歌剧院长久问题的解答，即如何搞定飞塔①的问题。在索塞克斯的格林德本歌剧院（1989—1994 年），广受赞许的建筑师迈克·霍普金斯（1935 年生）选择了暴露其大体量的塔楼，作为一个诚实的工业装置，与带有柔和承重砖墙的主体建筑形成了强烈对比。波菲尔则与此相反，他将飞塔处理成一个微型神庙，架于屋顶之冠。剧场是一个模数式的建筑，尺寸为 26 英尺×26 英尺（8 米×8 米），这里，每处地面和墙面的尺寸都是此模数的倍数或分数。其雄伟的半圆剧场被描绘成"一座神庙中的一个牛鼻圈"，从入口大厅处很夸张地沉下去。它包括 3 个分开的剧场：电视演播室、剧院学校、舞景工作间，全部造价适中。

探求一种与自然、传统相和谐的建筑，被美国建筑学教育家诺曼·克罗表达在他的《自然和一个人造世界的观念：建造环境中，形式及规则的演化根基的一次调查》（1995 年）一书中。他研究了自然和人造世界的关联，于传统的城市和村镇、农场和花园、建筑和工程项目中，他希望学习到被现代运动所丢失的课程，即通过后启蒙科技的抽象观念，来审视建造的世界。他意在重新确立"自然，既是重新创建，也是古老观念的典范"。即我们有责任保持自然和人造之间的一种和谐。他视城市为"对自然所有特色反应的最高表达"，并特别强调了亚里士多德对城市的理解，即它是获得"好生活"②之地。

经济和科技的变化

20 世纪 90 年代后全球经济的发展，以及前东欧阵营的瓦解，导致了匈牙利的新建筑，如 ING 银行（1995 年），在布达佩斯，由荷兰建筑师埃里克·范·格拉特（1956 年生）设计。

940 奥尔索普和施德莫：大蓝建筑，马赛（1994 年）

位于 19 世纪顶级新古典主义建筑之列，它有着一个大胆的增建部分，形为一条"鲸鱼"，由木、铝、玻璃建成。位于德国莱比锡的新贸易大厅（1996 年），设计出自汉堡的建筑师迈恩哈德·冯·格科安（1935 年生）、马格及其伙伴事务所，还有合作的英国建筑师伊恩·里奇，它好似象征着后共产主义世界的经济繁荣。这是一座雄伟的国际贸易大厅、展览大厅、会议大厅的建筑群，采用了一个巨大的玻璃桶形拱大厅，820 英尺（250 米）长，98 英尺（30 米）高，262 英尺（80 米）宽。建筑与 19 世纪令人惊叹的火车站相角逐，其主体为玻璃板块，看似好像无支撑一般。另一个国际合作的作品是罗讷河口省大楼（1994 年），位于马赛，由英德的团队设计——威廉姆·奥尔索普（1947 年生）和杨·施德莫，室内设计师是安德尔·普特曼。建筑的绰号——"大蓝"——全因其主要的建筑色彩，本是要来配合"蓝色海岸"③，它有一个雪茄形状的侧翼，并护以机动性的遮阳板。

全球电子网络的扩展，包括电脑和数码技术，以及虚拟图像作为电信的一个媒介，也许对传统形式的活动有一个不稳效应，这亦包括

① 飞塔：
Fly-tower，剧院舞台上加高部分。
② 好生活：
the good life，亚里士多德的城市理解。
③ 蓝色海岸：
特指地中海的蓝色。

建筑行业。然而，作为交流的语言，建筑学已经受过许多知性的革命，即如印刷的书籍，如今，已经受了电子出版的威胁。

城市规划

花园城市

花园城市的运动，应被视为一种尝试，即化解"公园式"和"井格式"城市的两极论，后者在19世纪美国一章中提过。花园城市的主要提议者埃比尼泽·霍华德爵士（1850—1928年）的确于19世纪70年代曾在美国住了5年的时间，那里，他受影响于瓦尔特·惠特曼、鲁道夫·爱默生，以及"自然界中的美丽之根源"的理论。霍华德的提议《致明天：走向真正改革的平和之路》（1898年），再版时又改名为《明天的花园城市》（1902年），导致第一个英国花园城市的创建，创建于莱奇沃思，位于赫德福特郡，设计出自建筑师莱蒙德·安温爵士（1863—1940年），于1904年。

霍华德设计了经济上自给自足的卫星城镇，城镇中约有3万居民，无须主要的大道或是铁路环绕其周边。它包括绿地，也可能环绕农业用地，但是，莱奇沃思中心却缺乏主要公共建筑，其中最大的建筑依旧是斯帕瑞拉胸衣工厂，建于1912年，于火车站附近。莱奇沃思之后的花园城市，即韦林，和1906年后的汉普斯特德花园市郊，后者的名称即显示出角色，是一个市郊的居住区。但是，因1908年埃德温·勒琴斯爵士的参与，在汉普斯特德创建了一个正式的中心，两侧为一座教堂和一个研究机构，由此，它在建筑上更不同于莱奇沃思。

低密度和区域管制分离了住宅区和工业区，创造了一种影响全欧洲的规则模式，在德国，第一个"花园城市"，即德累斯顿的赫勒奥，由理查德·里默施密德（1868—1957年）建于

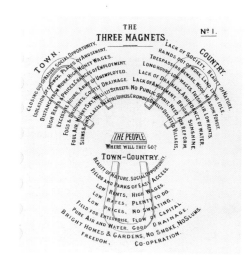

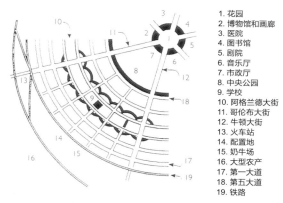

1. 花园
2. 博物馆和画廊
3. 医院
4. 图书馆
5. 剧院
6. 音乐厅
7. 市政厅
8. 中央公园
9. 学校
10. 阿格兰德大街
11. 哥伦布大街
12. 牛顿大街
13. 火车站
14. 配置地
15. 奶牛场
16. 大型农产
17. 第一大道
18. 第五大道
19. 铁路

942 埃比尼泽·霍华德：花园城市各区和中心（1989年）

1909—1914年。在20世纪20年代的比利时还有更多的例子，如在布鲁塞尔和卡佩威尔德。在英格兰，其中一些概念于1945年之后被运用于"新城"政策，创建了城镇如哈洛、克罗里和斯蒂夫尼奇，用以缓解伦敦的压力。这些"新城"其反都市的重要特点，一部分原因是伦敦被轰炸地区的迁移政策，即它并不打算进行旧街区的重建。

克拉伦斯·斯坦（1882—1975年）——园林建筑师、城市设计师、区域规划协会的创立者——将花园城市理论用于两个都市项目，含有社区花园，且分开车行道和人行道：

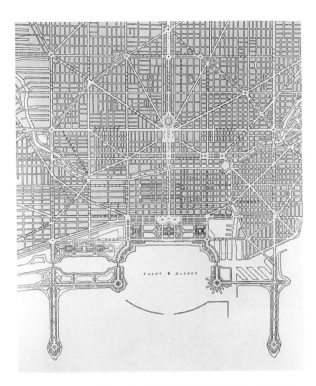

943 伯纳姆和贝内特：芝加哥的扩展规划（1906—1909年）　　　　**944** 马特·斯塔姆：威森霍夫住宅，斯图加特（1927年）

它们就是 1924 年的朝阳花园，位于纽约皇后区，和 1929 年的，位于新泽西州拉德本市。斯坦和一名善辩的都市主义作家交往，他就是路易斯·芒福德（1895—1990 年），著书有《乌托邦的故事》（1922 年）和《城市的文化》（1938 年），他也是埃比尼泽·霍华德和帕特里克·盖迪斯的门徒。当芒福德试图恢复城市的精神价值，以及城市和自然环境的关系时，他批评了现代社会对技术的依赖，但是，其言论又和其观念相抵触，因他亦相信使用大规模的中央调控。

美丽城市

　　美国的美丽城市运动，对都市主义道德的重要性，有一种更为完整的解析，部分原因即

法国艺术学校的传统情怀。美丽城市概念的首次展示是于 1893 年芝加哥"世界哥伦布博览会"，在此之后，博览会的协调人丹尼尔·伯纳姆（1846—1912 年）继续设计了华盛顿的麦克米伦规划，与 C.F. 马基姆和 F.L. 奥姆斯特德合作，是一种补救朗方旧方案的尝试。之后，便是他最具雄心的作品，即 1906—1909 年芝加哥的扩展规划，是与爱德华·贝内特（1874—1954 年）合作，伯纳姆也在其他城市做设计，包括克里夫兰和旧金山。

功能主义及其后

　　花园城市的主导地位于 1927 年被国际现代主义的先锋所挑战，在斯图加特召开的国际住宅展览中，它包括著名的威森霍夫住

宅。其他参与的建筑师还有贝尔拉格、里希斯基、里特威尔德、斯塔姆。国际现代主义所提倡的信条功能化、标准化、理想主义，是于1933年在雅典宪章制定的。传统的城市会被功能分区管理取代，有着高层楼层和庞大的交通主干道。科内利斯·范·伊斯特伦（1897—1988年），一位受包豪斯影响的荷兰建筑师，于1936年设计了阿姆斯特丹的大扩展方案，而CIAM的原理则一直被沿用至20年之后卢西奥·科斯塔（1902—1998年）为巴西利亚的设计。与此类似的是勒·柯布西耶设计的第二次世界大战后房屋单元——马赛公寓，有时被称为辐射城市，位于马赛，这归功于社会住房计划，如傅立叶的空想主义。

无数的项目提议来自整个发展中的世界，从英国的"阿基格拉姆"①到日本的"新陈代谢"①，在当时看似新颖，而后，又合为一个整体，因其与"高科技"的部分内容相关，以及抵制传统的都市主义。所有这些都不能令人满意地解答很多问题，如现代都市生活和交通问题。都市语言的失败在柏林，被明显地展示出来，于其20世纪的数年重建，作为新统一的德国首都，但却只是一些不相关的纪念性建筑，以各相矛盾的风格，出自时尚、自大的建筑师。

城市规划实践的缺陷，相关联于埃比尼泽·霍华德、勒·柯布西耶、CIAM、雅典宪

① 阿基格拉姆：
Archigram，前卫建筑团体，成立于20世纪60年代，基于伦敦的建筑协会。
② 新陈代谢：
Metabolism，提出海洋城市、太空城市等，成员有丹下健三、菊竹清训、黑川纪章、槙文彦。

945 特瑞：里士满河岸，萨里地区（1984—1989年）

章，被珍·雅各布斯[1]（1916—2006年）早在1961年就揭露于世，于其书《美国伟大城市的生与死》。她论证了用区域管制、以车辆为主、依赖统计数据来创建一个麻木的单调设计，扼杀了传统城市的多样性、复杂性，而后者反而正是现代建筑师们应该重视的。

昆兰·特瑞（1937年出生）设计的庞大城市发展，即所谓的里士满河岸，于里士满萨里地区（1984—1989年）展示了在一座历史城市的中心可以发展商业，同时也不会将城市毁掉。以其令人赏心悦目的庭院、平台、拱道，里士满河岸，对于城市重建和创建新城镇和乡村的过程，是一个重要的贡献，它强烈表现于20世纪之后期。这种运动的先锋人物是

克里尔兄弟——罗伯特和利昂，他们一直强调重建城市秩序的主要任务，即通过复兴街道、广场、公共建筑、纪念性建筑的传统等级，而这些，正是各地现代建筑师、规划师、开发商们所毁坏的。两兄弟都生于卢森堡，罗伯特生于1938年，利昂生于1946年。罗伯特曾参与阿尔多·罗西倡导的20世纪20年代意大利理性主义复兴，特别是约瑟佩·特拉尼的作品。由此，罗伯特·克里尔在柏林骑士街的白房子（1978—1980年）便有着画家德·基里科幽灵般的纪念特征，对后者，我们曾在讨论安焦洛·马佐尼时提及。两名德国建筑师奥斯瓦德·翁格尔斯（1926—2007年）和约瑟夫·克莱许斯（1933—2004年）都有着新理性主义

[1] 珍·雅各布斯：Jane Jacobs，是一名记者，但其书极大地影响了后来的城市规划，尤其针对现代主义城市规划中的人文关怀的缺失。

946 翁格尔斯：德国大使宅邸，华盛顿（1988—1994年）

和简约主义的倾向，他们设计了位于华盛顿的德国大使宅邸（1988—1994 年），和位于柏林布兰登堡大门的夏宫，后者尤其顾及到周围的古典风格。

布鲁塞尔的拉肯大街，是布鲁塞尔市中心的一个历史街区，被无情的综合现代化发展项目所毁坏，1989—1994 年，由一群青年建筑师完全重建，他们来自欧洲不同的国家，都是受启发于利昂·克里尔。他们是莱姆·奥康纳、加布里埃·塔利亚文蒂、哈维尔·森尼卡塞莱亚、伊尼戈·索罗那、让–菲利普·伽利克、瓦莱丽·内格尔。他们的作品包括拆除的"蓝塔"，一座极不协调的 20 世纪 50 年代塔楼，是铝材和玻璃幕墙结构。

雷蒙·福尔泰为西班牙的奥洛特设计了一个总规划（1985—1989 年），将其外缘重新都市化，这里，他建造了一个庞大的新月形建筑，如约翰·伍德在英国建的一样。让–皮埃尔·埃拉特 1978—1992 年一直在做法国历史城市波尔多的重建工作，这里，18 世纪的城市建筑被现代的加建所排斥。利昂·克里尔于多赛特的庞德伯里（1988—2012 年）设计了一个新城镇，有着简单的住宅，这是威尔士王子领地的康沃尔郡。在美国，雅克兰·罗伯森负责了诸多规划项目，如俄亥俄州新奥尔巴尼的总规划和俱乐部，在这里，他希望能保存一种乡村的特性。更为人所知的，还有安德斯·杜阿尼（1950 年生）和伊丽莎白·普拉特–奇波克（1950 年生）的城市发展项目，包括滨海镇的新城（1987 年）和温莎镇的新村（1989—1996 年），两个都在佛罗里达州，还有马里兰州的新城（1988—1996

947（上）克莱许斯：夏宫，柏林（1994—1997年）

948（底）奥康纳、塔利亚文蒂及其他人：拉肯大街，布鲁塞尔（1989—1994年）

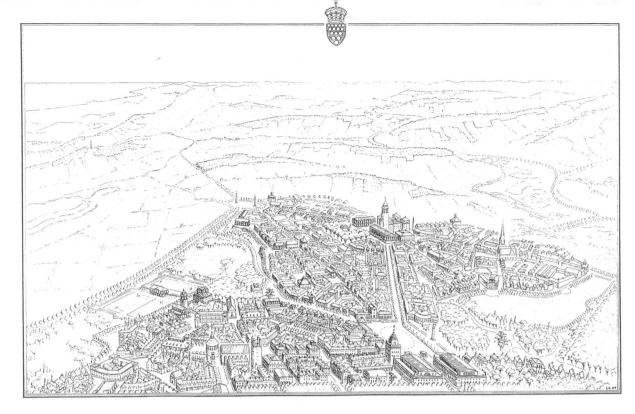

949 克里尔：庞德伯里新城的一个设计，多赛特（自1988年）

年）。其住宅有承重墙、椽梁、柱子，这些都是依据杜阿尼和普拉特-奇波克的一个方案，称之为"传统街坊发展条例"，是一个不受交通干扰的城镇模式。

在20世纪的城市中，随着不断增长的住房需求，很多建筑师都倾注于城市再生的总规划。在荷兰，大量的住宅扩充建于曾经的码头——婆罗洲和斯伯恩伯格，它们是城市东部港口的两个半岛。约2500座住宅，保持了阿姆斯特丹的船坞文化，并伴有新桥甚至新岛的创建。很多来自世界各地的建筑师都有参与，包括MAP建筑，后者创作出各种阿姆斯特丹的惯用运河住宅，有着窄且陡的楼梯，但有车库以防街道停车，前面直对着街道，特别的是，它还有一个小平台和一个花园（2000年）。其他建筑师，还有科恩·范·韦森、艾瑞克·范·格拉特、史蒂文·赫尔、1991年成立的MVRDV合伙人，MVRDV合伙人设计了斯洛丹大楼（2002年），

950 杜阿尼和普拉特-奇波克：滨海新城，佛罗里达州（1987年）

951（上） MAP建筑：婆罗洲和斯伯恩伯格码头的住宅，阿姆斯特丹（2000年）

952（下） MVRDV合伙人：斯洛丹大楼，阿姆斯特丹（2002年）

紧邻海岸边现有的筒仓区。这是一个庞大的项目，有 157 座住宅，还有一些办公空间，住宅以 4 座到 8 座为一组，并用外部的颜色作为其区域划分。它们有一系列的规模，有些占据一层之多，其中有平台、屋顶平台、阳台，因其地处大楼的位置而有所不同。"多样性的统一"是建筑师的目标。

柏林重建

一个巨大的挑战摆在建筑师和规划师眼前，这就是重建被轰炸毁坏的柏林中心，尤其在 1989 年之后，因它又一次成为首都，于一个统一的德国，现亦是欧洲最大的国家。城市南面是八角形的莱比锡广场和波茨坦广场，它们更像是一个交叉路口，而不是一个真正意义的广场，而于 1900—1939 年曾是柏林的商业中心，但是，在 1961 年后，柏林墙穿过莱比锡广场，这里一直是一个无人区。整个区域的重建始于 1991 年，柏林议会举办的一个新波茨坦广场的竞赛。最终采用的总规划出自伦佐·皮亚诺，他设计了主要的高层建筑戴比斯塔楼，是为戴姆勒－奔驰的一个附属机构，后者买下了大部分的地段。一列紧凑的办公楼、商店、公寓、旅店都是出自伦佐·皮亚诺、理查德·罗杰斯、克里斯多夫·科尔贝克、汉斯·科哈夫、拉斐尔·莫内奥、赫尔穆特·雅恩。这里，昼

953 多名建筑师：波茨坦广场（重建），柏林（自 1992 年）

夜都是贸易、旅游者、居民、办公白领，它是一个混乱却又非常流行之地。

与之截然不同的重建，即附近的也是稍小些的巴黎广场，它是椴树大道的西边末端，此大道是柏林的主要东西向轴线。广场包括布兰登堡大门，有着标志性的新古典主义风格，建于 1789—1794 年，亦是 20 世纪 40 年代的轰炸之后唯一被重建的建筑。广场因其邻近柏林墙变成了一个废墟，公众无法进入。1989 年后，政府规划部门决定，布兰登堡大门依旧是广场的主体建筑，如此，新的建筑——主要是大使馆和银行——建于其四边，都要低矮且为石面的建筑，有一个例外，即冈特·贝尼施（1922—2010 年）设计的艺术学院，他一直坚持其玻璃立面。其建筑立于阿德隆酒店（1995—1997 年）旁边，后者设计出自帕茨克、克罗茨及伙伴，呼应了 1907 年曾建于原址上的著名酒店。其隔壁是 DZ 银行（1996—2001年），由弗兰克·盖里设计，他将其焰火风格设置于室内的巨大内庭之中，有着翻飞的玻璃和钢铁曲线。风格时尚的法国大使馆（1999—2002 年）由克里斯蒂安·德·波藏帕克（1944 年生）设计，位于广场的另一侧——北面。更为传统的一个建筑建于 1992—1999 年，由约瑟夫·克莱许斯设计，位于布兰登堡大门的两侧，则呼应了它们取代的 19 世纪 40 年代的建筑。在巴黎广场走过一圈，即一个受益匪浅的都市体验，会感知到这些建筑之间的张力，它们都是出自极具个性的建筑师之手，以其各自的方式，回应着一个严格的条例。

在城市的另一面，即椴树大道的东端，就是博物馆区，一个庞大的都市建筑群，这里有 5 座 19 世纪和 20 世纪建成的博物馆，其中的几个在第二次世界大战的轰炸之后一直保持闭馆。它们自 20 世纪 90 年代开始重建，如今，再一次于其区域的都市景象之中成为主角。

954 盖里：DZ 银行，柏林（1996—2001年）

955 波藏帕克：法国大使馆，柏林（1999—2002年）

第十二章　21世纪

21世纪的第一个10年，建成了历史上最强有力、最具戏剧性的一些建筑。它们在形式、结构、材料上全新使用，且大多是博物馆，吸引了众多痴迷的观赏者。虽然建筑形式变得更为多样、更为复杂，我们仍可认识到一些不同的主题，以便我们陈述此章。第一个主题，也许是最重要的，即顾及建筑的环保性和可持续性，且因全球变暖和依赖化石燃料的问题，而日趋严重。自然生物多样性、雨林、珊瑚礁、一系列物种被破坏的危机警报，导致了我们常说的一种"可持续的"建筑的出现。但它也变成了一个有些被过度使用的词语，并不是每每都有说服力，而且，受世人欢迎的现代建筑师们所使用的很多基本建材，如钢铁、玻璃、混凝土、塑料，其生产过程也是温室气体排放的根源，而建筑本身一般还要有空调设备，因而，减少其对环境的不良影响还要做出很多努力。

第二个主题，便是CAD（电脑辅助设计）的角色。在21世纪，它的发展更为复杂，并且因其紧跟现代技术和信息交流，在建筑学中扮演了一个更为重要的角色。在参数设计中，一个物体或整体几何形状的多种可能变成分数或参数，其最终决定可以在短短几分钟之内形成并表达出来。它在设计复杂的有机形体中尤为重要，在此章和之前章节的很多建筑中，我们会看到这种特征。无论如何，我们同样会看到种类繁多的新型建筑，这里，并没有一种主导风格，而

是一种大跨度的混搭和不可知。这亦扩展到一系列建筑材料中，如现今的木材、竹子、铜，以很多出奇且富于想象力的方式被使用。

最后一个主题，即金融环境的转化对建筑的影响，当20世纪末的金融泡沫在2007—2008年破灭时，财富的转移导致基建的投入，自美国和欧洲，到一系列不同的经济体，包括中国、印度、俄罗斯、墨西哥、利比亚、土耳其、巴西、印度尼西亚、越南。

此书的最后一章，虽是西方建筑史的一部分，但也会包括中国、日本以及海湾国家：虽然并不都是由西方建筑师设计，但却都是同一种全球经济的一部分。

建筑、自然和环境

我们在此章，将开始探索、创造同自然环境相和谐的一些建筑。伊甸园项目（2001年、2005年）位于英国的康威尔，设计出自尼可拉斯·格林姆肖（生于1939年），该项目是一个令人惊叹的多面圆的人工生物群，或生态系统，包括世上最大的温室，内有来自世界各地的植物种类。它由六角形和五角形的保温塑片组成，建于钢架结构之上，这些圆顶形似一系列海滩上的巨大海蜇，铺满整个地段，地段上有着重新被发现的陶瓷土窑。格林姆肖浪漫地言及这些穹顶的灵感是源自月亮，的确，它们有着一种奇特的有机

956 格林姆肖：伊甸园项目，康威尔（2001年，2005年）

特质。

海洋生物中心（2001年），位于多那那国家公园，西班牙的威尔瓦，由安东尼奥·克鲁斯（生于1948年）和安东尼奥·奥尔蒂斯（生于1947年）设计。显露于海边的一片蜿蜒的沙丘上，其长而低矮、平顶的

957 克鲁斯和奥尔蒂斯：海洋生物中心，多那那国家公园，威尔瓦（2001年）

南入口立面，沿其边线有一个反射池，还有设计简洁的墙面，立于一片螺纹锌板屋顶之下。这几乎无法令参观者对其后的惊人室内有任何心理准备，这里，自北部开始，向外伸展出一连串5个不规则的四边形展厅，以一种地下洞穴的形式，其墙为粗糙、有模板印迹的混凝土。它牢牢地封住了生态球体，或是植物生态系统，设计是在美国航空航天局的技术支持下完成的。

位于旧金山的加州科学院，它的角色便是拓展、解析、保护自然界。其新建筑建于2005—2008年，由伦佐·皮亚诺设计，即一件可持续性的建筑作品，它回收了前身建筑的材料，并结合了节能供暖和冷却功能。置于金门公园内庞大的花园地段，它被描述为，是提升的一块公园，且将博物馆置于其下。建筑的一端是植物园，另一端是雨林生态园，而广场则置于其中。这三处都有穹顶式天花，并有通透窗眼，而其相交处的平屋顶则种有当地的防旱植物，无须浇灌。参观者可步行于屋顶，屋顶在首层上水平地延伸出来，形如玻璃篷罩。而一座吸引人的水族馆则占据了地下室。

其对面即是M.H.杨格博物馆，由赫尔佐格和德默隆设计，开馆于2005年，收藏了19世纪至今的美国艺术作品。其立面及其另一端巨大的扭转式塔楼为144英尺（44米）高，是一个参数设计的作品，材料为穿孔、浅凹的铜板。它们本是褐色，用来同邻近的棕榈树干相辉映，但是，当其氧化而变为绿色时，却和新种植的桉树以及整个金门公园更为和谐。这种效果的目的，即在这个受人欢迎的公园之中，极力削减一座过于强势的大型建筑，后者是之前新建的。其结构也同时准备着在地震发生之时，能够移动3英尺（91厘米）。

一座建筑，以一种不同的形式与自然相连，或尤其与水相连，即如公园般的城市陵

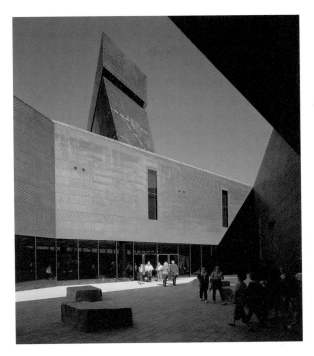

958 赫尔佐格和德默隆：M.H.杨格博物馆，旧金山（2005年）

959 伊东丰雄："冥想森林"，各务原市（2007年）

园大厅（2007年），位于日本的各务原市，一个"冥想森林"，由伊东丰雄设计（1941年生）。其涟漪般的屋顶由超薄的钢筋混凝土构成，有12个锥形柱子，自屋顶落至石灰华地面上，建筑沿着湖边呈波浪形，如一场柔和的雪（图959）。奥斯陆的歌剧院（2007年）由斯诺赫塔（Snøhetta）事务所的塔绕·伦德瓦尔设计，被描述为一座冰山，一处"闪耀白丘"，或是"覆雪之山"。歌剧院用来自克拉拉采石场的意大利大理石建其表面，它自东面港口的水中，沿着一片斜坡平台，戏剧性地脱颖而出，平台为花岗石片，并向歌剧院的方向渐渐转变为大理石。

两条对角的坡道于建筑的两侧不对称地设置，一直通向一片伸展的屋顶景观台，后者也成为城市一处主要的公共空间。其高大的入口门厅有木质表层、倾斜墙面，且是沿着主要观众席后部的突出曲线，曲线为传统的马蹄形。建筑幽暗且有亲近感，其座位近1400个，观众席有三层带包厢座的廊区，都有着橡木的侧板，至此，则要经过一段橡木楼梯。回应着位于奥斯陆东面的一座山，即埃克贝克山的线条，长长的、低矮的，这座白色的人工岛综合了传统和现代概念，一直被颂为挪威伟大的建筑之一。

奥斯陆的音乐厅同哥本哈根的音乐大厅有些类似，坐落于一个庞大、迷宫般空间的中心，由让·努维尔（1945年生）设计。被称为史上最贵音乐厅，建至3到5层之高，有1800个座位，努维尔奉之如一处"有梯台的葡萄园"，可与其媲美的要数汉斯·夏隆设计的柏林交响乐大厅。挂有起伏的木质板片，形似"爬行动物的鳞片"，努维尔的室内曲线被一处悬空的长方形包厢所打断，它是专为丹麦的女王及皇族而设。在第

一层，有另外3个音乐厅相连而建——交响乐厅、合唱厅、音律工作室。建筑外部不像奥斯陆的歌剧院，却是刻意地忽视其周边环境，因它位于哥本哈根的一个工业区。其大厅则是一种特别新颖的设计概念，被喻为是隐藏在一个蓝色屏风之后的一颗流星，因建筑的室内部分依稀可见，但是，要透过一片钢制的格栅，上面挂有铁青色的针织面料，在晚间则有视频投影其上。

建筑师简·詹森和博尔·斯科温试图将奥斯陆的莫特斯路德教堂（2002年）与满是岩石、攀有松树的周边景致相关联，他们保存了庭院里的原有树木，甚而令岩石侵入室内的空间。这座教堂用粗凿的石头建成，有一个木质钟楼，一个简单的长方形平面，一个斜坡的屋顶，却有一个高科技的玻璃长廊：两种传统的冲击，看似有些局促。

我们现在转向一组住宅，其设计都精心地结合了周边的自然环境。首先，长（竹）城住宅（2002年）融合于北京附近的乡村之中。它是日本建筑师隈研吾（1954年生）的作品，意在建筑之中恢复一种日式核心。美国的建筑师安东尼·普雷多克

962 詹森和斯科温：莫特斯路德教堂，奥斯陆（2002年）

960（上）斯诺赫塔（Snøhetta）事务所：歌剧院，奥斯陆（2007年）　　**961**（下）努维尔：音乐大厅，哥本哈根（2003—2009年）

963 隈研吾：长（竹）城住宅，北京（2002年）

964 坂茂、卡斯廷和古穆吉安：梅斯蓬皮杜中心，梅斯（2010年）

（1936 年生），设计了高地池塘住宅（2003—2006 年）位于科罗拉多州，有一个特别的突角状概念，令人想起阿斯本周边陡峭山脊上展现的自然岩层。一系列斜面的花岗岩、钛钢板、原地浇筑混凝土创造了一座非常复杂的宅邸，住宅有一段极富生气的楼梯，并有一个折叠的木天花和倾斜的墙板。

杰克逊家族的度假别墅（2005 年）位于加利福尼亚州的大苏尔，设计出自旧金山的建筑师安妮·富热龙，她面临一种挑战，因其地段是在一个陡峭峡谷中，一处生态脆弱且受保护的林地。一片黄色阿尔萨斯雪松屏风护着入口的立面，其上为浅浅的蝴蝶状屋顶，是随着峡谷的形状，而其后则全然相反，采用了钢架和玻璃，一览溪水的景色。斯坦韦尔公园住宅（2007 年）位于新南威尔士，由凯西·布朗建筑事务所设计，建在悉尼南部一个陡崖脚下，坐拥全景景观。这是一个平台式结构，采用当地的石头、木材、铜，悬挂于地基之上，并有 3 个附着的亭阁。

屋顶住宅（2008—2009 年）位于滋贺县的近江八幡市，由藤森照信（1946 年生）设计，他是一名建筑师和建筑史学家，他用古代的日本传统来创造一种现代的"绿色"建筑。他在西方得名，是因其著名的日本馆，于 2006 年的威尼斯双年展。屋顶住宅是一座大型的住宅，环绕着一个庭院或是廊道庭院而建，用木材建造，有着众多分开的瓦片屋顶，每一个都冠以一棵小树。它有着一些英国工艺美术的味道，特别是其玻璃窗子，虽然其天际线被冠以一间茶室，由两个木礅柱支撑。树干亦出现在一些室内空间里，而其主要房间——起居室、餐厅、厨房——被建筑师描述为有洞穴般的形状，然而，它们也有着明亮、开敞的空间，俯视着

965 富热龙（Fougeron）：杰克逊家族的度假别墅，大苏尔，加利福尼亚州（2005 年）

乡村景色，透过一个巨大、分段供热的窗子，窗子则布满整个立面。

法国的梅斯蓬皮杜中心（2010 年）的设计出自日本首席建筑师坂茂（1957 年生），与法国事务所的让·卡斯廷和伦敦的建筑师菲利普·古穆吉安合作。这座 21 世纪的艺术博物馆是巴黎蓬皮杜中心的第一个前沿分支，追随着近期的趋势，即博物馆在非本馆处开设卫星馆。建筑的新颖之处也同时被期望能够吸引参观者，进而为法国东部败落的工业区带来生命，即如弗兰克·盖里的古根海姆为毕尔巴鄂带来的变化。

梅斯蓬皮杜中心是一座庞大的、六边形建筑，是混凝土和钢架结构，有一个波状的屋顶，由黏合的贴膜落叶松木梁构成，是一种德国制造的革新结构。保护它的是一层六边形网膜，是有特氟龙涂层的玻璃钢，应是自动清洁的。它标志着坂茂的新作品向梦幻靠近了一步，其欢快的屋顶形式说是受到锥形草帽的启发，即稻农常戴的那种。然而，建筑本身亦是小心地结合了梅斯的地段环境；

966 赫尔：汉姆逊中心，哈马略（2010年）

（2010年）位于挪威的哈马略，虽然很明显是现代形式，运用了倾斜的几何形和凸出的体量，结合了一种染黑木板的外观，但还是令人想到挪威的木教堂，同时，它还有一个带有长条草地的屋顶花园——即对挪威传统草皮屋顶的一种致意。

玻璃亭阁（2006年），位于俄亥俄州的托莱多艺术博物馆，依据的设计是来自SANAA（Sejima And Nishizawa And Associates）建筑事务所——妹岛和世（1956年生）和西泽立卫（1966年生）——来展示博物馆的玻璃收藏。这座水晶玻璃膜建筑有着精致的圆形转角，看似脆弱，其实它是为抵挡美国中部的极端天气而设计的，用以保存热能，来容纳内部的两个玻璃吹制工作室。玻璃层之间的空腔疏导了透过玻璃的热量，进而提供了无形的隔离层。虽然是新型的建筑，这些单层的、互相连接的、设置于庭院周边的气泡却有着一种21世纪全球化的特征：因为它建于

三个长方形的展厅中，其窗子的中心轴线分别对应着晚期哥特教堂、新罗马式火车站、公园。

斯蒂文·赫尔（1947年生）是一名美国建筑师，受启发于理论和哲学，以及对场所的一种敏感性。克努特·汉姆逊[①]中心

① 克努特·汉姆逊：
Knut Hamsun，作家，获1920年诺贝尔奖。

967 罗杰斯和拉梅拉工作室：巴拉哈斯机场，第四航站楼，马德里（2006年、2008年）

968 摩复西斯：天文和天体物理学院的卡希尔中心，帕萨迪纳

美国；由日本建筑师设计；采用的玻璃在德国制造，而曲面和夹胶工艺则是来自中国。

关于绿色的思考是澳大利亚墨尔本市南十字火车站（2006年）的一个组成部分，由尼可拉斯·格里姆肖设计，它是一个庞大的组群，除了火车站本身，还有一个巴士站、购物中心、餐厅、酒吧。在玻璃墙之上，车站波浪状的屋顶采用了铝材穹顶，它集取并分离热浊气①和柴油烟，而不是依赖风扇。机场，通常令步行非常乏味，则是一种拉梅拉工作室和理查德·罗杰斯决意要躲避的形式，即于其马德里的巴拉哈斯机场，第四航站楼（2006年、2008年）。当旅行者走过这座巨大的航站楼时，其行程变得生动欢快，因有可见外面景色的玻璃墙，以及波浪状的竹条屋顶，这令人想起墨尔本的南十字火车站，建筑又有着众多窗眼或是穹顶用以采光。

汤姆·梅恩（1944年生）于1971年在洛杉矶创立了"摩复西斯"事务所，建造了卡希尔中心（2008年），为加州理工学院的天文和天体物理学院，位于加利福尼亚州的帕萨迪纳。设计自始至终都考虑到绿色和

可持续性，它采用了当地有可回收成分的材料，水量使用减少30%，能源使用减少24.5%~28%，并使日光照达到75%的室内面积。其外观是一种赤陶色板材的断裂状表面，虽说有着水平状的建筑体，此中心却被喻为是一架望远镜（亦是对此建筑功用的一种反映）。

电脑辅助设计（CAD）和参数设计

近代的建筑有着史无前例的雕塑状形体，以及明显无视结构的逻辑，这些建筑主要来自建筑师如盖里、雷柏斯金、哈迪德，这更多源自对电脑的依赖，而不是建筑技术的进步。电脑可以提供外观、曲线、规模、比例上的急剧变化，而这种变化过于复杂，几乎不可能以传统的绘图方式表现出来。现今世界，非欧几里得的空间概念、形式变得为人熟知，即如之前，世代相熟的立方体、球体一样。电脑已不只是一种科技工具，而是真正成为了设计过程的一部分。的确，很多建筑师，如较为著名的渐近线建筑事务所［于1987年由丽丝·库迪尔（1959年生）和哈尼·拉希德（1958年生）］，以及

① 分离热浊气：
热气会自然上升，这里穹顶提了高度，与帐篷顶开口同理。

969 格雷格·林恩FORM事务所：交通力度的CAD研究，为港务局大门，曼哈顿（1995年）

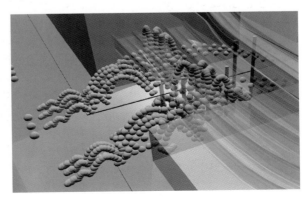

格雷格·林恩FORM事务所，用电脑辅助其设计，并有着一些激进的想法，如创造"虚拟建筑"，且只存在于电脑屏幕之上。弗兰克·盖里视其抽象雕塑般的建筑形体是恢复建筑地位的一部分，即作为一种纯艺术。此过程的结果之一，也许比起以往，即建筑师的名字会著称于更为广泛的公众之中。

瑞士再保险大楼的三角玻璃面建筑群（2004年）位于伦敦，由福斯特及合伙人事务所的诺曼·福斯特和肯·沙特尔沃斯（1952年生）设计，没有参数设计的使用，便不可能建成。它有着节能技术和钝化太阳能供暖，它也被称为"伦敦的第一座环保摩天大楼"。其锥状的形式自一个圆形平面拔地而起，亦赋予了建筑的绰号"小黄瓜"。

劳力士学习中心位于瑞士的洛桑（2010年），由SANAA建筑事务所设计——是一座实验性的结构，包括两个平行的构造楼层和屋顶的曲线壳体——经过反复的电脑模拟，确定了最少弯曲张力的建筑形状。其结果便是一个特别敞开的空间，有着极高的通风和日光水准。

970 福斯特+合伙人事务所: 瑞士再保险大楼，伦敦（2004年）

971 SANAA建筑事务所: 劳力士学习中心，洛桑（2010年）

多样的声音

虽然现代建筑因其着意表现新事物的冲击力令公众兴奋不已，但人们仍然一直保持着欣赏旧时伟大建筑、城镇的热情，但是在这种环境中，插入任何新型的建筑也会引起争议。范例之一就是2006年在罗马建造的博物馆，由理查德·迈耶（1934年生）设计，为收藏奥古斯都和平坛，即伟大的奥古斯都罗马神坛。它取代了1938年更为简洁的古典主义建筑，由维托里奥·莫尔普戈设计，迈耶的超庞大建筑是一件精心思考且具品位的作品，即如人们对这位建筑师的期望，但它是罗马市中心60年之内的第一次现代侵入，最终，并未令所有人满意。它采用了一小部分的当地石灰石，其白色的混凝土部分亦脱离开来，以便突显城市的浅黄褐色，同时，虽是加大的建筑，但相比于莫尔普戈的建筑，它并未令参观者的神坛环绕更为轻松。

同样在罗马，出自迈耶之手的朱比利教堂（前身是仁慈神父教堂），建于2003年，于城市的一个郊外。建筑极具雕塑感的外部是由三个混凝土的外壳来定型的，象征着三位一体，也似乎令人联想到一个史前动物的后背皱褶。在其北面有一个厚厚的脊柱墙，但总体上还是采用了传统的平面。

美国土著艺术博物馆位于纽约，由托德·威廉姆斯（1943年生）和比利·钱（1949年生）设计，前者曾于理查德·迈耶工作室工作36年，建筑完工于2002年。这座又长又窄的8层建筑更像是被隔壁的现代博物馆所包围，建筑主体是一个黯淡又具标志性的折叠立面，覆有顿巴硅黄铜——一种铜合金，在一个铸造工厂成型之

后，再运至现场。其室内，光线是自上逐渐滤下。

位于德国的赫福德的MARTa博物馆（家具艺术及环境博物馆，2005年）由弗兰克·盖里设计，建筑作为一个工业展品，意在促进一个普通小镇的经济。由此，在提供一个现代画廊的同时，它还包括一个会议中心，一个为当地家具制造公司设计的会场，

973 威廉姆斯和钱：美国土著艺术博物馆，纽约（2002年）

972 迈耶：和平坛博物馆，罗马（2006年）

974 哈迪德：MAXXI博物馆，罗马（2005—2010年）

并结合了一个现有工业建筑的一些元素。与这些特征同样重要的，便是盖里相当狂野的波浪起伏的墙面，用当地红砖建造，其上为一个波状钢屋顶，后者传递着一种吸引人的巴洛克品位。

罗马的MAXXI博物馆（20世纪国家艺术博物馆，2005—2010年）由扎哈·哈迪德设计，是意大利国家第一个21世纪艺术博物馆，因而XXI即在其建筑的名字中。建筑的设计始于1999年，其施工本计划于2005年完工，但推迟了5年，这时，其庞大的规模则看似经济萧条前的一个奢华产物。虽然其辅助部分尚未建成，包括图书馆、建筑学部、餐厅、艺术家公寓，但它已成形的巨大规模，确认了哈迪德的信念，即它不只是一座博物馆，而是一个城市文化中心。

MAXXI博物馆的前址是一个兵营，位于弗拉米尼奥，后者是一个北部郊区的住宅公寓区，坐落于罗马历史古城的中心，而其公众的意见自然是抵制这种先进的现代结构。博物馆的艺术品都是在5年之内获取的，用以充实建成的建筑，它由5个巨大的画廊组成，相互交织，如蛇形般环绕着一个离心旋涡。建筑是采用自密实清水混凝土，于现场浇筑而成，这是一种新型材料，自20世纪80年代开始流行，哈迪德曾在位于德国的沃尔夫斯堡的斐诺科技中心用过。

甘纳尔·阿斯普伦德在20世纪20年代设计的著名图书馆位于斯德哥尔摩，其巨大的增建部分是于2007年设计的，出自德国建筑师海克·哈纳达（1964年生）。她设计的玻璃建筑意在建筑晚间的通明，但是却被政府批为"与古建筑群体不成比例"，同时，它因拆除其附属建筑而削弱了阿斯普伦德的原建筑。这项重要项目最终被取消，原因之一也包括经济的萧条。

雷姆·库哈斯设计的公共图书馆（2001—2004年）位于华盛顿州的西雅图市，其外形为现今为人熟知的锯齿状，一种不妥协的形式。他视此图书馆是一个尝试，即将其重塑成一个研究机构，不再是专为书籍服务，而是作为一个所有媒介的信息存储中心。

在另一个不同世界里，有英国的建筑师戴维·奇普菲尔德（1953年生），其作品

975 雷姆·库哈斯：公共图书馆，西雅图（2001—2004年）

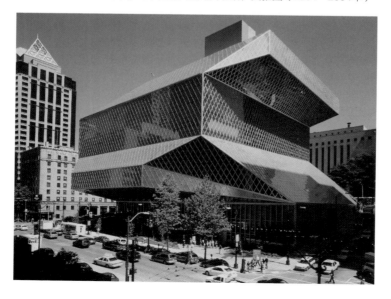

976 奇普菲尔德：新博物馆，柏林（2010年）

所，庆祝的不是自信和完美，而是悲剧和破碎，然而，也有人称颂它是一个难题引发的一个解决办法。

巨大的办公塔楼继续在世界各地的城市中建起。科布塔楼（Torre Cube，2005年），于墨西哥的瓜达拉哈拉，由卡梅·皮诺斯（1954年生）设计，由三个混凝土主干或是柱身组成，特意有着树的形态；名字中Cube是所在地区的名字，和建筑形式不相关。其立面有一个透明的木帷，用滑行的木百叶窗，为遮阳之用，而其中心的开敞空间则起到一个回风的作用。

一座非同寻常的建筑是赫斯特塔楼（2006年），位于纽约市，由诺曼·福斯

977 福斯特：赫斯特塔楼，纽约（2006年）

被描述为一种宁静的、精心雕琢的"新现代主义"。他设计的文学博物馆（2006年），位于德国的马巴赫，位于国家席勒博物馆的附近，后者是一座1903年的古典主义建筑，以一种18世纪早期的德国手法，带有斜脊屋顶。这便致使政府要严控奇普菲尔德新博物馆的地段和高度，它建在一处岩石高地之上，俯瞰着内卡河谷。他选择回应在基座上建造一座神庙的概念，即将博物馆设计成两次世界大战之间产生的无饰古典主义风格，柱廊用纤细、无线脚的礅柱，沿着俊朗的平台，用石材建造而成。戴维·奇普菲尔德也做了柏林新博物馆的重建设计，原建筑是一座1855年精致的新古典主义建筑，由辛克尔的学生弗雷德里希·施杜伦设计。他选择了要保留其"废墟之灵魂"，虽然它因逐年的退化和腐蚀而减少，奇普菲尔德拒绝修补原有建筑的特色，如损坏的石灰墙、展厅里绘制的装饰，特别是于其标志性的楼梯间的，且本可以取代的，一排四个伊瑞克提翁女像柱。当重建的新博物馆于2010年开放时，有些人很是失望，因原本的一个和谐一致的古典杰作却变成了一个令人困惑的场

特设计，36 层高的大楼，位于曼哈顿的中城，建于一座 6 层高的艺术装饰风格的建筑之上，后者建于 1926—1927 年，用预制石块，为威廉姆·伦道夫·赫斯特而建，由约瑟夫·厄本设计。赫斯特本来有意在建筑上冠以一座塔楼，然而，他被福斯特的独立支撑的钢结构塔笼子所震慑，这种三角框架被称为一个斜肋式，由本部在英国的结构工程公司 WSP 坎托·赛耐克建造。建筑亦宣称是"绿色"；其楼层地板为导热的椴木，包含水管，于夏天冷却、于冬天供暖，虽然同时也设置有空调设备。

在曼哈顿的下城，世界贸易中心毁于 2001 年 9 月 11 号，其地段上的第一座建筑就是世界贸易中心一号楼（2006—2013 年），由 SOM 设计，由戴维·柴尔兹作为项目建筑师。设计是在 2002 年一次有争议的设计竞赛中获奖，参赛的建筑师中，有一名广为人知，就是弗兰克·盖里。建筑设计为六边形，如螺旋状，有锥形侧面，并有一个具历史意义的高度 1776 英尺（541 米），是美国最高的建筑。

沙德（2009—2012 年）位于伦敦桥，是伦佐·皮亚诺于 2000 年设计，但其施工却一直推迟，因有来自英国文化遗产和主要保守群体的反对，所以建筑没有根据伦敦的天际线而设计。推迟的结果是，它作为欧洲最高建筑的时间不会很久，而至少在最初，有人曾视此为其主要优势。它被皮亚诺描述为"一块玻璃碎片"，其表面为成角度的玻璃板片，如此，建筑便因变化的天气和灯光的效果而呈现出不同的形象。

注视东方

贝聿铭于近 90 岁的高龄开始转向传统形式寻求灵感，并实施于他的两座壮观的博

978 贝聿铭：伊斯兰艺术博物馆，多哈（2008年）

979 赫尔佐格和德默隆：国家体育馆，北京（2008年）

物馆设计之中，一个是在苏州，其中国的家乡，建于 2006 年，用白色的泥灰墙和灰色的瓦屋顶，另一个是在卡塔尔首都多哈，建于 2008 年的伊斯兰艺术博物馆，此项委托意在将卡塔尔打造成一个旅游目的地。它戏剧性地耸立于多哈港的一个人工岛之上，用法国石灰石建成的立方体形式，令人想到埃及 13 世纪伊本图伦清真寺庭院内的沐浴喷泉，之前贝聿铭也曾游历了伊斯兰世界，即为寻找建筑的灵感。伊斯兰艺术博物馆的室内采用灰色的斑岩和巴西蕾丝木，有一个架空的楼梯，以一种帝国式的设计，即先是单跑楼梯的上升，然后左右分开地返回。

亚洲的主要国家中较突出的是中国，一个主要里程碑便是 2008 年的北京奥林匹克运动会，奥林匹克公园中标志性且吸引人的建筑，亦是一项全球合作的产物。欧洲著名的建筑师同中国的设计机构共同建造了很多建筑，如国家体育场，由赫尔佐格和德默隆设计，是一个灰色的钢网状结构，其上是一个通透的隔膜，这便是著名的"鸟巢"。澳大利亚的设计事务所 PTW 同工程师奥沃·阿勒普合作，建成了国家游泳中心，或称"水立方"，它是一座钢构架的立方体，用蓝色的特氟纶气泡膜为墙面。在北京其他地方，国家大剧院用钛、钢、玻璃建造，即著名的"蛋壳"，是由法国建筑师保罗·安德鲁（1938—2018 年）设计的。诺曼·福斯特设计了国际机场 T3 航站楼（2003—2008 年），而雷姆·库哈斯设计了中央电视台（2002—2010 年），因其形状而被称为"交叉的 Z 形"或是"大门"，是一座钛锌合金的标志性建筑，有 522 英尺（159 米）之高。

城市规划

欧洲较大的现代城市发展之一便是阿尔

梅勒，于 1973—2010 年建于一块内湖再生的地基之上，位于阿姆斯特丹大地区。它还可以继续扩展，因其初始便是一个有机生长的地块，有 5 个不同的城市区或是核心，可以依据城镇发展理念的变化而建。它从"英国花园城市"中获取了很多灵感，但是阿尔梅勒却逐渐被批评有过多居住和郊区式的特征。其结果就是城市建筑办公厅（OMA）的成立，由雷姆·库哈斯组建，自 1994 年起负责打造一个更具吸引力的都市中心，并以市政建筑为主体。

慑人的高科技楼群便由此而生，其设计来自世界各地，包括英国建筑师威廉姆·奥尔索普，以其鲜艳的色彩和出奇的形式而著称。他于临水地段设计了庞大的都市娱乐中心，建筑外部的覆盖材料多样，有预处理的锌、钢铁丝网、雪松隔板。法国建筑师克里斯蒂安·德·波藏帕克设计了大城堡（2000—2006 年），一个综合了住宅和商业的建筑群，它在市中心构成了库哈斯多层次都市规划的一部分。大城堡包括一个双用途大楼，由两条高步行道穿插而过，还有色彩鲜艳的住宅环绕附近的草地。

980 波藏帕克：大城堡的住宅和商业项目，阿尔梅勒（2000—2006 年）

981 MVRDV：巨石大楼，里昂（2010年）

哥本哈根的都市景象——因两座巨大的谷仓改装成公寓——亦有所改变，设计出自鹿特丹MVRDV建筑设计事务所的建筑师，并与丹麦事务所的建筑师詹森、约根森、伍菲特合作而成。数十年的重新使用，灰色混凝土的圆筒已占据了南港口，进而，成为一个逝去的工业且并不受欢迎的纪念物。瑞典开发商的初始计划是将其中空处填满公寓，但是更具想象力的实际设计则全然相反，将内部做成建筑的外部，即在外墙周边悬挂公寓间。其结构，亦令其可行，第一层建在一个巨大的悬吊梁之上，并用一系列的拉杆固定于地基之上。

谷仓的室内则变成塔式的中央大厅，屋顶为透明的特克斯朗材料，而其外部包裹的公寓间，亦有类似透明的玻璃墙面。它们有一个极短的室内隔断墙和一个宽大的阳台，这提供了近乎全室外的环境，并俯瞰着宽大临水面的诱人景色。这里应有着哥本哈根最好的景观，因为148英尺（45米）的谷仓要比6层或7层的建筑要高得多，后者即现有的规划限定高度。

南里昂市汇流区——一个原本仅限工业和运输的用地——作为更大城市的重开发项目的一部分，MVRDV被选用主持设计巨石大楼（2010年）。这座节能、多功能的大楼，包括经济住房、残疾辅助、商业、办公空间，由5个分支组成，每个分支都按照MVRDV的总计划，且由不同的建筑师设计。大楼的主要分支，由MVRDV设计，而其他的则出自皮埃尔·高迪耶、曼纽尔·戈特朗、ECDM建筑事务所、埃里克·冯·格利特。

改造项目也不仅限于第二次世界大战前的工业用地。芝加哥的公园大道总规划（2007年）由SOM建筑设计事务所设计，改变了城市最为没落、功能失常的社会保障公寓，为不同收入的人群提供了一系列低层住宅类型。新开发的项目更大地强化了社区，因其融入了现有的城市街道网。

虽然2008年全球经济下滑，很多西方建筑师则继续设计亚洲的超级都市。从乡村到城市的大量迁移、急速增长的工业化、一个相对较少的空间约束，这便意味建筑师有着极其诱人的机会，可以全新地规划整个城市。其中之一便是冯·格康、玛格及合伙人设计的临港新城，于上海附近。基于一个同心圆规划，环绕一个圆湖，此港口城市计划于2020年完工时可以容纳800000人。未来的城市已在筹建之中。

982 冯·格康、玛格及合伙人：临港新城前景项目，中国（2020年）

术语表

柱顶板　柱头上平板，用来支持檐部。

后殿龛室　一个小礼拜堂，从一个教堂或大教堂的半圆殿凸出而来的。

拱座　实心石或砖，于一个圆拱或拱顶边，用来抵消其侧压力。

山花雕饰座　底座，位于山花的底部或顶部，用来支撑雕塑或雕饰；此角度的整个装饰元素。

内圣室　一座希腊神庙的内圣殿，只有祭司可以进入。

回廊　通道，环绕着一个半圆殿。

壁端柱　一块墙终端的加固结构，类似一个柱子，通常置于一个门厅突出的墙端头。

上楣（檐口）饰　装饰板块，置于一个屋顶的侧面，来封住瓦的端头。

半圆后殿　一个半圆或多边形的结构，特别为一个教堂或礼拜堂的末端，被视为是一个建筑的凹室，于外部又是一个凸物。

下楣（额枋）　一个三层檐部的最底层，之间置于一个柱子上；亦用于有线脚的门或窗子的周边。

拱式　描述一座建筑主要依赖其圆拱，而不是梁柱结构。

墙面石板　通常用于装饰的石板。

中庭　1. 一个罗马住宅的内庭院，天井式；2. 一个开敞庭院，位于一座早期基督教堂前。

轴线布局　沿轴线纵向布局（而不是中央式布局）。

筒形拱　简单的拱顶，一般为半圆的剖面。

观景楼　一座小观望塔，有时位于一个住宅的屋顶。

饰板　法语的饰板，一般有雕刻，多见于17—18世纪。

遮阳板　一种遮阳设施，多为混凝土，用于多窗的立面。

扶壁　礅墙，砖或石质，给附着的墙加以更多的强度。

飞扶壁　一种拱式的支撑，将一个拱顶的推力传至外部的扶壁。

钟塔　意大利语的钟塔，一般分离于其主建筑。

垂曲线　曲线，因一条链子或绳索悬于两点而成，两点不在同一垂直线上。

凹弧线　凹形线脚，剖面约为四分之一圆。

内室　一座神庙的主要室内空间，置放礼拜像。

削角的 一个削掉的转角，约呈 45°。

高圣坛 一个教堂的东端，含有主圣坛，常用来呈现中殿交叉处东向的延伸。

颊壁 低墙，保护一段楼梯的两侧。

多角室 法语为一座教堂的东端，包括半圆殿和回廊。

高侧窗 侧墙的上端，尤其于教堂，立于通道屋顶之上，并有多窗。

井格式 凹陷正方形或多边形镶板，于拱顶天花及圆拱的拱腹。

叠涩式 一个托架或是突块，一般为石质，用来作为另一个的一种支撑。

上楣（檐口） 一个檐部的顶层突出角线。

上楣冠 一个上楣的突出顶端。

装饰农舍 一个乡村屋舍，多为草屋顶，源自 18 世纪的"风景画风格"运动。

拉丁十字 交叉形平面。

曲线形 用曲线来设计。

尖角饰 突出部分，雕于一个圆拱的内面，特别于哥特建筑中；两个尖角饰形成一个三叶式，三个则形成四叶式，依此类推。

齿饰 小四方块，形似牙齿，用于上檐的横条中。

屋顶窗（老虎窗） 有屋顶的窗子，垂直置于一个斜屋顶上。

柱顶石（副柱头） 置于一个柱头上的石块，特别

于拜占庭和罗马风建筑，有助支撑跨拱的楔形拱石。

梯形，梯形后殿 半圆殿，两侧有小礼拜堂，呈台阶或梯状的形式。

拇指圆饰 凸形或馒形线脚，似一个靠垫，位于一个多立克柱顶板之下。

卵锚饰 一个馒形线脚，饰有交错的蛋形和箭头。

附柱 柱子附着或者嵌入一面墙或是礅柱。

檐部 一个柱式的上部，包括有下楣、中楣、上楣。

柱凸肚 稍微凸形的曲线，之于柱式的 1 轮廓。

壁龛凹室 一个半圆殿或是龛室。

檐部条饰 下楣中一个横条，亦可为两或三个。

窗户排列 一个立面上的窗子分布。

中楣（檐壁） 一个檐部的中层，介于下楣和上楣之间，有时饰有人物雕塑。

内庭院 封闭庭院，尤其于一个回廊院中。

巨柱式 柱式或礅柱，从地面起过一层的高度。

交叉拱 交叉空间上的一个拱顶，垂直于两个筒拱。

滴珠饰 小钉状的突出物，刻于一个多立克柱式的檐饰和三陇板之下。

赫耳墨头像柱 一个礅柱，端头为一个头像或胸像。

六柱式门廊 术语，用以描述一个有六个柱子的

门廊。

双柱门廊 术语，用以描述一个有两个柱子的门廊，但未超过而是齐于墙体。

伊萨贝拉式 华丽的哥特风格，于西班牙伊萨贝拉的执政期（1479—1504 年）。

尖头窗 一个带尖顶的窗子，多用于 13 世纪哥特建筑中。

支肋拱 一个有支肋的肋状拱顶，例如装饰性三级肋饰不是起拱于主要浮凸饰或起拱石。

仪式东端 一个教堂的祭坛端，并未置于东 / 西的朝向。

凉廊 一个敞开廊道或游廊，多与一个拱廊相结合。

半圆开口 一个半圆形的开口。

马略卡瓷砖 一种彩色釉砖。

曼奴埃尔式 奢华的晚期哥特风格，创立于葡萄牙，因曼努埃尔一世而命名。

（迈锡尼）正厅 一个正方或长方形房间，源于迈锡尼，进入要经过一个门廊，包括一个中央壁炉和四个柱子支撑屋顶。

陇间板 正方形板，介于两个三陇板之间，于一个多立克的中楣。

宣礼塔（阿訇塔） 一个高、细长的塔楼，带有阳台，通常和清真寺有关。

托饰 一个托架或是悬臂，用于科林斯或复合柱式。

穆萨拉比 受启发于伊斯兰的风格，发展自 9—11 世纪西班牙的基督徒。

穆迪扎尔 西班牙基督教建筑，以一种穆斯林风格且大多为穆斯林建筑师的作品（多在安达路斯）。

（多立克）檐饰 扁平的板状部分，雕于多立克上楣的下边，于每一个陇间板和三陇板之上。

教堂前厅 大型入口门厅，于一座教堂的西端。

中殿 一座教堂的主要部分，于交叉区西侧，通常两边有通道。

新塑性主义 一种风格名称，赋予荷兰艺术运动"风格派"。

宁芙（水神）女神庙 洞穴式或花园式建筑，献于宁芙女神。

S 形双曲线 两个双曲线，结合了凸凹细部。

后廊 空间或敞开门廊，于一座希腊神庙的后边，有时用作宝藏室。

有机的 （特别关系到赖特）描述建筑有曲线形状，即近于自然形式。

南向凉廊 朝向南面的凉廊，于一个希腊住宅。

亭阁 一个小别墅或是休闲亭子。

山花 三角形竖立山墙，于一个门廊、门或是窗子之上。

帆拱 球式三角或是凹形三角拱肩，连接一个正方或是多边形的室内和一个圆形穹顶。

列柱式　描述一座建筑环绕有一排的柱子。

列柱围廊　一排柱子围绕着一座建筑或是庭院。

主层　一座建筑的主要楼层，高于其他楼层，建于一个地下室或是底层之上。

礅柱（扶壁）　一个石砌体，用作一个竖向支撑。

壁柱　一个装饰性浅礅柱，形似一个扁平的柱子，微微突出于墙体。

桩基　柱椿或壁柱，支撑一建筑的重量，用将其抬离地面的方式。

塑性　雕塑式般的线脚。

多彩　很多颜色。

门廊　门过道。

车道门廊　一个门廊，为车轮式交通使用。

柱梁式　描述横梁式的结构，例如竖向结构支撑横向的梁子。

（英式）大臣府邸　名字赋予一组极为豪华的乡村宅邸，建于 1600 年左右的英国。

前殿　一座神庙的入口门厅，位于前排柱子之后。

入口大门　古典的独立式入口。

前柱廊式　建筑前有一排柱子。

外柱廊　一个外部的柱廊，尤其围绕着一座神庙。

小天使　小男孩或是胖娃娃，以绘画或是雕塑形式。

塔门　长方形塔楼，尤其是一个斜形的。

四马战车雕饰　雕塑组，一辆四匹马拉的战车。

四分肋拱　一个拱顶，每个区间有 4 个部分。

1400 年、1500 年、15 世纪和 16 世纪。

凹形角　转角，其角度朝里。

祭坛后屏风　绘制或是雕塑屏风，位于一个祭坛之后。

祭坛后屏蔽　屏风墙，通常有装饰，位于一个祭坛之后。

护墙　1. 保护一片土地或是水域的墙体；2. 贴面，特别是大理石，用于由其他材料建成的墙体。

圆形建筑　圆形的建筑或厅，通常有穹顶。

粗凿式　石砌（或是类似石砌的粉饰），其石块之间为深切割的接缝。

岩壁厅　一个底层房间，直接通向花园，多饰以自然的形式或是如一个洞穴。

所罗门柱（螺旋柱）　描述一个扭曲的柱子，如大麦糖状，于耶路撒冷的所罗门神庙。

祭司席　神职人员的席位，刻于石头中，位于一座礼拜堂的南墙。

粉饰层雕（漆雕）　于粉饰上切刻而成的多彩装饰。

座石　基础或是基座。

突角拱　一个小圆拱，对角地置于一个正方形建筑的内角之间，用于顺畅从一个圆形或多角形大结构的转换。

拱廊　封顶的柱廊。

条带装饰　16 世纪的装饰，于法国、荷兰、英国，含有编织的条带，类似切割的皮革。

柱基　台面，其上立有一个柱子。

圆形建筑　一个圆形的建筑。

居间肋拱　次级肋条，自一个拱顶的一个主要起拱点，至脊肋的一处。

半圆线脚　半圆形的凸线脚，特别于一个爱奥尼克柱的底部。

横梁　描述建筑基于希腊的柱梁结构，对比于罗马的圆拱结构。

凝灰石（石灰华）　一种意大利奶油色石灰石，抛光效果好。

讲坛　1. 一个长方厅堂的半圆殿；2. 一个教堂的通廊。

中层拱廊　一个拱廊通道，于一座教堂的墙上，于拱廊之上，高窗之下。

三陇板　竖向开槽的板块，隔离一个多立克中楣上的陇间板。

错觉绘画　错觉的绘画

门楣中心　三角形或是弓形的竖向表面，被一个山花的线脚围绕着；区域介于一个门道的横梁和其上的圆拱。

拱顶　一个拱形的天花。

涡卷饰　螺旋旋涡，于爱奥尼克和科林新柱的角处。

楔形拱石　一个圆拱上的一种楔形石或砖。

西端工程　两层且带有塔楼的西端，见于一个加洛林或是罗马风的教堂，上层开向中殿。

阶梯金字塔　一个神庙塔，例如，巴比伦塔，有阶梯式的楼层，用坡道相连接。

拓展阅读

This list is restricted to books published in English; the date of first publication is given in brackets

Chapter 1
D. Arnold, *Building in Egypt: Pharaonic Stone Masonry,* New York & Oxford 1991
A. Badawy, *A History of Egyptian Architecture,* 3 vols, Cairo, Berkeley & Los Angeles 1954–68
H. Crawford, *The Architecture of Iraq in the 3rd Millennium,* Copenhagen 1977
H. Crawford, *Sumer and the Sumerians,* Cambridge 1991
S. Downey, *Mesopotamian Religious Architecture: Alexander through the Parthians,* Princeton 1988
H. Frankfort, *The Art and Architecture of the Ancient Orient* (1954), New Haven and London 1996
C. Gere, *Knossos and the Prophets of Modernism,* Chicago and London 2009
B. Kemp, *Ancient Egypt: The Anatomy of a Civilisation,* London 1989
S. Lloyd, *Ancient Architecture,* London 1986
S. Lloyd, *The Archaeology of Mesopotamia* (1978), London 1984
J. McKenzie, *The Art and Architecture of Alexandria and Egypt, c. 300BC to AD 700,* New Haven and London 2007
J. Postgate, *Early Mesopotamia,* London 1992
W. S. Smith, *The Art and Architecture of Ancient Egypt* (1958), New Haven & London 1998
D. Wildung, *Egypt: From Prehistory to the Romans,* Cologne 1999

Chapter 2
T. Ashby, *The Aqueducts of Ancient Rome,* Oxford 1935
B. Ashmole, *Architect and Sculpture in Classical Greece,* London 1972
M. Beard, *The Roman Triumph,* Cambridge, Mass. 2007
R. Bianchi Bandinelli, *Rome the Late Empire,* London 1971
R. Bianchi Bandinelli, *Rome the Centre of Power, Roman Art to AD 200,* London 1970
M. Bieber, *The History of the Greek and Roman Theatre,* Princeton 1961
J. Boardman, *The Greeks Overseas,* Harmondsworth 1964
J. Boardman, *Pre-Classical: From Crete to Archaic Greece,* London 1967
M. T. Boatwright, *Hadrian and the City of Rome,* Princeton 1987
J. S. Boersma, *Athenian Building Policy from 561/0 to 405/4 BC,* Groningen 1970
A. Bodthius, *The Golden House of Nero,* Ann Arbor 1960
A. Boethius, *Etruscan and Early Roman Architecture* (1970), Harmondsworth 1978
M. Blake, *Ancient Roman Construction in Italy from the Prehistoric Period to Augustus,* Washington 1947
M. Blake *Roman Construction in Italy from Tiberius through the Flavians,* Washington 1959
M. Blake & D. Taylor-Bishop, *Roman Construction in Italy from Nerva through the Antonines,* Philadelphia 1973

R. Brilliant, *Roman Art from the Republic to Constantine,* London 1974
F. E. Brown, *Roman Architecture,* New York 1961
R. Carpenter, *The Architects of the Parthenon,* Harmondsworth 1972
J. R. Clarke, *The Houses of Roman Italy, 100 BC–AD 250: Ritual, Space, and Decoration,* Berkeley and Los Angeles 1991
F. Coarelli, *Rome and Environs: An Archaeological Guide,* Berkeley and Los Angeles 2007
R. M. Cook, *Greek Art,* London 1972
J. J. Coulton, *The Architectural Development of the Greek Stoa,* Oxford 1976
J. J. Coulton, *Greek Architects at Work,* London 1977
G. Cozzo, *The Colosseum, the Flavian Amphitheatre,* Rome 1971
W. B. Dinsmoor, *The Architecture of Ancient Greece,* London and New York 1950
M. I. Finley, ed. *The Legacy of Greece: A New Appraisal,* Oxford 1981
T. Fyfe, *Hellenistic Architecture,* Cambridge 1936
M. Henig, *Architects and Architectural Sculpture in the Roman Empire,* Oxford 1990
J. H. Humphrey, *Roman Circuses: Arenas for Chariot Racing,* London 1986
R. Jenkyns, ed. *The Legacy of Rome: A New Appraisal,* Oxford 1992
T. Kraus, *Pompeii and Herculaneum,* New York 1975
L. Lancaster, *Concrete Vaulted Construction in Imperial Rome: Innovations in Context,* Cambridge 2005
A. W. Lawrence, *Greek Architecture* (1957), New Haven and London 1996
M. Lyttelton, *Baroque Architecture in Classical Antiquity,* London 1974
W. L. MacDonald, *The Political Meeting Places of the Greeks,* Baltimore 1943
W. L. MacDonald, *The Architecture of the Roman Empire,* New Haven 1965
W. L. MacDonald, *The Pantheon,* London 1976
W. MacDonald & J. Pinto, *Hadrian's Villa and its Legacy,* New Haven and London 1995
A. D. Mackay, *Houses, Villas and Palaces in the Roman World,* London 1975
N. Marinatos and R. Hägg, ed., *Greek Sanctuaries: New Approaches,* London and New York 1993
R. D. Martienssen, *The Idea of Space in Greek Architecture,* Johannesburg 1956
R. Meiggs, *Roman Ostia* (1960), Oxford 1973
S. G. Miller, *The Prytaneion,* University of California 1978
E. J. Nash, *Pictorial Dictionary of Ancient Rome,* 2 vols., London 1961–2
J. Onians, *Art and Thought in the Hellenistic Age,* London 1979
J. Percival, *The Roman Villa,* London 1976
W. H. Plommer, *Ancient and Classical Architecture,* London 1956

J. J. Pollitt, *The Ancient View of Greek Art: Criticism, History and Terminology,* New Haven & London 1964
J. J. Pollitt, *The Art of Greece 1400–31 BC. Sources and Documents,* Englewood Cliffs, New Jersey 1965
J. J. Pollitt, *The Art of Greece c. 753 BC–AD 337: Sources and Documents,* Englewood Cliffs, New Jersey 1966
R. F. Rhodes, *Architecture and Meaning on the Athenian Acropolis,* Cambridge 1995
D. S. Robertson, *A Handbook of Greek and Roman Architecture* (1929), Cambridge 1964
M. Robertson, *A History of Greek Art,* 2 vols., Cambridge 1975
F. Sear, *Roman Architecture,* London 1998
J. Stamper, *The Architecture of Roman Temples: The Republic to the Middle Empire,* Cambridge 2005
J. Steele, *Hellenistic Architecture in Asia Minor,* London 1992
R. Taylor, *Roman Builders: A Study in Architectural Process,* Cambridge 2003
P. Tournikiotis, ed. *The Parthenon and its Impact in Modern Times,* Athens 1994
J. Travlos, *Pictorial Dictionary of Ancient Athens,* London 1971
V. T. Vermeule, *Greece in the Bronze Age,* Chicago 1972
Vitruvius: On Architecture, transl. by R. Schofield with an intro. by R. Tavernor, London 2009
A. Wallace-Hadrill, *Houses and Society in Pompeii and Herculaneum,* New Jersey 1994
J. B. Ward-Perkins, *Cities of Ancient Greece and Italy, Planning in Classical Antiquity,* New York 1974
J. B. Ward-Perkins, *Roman Imperial Architecture* (1970), Yale 1994
D. Watkin, *The Roman Forum,* London 2011
K. Welch, *The Roman Amphitheatre: From its Origins to the Colosseum,* Cambridge 2007
R. E. Wycherley, *How the Greeks Built Cities* (1949), London and New York 1962

Chapter 3
J. Beckwith, *The Art of Constantinople,* New York 1961
S. Ćurčić, *Architecture in the Balkans from Diocletian to Süleyman the Magnificent,* New Haven and London 2010
J. Davies, *The Origin and Development of Early Christian Church Art,* London 1952
O. Demus, *The Church of San Marco in Venice,* Cambridge, Mass. 1960
O. Demus, *The Church of Haghia Sophia at Trebizond,* Edinburgh 1968
H. Faesen & V. Ivanov, *Early Russian Architecture,* London 1972
J. A. Hamilton, *Byzantine Architecture and Decoration,* London 1933
R. Krautheimer, *The Early Christian Basilicas of Rome,* 5 vols., Vatican City 1937–77
R. Krautheimer, *Early Christian and Byzantine Architecture* (1965), New Haven and London 1986

R. Krautheimer, *Rome, Profile of a City, 312–1308* (1980), Princeton 1983

W. MacDonald, *Early Christian and Byzantine Architecture*, New York 1962

G. Mathew, *Byzantine Aesthetics*, London 1963

T. F. Mathews, *The Byzantine Churches of Istanbul*, Pennsylvania State University Press 1976

D. Talbot Rice, *The Art of Byzantium*, London 1959

D. Talbot Rice, ed., *The Great Palace of the Byzantine Emperors*, Edinburgh 1958

S. Runciman, *Byzantine Style and Civilization*, Harmondsworth 1975

E. H. Swift, *Hagia Sophia*, New York 1940

P. A. Underwood, ed., *The Kariye Djami*, 4 vols., New York & London 1966–75

Chapter 4

J. Beckwith, *Early Medieval Art*, London 1964

P. Binski, *Westminster Abbey and the Plantaganets: Kingship and the Representation of Power 1200–1400*, New Haven and London 1995

T. S. R. Boase, *English Art 1100–1216* (1953), Oxford 1968

T. S. R. Boase, *Castles and Churches of the Crusading Kingdom*, London, New York, Toronto 1967

H. Busch & B. Lohse, ed., *Romanesque Europe*, London 1969

A. W. Clapham, *English Romanesque Architecture before the Conquest*, Oxford 1930

A. W. Clapham, *English Romanesque Architecture after the Conquest*, Oxford 1934

A. W. Clapham, *English Romanesque Architecture in Western Europe*, Oxford 1936

K. J. Conant, *Carolingian and Romanesque Architecture 800–1200* (1959), new ed. New Haven & London 1993

J. Evans, *Monastic Life at Cluny, 910–1157*, London 1931

J. Evans, *The Romanesque Architecture of the Order of Cluny* (1938), Farnborough 1972

E. Fernie, *The Architecture of the Anglo-Saxons*, London 1983

E. A. Fisher, *The Greater Anglo-Saxon Churches*, London 1962

H. Focillon, *The Art of the West*, vol. 1, *Romanesque Art*, London 1963

C. H. Haskins, *The Renaissance of the Twelfth Century*, Cambridge, Mass. 1927

G. Henderson, *Early Medieval*, Harmondsworth 1972

W. Horn and E. Born, *The Plan of St. Gall*, 3 vols., University of California Press 1979

J. Hubert, J. Porcher & W. F. Volbach, *Europe in the Dark Ages* (1967), London 1969, and *Carolingian Art* (1968), London 1970

P. Lasko, *Ars Sacra 800–1200*, New Haven and London 1994

H. J. Leask, *Irish Churches and Monastic Buildings: 1. The First Phase and the Romanesque*, Dundalk 1955

A. K. Porter, *Lombard Architecture*, 4 vols., New Haven 1915–17

R. Stalley, *Early Medieval Architecture*, Oxford 1999

D. Talbot Rice, *English Art 871–1100*, Oxford 1952

C. Ricci, *Romanesque Architecture in Italy*, London & New York 1925

G. T. Rivoira, *Lombardic Architecture: Its Origin. Development and Derivatives*, 2 vols. (1910), New York 1975

H. M. and J. Taylor, *Anglo-Saxon Architecture*, 3 vols., Cambridge 1965–78

R. Tolman, *Romanesque: Architecture, Sculpture, Painting*, Cologne 1997

W. M. Whitehill, *Spanish Romanesque Architecture of the Eleventh Century*, London 1941

G. Zarnecki, *Romanesque Art*, London 1971

Chapter 5

E. Arslan, *Gothic Architecture in Venice* (1970), New York 1971

E. Baldwin Smith, *The Architectural Symbolism of Imperial Rome and the Middle Ages*, Princeton 1956

P. Binski, *Becket's Crown: Art and Imagination in Gothic England, 1170–1300*, New Haven and London 2004

J. Bony, *The English Decorated Style*, Oxford 1979

J. Bony, *The French Gothic Architecture of the 12th and 13th Centuries*, University of California Press 1983

R. Branner, *Burgundian Gothic Architecture*, London 1960

R. Branner, *St Louis and the Court Style in Gothic Architecture*, London 1964

R. Branner, *Chartres Cathedral*, New York 1969

P. Brieger, *English Art 1216–1307*, Oxford 1957

D. R. Buxton, *Russian Mediaeval Architecture*, Cambridge 1934

J.-F. Leroux-Dhuys, *Cistercian Abbeys: History and Architecture*, Cologne 1998

J. Evans, *Art in Medieval France*, Oxford 1948

J. Evans, *English Art 1307–1461*, Oxford 1949

J. Evans, ed. *The Flowering of the Middle Ages*, New York, Toronto & London 1966

P. Fergusson, *Architecture of Solitude. Cistercian Abbeys in Twelfth Century England*, Princeton 1984

J. F. Fitchen, *The Construction of Gothic Cathedrals* (1961), London 1981

H. Focillon, *The Art of the West in the Middle Ages* (1938), London 1963

P. Frankl, *The Gothic, Literary Sources and Interpretations during Eight Centuries*, Princeton 1960

P. Frankl, *Gothic Architecture* (1962), New Haven and London 2000

T. G. Frisch, *Gothic Art 1140–1450: Sources and Documents*, Englewood Cliffs, New Jersey 1971

L. Grodecki, *Gothic Architecture* (1976), New York 1977

J. H. Harvey, *The Gothic World 1100–1600*, London 1950

J. H. Harvey, *The Mediaeval Architect*, London 1972

J. H. Harvey, *The Perpendicular Style*, London 1978

G. Henderson, *Gothic*, Harmondsworth 1967

G. Henderson, *Chartres*, Harmondsworth 1968

W C. Leedy, *Fan Vaulting*, London 1980

E. Mâle, *Religious Art in France: The Twelfth Century* (1922), Princeton 1978

E. Mâle, *Religious Art in France: The Thirteenth Century* (1898), New York 1973

N. Nussbaum, *German Gothic Church Architecture*, New Haven and London 2000

E. Panofsky, *Gothic Architecture and Scholasticism*, Latrobe 1951

E. Panofsky, *Abbot Suger on the Abbey Church of St. Denis* (1946), Princeton 1979

O. von Simson, *The Gothic Cathedral*, New York 1956

W. Swaan, *The Gothic Cathedral*, London 1981

W. Swaan, *The Late Middle Ages: Art and Architecture from 1350 to the Advent of the Renaissance*, London 1977

R. Tolman, *Gothic: Architecture, Sculpture, Painting*, Cologne 1998

G. Webb, *Architecture in Britain: The Middle Ages* (1956), Harmondsworth 1965

J. White, *Art and Architecture in Italy, 1250–1400* New Haven and London 1993

R. Willis, *Architectural History of Some English Cathedrals* (1842–63), Chicheley 1972–3

C. Wilson, *The Gothic Cathedral*, London 1990

Chapter 6

J. Ackerman, *The Architecture of Michelangelo* (1961), Harmondsworth 1970

J. Ackerman, *Distance Points: Essays in Theory and Renaissance Art and Architecture*, Cambridge, Mass. 1991

L. B. Alberti, *On the Art of Building in Ten Books* (1484), transl. by J. Rykwert, N. Leach & R. Tavernor, Cambridge, Mass., and London 1988

G. C. Argan and B. Contardi, *Michelangelo Architect*, London 1993

G. G. Argan, *The Renaissance City*, New York 1969

H. Ballon, *The Paris of Henri IV: Architecture and Urbanism*, Cambridge, Mass., and London 1991

G. Beltramini and H. Burns, *Palladio*, London 2009

L. Benevolo, *The Architecture of the Renaissance*, 2 vols. (1968), London 1970

J. Bialostocki, *The Art of the Renaissance in Eastern Europe*, Oxford 1976

A. Blunt, *Artistic Theory in Italy 1450–1600*, Oxford 1935

A. Blunt, *Philibert de l'Orme*, London 1958

B. Boucher, *Andrea Palladio: The Architect in his Time*, New York, London and Paris 1994

A. Braham and P. Smith, *François Mansart*, 2 vols., London 1973

A. Bruschi, *Bramante* (1973), London 1977

J. C. Burckhardt, *The Civilization of the Renaissance in Italy* (1860), London 1950

D. R. Coffin, *The Villa in the Life of Renaissance Rome*, Princeton 1979

R. Coope, *Salomon de Brosse and the Development of the Classical Style in French Architecture from 1565–1630*, London 1972

J. Evans, *Monastic Architecture in France from the Renaissance to the Revolution*, Cambridge 1964

Filarete, *Treatise on Architecture* (c. 1460), New Haven and London 1965

M. Girouard, *Elizabethan Architecture: Its Rise and Fall, 1540 to 1640*, New Haven and London 2009

R. A. Goldthwaite, *The Building of Renaissance Florence*, Baltimore and London 1980

V. Hart and P. Hicks, transl., *Sebastiano Serlio on Architecture*, 2 vols., New Haven and London 1996–2001

F. Hartt, *Giulio Romano*, 2 vols., New Haven 1958

L. Heydenreich, *Architecture in Italy 1400–1500* (1974), New Haven and London 1996

H.-R. Hitchcock, *German Renaissance Architecture*, Princeton 1981

E. J. Johnson, *S. Andrea in Mantua*, Pennsylvania University Press 1975

H. Kamen, *The Escorial: Art and Power in the Renaissance*, New Haven and London 2010

R. Klein & H. Zerner, *Italian Art 1500–1600: Sources and Documents*, Englewood Cliffs, New Jersey 1966

H. & S. Kozakiewiczowie, *The Renaissance in Poland*, Warsaw 1976

G. Kubler, *Building the Escorial*, Princeton 1982

M. Levey, *Early Renaissance*, Harmondsworth 1967

M. Levey, *High Renaissance*, Harmondsworth 1975

H. Lotz, *Architecture in Italy 1500–1600*, New Haven and London 1995

W. Lotz, *Studies in Italian Renaissance Architecture*, Cambridge, Mass. 1977

T. Magnuson, *Studies in Roman Quattrocento Architecture*, Stockholm 1958

G. Masson, *Italian Villas and Palaces*, London 1959

G. Mazzotti, *Palladian and Other Venetian Villas*, Rome 1966

H. Millon, ed., *The Renaissance from Brunelleschi to Michelangelo: The Representation of Architecture*, London 1994

P. Murray, *The Architecture of the Italian Renaissance* (1963), London 1969

P. Murray, *Renaissance Architecture*, New York 1971

Palladio, *The Four Books of Architecture* (1570), Cambridge, Mass 1997

Andrea Palladio 1508–1580, Arts Council of Great Britain 1975

Corpus Palladianum, Pennsylvania State University Press, 1968 – in progress

A. Payne, *The Architectural Treatise in the Italian Renaissance*, Cambridge 1999

P. Portoghesi, *Rome of the Renaissance*, London 1972

M. N. Rosenfeld, *Sebastiano Serlio: On Domestic Architecture*, New York and Cambridge 1978

E. F. Rosenthal, *The Cathedral of Granada*, Princeton 1961

E. E. Rosenthal, *The Palace of Charles V in Granada*, Princeton 1985

P. Rotondi, *The Ducal Palace of Urbino*, London 1969

I. Rowland, *The Culture of the High Renaissance: Ancients and Moderns in 16th-Century Rome*, Cambridge 1998

H. Saalman, *Filippo Brunelleschi. The Cupola of Santa Maria del Fiore*, London 1980

H. Saalman, *Filippo Brunelleschi: The Buildings*, London 1993

J. Shearman, *Mannerism*, Harmondsworth 1967

G. Smith, *The Casino of Pius IV*, Princeton 1977

W. Stechow, *Northern Renaissance Art 1400–1600: Sources and Documents*, Englewood Cliffs, New Jersey 1966

R. Tavernor, *Alberti and the Art of Building*, New Haven and London 1998

D. Thomson, *Renaissance Paris: Architecture and Growth 1475–1600*, London 1984

G. Vasari, *The Lives of the Painters, Sculptors and Architects* (1550), London, 4 vols., 1927

G. B. da Vignola, *The Canon of the Five Orders of Architecture* (1562), New York, 2011

H. Vlieghe, *Flemish Art and Architecture 1585–1700*, New Haven and London 1998

R. Wittkower, *Architectural Principles in the Age of Humanism* (1949), New York 1971

C. W. Zerner, *Juan de Herrera: Architect to Philip II of Spain*, New Haven and London 1993

Chapter 7

J. van Ackere, *Baroque and Classical Art in Belgium 1600–1789*, Brussels n.d.

R. W. Berger, *A Royal Passion: Louis XIV as Patron of Architecture*, Cambridge 1994

A. Blunt, *Sicilian Baroque*, London 1968

A. Blunt, *Art and Architecture in France 1500–1700* (1953),rev. ed., New Haven and London 1999

A. Blunt, *Baroque and Rococo Architecture in Naples*, London 1975

A. Blunt, ed., *Baroque and Rococo Architecture and Decoration*, London 1978

A. Blunt, *A Guide to Baroque Rome*, London 1982

J. Bourke, *Baroque Churches of Central Europe* (1958), London 1962

J. Connors, *Borromini and the Roman Oratory*, Cambridge, Mass. 1980

K. Downes, *English Baroque Architecture*, London 1966

K. Fremantle, *The Baroque Town Hall of Amsterdam*, Utrecht 1959

M. Giufffrè, *The Baroque Architecture of Sicily*, New York 2008

K. Harries, *The Bavarian Rococo Church*, New Haven & London 1983

E. Hempel, *Baroque Art and Architecture in Central Europe*, Harmondsworth 1965

H. Hibbard, *Carlo Maderno and Roman Architecture 1580–1630*, London 1971

H.-R. Hitchcock, *German Rococo: The Zimmermann Brothers*, London 1968

H.-R. Hitchcock, *Rococo Architecture in Southern Germany*, London 1968

J. Hook, *The Baroque Age in England*, London 1976

A. Hopkins, *Italian Architecture from Michelangelo to Borromini*, London 2002

F. Kimball, *The Creation of the Rococo* (1943), New York 1964

R. Krautheimer, *The Rome of Alexander VII, 1655–1667*, Princeton 1985

G. A. Kubler & M. Soria, *Art and Architecture in Spain and Portugal and their American Dominions 1500–1800*, Harmondsworth 1959

W. Kuyper, *Dutch Classicist Architecture*, Delft University Press 1980

J. Lees-Milne, *English Country Houses; Baroque*, London 1970

T. Marder, *Bernini, the Art of Architecture*, Abbeville Press, New York, London, Paris 1998

T. Marder, *Bernini's Scala Regia at the Vatican Palace*, Cambridge 1997

A. H. Mayor, *The Bibiena Family*, New York 1945

H. A. Meek, *Guarino Guarini and his Architecture*, New Haven and London 1988

J. Merz, *Pietro da Cortona and Roman Baroque Architecture*, New Haven and London 2008

H. Millon, ed. *The Triumph of the Baroque: Architecture in Europe 1600–1750*, London 1999

C. Norbert-Schulz, *Baroque Architecture*, New York 1971

C. Norbert-Schulz, *Late Baroque and Rococo Architecture*, New York 1971

C. F. Otto, *Space into Light, the Churches of Balthasar Neumann*, Cambridge, Mass. 1979

J.-M. Pérouse de Montclos, *Versailles*, New York, London & Paris 1991

R. Pommer, *Eighteenth-Century Architecture in Piedmont*, New York & London 1976

P. Portoghesi, *Rome Barocca: The History of an Architectonic Culture* (1966), Cambridge, Mass. 1970

J. Rosenberg, S. Slive & E. H. ter Kuile, *Dutch Art and Architecture 1600–1800* (1966), Harmondsworth 1977

E. F. Sekler, *Wren and his Place in European Architecture*, London 1956

R. Smith, *The Art of Portugal 1500–1800*, London 1968

L. Soo, *Wren's "Tracts" on Architecture and Other Writings*, Cambridge 1998

V. L. Tapié, *The Age of Grandeur. Baroque and Classicism in Europe* (1957), London 1960

P. Thornton, *Seventeenth-Century Interior Decoration in France and England*, New Haven and London 1978

R. Tolman, ed., *Baroque: Architecture, Sculpture, Painting*, Cologne 1998

P. Waddy, *Seventeenth-Century Roman Palaces: Use and the Art of the Plan*, Cambridge, Mass., & London 1990

M.Whinney and O. Millar, *English Art 1625–1714*, Oxford 1957

R. Wittkower, *Art and Architecture in Italy 1600–1750* (1958), 3 vols., New Haven and London 1999

Chapter 8

The Age of Neo-Classicism, Council of Europe Exhibition Catalogue, London 1972

A. Braham, *The Architecture of the French Enlightenment*, London 1980

C. W. Condit, *American Buildings: Materials and Techniques from the Beginning of the Colonial Settlements to the Present*, Chicago 1964

J. Cornforth, *Early Georgian Interiors*, New Haven and London 2004

J. M. Crook, *The Greek Revival* (1972), rev. ed., London 1995

I. A. Egorov, *The Architectural Planning of St Petersburg*, Athens, Ohio 1968

L. Eitner, *Neoclassicism and Romanticism 1750–1850: Sources and Documents*, vol. I, Englewood Cliffs, New Jersey 1970

S. Eriksen, *Early Neo-Classicism in France*, London 1974

J. Eyres, *Building the Georgian City*, New Haven and London 1998

J. Fowler and J. Cornforth, *English Decoration in the 18th Century* (1974), London 1978

M. Gallet, *Paris Domestic Architecture of the 18th Century*, London 1972

H. Groth, *Neoclassicism in the North: Swedish Furniture and Interiors 1770–1850*, London 1990

G. H. Hamilton, *The Art and Architecture of Russia* (1954), Harmondsworth 1983

T. Hamlin, *Greek Revival Architecture in America*, Oxford 1944

W. Herrmann, *Laugier and Eighteenth Century French Theory*, London 1962

W. J. Hipple, *The Beautiful, the Sublime, and the Picturesque in Eighteenth-Century British Aesthetic Theory*, Carbondale 1957

H. Honour, *Neo-Classicism*, Harmondsworth 1969

M. Ilyin, *Moscow Monuments of Architecture: Eighteenth–the First Third of the Nineteenth Century*, 2 vols., Moscow 1975

W. G. Kalnein, *Architecture in Eighteenth-Century France*, New Haven & London 1995

F. Kaufmann, *Architecture in the Age of Reason*, Harvard 1955

J. Kelly, *The Society of Dilettanti: Archaeology and Identity in the British Enlightenment*, New Haven and London 2009

R. Kennedy, *Greek Revival in America*, New York 1989

V. & A. Kennett, *The Palaces of Leningrad*, London 1973

A. Kuchamov, *Pavlosk, Palace and Park*, Leningrad 1975

C. Meeks, *Italian Architecture 1750–1914*, New Haven 1966

R. Middleton and D. Watkin, *Neo-Classical and 19th Century Architecture* (1977), New York 1980

J. Morley, *Regency Design 1790–1840*, London 1993

N. Pevsner, ed., *The Picturesque Garden and its Influence outside the British Isles*, Washington DC 1974

A. Picon, *French Architects and Engineers in the Age of Enlightenment*, Cambridge 1992

W. H. Pierson, *American Buildings and their Architects: The Colonial and Neo-Classical Styles*, New York 1970

R. Rosenblum, *Transformations in Late 18th-Century Art*, Princeton 1967

L. M. Roth, *A Concise History of American Architecture* (1979), New York 1980

J. Rykwert, *The First Moderns, the Architects of the 18th Century*, Cambridge, Mass. 1980

J. Rykwert, *On Adam's House in Paradise*, New York 1972

C. Saumarez Smith, *Eighteenth-Century Decoration: Design and Domestic Interiors in England*, London 1993

K. Scott, *The Rococo Interior: Decoration and Space in Early 18th-Century Paris*, New Haven and London 1995

D. Shvidkovsky, *The Empress and the Architect: British Architecture and Gardens at the Court of Catherine the Great*, New Haven and London 1996

O. Siren, *China and the Gardens of Europe of the 18th Century* (1950), Dumbarton Oaks 1990

D. Stillman, *English Neo-classical Architecture*, 2 vols., London 1988

J. Summerson, *Architecture in Britain 1530–1850* (1953), 9th ed., New Haven and London 1993

C. Tadgell, *Ange-Jacques Gabriel*, London 1978

A. Vidler, *The Writing of the Walls: Architectural Theory in the Late Enlightenment*, Princeton 1987

A. Vidler, *Claude-Nicolas Ledoux: Architecture and Social Reform at the End of the Ancien Régime*, Cambridge, Mass. 1990

D. Watkin, *Sir John Soane: Enlightenment Thought and the Royal Academy Lectures*, Cambridge 1996

D. Watkin & T. Mellinghoff, *German Architecture and the Classical Ideal, 1740–1840*, London 1987

M. Whiffen & F. Koeper, *American Architecture 1607–1976*, London & Henley 1981

D. Wiebenson, *Sources of Greek Revival Architecture*, London 1969

D. Wiebenson, *The Picturesque Garden in France*, Princeton 1978

J. Wilton-Ely, *Piranesi as Architect and Designer*, New Haven & London 1993

R. Wittkower, *Palladio and English Palladianism*, London 1974

G. Worsley, *Classical Architecture in Britain: The Heroic Age*, New Haven and London 1995

Chapter 9

T. Aidala, *The Great Houses of San Francisco*, London 1974

M. Aldrich, *Gothic Revival*, London 1994

B. Bergdoll, *European Architecture 1750–1890*, Oxford 2000

B. Bergdoll, *Karl Friedrich Schinkel: An Architecture for Prussia*, New York 1994

C. Brooks, *Gothic Revival*, London 1999

D. B. Brownlee, *The Law Courts, the Architecture of G. E. Street*, Cambridge, Mass. 1984

D. F. Burg, *Chicago's White City of 1893*, University Press of Kentucky 1976

G. Butikov, *St Isaac's Cathedral, Leningrad* (1974), London 1980

F. Choay, *The Modern City. Planning in the 19th Century*, New York 1969

P. Collins, *Changing Ideals in Modern Architecture 1750–1950*, London 1965

C. W. Condit, *American Building Art, The Nineteenth Century*, New York 1960

L. Craig, *The Federal Presence, Architecture, Politics and National Design* (1978), Cambridge, Mass. 1984

J. Curl, *Victorian Architecture: Diversity and Invention*, Reading 2007

A. Drexler, ed., *The Architecture of the Ecole des Beaux-Arts*, London 1977

H. J. Dyos and M. Wolff, ed., *The Victorian City; Image and Reality*, 2 vols., London 1973

C. L. Eastlake, *A History of the Gothic Revival in England* (1872), Leicester 1970

R. A. Etlin, *The Architecture of Death*, Cambridge, Mass. 1984

N. Evenson, *Paris, a Century of Change 1878–1978*, New Haven and London 1979

C. Fox, ed., *London — World City 1800–1840*, New Haven and London 1992

G. German, *Gothic Revival in Europe and Britain*, London 1972

S. Giedion, *Space. Time and Architecture* (1941), Cambridge, Mass. 1967

S. Giedion, *Mechanization Takes Command* (1948), New York 1955

M. Girouard, *The Victorian Country House* (1971), New Haven and London 1979

M. Girouard, *Sweetness and Light, the "Queen Anne" Movement, 1860–1900*, Oxford 1977

H. S. Goodhart-Rendel, *English Architecture since the Regency*, London 1953

T. Hall, *Planning Europe's Capital Cities: Aspects of 9th-Century Urban Development*, London 1997

S. P. Handlin, *The American Home: Architecture and Society 1815–1915*, Boston 1979

G. Hersey, *High Victorian Gothic, a Study in Associationism*, Baltimore 1972

H.-R. Hitchcock, *Early Victorian Architecture in Britain*, 2 vols., New Haven and London 1954

H.-R. Hitchcock, *Architecture, 19th and 20th Centuries* (1958), New Haven and London 1987

S. Jervis, *High Victorian Design*, Ottawa 1974

J. R. Kellett, *The Impact of Railways on Victorian Cities*, London 1969

R. G. Kennedy, *Greek Revival America*, New York 1989

E. Kirichenko, *Moscow Architectural Monuments of the 1830s–1910s*, Moscow 1977

R. Longstreth, *On the Edge of the World, Four Architects in San Francisco at the Turn of the Century*, Cambridge, Mass. 1983

F. Loyer, *Architecture of the Industrial Age, 1789–1914*, New York 1982

C. C. Mead, *Charles Garnier's Paris Opera: Architectural Empathy and the Renaissance of French Classicism*, Cambridge, Mass., and London 1991

C. Meeks, *The Railroad Station*, New Haven 1956

R. Middleton, ed., *The Beaux-Arts and Nineteenth-Century French Architecture*, London 1982

S. Muthesius, *The High Victorian Movement in Architecture*, London 1971

J. K. Ochsner, *H. H. Richardson, Complete Architectural Works*, Cambridge, Mass. 1982

D. J. Olsen, *The Growth of Victorian London*, London 1976

N. Pevsner, *Some Architectural Writers of the Nineteenth Century*, Oxford 1972

N. Pevsner, *Pioneers of Modern Design* (1936), New Haven and London 2005

W. H. Pierson, *American Buildings and their Architects, Technology and the Picturesque. The Corporate and Early Gothic Styles*, New York 1978

M. H. Port, ed. *The Houses of Parliament*, New Haven and London 1976

M. Port, *Imperial London: Civil Government Building in London 1851–1915*, New Haven and London 1995

H. G. Pundt, *Schinkel's Berlin*, Cambridge, Mass. 1972

J. W. Reps, *Monumental Washington, the Planning and Development of the Capital Center*, Princeton 1967

W. D. Robson-Scott, *The Literary Background of the Gothic Revival in Germany*, Oxford 1965

L. M. Roth, *McKim, Mead and White, Architects*, London 1984

P. B. Stanton, *The Gothic Revival and American Church Architecture*, Baltimore 1968

A. Sutcliffe, *Towards the Planned City: Germany, Britain, the United States and France 1780–1914*, New York 1981

D. Van Zanten, *Architectural Polychromy of the 1830s* (1970), New York & London 1977

D. Van Zanten, *Designing Paris: The Architecture of Duban, Labrouste, Duc and Vaudoyer*, Cambridge, Mass. 1987

D. Van Zanten, *Building Paris: Architectural Institutions and the Transformation of the French Capital, 1830–1870*, Cambridge 1994

A. Zador, *Revival Architecture in Hungary: Classicism and Romaticism*, Budapest 1985

Chapter 10

F. Borsi and E. Godoli, *Paris 1900*, London 1978

Y. Brunhammer and G. Naylor, *Hector Guimard*, London 1978

E. Casanelles, *Antonio Gaudi: A Reappraisal*, New York 1967

G. Collins, *Antonio Gaudi*, London 1960

R. Descharnes and C. Prévost, *Gaudi, the Visionary*, New York 1971

H. Geretsegger, M. Peintner & W Pichler, *Otto Wagner 1841–1918*, New York and London 1970

T. Howarth, *C. R. Mackintosh and the Modern Movement* (1952), London 1977

R. Macleod, *C. R. Mackintosh*, London 1968

S. T. Madsen, *Art Nouveau*, London 1967

N. Pevsner and J. M. Richards, ed., *The Anti-Rationalists*, London 1973

N. Powell, *The Sacred Spring, the Arts in Vienna 1898–1918*, New York 1974

R. Russell, ed., *Art Nouveau Architecture*, New York 1979

R. Schmutzler, *Art Nouveau*, New York and London 1962

F. Sekler, *Josef Hoffmann, the Architectural Work* (1982), Princeton 1985

A. Service, *London 1900*, London & New York 1979

P. Singelenberg, *H. P. Berlage: Idea and Style*, Utrecht 1972

P. Vergo, *Art in Vienna 1898–1918* (1975), Oxford 1981

Chapter 11

H. Allen Brooks, *The Prairie School*, Toronto 1972

U. Apollonio, *Futurist Manifestos*, London 1973

R. Banham, *Theory and Design in the First Machine Age*, London 1960

R. Banham, *Megastructures. Urban Futures of the Recent Past*, London 1976

R. Banham, *The New Brutalism, Ethic or Aesthetic?*, London 1966

R. Banham, *The Architecture of the Well-Tempered Environment* (1969), London 1984

P. Bayer, *Art Deco Architecture*, London 1992

L. Benevolo, *History of Modern Architecture*, 2 vols. (1960), London 1971

R. H. Bletter & C. Robinson, *Skyscraper Style Art Deco New York*, New York 1975

T. Budensieg, *Industrielkultur. Peter Behrens and the AEG, 1907–14* (1979), Cambridge, Mass. 1984

L. Burckhardt, ed., *The Werkbund. History and Ideology 1907–33* (1977), New York 1980

J. P. Collins, *Concrete, the Vision of a New Architecture*, London 1959

C. W. Condit, *American Building Art: The 20th Century*, New York 1961

C. W. Condit, *Chicago 1910–29, Building, Planning and Urban Technology*, Chicago 1973

D. Dernie, *New Stone Architecture*, London 2003

A. Drexler, *Transformations in Modern Architecture*, New York 1979

L. K. Eaton, *American Architecture Comes of Age: European Reaction to H. H. Richardson and Louis Sullivan*, Cambridge, Mass. and London 1972

R. Economakis, ed. *Building Classical: A Vision of Europe and America*, London 1993

B. Farmer & H. Louw, ed., *Companion to Contemporary Architectural Thought*, London 1993

R. Fishman, *Urban Utopias in the Twentieth Century*, New York 1977

K. Frampton, *Modern Architecture: A Critical History* (1980), London 2007

M. Franciscono, *Walter Gropius and the Creation of the Bauhaus in Weimar*, Chicago and London 1971

M. Friedman, ed., *De Stijl: 1917–1931, Visions of Utopia*, Oxford 1982

B. Gill, *Many Masks: A Life of Frank Lloyd Wright* (1987), London 1988

B. Gravagnulo, *Adolf Loos, Theory and Works*, New York 1982

A. Stuart Gray, *Edwardian Architecture: A Biographical Dictionary* (1985), London 1988

P. Gössel, ed., *Modern Architecture A–Z*, 2 vols, London 2010

H.-R. Hitchcock and P. Johnson, *The International Style: Architecture since 1922*, New York 1932

H.-R. Hitchcock, *In the Nature of Materials 1887–1941, the Buildings of Frank Lloyd Wright*, New York 1942

C. Hussey and A. S. G. Butler, *Lutyens Memorial Volumes*, 3 vols., 1951

R. G. Irving, *Indian Summer. Lutyens, Baker and Imperial Delhi*, New Haven and London 1981

J. Jacobs, *The Death and Life of Great American Cities*, Harmondsworth 1961

C. Jencks, *The New Paradigm in Architecture*, New Haven and London 2002

C. Jencks, *The Language of Post-Modern Architecture* (1977), London 1984

C. Jencks, *Post-Modernism: The New Classicism in Art and Architecture*, London 1987

P. Jodidio, *Architecture Now*, Cologne, London, etc. 2002

W. H. Jordy, *American Buildings and their Architects. The Impact of European Modernism in the Mid-Twentieth Century*, New York 1972

A. Kopp, *Town and Revolution, Soviet Architecture and City Planning 1917–1935*, New York and London 1970

S. Kostof, *The Third Rome 1870–1950: Traffic and Glory*, Berkeley 1973

R. Krier, *Urban Space*, London and New York 1979

L. Krier, *Albert Speer, Architecture 1932–1942*, Brussels 1985

L. Krier, *Architecture: Choice or Fate*, London 1998

V. Lampugnani, ed., *The Thames and Hudson Encyclopaedia of 20th-century Architecture*, London 1986

Le Corbusier, *Towards a New Architecture*, London 1927

C. Lodder, *Russian Constructivism*, New Haven 1983

B. Marten, & H. Peter, *ArchiCAD Best Practice: The Virtual Building™ Revealed*, Vienna and New York 2004

R. Miller, ed., *Four Great Makers of Modern Architecture: Gropius. Le Corbusier, Mies van der Robe, Wright*, New York 1963

B. Miller Lane, *Architecture and Politics in Germany 1918–1945*, Cambridge, Mass. 1968

J. Milner, *Tatlin and the Russian Avant-Garde*, New Haven 1983

J. Pallasmaa, H. O. Anderson *et al. Nordic Classicism 1910–1930*, Helsinki 1982

A. Papadakis and H. Watson, ed. *New Classicism: Omnibus Volume*, London 1990

H. Pearman, *Contemporary World Architecture*, London 1998

W. Pehnt, *Expressionist Architecture*, London 1973

R. J. van Pelt & C. W. Westfall, *Architectural Principles in the Age of Historicism*, New Haven and London 1991

The Phaidon Atlas of Contemporary World Architecture, London 2004

D. Porphyrios, *Sources of Modern Eclecticism: Studies on Alvar Aalto*, London 1982

P. Portoghesi, *The Presence of the Past*, Venice Biennale 1980

C. Rowe, *The Mathematics of the Ideal Villa and Other Essays*, Cambridge, Mass. 1977

A. Scobie, *Hitler's State Architecture: The Impact of Classical Antiquity*, Pennsylvania State UP 1990

V. Scully, *The Shingle Style*, New Haven 1955

J. Sergeant, *Frank Lloyd Wright's Usonian Houses*, New York 1976

A. Service, *Edwardian Architecture and its Origins*, London 1975

B. A. Spencer, ed., *The Prairie School Tradition*, New York 1979

R. A. M. Stern, *Modern Classicism*, London 1988

M. Tafuri, *Architecture and Utopia: Design and Capitalist Development*, London 1976

A. Tarkhanov & S. Kavtaradze, *Stalinist Architecture*, London 1992

R. R. Taylor, *The Word in Stone, the Role of Architecture in National Socialist Ideology*, Berkeley 1974

R. Venturi, *Complexity and Contradiction in Architecture*, New York 1966

R. Venturi, D. Scott-Brown and S. Izenour, *Learning from Las Vegas*, Cambridge, Mass. 1972

R. Walden, ed. *The Open Hand: Essays on Le Corbusier*, Cambridge, Mass. 1977

R. Weston, *The House in the Twentieth Century*, London 2002

D. Wiebenson, *Tony Garnier, the Cité Industrielle*, New York 1969

J. Willett, *The New Society 1917–1933: Art and Politics in the Weimar Period*, London 1978

H. Wingler, *The Bauhaus: Weimar, Dessau, Berlin and Chicago*, Cambridge, Mass. 1969

W. de Wit, ed. *The Amsterdam School. Dutch Expressionist Architecture, 1915–1930*, Cambridge, Mass. 1983

S. Wrede, *The Architecture of Erik Gunnar Asplund*, Cambridge, Mass. 1979

F. L. Wright, *An Autobiography*, New York 1932

Chapter 12

G. Celant, *Frank O. Gehry since 1997*, London 2009

E. Dowling: *New Classicism: The Rebirth of Traditional Architecture*, New York 2004

P. Eisenman, *Rem Koolhaas*, London 2010

R. Gargiano, *Rem Koolhaas, OMA: The Construction of Merveilles*, Lausanne and Oxford 2008

M. Guzowski, *Towards Zero-energy Architecture*, London 2010

D. Jenkins, ed., *Foster + Partners*, London 2008

R. Miyake, *Shigeru Ban: Paper in Architecture*, New York 2009

P. Schumacher and G. Fontana-Biasti, eds, *Zaha Hadid: Complete Works*, London 2004

N. Stungo, *Herzog & de Meuron*, London 2002

D. Sudjic, *Norman Foster: A Life in Architecture*, London 2010

D. Watkin, *Radical Classicism: The Architecture of Quinlan Terry*, New York 2006

T. Weaver, ed., *David Chipperfield: Architectural Works, 1990–2002*, Basel and Boston 2003

General

E. Baldwin Smith, *The Dome, a Study in the History of Ideas*, Princeton 1971

Encyclopedia of World Art, 15 vols., New York, Toronto, London 1959–69

H. M. Colvin, *Architecture and the After-Life*, New Haven and London 1991

J. S. Curl, *The Art and Architecture of Freemasonry*, London 1991

J. S. Curl, *Dictionary of Architecture and Landscape Architecture*, London 2006

F. A. Gutkind, *International History of City Development*, 8 vols., London 1964–72

G. Hersey, *The Lost Meaning of Classical Architecture: Speculations on Ornament from Vitruvius to Venturi*, Cambridge, Mass. 1988

H.-W. Kruft, *A History of Architectural Theory from Vitruvius to the Present*, London & New York 1994

The Grove Dictionary of Art, 34 vols., London 1996

Macmillan Encyclopedia of Architects, 4 vols., London & New York 1982

J. Onians, *Bearers of Meaning: The Classical Orders in Antiquity, the Middle Ages, and the Renaissance*, Princeton 1988

N. Pevsner, *An Outline of European Architecture* (1943), rev. ed., London 2009

D. Porphyrios, *Classical Architecture*, London 1991

M. Praz, *An Illustrated History of Interior Decoration*, London 1964

P. de la Ruffinière du Prey, *Pliny's Villa from Antiquity to Posterity*, Chicago and London 1994

J. Rykwert, *The Dancing Column: On Order in Architecture*, Cambridge, 1996

G. Scott, *The Architecture of Humanism* (1914), London 1980

R. Scruton, *The Aesthetics of Architecture*, London 1979

J. Summerson, *The Classical Language of Architecture* (1963), London 1980

P. Thornton, *Authentic Décor, the Domestic Interior 1620–1920*, London 1984

A. Tzonis and L. Lefaivre, *Classical Architecture: The Poetics of Order*, Cambridge, Mass. 1986

D. Watkin, *Morality and Architecture Revisited*, London 2001

致　谢

A. C. L. Brussels: 711, 753; AKG, London: 298, 596, 833; Aerofilms Ltd, Boreham Wood: 301, 408, 623, 642; ©Alamy/Arcaid/Gisela Erlacher: 932, ©Alamy/Imagebroker/Michael Nitzschke: 939, ©Alamy/McCanner: 947, 955; Archives of The Temple (Hebrew Benevolent Congregation), Atlanta: 798; Archivi Alinari, Florence: 65, 82, 145, 304, 307, 312, 334, 336, 338, 358, 419, 421,430, 436, 438, 449, 590, 591, 772; Anderson: 329, 347, 434,453; Broghi: 314, 351, 694; Wayne Andrews, Chicago: 587, 609, 612, 643, 714, 715, 717, 718, 719, 720, 721, 722, 723, 724, 725, 728, 729, 731, 734, 736, 738, 785, 786, 788, 789, 790, 795, 800, 848, 896, 898; Arcaid, Kingston upon Thames (Richard Bryant): 930: (Colin Dixon): 361: (Martin Jones): 625: (Lucinda Lambton): 706, 868: (Ezra Stoller/Esto): 804; Archipress, Paris: (Pascal Lemaitre) 532, (Franck Eustache) 703, (Manez & Favret) 839; The Architectural Association, London: 816; F. R. Yerbury: 801, 802, 818, 852, 857, 859; The Architectural Press, London: 820, 845, 881, 903; Martin Charles: 890; Archivo Fotográfico Oronoz, Madrid: 293, 299; Archivo Iconografico SA, Barcelona: 247, 383, 777; ©Arctic Photo/Alamy:966; Arxiu MAS, Barcelona: 292; James Austin, Cambridge: 188, 232, 313, 318, 319, 332, 335, 348, 378, 410, 574, 588, 631, 633, 634, 635, 637, 638, 639, 644, 645, 758; Richard Barnes: 965; BPK, Berlin: 2, 8; Bauhaus Archiv, Berlin: 822, 823, 824; Tim Benton, London: 460, 751, 756, 763, 776, 812, 817, 837, 842; John Bethell, St Albans: 712; Bibliotheca Hertziana, Rome: 124, 311, 528; Bibliothèque Nationale, Paris: 585; Bildarchiv Foto Marburg: 12, 60, 155, 224, 270, 271, 272, 382, 386, 391, 393, 396, 411, 475, 492, 530, 531, 593, 594, 595, 596, 597, 598, 599, 676, 677, 680, 681, 684, 687, 689, 754, 764, 765, 766, 768, 770, 805, 806, 807, 808, 809, 810, 811, 813, 814, 815, 819, 825, 826, 831, 832; Ricardo Bofill, Paris/Deidi von Schaewen: 917; Boudot-Lamotte, Paris: 7; The British Architectural Library, RIBA, London: 841; (F. R. Yerbury): 856; Bulloz, Paris: 636, 650; Santiago Calatrava: 927,932; Camera Press Ltd, London: 700; ©Marcia Chambers/dbimages/Alamy: 978; Martin Charles, Middlesex: 664, 769, 911; Jean-Loup Charmet, Paris: 583, 743; Chicago Architectural Photographing Company: 733; Commonwealth War Graves Commission,

Maidenhead: 884; Conway Library, Courtauld Institute, London: 220, 227, 231, 233, 248, 249, 250, 255, 256, 258, 259, 282, 287, 294, 302, 303, 323, 326, 344, 349, 369, 381, 409, 416, 424, 425, 496, 516, 539, 572, 872; Country Life, London: 654, 879; Roderick Coyne: 106 Crown copyright. Reproduced with the permission of the Controller of Her Majesty's Stationery Office: 182; ©Michael Denancé/Artedia/VIEW: 953; Sylvie Desauw: 948; The Design Council, London/Jack Pritchard: 891; John Donat, London: 37, 651, 874; Andrés Duany and Elizabeth Plater-Zyberk: 950; The Dunlap Society, Essex NY/Richard Cheek: 620, 621; Edifice, London: (Darley) 883, 924; Embassy of the Federal Republic of Germany, Press and Information Office/Photo: Christophe Avril: 946; Esto Photographics Inc., Mamaroneck, NY (Wayne Andrews) 727, 803, (Peter Aaron) 869, (Jeff Goldberg) 934; Fondation Le Corbusier, Paris/DACS 1986: 843; ©Fotografica Foglia, Naples: 67; Fototeca Unione, Rome: 29, 50, 52, 68, 69, 70, 72, 73, 75, 88, 91, 99, 105, 108, 113, 115; French Government Tourist Office, London: 629; Courtesy of Samuel Garcia: 957; Getty Images/Torsten Andreas Hoffmann: 933; The J. Paul Getty Museum, Malibu/Julius Shulman: 919; Keith Gibson, Ayrshire: 762; Giraudon, Paris: 192, 368, 374, 380, 464, 569, 589, 640, 648, 701, 709, 756; Dennis Gilbert: 913; Giraudon, Paris: 238; ©Thierry Grun/Aero/Alamy: 964; Guggenheim Museum, New York: 895; Guildhall Library, London: 877; Sotiris Haidemenos, Athens: 139; Sonia Halliday, Weston Turville/Jane Taylor: 354; Robert Harding Picture Library Ltd, London: 10, 297, 603, 624, 628, 655, 778, 902; ©Cath Harries/Alamy: 970; Hedrich-Blessing, Chicago: 897; Clive Hicks, London: 23, 32, 74, 83, 130, 138, 148, 152, 159, 177, 181, 184, 186, 194, 195, 197, 209, 211, 214, 216, 219, 221, 226, 229, 246, 251, 252, 254, 257, 267, 284, 514, 761; R. Higginson, London: 223, 534, 535, 592, 627, 632, 698, 742; Courtesy of Gerald D. Hines College of Architecture (photo: N. Laos): 915; Hirmer Fotoarchiv, Munich: 4, 19, 26, 36, 40, 43, 48, 64, 116, 120, 128, 146, 187, 196, 203; Michael Holford, Loughton, Essex: 170, 237, 372, 366, 566, 705; 367; Angelo Hornak, London: 164, 165, 262, 371, 498, 499, 503, 511, 509, 552, 565, 573, 773, 774, 867; Tim Imrie, London: 611; Institut de France, Paris/Bulloz: 317; Yasuhiro Ishimoto: 929; Istituto Centrale per il

Catalogo e la Documentazione, Rome: 340; Italian State Tourist Office, London: 870; Jan Olav Jensen: 962; John F. Kennedy Library, Boston: 910; Peter Kent, London: 652; A. F. Kersting, London: 11, 16, 18, 24, 27, 33, 39, 44, 46, 47, 102, 110, 123, 129, 135, 147, 158, 162, 163, 172, 178, 179, 180, 182, 185, 190, 193, 204, 206, 210, 213, 218, 222, 225, 236, 241, 242, 244, 260, 261, 263, 264, 265, 277, 285, 286, 289, 290, 300, 320, 321, 341, 342, 353, 362, 375, 377, 384, 388, 392, 394, 397, 401, 403, 404, 406, 414, 428, 440, 461, 468, 470, 487, 486, 490, 493, 494, 495, 500, 510, 512, 513, 515, 517, 518, 519, 525, 536, 541, 544, 545, 548, 549, 550, 554, 556, 557, 567, 568, 570, 571, 601, 622, 630, 647, 659, 660, 665, 666, 667, 671, 672, 673, 674, 675, 692, 693, 741, 851, 876, 886, 889, 892, 904; G. E. Kidder Smith, New York; 610, 619, 858; ©Mike Kipling Photography/Alamy: 956; Léon Krier, London: 949; Courtesy Kengo Kuma: 963; Ralph Lieberman, North Adams, MA: 93, 156, 175, 207, 308, 309, 343, 356, 732, 756, 780, 781, 783, 793, 900; ©Yang Liu/Corbis: 979; Louisiana Office of Tourism/Al Godoy: 916; ©Duccio Malagamba: 951; The Mansell Collection, London/Alinari: 107, 435, 696, 865; Anderson: 122, 125, 134, 208, 315, 325, 328, 345; Marin Museum Karlskrona/Lasse Carlsson: 602; John Massey Stewart, London: 607; Claude Mercier: 945; Mitsuo Matsuoka: 930; Padre Ettore Molinaro, Brà: 450; ©Michael Moran: 973; Musée des Arts Décoratifs, Paris: 836; Musée de la Ville de Paris/SPADEM 1986: 582; Musée des Beaux-Arts, Dijon: 581; Museum of Finish Architecture, Helsinki: 702, 853, 854, 855, 862, 863, 864, 906, 907, 908, 909; Museum of Modern Art, New York/Mies van der Rohe Archive: 830; Werner Neumeister, Munich: 713; Netherlands Information Service, The Hague/Bart Hofmeester: 398; Peter Newark's American Pictures, Bath: 626, 628; New York Convention & Visitors' Bureau: 799; Novosti Press Agency, London: 141, 142, 704, 708, 894; Tomio Ohashi, Tokyo: 928; Richard Payne, Houston, TX: 914; Polish Agency Interpress, Warsaw: 280, 600; Josephine Powell, Rome: 127; Prestel Verlag, Munich/Joseph H. Biller: 161; Albert Renger-Patzsch, Wamel: 491; Réunion des Musées Nationaux, Paris: 5, 420; ©Christian Richters, Münster: 931, 938, 954, 960, 961, 971, 976, 980; Roger-Viollet, Paris: 849, 850; Aldo Rossi, Milan: 902; Jean Roubier, Paris: 835; Royal Commission on

Historical Monuments (England), London: 561, 562, 888; ©P. Ruault: 975, 981; Scala, Florence: 160, 355; Diedi von Schaewen: 923; Helga Schmidt-Glassner, Stuttgart: 166, 168, 268, 269, 273, 274, 275, 276, 278, 279, 389, 390, 395, 479, 480, 481, 484, 483, 679, 685, 686, 688, 691; Ronald Sheridan's Photo Library, Harrow on the Hill: 296; John Simpson and Partners Ltd, London: 937; John Sims, London: 200; Edwin Smith, Saffron Walden: 62, 78, 80, 92, 96, 97, 103, 137, 339, 360, 402, 427, 506, 543, 551, 553, 656, 657, 695, 779; Society of Antiquaries, London: 258; ©Ted Soqui/Corbis: 968; Spectrum Colour Library, London: 169; Staatliche Museen zu Berlin: 59, 112; Phil Starling: 922; Stedelijk Museum, Amsterdam: 828; ©Jose Luis Stephens/Alamy: 967; Stirling Foundation, London: 921; ©Edmund Sumner/VIEW: 959; ©Edmund Sumner/VIEW/Alamy: 972; Wim Swaan, London: 61, 171, 176, 199, 201, 202, 230, 234, 239, 243, 281, 291, 295, 306, 337, 415, 423, 430, 431, 437, 441, 443, 445, 446, 447, 455, 462, 465, 467, 471, 472, 476, 478, 486, 504, 505, 520, 521, 522, 526, 527; Thorvaldsens Museum, Copenhagen/Ole Woldbye: 699; Topham Picture Library, Edenbridge: 523, 662, 796, 887; TWA, London: 905; Unilever Historical Archives, Wirrall: 744; United Photos De Boer b.v. Haarlem: 400; Varga/Arte Phot, Paris: 508; Serena Vergano, Barcelona: 936; Victoria & Albert Museum, London: 559, 668; Vizcaya-Dade County Art Museum, Miami: 797; Paul Wakefield, London: 885; ©Gari Wyn Williams/Alamy: 974; ©Nick Wood/Alamy: 977; Frank Lloyd Wright Foundation, Taliesin: 791; Yan, Toulouse: 189; Zefa, London: 615; (K. Prädel): 399; Alexander Zielcke, Florence: 365

All the plans and diagrams of buildings were specially drawn by Duncan Birmingham.